高等学校应用型特色规划教材

自动控制原理

宋乐鹏　主　编

胡　皓　副主编

清華大學出版社

北　京

内容简介

本书共分为8章，主要内容包括自动控制的一般概念与数学基础、连续控制系统的数学模型、时域分析法、根轨迹分析法、频率特性法、控制系统的频率法校正、非线性系统、采样控制系统，其中第1章加入了自动控制原理相应的数学知识，以方便读者理解本书内容。此外，部分章节中还介绍了MATLAB在控制系统分析与设计中的应用。

本书可作为高等工科院校自动化、电气自动化、测控技术与仪器、环境工程、石油工程及计算机等专业的教材，也可供其他专业的师生和工程技术人员参考。

图书在版编目(CIP)数据

自动控制原理/宋乐鹏主编；胡皓副主编. --北京：清华大学出版社，2012（2023.7重印）
(高等学校应用型特色规划教材)
ISBN 978-7-302-28278-5

Ⅰ. ①自… Ⅱ. ①宋… Ⅲ. ①自动控制理论—高等学校—教材 Ⅳ. ①TP13

中国版本图书馆CIP数据核字(2012)第040621号

责任编辑：李春明　郑期彤
封面设计：杨玉兰
责任校对：周剑云
责任印制：宋　林
出版发行：清华大学出版社
网　　址：http://www.tup.com.cn, http://www.wqbook.com
地　　址：北京清华大学学研大厦A座　　**邮　　编**：100084
社 总 机：010-83470000　　**邮　　购**：010-62786544
投稿与读者服务：010-62776969, c-service@tup.tsinghua.edu.cn
质量反馈：010-62772015, zhiliang@tup.tsinghua.edu.cn
课件下载：http://www.tup.com.cn, 010-62791865
印 装 者：三河市龙大印装有限公司
经　　销：全国新华书店
开　　本：185mm×260mm　　**印　张**：23　　**字　数**：553千字
版　　次：2012年8月第1版　　**印　次**：2023年7月第6次印刷
定　　价：59.00元

产品编号：038734-03

前　言

自动控制技术已经广泛应用在各行各业，极大地提高了劳动生产率和产品质量，改善了工人的劳动条件，丰富和提高了人民的生活水平，为国民经济和国防建设发挥着越来越重要的作用。特别是我国神舟系列载人航天飞船的研制成功，极大地鼓舞了国人，提升了我国在国际社会中的地位。自动控制理论按其发展阶段不同，可以分为古典控制理论、现代控制理论以及大系统理论和智能控制理论。其中古典控制理论是学习现代控制理论的基础，也是工科院校普遍开设的一门专业基础理论课。本书共分为 8 章，主要包括自动控制的一般概念与数学基础、连续控制系统的数学模型、时域分析法、根轨迹分析法、频率特性法、控制系统的频率法校正、非线性系统和采样控制系统等内容，通过本书的学习，学生可掌握分析和设计自动控制系统的基本理论和方法，为学习相关专业知识打下良好的理论基础。

编者根据多年教学经验，从读者角度出发，力求每一步推导、每一道习题、每一段讲解都有理有据，通俗易懂，重点突出。MATLAB 计算仿真已经成为工科学生必须具备的一种应用工具，因此，本书在部分章节的最后一节中编入了控制系统计算机仿真的内容，使读者在学习理论的同时，能够掌握一种高效便利的仿真工具，减轻读者烦琐的计算负担。为了便于读者理解本书的相关内容，第 1 章中加入了一些数学基础知识，如拉普拉斯变换和傅里叶变换等。

本书由重庆科技学院宋乐鹏担任主编，宝鸡文理学院胡皓担任副主编。其中，第 1 章、第 3 章、第 6 章由宋乐鹏编写；第 2 章、第 7 章、第 8 章由胡皓编写；第 4 章、第 5 章由宜宾学院的郭靖杨编写。全书由宋乐鹏统稿、定稿。本书由重庆科技学院的唐德东教授主审。在编写过程中，重庆科技学院的姜泓教授提出了许多宝贵的意见，宝鸡文理学院任鸟飞和重庆科技学院的董志明、张小云、苏盈盈、兰杨参加了本书的审核工作，在此表示感谢！

本书在编写过程中学习和汲取了其他教材的部分内容，在此向原教材的各位作者表示诚挚的谢意！

由于编者水平有限，书中难免存在疏漏和不足之处，敬请广大读者批评指正。

编　者

目　录

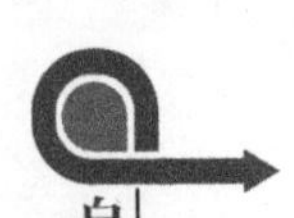

第 6 章 控制系统的频率法校正......217

第 7 章 非线性系统......261

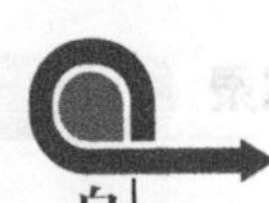

第 1 章　自动控制的一般概念与数学基础

【教学目标】

通过本章的学习，熟悉自动控制的定义、自动控制系统的组成和相关的常用术语，了解自动控制的发展史和自动控制系统的分类，重点掌握开环控制和闭环控制系统的特点，并在此基础上全面掌握自动控制系统的基本要求，为后续进行控制系统分析与设计打下基础。

“数学基础”部分要求掌握拉普拉斯变换的定义，拉普拉斯变换的性质与计算，以及一些函数的拉普拉斯变换及逆变换；了解傅里叶变换的定义，傅里叶变换的性质与计算，以及一些简单函数的傅里叶变换及逆变换。

概　　述

自动控制系统的早期应用可追溯到两千年前古埃及的水钟控制和中国汉代的指南车控制。

1788 年英国科学家瓦特(James Watt)为内燃机设计的飞锤调速器可以认为是最早的反馈控制系统的工程应用。由于当时应用的调整器出现振荡现象，所以产生了麦克斯韦(Jawes Clerk Maxwell)对微分方程系统的稳定性的理论研究，后来又出现了劳斯(E. J. Routh)和赫尔维茨(A. Hurwitz)等人的稳定性研究成果。控制器的设计问题是由米诺尔斯基(N. Minorsky)等人在 1922 年开始研究的，其研究成果可以看成是现在广泛应用的 PID 控制器的前身。而在 1942 年，齐格勒(John G. Ziegler)和尼柯尔斯(N. B. Nichols)提出了调节 PID 控制器参数的方法，其方法对当今的 PID 整定仍有影响。

系统的频域分析技术是在奈奎斯特(Harry Nyquist)、波特(H. W. Bode)等人早期的关于通信学科的频域研究工作的基础上建立起来的。哈里斯(H. Harris)于 1942 年提出了传递函数的概念，首先将通信学科的频域技术移植到了控制领域，构成了控制系统频域分析技术的理论基础。伊万斯(W. R. Evens)等在 1946 年提出的线性反馈系统的根轨迹分析技术是那个时代的另一个里程碑。

苏联科学家庞特里亚金(L. S. Pontryagin)于 1956 年提出极大值原理，同年美国数学家贝尔曼(R. Bellman)创立动态规划；1959 年美国数学家卡尔曼(R. E. Kalman)发表了“最优滤波与线性最优调节器”理论，提出著名的“卡尔曼滤波器”；1960 年卡尔曼又提出能控性和能观性的概念，他们的理论当时统称为“现代控制理论”。在那个时期以后，控制理论研究中出现了线性二次型最优调节器、最优状态观测器及线性二次型(LQG)问题的研究，并在后来出现了引入回路传输恢复技术的 LQG 控制器。

20 世纪 60 年代出现的各种空间技术在很大程度上依赖于最优控制问题的解决，例如使运载火箭达到燃料最少、送入轨道时间最短等。但工业控制中，现代控制理论却遇到很多问题：①直接用最优控制方法设计的控制器过于复杂，不便于应用；②对象的数学模型

很难精确得到，而现代控制理论所用的各种分析、综合方法都是以对象数学模型为基础的，数学模型的精确程度对控制系统性能影响很大。

为了解决此问题，一些以自适应控制、鲁棒控制、预测控制、模糊控制、大系统理论为代表的“先进控制”理论逐渐成为研究的热点。

自适应控制是针对对象特性的变化、漂移和环境干扰对系统的影响提出的，它的基本思想是通过在线辨识使这种影响逐渐降低，以至消除。各种自适应系统大体可归纳为两类：模型参考自适应控制和自校正控制。

鲁棒控制是20世纪70年代针对模型的不确定性问题提出来的，其基本思想是在设计中设法使系统对模型误差扰动不敏感，使系统不但能保持稳定，品质也保持在工程所能接受的范围内。模型的不确定性包括模型不精确、降阶近似、非线性的线性化、参数和特性随时间变化或漂移等。系统的鲁棒性是它可否用于工业现场的关键。

预测控制不要求对模型的结构有先验知识，不必通过复杂的辨识过程便可设计控制系统，它吸取了现代控制理论中的优化思想，使用不断的在线有限优化取代传统的最优控制，优化过程中利用实测信息不断反馈校正，克服不稳定性的影响，增强控制的鲁棒性。

模糊控制源于1965年查德(L. A. Zadeh)教授创立的模糊集理论，它的基本思想是，把人类专家对特定的被控对象或过程的控制策略总结成一系列以“IF(条件)THEN(作用)”表示的控制规则，通过模糊推理得到控制作用集，作用于被控对象。

大系统理论是用控制与信息的观点，研究各种大系统的结构方案、总体设计中的分解方法和协调等问题的技术基础理论。

从自动控制科学的发展可以看到，自动控制理论和技术的发展已经向多学科和多领域的综合应用方向发展。20世纪70年代中期以来，自动控制理论的概念和方法已经应用于交通管理、生态控制、生命科学、经济科学、社会系统等领域。自动控制理论的建立和发展不仅推动了自动控制技术的发展，也推动了其他邻近科学和技术的发展，特别为我国两弹一星和航空航天事业的发展做出了不可磨灭的贡献。

1.1 自动控制系统的基本原理

在工业生产中，为了提高产品质量及生产率，需要对生产设备和工艺过程进行自动控制。所谓自动控制，就是在人不直接参与的情况下，依靠外加装置或设备(称为控制装置或控制器)，使机械、设备或生产过程(称为被控对象)的某个工作状态或参数(称为被控量)自动地按照预定的规律运行，或使某个被控制的参数按预定要求变化。例如，无人驾驶飞机按照预定的飞行航线自动升降和飞行，先进的导弹发射和制导系统自动将导弹击中敌方目标，这些都是典型的自动控制技术应用的结果。如果用一个数学表达式来表示自动控制系统的控制任务，应使被控对象的被控物理量满足

$$\text{被控量 } c(t)=\text{给定量 } r(t)$$

下面以锅炉液位控制系统为例，说明自动控制的原理。锅炉液位人工控制系统原理图如图1.1所示。

锅炉是电厂和化工厂里常用的生产蒸汽的设备，为了保证锅炉正常运行，需要维持锅炉液位为正常标准值。锅炉液位过低，容易烧干锅炉而发生严重事故；锅炉液位过高，容

易使蒸汽带水并有溢出危险。因此，必须严格控制锅炉液位的高度。

控制的任务是保持锅炉液位恒定(或锅炉液位按一定的要求变化)。锅炉液位的高低受到给水压力变化或蒸汽负荷变化的影响，而主要受调节阀输出水量的控制。改变调节阀的开度，可以控制锅炉液位的高低。如果采用人工操作，则要靠人眼观察实际锅炉液位和所要求的锅炉液位差，用手不断调节阀门，以保持锅炉液位高度恒定(或温度按要求变化)。

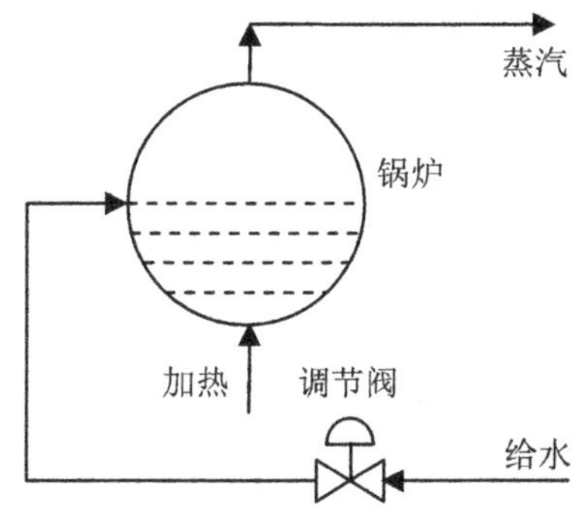

图 1.1　锅炉液位人工控制系统原理图

锅炉液位人工控制系统的工作情况可以分解为如图 1.2 所示的功能方框图，图中表示了各部分的功能及相互关系。如果采用控制装置来代替人工操作，自动完成控制过程，即可得到如图 1.3 所示的锅炉液位自动控制系统。

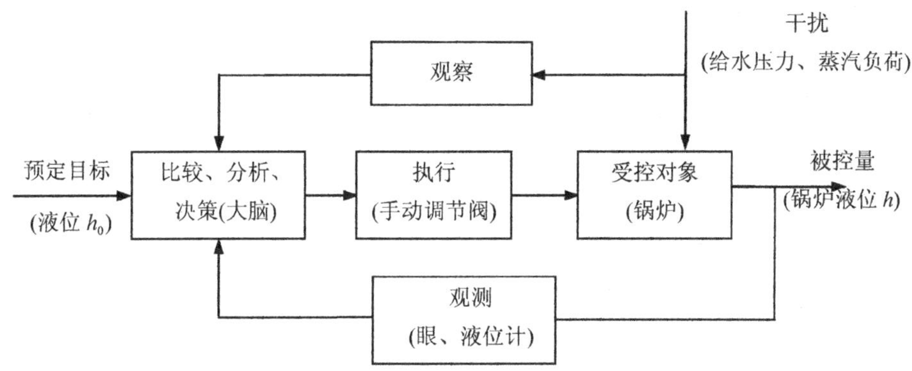

图 1.2　锅炉液位人工控制系统功能方框图

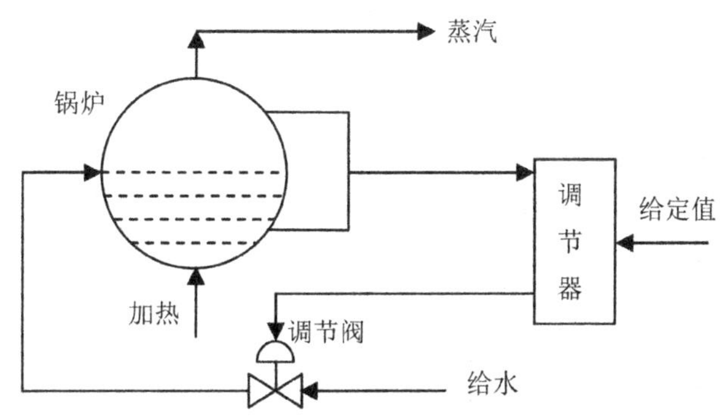

图 1.3　锅炉液位自动控制系统

压差变送器将液位的高低转化成一定的信号输至调节器，调节器是锅炉液位自动控制系统中的控制器，在调节器内将测量液位与给定液位比较，得到偏差值，然后根据偏差信号情况按一定的控制规律发出相应的输出信号去推动调节阀动作。具体调节过程为：压差变送器将液位的高低转化为 u_f，并与给定值 u_g 作比较，将液位差变换成电压差，如所测锅炉液位(h)不等于给定液位(h_0)，即 $h \neq h_0$，则有电压差$\Delta u = u_g - u_f$，它通过调节器去带动阀门，启用调节阀以调节锅炉液位。若 $h > h_0$，则 $u_f > u_g$，Δu 为负， 使调节器反向调节关小阀门，降低锅炉液位；反之则开大阀门。直到 $h = h_0$，$\Delta u = 0$ 时，调节器停止工作。图 1.4 所示为锅炉液位自动控制系统功能方框图，其中⊗为比较元件(又称比较器)。在比较元件中，参考输入信号(给定值 u_g)与反馈信号 u_f 进行比较，其差值输出即为偏差信号Δu，偏差信号就是调节器的输入。

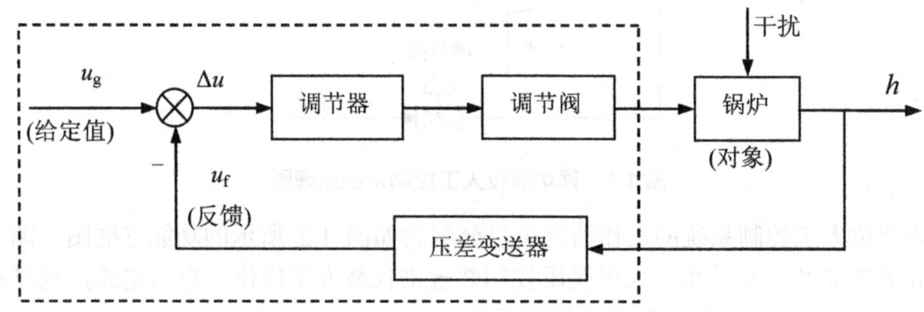

图 1.4　锅炉液位自动控制系统功能方框图

由上例可见，一个控制系统包括如下几部分。

1. 控制对象与控制装置

控制系统即指控制对象与控制装置这两大部分的组合。其中控制对象是指工作对象，它可以是一个工作机械或生产过程，如上例中的锅炉。控制装置则是为完成规定控制任务而按一定方式连接的各种元器件及设备，如图 1.4 中点画线框内的部分。控制装置的功能一般为检测、比较、运算调节、放大、执行等。

2. 参与控制的信号

1) 输出量

输出量即为系统的被控量，在上例中为锅炉液位高度。

2) 输入量

输入量是指影响被控量的外来信号，通常分为以下两种。

(1) 给定量。它是人们期望系统输出按照这种输入的要求而变化的控制量。故一般又称给定输入或简称输入。上例中的调节器的给定值 u_g 即是给定输入。

(2) 扰动量。它是一种人们所不希望的、影响系统输出使之偏离了给定作用的控制量。上例中给水压力变化或蒸汽负荷变化都属于扰动。

3) 反馈量

反馈量是从输出量中取得、直接或经过某种变换后返回到输入端参与系统控制的一种信号。反馈环节可以是系统中的某个局部环节，反馈量也可以是某个局部环节的输出量的

反馈信号。上例是将检测的实际锅炉液位高度转换成电压 u_f 后，与给定锅炉液位高度 u_g 比较，用所得的偏差来进行控制。采用锅炉液位反馈，反馈量变换成了一个电压信号。

3．信号传递通道

信号传递通道包括主通道(又称前向通道)和反馈通道。

1.2　自动控制的基本方式

按照自控系统的结构及控制方式，可将其分为三种：开环控制、闭环控制、复合控制。其中，闭环控制是自动控制系统最基本的控制方式，也是应用最广泛的一种控制方式。近几十年来，以现代数学为基础，引入电子计算机的新的控制方式也有很大发展，如最优控制、自适应控制、滑模控制、模糊控制、神经网络控制、鲁棒控制等。

1.2.1　开环控制系统

开环控制方式是指控制装置与被控对象之间只有顺向作用而没有反向联系的控制过程，按这种方式组成的系统称为开环控制系统，其特点是系统的输出量不会对系统的输入量产生影响。开环控制系统可以按给定量控制方式组成，也可以按扰动控制方式组成。

以直流电动机开环控制调速系统为例，其原理图及方框图如图 1.5 所示。

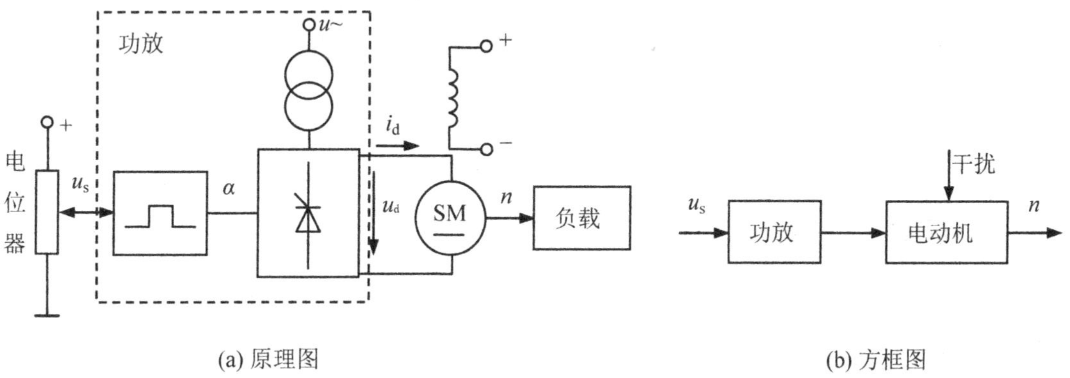

图 1.5　直流电动机开环控制调速系统

被控量是直流电动机的速度，电动机为被控制对象，给定输入为电压 u_s，输出为转速 n。由于电动机的励磁磁通恒定，当改变 u_s 时，晶闸管的相控角α及整流电压 u_d 改变，使电动机的速度 $n=(u_d-i_dR)/C_e$ 随之变化，实现了电动机的调速。若给定不变，则速度不变。但电网电压的波动、负载电流的变化都将引起速度的变化，这些便是系统的扰动量。这种控制方式为改变输入电压 u_s 直接控制输出转速 n，而输出对系统的控制过程没有直接的影响，故称为开环控制。从控制系统的结构上来看，只有从输入端到输出端、从左到右的信号传递通道(该通道称为前向通道或正向通道)。这种开环控制系统的特点是系统结构简单，但控制精度不高，抗干扰能力差，只用于对控制性能要求不高的场合。

如果扰动因素已知，并能直接或间接地检测出来，那么也可以利用扰动信号来产生一

种补偿作用，以抵消扰动的影响，这种利用扰动进行控制的方式称为扰动控制或顺馈控制。例如，在一般的直流速度控制系统中，转速常常随负载的增加而下降，且转速的下降是由于电枢回路的电压降引起的。如果我们设法将负载引起的电流变化测量出来，并按其大小产生一个附加的控制作用，用于补偿由它引起的转速下降，这样就可以构成按扰动控制方式组成的开环控制系统，图 1.6 所示为一种简单的直流电动机扰动控制调速系统的原理图及方框图。

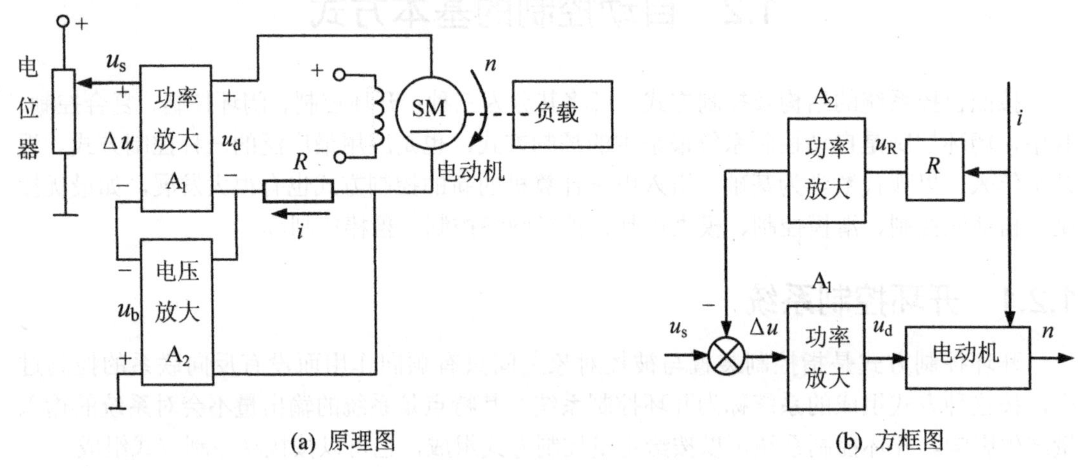

图 1.6　直流电动机扰动控制调速系统

图中电动机为控制对象，n 为被控量，u_s 为给定输入，负载电流是一种扰动量。当负载增大($i\uparrow$)转速下降($n\downarrow$)时，电阻 R 上的压降增大($u_R\uparrow$)，它加强了输入信号，使 $u_d\uparrow$ 补偿 $n\downarrow$。这种系统在结构上输出量 n 对系统的控制作用没有任何影响，u_b 来自于扰动量，因此它仍属于开环控制系统，它具有控制转速的特点。

1.2.2　闭环控制系统

1. 闭环控制系统的原理

闭环控制方式是按照偏差进行控制的，其特点是不论什么原因使被控量偏离期望而出现偏差时，必定会产生一个相应的控制作用去减小或消除这个偏差，使被控量与期望值趋于一致。按闭环控制方式组成的闭环控制系统，具有抑制任何内外扰动对被控量产生影响的能力，有较高的控制精度。这种系统使用元件多，结构复杂，系统分析和设计比较麻烦，尽管如此，闭环控制系统仍是一种重要的并被广泛应用的控制系统，是自动控制理论主要研究的控制系统。

直流电动机闭环控制调速系统如图 1.7 所示，其中图 1.7(a)所示为原理图，图 1.7(b)所示为方框图。

电动机为控制对象，输出 n 为被控量，速度给定 u_s 为输入量。系统的输出量参与控制，直接影响系统的控制过程，这种系统称为闭环控制系统。测速发电机 TG 将输出转速 n 变换成电压 u_{fn}，并返回到输入端，形成一个闭环。系统的调速原理同开环控制系统，但它采用了差值$\Delta u=u_s-u_{fn}$来控制。例如在某给定量 u_s 下电动机工作在某一相应速度 n 时，若负载增大(I_d↑)，引起转速降低(n↓)，则测速发电机的输出也相应减小(u_{fn}↓)，使比较环节的输出差值增大(Δu↑)，通过放大，控制电动机转速升高，来补偿由扰动(负载)引起的转速下降，而保持系统转速的恒定。

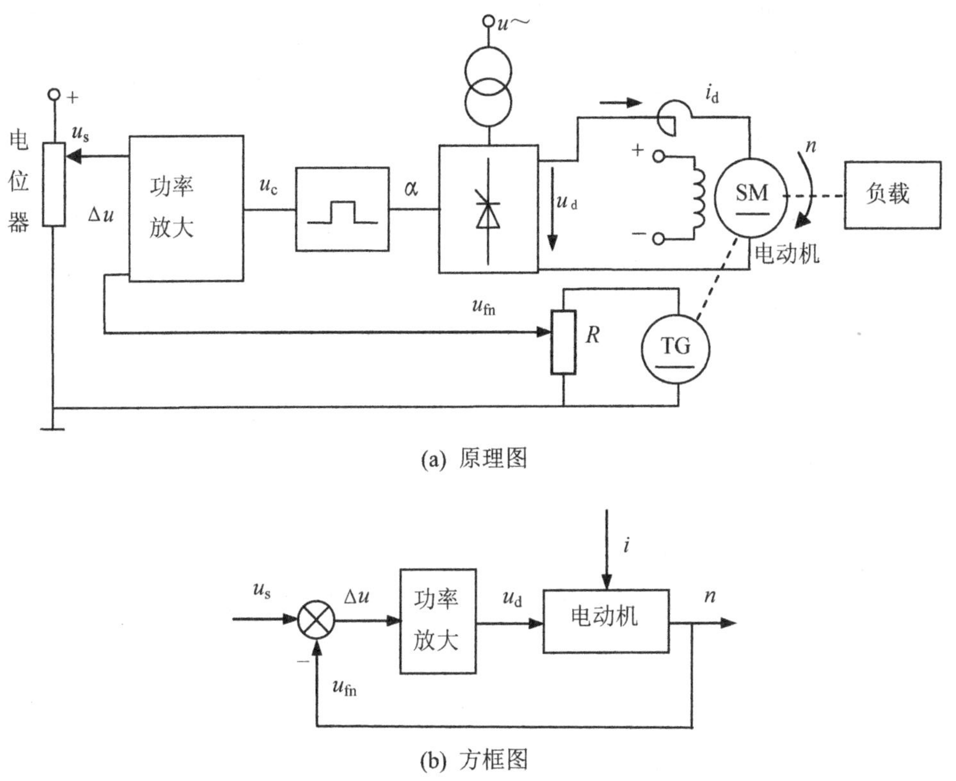

(a) 原理图

(b) 方框图

图 1.7　直流电动机闭环控制调速系统

闭环系统的特点如下。

(1) 信号传递存在两类通道：一类通过放大器、晶闸管去控制电动机速度，称为主通道；另一类将输出信号返回输入端，称为反馈通道。

(2) 系统是采用差值进行控制的，差值所产生的控制作用是使系统向减小或消除偏差值的方向变化，故有利于克服惯性和干扰而维持给定的控制，常称这种控制为偏差控制。具有以上两个特点的系统称为反馈控制系统。

(3) 对于一个反馈控制系统而言，无论取哪种物理量反馈，包围在它反馈环内的各种干扰量所引起的输出量变化的偏差值都能得到减小或消除，而使系统具有较好的动、静态精度。如转速反馈系统能维持转速恒定，电压反馈系统能保持电压恒定。

2. 闭环控制系统的基本组成

闭环控制系统是由各种结构不同的系统部件组成的。从完成“自动控制”这一职能来看，一个控制系统必然包含被控对象和控制装置两个部分。控制装置由具有一定职能的各种基本元件组成。在不同系统中，结构完全不同的元件都可以具有相同的职能。组成系统的元件按职能分类主要有以下几种。

(1) 测量元件：其职能是测量被控制的物理量，如果这个物理量是非电量，一般再转换为电量。

(2) 给定元件：其职能是给出与期望的被控量相对应的系统输入量(即参变量)。

(3) 比较元件：把测量元件检测的被控量的实际值与给定元件给出的参变量进行比较，求出它们之间的偏差。常用的比较元件有差动放大器、机械差动装置和电桥等。

(4) 放大元件：将比较元件给出的偏差进行放大，用来推动执行元件去控制被控对象。如电压偏差信号可用电子管、晶体管、集成电路、晶闸管等组成的电压放大器和功率放大级加以放大。

(5) 执行元件：直接推动被控对象，使被控量发生变化。用来作为执行元件的有阀、电动机、液压马达等。

(6) 校正元件：也称补偿元件，它是结构或参数便于调整的元件，用串联或反馈的方式连接在系统中，以改善系统性能。最简单的校正元件是由电阻、电容组成的无源或有源网络；复杂的则用电子计算机。

1.2.3 复合控制系统

扰动控制方式在技术上比反馈控制方式简单，但它只适用于扰动可测量的场合，并且一个补偿装置只能补偿一种扰动因素，对其余扰动不起补偿作用。因此，比较合理的一种控制方式是把反馈控制与扰动控制结合起来，对于主要扰动采用适当的补偿装置实现扰动控制；同时，再组成反馈控制系统实现偏差控制，以消除其余扰动产生的偏差。这样，系统的主要扰动已经被消除，反馈控制系统就比较好设计，控制效果也就会更好。这种将闭环控制系统和开环控制系统结合在一起构成的开环-闭环相结合的控制系统，称为复合控制系统。图 1.8 所示为偏差控制和扰动控制相结合的直流电动机复合控制调速系统。图 1.9 所示为偏差控制和顺馈控制相结合的复合控制系统的方框图。这类系统兼有闭环及开环的优点，控制精度高，控制作用快，但结构也较为复杂。

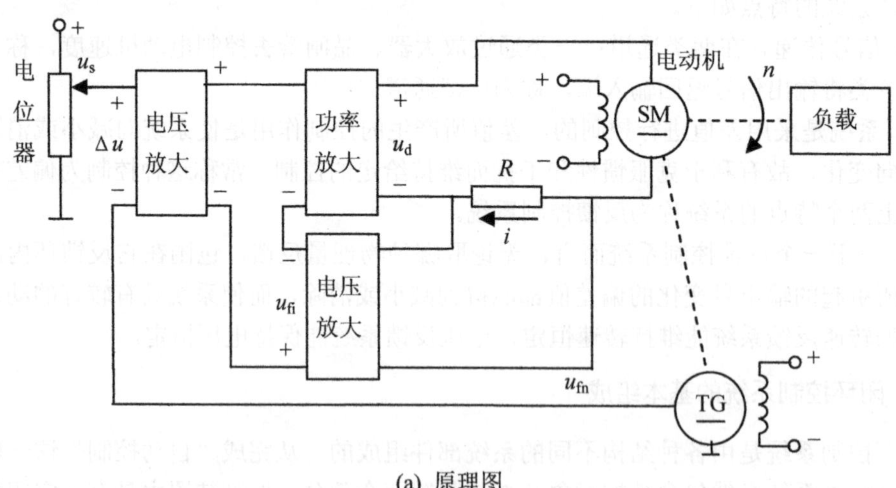

(a) 原理图

图 1.8 直流电动机偏差控制和扰动控制调速系统

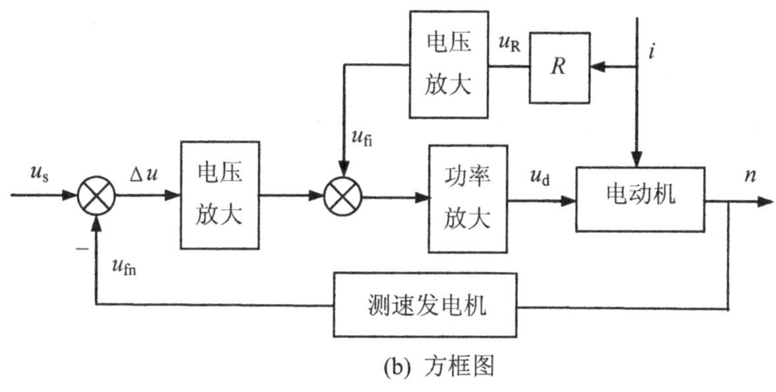

(b) 方框图

图 1.8　直流电动机偏差控制和扰动控制调速系统(续)

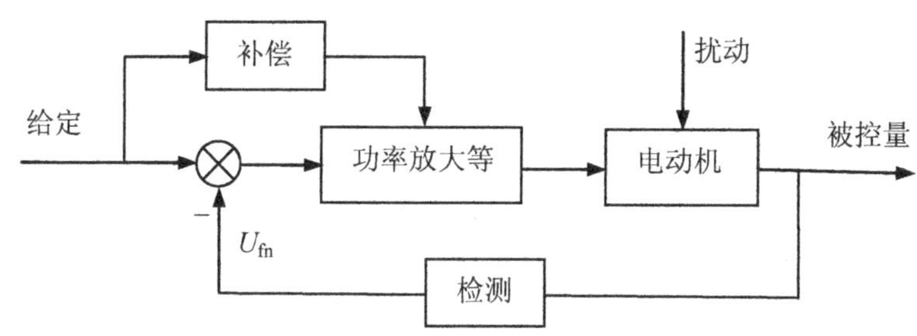

图 1.9　直流电动机偏差控制和顺馈控制调速系统

1.3　对控制系统性能的基本要求

当自动控制系统受到各种干扰或按照给定值改变时，被控量就会发生变化，偏离给定值。通过系统自身自动调节，经过一定的过渡过程，被控量又恢复到原来的稳定值或达到一个新的稳定状态。这时系统从原来的平衡状态过渡到一个新的平衡状态，被控量在变化中的过渡过程称为动态过程；而被控量处于平衡状态(达到平衡状态的 95%或 98%以上)时称为静态或稳态。

自动控制系统最基本的要求是必须稳定，也就是要求控制系统的被控量的稳态误差(系统稳定时希望值与实际值之差)为零或在一定的允许范围之内，一般工程上要求系统的稳态误差在被控量额定值的 2%或 5%以内。

自动控制系统除了要满足稳态性能之外，还应该满足系统动态过程的要求。在介绍自动控制系统的动态过程之前，有必要介绍自动控制系统的动态过程有哪几种类型。一般自动控制系统被控量变化的动态过程有以下几种。

(1) 单调上升过程。被控量 $c(t)$单调上升达到新的平衡状态(新的稳态值)，如图 1.10(a)所示。

(2) 衰减振荡过程。被控量 $c(t)$的动态过程是一个振荡衰减的过程，幅度不断在衰减，到过渡过程结束时，被控量达到新的稳态值，如图 1.10(b)所示。

(3) 等幅振荡过程。被控量 $c(t)$的动态过程是一个持续等幅振荡的过程，始终不能达到新的稳态值，如图 1.11(a)所示。

(4) 发散振荡过程。被控量 $c(t)$的动态过程不但是一个振荡过程，而且振荡的幅度越来越大，以致会大大超出被控量的允许误差范围，达到输出限幅值，如图 1.11(b)所示。被控量的这种情况在自动控制系统设计中要绝对避免。

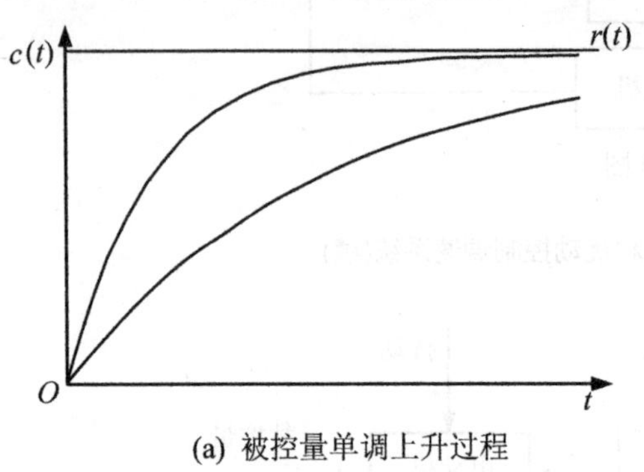

(a) 被控量单调上升过程

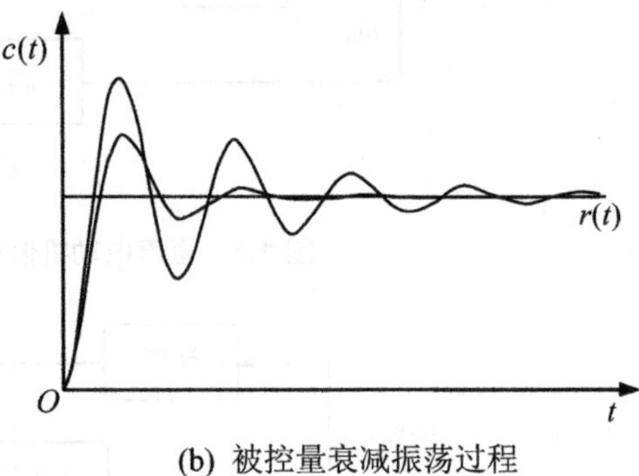

(b) 被控量衰减振荡过程

图 1.10 自动控制系统的动态过程(1)

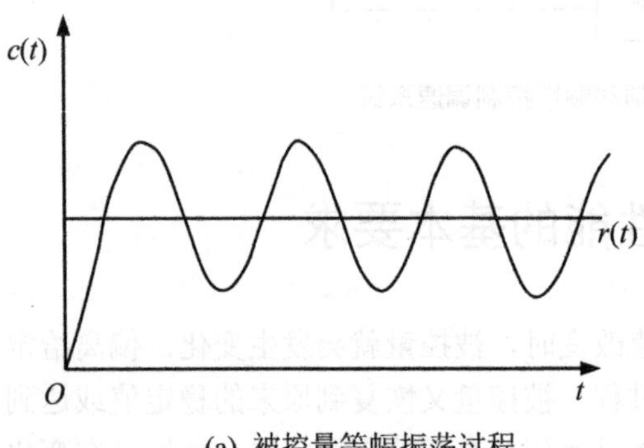

(a) 被控量等幅振荡过程

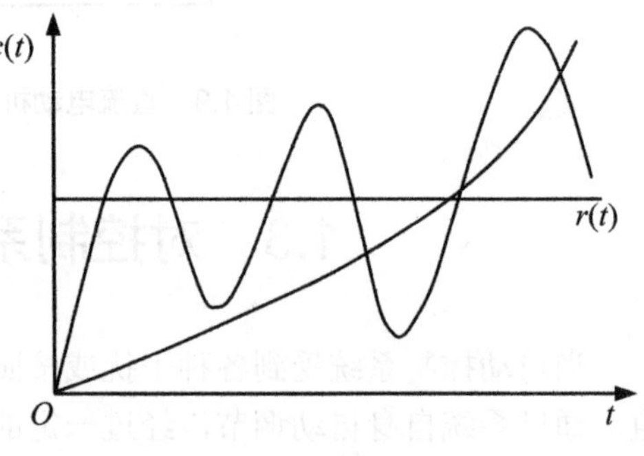

(b) 被控量发散振荡过程

图 1.11 自动控制系统的动态过程(2)

综上所述，对于自动控制系统的性能有以下三方面的要求：稳定性、快速性、准确性。

(1) 稳定性，即要求当恒值系统受到扰动后，经过一定时间的调整，被控量能够回到原来的期望值。对随动系统，要求被控量始终跟踪参变量的变化。

稳定性是对自动控制系统的基本要求，不稳定的系统不能实现预定任务。稳定性通常由系统的结构决定，与外界因素无关。

(2) 快速性，对过渡过程的形式和快慢提出的要求，一般称为动态性能。如稳定高射炮射角随动系统，虽然炮身最终能跟踪目标，但如果目标变动迅速，而炮身行动迟缓，则系统仍然抓不住目标。

(3) 准确性，用稳态误差来表示。在参考输入信号作用下，当系统达到稳态后，其稳态输出与参考输入所要求的期望输出之差称为给定稳态误差。显然，该误差越小，就表示系统的输出跟随参考输入的精度越高。

必须注意，同一个系统以上三方面的性能常常是相互制约的，若提高快速性，可能会增大振荡幅值，加速系统的振荡；若改善稳定性又可能使动态过程进行缓慢，增加过渡时间，甚至导致稳态误差增大，降低系统的精度。对于一个控制系统而言，一般应兼顾几方面的要求，或根据工作任务的不同而有所侧重，应按照具体情况合理解决矛盾。

1.4 自动控制系统的类型

随着生产规模的不断扩大，以及自动化技术和控制理论的不断发展，为满足生产要求，自动控制系统在不断完善，并出现了各式各样的类型。现将常见的自动控制系统的类型概括如下。

1.4.1 按系统的特性分类

1. 线性系统

线性系统是由线性元件组成的系统，其数学模型用线性微分方程来描述，是本书讨论的重点。线性系统的特点是满足叠加原理和齐次性，即当系统存在几个输入时，系统的输出等于各个输入分别作用于系统时的各输出之和；当系统输入幅度增加或缩小时，系统的输出幅度也按照同样比例增加或缩小。

2. 非线性系统

系统中只要有一个非线性元件或具有非线性特性，即为非线性系统。本书第 7 章将对其作简单介绍。

1.4.2 按信号的传递是否连续分类

1. 延续系统

延续系统是指系统各部分的信号都是模拟量及连续函数，其运动功率可用微分方程来描述。目前多数闭环系统都属于这一类型，因此为本书的主要内容。

2. 离散系统

离散系统是指系统的一处或多处信号是以脉冲列或数码形式传递的，它包括脉冲控制系统和数字控制系统。目前采用数字控制的系统越来越多，故本书在第 8 章讨论其原理。

1.4.3 按给定量的特征分类

1. 恒值控制系统

恒值控制系统的给定量是一定的，控制任务是保持被控量为一不变常数，在发生扰动时尽快地使被控量恢复为给定值。常见的电动机转速控制、空调温度控制、容器的液位控制、电力网的频率控制等都是恒值控制系统。恒值控制系统在工业、农业、国防等部门有

着广泛的应用。

2. 随动控制系统

随动控制系统的给定量是按照事先不知道的时间函数变化的，要求输出跟随给定量变化。显然，由于输入信号在不断变化，设计好系统跟随性能就成为这类系统要解决的主要矛盾。当然，系统的抗干扰性也不能忽略，但是与跟随性相比，应放在第二位。用于军事上的自动火炮系统、雷达跟踪系统，用于航天、航海中的自动导航系统、自动驾驶系统等都属于典型的随动控制系统。

从控制作用上讲，以上两种控制系统都是按偏差控制的反馈系统，所以恒值控制系统和随动控制系统在控制原理上是一样的，区别在于前者主要是克服扰动影响，而后者主要是克服本身惰性影响，以跟随控制量的变化。矛盾不同，对系统的要求也不同。恒值控制系统要求稳定性较高、稳态误差小；而随动控制系统则对快速性及动态精度的要求较高。

3. 程序控制系统

程序控制系统的给定量是按照已确定的一定时间函数的变化而变化的。如程控机床及一些工艺过程自动化的生产线等即属于这类控制系统。

以上三种系统当然都可以是连续的或离散的，线性的或非线性的。

生产和自动化技术的飞速发展，特别是当今计算机技术和航天技术的发展，促进了自控理论的飞速发展，出现了多变量、变参数、最优控制、自适应控制等复杂控制系统，近年来在大系统工程、人工智能控制方面又有新的发展。这些都属于现代控制理论的范畴了。

1.5 复数及其表示

1.5.1 复数及其代数运算

定义 1.1 设 x、y 为任意实数，称形如 $z=x+\mathrm{j}$ 的数为复数，其中 $\mathrm{j}^2=-1$，称 j 为虚数单位，x 称为实部，记为 $\mathrm{Re}(z)$；y 称为虚部，记为 $\mathrm{Im}(z)$。

当 $x=0$ 且 $y\neq 0$ 时，$z=\mathrm{j}$ 称为纯虚数；当 $y=0$ 时，$z=x$ 为实数。

当且仅当两个复数的实部和虚部分别相等时，我们称这两个复数相等。一般来说，两个复数是无法比较大小的。

下面介绍一下复数的代数运算。

设 $z_1=x_1+\mathrm{j}y_1$、$z_2=x_2+\mathrm{j}y_2$，规定

$$(x_1+\mathrm{j}y_1)+(x_2+\mathrm{j}y_2)=(x_1+x_2)+\mathrm{j}(y_1+y_2) \tag{1-1}$$

$$(x_1+\mathrm{j}y_1)\times(x_2+\mathrm{j}y_2)=(x_1x_2-y_1y_2)+\mathrm{j}(x_2y_1+x_1y_2) \tag{1-2}$$

式(1-1)为 z_1 与 z_2 的和；式(1-2)为 z_1 与 z_2 的积。

减法与除法分别定义为加法与乘法的逆运算，即如果 $z_1=z_2+z$，则称 z 是 z_1 与 z_2 的差，记为 $z=z_1-z_2$；如果 $z_1=z_2z(z_2\neq 0)$，则称 z 是 z_1 与 z_2 的商，记为 $z=\dfrac{z_1}{z_2}$. 由和与积的定义不难

推出

$$(x_1+\mathrm{j}y_1)-(x_2+\mathrm{j}y_2)=(x_1-x_2)+\mathrm{j}(y_1-y_2) \tag{1-3}$$

$$\frac{x_1+\mathrm{j}y_1}{x_2+\mathrm{j}y_2}=\frac{x_1x_2+y_1y_2}{x_2^2+y_2^2}+\mathrm{j}\frac{x_2y_1-x_1y_2}{x_2^2+y_2^2} \tag{1-4}$$

由复数的代数定义，不难证明复数有如下运算规律。

(1) 交换律：$z_1+z_2=z_2+z_1$，$z_1\cdot z_2=z_2\cdot z_1$。

(2) 结合律：$(z_1+z_2)+z_3=z_1+(z_2+z_3)$，$(z_1\cdot z_2)\cdot z_3=z_1\cdot(z_2\cdot z_3)$。

(3) 分配律：$z_1\cdot(z_2+z_3)=z_1\cdot z_2+z_1\cdot z_3$。

定义 1.2　实部相同、虚部相反的两个复数称为共轭复数。与 z 共轭的复数记为 $\overline{z}$，即如果 $z=x+\mathrm{j}y$，则 $\overline{z}=x-\mathrm{j}y$。

可以证明，共轭复数有如下运算性质。

(1) $\overline{z_1\pm z_2}=\overline{z}_1\pm\overline{z}_2$，$\overline{z_1\cdot z_2}=\overline{z}_1\cdot\overline{z}_2$，$\overline{\left(\frac{z_1}{z_2}\right)}=\frac{\overline{z}_1}{\overline{z}_2}$。

(2) $\overline{\overline{z}}=z$。

(3) $z\cdot\overline{z}=[\mathrm{Re}(z)]^2+[\mathrm{Im}(z)]^2$。

(4) $z+\overline{z}=2\mathrm{Re}(z)$，$z-\overline{z}=2\mathrm{j}\mathrm{Im}(z)$。

由性质(3)可知：$\frac{z_1}{z_2}=\frac{z_1\cdot\overline{z}_2}{z_2\cdot\overline{z}_2}=\frac{z_1\cdot\overline{z}_2}{[\mathrm{Re}(z_2)]+[\mathrm{Im}(z_2)]^2}$。

【例1-1】　已知 $z=\frac{3+\mathrm{j}}{(2-3\mathrm{j})(1+2\mathrm{j})}$，求 $\mathrm{Im}(z)$、$\mathrm{Re}(z)$、$\overline{z}$。

解： $z=\frac{3+\mathrm{j}}{(2-3\mathrm{j})(1+2\mathrm{j})}=\frac{3+\mathrm{j}}{8+\mathrm{j}}=\frac{(3+\mathrm{j})(8-\mathrm{j})}{(8+\mathrm{j})(8-\mathrm{j})}=\frac{5+\mathrm{j}}{13}$

所以 $\mathrm{Re}(z)=\frac{5}{13}$，$\mathrm{Im}(z)=\frac{1}{13}$，$\overline{z}=\frac{5-\mathrm{j}}{13}$。

1.5.2　复数的表示

复数 $z=x+\mathrm{j}y$ 除了可以用点(x, y)来表示外，也可以用以原点为起点、以点 z 为终点的向量来表示，如图 1.12 所示。因此，有时也把“复数 z”与“向量 z”当做同义语。向量 $z=x+\mathrm{j}y$ 的长度称为复数 z 的模，记为$|z|$。

在 $z\neq 0$ 的情况下，把实轴正向与向量 z 之间的夹角称为复数 z 的辐角，记为 Arg$z$，在图 1.12 中为θ。

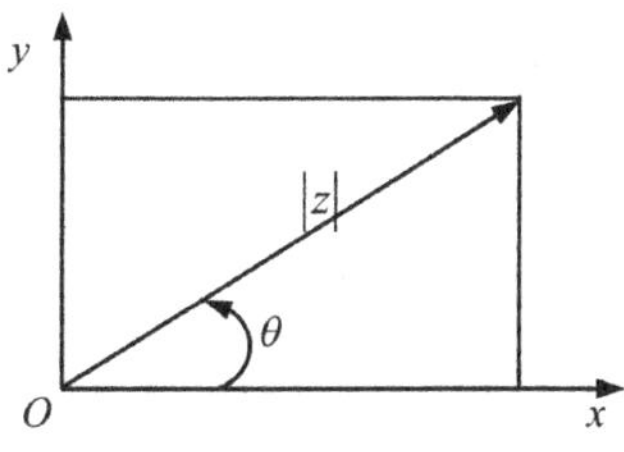

图 1.12　复数 z 向量图

显然 Arg$z$ 有无穷多个值，其中每两个值的差是 2 的整数倍。但是 Arg$z$ 只有一个值满足条件($0\leqslant \mathrm{Arg}z<2\pi$)，我们称为 z 的辐角主值，记作 arg$z$。

引入复数的向量表示后，复数的加法如图 1.13 所示，复数的减法如图 1.14 所示，由图上可以看出，$|z_1-z_2|$ 就是 z_1 点与 z_2 点之间的距离，并且有

$$\big||z_1|-|z_2|\big|\leqslant|z_1+z_2|\leqslant|z_1|+|z_2| \tag{1-5}$$

$$\big||z_1|-|z_2|\big|\leqslant|z_1-z_2|\leqslant|z_1|+|z_2| \tag{1-6}$$

式(1-5)和式(1-6)称为三角不等式。

一对共轭复数 z 与 $\bar{z}$ 在复平面内的位置关系是关于实轴对称的，因此有 $|z|=|\bar{z}|$，如果 z 不在实轴和原点上时，有 $\arg\bar{z}=-\arg z$，如图 1.15 所示)。

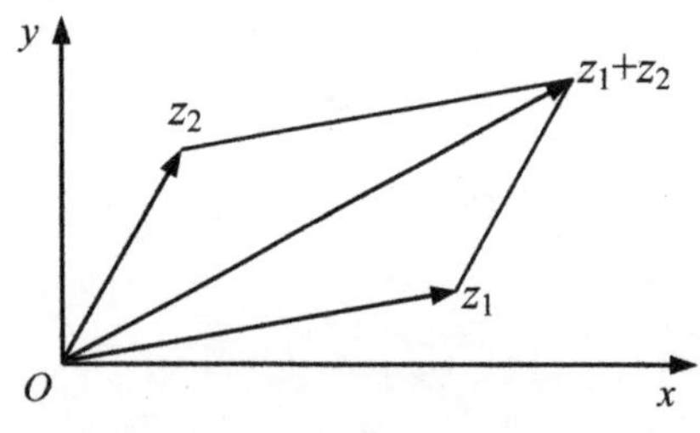

图 1.13 复数的加法

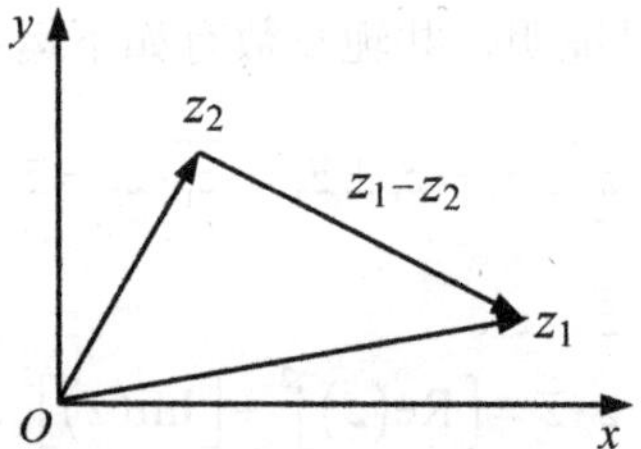

图 1.14 复数的减法

复数 $z=x+\mathrm{j}y$ 的辐角主值 arg$z$ 与反正切函数有如下关系：

$$\begin{cases}\arg z=\arctan\dfrac{y}{x} & (x>0,\ y\neq 0)\\ \arg z=\dfrac{\pi}{2} & (x=0,\ y>0)\\ \arg z=\pi+\arctan\dfrac{y}{x} & (x<0,\ y\geqslant 0)\\ \arg z=-\dfrac{\pi}{2} & (x=0,\ y<0)\\ \arg z=-\pi+\arctan\dfrac{y}{x} & (x<0,\ y<0)\end{cases}$$

利用直角坐标系与极坐标系的关系，有 $x=r\cos\theta$，$y=r\sin\theta$，于是可以把复数 $z=x+\mathrm{j}y$ 表示成

$$z=r(\cos\theta+i\sin\theta) \tag{1-7}$$

式(1-7)称为复数 z 的三角形式，其中 $r=|z|$，$\theta=\mathrm{Arg}z$。

再利用欧拉公式 $\mathrm{e}^{\mathrm{j}\theta}=\cos\theta+\mathrm{j}\sin\theta$ (并且容易验证 $\mathrm{e}^{\mathrm{j}\theta_1}\mathrm{e}^{\mathrm{j}\theta_2}=\mathrm{e}^{\mathrm{j}(\theta_1+\theta_2)}$，$\dfrac{\mathrm{e}^{\mathrm{j}\theta_1}}{\mathrm{e}^{\mathrm{j}\theta_2}}=\mathrm{e}^{\mathrm{j}(\theta_1-\theta_2)}$)，又可以得到

$$z=r\mathrm{e}^{\mathrm{j}\theta} \tag{1-8}$$

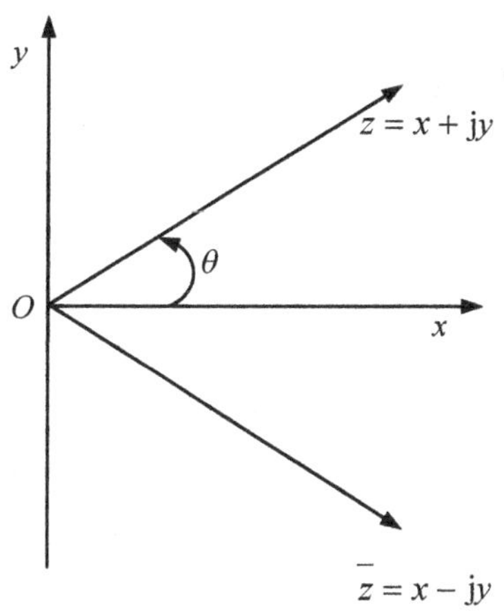

图 1.15　共轭复数向量图

式(1-8)称为复数 z 的指数形式。

前面介绍的 $z=x+jy$ 的表示方法称为复数 z 的代数形式。这三种表示方法可以互相转换，以适应讨论不同问题的需要。

【例1-2】 将 $z=1-\text{j}$ 转化为三角形式和指数形式。

解： $z=1-\text{j}=\sqrt{2}\left[\cos\left(-\dfrac{\pi}{4}\right)+\text{j}\sin\left(-\dfrac{\pi}{4}\right)\right]=\sqrt{2}\text{e}^{\text{j}\left(-\frac{\pi}{4}\right)}$

利用复数的指数形式或三角形式进行复数的乘除法运算较为方便，且容易验证以下定理。

定理 1.1　设复数 $z_1=r_1\text{e}^{\text{j}\theta_1}=r_1\left(\cos\theta_1+\text{j}\sin\theta_1\right)$， $z_2=r_2\text{e}^{\text{j}\theta_2}=r_2\left(\cos\theta_2+\text{j}\sin\theta_2\right)$，则

$$z_1z_2=r_1r_2\text{e}^{\text{j}(\theta_1+\theta_2)}=r_1r_2\left[\cos\left(\theta_1+\theta_2\right)+\text{j}\sin\left(\theta_1+\theta_2\right)\right]$$

$$\frac{z_1}{z_2}=\frac{r_1}{r_2}\text{e}^{\text{j}(\theta_1-\theta_2)}=\frac{r_1}{r_2}\left[\cos\left(\theta_1-\theta_2\right)+\text{j}\sin\left(\theta_1-\theta_2\right)\right] \tag{1-9}$$

即

$$|z_1\cdot z_2|=|z_1|\cdot|z_2| \qquad \left|\frac{z_1}{z_2}\right|=\frac{|z_1|}{|z_2|} \tag{1-10}$$

$$\text{Arg}\left(z_1z_2\right)=\text{Arg}z_1+\text{Arg}z_2 \qquad \text{Arg}\left(\frac{z_1}{z_2}\right)=\text{Arg}z_1-\text{Arg}z_2 \tag{1-11}$$

注意： 由于辐角的多值性，对于式(1-11)，可以理解为等式左侧取任何一个值，等式右侧都可以找到对应值与其相应；反之亦然。

复数乘法的集合意义：向量 z_1z_2 是从向量 z_1 旋转一个角度 $\text{Arg}z_2$，并伸长(缩短)到原来的模的 $|z_2|$ 倍得到的。特别是当 $|z_2|=1$ 时，乘法就仅仅是旋转。例如 $z\text{j}$ 相当于将 z 逆时针旋转 90°，$-z$ 相当于将 z 逆时针旋转 180°。又当 $\arg z_2=0$ 时，乘法就仅仅是伸长(缩短)。

1.5.3 复数的乘幂与方根

n 个相同的复数 z 的乘积称为 z 的 n 次幂，记作 z^n，即 $z^n=\underbrace{zz\cdots z}_{n}$

设 $z=re^{j\theta}=r(\cos\theta+\mathrm{j}\sin\theta)$，则

$$z^n=r^n e^{jn\theta}=r^n(\cos n\theta+\mathrm{j}\sin n\theta) \tag{1-12}$$

特别是当 r=1 时，可得到德莫佛(De Moivre)公式，即

$$(\cos\theta+\mathrm{j}\sin\theta)^n=\cos n\theta+\mathrm{j}\sin n\theta \tag{1-13}$$

规定 $z^{-n}=\dfrac{1}{z^n}$，则当 n 为负整数时，式(1-12)和式(1-13)同样成立(证明由读者自己完成)。

求非零复数 z 的 n 次方根，就相当于解方程 $w^n=z(n\geqslant 2$，且为整数$)$。记方程的所有根为 $\sqrt[n]{z}$，下面来求解。

设 $z=re^{j\theta}$，$w=\rho e^{j\varphi}$，由式(1-12)得 $\rho^n e^{nj\varphi}=re^{j\theta}$，从而有

$$\rho^n=r，\quad n\varphi=\theta+2k\pi(k=0,\pm1,\pm2,\cdots)$$

解出得 $\rho=\sqrt[n]{r}$(取算术根)，$\varphi=\dfrac{\theta+2k\pi}{n}$，因此 z 的 n 次方根为

$$w_k=\left(\sqrt[n]{z}\right)_k=\sqrt[n]{r}e^{i\frac{\theta+2k\pi}{n}}\ (k=0,\pm1,\pm2,\cdots) \tag{1-14}$$

这里 k 表面上可以取 $0,\pm1,\pm2,\cdots$，但实际上只要取 $k=0,1,2,\cdots$，即可得出 n 个不同值，而在取其他值时，这些根又重复出现，所以记号 $\sqrt[n]{z}$ 与 $\left(\sqrt[n]{z}\right)_k(k=0,\pm1,\pm2,\cdots)$ 是一致的，z 的 n 次方根共有 n 个。

在几何上，z 的 n 次方根就是以原点为圆心，以 $\sqrt[n]{r}$ 为半径的圆内接正 n 边形的 n 个顶点。

【例1-3】 求 $\sqrt[3]{-8}$。

解：因为 $-8=8(\cos\pi+\mathrm{j}\sin\pi)$

所以 $\left(\sqrt[3]{-8}\right)_k=\sqrt[3]{8}\left(\cos\dfrac{\pi+2k\pi}{3}+\mathrm{j}\sin\dfrac{\pi+2k\pi}{3}\right)(k=0,1,2)$

即 $\left(\sqrt[3]{-8}\right)_0=\sqrt[3]{8}\left(\cos\dfrac{\pi}{3}+\mathrm{j}\sin\dfrac{\pi}{3}\right)=1+\sqrt{3}\mathrm{j}$

$$\left(\sqrt[3]{-8}\right)_1=\sqrt[3]{8}(\cos\pi+\mathrm{j}\sin\pi)=-2$$

$$\left(\sqrt[3]{-8}\right)_2=\sqrt[3]{8}\left(\cos\frac{5\pi}{3}+\mathrm{j}\sin\frac{5\pi}{3}\right)=1-\sqrt{3}\mathrm{j}$$

这三个根是内接于以原点为圆心、以 2 为半径的圆的某个等边三角形的顶点。

1.6　拉普拉斯变换及其应用

1.6.1　拉氏变换的概念

在数学中，所谓变换就是指把较为复杂的问题转化为较为简单的问题所采用的一种手段，比如中学学过的对数就是一种变换，因为对数的一个最基本的用途就是将乘除运算转化为和差运算，将乘幂运算转化为乘除运算，从而起到简化计算的目的，其他如坐标转换等都是如此。

拉普拉斯变换(Laplace Transform)是一种函数的变换，经变换后，可将微分方程式变换成代数方程式，并且在变换的同时即将初始条件引入，避免了经典解法中求积分常数的麻烦，因此这种方法可以使求解微分方程的过程大为简化。

在经典自动控制理论中，自动控制系统的数学模型是建立在传递函数基础之上的，而传递函数的概念又是建立在拉氏变换基础之上的，因此，拉氏变换是经典自动控制理论的数学基础。

定义 1.3　设函数为 $f(t)$，当 $t\geqslant 0$ 时定义，若积分 $\int_0^{+\infty} f(t)\mathrm{e}^{-st}\mathrm{d}t$ (s 为一个副参量)收敛，则称此积分为函数 $f(t)$ 的拉普拉斯变换式(简称拉氏变换)，记为 $F(s)=L[f(t)]$，$F(s)$称为 $f(t)$ 的拉氏变换(或称象函数)。若 $F(s)$是 $f(t)$ 的拉氏变换，则称 $f(t)$ 为 $F(s)$的拉式逆变换(或称象原函数)，记作 $f(t)=L^{-1}[F(s)]$。

在工程技术等实际应用中，常常遇到的是以时间 t 为自变量的函数，这些函数当 $t<0$ 时无意义，或者不需要考虑当 $t<0$ 时的函数值，所以在拉氏变换的定义中，我们只需要研究 $f(t)$ 当 $t\geqslant 0$ 时的情况。对所有拉氏变换的函数，总假定 $t<0$ 时，$f(t)=0$。

【例1-4】　求单位阶跃函数(Unit Step Function) $1(t)=\begin{cases}(0,t<0)\\(1,t\geqslant 0)\end{cases}$ 的拉氏变换。

解：根据拉氏变换的定义有

$$L[1(t)]=\int_0^{+\infty} 1\cdot\mathrm{e}^{-st}\mathrm{d}t$$

当 $\mathrm{Re}(s)>0$ 时积分收敛，有 $\int_0^{+\infty}\mathrm{e}^{-st}\mathrm{d}t=-\frac{1}{s}\mathrm{e}^{-st}\big|_0^{+\infty}=\frac{1}{s}$

所以单位阶跃函数的拉氏变换为

$$L[1(t)]=\frac{1}{s} \tag{1-15}$$

【例1-5】　求指数函数(Exponential Function) $f(t)=\mathrm{e}^{-\frac{t}{T}}$ 的拉氏变换(T 为实数)。

解：根据拉氏变换的定义有

$$L[f(t)]=\int_0^{+\infty}\mathrm{e}^{-\frac{t}{T}}\mathrm{e}^{-st}\mathrm{d}t$$

有

$$\int_0^{+\infty}-\left(s+\frac{1}{T}\right)t=-\frac{1}{s+\frac{1}{T}}\mathrm{e}^{-(s+\frac{1}{T})t}\Big|_0^{+\infty}=\frac{1}{s+\frac{1}{T}}$$

所以指数函数的拉氏变换为

$$F(s)=L[e^{\frac{t}{T}}]=\frac{1}{s+\frac{1}{T}}=\frac{T}{Ts+1} \tag{1-16}$$

由以上例子可以看出，函数 $f(t)$ 的象函数 $F(s)$都在某个右半平面 Re(s)>c>0 内解析，且对该平面内每一个 s 满足 Re(s)>c>0，积分 $\int_0^{+\infty} f(t)e^{-st}dt$ 收敛，那么在什么条件下，这个广义积分一定收敛呢？以下定理就解决了这个问题。

定理 1.2 (拉氏变换的存在定理)若函数 $f(t)$ 满足下列条件：

(1) 在 t>0 的任一有限区间上分段连续；

(2) 当 $t\to+\infty$时，$f(t)$ 的增长不超过某一指数函数，即存在常数 M>0 及 c，使得 $|f(t)|\leqslant Me^{ct},(0\leqslant t<+\infty)$ 成立。

则 $f(t)$的拉氏变换 $F(s)=\int_0^{+\infty} f(t)e^{-st}dt$ 在半平面 Re(s)>c 上一定存在。

定理证明从略。

工程技术中的常见函数大都能满足这两个条件，如 $1(t)$、$\cos\omega t$、t^m 等函数。特别在线性系统分析中，拉氏变换的应用就更加广泛。

【例1-6】求单位脉冲函数 $\delta(t)$ 的拉氏变换。

$$\delta_\varepsilon(t)=\begin{cases}0 & (t<0)\\ \dfrac{1}{\varepsilon} & (0<t<\varepsilon)\\ 0 & (t>\varepsilon)\end{cases}$$

$\delta_\varepsilon(t)$ 函数的特点是

$$\int_0^\infty \delta_\varepsilon(t)dt=\int_0^\varepsilon \delta_\varepsilon(t)dt=\frac{1}{\varepsilon}t\Big|_0^\varepsilon=1$$

单位脉冲函数 $\delta(t)$ 的定义为

$$\delta(t)=\lim_{\varepsilon\to0}\delta_\varepsilon(t)$$

$\delta(t)$ 当 t<0 及 t>0 时为 0；当 t=0 时，$\delta(t)$由 $0\to+\infty$，又由 $+\infty\to0$。但 $\delta(t)$ 对时间的积分为 1，即

$$\int_0^\infty \delta(t)dt=\lim_{\varepsilon\to0}\int_0^\infty \delta_\varepsilon(t)dt=1$$

解：

$$\begin{aligned}F(s)=L[\delta(t)]&=\int_0^\infty \delta(t)e^{-st}dt\\&=\lim_{\varepsilon\to0}[\int_0^\varepsilon \delta(t)e^{-st}dt+\int_\varepsilon^\infty \delta(t)e^{-st}dt]\\&=\lim_{\varepsilon\to0}[\int_0^\varepsilon \frac{1}{\varepsilon}e^{-st}dt]\\&=\lim_{\varepsilon\to0}[-\frac{1}{\varepsilon s}\Big|_0^\varepsilon]=\lim_{\varepsilon\to0}\frac{1-e^{-\varepsilon s}}{\varepsilon s}=1\end{aligned}$$

所以单位脉冲函数的拉氏变换为

$$F(s)=L[\delta(t)]=1 \tag{1-17}$$

【例1-7】　求斜坡函数(Ramp Function)的拉氏变换。

斜坡函数的定义式为

$$f(t)=\begin{cases}0 & (t<0)\\ At & (t\geqslant 0)\end{cases}$$

式中，A 为常数。

在自动控制原理中，斜坡函数是一个对时间做匀速变化的信号。在研究跟随系统时，常以斜坡信号作为典型的输入信号。

解：

$$F(s)=L[At]=\int_0^{\infty} At\mathrm{e}^{-st}\mathrm{d}t$$

$$=At\frac{\mathrm{e}^{-st}}{-s}\bigg|_0^{\infty}-\int_0^{\infty}\frac{At\mathrm{e}^{-st}\mathrm{d}t}{-s}$$

$$=\frac{A}{s}\int_0^{\infty}\mathrm{e}^{-st}\mathrm{d}t=\frac{A}{s^2}$$

若式中 A=1，即得到单位斜坡函数的拉氏变换为

$$L[t]=\frac{1}{s^2} \tag{1-18}$$

【例1-8】　求正弦函数(Sinusoidal Function) $f(t)=\sin\omega t$ (ω为实数)的拉氏变换。

解： $F(s)=L[\sin\omega t]=\int_0^{+\infty}\sin\omega t\cdot\mathrm{e}^{-st}\mathrm{d}t=\dfrac{\mathrm{e}^{-st}}{s^2+\omega^2}(-s\cdot\sin\omega t-\omega\cdot\cos\omega t)\Big|_0^{+\infty}$

$$=\frac{\omega}{s^2+\omega^2}$$

正弦函数的拉氏变换为

$$F(s)=L[\sin\omega t]=\frac{\omega}{s^2+\omega^2} \tag{1-19}$$

同理可得

$$L[\cos\omega t]=\frac{s}{s^2+\omega^2} \tag{1-20}$$

实践中，常把原函数与象函数之间的对应关系列成对照表的形式。通过查表，就能够知道原函数的象函数，或象函数的原函数，十分方便。常用函数拉普拉斯变换表见附录Ⅰ。

1.6.2　拉氏变换的性质

拉氏变换有很多性质，它们不仅可以用于求某些函数的拉氏变换，而且在拉氏变换的应用中也是很有用的。下面就介绍一些拉氏变换的基本性质，在这些性质中，假定函数都满足拉氏变换存在定理中的条件。

1．叠加性质

两个函数代数和的拉氏变换等于两个函数拉氏变换的代数和，即

$$L[f_1(t)\pm f_2(t)]=L[f_1(t)]\pm L[f_2(t)] \tag{1-21}$$

证明：

$$L[f_1(t)\pm f_2(t)]=\int_0^{\infty}[f_1(t)\pm f_2(t)]\mathrm{e}^{-st}\mathrm{d}t$$

$$= \int_0^\infty f_1(t)e^{-st}dt \pm \int_0^\infty f_2(t)e^{-st}dt$$
$$= L[f_1(t)] \pm L[f_2(t)] = F_1(s) \pm F_2(s)$$

2. 比例性质

K 倍原函数的拉氏变换等于原函数拉氏变换的 K 倍，即

$$L[Kf(t)] = KL[f(t)] \tag{1-22}$$

证明：

$$L[Kf(t)] = \int_0^\infty [Kf(t)]e^{-st}dt$$
$$= K\int_0^\infty f(t)e^{-st}dt = KF(s)$$

3. 微分性质

拉氏变换的微分性质有两部分内容。

1) 象原函数的微分性质

若 $L[f(t)] = F(s)$，则有 $L[f'(t)] = sF(s) - f(0)$

证明：根据拉氏变换的定义，有 $L[f'(t)] = \int_0^{+\infty} f'(t)e^{-st}dt$，等式右端利用分部积分法，可得

$$\int_0^{+\infty} f'(t)e^{-st}dt = f(t)e^{-st}\Big|_0^{+\infty} + s\int_0^{+\infty} f(t)e^{-st}dt$$
$$= sL[f(t)] - f(0)$$

所以　$L[f'(t)] = sF(s) - f(0)$

推论　若 $L[f(t)] = F(s)$，则有

$$L[f^{(n)}(t)] = s^nF(s) - s^{n-1}f(0) - s^{n-2}f'(0) - \cdots - f^{(n-1)}(0)$$

特别当初值 $f(0) = f'(0) = \cdots = f^{(n-1)}(0) = 0$ 时，有

$$L[f'(t)] = sF(s), L[f''(t)] = s^2F(s), \cdots, L[f^{(n)}(t)] = s^nF(s)$$

上式表明，在初始条件为零的前提下，原函数的 n 阶导数的拉氏变换等于其象函数乘以 s^n。这使函数的微分运算变得十分简单，是拉氏变换能将微分运算转换成代数运算的依据。因此，微分定理是一个十分重要的运算定理。

【例1-9】 求 $f(t) = t^m$ 的拉氏变换(m 为正整数)。

解：由于 $f(0) = f'(0) = \cdots = f^{(n-i)}(0) = 0$，而且 $f^{(m)}(t) = m!$，

所以　$L[m!] = L[f^{(m)}(t)] = s^mL[f(t)] - s^{m-1}f(0) - s^{m-2}f'(0) - \cdots - f^{(m-1)}(0)$

即　$L[m!] = s^mL[t^m]$

所以　$L[t^m] = \dfrac{m!}{s^{m+1}}$

2) 象函数的微分性质

若 $L[f(t)] = F(s)$，则有 $L[(-t)\cdot f(t)] = F'(s)$。

证明从略。

推广可得 $L[(-t)^n \cdot f(t)] = F^n(s)$。

【例1-10】 求函数 $f(t)=t\cdot \mathrm{e}^{-t}$ 的拉氏变换。

解： 因为 $L\left[\mathrm{e}^{-t}\right]=\dfrac{1}{s+1}$，由象函数的微分性质可得

$$L\left[t\cdot \mathrm{e}^{-t}\right]=-\left(\frac{1}{s+1}\right)'=\frac{1}{(s+1)^2}$$

4. 积分性质

1) 象原函数的积分性质

若 $L[f(t)]=F(s)$，则 $L\left[\int_0^t f(t)\mathrm{d}t\right]=\dfrac{1}{s}F(s)$。

证明： 由于 $L\left[\int_0^t f(t)\mathrm{d}t\right]=\int_0^{+\infty}\left[\int_0^t f(u)\mathrm{d}u\right]\mathrm{e}^{-st}\mathrm{d}t$，对等式右端进行分部积分可得

$$L\left[\int_0^t f(t)\mathrm{d}t\right]=\left[-\frac{\mathrm{e}^{-st}}{s}\int_0^t f(u)\mathrm{d}u\right]\Bigg|_0^{+\infty}+\frac{1}{s}\int_0^{+\infty} f(t)\mathrm{e}^{-st}\mathrm{d}t=\frac{1}{s}F(s)$$

同理，可以证明在零初始条件下有

$$L\left[\iint f(t)(\mathrm{d}t)^2\right]=\frac{F(s)}{s^2}$$

$$\vdots$$

$$L\left[\underbrace{\int\cdots\int}_{n} f(t)(\mathrm{d}t)^n\right]=\frac{F(s)}{s^n}$$

上式同样表明，在零初始条件下，原函数的 n 重积分的拉氏变换等于其象函数除以 s^n。它是微分的逆运算，与微分定理同样是十分重要的运算定理。

2) 象函数的积分性质

若 $L[f(t)]=F(s)$，则 $L\left[\dfrac{f(t)}{t}\right]=\int_s^{\infty}F(s)\mathrm{d}s$。

证明从略。

推论 $L\left[\dfrac{f(t)}{t^n}\right]=\underbrace{\int_s^{\infty}\mathrm{d}s\int_s^{\infty}\mathrm{d}s\cdots\int_s^{\infty}F(s)\mathrm{d}s}_{n\text{次}}$。

【例1-11】 求 $L\left[\dfrac{\sin t}{t}\right]$。

解： 因为 $L[\sin t]=\dfrac{1}{1+s^2}$，所以，由象函数的积分性质可得

$$L\left[\frac{\sin t}{t}\right]=\int_s^{\infty}\frac{1}{1+s^2}\mathrm{d}s=\frac{\pi}{2}-\arctan s$$

5. 位移性质

若 $L[f(t)]=F(s)$，则有 $L\left[\mathrm{e}^{\alpha t}f(t)\right]=F(s-\alpha)$。

证明：

$$\begin{aligned}L[\mathrm{e}^{-\alpha t}f(t)]&=\int_0^{\infty}\mathrm{e}^{-\alpha t}f(t)\mathrm{e}^{-st}\mathrm{d}t\\&=\int_0^{\infty}f(t)\mathrm{e}^{-(s+\alpha)t}\mathrm{d}t\end{aligned}$$

$$= F(s+\alpha)$$

上式表明，原函数$f(t)$乘以因子$\mathrm{e}^{-\alpha t}$时，它的象函数只需把$F(s)$中的s用$s+\alpha$代替即可，也就是将$F(s)$进行了平移。

【例1-12】 求$L\left[\mathrm{e}^{-\alpha t}\sin\omega t\right]$。

解： 因为$L[\sin\omega t]=\dfrac{\omega}{s^2+\omega^2}$，由位移性质可得

$$L\left[\mathrm{e}^{-\alpha t}\sin\omega t\right]=\frac{\omega}{(s+\alpha)^2+\omega^2}$$

6. 延迟性质

若$L[f(t)]=F(s)$，又$t<0$时，$f(t)=0$，则对于任一非负实数τ，有

$$L[f(t-\tau)]=\mathrm{e}^{-s\tau}F(s) \text{ 或 } L^{-1}\left[\mathrm{e}^{-s\tau}F(s)\right]=f(t-\tau)$$

证明： 当$t<\tau$时，$f(t-\tau)=0$，有

$$\begin{aligned}L[f(t-\tau)]&=\int_0^{\infty}f(t-\tau)\mathrm{e}^{-st}\mathrm{d}t\\&=\int_0^{\gamma}0\times\mathrm{e}^{-st}\mathrm{d}t+\int_0^{\infty}f(t-\tau)\mathrm{e}^{-st}\mathrm{d}t\end{aligned}$$

以新变量置换，设$x=t-\tau$，$\mathrm{d}t=\mathrm{d}(x+t)=\mathrm{d}x$，当$t$由$\tau\to\infty$时，则$x$由$0\to\infty$，代入上式，可得

$$\begin{aligned}L[f(t-\tau)]&=\int_0^{\infty}f(x)\mathrm{e}^{-s(x+t)}\mathrm{d}x\\&=\int_0^{\infty}f(x)\mathrm{e}^{-sx}\mathrm{e}^{-st}\mathrm{d}x\\&=\mathrm{e}^{-st}\int_0^{\infty}f(x)\mathrm{e}^{-sx}\mathrm{d}x=\mathrm{e}^{-st}F(s)\end{aligned}$$

【例1-13】 求函数$1(t-\tau)=\begin{cases}0(t<\tau)\\1(t>\tau)\end{cases}$的拉氏变换。

解： 因为$L[1(t)]=\dfrac{1}{s}$，根据延迟性质，有$L[u(t-\tau)]=\dfrac{1}{s}\mathrm{e}^{-s\tau}$。

7. 初值定理

若$L[f(t)]=F(s)$，且$\lim\limits_{s\to\infty}sF(s)$存在，则$\lim\limits_{t\to0}f(t)=\lim\limits_{s\to\infty}sF(s)$或写为$f(0)=\lim\limits_{s\to\infty}sF(s)$。

证明： 由微分定理有

$$\int_0^{\infty}f'(t)\mathrm{e}^{-st}\mathrm{d}t=sF(s)-f(0)$$

当$s\to\infty$时，$\mathrm{e}^{-st}\to\infty$，对上式左边取极限有$\lim\limits_{s\to\infty}f'(t)\mathrm{e}^{-st}\mathrm{d}t=0$，以此代入上式有

$$\lim_{s\to\infty}sF(s)-f(0)=0$$

即

$$\lim_{t\to0}f(t)=\lim_{t\to\infty}sF(s) \tag{1-23}$$

上式表明，原函数$f(t)$在$t=0$时的数值(初始值)，可以通过将象函数乘以s后，再求$s\to\infty$的极限值求得。条件是当$t\to0$和$s\to\infty$时等式两边各有极限存在。

8．终值定理

若$L[f(t)]=F(s)$，且 sF(s)的所有奇点全在 s 平面的左半部，则$\lim\limits_{t\to\infty}f(t)=\lim\limits_{s\to 0}sF(s)$或写为$f(+\infty)=\lim\limits_{s\to 0}sF(s)$。

证明：由微分定理有

$$\int_0^\infty f'(t)\mathrm{e}^{-st}\mathrm{d}t=sF(s)-f(0)$$

对上式两边取极限

$$\lim_{s\to 0}\left[\int_0^\infty f'(t)\mathrm{e}^{-st}\mathrm{d}t\right]=\lim_{s\to 0}[sF(s)-f(0)]$$

由于当$s\to\infty$时，$\mathrm{e}^{-st}=1$，所以等式左边可写成

$$\lim_{s\to 0}\left[\int_0^\infty f'(t)\mathrm{e}^{-st}\mathrm{d}t\right]=\int_0^\infty f'(t)\mathrm{d}t$$

$$=f(t)|_0^\infty=\lim_{t\to\infty}f(t)-f(0)$$

将上式代入本题第二式，两边消去$f(0)$，得

$$\lim_{t\to\infty}f(t)=\lim_{s\to 0}sF(s) \tag{1-24}$$

上式表明，原函数在$t\to\infty$时的数值(稳态值)，可以通过将象函数 F(s)乘以 s 后，再求$s\to 0$的极限值来求得。条件是当$t\to\infty$和$s\to 0$时等式两边各有极限存在。

初值定理与终值定理使我们能根据已知的象函数 F(s)去求象原函数的初值与终值(即稳定状态)，而不必先求出象原函数 f(t)本身。

【例1-14】 若$L\left[f(t)=\dfrac{1}{s+1}\right]$，求$f(0)$和$f(\infty)$。

解：由初值、终值定理条件可得

$$f(0)=\lim_{s\to\infty}sF(s)=\lim_{s\to\infty}\frac{s}{s+1}=1$$

$$f(\infty)=\lim_{s\to 0}sF(s)=\lim_{s\to 0}\frac{s}{s+1}=0$$

注意：应用终值定理时需要注意定理条件是否满足，例如函数$f(t)$的拉氏变换为$F(s)=\dfrac{1}{s^2+1}$，则$sF(s)=\dfrac{s}{s^2+1}$的奇点为$s=\pm i$，位于虚轴上，就不满足定理的条件。

虽然$\lim\limits_{s\to 0}sF(s)=\lim\limits_{s\to 0}\dfrac{s}{s^2+1}=0$，而$f(t)=L^{-1}\left[\dfrac{1}{s^2+1}\right]=\sin t$，但是$\lim\limits_{t\to+\infty}f(t)=\lim\limits_{t\to\infty}\sin t$是不存在的。

由于拉氏变换具有上述这些简明的运算定理，因此其应用非常方便。附录II 列出了常用的拉普拉斯变换性质。

1.6.3 拉氏反变换

由象函数 F(s)求取原函数 f(t)的运算称为拉氏反变换。拉氏反变换常用下式表示：

$$f(t)=L^{-1}[F(s)]$$

在自动控制理论中常遇到的象函数是有理分式，即

$$F(s)=\frac{B(s)}{A(s)}=\frac{b_m s^m+b_{m-1}s^{m-1}+\cdots+b_1 s+b_0}{a_m s^m+a_{m-1}s^{m-1}+\cdots+a_1 s+a_0} \tag{1-25}$$

为了将 $F(s)$写成部分分式，首先将 $F(s)$的分母进行因式分解，则有

$$F(s)=\frac{B(s)}{A(s)}=\frac{B(s)}{(s-p_1)(s-p_2)\cdots+(s-p_n)} \tag{1-26}$$

式中，$p_1, p_2, \cdots, p_n$ 是 $A(s)$=0 的根，称为 $F(s)$ 的极点。

1．$F(s)$的极点为各不相同的实数时的拉氏反变换

若 $F(s)$的极点为各不相同的实数，这时可将 $F(s)$写为 n 个部分分式之和，每个分式的分母都是 $A(s)$ 的一个因式，即

$$F(s)=\frac{A_1}{s-p_1}+\frac{A_2}{s-p_2}+\cdots+\frac{A_n}{s-p_n}$$

$$=\sum_{i=1}^{n}\frac{A_i}{s-p_i} \tag{1-27}$$

如果确定了每个部分分式中的待定系数 A_i，则由拉氏变换表即可查得 $F(s)$ 的反变换。式中，A_i 是待定系数，其求法如下。

用 $s-p_i$ 乘以式(1-27)，并令 $s=p_i$，即

$$\left[F(s)(s-p_i)\right]_{s=p_i}=\left[\left(\frac{A_1}{s-p_1}+\cdots+\frac{A_{i-1}}{s-p_{i-1}}\right)(s-p_i)\right]_{s=p_i}+A_i+\left[\left(\frac{A_{i+1}}{s-p_{i+1}}+\cdots+\frac{A_n}{s-p_n}\right)(s-p_i)\right]_{s=p_i}$$

在上式中，当 $s=p_i$ 时，$(s-p_i)=0$，所以方括号中的各项将为零，于是有

$$A_i=\left[F(s)(s-p_i)\right]_{s=p_i}$$

全部待定系数求出后，再根据拉氏变换的迭加原理，求出原函数为

$$f(t)=L^{-1}[F(s)]=L^{-1}\left[\sum_{i=1}^{n}\frac{A_i}{s+p_i}\right]=\sum_{i=1}^{n}L^{-1}\left[\frac{A_i}{s+p_i}\right]=\sum_{i=1}^{n}A_i \mathrm{e}^{-p_i t} \tag{1-28}$$

【例1-15】 若一典型一阶系统的微分方程为

$$T\frac{\mathrm{d}c(t)}{\mathrm{d}t}+c(t)=r(t) \tag{1-29}$$

式中，$r(t)$为输入信号；$c(t)$为输出信号；T 称为时间常数。其初始条件为零，试求该一阶系统的单位阶跃响应。

解： 对微分方程两边进行拉氏变换有

$$TsC(s)+C(s)=R(s)$$

单位阶跃信号的拉氏变换为 $R(s)=\frac{1}{s}$，代入上式有

$$(Ts+1)C(s)=\frac{1}{s}$$

$$C(s)=\frac{1}{s}\frac{1}{Ts+1}=\frac{A_1}{s}+\frac{A_2}{Ts+1} \tag{1-30}$$

系数 A_1、A_2 分别为

$$A_1 = [F(s)s]_{s=0} = \frac{1}{s}\frac{1}{Ts+1}s|_{s=0} = 1$$

$$A_2 = [F(s)(Ts+1)]_{s=-\frac{1}{T}} = \frac{1}{s}\frac{1}{Ts+1}(Ts+1)|_{s=-\frac{1}{T}} = -T$$

将 A_1、A_2 代入式(1-30)得

$$C(s) = \frac{1}{s} - \frac{T}{Ts+1} = \frac{1}{s} - \frac{1}{s+\frac{1}{T}}$$

对上式进行拉氏反变换，由附录 I 可查得

$$c(t) = 1 - \mathrm{e}^{-\frac{t}{T}}$$

2. F(s)含有共轭复数极点时的拉氏反变换

如果 $A(s)=0$ 有一对共轭复数极点 p_1、p_2，其余极点均为各不相同的实数极点，这时 $F(s)$可展开为如下部分分式之和：

$$\begin{aligned} F(s) &= \frac{B(s)}{(s-p_1)(s-p_2)(s-p_3)\cdots(s-p_n)} \\ &= \frac{A_1 s + A_2}{(s-p_1)(s-p_2)} + \frac{A_3}{s-p_3} + \cdots + \frac{A_n}{s-p_n} \end{aligned} \tag{1-31}$$

式中，A_1 和 A_2 可按以下方法求解。

用 $(s-p_1)(s-p_2)$ 乘以式(1-31)，并令 $s=p_1$ 或 $s=p_2$，即

$$[F(s)(s-p_1)(s-p_2)]_{\substack{s=p_1 \\ 或s=p_2}} = [A_1 s + A_2]_{\substack{s=p_1 \\ 或s=p_2}} + \left[\left(\frac{A_3}{s-p_3} + \cdots + \frac{A_n}{s-p_n}\right)(s-p_1)(s-p_2)\right]_{\substack{s=p_1 \\ 或s=p_2}}$$

在上式中，当 $s=p_1$ 或 $s=p_2$ 时，$(s-p_1)(s-p_2)=0$，所以方括号中的各项将为零，于是有

$$[F(s)(s-p_1)(s-p_2)]_{\substack{s=p_1 \\ 或s=p_2}} = [A_1 s + A_2]_{\substack{s=p_1 \\ 或s=p_2}} \tag{1-32}$$

由于式(1-32)两边都是复数，令等号两边的实、虚部相等，即可得两个方程式，联立求解即得 A_1、A_2 两常数。

将已求得的各待定系数 A_1、A_2 代入 $F(s)$，再根据附录 I 求得各对应项的拉氏反变换式(即各原函数项)，于是原函数 $f(t)$ 为

$$f(t) = L^{-1}[F(s)] = L^{-1}\left[\frac{A_1 s + A_2}{(s-p_1)(s-p_2)}\right] + L^{-1}\left[\frac{A_3}{s-p_3} + \cdots + \frac{A_n}{s-p_n}\right]$$

【例1-16】 已知 $F(s) = \dfrac{s+1}{s(s^2+s+1)}$，求 $f(t)$。

解： 先对 $F(s)$ 的分母 $A(s)=s(s^2+s+1)=0$ 进行因式分解，得

$$F(s) = \frac{s+1}{s\left(s+\frac{1}{2}+\mathrm{j}\frac{\sqrt{3}}{2}\right)\left(s+\frac{1}{2}-\mathrm{j}\frac{\sqrt{3}}{2}\right)} = \frac{A_0}{s} + \frac{A_1 s + A_2}{s^2+s+1}$$

$$A_0 = [F(s)s]_{s=0} = 1$$

A_1、A_2 两常数求法如下：

$$\left[\frac{s+1}{s(s^2+s+1)}(s^2+s+1)\right]_{s=-\frac{1}{2}-j\frac{\sqrt{3}}{2}}=[A_1 s+A_2]_{s=-\frac{1}{2}-j\frac{\sqrt{3}}{2}}$$

即

$$\frac{-\frac{1}{2}-j\frac{\sqrt{3}}{2}+1}{-\frac{1}{2}-j\frac{\sqrt{3}}{2}}=A_1\left(-\frac{1}{2}-j\frac{\sqrt{3}}{2}\right)+A_2$$

利用方程两边实、虚部分别相等，可得

$$-\frac{1}{2}A_1+A_2=\frac{1}{2}\text{（实部相等）}$$

$$-\frac{\sqrt{3}}{2}A_1=\frac{\sqrt{3}}{2}\text{（虚部相等）}$$

解得 $A_1=-1$，$A_2=0$。

所以

$$F(s)=\frac{1}{s}-\frac{s}{s^2+s+1}$$

上式在拉普拉斯变换表上仍然查不到，故将上式再作适当变换，有

$$F(s)=\frac{1}{s}-\frac{s}{s^2+s+1}=\frac{1}{s}-\frac{s}{\left(s+\frac{1}{2}\right)^2+\left(\frac{\sqrt{3}}{2}\right)^2}$$

$$=\frac{1}{s}-\frac{s+\frac{1}{2}}{\left(s+\frac{1}{2}\right)^2+\left(\frac{\sqrt{3}}{2}\right)^2}+\frac{\frac{1}{2}}{\left(s+\frac{1}{2}\right)^2+\left(\frac{\sqrt{3}}{2}\right)^2}$$

$$=\frac{1}{s}-\frac{s+\frac{1}{2}}{\left(s+\frac{1}{2}\right)^2+\left(\frac{\sqrt{3}}{2}\right)^2}+\frac{\frac{1}{2}}{\frac{\sqrt{3}}{2}}\frac{\frac{\sqrt{3}}{2}}{\left(s+\frac{1}{2}\right)^2+\left(\frac{\sqrt{3}}{2}\right)^2}$$

所以$f(t)=L^{-1}\left[\dfrac{s+1}{s(s^2+s+1)}\right]$

$$=L^{-1}\left[\frac{1}{s}\right]-L^{-1}\left[\frac{s+\frac{1}{2}}{\left(s+\frac{1}{2}\right)^2+\left(\frac{\sqrt{3}}{2}\right)^2}\right]+L^{-1}\left[0.57\frac{\frac{\sqrt{3}}{2}}{\left(s+\frac{1}{2}\right)^2+\left(\frac{\sqrt{3}}{2}\right)^2}\right]$$

查表得 $f(t)=1-e^{-\frac{1}{2}t}\cos\frac{\sqrt{3}}{2}t+0.577e^{-\frac{1}{2}t}\sin\frac{\sqrt{3}}{2}t \quad (t\geqslant 0)$

3．F(s)中含有重极点时的拉氏反变换

设 $A(s)=0$ 时，在 $s=p_0$ 处有 r 个重根，则 $F(s)$ 的部分分式为

$$F(s)=\frac{B(s)}{(s-p_0)^r(s-p_{r+1})\cdots(s-p_n)}$$

展开为

$$F(s)=\frac{B(s)}{A(s)}=\frac{A_1}{(s-p_0)^r}+\frac{A_2}{(s-p_0)^{r-1}}+\cdots+\frac{A_r}{s-p_0}+\frac{A_{r+1}}{s-p_{r+1}}+\cdots+\frac{A_n}{s-p_n} \tag{1-33}$$

将式(1-33)乘以$(s-p_0)^r$，得

$$(s-p_0)^r F(s)=A_1+A_2(s-p_0)+\cdots+A_r(s-p_0)^{r-1}+(s-p_r)^r\left[\frac{A_{r+1}}{s-p_{r+1}}+\cdots+\frac{A_n}{s-p_n}\right] \tag{1-34}$$

当 $s=p_0$ 时，式(1-34)含$(s-p_0)$的项均为零，于是有

$$A_1=\left[(s-p_0)^r F(s)\right]_{s=p_0} \tag{1-35}$$

若将式(1-34)对 s 求导数，可得

$$\frac{\mathrm{d}}{\mathrm{d}s}\left[(s-p_0)^r F(s)\right]=A_2+2A_3(s-p_0)+\cdots+(r-1)(s-p_0)^{r-2}+N'(s) \tag{1-36}$$

式(1-36)中 $N(s)=(s-p_r)^r\left[\frac{A_{r+1}}{s-p_{r+1}}+\cdots+\frac{A_n}{s-p_n}\right]$，同理，当 $s\to p_0$ 时，式(1-36)含$(s-p_0)$的项均为零，于是有

$$A_2=\frac{\mathrm{d}}{\mathrm{d}s}\left[(s-p_0)^r F(s)\right]_{s=p_0}$$

同理可得

$$A_3=\frac{1}{2}\frac{\mathrm{d}^2}{\mathrm{d}s^2}\left[(s-p_0)^r F(s)\right]_{s=p_0}$$

$$\vdots$$

$$A_r=\frac{1}{(r-1)!}\frac{\mathrm{d}^{(r-1)}}{\mathrm{d}s^{(r-1)}}\left[(s-p_0)^r F(s)\right]_{s=p_0}$$

将 $A_1,A_2,\cdots,A_r$ 代入 $F(s)$，再根据附录 I (如第 6 行)求得各对应项的拉氏反变换式(即各原函数项)$f(t)$为

$$f(t)=L^{-1}[F(s)]=L^{-1}\left[\frac{A_1}{(s-p_0)^r}+\frac{A_2}{(s-p_0)^{r-1}}+\cdots+\frac{A_r}{s-p_0}\right]+L^{-1}\left[\frac{A_{r+1}}{s-p_{r+1}}+\cdots+\frac{A_n}{s-p_n}\right]$$

$$=\left[\frac{A_1t^{r-1}}{(r-1)!}+\frac{A_2t^{r-2}}{(r-2)!}+\cdots+A_r\right]\mathrm{e}^{p_0t}+A_{r+1}\mathrm{e}^{p_{r+1}t}+\cdots+A_n\mathrm{e}^{p_nt} \tag{1-37}$$

【例1-17】 典型一阶系统的微分方程为

$$T\frac{\mathrm{d}c(t)}{\mathrm{d}t}+c(t)=r(t) \tag{1-38}$$

式中，$r(t)$为输入信号；$c(t)$为输出信号；T 为时间常数。其初始条件为零，求该一阶系统的单位斜坡响应。

解：对式(1-38)取拉氏变换得

$$TsC(s)+C(s)=R(s)$$

单位斜坡信号的拉氏变换为$R(s)=\frac{1}{s^2}$，代入上式有

$$(Ts+1)C(s)=\frac{1}{s^2}$$

$$C(s)=\frac{1}{Ts+1}\frac{1}{s^2}=\frac{A_1}{s^2}+\frac{A_2}{s}+\frac{A_3}{Ts+1} \tag{1-39}$$

系数A_1、A_2、A_3分别为

$$A_1=\left[s^2F(s)\right]_{s=0}=\frac{1}{s^2}\frac{1}{Ts+1}s^2\Big|_{s=0}=1$$

$$A_2=\frac{\mathrm{d}}{\mathrm{d}s}\left[s^2F(s)\right]_{s=0}=\frac{\mathrm{d}}{\mathrm{d}s}\left[\frac{1}{Ts+1}\right]_{s=0}=-\frac{T}{(Ts+1)^2}\Big|_{s=0}=-T$$

$$A_3=\left[s^2F(s)\right]_{s=-\frac{1}{T}}=\frac{1}{s^2}\frac{1}{Ts+1}(Ts+1)\Big|_{s=-\frac{1}{T}}=T^2$$

将A_1、A_2、A_3代入式(1-39)得

$$C(s)=\frac{1}{s^2}-\frac{T}{s}+\frac{T^2}{Ts+1}$$

对上式进行拉氏反变换，由附录 I 可查得

$$C(s)=t-T+T\mathrm{e}^{-\frac{t}{T}}$$

1.6.4 拉氏变换应用举例

研究自动控制理论时，常需要对线性系统进行分析，而线性系统在大多数情况下都可以转化为数学中的一个线性微分方程或线性微分方程组的形式。如果直接对这些方程或方程组进行分析和求解，是较为复杂的。而利用拉氏变换可以将微分方程转化为代数方程，降低问题的难度，从而容易解决问题。

【例1-18】 典型二阶微分方程为

$$T^2\frac{\mathrm{d}^2c(t)}{\mathrm{d}t^2}+2T\xi\frac{\mathrm{d}c(t)}{\mathrm{d}t}+c(t)=r(t) \tag{1-40}$$

式中，$r(t)$为输入信号；$c(t)$为输出信号；T为时间常数，ξ为阻尼系数。其初始条件为零，求该二阶系统的单位阶跃响应。

解：对式(1-40)取拉氏变换得

$$T^2s^2C(s)+2T\xi C(s)+C(s)=R(s)$$

单位斜坡信号的拉氏变换为$R(s)=\frac{1}{s^2}$，代入上式有

$$T^2s^2C(s)+2T\xi C(s)+C(s)=\frac{1}{s}$$

由上式有

$$C(s)=\frac{1}{T^2s^2+2T\xi s+1}\frac{1}{s}=\frac{\omega_{\mathrm{n}}^2}{s^2+2\xi\omega_{\mathrm{n}}s+\omega_{\mathrm{n}}^2}\frac{1}{s} \tag{1-41}$$

式中，$\omega_{\mathrm{n}}=\frac{1}{T}$($\omega_{\mathrm{n}}$为无阻尼振荡角频率)。

将式(1-41)用部分分式进行展开，为此，须先求出方程 $s^2+2\xi\omega_n s+\omega_n^2=0$ 的根，不难求得此方程的一对根为

$$s_{1,2}=-\xi\omega_n\pm\omega_n\sqrt{\xi^2-1} \tag{1-42}$$

由上式可见，对应不同的 ξ 值，根 $s_{1,2}$ 的性质将不同，进而展开成部分分式的形式也不同，因此单位阶跃响应也是不同的，现分别求解如下。

1．$\xi=0$ (无阻尼或零阻尼)

方程的根 $s_{1,2}=\pm j\omega_n$ 即为一对纯虚根，式(1-41)可展开为

$$C(s)=\frac{\omega_n^2}{s^2+\omega_n^2}\frac{1}{s}=\frac{A}{s}+\frac{Bs+C}{s^2+\omega_n^2}$$

应用通分的方法可求得待定系数 $A=1$，$B=-1$，$C=0$，代入上式有

$$C(s)=\frac{1}{s}-\frac{s}{s^2+\omega_n^2}$$

由附录 I 可查得

$$c(t)=1-\cos\omega_n t \tag{1-43}$$

由式(1-43)可见，无阻尼时的阶跃响应为等幅振荡曲线。参见图 3.28 中 $\xi=0$ 的曲线。

2．$0<\xi<1$ (欠阻尼)

方程的根 $s_{1,2}=-\xi\omega_n\pm j\omega_n\sqrt{1-\xi^2}$ 是一对共轭复根，令 $\omega_d=\omega_n\sqrt{1-\xi^2}$，则 $s_{1,2}=-\xi\omega_n\pm j\omega_d$。

这时，可将式(1-41)展开为下式：

$$C(s)=\frac{{\omega_n}^2}{s^2+2\xi\omega_n+\omega_n^2}\frac{1}{s}=\frac{A}{s}+\frac{Bs+C}{s^2+2\xi\omega_n s+\omega_n^2}$$

应用通分的方法，可以求得待定系数 $A=1$，$B=-1$，$C=-2\xi\omega_n$，代入上式有

$$\begin{aligned}C(s)&=\frac{1}{s}-\frac{s+2\xi\omega_n}{s^2+2\xi\omega_n s+\omega_n^2}=\frac{1}{s}-\frac{s+2\xi\omega_n}{(s-s_1)(s-s_2)}\\&=\frac{1}{s}-\frac{s+2\xi\omega_n}{\left[s-\left(-\xi\omega_n+j\omega_d\right)\right]\left[s-\left(-\xi\omega_n-j\omega_d\right)\right]}\\&=\frac{1}{s}-\frac{s+2\xi\omega_n}{\left(s+\xi\omega_n\right)^2+{\omega_d}^2}\\&=\frac{1}{s}-\frac{s+\xi\omega_n}{\left(s+\xi\omega_n\right)^2+{\omega_d}^2}-\frac{\xi\omega_n}{\left(s+\xi\omega_n\right)^2+{\omega_d}^2}\end{aligned} \tag{1-44}$$

由附录 I 可知，对式(1-44)进行拉氏反变换有

$$\begin{aligned}c(t)=L^{-1}\left[C(s)\right]&=L^{-1}\left[\frac{1}{s}\right]-L^{-1}\left[\frac{s+\xi\omega_n}{\left(s+\xi\omega_n\right)^2+{\omega_d}^2}\right]-L^{-1}\left[\frac{\xi\omega_n}{\left(s+\xi\omega_n\right)^2+{\omega_d}^2}\right]\\&=L^{-1}\left[\frac{1}{s}\right]-L^{-1}\left[\frac{s+\xi\omega_n}{\left(s+\xi\omega_n\right)^2+{\omega_d}^2}\right]-L^{-1}\left[\frac{\xi}{\sqrt{1-\xi^2}}\frac{\omega_d}{\left(s+\xi\omega_n\right)^2+{\omega_d}^2}\right]\end{aligned}$$

$$=1-e^{-\xi\omega_n t}\cos\omega_d t-\frac{\xi}{\sqrt{1-\xi^2}}e^{-2\xi\omega_n t}\sin\omega_d t$$

$$=1-e^{-\xi\omega_n t}\left[\cos\omega_d t+\frac{\xi}{\sqrt{1-\xi^2}}\cos\omega_d t\right]$$

$$=1-\frac{e^{-\xi\omega_n t}}{\sqrt{1-\xi^2}}\sin(\omega_d t-\arccos\xi) \tag{1-45}$$

由式(1-45)可知，对应不同的$0<\xi<1$，可画出一簇阻尼振荡曲线，参见图 3.28。

3. $\xi=1$(临界阻尼)

方程的根$s_{12}=-\omega_n$是两个相等的负实根(重根)。

在出现重根时，将式(1-41)展开如下式：

$$C(s)=\frac{{\omega_n}^2}{s^2+2\omega_n s+{\omega_n}^2 s}\frac{1}{s}$$

$$=\frac{{\omega_n}^2}{s(s+\omega_n)^2}$$

$$=\frac{A}{s}+\frac{B}{(s+\omega_n)^2}+\frac{C}{s+\omega_n}$$

应用通分的方法可以求得待定系数$A=1$，$B=-\omega_n$，$C=-1$，代入上式有

$$C(s)=\frac{1}{s}-\frac{{\omega_n}^2}{(s+\omega_n)^2}-\frac{1}{s+\omega_n} \tag{1-46}$$

由附录 I 可查得上式的原函数为

$$c(t)=L^{-1}\left[\frac{1}{s}\right]-L^{-1}\left[\frac{1}{(s+\omega_n)^2}\right]-L^{-1}\left[\frac{1}{s+\omega_n}\right]$$

$$=1-\omega_n te^{-\omega_n t}-e^{-\omega_n t}=1-e^{-\omega_n t}(1+\omega_n t) \tag{1-47}$$

由式(1-47)可画出如图 3.28 中$\xi=1$所示的曲线。此曲线表明，临界阻尼时的阶跃响应为单调上升曲线。

4. $\xi>1$(过阻尼)

方程的根$s_{12}=-\xi\omega_n\pm\omega_n\sqrt{\xi^2-1}$是两个不相等的负实根。式(1-41)可展开为下式：

$$C(s)=\frac{{\omega_n}^2}{s^2+2\xi\omega_n s+\omega_n^2}\frac{1}{s}$$

$$=\frac{\omega_n^2}{(s-s_1)(s-s_2)}\frac{1}{s}$$

$$=\frac{A}{s}+\frac{B}{s-(-\xi\omega_n+\omega_n\sqrt{\xi^2-1})}+\frac{C}{s-(-\xi\omega_n+\omega_n\sqrt{\xi^2-1})}$$

$$=\frac{A}{s}+\frac{B}{s+(\xi-\omega_n\sqrt{\xi^2-1})}+\frac{C}{s+(\xi+\omega_n\sqrt{\xi^2-1})}$$

应用通分的方法可求得待定系数

$$A=1,\ B=-\frac{1}{2\sqrt{\xi^2-1}(\xi-\sqrt{\xi^2-1})},\ C=\frac{1}{2\sqrt{\xi^2-1}(\xi-\sqrt{\xi^2-1})}$$

于是

$$c(s)=\frac{1}{s}-\frac{1}{2\sqrt{\xi^2-1}(\xi-\sqrt{\xi^2-1})[s+\omega_{\mathrm{n}}(\xi-\sqrt{\xi^2-1})]}+\frac{1}{2\sqrt{\xi^2-1}(\xi-\sqrt{\xi^2-1})[s+\omega_{\mathrm{n}}(\xi+\sqrt{\xi^2-1})]} \tag{1-48}$$

由附录 I 可查得上式各分式的原函数，于是可得

$$c(t)=1-\frac{1}{2\sqrt{\xi^2-1}(\xi-\sqrt{\xi^2-1})}\mathrm{e}^{-(\xi-\sqrt{\xi^2-1})\omega_{\mathrm{n}}t}+\frac{1}{2\sqrt{\xi^2-1}(\xi-\sqrt{\xi^2-1})}\mathrm{e}^{-(\xi+\sqrt{\xi^2-1})\omega_{\mathrm{n}}t} \tag{1-49}$$

由式(1-49)可画出如图 3.28 中 $\xi>1$ 所示的曲线。由图 3.28 可见，过阻尼时的阶跃响应也为单调上升曲线，不过其上升的斜率较临界阻尼更慢。

1.7 傅里叶变换

1.7.1 傅里叶积分

在高等数学中学习傅里叶级数时已知，以 T 为周期的函数 $f(x)$ 在区间 $\left[-\frac{T}{2},\frac{T}{2}\right]$ 上满足狄利克雷(Dirichlet)条件，即在区间 $\left[-\frac{T}{2},\frac{T}{2}\right]$ 上满足：

(1) 连续或只有有限个第一类间断点；

(2) 只有有限个极值点。

那么 $f(x)$ 在 $\left[-\frac{T}{2},\frac{T}{2}\right]$ 上就可以展开成傅里叶级数。

设在以 T 为周期的函数 $f_{\mathrm{T}}(x)$ 的连续点处，级数的三角形式为

$$f_{\mathrm{T}}(x)=\frac{a_0}{2}+\sum_{n=1}^{\infty}(a_n\cos n\omega x+b_n\sin\omega x) \tag{1-50}$$

式中，

$$\omega=\frac{2\pi}{T}$$

$$a_0=\frac{2}{T}\int_{-\frac{T}{2}}^{\frac{T}{2}}f_{\mathrm{T}}(x)\mathrm{d}x$$

$$a_n=\frac{2}{T}\int_{-\frac{T}{2}}^{\frac{T}{2}}f_{\mathrm{T}}(x)\cos n\omega x\mathrm{d}x$$

$$b_n=\frac{2}{T}\int_{-\frac{T}{2}}^{\frac{T}{2}}f_{T}(x)\sin n\omega x\mathrm{d}x \qquad (n=1, 2, 3, \cdots)$$

傅里叶积分定理：若 $f(x)$ 在 $(-\infty,+\infty)$ 上满足：

(1) 在任一有限区间上满足狄利克雷条件；

(2) 在无限区间 $(-\infty,+\infty)$ 上，绝对可积(即 $\int_{-\infty}^{+\infty}|f(t)\mathrm{d}t|$ 收敛)；则有

$$\frac{1}{2\pi}\int_{-\infty}^{+\infty}\left[\int_{-\infty}^{+\infty}f_{\mathrm{T}}(\tau)\mathrm{e}^{-\mathrm{j}\omega_{n}\tau}\mathrm{d}\tau\right]\mathrm{d}\omega=\begin{cases}f(x) & (\text{在连续点上})\\ \frac{1}{2}[f(x+0)+f(x-0)] & (\text{在间断点上})\end{cases} \tag{1-51}$$

式(1-51)称为傅里叶积分的复指数形式，利用欧拉公式，可将它转化为三角形式。因为

$$\begin{aligned}f(x)&=\frac{1}{2\pi}\int_{-\infty}^{+\infty}\left[\int_{-\infty}^{+\infty}f_{\mathrm{T}}(\tau)\mathrm{e}^{-\mathrm{j}\omega\tau}\mathrm{d}\tau\right]\mathrm{e}^{\mathrm{j}\omega x}\mathrm{d}\omega\\&=\frac{1}{2\pi}\int_{-\infty}^{+\infty}\left[\int_{-\infty}^{+\infty}f_{\mathrm{T}}(\tau)\mathrm{e}^{\mathrm{i}\omega(x-\tau)}\mathrm{d}\tau\right]\mathrm{d}\omega\\&=\frac{1}{2\pi}\int_{-\infty}^{+\infty}[f(\tau)\cos\omega(x-\tau)\mathrm{d}\tau]\mathrm{d}\omega+\mathrm{j}\frac{1}{2\pi}\int_{-\infty}^{+\infty}\left[\int_{-\infty}^{+\infty}f(\tau)\sin\omega(x-\tau)\mathrm{d}\tau\right]\mathrm{d}\omega\end{aligned}$$

考虑到积分 $\int_{-\infty}^{+\infty}f(\tau)\sin\omega(x-\tau)\mathrm{d}\tau$ 是 ω 的奇函数，就有

$$\int_{-\infty}^{+\infty}\left[\int_{-\infty}^{+\infty}f(\tau)\sin\omega(x-\tau)\mathrm{d}\tau\right]\mathrm{d}\omega=0$$

从而

$$f(x)=\frac{1}{2\pi}\int_{-\infty}^{+\infty}\left[\int_{-\infty}^{+\infty}f(\tau)\sin\omega(x-\tau)\mathrm{d}\tau\right]\mathrm{d}\omega$$

又考虑到积分 $\int_{-\infty}^{+\infty}f(\tau)\cos\omega(x-\tau)\mathrm{d}\tau$ 是ω的偶函数，上式又可以写为

$$f(x)=\frac{1}{\pi}\int_{0}^{+\infty}\left[\int_{-\infty}^{+\infty}f(\tau)\cos\omega(x-\tau)\mathrm{d}\tau\right]\mathrm{d}\omega \tag{1-52}$$

这便是 $f(x)$的傅里叶积分公式的三角形式。

1.7.2 傅里叶变换的概念

定义 1.4 如果函数 $f(x)$满足傅里叶积分定理，设

$$F(\omega)=\int_{-\infty}^{+\infty}f(\tau)\mathrm{e}^{-\mathrm{j}\omega\tau}\mathrm{d}\tau \tag{1-53}$$

则

$$f(t)=\frac{1}{2\pi}\int_{-\infty}^{+\infty}F(\omega)\mathrm{e}^{\mathrm{j}\omega t}\mathrm{d}\omega \tag{1-54}$$

从上面两式可以看出，$f(x)$和 $F(\omega)$通过确定的积分运算可以互相转换。式(1-53)称为$f(x)$的傅里叶变换式(简称傅里叶变换)，记为

$$F(\omega)=F[f(t)]$$

$F(\omega)$称为$f(x)$的象函数，其积分运算称为取 $f(x)$ 的傅里叶变换。式(1-54)称为 $F(\omega)$ 的傅里叶逆变换式，记为

$$f(x)=F^{-1}[F(\omega)]$$

$f(x)$称做 $F(\omega)$的象原函数，其积分运算称为取$f(x)$的傅里叶逆变换。通常称象函数 $F(\omega)$与象原函数 $f(x)$构成一个傅里叶变换对。

【例1-19】 求指数衰减函数

$$f(t)=\begin{cases}0 & (t<0)\\ \mathrm{e}^{-\beta t} & (t\geqslant 0)\end{cases}$$

的傅里叶变换及傅里叶积分表达式，$\beta>0$。(该指数衰减函数是工程技术中常遇到的一个函数。)

解：由傅里叶变换，有

$$\begin{aligned}F(\omega)&=F[f(t)]\\&=\int_{-\infty}^{+\infty}f(\tau)\mathrm{e}^{-\mathrm{j}\omega\tau}\mathrm{d}\tau\\&=\int_{0}^{+\infty}\mathrm{e}^{-\beta\tau}\cdot\mathrm{e}^{-j\omega\tau}\mathrm{d}t\\&=\int_{0}^{+\infty}\mathrm{e}^{-(\beta+\mathrm{j}\omega)t}\mathrm{d}t\\&=\frac{1}{\beta+\mathrm{j}\omega}=\frac{\beta-\mathrm{j}\omega}{\beta^2+\omega^2}\end{aligned}$$

傅里叶积分表达式为

$$\begin{aligned}f(x)&=F^{-1}[F(\omega)]\\&=\frac{1}{2\pi}\int_{-\infty}^{+\infty}F(\omega)\mathrm{e}^{j\omega\tau}\mathrm{d}\omega\\&=\int_{-\infty}^{+\infty}\frac{\beta-\mathrm{j}\omega}{\beta^2+\omega^2}\cdot\mathrm{e}^{\mathrm{j}\omega t}\mathrm{d}\omega\\&=\frac{1}{2\pi}\int_{-\infty}^{+\infty}\frac{(\beta-\mathrm{j}\omega)(\cos\omega t+\mathrm{j}\sin\omega t)}{\beta^2+\omega^2}\mathrm{d}\omega\end{aligned}$$

注意利用奇、偶函数的积分性质，可得

$$f(t)=\frac{1}{\pi}\int_{0}^{+\infty}\frac{\beta\cos\omega x+\omega\sin\omega t}{\beta^2+\omega^2}\mathrm{d}\omega$$

由此顺便得到一个含参变量广义积分的结果，为

$$\int_{0}^{+\infty}\frac{\beta\cos\omega x+\omega\sin\omega x}{\beta^2+\omega^2}\mathrm{d}\omega=\begin{cases}0 & (x<0)\\ \dfrac{\pi}{2} & (x=0)\\ \pi\mathrm{e}^{-\beta x} & (x>0)\end{cases}$$

1.7.3　傅里叶变换的性质

1．线性性质

$$F\left[\alpha f_1(t)+\beta f_2(t)\right]=\alpha F[f_1(t)]+\beta F[f_2(t)]$$

式中，α、β为常数。

2．位移性质

设 $F\left[f(t)\right]=F(\omega)$，$t_0$ 为一常数，则

$$F\left[f(t\pm t_0)\right]=\mathrm{e}^{\pm\mathrm{j}\omega t_0}F(\omega)$$

同样，对傅里叶逆变换也有类似的位移性质，即

$$F^{-1}\left[F(\omega\pm\omega_0)\right]=f(t)\mathrm{e}^{\mp\mathrm{j}\omega_0 t}$$

3．微分性质

$$F\left[f(t)\right]=\mathrm{j}\omega F\left[f(t)\right]$$

4．积分性质

$$F\int_{-\infty}^{t}\left[f(t)\mathrm{d}t\right]=\frac{1}{\mathrm{j}\omega}F\left[f(t)\right]$$

小　　结

本章从人工控制和自动控制的比较入手，通过举例，简单介绍了自动控制系统的组成和工作原理，从而可使读者熟悉和了解有关概念，并初步了解有关名词、术语的含义，如系统输入量、输出量、偏差、反馈、控制器、被控对象、被控量等。

控制系统按其是否存在反馈可分为开环控制系统和闭环控制系统。闭环控制系统又称为反馈控制系统，其主要特点是系统被控量经测量后反送到输入端构成闭环，经过比较产生偏差，再由偏差控制被控量朝着偏差减小或消除偏差的方向运动。

对一个控制系统，应主要围绕其控制任务的性能如何进行分析研究。首先是系统能否稳定工作？稳态时的误差(精度)如何？动态过程中的快速性与动态精度如何？这可简单概括为稳、快、准，而这些性能指标之间往往是互相制约的。

分析系统不是研究自动控制理论的最终目的，最终目的应该是根据分析的结论去设计系统。通常采用校正的方法，围绕着完成一定控制任务所要求达到的性能指标来改造和设计控制装置。以下各章将逐步介绍一些工程上常用的分析计算法，归纳一些普遍规律，以对系统进行分析及校正。

在数学基础部分中，首先介绍了拉普拉斯变换的定义，在此基础上介绍了拉普拉斯变换的性质与计算以及拉普拉斯逆变换。拉普拉斯变换和逆变换是学习自动控制原理必须掌握的一种基本变换。随后介绍了傅里叶变换的定义、傅里叶变换的性质与计算。

习　　题

1．举例解释下述名词术语的含义。

自动控制系统　被控对象与被控量　给定输入与扰动输入　偏差与误差　开环控制与闭环控制　反馈控制与复合控制　主通道与反馈通道　恒值控制与随动控制

2．回答以下问题。

(1) 用方框图说明反馈控制系统的组成、特点及其原理。

(2) 开环控制系统和闭环控制系统的主要区别是什么？

3．举出几个日常生活中的开环控制系统和闭环控制系统的实例，并说明它们的工作原理。

4．举出几个生产过程自动控制系统中常遇到的非线性元件，并说明是什么类型的非线性元件。

5．图 1.7 所示的反馈控制系统中放大器参数的变化、电网电压的波动、电动机负载的变化、电动机励磁电压的变化等都将影响电动机的速度，其中哪些影响可以得到补偿，哪些不能得到补偿？

6．为什么说一种补偿装置只能补偿一种与之相应的扰动因素，对图 1.9 所示的采用复合控制的系统中，当电网电压变化及电动机励磁电压发生变化时，转速能否得到补偿？

7．自动控制系统基本的性能要求是什么？最基本的要求是什么？

第 2 章　连续控制系统的数学模型

【教学目标】

通过本章的学习，正确理解数学模型的特点，了解系统微分方程建立的一般方法及小偏差线性化的方法，掌握运用拉氏变换解微分方程的方法，正确理解传递函数的定义、性质和意义，正确理解由传递函数派生出来的系统的开环传递函数、闭环传递函数、前向传递函数的定义，并熟练地掌握重要传递函数的计算，掌握系统动态结构图和信号流图两种数学图形的定义和组成方法，熟练地掌握等效变换的代数法则，简化图形结构，并能用梅逊公式求系统传递函数，用 MATLAB 方法进行部分分式展开。对低阶的微分方程，能用部分分式展开法或留数法公式进行简单计算，为后续进行控制系统分析与设计打下基础。

本章首先介绍了数学模型的基本概念，然后引入了传递函数的定义及求取方法，重点介绍了系统动态结构图及其等效变换以及信号流图和梅逊公式，最后给出了 MATLAB 简介及数学模型的表示。

概　　述

控制理论研究的是控制系统的分析与设计方法。为了设计好一个优良的控制系统，必须充分地了解受控对象、执行机构及系统内一切元件的运动规律。所谓运动规律是指它们在一定内外条件下所必然产生的相应运动。内外条件与运动之间存在着固定的因果关系，这种关系大部分可以用数学形式表示出来，这就是控制系统运动规律的数学描述。我们把描述系统动态特性及各变量之间关系的数学表达式称为系统的数学模型。有了数学模型，通过求解，就可以得到某些物理量随时间变化的规律。

然而从工程的角度来看，人们并不满足于解出方程和得出描述系统运动的曲线。这种曲线在工程上有时用处并不大，工程上提出的往往是更深入的问题。诸如：这些曲线有没有什么共同性质？系统参数值的波动对曲线有什么影响？怎样修改系统的参数值甚至系统的结构才能改进这些曲线，使之具有满足工程要求的性质？等等。建立控制系统的数学模型是研究和解决这些问题的第一步，是控制理论的基础。在对控制系统进行分析和设计时，首先要建立系统的数学模型。所谓数学模型就是根据系统运动过程的物理、化学等规律，所写出的描述系统运动规律、特性、输出与输入关系的数学表达式。它可使我们避开系统不同的物理特性，在一般意义下研究控制系统的普遍规律。用控制理论分析和设计控制系统的第一步就是建立实际系统的数学模型。

2.1　控制系统数学模型的概念

2.1.1　数学模型的类型

数学模型是对系统运动规律的定量描述，表现为各种形式的数学表达式。数学模型具有不同的类型，下面介绍几种主要类型。

1. 静态模型与动态模型

根据数学模型的功能不同，数学模型具有不同的类型。描述系统静态(工作状态不变或慢变过程)特性的模型，称为静态数学模型。静态数学模型一般是以代数方程表示的，数学表达式中的变量不依赖于时间，是输入与输出之间的稳态关系。描述系统动态或瞬态特性的模型，称为动态数学模型。动态数学模型中的变量依赖于时间，一般是微分方程等形式。静态数学模型可以看成是动态数学模型的特殊情况。

2. 输入输出描述模型与内部描述模型

描述系统输出与输入之间关系的数学模型称为输入输出描述模型，如微分方程、传递函数、频率特性等数学模型。而状态空间模型描述了系统内部状态和系统输入、输出之间的关系，所以称为内部描述模型。内部描述模型不仅描述了系统输入与输出之间的关系，而且描述了系统内部的信息传递关系，所以比输入输出描述模型更深入地揭示了系统的动态特性。

3. 连续时间模型与离散时间模型

根据数学模型所描述的系统中的信号是否存在离散信号，数学模型分为连续时间模型和离散时间模型，简称连续模型和离散模型。连续模型有微分方程、传递函数、状态空间表达式等。离散模型有差分方程、Z 传递函数、离散状态空间表达式等。

4. 参数模型与非参数模型

从描述方式上看，数学模型分为参数模型和非参数模型两大类。参数模型是用数学表达式表示的数学模型，如传递函数、差分方程、状态方程等。非参数模型是用物理系统的试验分析中直接或间接得到的响应曲线表示的数学模型，如脉冲响应、阶跃响应、频率特性曲线等。

数学模型虽然有不同的表示形式，但它们之间可以互相转换，可以由一种形式的模型转换为另一种形式的模型。例如，一个集中参数的系统，可以用参数模型表示，也可以用非参数模型表示；可以用输入输出描述模型表示，也可以用内部描述模型表示；可以用连续时间模型表示，也可以用离散时间模型表示。

2.1.2　数学模型的特点

实际系统的数学模型是复杂多样的，具体建模时，要结合研究的目的、条件合理地进

行建模，才能有效地达到研究系统的目的。系统的数学模型具有以下两个共同的特点。

1. 相似性

实际中存在的许多工程控制系统，不管它们是机械的、电动的、气动的、液动的、生物学的、经济学的等，它们的数学模型可能都是相同的，就是说它们具有相同的运动规律。因而在研究这种数学模型时，人们就不再考虑方程中符号的物理意义，只是把它们看成抽象的变量。同样，人们也不再考虑各系数的物理意义，只是把它们看成抽象的参数。只要数学模型形式上相同，不管变量用什么符号，它的运动性质都是相同的。对这种抽象的数学模型进行分析研究，其结论自然具有一般性，普遍适用于各类相似的物理系统。故此，相似系统是可以相互模拟研究的。

2. 简化性和准确性

同一个物理系统，数学模型不是唯一的。由于精度要求和应用条件不同，可以用不同复杂程度的数学模型来表达。这是因为具体的物理系统中，各物理量之间的关系是非常复杂的，一般都有非线性存在，而且参数不可能是集中参数。因此，要想做到数学描述的准确性，真正的系统数学模型应该是非线性的偏微分方程。但是求解非线性方程和偏微分方程是相当困难的，有时甚至是不可能的。这样，即使方程建立得再准确也是毫无意义的。为了使方程有解，而且比较容易地求出解，常在误差允许的条件下，忽略一些对特性影响较小的物理因素，用简化的数学模型来表达实际的系统。这样，对于同一个系统，就有完整的、复杂的数学模型和简单的、近似的数学模型。而在建模过程中，应该在模型的准确性和简化性之间作折中考虑，不要盲目地强调准确而使模型过于复杂，以致带来下一步分析上的困难；也不要片面地强调模型简单，以致分析结果与实际出入过大。

2.1.3 建立数学模型的方法

建立系统的数学模型简称为建模。系统建模有两大类方法。一类是机理分析建模方法，称为分析法；另一类是实验建模方法，通常称为系统辨识。

机理分析建模方法是通过对系统内在机理的分析，运用各种物理、化学等定律，推导出描述系统的数学关系式，通常称为机理模型。采用机理建模时必须清楚地了解系统的内部结构，所以，常称为“白箱”建模方法。机理建模得到的模型展示了系统的内在结构与联系，较好地描述了系统特性。但是，机理分析建模方法具有局限性，特别是当系统内部过程变化机理还不是很清楚时，很难采用机理建模方法。而且，当系统结构比较复杂时，所得到的机理模型往往比较复杂，难以满足实时控制的要求。另外，机理建模总是基于许多简化和假设之上的，所以与实际系统之间存在建模误差。

系统辨识是利用系统输入、输出的实验数据或者正常运行数据，构造数学模型的实验建模方法。因为该建模方法只依赖于系统的输入输出关系，即使对系统内部机理不了解，也可以建立模型，所以常称为“黑箱”建模方法。由于系统辨识是基于建模对象的实验数据或者正常运行数据之上的，所以建模对象必须已经存在，并且能够进行实验。而且，系统辨识得到的模型只反映系统输入、输出的特性，不能反映系统的内在信息，难以描述系统的本质。

最有效的建模方法是将机理分析建模方法与系统辨识方法结合起来。事实上，人们在建模时，对系统不是一点都不了解，只是不能准确地描述系统的定量关系，但了解系统的一些特性，例如系统的类型、阶次等，因此，系统像一只“灰箱”。实用的建模方法是尽量利用人们对物理系统的认识，由机理分析提出模型结构，然后用观测数据估计出模型参数，这种方法常称为“灰箱”建模方法。实践证明，这种建模方法是非常有效的。

无论是用分析法还是实验法建立的数学模型，都存在着模型精度和复杂性之间的矛盾，即控制系统的数学模型越准确，它的复杂性越大，微分方程的阶数也越高，与此相应对控制系统进行分析和设计也越困难。因此，工程上总是在满足一定精度要求的前提下，尽量使数学模型简单。为此，在建立数学模型时，常做许多假设和简化，最后得到的是具有一定精度的近似的数学模型。

2.2　控制系统的动态微分方程

2.2.1　列写动态微分方程的一般方法

微分方程是描述各种控制系统最基本的数学工具，也是后面讨论的各种数学模型的基础。因此，这里将着重介绍控制系统微分方程的建立及非线性微分方程的线性化问题。

在建立控制系统的微分方程时，首先应对实际的物理系统作一些理想化的假设，忽略一些次要因素。例如，一个电子放大器可以看成理想的线性放大环节，而忽略它的非线性因素；质量-弹簧-阻尼器系统中的壁摩擦可以假定为粘性摩擦，即摩擦力与质量运动速度成比例，而忽略成为干性摩擦(摩擦力是质量运动速度的非线性函数，而且在速度零点附近呈现出不连续特性)的可能性。然后，从输入端开始，依次写出控制系统中各元件的微分方程。在列写系统各元件的微分方程时，一是应注意信号传递的单向性，即前一个元件的输出是后　一个元件的输入，一级一级地单向传送；二是应注意前后连接的两个元件中，后级对前级的负载效应。例如，无源网络输入阻抗对前级的影响，齿轮系对电动机转动惯量的影响等。最后，选定系统的输入量和输出量，将各元件的微分方程联立起来，消去中间变量，得到的输出量与输入量之间的关系，就是控制系统的微分方程。

下面分类举例说明建立控制系统微分方程的方法。

【例2-1】 用来表示汽车减震装置的质量-弹簧-阻尼器系统如图 2.1(a)所示，假设汽车减震装置的质量为 m，弹簧的弹性系数为 k，阻尼器的摩擦为粘性摩擦，摩擦系数为 f，而且 m、k、f 为常数，忽略物体所受的重力，试建立系统的微分方程。

解： 质量块上除外力 $F(t)$作用外，还受到弹簧和阻尼器阻力的作用，有相应的弹簧阻力 $F_1(t)$和粘性摩擦阻力 $F_2(t)$，如图 2.1(b)所示。根据牛顿第二定律有

$$F(t)+F_1(t)+F_2(t)=m\frac{\mathrm{d}^2y(t)}{\mathrm{d}t^2} \tag{2-1}$$

式中，$F_1(t)$和 $F_2(t)$可由弹簧、阻尼器特性写出，有

$$F_1(t)=-ky(t) \tag{2-2}$$

$$F_2(t)=-f\frac{\mathrm{d}y(t)}{\mathrm{d}t} \tag{2-3}$$

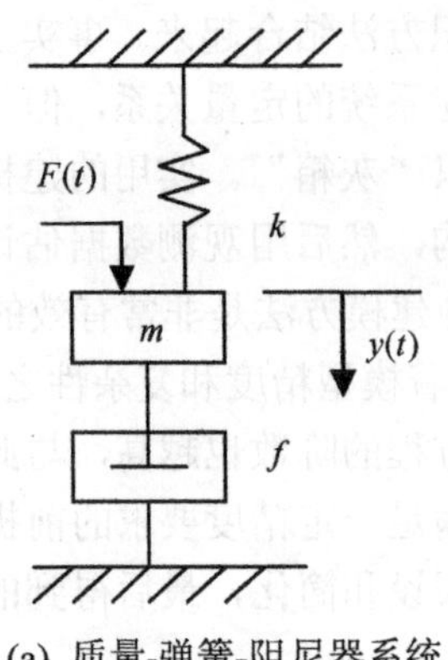

(a) 质量-弹簧-阻尼器系统

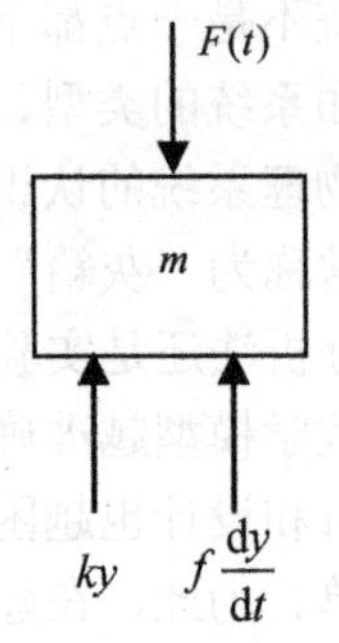

(b) 质量的运动分析图

图 2.1 例 2-1 系统图

式中，k 为弹簧系数；f 为阻尼系数。

整理得

$$\frac{m}{k}\frac{\mathrm{d}^2y(t)}{\mathrm{d}t^2}+\frac{f}{k}\frac{\mathrm{d}y(t)}{\mathrm{d}t}+y(t)=\frac{1}{k}F(t) \tag{2-4}$$

令 $T=\sqrt{m/k}$，称为时间常数；$\xi=f/(2\sqrt{mk})$，称为阻尼比；$K=1/k$，称为放大系数。上式可变为

$$T^2\frac{\mathrm{d}^2y(t)}{\mathrm{d}t^2}+2\xi T\frac{\mathrm{d}y(t)}{\mathrm{d}t}+y(t)=KF(t) \tag{2-5}$$

式(2-5)是一个二阶线性微分方程。

【例 2-2】 试列写图 2.2 所示 RC 无源网络的微分方程。输入电压为 $u_i(t)$，输出电压为 $u_o(t)$。

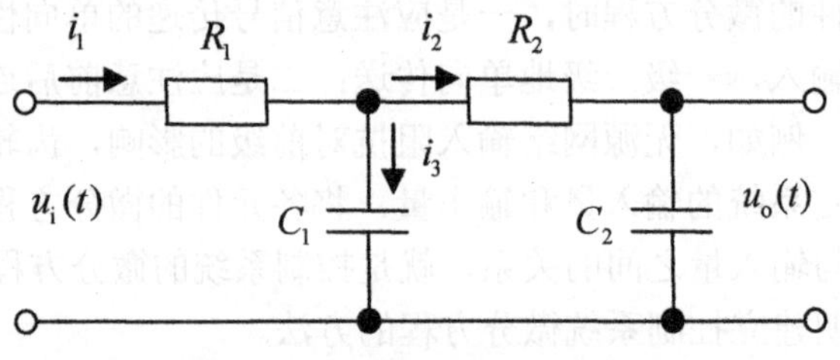

图 2.2 例 2-2RC 无源网络电路图

解：在由 $u_i(t)$、R_1 和 C_1 组成的回路中，根据基尔霍夫回路电压定理，可列出以下关系式：

$$u_i(t)=R_1i_1(t)+\frac{1}{C_1}\int(i_1(t)-i_2(t))\mathrm{d}t \tag{2-6}$$

同样，在由 C_1、R_2 和 C_2 组成的回路中，根据基尔霍夫回路电压定理，可列出以下关系式：

$$\frac{1}{C_1}\int(i_1(t)-i_2(t))\mathrm{d}t=R_2i_2(t)+\frac{1}{C_2}\int i_2(t)\mathrm{d}t \tag{2-7}$$

输出电压 $u_o(t)$为 C_2 两端的电压，所以

$$u_o(t)=\frac{1}{C_2}\int i_2(t)\mathrm{d}t \tag{2-8}$$

将式(2-7)、式(2-8)代入式(2-6)，整理得

$$R_1R_2C_1C_2\frac{\mathrm{d}^2u_o(t)}{\mathrm{d}t^2}+(R_1C_1+R_2C_2+R_1C_2)\frac{\mathrm{d}u_o(t)}{\mathrm{d}t}+u_o(t)=u_i(t) \tag{2-9}$$

令 $T_1=R_1C_1$，$T_2=R_2C_2$，$T_3=R_1C_2$，则得

$$T_1T_2\frac{\mathrm{d}^2u_o(t)}{\mathrm{d}t^2}+(T_1+T_2+T_3)\frac{\mathrm{d}u_o(t)}{\mathrm{d}t}+u_o(t)=u_i(t) \tag{2-10}$$

该网络的数学模型是一个二阶线性常微分方程。

【例2-3】 电枢控制的他励直流电动机如图 2.3 所示，电枢输入电压为 u_a，电动机输出转角为θ。R_a、L_a、i_a 分别为电枢电路的电阻、电感和电流，i_f 为恒定激磁电流，e_b 为反电势，f 为电动机轴上的粘性摩擦系数，G 为电枢质量，D 为电枢直径，M_L 为负载力矩。

解： 电枢回路电压平衡方程为

$$u_a(t)=R_ai_a(t)+L_a\frac{\mathrm{d}i_a(t)}{\mathrm{d}t}+e_b \tag{2-11}$$

$$e_b=c_e\frac{\mathrm{d}\theta(t)}{\mathrm{d}t} \tag{2-12}$$

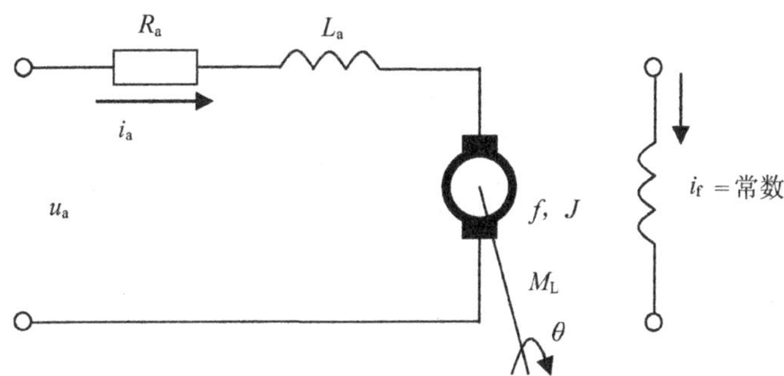

图 2.3　例 2-3 他励直流电动机电路图

式中，c_e 为电动机的反电势系数。

力矩平衡方程为

$$M_D=J\frac{\mathrm{d}^2\theta(t)}{\mathrm{d}t^2}+f\frac{\mathrm{d}\theta(t)}{\mathrm{d}t}+M_L \tag{2-13}$$

$$M_D=c_Mi_a(t) \tag{2-14}$$

式中，$J=\dfrac{GD^2}{4g}$，为电动机电枢的转动惯量；c_M 为电动机的力矩系数。

整理得

$$JL_a\frac{\mathrm{d}^3\theta(t)}{\mathrm{d}t^3}+(L_af+JR_a)\frac{\mathrm{d}^2\theta(t)}{\mathrm{d}t^2}+(fR_a+c_ec_M)\frac{\mathrm{d}\theta(t)}{\mathrm{d}t}$$
$$=c_Mu_a-R_aM_L-L_a\frac{\mathrm{d}M_L}{\mathrm{d}t} \tag{2-15}$$

设电机转速 $\omega=\dfrac{\mathrm{d}\theta(t)}{\mathrm{d}t}$；电磁时间常数 $K_f=\dfrac{fR_a}{c_ec_M}$，电枢时间常数 $T_c=\dfrac{L_a}{R_a}$，机电时间常

数 $T_M = \dfrac{R_a J}{c_e c_M}$，电机传递系数 $T_f = \dfrac{L_a f}{c_e c_M}$，无量纲放大系数 $K_c = \dfrac{1}{c_e}$，所以有

$$T_e T_M \frac{d^2\omega}{dt^2} + (T_M + T_f)\frac{d\omega}{dt} + (K_f + 1)\omega = K_e u_a(t) - \frac{R_a}{c_e c_M} M_L - \frac{L_a}{c_e c_M}\frac{dM_L}{dt} \tag{2-16}$$

从上面几个例子中可知列写微分方程的一般步骤如下。

(1) 分析系统工作原理，将系统划分为若干环节，确定系统和环节的输入、输出变量，搞清楚各个变量之间的关系。

(2) 做出一些合乎实际的假设，以便忽略一些次要因素，使问题简化。

(3) 根据各变量所遵循的基本定律，列写各环节的原始方程式(一般从系统的输入端开始，依次列写组成系统各部分的运动方程式，同时要考虑相邻元件间的彼此影响，即所谓负载效应问题。关于基本定律，不外乎物理上的牛顿定律、能量守恒定律、基尔霍夫定律，化学上的物质守恒定律以及由这些基本定律导出的各专业应用公式，或通过实验等方法得出的基本规律)。

(4) 列写各中间变量和其他变量的因果式，即辅助方程式。方程的数目应与所设的变量(除输入外)数目相等。

(5) 将各环节方程式联立，消去中间变量，最后得出只含输入、输出变量及其导数的微分方程。

(6) 将输出变量及各阶导数放在等号左边，将输入变量及各阶导数放在等号右边，并按降幂排列，最后将系统表达为具有一定物理意义的形式，成为标准化微分方程。

2.2.2 非线性元件微分方程的线性化

2.2.1 小节我们讨论了系统的微分方程式的建立，那些例子中所得的微分方程式都是线性的。但严格来说，所有的系统都有不同程度的非线性，而我们所得到的那些“线性”微分方程，都是在做了一系列假设以后建立起来的。比如在机械位移系统中，我们假设摩擦阻尼力 F 与速度 v 成正比，把摩擦阻尼系数 f 视为常数，如图 2.4 中的 OB 所示。但实际上 f 不会是常数，其特性曲线可能是 $O'A$，是非线性关系。又如在直流电动机系统中，假设磁通 Φ 与电流 i_f 成正比，即 $\Phi = k_f i_f$，把比例系数 k_f 视为常数，如图 2.5 中的 OB 所示。但实际上 k_f 也不会是常数，特性曲线是 OA，这是由于磁路中有铁芯，要受饱和的影响。

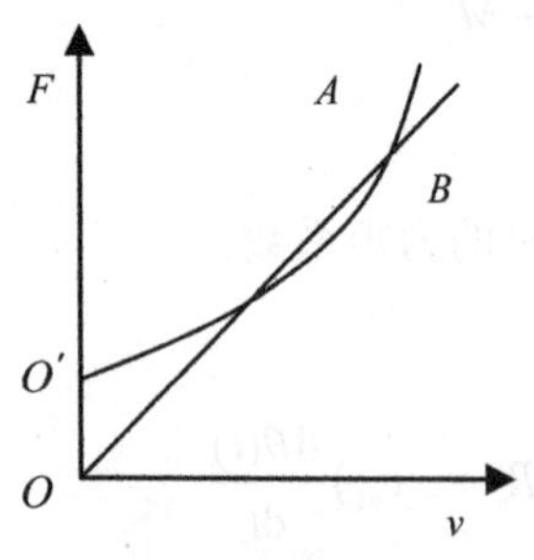

图 2.4 摩擦阻尼力

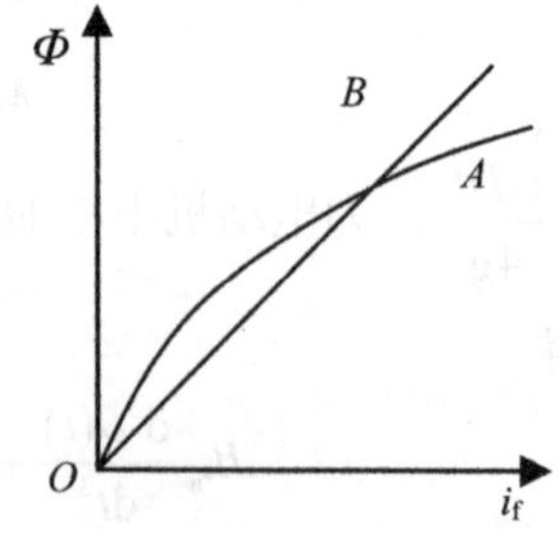

图 2.5 饱和磁通

另外，对于弹簧来说，当弹性疲乏时，也不是线性的。由此可见，我们之所以能得到一些简单的线性微分方程，正是由于在做简化性考虑时，忽略掉了这些次要的非线性因素。

所以，除了参数基本上接近常数的系统外，2.2.1 小节得到的线性模型是相当近似的。要想精确地描述系统特性，或当系统的非线性因素必须考虑时，列写出来的系统方程都应该是非线性的。因此，在研究控制系统的动态过程时，就会遇到求解非线性微分方程的问题。然而，对于高阶非线性微分方程来说，在数学上不可能求得一般形式的解。这样，研究工作在理论上将会遇到困难。如何来处理这类问题呢？一种可能的方法是：应用小偏差线性化概念对那些符合线性化条件的非线性方程进行线性化处理，从而得到一个线性模型来代替非线性模型，并采用线性系统理论来分析设计系统的性能。

我们知道，自动控制系统通常都工作在一个正常的工作状态，这个工作状态称为工作点。由于正常的控制过程总是连续不断地进行着，所以变量的变化范围(即偏离工作点的差值)一般都满足微量的要求。对于某些非线性系统，假如我们研究的是系统在某一工作点附近的性能，例如，电动机激磁回路(见图 2.6)正常时工作在 A 点，在控制过程中，调节 i_f 的范围属于工作点 A 附近的 Δi_f 小范围内，我们就可以把 A 点邻域内的特性用该点处的切线来代替。这样系统的特性在这个区域上就可以表示为线性的了，且其精确度要比忽略非线性因素的简化处理所得到的线性方程精确得多，这就是常说的“小偏差理论”。显然，曲线在工作点邻域的线性度越好，则作为线性化方程的自变量的取值范围 Δi_f 就越大。从几何意义上看，若用 K 表示 A 点处切线的斜率，则偏量 Δi_f 与 $\Delta\Phi$ 之间为线性关系，即 $\Delta\Phi=K\Delta i_f$。

应用线性化数学模型来代替原来的非线性模型的这一过程，称为线性化。线性化实质上是寻找能替代原来非线性函数的一种有合适斜率的线性一次函数，实际上就是寻找工作点处切线斜率的问题。几何图线上的“以直代曲”，表现在数学解析式上就是用一次多项式去近似地表达一个给定的函数。而数学上研究用任意多项式近似地表达一个函数，乃是“以直代曲”思想的发展。其中按泰勒级数展开的公式，可以精确地表示一个函数。现在我们的目的不是要精确地表示非线性函数，而是非线性函数的线性化，是指将非线性函数在工作点附近展开成泰勒级数，忽略掉高阶无穷小量及余项，得到近似的线性化方程，来替代原来的非线性函数。

设一个变量的非线性函数 $y=f(x)$ 在 x_0 处连续可微，如图 2.7 所示，则可将它在该点附近用泰勒级数展开成

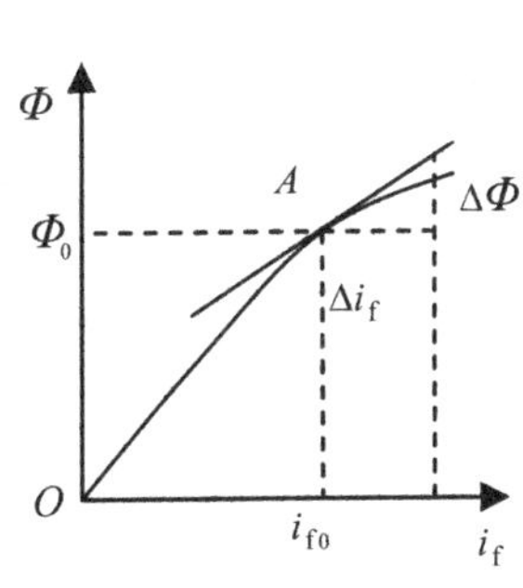

图 2.6　激磁特性

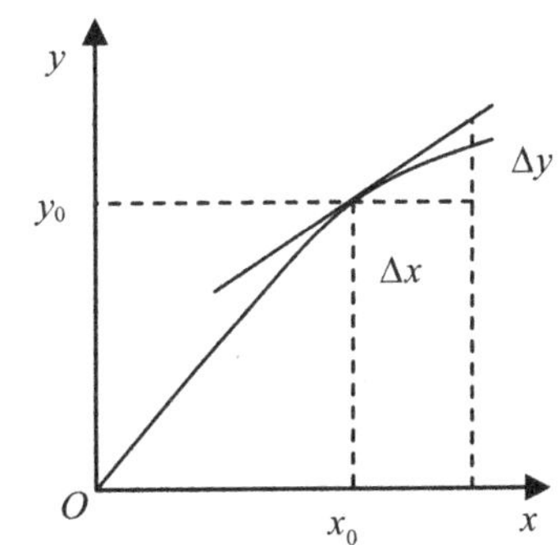

图 2.7　线性化原理

$$y=f(x)=f(x_0)+\left.\frac{\mathrm{d}f}{\mathrm{d}x}\right|_{x_0}(x-x_0)+\frac{1}{2!}\left.\frac{\mathrm{d}^2f}{\mathrm{d}x^2}\right|_{x_0}(x-x_0)^2+\cdots \tag{2-17}$$

当 $(x-x_0)$ 为微小增量时，可略去二阶以上各项，写成

$$y = f(x_0) + \left.\frac{\mathrm{d}f}{\mathrm{d}x}\right|_{x_0} (x - x_0) = y_0 + K(x - x_0) \tag{2-18}$$

式中，$K = \left.\frac{\mathrm{d}f}{\mathrm{d}x}\right|_{x_0}$ 为工作点 x_0 处的斜率，即此时以工作点处的切线代替曲线，得到变量在工作点的增量方程。经上述处理后，输出与输入之间就成为线性关系，如图 2.7 所示。

【例 2-4】 图 2.8 所示为一铁芯线圈，输入为激磁电压 $u_{\mathrm{i}}(t)$，输出为线圈电流 $i(t)$，线圈电阻为 R。求 $i(t)$与 $u_{\mathrm{i}}(t)$之间的微分方程。

解： 设线圈中的磁通为Φ，根据回路电压定理，线圈的微分方程为

$$\frac{\mathrm{d}\Phi(i)}{\mathrm{d}i} \cdot \frac{\mathrm{d}i}{\mathrm{d}t} + Ri = u_{\mathrm{i}}(t) \tag{2-19}$$

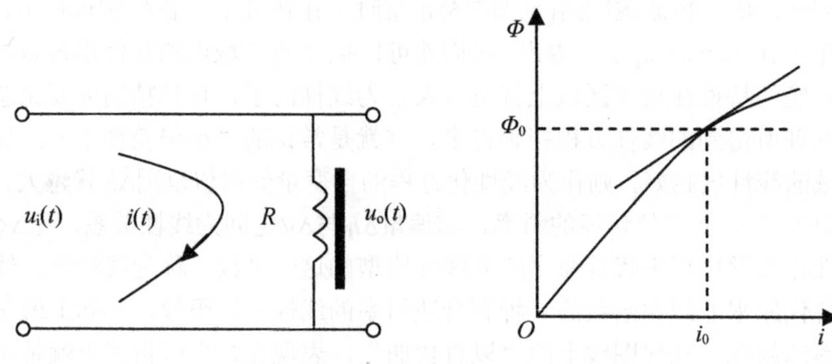

图 2.8 例 2-4 铁芯线圈

当工作过程中线圈的电压和电流只在工作点(u_0, i_0)附近变化时，即有

$$u_{\mathrm{i}}(t) = u_0 + \Delta u_{\mathrm{i}}(t) \tag{2-20}$$

$$i = i_0 + \Delta i \tag{2-21}$$

线圈中的磁通Φ对Φ_0也有增量变化，假如在 i_0 附近连续可微，将在 i_0 附近展开成泰勒级数，即

$$\Phi = \Phi_0 + \left.\left(\frac{\mathrm{d}\Phi}{\mathrm{d}i}\right)\right|_{i_0} \Delta i + \frac{1}{2!}\left.\left(\frac{\mathrm{d}^2\Phi}{\mathrm{d}i_1^2}\right)\right|_{i_0} (\Delta i)^2 + \cdots \tag{2-22}$$

因是微小增量，将高阶无穷小量略去，可得近似式为

$$\Phi \approx \Phi_0 + \left.\left(\frac{\mathrm{d}\Phi}{\mathrm{d}i}\right)\right|_{i_0} \Delta i \tag{2-23}$$

$$L\frac{\mathrm{d}\Delta i}{\mathrm{d}t} + R\Delta i = \Delta u_{\mathrm{i}}(t) \tag{2-24}$$

这就是铁芯线圈的增量化方程，为简便起见，常略去增量符号而写成

$$L\frac{\mathrm{d}i}{\mathrm{d}t} + Ri = u_{\mathrm{i}}(t) \tag{2-25}$$

若系统的输出量为 y，而有两个输入量 x_1 和 x_2，则它们的关系可用二元函数表示，即

$$y = f(x_1, x_2) \tag{2-26}$$

设系统稳态工作点为(x_{10}, x_{20})，可将它在该点附近用泰勒级数展开，即

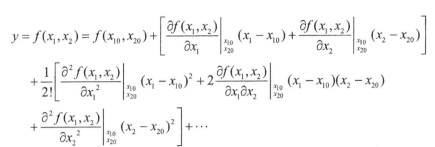

$$y=f(x_1,x_2)=f(x_{10},x_{20})+\left[\left.\frac{\partial f(x_1,x_2)}{\partial x_1}\right|_{\substack{x_{10}\\x_{20}}}(x_1-x_{10})+\left.\frac{\partial f(x_1,x_2)}{\partial x_2}\right|_{\substack{x_{10}\\x_{20}}}(x_2-x_{20})\right]$$

$$+\frac{1}{2!}\left[\left.\frac{\partial^2 f(x_1,x_2)}{\partial x_1^{\ 2}}\right|_{\substack{x_{10}\\x_{20}}}(x_1-x_{10})^2+2\left.\frac{\partial f(x_1,x_2)}{\partial x_1\partial x_2}\right|_{\substack{x_{10}\\x_{20}}}(x_1-x_{10})(x_2-x_{20})\right.$$

$$\left.+\left.\frac{\partial^2 f(x_1,x_2)}{\partial x_2^{\ 2}}\right|_{\substack{x_{10}\\x_{20}}}(x_2-x_{20})^2\right]+\cdots$$

在工作点附近，偏量 $\Delta x_1=x_1-x_{10}$，$\Delta x_2=x_2-x_{20}$ 的绝对值很小，则可略去二级以上的高次项，得到一次近似偏量方程为

$$\Delta y=\left.\frac{\partial f(x_{10},x_{20})}{\partial x_1}\right|_{\substack{x_{10}\\x_{20}}}\Delta x_1+\left.\frac{\partial f(x_{10},x_{20})}{\partial x_2}\right|_{\substack{x_{10}\\x_{20}}}\Delta x_2=K_1\Delta x_1+K_2\Delta x_2 \tag{2-27}$$

式中，$K_1=\left.\frac{\partial f(x_{10},x_{20})}{\partial x_1}\right|_{\substack{x_{10}\\x_{20}}}$；$K_2=\left.\frac{\partial f(x_{10},x_{20})}{\partial x_2}\right|_{\substack{x_{10}\\x_{20}}}$。这样$y$与$x_1$、$x_2$之间的非线性关系就转化为$\Delta y$与 Δx_1、Δx_2 之间的线性关系。为了便于书写，经常将偏量信号的增量符号Δ省掉。

由以上讨论可知，非线性控制系统可以进行线性化处理的条件有以下三个。

(1) 系统工作在一个正常的工作状态，有一个稳定的工作点。

(2) 在运行过程中偏离量满足小偏差条件。

(3) 非线性函数在工作点处各阶导数或偏导数存在，即函数属于单值、连续、光滑的非本质非线性函数。

如果系统满足以上条件，则在工作点的邻域内便可将非线性函数通过偏量的形式表示成线性函数。在有了对非线性特性线性化处理的有效措施以后，对于含有这类非线性的控制系统，可以从整体上将系统的数学模型以偏量的形式写出来，即成为系统线性化的数学模型。

2.3　控制系统的传递函数

2.3.1　传递函数的概念

1. 传递函数的定义

传递函数是在用拉普拉斯变换方法求解线性常微分方程过程中引出的一种外部描述数学模型。设描述线性定常系统的微分方程为

$$a_0\frac{\mathrm{d}^n c(t)}{\mathrm{d}t^n}+a_1\frac{\mathrm{d}^{n-1}c(t)}{\mathrm{d}t^{n-1}}+\cdots+a_{n-1}\frac{\mathrm{d}c(t)}{\mathrm{d}t}+a_n c(t)$$

$$=b_0\frac{\mathrm{d}^m r(t)}{\mathrm{d}t^m}+b_1\frac{\mathrm{d}^{m-1}r(t)}{\mathrm{d}t^{m-1}}+\cdots+b_{m-1}\frac{\mathrm{d}r(t)}{\mathrm{d}t}+b_m r(t) \tag{2-28}$$

因为控制理论着重分析系统的结构、参数与系统的动态性能之间的关系，所以为简化分析，设系统的初始条件为零。在零初始条件下，对式(2-28)取拉氏变换得

$$(a_0s^n + a_1s^{n-1} + \cdots + a_{n-1}s + a_n)C(s) = (b_0s^m + b_1s^{m-1} + \cdots + b_{m-1}s + b_m)R(s)$$

令

$$G(s) = \frac{C(s)}{R(s)} = \frac{b_0s^m + b_1s^{m-1} + \cdots + b_{m-1}s + b_m}{a_0s^n + a_1s^{n-1} + \cdots + a_{n-1}s + a_n} \tag{2-29}$$

或写为

$$G(s) = \frac{C(s)}{R(s)} = \frac{M(s)}{N(s)} \tag{2-30}$$

$G(s)$反映了系统输出与输入之间的关系，描述了系统的特性。

定义 2.1 在零初始条件下，线性定常系统(环节)的输出的拉氏变换与输入的拉氏变换之比，称为该系统(环节)的传递函数，记为 $G(s)$。

显然，在零初始条件下，若线性定常系统的输入的拉氏变换为 $R(s)$，则系统的输出的拉氏变换为

$$C(s) = G(s)R(s) \tag{2-31}$$

系统的输出为

$$c(t) = L^{-1}[G(s)R(s)] \tag{2-32}$$

2．传递函数的性质

传递函数作为一种数学模型，表示了联系输出变量和输入变量微分方程的一种运算方法。由传递函数的定义和自身的特有性质可知，传递函数有如下性质。

(1) 作为一种数学模型，传递函数只适用于线性定常系统，这是由于传递函数是经拉普拉斯变换导出的，而拉氏变换是一种线性积分运算。

(2) 传递函数是以系统本身的参数描述的线性定常系统输入量与输出量的关系式，它表达了系统内在的固有特性，且只与系统的结构、参数有关，而与输入量或输入函数的形式无关。

(3) 传递函数可以是无量纲的，也可以是有量纲的，视系统的输入、输出量而定，它包含着联系输入量与输出量所必需的单位，但它不能表明系统的物理特性和物理结构。许多物理性质不同的系统都有着相同的传递函数，正如一些不同的物理现象可以用相同的微分方程来描述一样。

(4) 传递函数只表示单输入和单输出(SISO)之间的关系，对多输入多输出(MIMO)系统，可用传递函数阵表示。

(5) 输入为单位脉冲信号时，系统的输出为传递函数的拉普拉斯反变换。

由于单位脉冲信号的拉氏变换为 1，所以输入为单位脉冲信号时，系统的输出的拉氏变换为

$$C(s) = G(s)L[\delta(t)] = G(s)$$

系统的输出为

$$c(t) = L^{-1}[G(s)R(s)] = L^{-1}[G(s)] \tag{2-33}$$

可见，系统传递函数的拉氏反变换即是输入是单位脉冲信号时系统的输出。因此，当系统的输入为单位脉冲信号时，系统的输出完全描述了系统的动态特性，所以也是系统的

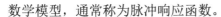

数学模型，通常称为脉冲响应函数。

(6) 传递函数式(2-29)可表示成

$$G(s)=K_g\frac{(s-z_1)(s-z_2)\cdots(s-z_m)}{(s-p_1)(s-p_2)\cdots(s-p_n)} \tag{2-34}$$

式中，$p_1, p_2, \cdots, p_n$ 为分母多项式的根，称为传递函数的极点；$z_1, z_2, \cdots, z_m$ 为分子多项式的根，称为传递函数的零点。零、极点可以表示在复数平面上。如某传递函数的零点为-4，极点为-1+j、-1-j、-2、-3，就可以用图 2.9 来表示。

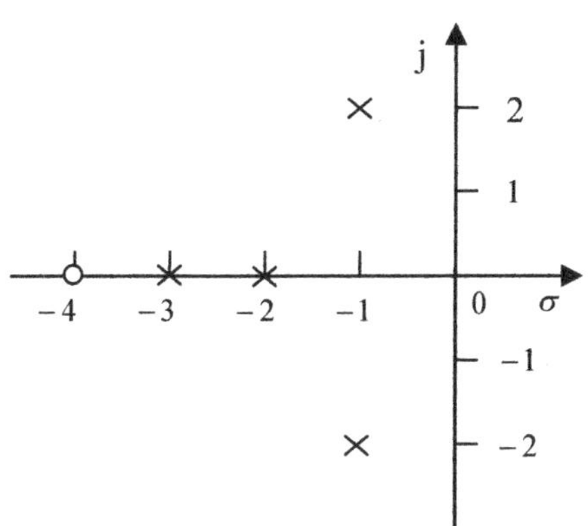

图 2.9　零、极点分布

(7) 传递函数的分母多项式称为特征多项式，记为

$$D(s)=a_0s^n+a_1s^{n-1}+\cdots+a_{n-1}s+a_n \tag{2-35}$$

而 $D(s)=0$ 称为特征方程。传递函数分母多项式的阶次总是大于或等于分子多项式的阶次，即 $n \geqslant m$，这是由实际系统的惯性所造成的。

2.3.2　典型环节的传递函数及其动态响应

控制系统由许多元件组合而成，这些元件的物理结构和作用原理是多种多样的，但抛开具体结构和物理特点，从传递函数的数学模型来看，可以划分成几种典型环节，常用的典型环节有比例环节、惯性环节、积分环节、微分环节、二阶振荡环节、延迟环节等。

1. 比例环节

环节输出量与输入量成正比，不失真也无时间滞后的环节称为比例环节，也称无惯性环节。输入量与输出量之间的表达式为

$$c(t)=Kr(t)$$

所以，比例环节的传递函数为

$$G(s)=\frac{C(s)}{R(s)}=K \tag{2-36}$$

式中，K 为常数，称为比例环节的放大系数或增益。比例环节的输入与输出成正比关系。

2. 惯性环节(非周期环节)

惯性环节的动态方程是一个一阶微分方程，即

$$T\frac{\mathrm{d}c(t)}{\mathrm{d}t}+c(t)=Kr(t)$$

其传递函数为

$$G(s)=\frac{C(s)}{R(s)}=\frac{K}{Ts+1} \tag{2-37}$$

式中，T 为惯性环节的时间常数；K 为惯性环节的增益或放大系数。当输入为单位阶跃函数时，其单位阶跃响应为

$$c(t)=L^{-1}\left[C(s)\right]=L^{-1}\left[\frac{K}{Ts+1}\cdot\frac{1}{s}\right]=K(1-\mathrm{e}^{-\frac{1}{T}t})$$

惯性环节的单位阶跃响应曲线如图 2.10 所示。

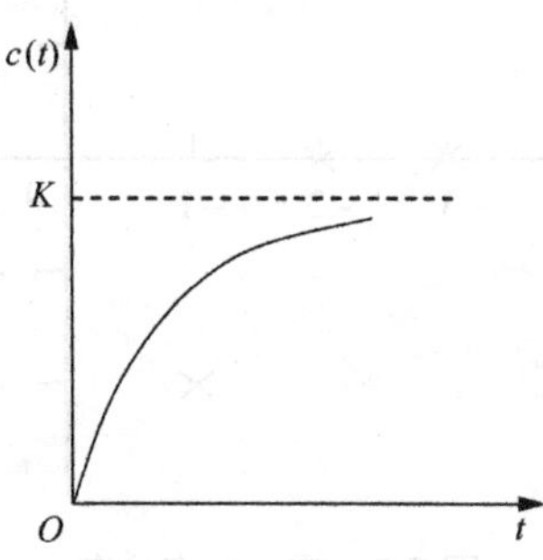

图 2.10　惯性环节的单位阶跃响应曲线

惯性环节实例很多，如图 2.11 所示的 RL 网络，输入为电压 u，输出为电感电流 i，其传递函数为

$$G(s)=\frac{I(s)}{U(s)}=\frac{1}{Ls+R}=\frac{1/R}{L/Rs+1}=\frac{K}{Ts+1}$$

式中，$T=\frac{L}{R}$；$K=\frac{1}{R}$。

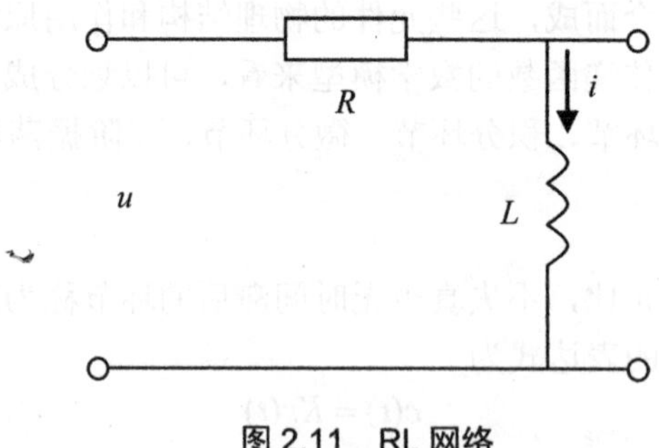

图 2.11　RL 网络

3．积分环节

输出量正比于输入量的积分的环节称为积分环节，其动态特性方程为

$$c(t)=\frac{1}{T_{\mathrm{i}}}\int_0^t r(t)\mathrm{d}t$$

其传递函数为

$$G(s)=\frac{C(s)}{R(s)}=\frac{1}{T_{\mathrm{i}}s} \tag{2-38}$$

式中，T_{i} 为积分时间常数。积分环节的单位阶跃响应如图 2.12 所示，有

$$C(t)=\frac{1}{T_{\mathrm{i}}}t$$

它随时间直线增长，当输入突然消失，积分停止，输出维持不变，故积分环节具有记忆功能。

图 2.13 所示为运算放大器构成的积分环节，输入 $r(t)$，输出 $c(t)$，其传递函数为

$$G(s)=\frac{C(s)}{R(s)}=-\frac{1}{RCs}=-\frac{1}{T_{\mathrm{i}}s}$$

式中，$T_{\mathrm{i}}=RC$。

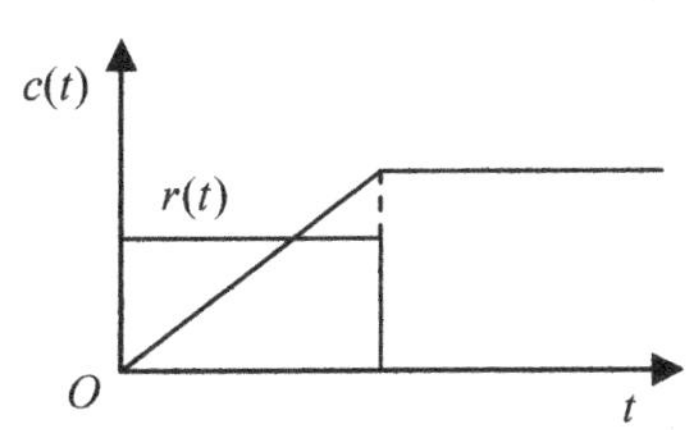

图 2.12　积分环节的单位阶跃响应

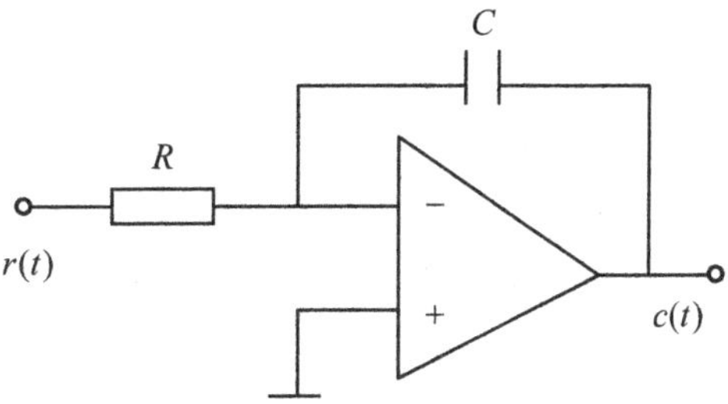

图 2.13　运算放大器构成的积分环节

4．微分环节

理想微分环节的特征输出量正比于输入量的微分，其动态方程为

$$c(t)=T_{\mathrm{d}}\frac{\mathrm{d}r(t)}{\mathrm{d}t}$$

其传递函数为

$$G(s)=\frac{C(s)}{R(s)}=T_{\mathrm{d}}s \tag{2-39}$$

式中，T_{d} 为微分时间常数。它的单位阶跃响应为 $c(t)=T_{\mathrm{d}}\delta(t)$，如图 2.14 所示。

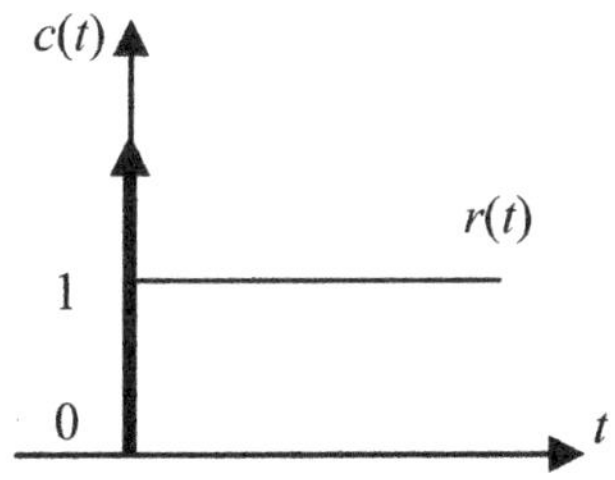

图 2.14　微分环节的单位阶跃响应

实际上，理想微分环节实际上难以实现，因此我们常采用带有惯性的微分环节，其传递函数为

$$G(s)=\frac{KT_d s}{T_d s+1} \tag{2-40}$$

其单位阶跃响应为

$$c(t)=K\mathrm{e}^{-\frac{1}{T_d}t}$$

单位阶跃响应曲线如图 2.15 所示，实际微分环节的阶跃响应是按指数规律下降，若 K 值很大而 T_d 值很小时，实际微分环节就接近于理想微分环节。

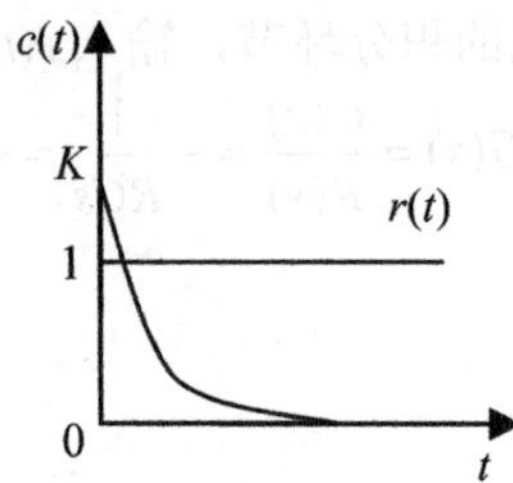

图 2.15　带有惯性的微分环节的单位阶跃响应

5. 二阶振荡环节(二阶惯性环节)

二阶振荡环节的动态方程为

$$T^2\frac{\mathrm{d}^2c(t)}{\mathrm{d}t^2}+2\xi T\frac{\mathrm{d}c(t)}{\mathrm{d}t}+c(t)=Kr(t)$$

其传递函数为

$$G(s)=\frac{C(s)}{R(s)}=\frac{K}{T^2s^2+2\xi Ts+1} \tag{2-41}$$

$$G(s)=\frac{K\omega_n^2}{s^2+2\xi\omega_n s+\omega_n^2} \tag{2-42}$$

式中，$\omega_n \frac{1}{T}$ 为无阻尼自然振荡角频率，ξ 为阻尼比，在后面时域分析中将详细讨论。

图2.16所示为RLC网络，输入为$u_i(t)$，输出为$u_o(t)$，其动态特性方程为

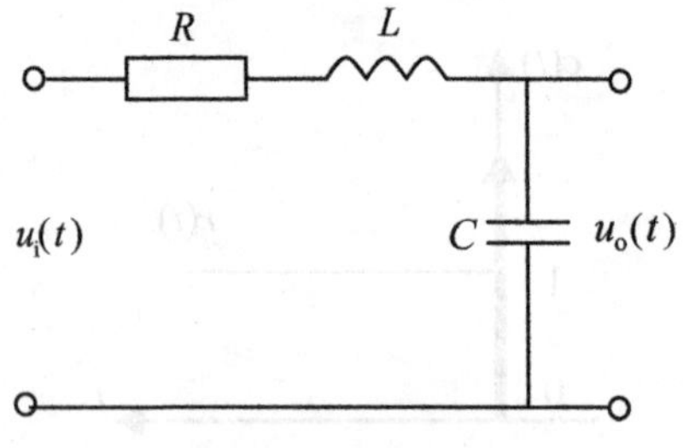

图 2.16　RLC 网络

$$LC\frac{\mathrm{d}^2u_o(t)}{\mathrm{d}t^2}+RC\frac{\mathrm{d}u_o(t)}{\mathrm{d}t}+u_o(t)=u_i(t)$$

其传递函数为

$$G(s)=\frac{U_{\mathrm{o}}(t)}{U_{\mathrm{i}}(t)}=\frac{1}{LCs^2+RCs+1}=\frac{\omega_{\mathrm{n}}^2}{s^2+2\xi\omega_{\mathrm{n}}s+\omega_{\mathrm{n}}^2}$$

式中，$\omega_{\mathrm{n}}=\sqrt{\frac{1}{LC}}$；$\xi=\frac{R}{2}\sqrt{\frac{C}{L}}$。

6．延迟环节(时滞环节)

延迟环节中，输入信号加入后，输出信号要延迟一段时间τ后才重现输入信号，其动态方程为

$$c(t)=r(t-\tau)$$

其传递函数是一个超越函数，即

$$G(s)=\frac{C(s)}{R(s)}=\mathrm{e}^{-\tau s} \tag{2-43}$$

式中，τ为延迟时间，延迟环节的单位阶跃响应如图 2.17 所示。

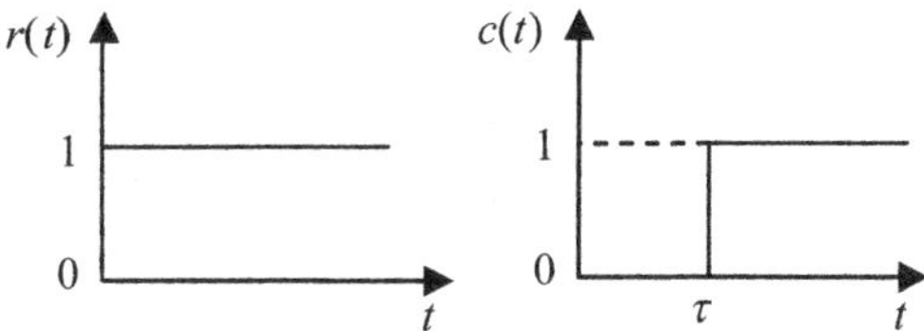

图 2.17 延迟环节的单位阶跃响应

需要指出，在实际生产中，有很多场合是存在延迟的，比如皮带或管道输送过程，管道反应和管道混合过程，多个设备串联以及测量装置系统等。延迟过大往往会使控制效果恶化，甚至使系统失去稳定。

2.3.3 传递函数的求取

1．定义法

传递函数定义为在初始条件为零时，输出的拉氏变换与输入的拉氏变换之比，所以人们经常按定义来求取传递函数。用定义法求传递函数的步骤如下。

(1) 写出系统的微分方程式。

(2) 假设全部初始条件为零，求微分方程的拉氏变换。

(3) 写出表示系统输出量 $C(s)$与输入量 $R(s)$之比的有理分式，即为系统的传递函数$G(s)$。

【例 2-5】 系统如图 2.18 所示，设支撑点 a 的位移为 $y_{\mathrm{i}}(t)$，质量 m 的位移为 $y_{\mathrm{o}}(t)$，设 k 为弹簧的弹性系数，f 为质量 m 运动时的摩擦系数，求系统的传递函数。

解： 由牛顿定律列写方程，得

$$m\frac{\mathrm{d}^2y_{\mathrm{o}}(t)}{\mathrm{d}^2t}=k[y_{\mathrm{i}}(t)-y_{\mathrm{o}}(t)]-f\frac{\mathrm{d}y_{\mathrm{o}}(t)}{\mathrm{d}t} \tag{2-44}$$

整理得

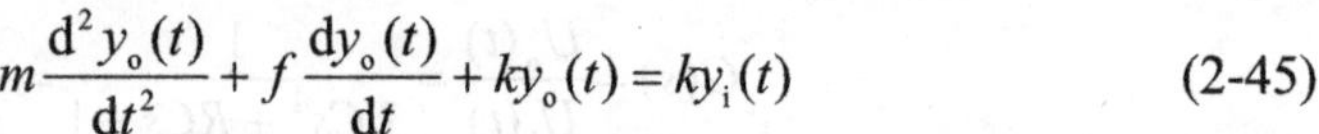

$$m\frac{d^2 y_o(t)}{dt^2}+f\frac{dy_o(t)}{dt}+ky_o(t)=ky_i(t) \tag{2-45}$$

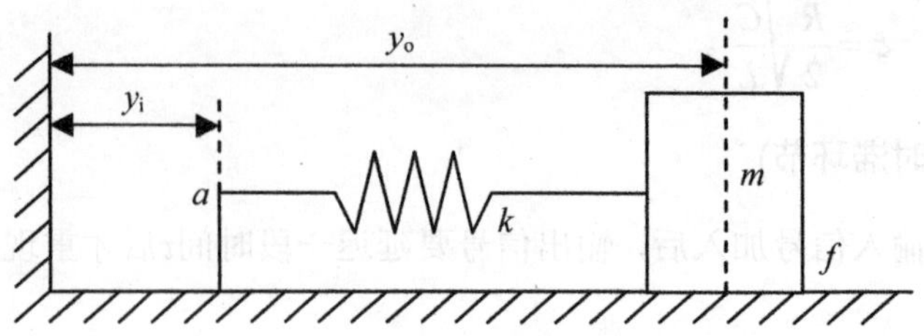

图 2.18　质量、阻尼弹簧系统

方程两边同时求拉氏变换，得

$$m[s^2Y_o(s)-sy_o(0)-\dot{y}_o(0)]+f[sY_o(s)-y_o(0)]+kY_o(s)=kY_i(s)$$

令初始条件为零，即 $y_o(0)$、$\dot{y}_o(0)$ 则

$$ms^2Y_o(s)+fsY_o(s)+kY_o(s)=kY_i(s)$$

整理得

$$(ms^2+fs+k)Y_o(s)=kY_i(s)$$

则

$$\varPhi(s)=\frac{Y_o(s)}{Y_i(s)}=\frac{k}{ms^2+fs+k} \tag{2-46}$$

2. 复数阻抗法

传递函数的求取有多种方法，既可以按照定义，也可以采取其他方法。在由电气元件组成的系统中，经常采用复数阻抗法。

当电气元件中流过电流 $i(t)$时，若其两端电压为 $u(t)$，且初始条件为零，则电压与电流的拉氏变换之比称为电气元件的复数阻抗，即

$$Z(s)=\frac{U(s)}{I(s)} \tag{2-47}$$

或

$$U(s)=Z(s)I(s)$$

下面介绍常见电气元件的复数阻抗。

1) 电阻元件

对于电阻元件，有

$$U(t)=Ri(t)$$

取拉氏变换得

$$U(s)=RI(s)$$

故电阻元件的复数阻抗为

$$Z_R(s)=\frac{U(s)}{I(s)}=R \tag{2-48}$$

2) 电感元件

对于电感元件，有

$$U(t)=L\frac{di(t)}{dt}$$

取拉氏变换得

$$U(s)=LsI(s)$$

故电感元件的复数阻抗为

$$Z_L(s)=\frac{U(s)}{I(s)}=Ls \tag{2-49}$$

3) 电容元件

对于电容元件，有

$$U(t)=\frac{1}{C}\int i(t)dt$$

取拉氏变换得

$$U(s)=\frac{1}{Cs}I(s)$$

故电容元件的复数阻抗为

$$Z_C(s)=\frac{U(s)}{I(s)}=\frac{1}{Cs} \tag{2-50}$$

对于由电气元件组成的网络，当用复数阻抗表示后，电路中的串联、并联定律，电路的分压、分流定律，回路电流法，节点电压法，运算放大器的虚地、虚断等计算方法仍然成立。

【例 2-6】 已知某电路如图 2.19 所示，求传递函数。

解：先做出图 2.19 所示电路对应的复数阻抗电路图，如图 2.20 所示。按照分压关系，直接可得出

$$G_c(s)=\frac{U_c(s)}{U_r(s)}=\frac{R_2+\dfrac{1}{sC_2}}{R_1+\dfrac{1}{sC_1}+R_2+\dfrac{1}{sC_2}}$$

$$=\frac{C_1}{C_1+C_2}\frac{R_2C_2s+1}{(R_1+R_2)\dfrac{C_1C_2}{C_1+C_2}s+1}$$

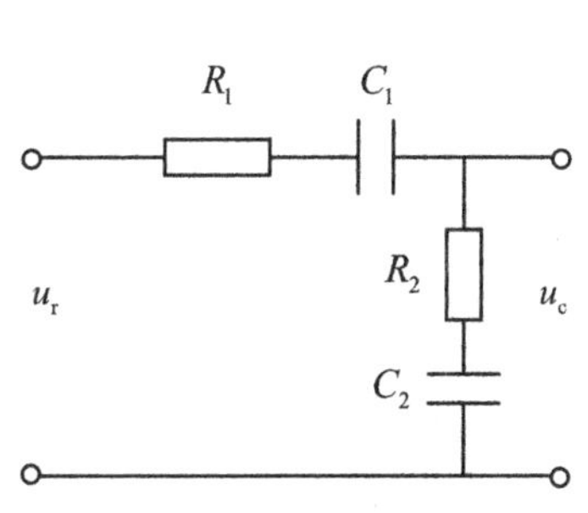

图 2.19　例 2-6 电路图

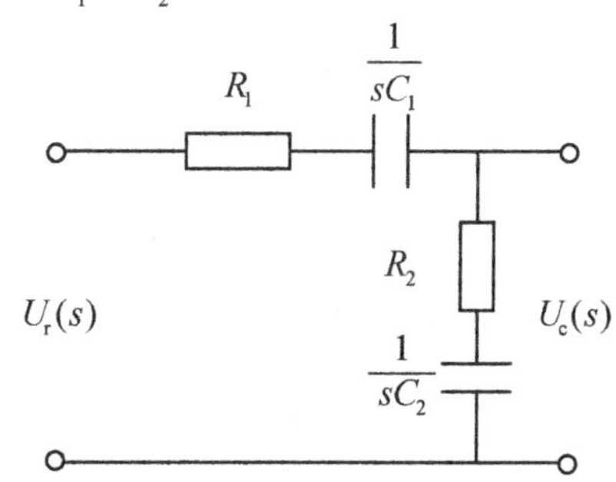

图 2.20　例 2-6 电路的复数阻抗电路图

【例 2-7】 已知某电路如图 2.21 所示，求传递函数。

解：假定电阻 R_2、R_4 连接处的复数电位为 $U_A(s)$，直接应用复数阻抗法，并注意应用理想运算放大器的虚地、虚断条件，在反向输入端有

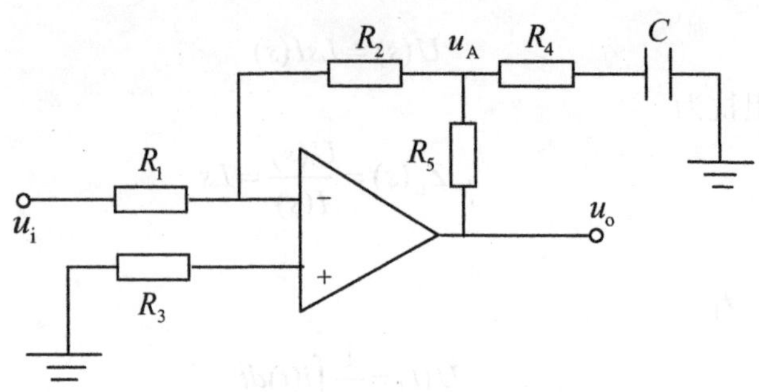

图 2.21　例 2.7 电路图

$$\frac{U_i(s)}{R_1}=-\frac{U_A(s)}{R_2}$$

$$-\frac{U_A(s)}{R_2}=\frac{U_A(s)-U_o(s)}{R_5}+\frac{U_A(s)}{R_4+\frac{1}{Cs}}$$

消去中间量，得到

$$\frac{U_o(s)}{U_i(s)}=-\frac{R_2+R_5}{R_1}\times\frac{\frac{R_2R_4+R_2R_5+R_4R_5}{R_2+R_5}Cs+1}{R_4Cs+1}$$

采用复数阻抗法求取传递函数的步骤如下。

(1) 以复数阻抗表示系统中的每一个元器件(这一步也可不表示出来)。

(2) 根据实际情况，引入一定的中间变量(当然引入得越少越好)。

(3) 假设全部初始条件为零，根据系统的工作原理，列写系统中各个量之间的复数关系。

(4) 消去中间变量，得到表示系统输出量 $C(s)$与输入量 $R(s)$之比的有理分式，即为系统的传递函数 $G(s)$。

2.4　动态结构图及其等效变换

前面介绍的微分方程、传递函数等数学模型，都是用纯数学表达式描述系统特性，不能反映系统中各部件对整个系统性能的影响，而系统原理图、功能方框图虽然反映了系统的物理结构，但又缺少系统中各变量间的定量关系。本节介绍的动态结构图既能描述系统中各变量间的定量关系，又能明显地表示系统各部件对系统性能的影响。

从根本上来看，任何复杂的系统，都可看做是典型环节的组合。在第 1 章曾用系统的方框图来定性地描述系统，这对于我们了解系统的结构及信息传递的路径等问题带来了很大的方便。当建立了系统传递函数的概念之后，方框图就可以与传递函数结合起来，进一步描述系统变量之间的因果关系。这就产生了一种描述系统动态性能及数学结构的方框图。

我们称为系统动态结构图。它将系统结构和原理分析中对各元件和各变量之间的定性分析上升到了定量分析，为工程上分析设计系统提供了一种新的数学工具。

2.4.1　动态结构图的概念

1. 结构图

定义 2.2　具有一定函数关系组成的，并表明信号流向的系统的方框图，称为系统动态结构图，简称为结构图。结构图也称为方块图或方框图，具有形象和直观的特点。结构图是系统中各元件功能和信号流向的图解，它清楚地表明了系统中各个环节间的相互关系。构成结构图的基本符号有四种，即信号线、比较点、传递环节的方框和引出点。

(1) 信号线：带有箭头的直线，箭头表示信号传递方向，直线上面或者旁边标注所传递信号的时间函数或象函数，如图 2.22(a)所示。

(2) 比较点(综合点)：对两个或者两个以上的信号进行代数运算，如图 2.22(b)所示，“+”表示相加，可以省略不写，“-”表示相减。比较点可以有多个输入信号，但一般只画一个输出信号。若需要几个输出，通常加引出点表示。

(3) 方框：表示对输入信号进行的数学变换。对于线性定常系统或元件，通常在方框中写入其传递函数。系统输出的象函数等于输入的象函数乘以方框中的传递函数或者频率特性，如图 2.22(c)所示。

(4) 引出点(测量点)：引出或者测量信号的位置。从同一信号线上引出的信号在数值和性质上完全相同，如图 2.22(d)所示。这里的信号引出与测量信号一样，不影响原信号，所以也称为测量点。

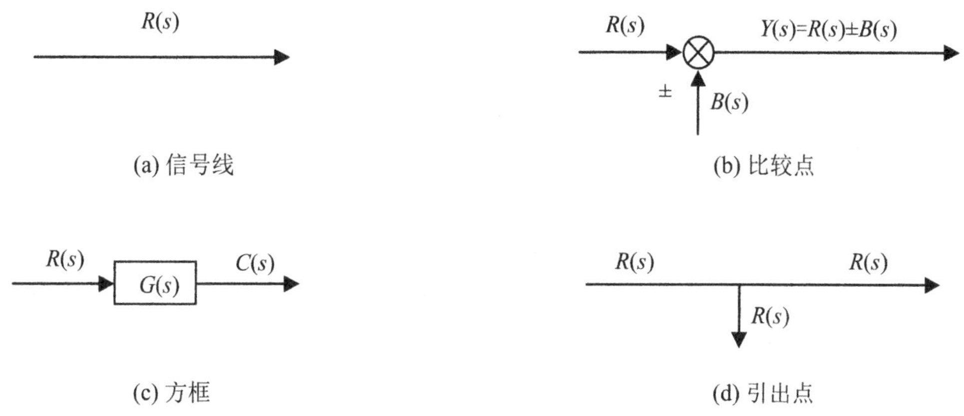

图 2.22　结构图的基本符号

2. 结构图的绘制

结构图简单明了地表达了系统的组成和相互联系，可以方便地评价每一个元件对系统性能的影响。信号的传递严格遵照单向性原则，对于输出对输入的反作用，通过反馈支路单独表示。

一般来说，结构图的绘制有如下三个步骤。

(1) 列写每个元件的原始方程(可以保留所有变量，这样在结构图中可以明显地看出各元件的内部结构和变量，便于分析作用原理)，要考虑相互间的负载效应。

(2) 设初始条件为零，对这些方程进行拉氏变换，并将每个变换后的方程分别以一个方框的形式将因果关系表示出来，而且这些方框中的传递函数都应具有典型环节的形式。

(3) 将这些方框单元按信号流向连接起来，就组成完整的结构图。

对于一个系统，在清楚系统工作原理及信号传递的情况下，可按结构图的基本连接形式，把各个环节的结构图连接成系统结构图。

【例 2-8】 试绘制图 2.23(a)所示无源 RC 网络的结构图。

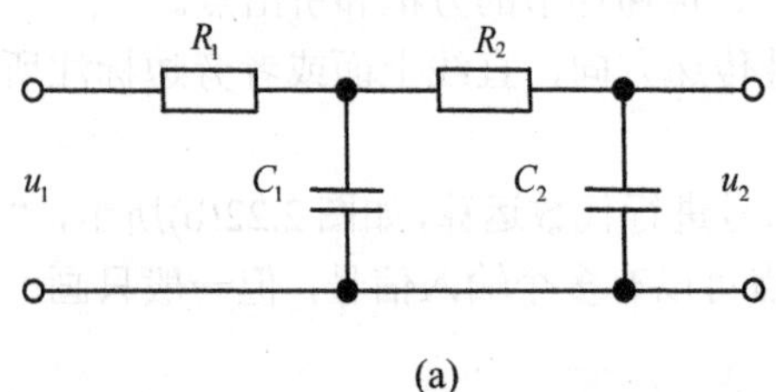

(a)

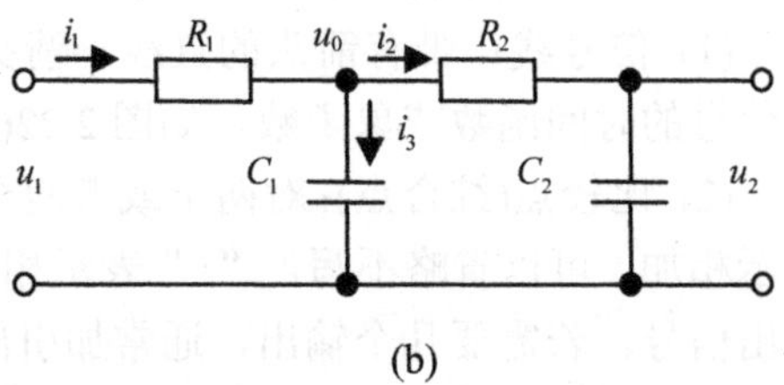

(b)

图 2.23　例 2-8 无源 RC 网络

解： 选取变量如图 2.23(b)所示，根据电路定律，写出其微分方程组为

$$\begin{cases} i_1(t)=\dfrac{u_1(t)-u_0(t)}{R_1} \\ i_2(t)=\dfrac{u_0(t)-u_2(t)}{R_2} \\ i_3(t)=i_1(t)-i_2(t) \\ u_0(t)=\dfrac{1}{C_1}\displaystyle\int i_3(t)\mathrm{d}t \\ u_2(t)=\dfrac{1}{C_2}\displaystyle\int i_2(t)\mathrm{d}t \end{cases}$$

零初始条件下，对各式两边取拉氏变换，得

$$\begin{cases} I_1(s)=\dfrac{U_1(s)-U_0(s)}{R_1} \\ I_2(s)=\dfrac{U_0(s)-U_2(s)}{R_2} \\ I_3(s)=I_1(s)-I_2(s) \\ U_0(s)=\dfrac{1}{C_1 s}I_3(s) \\ U_2(s)=\dfrac{1}{C_2 s}I_2(s) \end{cases}$$

对应每一个方程，作出如图 2.24 所示的结构图。

将同一信号连接起来，得到整个 RC 网络的结构图如图 2.25 所示。

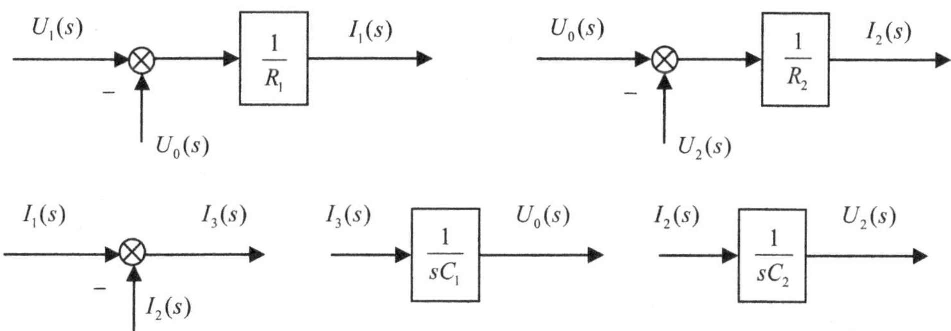

图 2.24　无源 RC 网络各方程对应的结构图

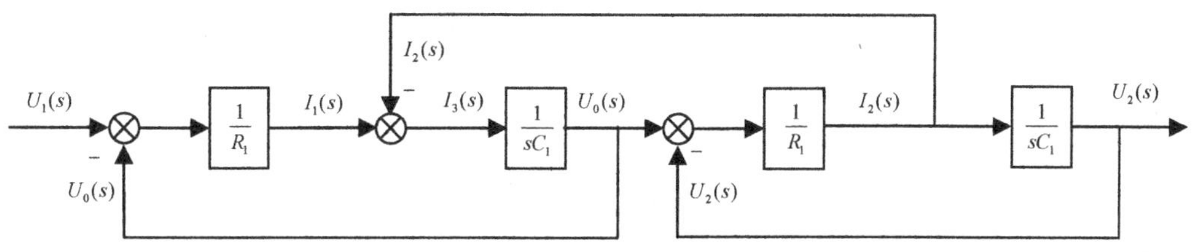

图 2.25　无源 RC 网络的结构图

【例 2-9】　图 2.26 所示为电枢电压控制的直流他励电动机，试绘制该系统的结构图。

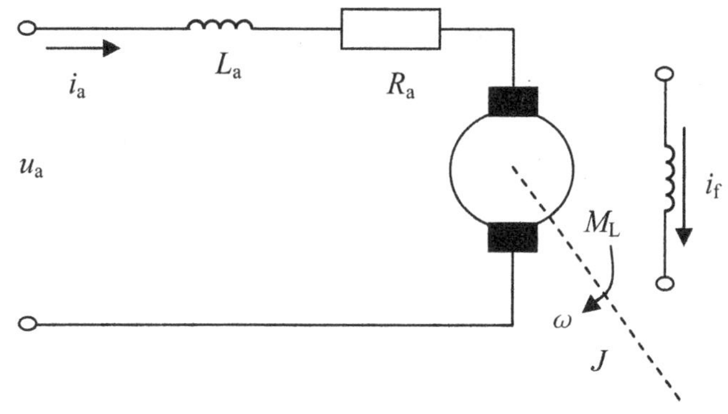

图 2.26　直流他励电动机

解：设电动机线圈两端的反电势为 $e_a(t)$，电动机转子轴上的电动转矩为 M_D，应用回路电压定理、电磁感应定理和牛顿定理，描述其运动方程为

$$\begin{cases} u_a(t) = L_a \dfrac{\mathrm{d}i_a(t)}{\mathrm{d}t} + R_a i_a(t) + e_a(t) \\ e_a(t) = c_e \omega(t) \\ M_D = c_M i_a(t) \\ M_D = J\dfrac{\mathrm{d}\omega}{\mathrm{d}t} + M_L \end{cases}$$

零初始条件下，对式中两边取拉氏变换，得

$$\begin{cases} U_a(s) = (R_a + L_a s)I_a(s) + E_a(s) \\ E_a(s) = c_e \Omega(s) \\ M_D(s) = c_M I_a(s) \\ M_D(s) = Js\Omega(s) + M_L(s) \end{cases}$$

对应每一个方程，作出如图 2.27 所示的结构图。

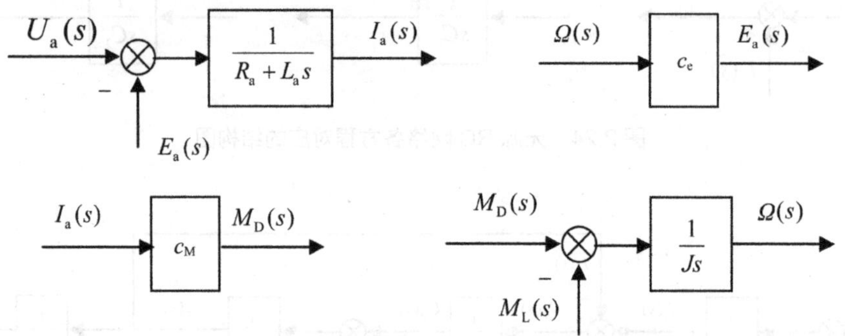

图 2.27　直流他励电动机各方程对应的结构图

将同一变量的信号线连接起来，将输入 $U_a(s)$放在左端，输出$\Omega(s)$放在右端，得到整个系统的结构图，如图 2.28 所示。

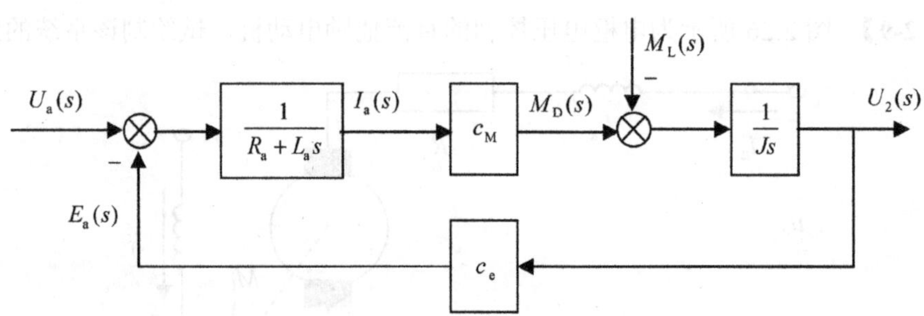

图 2.28　直流他励电动机的结构图

2.4.2　结构图的等效变换

为了便于系统分析和设计，常常需要对系统的结构图作等效变换，或者通过变换使系统结构图得到简化，再求取系统的总传递函数。

环节的连接有串联、并联和反馈等形式。

1. 串联

在单向的信号传递中，若前一个环节的输出是后一个环节的输入，并依次串接，如图 2.29 所示，则这种连接方式称为串联。

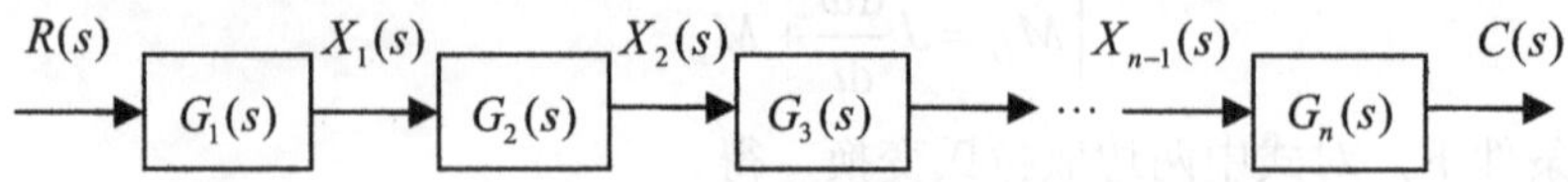

图 2.29　环节的串联

n 个环节串联后总的传递函数为

$$G(s)=\frac{C(s)}{R(s)}=\frac{X_1(s)}{R(s)}\cdot\frac{X_2(s)}{X_1(s)}\cdots\frac{C(s)}{X_{n-1}(s)}=G_1(s)G_2(s)\cdots G_n(s) \tag{2-51}$$

即串联后总的传递函数等于串联的各个环节传递函数的乘积。

例如，在不考虑负载效应时，图 2.30(a)所示电路就可看成是由图 2.30(b)所示的两级网络串联而成。

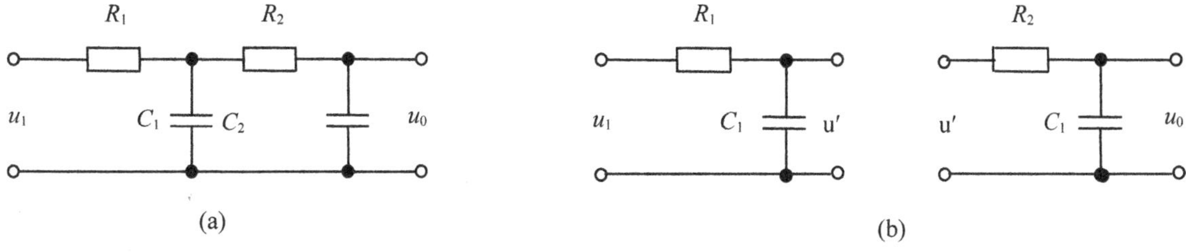

图 2.30　RC 网络的串联

2．并联

若各个环节接受同一输入信号而输出信号又汇合在一点时，称为并联，如图 2.31 所示。

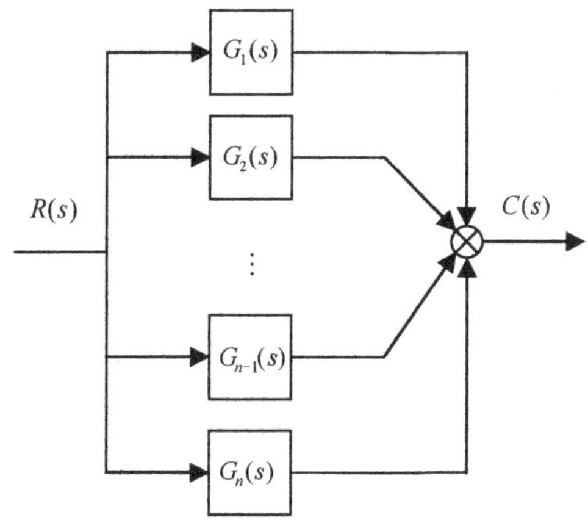

图 2.31　环节的并联

由图可知

$$\begin{aligned}
C(s)&=C_1(s)+C_2(s)+\cdots+C_n(s)\\
C_1(s)&=G_1(s)R(s)\\
C_2(s)&=G_2(s)R(s)\\
&\vdots\\
C_n(s)&=G_n(s)R(s)
\end{aligned}$$

总的传递函数为

$$G(s)=\frac{C(s)}{R(s)}=\frac{C_1(s)+C_2(s)+\cdots+C_n(s)}{R(s)}=G_1(s)+G_2(s)+\cdots+G_n(s) \tag{2-52}$$

3. 反馈

若将系统或环节的输出信号反馈到输入端，与输入信号相比较，就构成了反馈连接，如图 2.32 所示。如果反馈信号与给定信号极性相反，称为负反馈连接。反之，称为正反馈连接，若反馈环节 $H(s)=1$，则称为单位反馈。

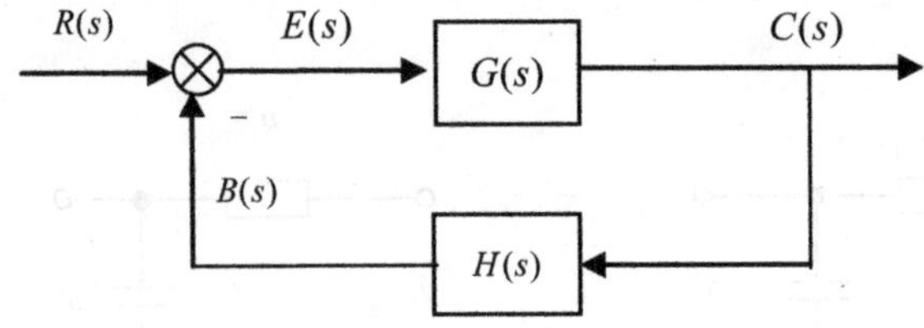

图 2.32　环节的反馈连接

反馈连接后，信号的传递形成了闭合回路。通常把由信号输入点到信号输出点的通道称为前向通道；把输出信号反馈到输入点的通道称为反馈通道。

对于负反馈连接，给定信号 $r(t)$和反馈信号 $b(t)$之差称为偏差信号 $e(t)$，即

$$e(t)=r(t)-b(t)$$

$$E(s)=R(s)-B(s)$$

通常将反馈信号 $B(s)$与误差信号 $E(s)$之比定义为开环传递函数，即开环传递函数为

$$\frac{B(s)}{E(s)}=G(s)H(s)$$

输出信号 $C(s)$与偏差信号 $E(s)$之比称为前向通道传递函数，即前向通道传递函数为

$$\frac{C(s)}{E(s)}=G(s)$$

由

$$C(s)=G(s)E(s)$$

$$E(s)=R(s)-B(s)=R(s)-H(s)C(s)$$

得闭环传递函数为

$$\varPhi(s)=\frac{C(s)}{R(s)}=\frac{G(s)}{1+G(s)H(s)} \tag{2-53}$$

对于正反馈连接，闭环传递函数为

$$\varPhi(s)=\frac{C(s)}{R(s)}=\frac{G(s)}{1-G(s)H(s)} \tag{2-54}$$

有了系统的结构图以后，为了对系统进行进一步的分析研究，需要对结构图作一定的变换，以便求出系统的闭环传递函数。结构图的变换应按等效原则进行。所谓等效，即对结构图的任一部分进行变换时，变换前、后输入与输出总的数学关系式应保持不变。除了前面介绍的串联、并联和反馈连接可以简化为一个等效环节外，还有信号引出点及比较点前后移动的规则。

4. 比较点、引出点的移动

(1) 相邻比较点换位，如图 2.33 所示。由于从输入输出关系来看，图中两种结构相同，

故相邻比较点可以互换。

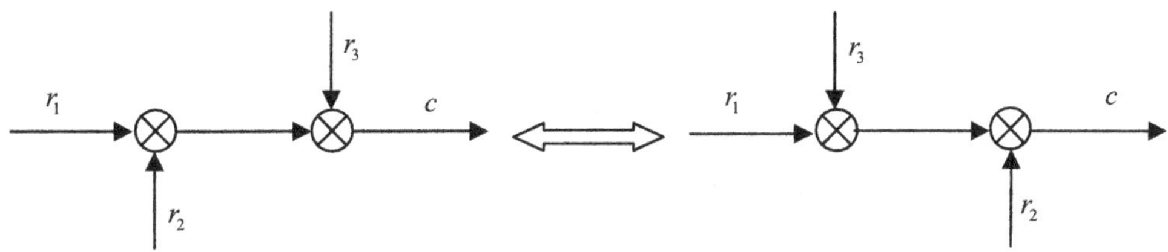

图 2.33　相邻比较点换位

(2) 相邻引出点换位，如图 2.34 所示。按照信号线的定义，一条信号线只有一个信号，故相邻引出点可以互换。

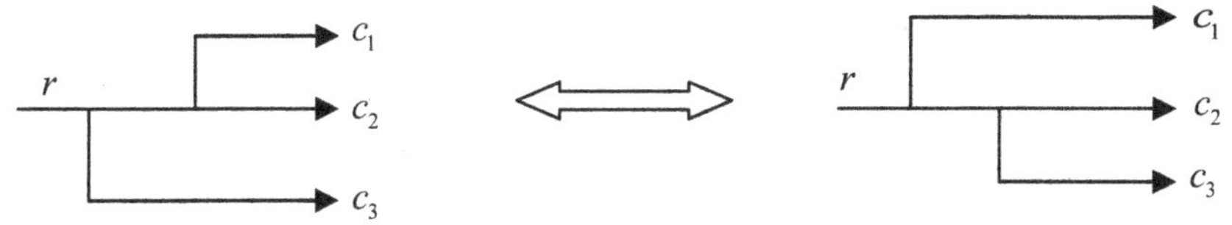

图 2.34　相邻引出点换位

(3) 比较点前移，如图 2.35 所示。为保证输入输出关系不变，必须在相应支路做适当处理。

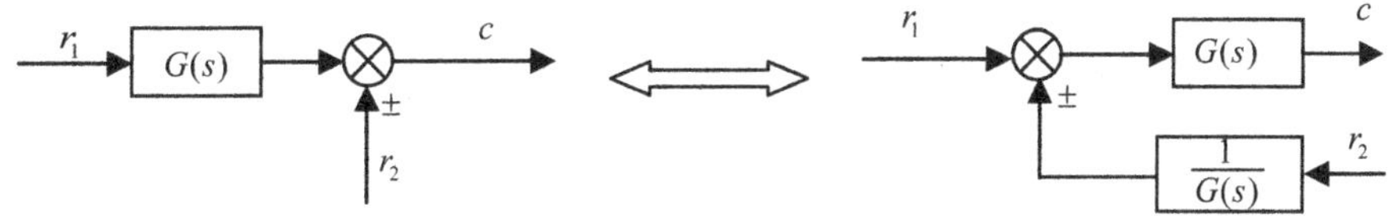

图 2.35　比较点前移

(4) 比较点后移，如图2.36所示。为保证输入输出关系不变，必须在相应支路做适当处理。

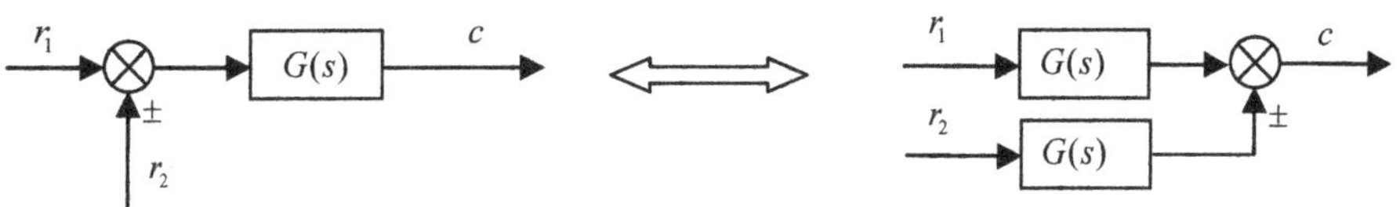

图 2.36　比较点后移

(5) 引出点前移，如图 2.37 所示。为保证输入输出关系不变，必须在移动的支路做适当处理。

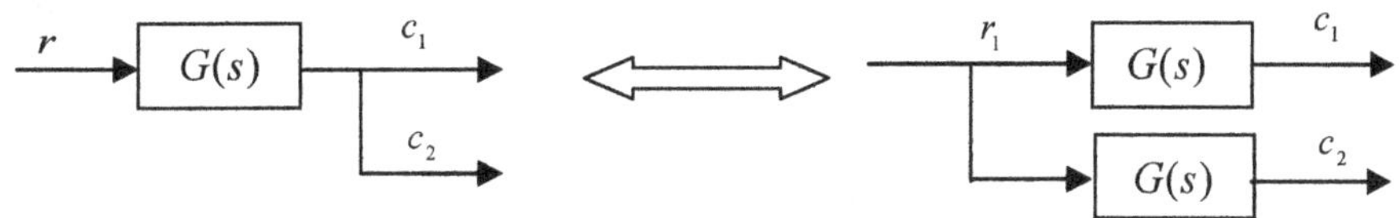

图 2.37　引出点前移

(6) 引出点后移，如图 2.38 所示。为保证输入输出关系不变，必须在移动的支路做适当处理。

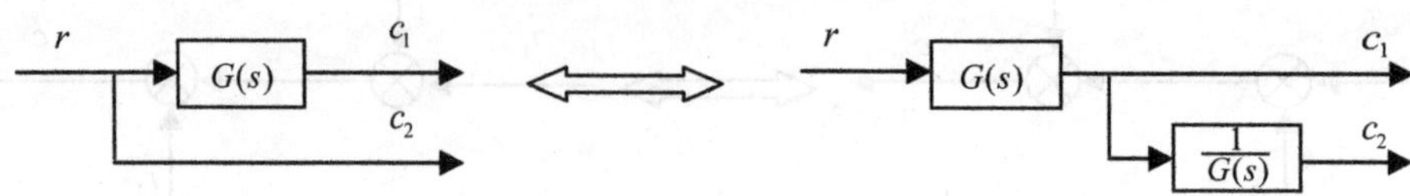

图 2.38　引出点后移

简化结构图一般可以反复合并串联和并联方块，消除反馈回路，然后移动引出点和综合点，出现新的串联和并联方块、反馈回路，再合并串联和并联方块，消除反馈回路，不断重复上述步骤，最后简化为只有一个方框。但很多情况下上述步骤不是最佳方法，可以采用更简单的方法。例如，下面的例子中，移动所有引出点和综合点以后，将所有反馈回路合并，然后消除反馈回路，从而使整个结构图变为一个方框。

【例 2-10】 化简图 2.39(a)所示的系统结构图，并求系统传递函数 $G(s)=\dfrac{C(s)}{R(s)}$。

解： 简化过程如图 2.39(b)和图 2.39(c)所示，最后得到传递函数为

$$G(s)=\frac{\dfrac{G_1}{1+G_1G_2H_1}(G_2G_3+G_4)}{1+\dfrac{G_1}{1+G_1G_2H_1}(G_2G_3+G_4)(\dfrac{H_2}{G_1}+1)}=\frac{G_1(G_2G_3+G_4)}{1+G_1G_2H_1+(G_2G_3+G_4)H_2+G_1(G_2G_3+G_4)}$$

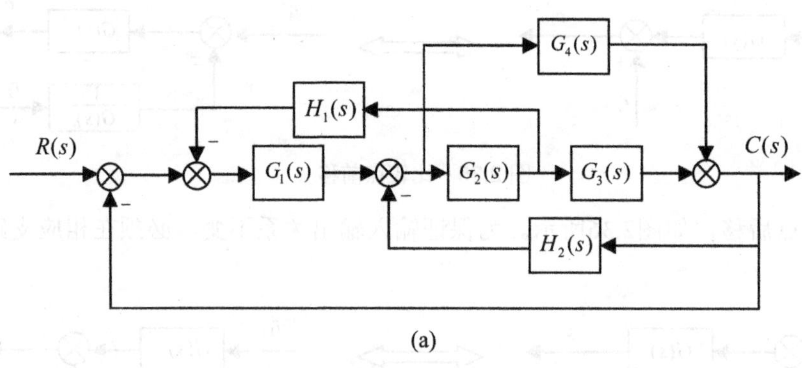

(a)

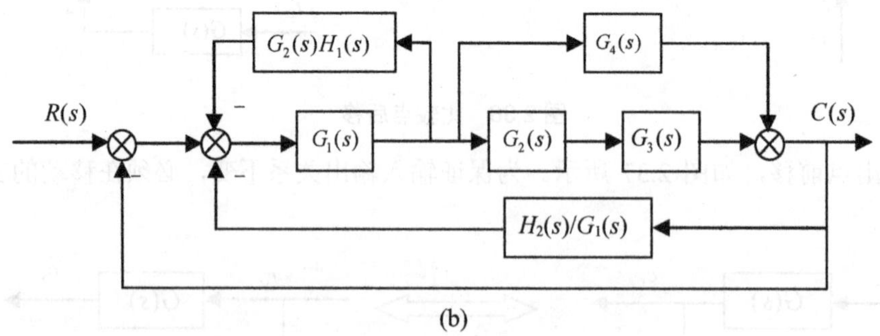

(b)

图 2.39　例 2-10 结构图简化

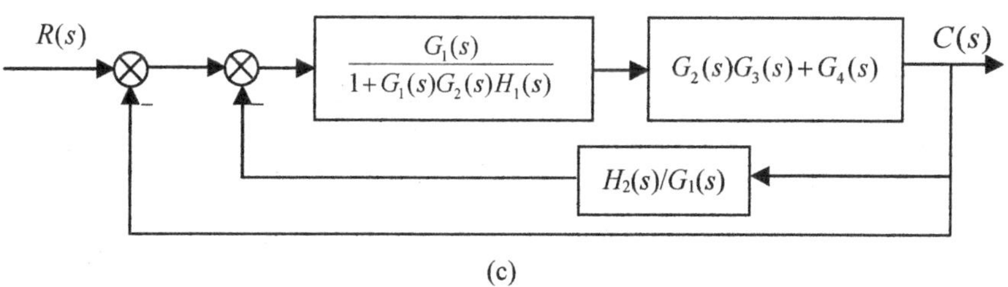

图 2.39　例 2-10 结构图简化(续)

【例 2-11】 试化简如图 2.40(a)所示系统的方框图，并求闭环传递函数。

解： 简化过程如图 2.40 (b)～图 2.40(d)所示，最后得到传递函数为

$$G(s)=G_5+\frac{G_1G_2G_3G_4(s)}{(1+G_1G_2H_1(s))(1+G_3G_4H_2(s))+G_2G_3H_3(s)}$$

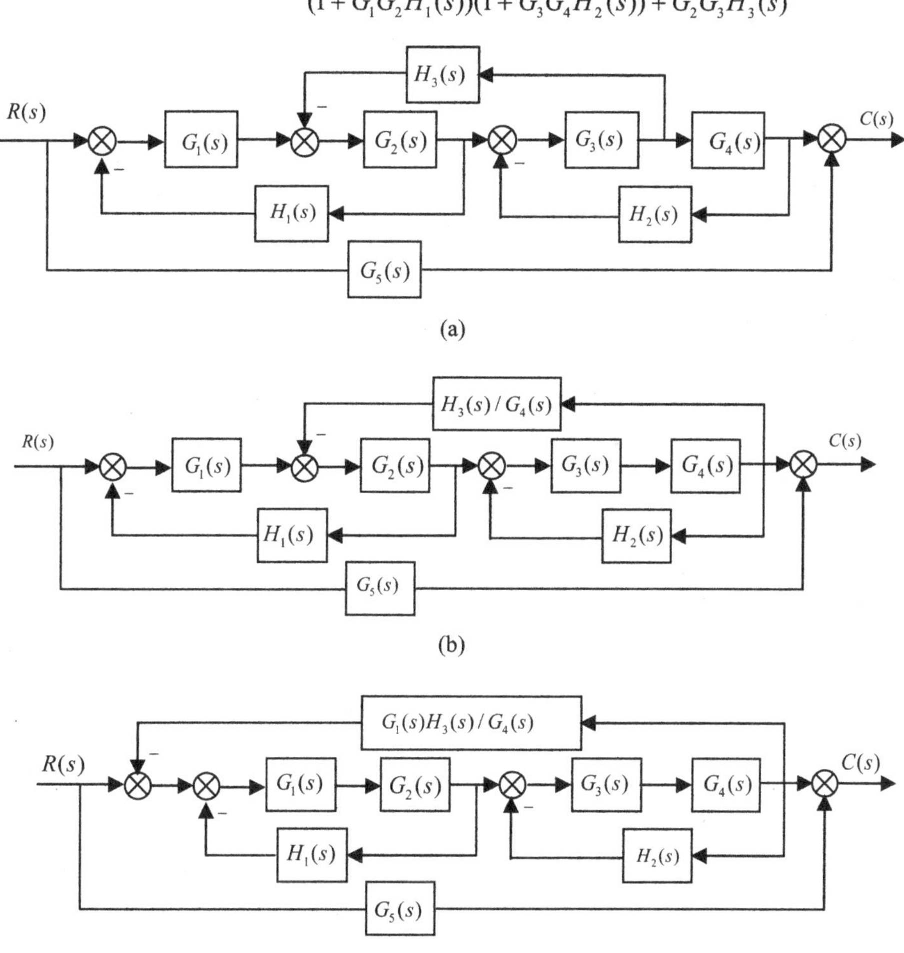

图 2.40　例 2-11 结构图简化

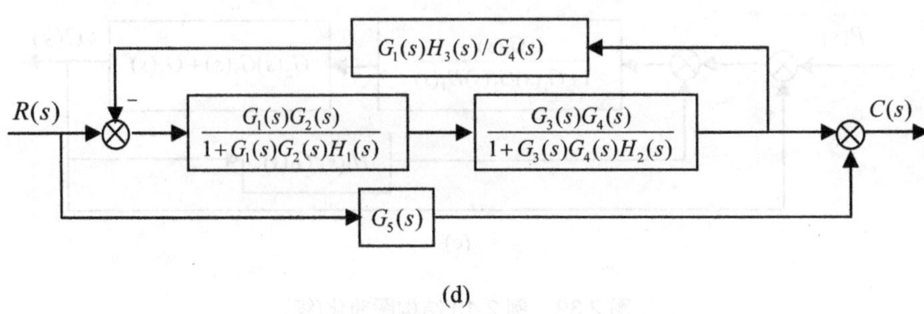

(d)

图 2.40　例 2-11 结构图简化(续)

2.5 信 号 流 图

2.4 节介绍的系统动态结构图是应用最为广泛的图解描述反馈系统的方法。但当系统的回环增多时，对结构图进行简化，推导传递函数就很麻烦。

1953 年，美国学者梅逊(S.T.Mason)在线性系统分析中首次引进了信号流图，从而用图形表示线性代数方程组。当这个方程组代表一个物理系统时，正像其名称的含义一样，信号流图描述了信号从系统上一点到另一点的流动情况。因为信号流图从直观上表示了系统变量间的基本因果关系，所以它是线性系统分析中一个有用的工具。1956 年，梅逊在他发表的一篇论文中提出了一个增益公式，解决了复杂系统信号流图的化简问题，从而完善了信号流图方法。利用这个公式，几乎只通过观察就可以得到系统的传递函数。

信号流图是表示线性方程组变量间关系的一种图示方法，将信号流图用于控制理论中，可不必求解方程就得到各变量之间的关系，既直观又形象。当系统结构图比较复杂时，可以将它转化为信号流图，并可据此采用梅逊公式求出系统的传递函数。

2.5.1　信号流图的定义

信号流图是表达线性代数方程组结构的一种图。在信号流图中，小圆圈表示变量或信号，称为节点。连接两节点的线段称为支路，信号只能按支路的箭头方向传递。标在支路旁边的数学算子称为传递函数或传递增益。传递增益可以是常数，也可以是复变函数。当传递函数为 1 时可以不标。

用信号流图表示方程组的基本法则如下。

(1) 支路终点信号等于始点信号乘以支路传递函数。

(2) 节点表示了系统中的信号以及信号的运算，其值为输入信号乘以各自的支路传递函数之和。

在信号流图中，只有输出支路的节点称为输入节点，又称为源节点，它代表的是系统的输入变量。只有输入支路的节点称为输出节点，又称汇节点，它代表的是系统的输出变量。既有输入支路，又有输出支路的节点，称为混合节点。在信号流图的任一个节点上引出一条增益为 1 的支路，就可增加一个输出节点。但输入节点是系统的输入变量，所以不能随意增加。

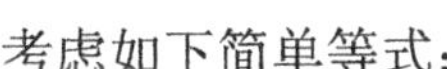

考虑如下简单等式：

$$x_i = a_{ij} x_j \tag{2-55}$$

式中，变量 x_i 和 x_j 可以是时间函数、复变函数；a_{ij} 是变量 x_j 变换(映射)到变量 x_i 的数学运算，称做传输函数。如果 x_i 和 x_j 是复变量 s 的函数，称 a_{ij} 为传递函数 $A_{ij}(s)$，即上式写为

$$X_i(s) = A_{ij}(s) X_j(s) \tag{2-56}$$

变量 x_i 和 x_j 用节点“○”来表示，传输函数用一条有向有权的线段(称为支路)来表示，支路上箭头表示信号的流向，信号只能单方向流动。这种传输关系可以用图 2.41 来表示。

图 2.41　信号流图

2.5.2　系统的信号流图

从信号流图的定义可以看出，它本质上是表达线性代数方程组结构的一种图。因此，最基本的方法是由线性代数方程组来画信号流图。对于微分方程组可以经过拉氏变换使其成为线性代数方程组，然后画信号流图。

在画信号流图时，通常将输入节点画在左边，而将输出节点画在右边，把“反馈”分支画在水平线下面，其他分支画成水平线或在水平线上面。自回环按其方向可以画在下面，也可以画在上面。这是画信号流图的标准做法。

1．由线性代数方程组画信号流图

由线性代数方程组画信号流图的步骤如下。

(1) 把方程组写成“因”、“果”形式。注意，每个变量作为“果”只能一次，其余的作为“因”。

(2) 把各变量作为节点，从左到右按次序画在图上。

(3) 按方程式表达的关系，分步画出各节点与其他节点之间的关系。

显然，方程组的因果形式不止一种。如果写成其他因果形式，可以画出不同的信号流图。因此，对于一个给定的线性方程组，其信号流图不是唯一的。但这些信号流图尽管形式上不同，而求解结果都是一样的，都描述了同一个系统。所以，这些信号流图是等效的，称为等效的非同构图。

2．由微分方程组画信号流图

信号流图只能表示线性代数方程，当系统是由微分方程描述时，可以用拉氏变换把微分方程转换成代数方程。因此，当系统是由线性微分方程描述时，则首先应通过拉氏变换将它们变换成线性代数方程，再整理成因果形式，就可以作出系统的信号流图。具体步骤如下。

(1) 将描述系统的微分方程转换为以 s 为变量的代数方程。

(2) 按因果关系将代数方程写成如下形式：

(3) 用节点“○”表示 n 个变量或信号，用支路表示变量与变量之间的关系。通常把输

入变量放在图形左端，输出变量放在图形右端。

$$\left.\begin{aligned} x_1 &= a_{11}x_1 + a_{12}x_2 + \cdots + a_{1n}x_n \\ x_2 &= a_{21}x_1 + a_{22}x_2 + \cdots + a_{2n}x_n \\ &\vdots \\ x_n &= a_{n1}x_1 + a_{n2}x_2 + \cdots + a_{nn}x_n \end{aligned}\right\} \tag{2-57}$$

3. 由系统结构图画信号流图

下面介绍由系统结构图与信号流图的对应关系直接画信号流图的方法。首先分析结构图与信号流图的对应关系。

(1) 结构图中的信号线、方框及传递函数与信号流图中的节点、支路及传递函数相对应。

(2) 结构图中的引出点在信号流图中与节点合为一体，信号直接从节点上引出，这是因为同一节点输出相等。

(3) 结构图中的比较点与信号流图中的节点相对应。

因为结构图中有正反馈和负反馈，结构图的比较点计算时有加有减，而信号流图的节点则仅是相加，因此，结构图中比较点的“-”号要放到信号流图的支路传递增益中去。

特别注意的是信号流图中的节点，一方面表示了系统中的信号；另一方面具有将输入支路信号相加，把和信号等同地送到所有输出支路的作用。

【例 2-12】 在图 2.42 所示的电阻网络中，v_1 为输入、v_3 为输出。选 5 个变量 v_1、i_1、v_2、i_2、v_3，试绘制信号流图。

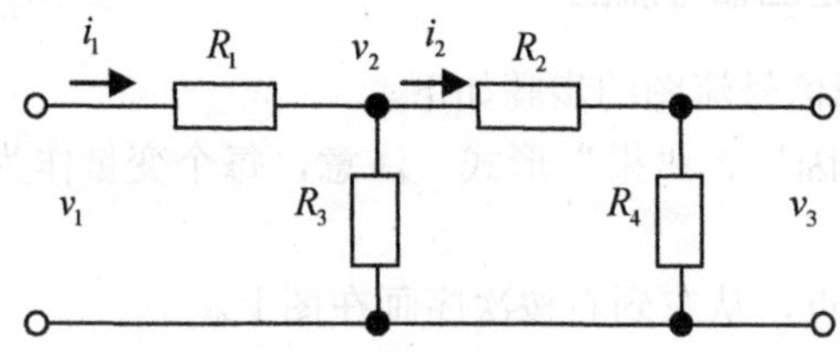

图 2.42 例 2-12 电阻网络

解： 直接写出各个量的复数关系如下：

$$I_1(s) = \frac{V_1(s) - V_2(s)}{R_1}$$

$$V_2(s) = R_3\left[I_1(s) - I_2(s)\right]$$

$$I_2(s) = \frac{V_2(s) - V_3(s)}{R_2}$$

$$V_3(s) = R_4 I_2(s)$$

将变量 $V_1(s)$、$I_1(s)$、$V_2(s)$、$I_2(s)$、$V_3(s)$作节点表示，由因果关系用支路把节点与节点连接，得信号流图如图 2.43 所示。

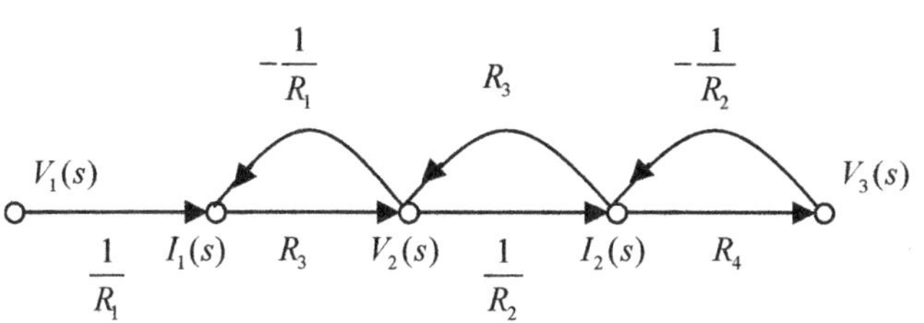

图 2.43　例 2-12 电阻网络的信号流图

2.5.3　信号流图的定义和术语

在信号流图上，经常会用到一些定义和术语，介绍如下。

节点：表示变量或信号的点，用“○”表示。

支路：连接两个节点之间的有向有权线段，方向用箭头表示，权值用传输函数表示。

输入支路：指向节点的支路。

输出支路：离开节点的支路。

源节点：只有输出支路的节点，也称输入节点，如图 2.44 中的节点 X_1。

汇节点：只有输入支路的节点，如图 2.44 中的节点 X_7。

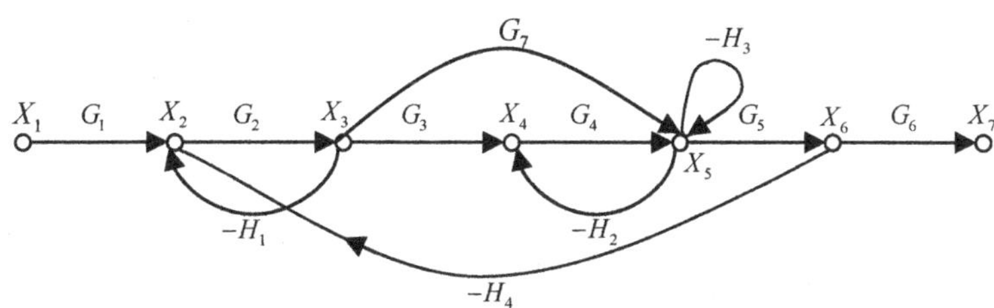

图 2.44　信号流图定义与术语

混合节点：既有输入支路、又有输出支路的节点，如图 2.44 中的 X_2、X_3、X_4、X_5、X_6。

通道(路径)：沿着支路箭头方向通过各个相连支路的路径，并且每个节点仅通过一次。如图 2.44 中的 $X_1 \to X_2 \to X_3 \to X_4$ 或 $X_2 \to X_3$ 又反馈回 X_2。

前向通道：从输入节点(源节点)到汇节点的通道。如图 2.44 中的 $X_1 \to X_2 \to X_3 \to X_4 \to X_5 \to X_6 \to X_7$ 为一条前向通道，又如 $X_1 \to X_2 \to X_3 \to X_5 \to X_6 \to X_7$ 为另一条前向通道。

闭通道(反馈通道或回环)：通道的起点就是通道的终点，如图 2.44 的中 $X_2 \to X_3$ 又反馈到 X_2；$X_4 \to X_5$ 又反馈到 X_4。

自回环：单一支路的闭通道，如图 2.44 中的 $-H_3$ 构成自回环。

通道传输或通道增益：沿着通道的各支路传输的乘积。如图 2.44 中从 X_1 到 X_7 的前向通道的增益为 $G_1G_2G_3G_4G_5G_6$。

不接触回环：如果一些回环没有任何公共的节点，称它们为不接触回环。如图 2.44 中的 $-G_2H_1$ 与 $-G_4H_2$。

2.5.4　信号流图的性质

同结构图类似，信号流图也有其自身的特征，具体如下。

(1) 信号流图只适用于线性系统。

(2) 信号流图所依据的方程式，一定为因果函数形式的代数方程。

(3) 信号只能按箭头表示的方向沿支路传递。

(4) 节点上可把所有输入支路的信号叠加，并把总和信号传送到所有输出支路。

(5) 具有输入和输出支路的混合节点，通过增加一个具有单位传输的支路，可把其变为输出节点，即汇节点。

(6) 对于给定的系统，其信号流图不是唯一的。

2.5.5 信号流图的梅逊公式

给定系统信号流图之后，常常希望确定信号流图中输入变量与输出变量之间的关系，即两个节点之间的总增益或总传输。可以通过变换信号流图，得到只剩下输入节点和输出节点的信号流图，从而求出总的传递函数。在简化过程中，输入节点与输出节点之间的一些节点都被陆续消去，这与用迭代法来消元求解代数方程组一样。但对于比较复杂的系统，与结构图简化一样，仍然要花费很多时间。为了解决这个问题，梅逊在1956年提出了一个求取信号流图总传递增益的公式，称为梅逊增益公式，简称梅逊公式。这个公式对于求解比较复杂的多回环系统的传递函数具有很大的优越性。它不必进行费时的简化过程，而是直接观察信号流图便可求得系统的传递函数，使用起来更为方便。

梅逊增益公式可表示为

$$G=\frac{\sum P_k\varDelta_k}{\varDelta} \tag{2-58}$$

式中，G为信号流图的一个输入节点与输出节点之间的总增益或传递函数；P_k为第k条前向通道的增益或传输函数；$\varDelta$为信号流图的特征式，有

$$\varDelta=1-\sum L_i+\sum L_iL_j-\sum L_iL_jL_k+\cdots \tag{2-59}$$

P_k为从输入端到输出端第k条前向通道的总传递函数；$\varDelta_k$为在$\varDelta$中，将与第k条前向通道相接触的回环所在项除去后所余下的部分，称为余子式；$\sum L_i$为所有单回环的“回环传递函数”之和；$\sum L_iL_j$为两两不接触回环的“回环传递函数”乘积之和；$\sum L_iL_jL_k$为所有三个互不接触回环的“回环传递函数”乘积之和。“回环传递函数”指反馈通道的前向通道和反馈通道的传递函数之积，并且包含表示反馈极性的正负号。

应用梅逊公式求解信号流图的具体步骤如下。

(1) 观察信号流图，找出所有的回环，并写出它们的回环增益$L_1, L_2, L_3, \ldots$。

(2) 找出所有可能组合的互不接触(无公共节点)回环，并写出回环传递函数。

(3) 写出信号流图特征式。

(4) 观察并写出所有从输入节点到输出节点的前向通道的增益。

(5) 分别写出与第k条前向通道不接触部分信号流图的特征式。

(6) 代入梅逊增益公式。

【例 2-13】 利用梅逊公式求图2.45所示系统的传递函数$C(s)/R(s)$。

解： 输入量$R(s)$与输出量$C(s)$之间有三条前向通道，对应的P_k与$\varDelta_k$为

$$P_1=G_1G_2G_3G_4G_5 \qquad \varDelta_1=1$$

$P_2 = G_1 G_6 G_4 G_5$　　　$\Delta_2=1$

$P_3 = G_1 G_2 G_7 G_5$　　　$\Delta_3=1$

$P_4 = -G_1 G_6 H_2 G_7 G_5$　　　$\Delta_4=1$

图 2.45 中有六个单回环，其增益为

$L_1=-G_3H_2$，$L_2=-G_5H_1$，$L_3=-G_2G_3G_4G_5H_3$，$L_4=-G_6G_4G_5H_3$，$L_5=-G_2G_7G_5H_3$，$L_6=G_5G_6G_7H_2H_3$

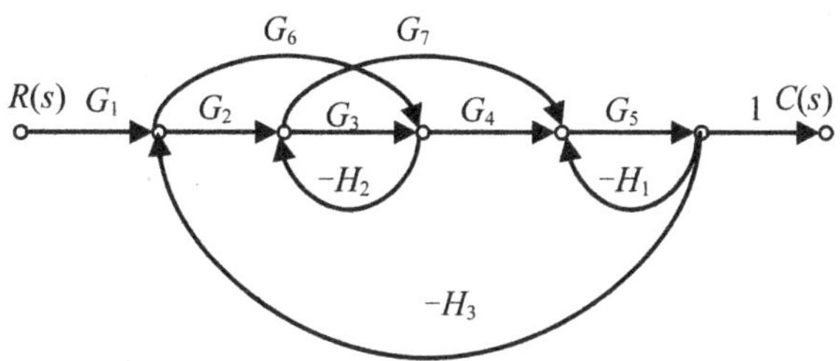

图 2.45　例 2-13 系统信号流图

其中 L_1 与 L_2 是互不接触的，系统的特征式Δ为

$$\Delta = 1-(L_1+L_2+L_3+L_4+L_5+L_6)+L_1L_2$$

系统的传递函数为

$$\frac{C(s)}{R(s)}=\frac{(G_1G_2G_3G_4G_5+G_1G_6G_4G_5+G_1G_2G_7G_5-G_1G_5G_6G_7G_2)}{1+G_3H_2+G_5H_1+G_2G_3G_4G_5H_3+G_6G_4G_5H_3+G_2G_7G_5H_3+G_3G_5H_1H_2-G_5G_6G_7H_2H_3}$$

【例 2-14】 求图 2.46 所示信号流图的闭环传递函数。

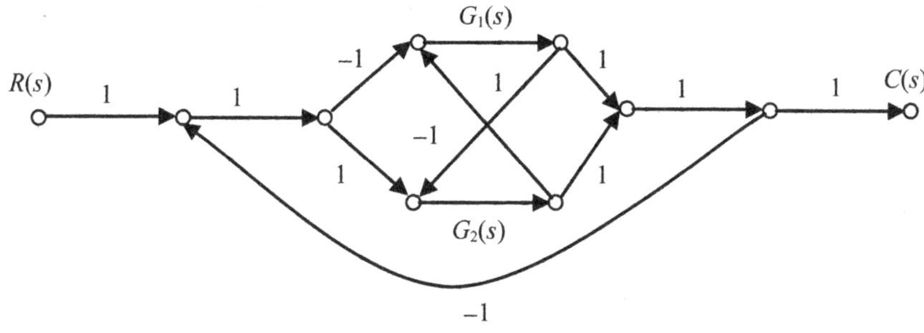

图 2.46　例 2-14 系统信号流图

解：系统单回环有

$$L_1 = G_1,\ L_2=-G_2,\ L_3=-G_1G_2,\ L_4=-G_1G_2,\ L_5=-G_1G_2$$

系统的特征式Δ为

$$\Delta = 1-\sum_{i=1}^{5}L_i = 1-G_1+G_2+3G_1G_2$$

前向通道有四条：

$P_1=-G_1$　　　$\Delta_1=1$

$P_2=G_2$　　　$\Delta_2=1$

$P_3=G_1G_2$　　　$\Delta_3=1$

$P_4=G_1G_2$　　　$\Delta_4=1$

系统的传递函数为

$$G(s)=\frac{\sum_{i=1}^{4}P_i\Delta_i}{\Delta}=\frac{-G_1+G_2+2G_1G_2}{1-G_1+G_2+3G_1G_2}$$

从上面的例题可以看出，用梅逊公式简化是很方便的，特别是对于回环互相交叉的信号流图的求解尤其简单，因为信号流图的特征式只有前两项，后面的各项因为回路互相接触，所以都为0。而对于这类系统，用结构图或者信号流图变换法则是很难简化的。

2.6　MATLAB简介及数学模型的表示

2.6.1　MATLAB简介

在科学研究和工程应用中，针对一般计算机语言在处理大量的数学运算，尤其是矩阵运算时出现的编程难、调试麻烦等问题，美国MATLAB软件开发公司于1967年构思并开发了MATLAB(MATRIX LABORATORY，矩阵实验室)。经过不断更新和扩充，该公司于1992年推出了具有划时代意义的MATLAB 4.0版，并于1993年推出了其微机版，而后先后推出了MATLAB 4.X、5.X、6.X、7.X版，使之应用范围越来越广。

MATLAB语言是一种交互式语言，用户只要给出一条命令，立即就可以得出该命令的结果。该语言无须像C和Fortran语言那样，首先要求使用者去编写源程序，然后对之进行编译、连接，最终形成可执行文件。这给使用者带来了极大的方便。

尽管MATLAB开始并不是为控制理论与系统的设计者们编写的，但它以“语言”化的数值计算、强大的矩阵处理及绘图功能、灵活的可扩充性和产业化的开发思路很快就为自动控制界研究人员所瞩目。目前，MATLAB在自动控制、图像处理、语言处理、信号分析、振动理论、优化设计、时序分析和系统建模等领域都得到了广泛应用。

控制系统的数学模型在系统分析和设计中是相当重要的，在线性系统理论中常用的数学模型有微分方程、传递函数等，而这些模型之间又有着某些内在的等效关系。MATLAB在描述这些模型时具有得天独厚的优势。

2.6.2　传递函数的表示

单输入单输出线性连续系统的传递函数为

$$G(s)=\frac{C(s)}{R(s)}=\frac{b_0s_m+b_1s^{m-1}+\cdots+b_{m-1}s+b_m}{a_0s^n+a_1s^{n-1}+a_{n-1}s+a_n} \tag{2-60}$$

式中，$m\leqslant n$。$G(s)$的分子多项式的根称为系统的零点，分母多项式的根称为系统的极点。令分母多项式等于零，得系统的特征方程为

$$D(s)=a_0s^n+a_1s^{n-1}+a_{n-1}s+a_n=0 \tag{2-61}$$

因传递函数为多项式之比，所以我们先研究MATLAB是如何处理多项式的。

MATLAB中多项式用行向量表示，行向量元素依次为降幂排列的多项式各项的系数，例如多项式$P(s)=s^3+2s+4$，其输入为

```
>>P=[1  0  2  4]
```

注意： 尽管 s^2 项系数为 0，但输入 $P(s)$ 时不可默认 0。

MATLAB 下多项式乘法处理函数调用格式为

$$C=conv(A,B) \tag{2-62}$$

例如：给定两个多项式 $A(s)=s+3$ 和 $B(s)=10s^2+20s+3$，求 $C(s)=A(s)B(s)$，则应先构造多项式 $A(s)$ 和 $B(s)$，然后再调用 conv( )函数来求 $C(s)$，具体如下：

```
>>A = [1,3] ; B = [10,20,3] ;
>>C = conv(A,B)
C = 10  50  63  9
```

即得出的 $C(s)$ 多项式为 $10s^3+50s^2+63s+9$。

MATLAB 提供的 conv( )函数的调用允许多级嵌套，例如：$G(s)=4(s+2)(s+3)(s+4)$ 可由下列语句来输入：

```
>>G=4*conv([1,2],conv([1,3],[1,4]))
```

有了多项式的输入，系统的传递函数在 MATLAB 下可由其分子和分母多项式唯一地确定出来，其格式为

$$sys=tf(num,den) \tag{2-63}$$

其中，num 为分子多项式；den 为分母多项式。num=$[b_0,b_1,b_2,\cdots,b_m]$；den=$[a_0,a_1,a_2,\cdots,a_n]$。

对于其他复杂的表达式，如

$$G(s)=\frac{(s+1)(s^2+2s+6)^2}{s^2(s+3)(s^3+2s^2+3s+4)}$$

可由下列语句来输入：

```
>>num=conv([1,1],conv([1,2,6],[1,2,6]));
>>den=conv([1,0,0],conv([1,3],[1,2,3,4]));
```

结果为

```
>>G=tf(num,den)
Transfer function:
 s^5+5s^4+20s^3+40s^2+60s
 ------------------------
 s^6+5s^5+9s^4+13s^3+12s^2
```

2.6.3 传递函数的特征根及零极点图

输入传递函数 $G(s)$ 之后，分别对分子和分母多项式作因式分解，则可求出系统的零、极点，MATLAB 提供了多项式求根函数 roots( )，其调用格式为

$$roots(p) \tag{2-64}$$

其中，p 为多项式。

例如，多项式 $p(s)=s^3+3s^2+4$，求根时可输入

```
>>p=[1,3,0,4] ;   %p(s)=s^3+3s^2+4
>>r=roots(p) ;     % p(s)=0 的根
```

结果显示为

```
r=-3.3533
```

```
0.1777+1.0773i
0.1777-1.0773i
```

反过来，若已知特征多项式的特征根，可调用 MATLAB 中的 poly()函数，来求得多项式降幂排列时各项的系数，如上例，输入

```
>>poly(r)
```

结果显示为

```
p = 1.0000  3.0000  0.0000  4.0000
```

而 polyval()函数用来求取给定变量值时多项式的值，其调用格式为

$$\text{polyval(p,a)} \tag{2-65}$$

其中，p 为多项式；a 为给定变量值。

例如，求 $n(s)=(3s^2+2s+1)(s+4)$在 $s=-5$ 时的值，可输入

```
>>n=conv([3,2,1],[1,4]);
>>value=polyval(n,-5)
```

结果显示为

```
value=-66
```

传递函数在复平面上的零极点图采用 pzmap()函数来完成。零极点图上，零点用“○”表示，极点用“×”表示。其调用格式为

$$[\text{p,z}] = \text{pzmap(num,den)} \tag{2-66}$$

其中，p 为传递函数 $G(s)$= num/den 的极点；z 为传递函数 $G(s)$= num/den 的零点。

例如，传递函数为

$$G(s)=\frac{(s+1)(s+2)}{(s+2i)(s-2i)(s+3)}$$

若用 MATLAB 求出 $G(s)$的多项式形式及零极点图，可用如下命令来实现：

```
>>n1=[1,1];
>>n2=[1,2];
>>d1=[1,2*i];
>>d2=[1,-2*i];
>>d3=[1,3];
>>num=conv(n1,n2);                    % G(s)的分子
>>den=conv(d1,conv(d2,d3));           % G(s)的分母
>>printsys(num,den)
num        s^2+3s+2
---  = ------------------             % G(s)的表达式
den      s^3+3s^2+4s+12
>>pzmap(num,den)                      %零极点图
>>title('pole-zero Map')
```

零极点图如图 2.47 所示。

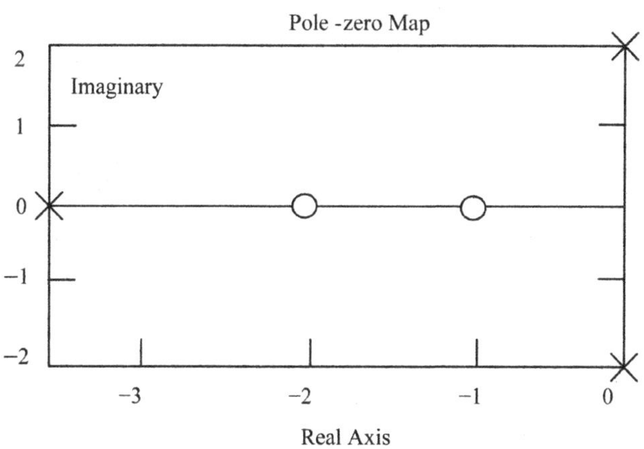

图 2.47　零极点图

2.6.4　控制系统的方框图模型

若已知控制系统的方框图，使用 MATLAB 函数可实现方框图转换。

1. 串联

如果 $G_1(s)$和 $G_2(s)$相串联，在 MATLAB 中可用串联函数 series( )来求 $G_1(s)G_2(s)$，其调用格式为

$$[\text{num,den}]=\text{series(num1,den1,num2,den2)} \tag{2-67}$$

其中，$G_1(s)=\dfrac{\text{num1}}{\text{den1}}$；$G_2(s)=\dfrac{\text{num2}}{\text{den2}}$；$G_1G_2(s)=\dfrac{\text{num}}{\text{den}}$。

2. 并联

如果 $G_1(s)$和 $G_2(s)$相并联，可由 MATLAB 的并联函数 parallel()来实现，其调用格式为

$$[\text{num,den}]=\text{parallel(num1,den1,num2,den2)} \tag{2-68}$$

其中，$G_1(s)=\dfrac{\text{num1}}{\text{den1}}$；$G_2(s)=\dfrac{\text{num2}}{\text{den2}}$；$G_1(s)+G_2(s)=\dfrac{\text{num}}{\text{den}}$。

3. 反馈

如果 $G(s)$和 $H(s)$做反馈连接，可使用 MATLAB 中的 feedback( )函数来实现，其调用格式为

$$[\text{num,den}]=\text{feedback(numg,deng,numh,denh,sign)} \tag{2-69}$$

其中，$G(s)=\dfrac{\text{numg}}{\text{deng}},H(s)=\dfrac{\text{numh}}{\text{denh}},\dfrac{G(s)}{1\pm G(s)H(s)}=\dfrac{\text{num}}{\text{den}}$。

sign 为反馈极性，若为正反馈其为 1，若为负反馈其为-1 或默认。

例如，$G(s)=\dfrac{s+1}{s+2}$，$H(s)=\dfrac{1}{s}$，负反馈连接。命令形式为

```
>>numg=[1,1];deng=[1,2];
>>numh=[1];denh=[1,0];
>>[num,den]=feedback(numg,deng,numh,denh,-1);
```

```
>> printsys(num,den)
```

$$\frac{\text{num}}{\text{den}}=\frac{s\wedge 2+s}{s\wedge 2+3s+1}$$

MATLAB 中的函数 series()、parallel()和 feedback()可用来简化多回路方框图。另外，对于单位反馈系统，MATLAB 可调用 cloop()函数来求闭环传递函数，其调用格式为

[num,den] =cloop(num1,den1,sign) (2-70)

2.6.5 控制系统的零极点模型

传递函数可以是时间常数形式，也可以是零极点形式，零极点形式是分别对原系统传递函数的分子和分母进行因式分解得到的。MATLAB 控制系统工具箱提供了零极点模型与时间常数模型之间的转换函数，其调用格式分别为

[z,p,k] =tf2zp(num,den) (2-71)

[num,den] =zp2tf(z,p,k) (2-72)

其中，第一个函数可将传递函数模型转换成零极点表示形式，而第二个函数可将零、极点表示形式转换成传递函数模型。

例如

$$G(s)=\frac{12s^3+24s^2+12s+20}{2s^4+4s^3+6s^2+2s+2}$$

用 MATLAB 语句表示为

```
>>num=[12 24 12 20];den=[2 4 6 2 2];
>>[z,p,k]=tf2zp(num,den)
```

结果显示为

```
z=-1.9294
-0.0353+0.9287i
-0.0353-0.9287i
p=-0.9567+1.2272i
-0.9567-1.2272i
-0.0433+0.6412i
-0.0433-0.6412i
k=6
```

即变换后的零极点模型为

$$G(s)=\frac{6(s+1.9294)(s+0.0353-0.9287)(s+0.0353+0.9287)}{(s+0.9567-1.2272\text{i})(s+0.9567+1.2272\text{i})(s+0.433-0.640\text{i})(s+0.433+0.640\text{i})}$$

若要对结果进行验证，可以调用 zp2tf()函数得到原传递函数模型。如输入

```
>> [num,den] =zp2tf(z,p,k)
```

结果显示为

```
num  =  0   6.0000  12.0000  6.0000  10.0000
den  =  1.0000   2.0000    3.0000  1.0000    1.0000
```

即

$$G(s)=\frac{6s^3+12s^2+6s+10}{s^4+2s^3+3s^2+s+1}$$

小　　结

本章要求熟练掌握控制系统数学模型的建立和拉氏变换方法。对于线性定常系统，能够列写其微分方程，会求传递函数，会画方框图和信号流图，并掌握方框图的变换及化简方法。

数学模型是描述元件或系统特性的数学表达式，是对系统进行理论分析研究的主要依据。用解析法建立实际系统的数学模型时，应分析系统的工作原理，忽略一些次要因素，运用基本物理、化学定律，获得一个既简单又能足够精确地反映系统特性的数学模型。

实际系统均不同程度地存在非线性，但许多系统在一定条件下可近似为线性系统，故我们尽量对所研究的系统进行线性化处理，然后用线性理论进行分析。

传递函数是经典控制理论中的一种重要的数学模型。其定义为：在零初始条件下，系统输出的拉普拉斯变换与输入的拉普拉斯变换之比。

根据运动规律和数学模型的共性，任何复杂系统都可划分为几种典型环节的组合，再利用传递函数和图解法，可以较方便地建立系统的传递函数。

结构图是研究控制系统的一种图解模型，它直观形象地表示出系统信号的传递特性。应用梅逊增益公式不经任何结构变换，就可求出源节点和汇节点之间的传递函数。信号流图的应用更为广泛。

利用 MATLAB 可以进行多项式运算、传递函数零点和极点的计算、传递函数的求取和结构图模型的化简。

习　　题

1．建立图 2.48 所示各机械系统的微分方程(其中 $F(t)$为外力；$x(t)$、$y(t)$为位移；k 为弹性系数；f 为阻尼系数；m 为质量，忽略重力影响及滑块与地面的摩擦)。

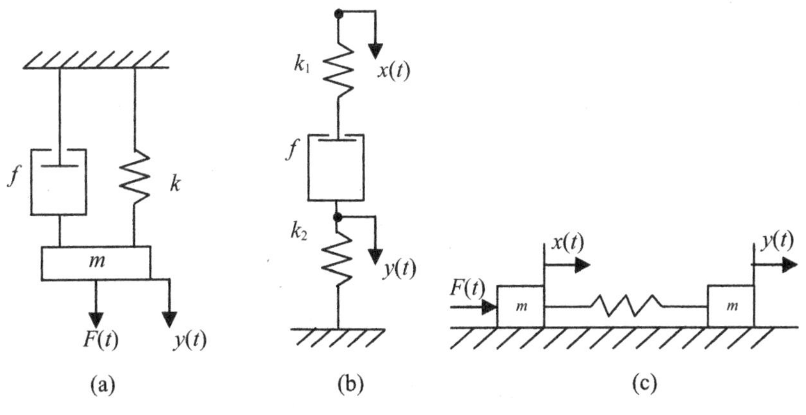

图 2.48　题 1 系统原理图

2．在图 2.49 所示电路中，以电压 $v(t)$为输入量。

(1) 以电压 $u_2(t)$ 为输出量，列写微分方程。

(2) 以电压 $u_3(t)$ 为输出量，列写微分方程。

(3) 设 $R_1 = R_2 = 0.1\,\mathrm{M\Omega}$， $C_1 = 10\mu\mathrm{F}$， $C_2 = 2.5\mu\mathrm{F}$，将(1)的结果写成数字形式。

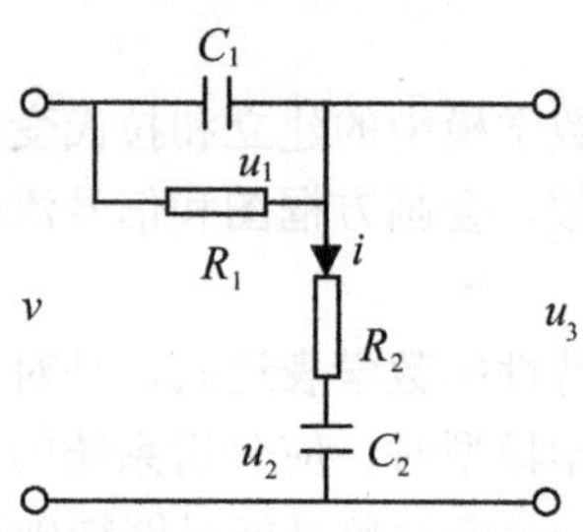

图 2.49　题 2 无源网络

3．应用复数阻抗方法求图 2.50 所示各无源网络的传递函数。

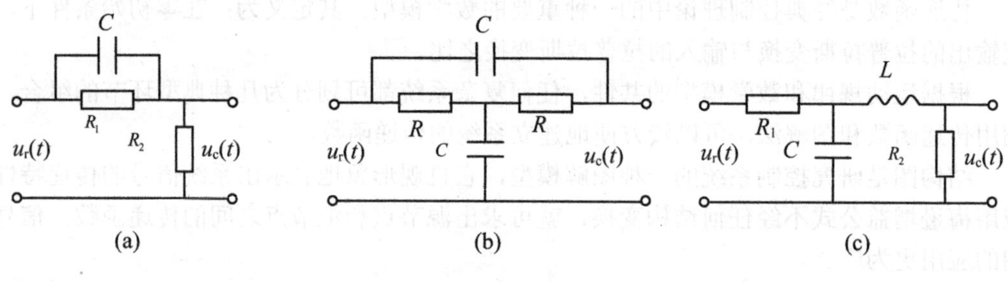

图 2.50　题 3 无源网络

4. 证明图 2.51(a)所示的力学系统和图 2.51(b)所示电路系统是相似系统(即有相同形式的数学模型)。

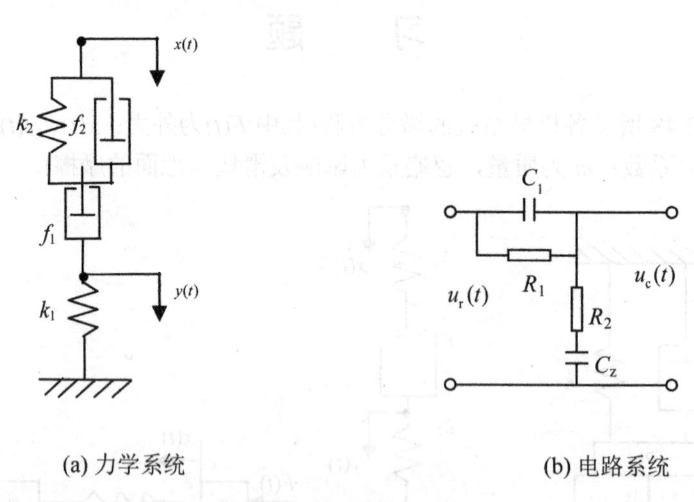

图 2.51　题 4 系统原理图

5．二极管是一个非线性元件，其电流 i_d 和电压 u_d 之间的关系为 $i_d = 10^{-14}(e^{\frac{u_d}{0.026}} - 1)$，假设电路在工作点 $u(0) = 2.39\mathrm{V}$， $i(0) = 2.19 \times 10^{-3}\,\mathrm{A}$ 处做微小变化，试推导 $i_d = f(u_d)$ 的线

性化方程。

6．已知在零初始条件下，系统的单位阶跃响应为$c(t)=1-e^{-2t}+e^{-t}$，试求系统的传递函数和脉冲响应。

7．已知系统传递函数$\dfrac{C(s)}{R(s)}=\dfrac{2}{s^2+3s+2}$，且初始条件为$c(0)=-1$，$\dot{c}(0)=0$，试求系统在输入$r(t)=1(t)$作用下的输出。

8．求图 2.52 所示各有源网络的传递函数$\dfrac{U_c(s)}{U_r(s)}$。

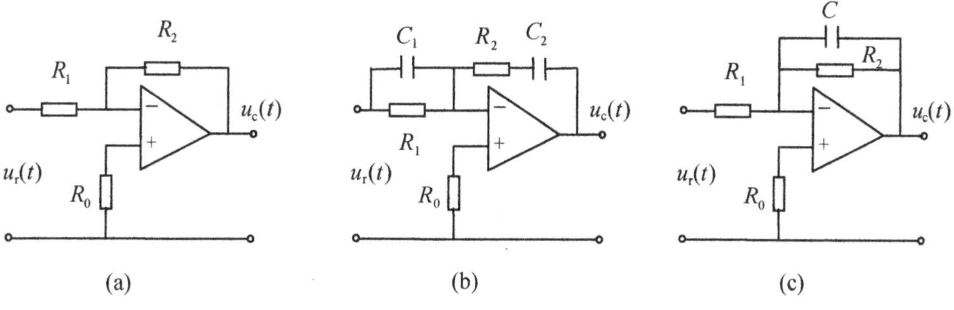

图 2.52　题 8 有源网络

9．某位置随动系统原理框图如图 2.53 所示，已知电位器最大工作角度$Q_m=330°$，第三级功率放大器的放大系数为k_3。

(1) 求出电位器的传递函数k_0，第一级和第二级放大器的放大系数k_1、k_2。

(2) 画出系统的结构图。

(3) 求系统的闭环传递函数$\dfrac{Q_c(s)}{Q_r(s)}$。

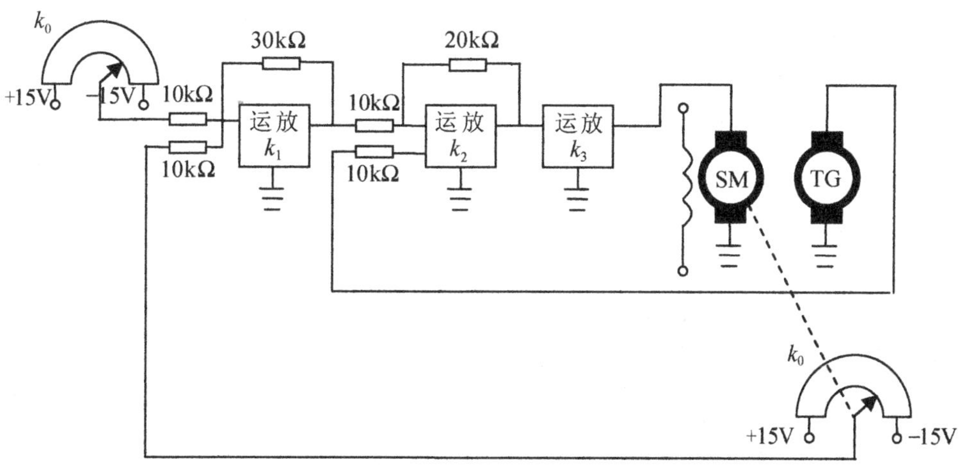

图 2.53　题 9 系统原理框图

10．已知系统方程组如下：

$$\begin{cases}X_1(s)=G_1(s)R(s)-G_1(s)[G_7(s)-G_8(s)]C(s)\\X_2(s)=G_2(s)[X_1(s)-G_6(s)X_3(s)]\\X_3(s)=[X_2(s)-C(s)G_5(s)]G_3(s)\\C(s)=G_4(s)X_3(s)\end{cases}$$

试绘制系统结构图，并求闭环传递函数 $\dfrac{C(s)}{R(s)}$。

11．若描述系统的微分方程组如下所述：

$$x_1(t)+n(t)=c(t)$$
$$\dot{x}_2(t)=K_1r(t)-T_2c(t)$$
$$\dot{x}_1(t)+T_1x_1(t)=K_2r(t)+x_2(t)-n(t)$$

式中，$r(t)$表示系统输入量；$n(t)$表示系统所受到的扰动；$c(t)$表示系统的输出量；$x_1(t)$和$x_2(t)$为中间变量，K_1、K_2、T_1 和 T_1 均为常数。已知初始条件全部为零。试分别用方框图表示各方程式，并由此绘制系统结构图，最后利用结构图简化方法分别求出系统传递函数$C(s)/R(s)$和$C(s)/N(s)$。

12．绘制图 2.54 所示 RC 无源网络的结构图和信号流图，求传递函数 $\dfrac{U_c(s)}{U_r(s)}$。

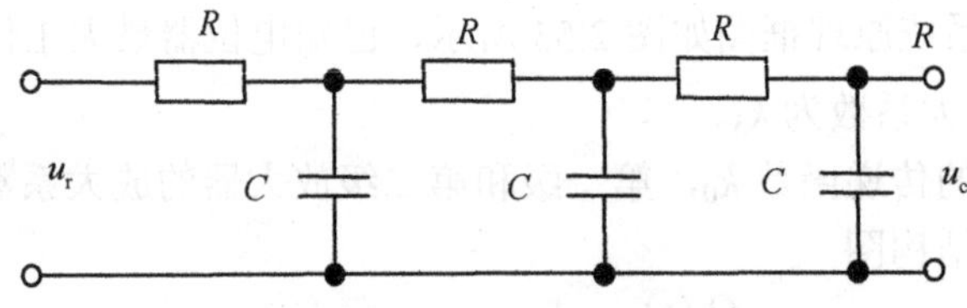

图 2.54　题 12 RC 无源网络

13．试用结构图等效化简求图 2.55 所示各系统的传递函数 $\dfrac{C(s)}{R(s)}$。

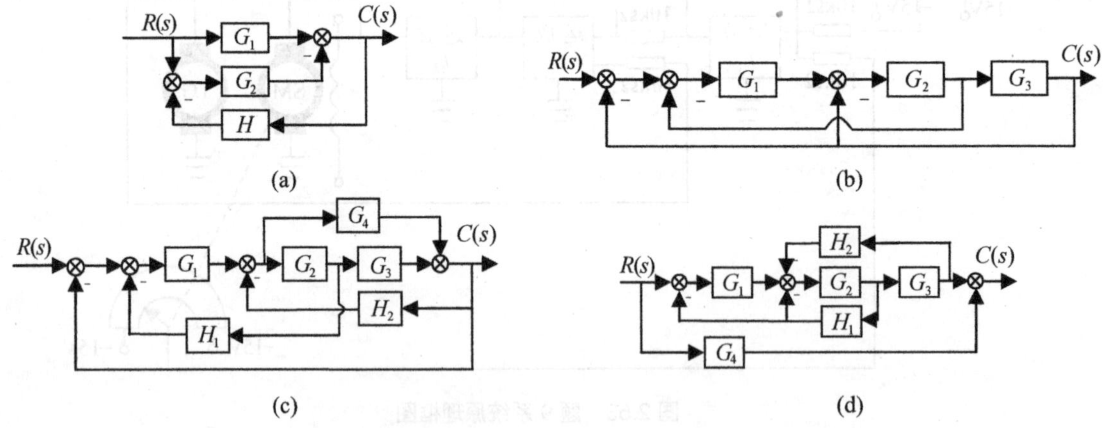

图 2.55　题 13、题 16 系统结构图

14．试绘制图 2.56 所示系统的信号流图，求传递函数 $\dfrac{C(s)}{R(s)}$。

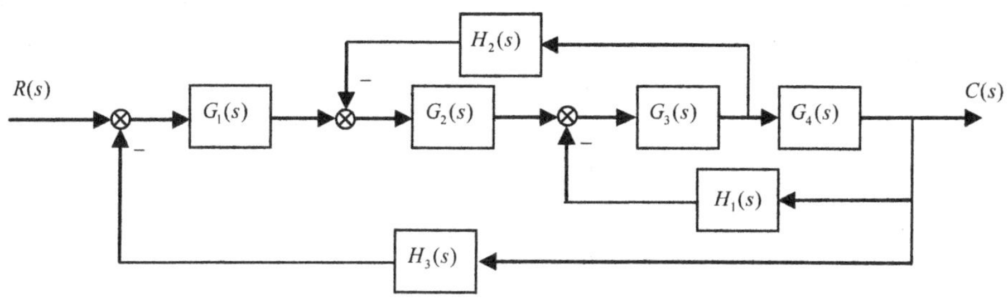

图 2.56　题 14 系统结构图

15．绘制图 2.57 所示信号流图对应的系统结构图，求传递函数 $\dfrac{X_5(s)}{X_1(s)}$。

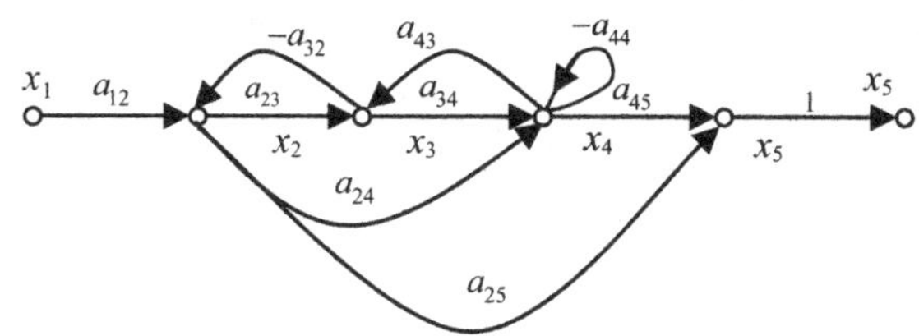

图 2.57　题 15 系统信号流图

16．应用梅逊增益公式求图 2.55 所示各系统结构图对应的闭环传递函数。

17．应用梅逊增益公式求图 2.58 所示各系统的闭环传递函数。

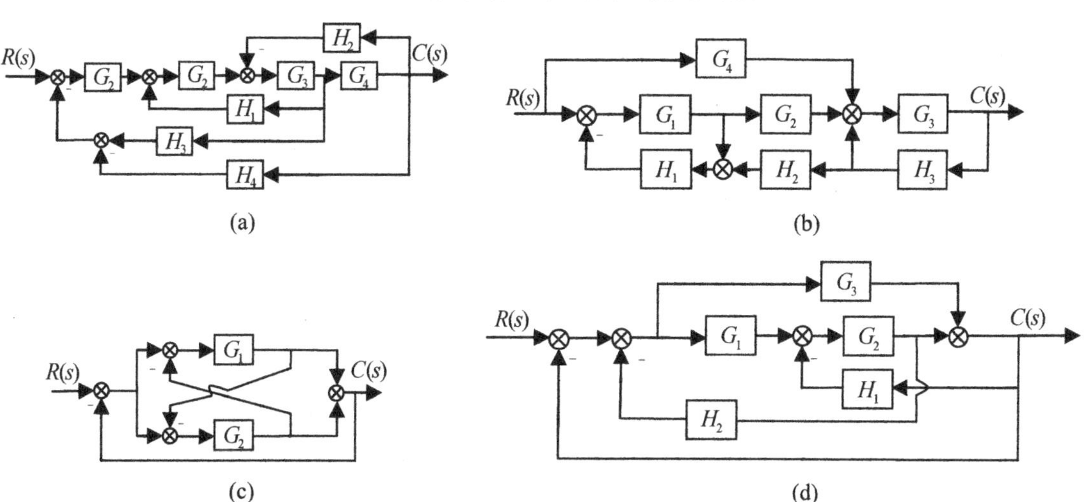

图 2.58　题 17 系统结构图

18．系统结构图如图 2.59 所示，求传递函数 $\dfrac{C(s)}{R(s)}$ 和 $\dfrac{E(s)}{R(s)}$。

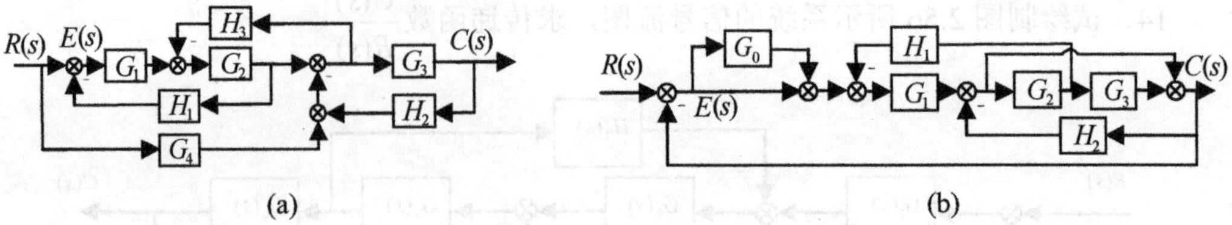

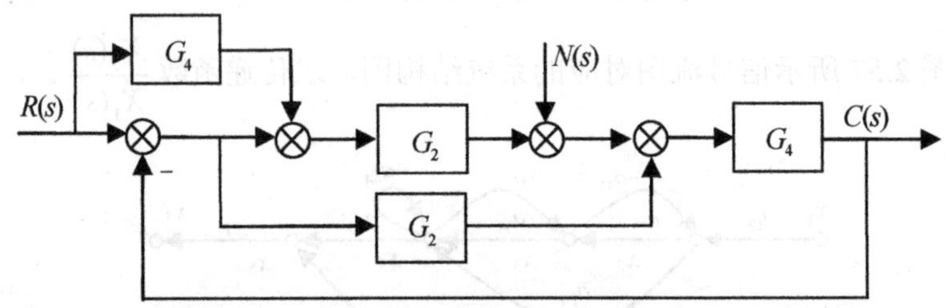

图 2.59　题 18 系统结构图

19．系统结构图如图 2.60 所示，图中 $R(s)$ 为输入信号，$N(s)$ 为干扰信号，求传递函数 $\dfrac{C(s)}{R(s)}$ 和 $\dfrac{C(s)}{N(s)}$。

图 2.60　题 19 系统结构图

第 3 章　时域分析法

【教学目标】

通过本章的学习，了解高阶系统的近似分析，理解典型输入信号、时域性能指标、一阶系统动态性能分析、主导极点。重点掌握二阶系统的动态性能分析、稳态误差的概念、应用终值定理计算稳态误差的方法、静态误差系数 K_p、K_v、K_a 和系统的型等概念。由系统的型或静态误差系数计算给定作用下的稳态误差、扰动作用下的稳态误差、减小稳态误差的方法、复合控制系统的误差计算、线性系统稳定的概念、稳定的充分必要条件，劳斯稳定判据及其应用。在此基础上全面掌握系统动态性能的求取方法，为后续进行的根轨迹分析、频域分析、系统校正、离散系统分析打下基础。

概　　述

建立起数学模型后，就可以对控制系统进行分析和计算了。工程上常用时域分析法、频率法和根轨迹法，本章主要研究时域分析法。

时域分析法是直接求解线性系统的动态微分方程，以得到系统输出(被控量)随时间变化的表达式及其相应曲线，来分析系统的稳定性、快速性和准确性三个方面，即通常所说的“稳、快、准”。时域分析法的特点是直观、准确，物理概念清楚，能提供系统时间响应的全部信息，它是其他分析方法的基础，特别对于一阶、二阶系统十分适合，对于高阶系统因求解不太方便而多采用其他分析方法来间接进行分析。

下面我们将依照一个系统是否能稳定运行，稳定运行后该系统的误差大小如何，系统的动态特性怎样，以及如何来提高系统的稳态和动态性能这一线索研究本章内容。

3.1　控制系统的典型输入信号

控制系统性能分析的评价指标分为动态性能指标和稳态性能指标两种。为了求解系统的时域响应，必须了解系统的输入信号的解析表达式。然而，在一般情况下，控制系统的外加输入信号具有随机性而无法预先确定，因此为便于研究和比较系统性能，常采用一些典型信号来代替。这些典型信号只是实际输入信号的一种近似和抽象，并且便于通过实验装置产生，以验证其对系统作用的结果，易于用数学表达，以进行理论计算。

选取典型输入信号应满足如下条件：首先，输入信号的形式应反映系统在工作中所响应的实际输入；其次，输入信号在形式上应尽可能的简单，便于对系统响应进行分析；此外，应选取能使系统工作在最不利情况下的输入信号作为典型输入信号。通常选用的典型输入信号有以下五种。

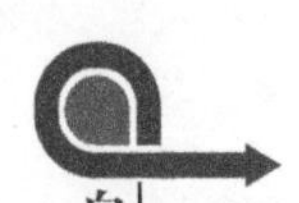

3.1.1 阶跃函数信号

阶跃函数信号的数学表达式为

$$r(t)=\begin{cases}0 & (t<0)\\ A & (t\geqslant 0)\end{cases}$$

拉氏变换式为

$$R(s)=\frac{A}{s}$$

式中，称 A 为阶跃函数信号的幅值。当 A=1 时，称为单位阶跃信号，记为 $1(t)$，如图 3.1 所示。$1(t)$的拉氏变换式为 $1/s$。在时域分析中，阶跃函数是应用最为广泛的一种典型输入信号，实际工作中的开关转换、负荷突变、电源电压的突变等均可近似为阶跃函数形式，可以用方波进行模拟。阶跃函数信号是评价系统动态性能的一种常用的典型外作用信号。

3.1.2 斜坡函数信号

斜坡函数信号的数学表达式为

$$r(t)=\begin{cases}0 & (t<0)\\ At & (t\geqslant 0)\end{cases}$$

拉氏变换式为

$$R(s)=\frac{A}{s^2}$$

式中，A 为斜坡函数信号的幅值。斜坡函数又叫速度函数，相当于在随动系统中外加一个恒速变化的信号，其恒定速率为 A。当 A=1 时，称为单位斜坡信号，记为 t，如图 3.2 所示。t 的拉氏变换式为 $1/s^2$。对于跟踪通信卫星的天线控制系统、随动系统中位置做等速移动的指令信号，数控机床加工斜面时的进给指令信号，大型船闸匀速升降信号以及输入信号随时间变化的控制系统，斜坡函数是比较适合的典型输入。

图 3.1 单位阶跃信号

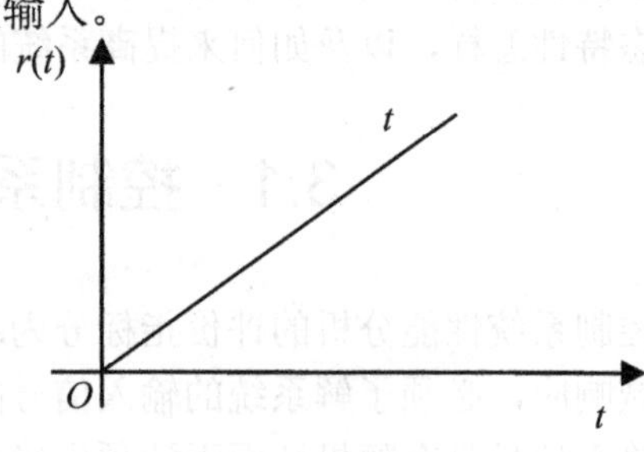

图 3.2 单位斜坡信号

3.1.3 抛物线函数信号

抛物线函数信号的数学表达式为

$$r(t)=\begin{cases}0 & (t<0)\\ At^2 & (t\geqslant 0)\end{cases}$$

拉氏变换式为

$$R(s)=\frac{2A}{s^3}$$

式中，A 为抛物线函数信号的幅值。抛物线函数又叫加速度函数。当 A=1/2 时，称为单位抛物线信号，记为 $t^2/2$，如图 3.3 所示。$t^2/2$ 的拉氏变换式为 $1/s^3$。对于宇宙飞船控制系统、随动系统中位置做等加速度移动的指令信号控制系统等，抛物线函数是比较合适的典型输入。

3.1.4 脉冲函数信号

脉冲函数信号的数学表达式为

$$r(t)=\begin{cases}0 & (t<0,\ t>\varepsilon)\\ \dfrac{A}{\varepsilon} & (0\leqslant t\leqslant\varepsilon)\end{cases}$$

拉氏变换式为

$$R(s)=A$$

式中，A 为脉冲函数信号的冲击强度。当 A=1($\varepsilon\to 0$)时，称为单位脉冲信号，记为$\delta(t)$，如图 3.4 所示。$\delta(t)$ 的拉氏变换式为 1。脉冲函数只是数学上的概念，工程上不可能发生。但是时间很短的冲击力、脉冲信号、天线上的阵风扰动、大气湍流等都可近似看成此类，可用脉冲信号模拟。

$\delta(t)$ 数学表达式为

$$\delta(t)=\begin{cases}\infty & (t=0)\\ 0 & (t\neq 0)\end{cases}$$

且有

$$\int_{-\infty}^{\infty}\delta(t)\mathrm{d}t=1$$

单位脉冲函数可以看成宽度为 $1/\varepsilon$，高度为ε，且当宽度 $1/\varepsilon$趋于零时的脉冲，如图 3.4 所示。

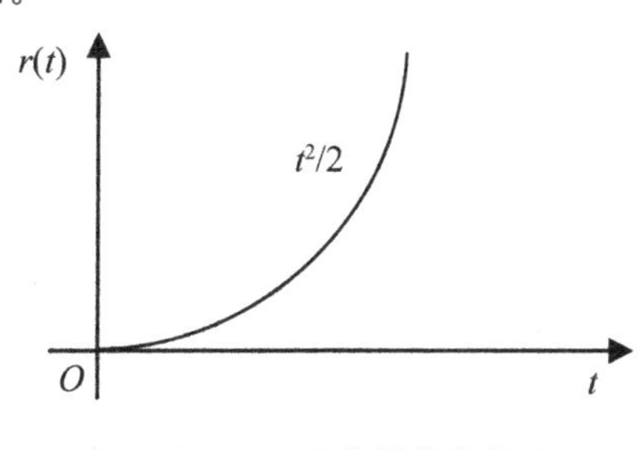

图 3.3 单位抛物线信号

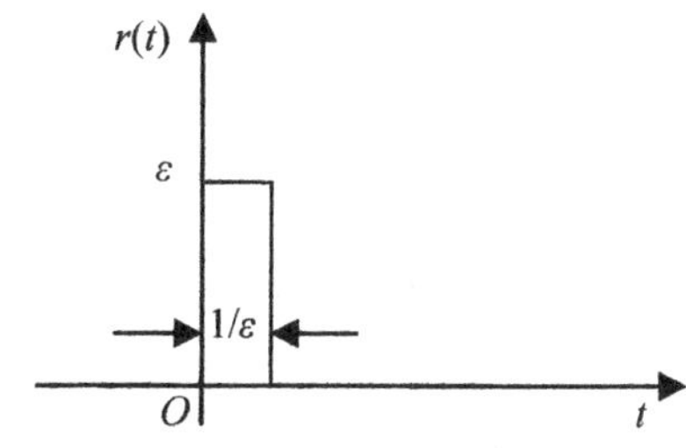

图 3.4 单位脉冲信号

3.1.5 正弦函数信号

正弦函数信号的数学表达式为

$$r(t)=A\sin\omega t$$

输出波形如图 3.5 所示，其拉氏变换式为

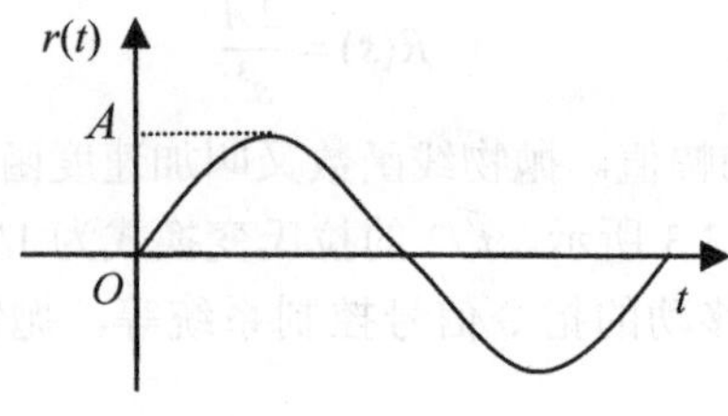

图 3.5　正弦信号

$$R(s)=\frac{A\omega}{\omega^2+s^2}$$

实际中如电源的波动、机械振动、元件的噪声干扰、海浪对舰艇的扰动力等均可近似为此种信号。另外，还可以用不同频率的正弦输入作用于系统来讨论其频率特性，间接判断系统的性能。

3.2　线性系统的稳定性分析

稳定是控制系统能够工作的首要且必需的条件，不稳定的系统不能工作，评价其性能是没有意义的。因此，系统的稳定性是非常重要的概念。稳定性的严格数学定义是俄国力学家和数学家李亚普诺夫于 1892 年提出的。稳定性的严格数学定义将在后续课程中给出，这里只讨论线性定常系统稳定性的概念、稳定的充分必要条件和代数稳定判据。

一个系统在工作过程中有两种状态：一是稳态；二是动态或暂态。稳定性包括了两种含义：一是绝对稳定性，指系统是否能有稳定工作状态，一般按稳定条件来判定；二是相对稳定性，指暂态过程中的振荡程度、超调量大小及暂态时间长短等，它表明系统偏离稳态输出的状况。本节所讨论的稳定性是前者，后面讨论的动态特性表明系统相对稳定性的情况。

3.2.1　稳定的基本概念

设线性定常系统处于某一平衡状态，在外作用(例如系统有扰动作用)下，系统离开原来的平衡状态，在外作用消失后，经过足够长的时间它又能够回到原来的平衡状态，则称这样的系统是稳定的系统，否则为不稳定的系统。

外作用(扰动)消失后能够恢复到原始平衡状态，即系统微分方程的零输入响应是收敛的。它取决于系统微分方程的特征方程，也就是取决于系统的结构参数，而与输入作用的形式、幅值无关。这种能恢复到原始平衡状态的稳定性，不称为渐进稳定性，是线性系统的一种特性。

举例说明如下，图 3.6 是一个单摆的示意图，图中 o 为支点。在外作用(扰动力作用)下，单摆由原来的平衡点 a 运动到新的位置 b，偏摆角为ϕ。当外作用(扰动力作用)力取消后，单摆在重力作用下由点 b 回到原平衡点 a。但由于惯性作用，单摆会先经过点 a 继续运动到点 c。此后，单摆经过几次减幅摆动，可以回到原平衡点 a，故称 a 点为稳定平衡点。反之，如图 3.6 所示，把单摆处于另一个平衡点 d，当受到外作用(扰动力作用)力的作用偏离了原来平衡位置后，即使外作用力消失，无论经过多长时间，单摆都不可能再恢复到原平衡点 d。这样的点称为不稳定平衡点。

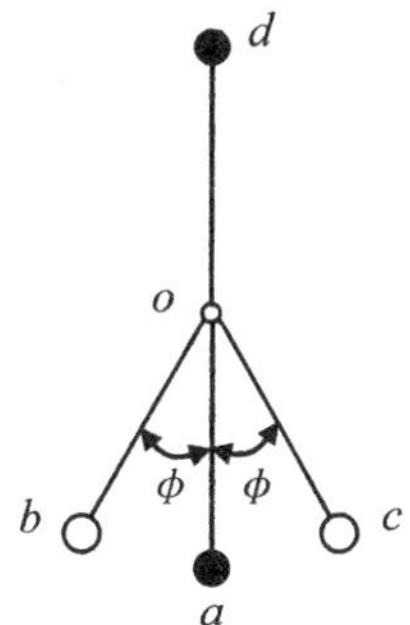

图 3.6 单摆系统

在分析线性系统的稳定性时，我们关心的是系统运动的稳定性，即系统方程在不受任何外界输入作用下，系统方程的解在时间 t 趋于无穷时的渐进行为。严格地说，平衡状态稳定性与运动稳定性并不是一回事，但是可以证明，对于线性系统而言，运动稳定性与平衡状态稳定性是等价的。

对于具有非线性元件时的系统的稳定问题，将在第 7 章中进行讨论。

3.2.2 线性系统稳定的充分必要条件

上述稳定性定义表明，线性系统的稳定性仅取决于系统自身的固有特性，而与外界条件无关。设线性系统在零初始条件下受到一个理想单位脉冲的作用，这时系统的输出增量为脉冲响应。这相当于系统在扰动信号作用下，输出信号偏离原来平衡工作点的问题。当 t 趋于无穷时，脉冲响应收敛于原平衡工作点，则线性系统是稳定的。

设系统微分方程为

$$a_0\frac{\mathrm{d}^n c(t)}{\mathrm{d}t^n}+a_1\frac{\mathrm{d}^{n-1}c(t)}{\mathrm{d}t^{n-1}}+\cdots+a_n c(t)=b_0\frac{\mathrm{d}^m r(t)}{\mathrm{d}t^{m-1}}+b_1\frac{\mathrm{d}^{m-1}r(t)}{\mathrm{d}t^{m-1}}+\cdots+b_m r(t) \tag{3-1}$$

式中，$n>m$；$c(t)$为输出；$r(t)$为扰动输入；$a_0,\cdots,a_n,b_0,\cdots,b_n$ 为常系数。由于单位脉冲函数 $\delta(t)$ 的拉氏变换为 1，所以系统单位脉冲响应的拉氏变换为

$$C(s)=\frac{b_0 s^m+b_1 s^{m-1}+\cdots+b_m}{a_0 s^n+a_1 s^{n-1}+\cdots+a_n} \tag{3-2}$$

其特征方程为

$$A(s)=a_0 s^n+a_1 s^{n-1}+\cdots+a_n=0 \tag{3-3}$$

其特征根包括 q 个实根 p_j (j=1, 2, $\cdots$, q)和 r 对复根 $\sigma_k\pm \mathrm{j}\omega(k=1,2,\cdots,r)$，$n=q+2r$。即在 s 平面上相应有 q 个实极点和 r 对复极点。式(3-2)有 m 个零点为 z_i(i=1, 2, $\cdots$, m)。将式(3-2)写成零极点增益形式为

$$C(s)=\frac{K\prod_{i=1}^{m}(s-z_i)}{\prod_{j=1}^{q}(s-p_j)\prod_{k=1}^{r}(s-\sigma_k\mp \mathrm{j}\omega_k)} \tag{3-4}$$

将上式进行拉氏反变换，并设初始条件全部为零，可得系统的单位脉冲响应为

$$c(t)=\sum_{j=1}^{q}A_j e^{p_j t}+\sum_{k=1}^{r}A_k e^{\sigma_k t}\left(\cos\omega_k t+\sin\omega_k t\right) \tag{3-5}$$

式中，$A_j=\lim\limits_{s\to s_j}(s-s_j)C(s)$，$j=1,2,\cdots,q$；$A_k$是与 $C(s)$在闭环复数极点处的留数有关的常数。

根据系统稳定定义，若系统稳定，系统的最终值应为零。因此，系统稳定的条件如下

$$\lim_{t\to 0}c(t)=\lim_{t\to 0}\left[\sum_{j=1}^{q}A_j e^{p_j t}+\sum_{k=1}^{r}A_k e^{\sigma_k t}\left(\cos\omega_k t+\sin\omega_k t\right)\right]=0 \tag{3-6}$$

由输出中所包含各项可知其解的结果决定于根 p_j、σ_k 的性质：当 p_j 为负实根，σ_k 复根有负实部时，所对应各项将衰减到零，系统为稳定；其中只要有一个为正根或复根有正实部时，对应的项是发散的，趋向无限，系统将不稳定；只要有一个根为零或实部为零，有纯虚根，所对应项为一个常数或等幅振动，将不衰减到零，系统为临界稳定。图 3.7 给出了系统只有实根时稳定(p_j<0)、临界稳定(p_j=0)、不稳定(p_j>0)三种情况的典型输出曲线。图 3.8～图 3.10 分别给出了系统有复根时稳定、临界稳定和不稳定的情况。

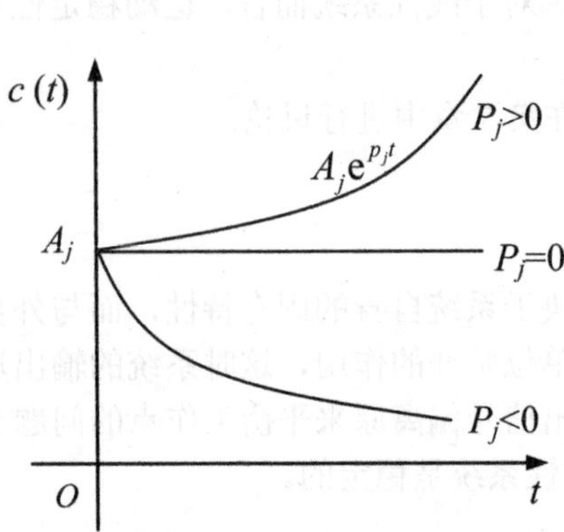

图 3.7　实根情况下系统的稳定性

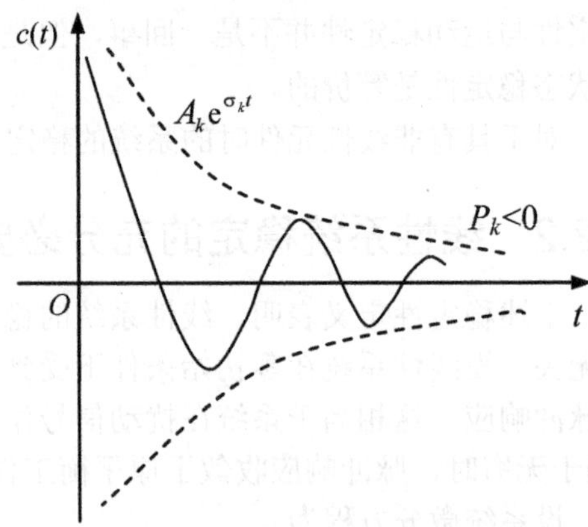

图 3.8　共轭复根情况下系统的稳定性(稳定)

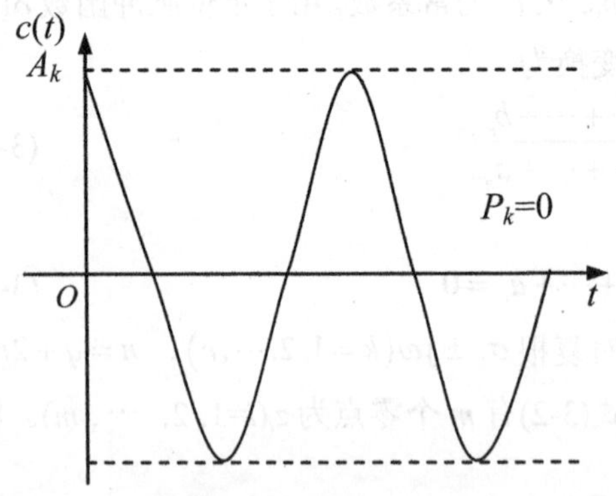

图 3.9　共轭复根情况下系统的稳定性(临界稳定)

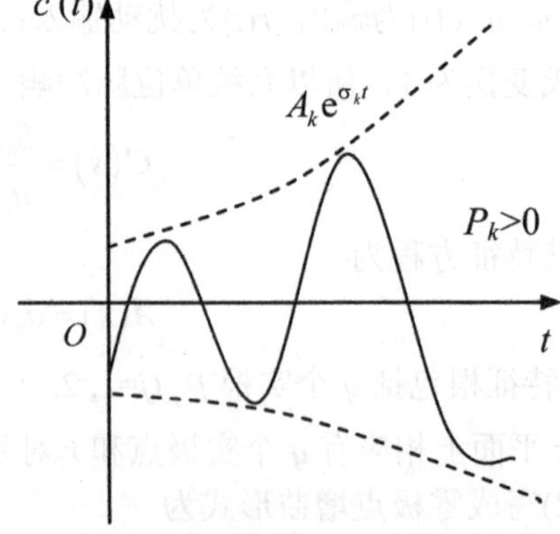

图 3.10　共轭复根情况下系统的稳定性(不稳定)

所以，系统稳定的充分和必要条件是：全部特征根为负根和复根中有负实部。从根在 s 平面的位置上看，全部根(极点)在 s 平面虚轴的左半部，如图 3.11 所示。

因此可通过求解特征方程式的根(极点)来判断系统稳定与否。

对一阶系统而言，其系统的闭环传递函数为

$$\Phi(s)=\frac{B(s)}{A(s)}=\frac{b_0}{a_0 s+a_1}$$

特征方程为

$$A(s)=a_0 s+a_1=0$$

特征根

$$s=-p=-\frac{a_1}{a_0}$$

所以当 $a_0>0$，$a_1>0$ 时系统是稳定的。

对二阶系统而言，系统的特征方程为

$$A(s)=a_0{}^2 s+a_1 s+a_2=0$$

特征根为

$$s_{1,2}=p_{1,2}=-\frac{a_1}{2a_0}\pm\sqrt{\left(\frac{a_1}{2a_0}\right)^2-\frac{a_2}{a_0}}$$

所以当 $a_0>0$，$a_1>0$，$a_2>0$ 时系统稳定。

结论：对于一阶系统和二阶系统，特征方程的系数都大于零是系统稳定的充分必要条件。

三阶以上系统求解特征方程的根很难，故不直接解方程，而利用间接的方法判定，根据系统特征根在 s 平面的分布位置来确定系统是否稳定。下面介绍经常采用的方法——代数稳定判据。

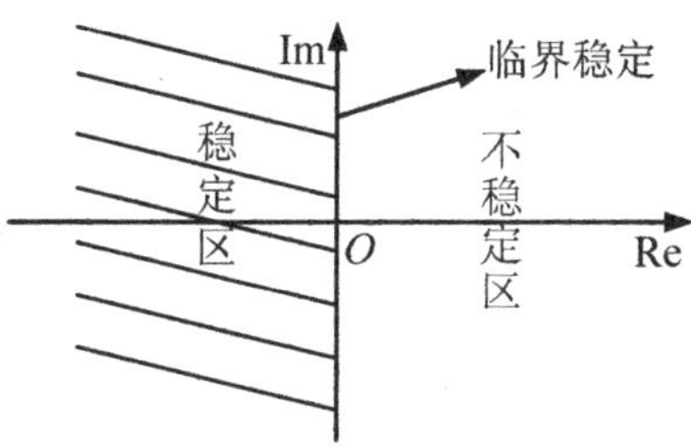

图 3.11　s 平面上根的位置与稳定性

3.3　代数稳定判据

工程实际中的控制系统必须是稳定的。英国人劳斯(E. J. Routh)于 1877 年发表了劳斯判据，可利用代数方法直接判别线性系统的根是否全在 s 平面虚轴的左侧，而不必求解方程。当把这个判据用于判断系统的稳定性时，又称为代数稳定判据。

3.3.1 劳斯判据

劳斯判据的表述如下。

设线性系统的特征方程为

$$A(s)=a_0s^n+a_1s^{n-1}+a_2s^{n-2}+\cdots+a_{n-1}s+a_n=0 \tag{3-7}$$

设上式中所有系数都存在，并且均大于 0，这是系统稳定的必要条件。一个具有实系数的 s 多项式，总可以分解成一次和二次因子，即$(s+a)$和(s^2+bs+c)，其中 a、b、c 都是实数。一次因子为实根，二次因子为复根。只有当 a、b、c 都是正值时，因子$(s+a)$和(s^2+bs+c)才能具有负实部的根。所以因子中的常数 a、b、c 都是正值是所有根具有负实部的必要条件。任意个只包含正系数是一次多项式和二次多项式的乘积，必然也是一个具有正系数的多项式。因此，特征方程式(3-7)缺项或具有负的系数时，系统都是不稳定的。所有系数大于零，只是稳定的必要条件，但不充分。系统是否稳定还需进一步判断。

首先，制作劳斯表，将特征方程的各系数间隔填入前两行，如下所示。

$$\begin{array}{llllll}
s^n & a_0 & a_2 & a_4 & a_6 & \cdots \\
s^{n-1} & a_1 & a_3 & a_5 & a_7 & \cdots \\
s^{n-2} & b_1 & b_2 & b_3 & b_4 & \cdots \\
s^{n-3} & c_1 & c_2 & c_3 & c_4 & \cdots \\
\vdots & & & & & \\
s^2 & e_1 & e_2 & & & \\
s^1 & f_1 & & & & \\
s^0 & g_1 & & & &
\end{array}$$

其中，前两行为特征方程式的系数，在此基础上可得出以下系数：

$$b_1=-\frac{\begin{vmatrix}a_0 & a_2\\ a_1 & a_3\end{vmatrix}}{a_1},\quad b_2=-\frac{\begin{vmatrix}a_0 & a_4\\ a_1 & a_5\end{vmatrix}}{a_1},\quad b_3=-\frac{\begin{vmatrix}a_0 & a_6\\ a_1 & a_7\end{vmatrix}}{a_1}\cdots,$$

$$c_1=-\frac{\begin{vmatrix}a_1 & a_3\\ b_1 & b_2\end{vmatrix}}{b_1},\quad c_2=-\frac{\begin{vmatrix}a_1 & a_5\\ b_1 & b_3\end{vmatrix}}{b_1},\quad c_3=-\frac{\begin{vmatrix}a_1 & a_7\\ b_1 & b_4\end{vmatrix}}{b_1}\cdots,$$

$$\vdots$$

这一计算过程一直进行到 n+1 行为止。

(1) 特征方程式全部根在 s 平面左侧的充分必要条件是：①特征方程式各项系数都为正值；②劳斯表中第一列系数都为正值。

(2) 若劳斯表第一列系数有符号改变，则有右侧根(正根)出现，右侧根的个数等于符号改变的次数。

【例 3-1】 已知系统的特征方程为

$$A(s)=3s^4+10s^3+6s^2+40s+9=0$$

试用劳斯表判断该系统的稳定性，若不稳定，则指出有半平面特征根的个数。

解： 劳斯表为

$$
\begin{array}{llll}
s^4 & 3 & 6 & 9 \\
s^3 & 10 & 40 & \\
s^2 & \dfrac{10\times 6-40\times 3}{10}=-6 & \dfrac{10\times 9-0\times 3}{10}=9 & \\
s^1 & \dfrac{(-6)\times 40-9\times 10}{-6}=55 & & \\
s^0 & 9 & &
\end{array}
$$

为了简化计算，可以用一个正数去乘以或除以某一行的各项，这并不改变系统稳定性的结论，因此上述劳斯表也可以表示如下：

$$
\begin{array}{llll}
s^4 & 1 & 2 & 3 \\
s^3 & 1 & 4 & \\
s^2 & -2 & 3 & \\
s^1 & 5.5 & & \\
s^0 & 3 & &
\end{array}
$$

特征方程各项系数虽为正，但劳斯表第一列系数不全为正，故有右侧根(正根)，系统不稳定。第一列系数符号有两次改变，故有两个正根。

【例3-2】 三阶系数的特征方程为 $A(s)=a_0s^3+a_1s^2+a_2s+a_3=0$，判断其稳定性。

解： 劳斯表为

$$
\begin{array}{lll}
s^3 & a_0 & a_2 \\
s^2 & a_1 & a_3 \\
s^1 & \dfrac{a_1a_2-a_0a_3}{a_1} & 0 \\
s^0 & a_3 &
\end{array}
$$

由劳斯定理知：①特征方程式各项系数都为正值，有 $a_0>0$，$a_1>0$，$a_2>0$，$a_3>0$；②劳斯表中第一列系数都为正值有 $a_1a_2-a_0a_3>0$ 或 $a_1a_2>a_0a_3$。

由此可对三阶系统得出一简单易记的结论，系统稳定的充分必要条件是特征方程的各项系数均为正，且特征方程系数两内项的积大于两外项的积。同样也可推出四阶系统的简易判断稳定公式。

(3) 劳斯表某行第一项系数为零，而这一项其后的系数不为零时，可用一个有限小的正数ε代替零而把表继续排完。在结果中，当ε上下行符号相反，则记作一次符号变化，若符号没有变化，则表示有一对纯虚根存在。

【例 3-3】 判定 $A(s)=s^4+3s^3+s^2+3s+1=0$ 是否稳定。

解： 劳斯表为

$$
\begin{array}{llll}
s^4 & 1 & 1 & 1 \\
s^3 & 3 & 3 & 0 \\
s^2 & 0(\varepsilon) & 1 & \\
s^1 & 3-\dfrac{3}{\varepsilon} & & \\
s^0 & 1 & &
\end{array}
$$

现在考察劳斯表第一列中各项数值。当ε趋近于零时，$3-\dfrac{3}{\varepsilon}$的值是一很大的负值，因此可以认为第一列中各项数值的符号改变了两次。由劳斯判据得，该系统有两个极点具有正实部，系统是不稳定的。

(4) 若劳斯表中行系数为全零(含只有等于零的一项)，则表示方程具有对称于原点的实根、共轭虚根或共轭复根存在。为了列写下面各项，将不为零的最后一行的各项组成一个方程，这个方程叫辅助方程，并求辅助方程对 s 的导数，用求导后方程的系数代替全零的各项，再继续把表排完。利用辅助方程可求得那些对称根。

【例 3-4】 已知系统的特征方程为

$$A(s)=s^6+2s^5+8s^4+12s^3+20s^2+16s+16=0$$

试用劳斯表判断该系统的稳定性，若不稳定，则指出特征根在复平面上的分布情况。

解： 劳斯表为

$$\begin{array}{lllll} s^6 & 1 & 8 & 20 & 16 \\ s^5 & 2 & 12 & 16 & 0 \\ s^4 & 1 & 6 & 8 & \text{各项除2后} \\ s^3 & 0 & 0 & 0 & \end{array}$$

出现全零，作辅助方程为

$$A'(s)=s^4+6s^2+8$$

对辅助方程求导得$\dfrac{\mathrm{d}A'(s)}{\mathrm{d}s}=4s^3+12s$，继续排 s^3 以下各系数的劳斯表为

$$\begin{array}{llll} s^3 & 1 & 3 & \text{各项除4后} \\ s^2 & 3 & 8 & \\ s^1 & \dfrac{1}{3} & & \\ s^0 & 8 & & \end{array}$$

从上表的第一列可以看出，各项系数符号没有改变，因此可以确定在右半平面没有极点。另外，由于 s^3 行的各项皆为零，这表明有共轭虚数极点。这些极点可以由辅助方程求出。

本例中的辅助方程是

$$s^4+6s^2+8=(s^2+4)(s^2+2)=0$$

$$(s^2+4)=0\Rightarrow s_{1,2}=\pm \mathrm{j}2\text{；}\quad (s^2+2)=0\Rightarrow s_{3,4}=\pm \mathrm{j}\sqrt{2}$$

另外两根可求得为$s_{5,6}=-1\pm \mathrm{j}2$

有纯虚根存在，则系统临界稳定。左半平面有 2 个根，虚轴上有 4 个根，右半平面没有根。

【例3-5】 若系统特征方程为

$$A(s)=s^6+3s^5+2s^4+4s^2+12s+8=0$$

试用劳斯表判断该系统的稳定性，若不稳定，则指出特征根在复平面上的分布情况。

解： 劳斯表为

$$\begin{array}{lllll} s^6 & 1 & 2 & 4 & 8 \\ s^5 & 3 & 0 & 12 & 0 \\ s^4 & 2 & 0 & 8 & \\ s^3 & 0 & 0 & 0 & \end{array}$$

出现全零，作辅助方程为

$$A'(s)=2s^4+8=0$$

对辅助方程求导得 $\frac{\mathrm{d}A(s)}{\mathrm{d}s}=8s^3=0$，继续排 s^3 以下各系数的劳斯表为

$$\begin{array}{lll} s^3 & 8 & 0 \\ s^2 & 0(\varepsilon) & 8 \\ s^1 & -\frac{64}{\varepsilon} & \\ s^0 & 8 & \end{array}$$

由辅助方程可以看出，有 4 个根对称于坐标原点。s^3～s^0 各行的第一列元素符号改变了两次，说明 4 个对称于原点的根中，右半平面有 2 个，左半平面有 2 个，由于 s^6～s^4 各行的第一列元素符号均为正，故其余两个根在左半平面。因此，该系统不稳定，左半平面有 4 个根，右半平面有 2 个根，虚轴上无根。

3.3.2　用代数稳定判据分析系统时的应用

1. 确定闭环系统稳定时其参数的取值范围

【例 3-6】 确定图 3.12 所示系统稳定时放大倍数 K 的取值范围。

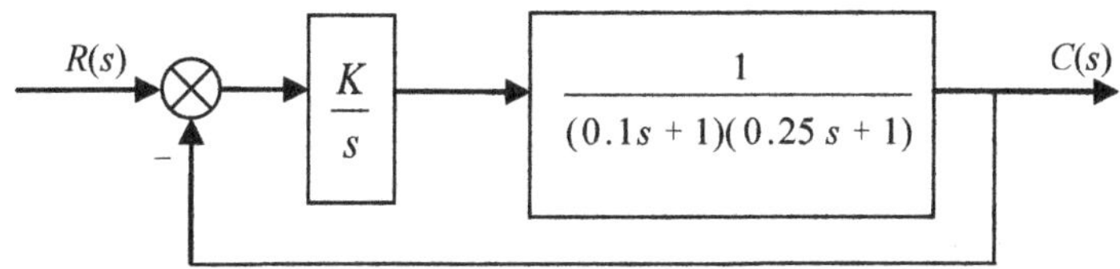

图 3.12　例 3-6 系统结构图

解： 系统的闭环传递函数为

$$\Phi(s)=\frac{C(s)}{R(s)}=\frac{K}{s(0.1s+1)(0.25s+1)+K}=\frac{K}{0.025s^3+0.35s^2+s+K}$$

闭环系统的特征方程为

$$A(s)=s^3+14s^2+40s+40K=0$$

$$A(s)=a_0s^3+a_1s^2+a_2s+a_3$$

方法一：可排劳斯表，以特征式各项系数为正、第一列系数为正两条件来确定 K 值范围。

方法二：可用例 3-2 的结论确定 K 值范围。

特征式各系统为正：$a_0>0$，$a_1>0$，$a_2>0$， $K>0$；三阶系统中特征方程系数两内项的积

大于两外项的积，$a_1a_2 > a_0a_3$，即$14\times40>1\times40K$，得$K<14$。

所以$0<K<14$时，系统稳定。

其稳定的临界放大倍数$K_L=14$。

此例说明，要使系统稳定，开环增益K不能无限大，一般有一个最大值，此值为14。通常把$K_L=14$称为系统的临界开环增益，只有当$K<K_L$时，系统才稳定。因此，K增加会对系统稳定性不利。

【例3-7】 设反馈系统的模拟电路图如图3.13(a)所示，其中$K=\frac{R_1}{R_0}\frac{R_2}{R_0}\frac{R_3}{R_0}$，$\tau_1=R_1C_1$，$\tau_2=R_2C_2$，$\tau_3=R_3C_3$，试求临界放大系数$K_c$及其与参量$\tau_1$、$\tau_2$、$\tau_3$的关系。

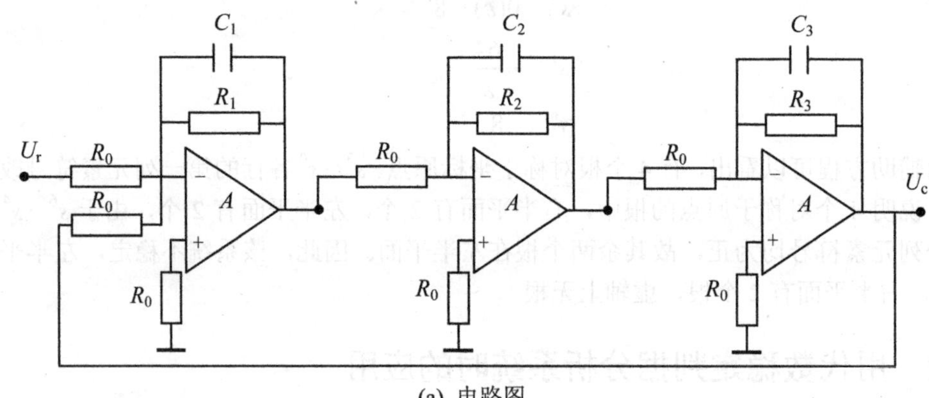

(a) 电路图

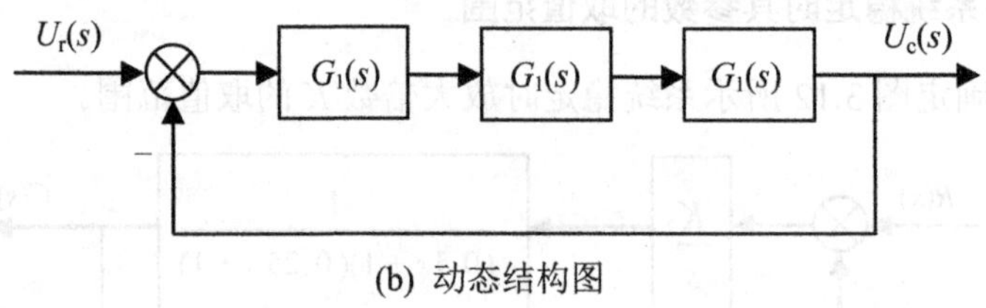

(b) 动态结构图

图3.13 例3-7电路图及动态结构图

解： 图3.13所示电路的动态结构图如图3.13(b)所示。其中，$G_1(s)=\frac{K_1}{\tau_1 s+1}$，$G_2(s)=\frac{K_2}{\tau_2 s+1}$，$G_3(s)=\frac{K_3}{\tau_3 s+1}$，$K=K_1K_2K_3$。因此该系统的闭环传递函数为

$$\varPhi(s)=\frac{U_c(s)}{U_r(s)}=\frac{K}{(\tau_1 s+1)(\tau_2 s+1)(\tau_3 s+1)+K}$$

闭环系统的特征方程为

$$A(s)=\tau_1\tau_2\tau_3 s^3+(\tau_1\tau_2+\tau_1\tau_3+\tau_2\tau_3)s^2+(\tau_1+\tau_2+\tau_3)s+1+K=0$$

由劳斯判据知，使该系统稳定的充分必要条件是：特征方程各项系数大于零，并且特征方程系数两内项的积大于两外项的积(即$a_1a_2>a_0a_3$)。现在系统的时间常数和放大系数均为正，满足各项系数大于零的条件。系统只需要满足$a_1a_2>a_0a_3$，则系统稳定。因此有

$$(\tau_1\tau_2+\tau_1\tau_3+\tau_2\tau_3)(\tau_1+\tau_2+\tau_3)>\tau_1\tau_2\tau_3(1+K)$$

从而得系统临界放大系数为

$$K_c = (\tau_1 + \tau_2 + \tau_3)(\frac{1}{\tau_1} + \frac{1}{\tau_2} + \frac{1}{\tau_3}) - 1$$

由上式可以看出，τ_1、τ_2、τ_3中只要有一个时间常数足够小，那么K_c就可以增大。我们将上式变换成

$$K_c = \frac{\tau_1}{\tau_2} + \frac{\tau_1}{\tau_3} + \frac{\tau_2}{\tau_1} + \frac{\tau_2}{\tau_3} + \frac{\tau_3}{\tau_1} + \frac{\tau_3}{\tau_2} + 2$$

由上式可以求出开环增益临界值K_c的极小值K_{cmin}与参量τ_1、τ_2、τ_3的关系。为此，先求出K_c对τ_1、τ_2、τ_3的偏导数为

$$\frac{\partial K_c}{\partial \tau_1} = \frac{1}{\tau_2} + \frac{1}{\tau_3} - \frac{\tau_2}{\tau_1^2} - \frac{\tau_3}{\tau_1^2} = 0$$

$$\frac{\partial K_c}{\partial \tau_2} = \frac{1}{\tau_1} + \frac{1}{\tau_3} - \frac{\tau_1}{\tau_2^2} - \frac{\tau_3}{\tau_2^2} = 0$$

$$\frac{\partial K_c}{\partial \tau_3} = \frac{1}{\tau_1} + \frac{1}{\tau_2} - \frac{\tau_1}{\tau_3^2} - \frac{\tau_2}{\tau_3^2} = 0$$

整理上式得

$$(\tau_2 + \tau_3)(\tau_1^2 - \tau_2\tau_3) = 0$$

$$(\tau_1 + \tau_3)(\tau_2^2 - \tau_1\tau_3) = 0$$

$$(\tau_1 + \tau_2)(\tau_3^2 - \tau_1\tau_2) = 0$$

由此可见，τ_1、τ_2、τ_3必须同时满足以上三式，K_c才有极值，又因为以上三式形式完全相同，所以能够求出当$\tau_1 = \tau_2 = \tau_3 = \tau$时，$K_c$才有极值。为了确定极值为极大值或极小值，可从$K_c$对$\tau$的二阶偏导数来判断。

由于

$$\frac{\partial^2 K_c}{\partial \tau^2} = \frac{2}{\tau^2} > 0$$

故为极小值。

将$\tau_1 = \tau_2 = \tau_3 = \tau$代入到$K_c$的表达式中，则有

$$K_{cmin} = 8$$

因此，对于由三个惯性环节串联组成的反馈控制系统，当三个惯性环节的时间常数相等时，系统的临界开环增益最小。

2. 确定系统的稳定裕量

一个系统只判定是否稳定是不够的，实际工作中常常因为工作条件改变，参数发生某些变化而导致系统工作不稳定。因此应该了解系统有多少稳定裕量，即离临界稳定边界有多少余量。稳定裕量表示了系统的相对稳定性。从s平面上来说，当虚轴左移σ，若各极点仍在虚轴左边，使系统仍保持稳定工作，则σ即为稳定余量，显然σ越大则稳定度越高，相对稳定性越好。应用劳斯判据可以判断特征根距离虚轴的情况。

设特征方程的根与虚轴的距离至少为σ，把原s平面的虚轴左移σ，得到新的平面s_1，则有

$$s=s_1-\sigma$$

用 s_1 取代特征方程中的 s，即得 s_1 平面上的特征方程 $A(s_1)=0$，则可以在 s_1 平面上应用劳斯判据。

【例 3-8】 在例 3-6 中，若要求系统特征根全部位于 $s=-1$ 的左边，试求 K 的取值范围。

解： 系统的特征方程为

$$A(s)=s^3+14s^2+40s+40K=0$$

将 $s=s_1-1$ 代入上式，得

$$A(s)=(s_1-1)^3+14(s_1-1)^2+40(s_1-1)+40K=0$$

整理得

$$A(s)=s^3+9s^2+15s+40K-27=0$$

则需要特征根全部位于 $s=-1$ 的左边，只要有

$$\begin{cases}40K-27>0\\9\times15>40K-27\end{cases}\Rightarrow 0.675<K<4.05$$

3.4 稳态误差分析与计算

控制系统的时间响应由暂态响应和稳态响应两部分组成，通过稳态响应可以分析出系统的稳态误差。控制系统的稳态误差是系统控制准确度(控制精度)的一种量度，是表征系统稳态性能的一项重要指标。对于一个实际的控制系统，由于系统的结构、输入作用的类型(控制量或扰动量)、输入函数(阶跃、斜坡和加速度)的形式不同，控制系统的稳态输出不可能在任何情况下都与输入量一致，也不可能在任何形式的扰动作用下都能准确回到原来的平衡位置。因此控制系统的稳态误差是不可避免的，控制系统的设计任务之一就是尽量减小系统的稳态误差，或使系统的稳态误差小于某一容许范围。

本节主要讨论由系统本身结构、参数以及外作用的形式不同所引起的稳态误差，而不讨论由于元件的非线性(如死区、饱和)，以及摩擦、间隙、不灵敏区等引起的稳态误差。

3.4.1 误差及稳态误差的定义

1. 误差的概念

系统误差定义为被控量要求达到的值(或称期望值)和实际值之差，即

$$e(t)=c_{\text{req}}(t)-c_0(t) \tag{3-8}$$

式中，$c_{\text{req}}(t)$为被控量要求的期望值；$c_0(t)$为被控量的实际值。

控制系统的典型结构如图 3.14 所示，其中 $G(s)$、$H(s)$分别为控制对象、反馈环节的传递函数，$B(s)$为反馈量。其误差的定义有如下两种。

1) 从输入端定义

从输入端定义，把系统的输入信号 $r(t)$作为被控量的期望值，把反馈信号 $b(t)$作为被控量的实际值，把两者之间所产生的偏差信号定义为误差 $e(t)$，即

$$e(t)=r(t)-b(t) \tag{3-9}$$

相应的传递函数为

$$E(s)=R(s)-B(s)=R(s)-C(s)H(s) \tag{3-10}$$

例如，某调速系统给定输入为 10V 时，要求输出 1000r/min，而实际只有 950r/min，误差为 50r/min。一般反馈环节是一个传感器，其传递函数为简单的放大倍数。有的是将不同量纲的物理量作比较变换，如 $H(s)$=10V/(1000r·min^{-1})=0.01V·min/r。按这个定义，输出的反馈值是可以测量的，为 9.5V，误差信号为 0.5V。这种定义便于利用已有框图及现存误差传递函数 $E(s)$作理论分析，故采用较多。本书也用此定义分析。

2) 从输出端定义

从输出端定义，把被控量的期望值 $c_r(t)$与实际值 $c(t)$之差定义为误差 $e'(t)$，即

$$e'(t)=c_r(t)-c(t) \tag{3-11}$$

显然，上例中误差为 1000r/min−950r/min=50r/min。它的优点是直观，物理概念更明确。

由上式可得

$$E'(s)=C_r(s)-C(s)=\frac{R(s)}{H(s)}-C(s) \tag{3-12}$$

则相应的期望值为 $\frac{R(s)}{H(s)}$，如图 3.15 所示。

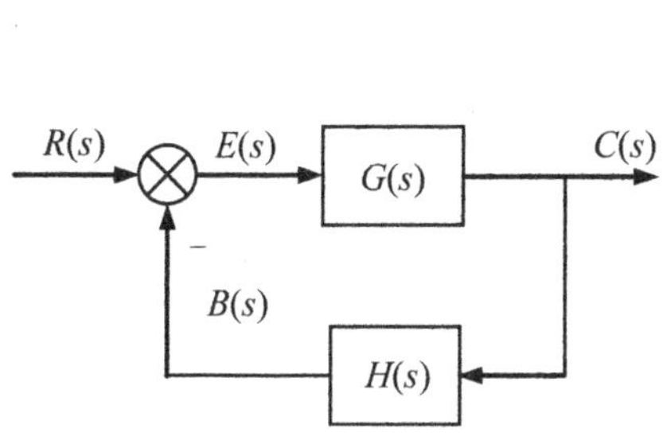

图 3.14　控制系统的典型结构

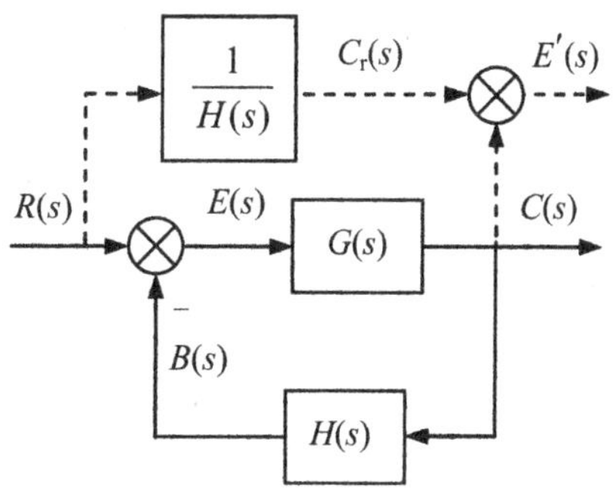

图 3.15　控制系统的典型结构

由式(3-10)知

$$E(s)=R(s)-B(s)=R(s)-C(s)H(s)$$

则有

$$\frac{E(s)}{H(s)}=\frac{R(s)}{H(s)}-\frac{B(s)}{H(s)}=\frac{R(s)}{H(s)}-C(s)=E'(s)$$

由此得两种误差之间的关系为

$$E'(s)=\frac{E(s)}{H(s)} \tag{3-13}$$

在单位反馈系统中，$H(s)$=1，两个定义可以统一，即有

$$E(s)=R(s)-C(s) \tag{3-14}$$

2．稳态误差的概念

误差信号的稳态分量为稳态误差，其公式为

$$e_{ss}=\lim_{t\to\infty}e(t) \tag{3-15}$$

稳态误差的计算：首先求出系统的误差信号的拉式变换式$E(s)$，再用终值定理求解，即

$$e_{ss}=\lim_{t\to\infty}e(t)=\lim_{s\to 0}sE(s) \tag{3-16}$$

对于一般的系统，其方框图如图 3.16 所示。

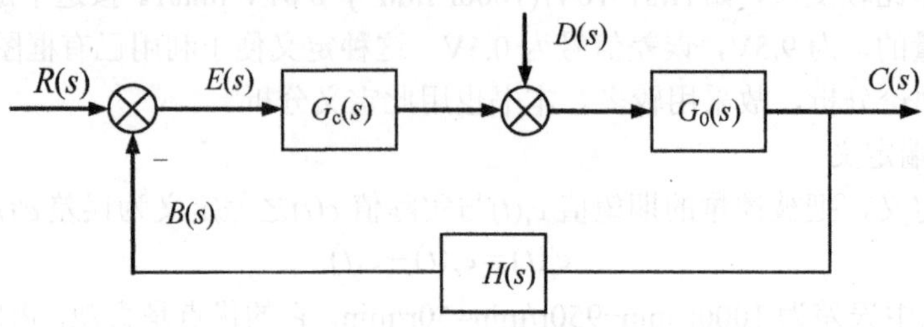

图 3.16　一般系统的方框图

可知

$$e_{ss}=\lim_{t\to\infty}e(t)=\lim_{s\to 0}sE(s)=e_{ssr}+e_{ssd}$$

式中，e_{ssr}为给定输入$r(t)$引起的稳态误差；e_{ssd}为扰动输入$d(t)$引起的稳态误差。

给定输入$r(t)$引起的误差传递函数为

$$\Phi_{er}(s)=\frac{E_{er}(s)}{R(s)}=\frac{1}{1+G_c(s)G_0(s)H(s)}$$

给定输入$r(t)$引起的稳态误差e_{ssr}为

$$e_{ssr}=\lim_{s\to 0}sE_{er}(s)=\lim_{s\to 0}s\Phi_{er}(s)R(s)=\lim_{s\to 0}s\frac{1}{1+G_c(s)G_0(s)H(s)}R(s)$$

扰动输入$d(t)$引起的误差传递函数为

$$\Phi_{ed}(s)=\frac{E_{ed}(s)}{R(s)}=\frac{-G_0(s)H(s)}{1+G_c(s)G_0(s)H(s)}$$

扰动输入$d(t)$引起的稳态误差e_{ssd}为

$$e_{ssd}=\lim_{s\to 0}sE_{ed}(s)=\lim_{s\to 0}s\Phi_{ed}(s)D(s)=-\lim_{s\to 0}s\frac{G_0(s)H(s)}{1+G_c(s)G_0(s)H(s)}D(s)$$

可见系统的稳态误差与系统的结构参数$G_0(s)$及输入信号形式$R(s)$有关。

【例 3-9】 在图 3.16 中，$G_c(s)$=2，$G_0(s)=\dfrac{1}{s+1}$，$H(s)$=1。试求：

(1) $r(t)=4\times 1(t)$，$d(t)=1(t)$时系统的稳态误差。

(2) $r(t)=1(t)$，$d(t)=\sin 4t$时系统的稳态误差。

解：(1) 给定输入$r(t)$作用下($d(t)$=0)，误差传递函数$E_{er}(s)$为

$$E_{er}(s)=\frac{1}{1+G_c(s)G_0(s)H(s)}R(s)=\frac{4(s+1)}{s(s+3)}$$

给定输入$r(t)$作用下的稳态误差为

$$e_{ssr}=\lim_{s\to 0}sE_{er}(s)=\lim_{s\to 0}s\frac{4(s+1)}{s(s+3)}=\frac{4}{3}$$

扰动输入$d(t)$作用下($r(t)$=0)，误差传递函数$E_{ed}(s)$为

$$E_{ed}(s)=\frac{-G_0(s)H(s)}{1+G_c(s)G_0(s)H(s)}D(s)=-\frac{1}{s(s+3)}$$

扰动输入 $d(t)$作用下的稳态误差为

$$e_{ssd}=\lim_{s\to 0}sE_{ed}(s)=-\lim_{s\to 0}s\frac{1}{s(s+3)}=-\frac{1}{3}$$

$$e_{ss}=e_{ssr}+e_{ssd}=\frac{4}{3}-\frac{1}{3}=1$$

(2) 给定输入 $r(t)$作用下($d(t)$=0)，误差传递函数 $E_{er}(s)$为

$$E_{er}(s)=\frac{1}{1+G_c(s)G_0(s)H(s)}R(s)=\frac{(s+1)}{s(s+3)}$$

给定输入 $r(t)$作用下的稳态误差为

$$e_{ssr}=\lim_{s\to 0}sE_{er}(s)=\lim_{s\to 0}s\frac{(s+1)}{s(s+3)}=\frac{1}{3}$$

扰动输入 $d(t)$作用下($r(t)$=0)，误差传递函数 $E_{ed}(s)$为

$$E_{ed}(s)=\frac{-G_0(s)H(s)}{1+G_c(s)G_0(s)H(s)}D(s)=-\frac{4}{(s+3)(s^2+16)}$$

因为 $E_{ed}(s)$在虚轴上有两个极点 $s=\pm 2\mathrm{j}$，所以不能用终值定理求 $E_{ed}(s)$，有

$$E_{ed}(s)=-\frac{4}{(s+3)(s^2+16)}=-\frac{4}{25}\frac{1}{s+3}+\frac{4}{25}\frac{s-3}{s^2+16}$$

对上式作拉氏反变换得

$$e_{ed}(t)=-\frac{4}{25}\mathrm{e}^{-3t}+\frac{4}{25}\cos 4t-\frac{3}{25}\sin 4t$$

$$e_{ed}(t)=-\frac{4}{25}\mathrm{e}^{-3t}+\frac{1}{5}\sin(4t+180^\circ+\arccos\frac{3}{5})$$

扰动输入 $d(t)$作用下的稳态误差为

$$e_{ssd}=\lim_{t\to\infty}e_{ed}(t)=\frac{1}{5}\sin(4t+180^\circ+\arccos\frac{3}{5})$$

$$e_{ss}=e_{ssr}+e_{ssd}=\frac{1}{3}+\frac{1}{5}\sin(4t+180^\circ+\arccos\frac{3}{5})$$

由于正弦函数的拉氏变换在虚轴上不解析，故不能套用终值定理，只能用拉氏反变换求解 $e(t)$，然后求 $e(\infty)$，进而得到稳态误差 e_{ss}。对于复杂系统求解困难时，可以应用频率特性的概念容易地求得谐波输入下的稳态误差。

3.4.2 给定输入下的稳态误差

求给定输入下的稳态误差时，不计扰动信号 $D(s)$=0，按图 3.16 所示的方框图，传递函数为

$$E(s)=\frac{1}{1+G_c(s)G_0(s)H(s)}R(s)=\frac{1}{1+G(s)}R(s) \tag{3-17}$$

式中，$G(s)$为系统的开环传递函数，$G(s)=G_c(s)G_0(s)H(s)$。

下面讨论给定误差的普遍规律，现将开环传递函数的一般表达式写成时间常数的形式，有

$$G(s)=\frac{K\prod_{i=1}^{m}(T_i s+1)}{s^{v}\prod_{j=1}^{n-v}(T_j s+1)}=\frac{K}{s^{v}}G_0(s) \tag{3-18}$$

$$\lim_{s\to 0}G(s)=\lim_{s\to 0}\frac{K}{s^{v}}G_0(s)=\lim_{s\to 0}\frac{K}{s^{v}}$$

式中，K为开环增益；v为串联积分环节的个数，或称系统的无差度，它表征了系统的结构特征。

工程上一般规定：v=0 为 0 型系统；v=1 为Ⅰ型系统；v=2 为Ⅱ型系统。

v越高则稳态精度越高，但稳定性越差，因此一般不超过Ⅲ型。

在不同形式输入作用下的稳态误差如下。

1．输入为阶跃信号

若有

$$r(t)=A，\ R(s)=\frac{A}{S}$$

则稳态误差为

$$e_{ss}=\lim_{s\to 0}sE(s)=\lim_{s\to 0}s\frac{R(s)}{1+G(s)}=\lim_{s\to 0}\frac{A}{1+G(s)}=\frac{A}{1+K_p} \tag{3-19}$$

令

$$K_p=\lim_{s\to 0}G(s)=\lim_{s\to 0}\frac{K}{s^{v}} \tag{3-20}$$

称K_p为位置误差系数。

不同类型系统的位置误差系数和阶跃输入作用下的稳态误差分别如下：

0 型系统 $K_p=\lim_{s\to 0}\frac{K}{s^{0}}=K$ $e_{ss}=\frac{A}{1+K}$

Ⅰ型系统 $K_p=\lim_{s\to 0}\frac{K}{s^{1}}=\infty$ $e_{ss}=0$

Ⅱ型系统 $K_p=\lim_{s\to 0}\frac{K}{s^{2}}=\infty$ $e_{ss}=0$

可见，当系统开环传递函数中有积分环节存在时，系统阶跃响应的稳态值将是无差的。而没有积分环节时，稳态为有差的。为了减小误差，应该适当提高放大倍数。但过大的K值将影响系统的相对稳定性。

2．输入为斜坡信号

若有

$$r(t)=At，\ R(s)=\frac{A}{s^{2}}$$

则稳态误差为

$$e_{ss}=\lim_{s\to 0}s\frac{R(s)}{1+G(s)}=\lim_{s\to 0}\frac{A}{s[1+G(s)]}=\lim_{s\to 0}\frac{A}{sG(s)}=\frac{A}{K_v} \tag{3-21}$$

令

$$K_v=\lim_{s\to 0}sG(s)=\lim_{s\to 0}\frac{K}{s^{\nu-1}} \tag{3-22}$$

称 K_v 为速度误差系数。

不同类型系统的速度误差系数和斜坡输入作用下的稳态误差分别如下：

$$0\text{ 型系统，}\quad K_v=\lim_{s\to 0}sK=0\qquad e_{ss}=\frac{A}{K_v}=\infty$$

$$\text{I 型系统，}\quad K_v=\lim_{s\to 0}\frac{K}{s^0}=K\qquad e_{ss}=\frac{A}{K_v}$$

$$\text{II 型系统，}\quad K_v=\lim_{s\to 0}\frac{K}{s}=\infty\qquad e_{ss}=0$$

可见，0 型系统不能跟随斜坡输入信号；I 型系统可以跟随，但是存在稳态误差，同样可以通过增大 K 值来减小误差；II 型系统对斜坡输入响应的稳态是无差的。

3．输入为抛物线信号

若有

$$r(t)=\frac{1}{2}At^2,\quad R(s)=\frac{A}{s^3}$$

则稳态误差为

$$e_{ss}=\lim_{s\to 0}s\frac{R(s)}{1+G(s)}=\lim_{s\to 0}\frac{A}{s^2G(s)}=\frac{A}{K_a} \tag{3-23}$$

令

$$K_a=\lim_{s\to 0}s^2G(s)=\lim_{s\to 0}\frac{K}{s^{\nu-2}} \tag{3-24}$$

称 K_a 为加速度误差系数。

不同类型系统的加速度误差系数和抛物线输入作用下的稳态误差分别如下：

$$0\text{ 型系统 }K_a=\lim_{s\to 0}s^2K=0\qquad e_{ss}=\frac{A}{K_a}=\infty$$

$$\text{I 型系统 }K_a=\lim_{s\to 0}s^1K=0\qquad e_{ss}=\infty$$

$$\text{II 型系统 }K_a=\lim_{s\to 0}\frac{K}{s^0}=K\qquad e_{ss}=\frac{A}{K_a}$$

可见，输入为抛物线信号时，0、I 型系统不能跟随，II 型为有差，要无差则应采用III型系统。

由以上分析可以看出，稳态误差不仅与系统的参数有关而，且与输入信号的形式有关。在随动系统中，一般称阶跃信号为位置信号、斜坡信号为速度信号、抛物线信号为加速度信号。由输入“某种”信号而引起的稳态误差用一个系数来表示，就叫稳态“某种”误差

系数或简称“某种”误差系数。如输入阶跃信号而引起的误差系数叫稳态位置误差系数，它表示了稳态的精度。“某种”误差系数越大，精度越高，当“某种”误差系数为零时，即稳态误差为∞，表示不能跟随输出。当误差系数为∞时，则稳态无差，输出完全能够跟随输入。表 3.1 所示为给定输入下系统的稳态误差。

表 3.1　给定输入下系统的稳态误差

型别	静态误差系数			阶跃函数 $r(t)=A$	斜坡函数 $r(t)=At$	加速度函数 $r(t)=At^2$
v	K_p	K_v	K_a	$e_{ss}=\dfrac{A}{1+K_p}$	$e_{ss}=\dfrac{A}{K_v}$	$e_{ss}=\dfrac{A}{K_a}$
0	K	0	0	$\dfrac{A}{1+K}$	∞	∞
Ⅰ	∞	K	0	0	$\dfrac{A}{K}$	∞
Ⅱ	∞	∞	K	0	0	$\dfrac{A}{K}$

【例3-10】 求图 3.17(a)所示系统的 e_{ss}，输入为 $r(t)=1+t+\dfrac{t^2}{2}$。(按定义 $e(t)=r(t)-c(t)$)。

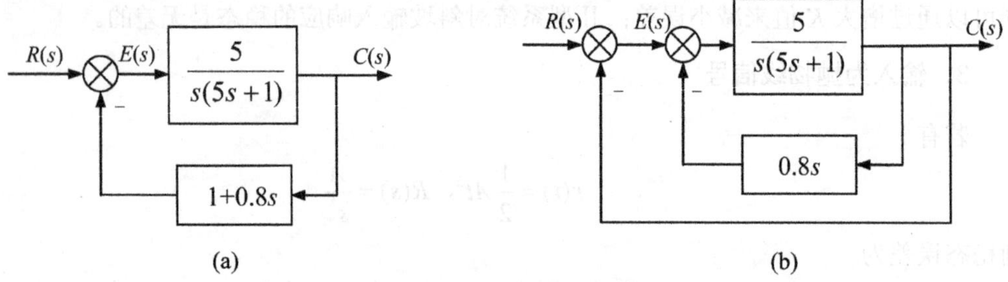

图 3.17　例 3-10 系统结构图

解：(1) 首先判断系统是否稳定，不稳定则无 e_{ss} 可求。

$$A(s)=s(5s+1)+5(1+0.8)=s^2+s+1=0$$

$a_0,a_1,a_2>0$，二阶系统只需满足各项系数大于零则该系统稳定。

(2) 按给定作用下稳态误差的要求，应将系统变成单反馈系统再求 e_{ss}，变换后如图 3.17(b)所示，传递函数为

$$G(s)=\frac{\dfrac{5}{s(5s+1)}}{1+\dfrac{0.8s\times 5}{s(5s+1)}}=\frac{5}{5s^2+5s}=\frac{1}{s(s+1)}$$

该系统为Ⅰ型系统，输入 $R(s)=\dfrac{1}{s}+\dfrac{1}{s^2}+\dfrac{1}{s^3}$，根据叠加定理，先分别求各输入信号引起的误差，最后相叠加。利用表 3.1 结论有 $R(s)=\dfrac{1}{s}$ 时，$e_{ss}=0$; $R(s)=\dfrac{1}{s^2}$ 时，$e_{ss}=\dfrac{A}{k}=1$; $R(s)=\dfrac{1}{s^3}$ 时，$e_{ss}=\infty$。因此，有

$$e_{ss}=0+1+\infty=\infty$$

即输出信号不能跟随输入，或

$$e_{ss}=\lim_{s\to 0}sE(s)=\lim_{s\to 0}s\frac{E(s)}{R(s)}R(s)=\lim_{s\to 0}s\frac{1}{1+\dfrac{0.8s\times 5}{s(5s+1)}}\frac{s^2+s+1}{s^3}=\infty$$

3.4.3　扰动的稳态误差

系统在扰动作用下的稳态误差的大小，表示了系统抗扰动的能力。扰动误差的大小，不仅与扰动输入信号的形式有关，而且随干扰信号作用点不同而改变，也就是系统对某一给定输入的稳态误差为零，对不同形式的扰动作用的稳态误差不同；同一系统对同一形式的扰动的作用，由于扰动的作用点不同，其稳态误差一般也不相同。下面仍然按以输入端定义的误差来分析扰动的稳态误差。此时不考虑给定输入作用，$R(s)$=0，只有扰动信号 $D(s)$。由图 3.16 得扰动误差的传递函数为

$$E_d(s)=R(s)-B(s)=-B(s)=-H(s)C(s) \tag{3-25}$$

在单位反馈系统中

$$E_d(s)=-C(s) \tag{3-26}$$

从概念上讲，由扰动引起的输出都是误差。

在扰动作用下，有

$$C(s)=\frac{G_0(s)}{1+G_c(s)G_0(s)H(s)}\cdot D(s)$$

所以

$$E_d(s)=-H(s)C(s)=-\frac{G_0(s)H(s)D(s)}{1+G_c(s)G_0(s)H(s)} \tag{3-27}$$

$G_0(s)$表示扰动作用点到 $C(s)$处的传递函数。作用点不同，此传递函数不同，其稳态误差也不一样。扰动作用与给定作用有相似的规律。给定误差是按开环传递函数中积分个数划分类型，不同类型有不同误差；而扰动误差是按扰动作用点前的传递函数中积分个数不同，有不同的扰动稳态误差。下面用例子来说明。

【例 3-11】 图 3.18 所示的两个系统具有相同的开环传递函数 $G(s)=\dfrac{K_1K_2K_3}{s(Ts+1)}$，对给定输入将有相同的稳态误差，但扰动作用点不同，其扰动稳态误差将不同。设系统突加扰动，$D(s)=\dfrac{1}{s}$，分析图 3.18(a)和图 3.18(b)各自的扰动稳态误差大小。

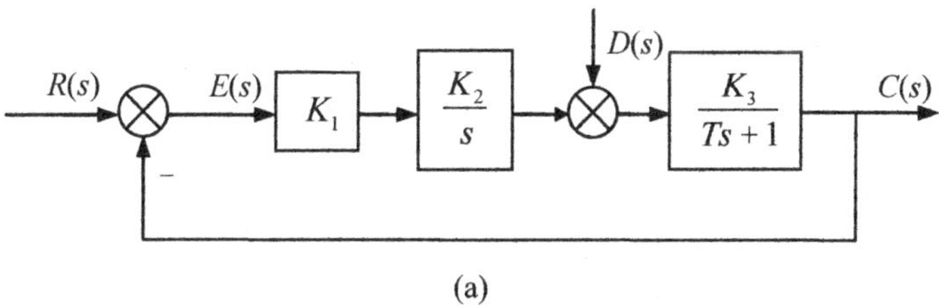

(a)

图 3.18　例 3-11 系统结构图

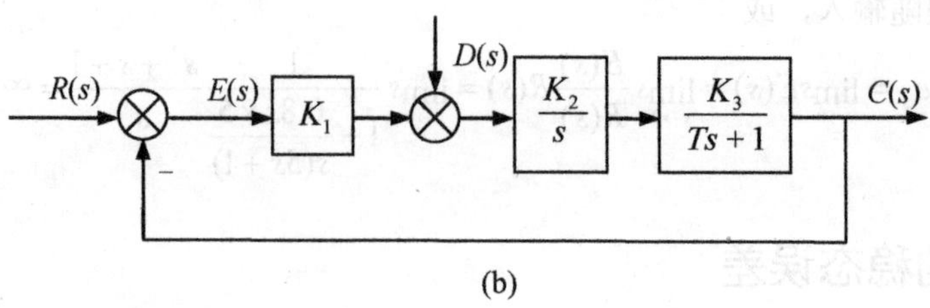

(b)

图 3.18　例 3-11 系统结构图(续)

解： 根据扰动误差的定义可求得图 3.18(a)所示系统的扰动稳态误差为

$$e_{\rm ssd} = \lim_{s\to 0} sE_{\rm d}(s) = -\lim_{s\to 0} sC(s) = -\lim_{s\to 0} s\frac{C(s)}{D(s)}D(s) = -\lim_{s\to 0} s\frac{\dfrac{K_3}{Ts+1}}{1+\dfrac{K_1K_2K_3}{s(Ts+1)}}\frac{1}{s}$$

$$= \lim_{s\to 0}\frac{K_3 s}{Ts^2+s+K_1K_2K_3} = 0$$

图 3.18(b)所示系统的扰动稳态误差为

$$e_{\rm ssd} = \lim_{s\to 0} sE_{\rm d}(s) = -\lim_{s\to 0} sC(s) = -\lim_{s\to 0} s\frac{C(s)}{D(s)}D(s) = -\lim_{s\to 0} s\frac{\dfrac{K_2K_3}{{\rm s}(Ts+1)}}{1+\dfrac{K_1K_2K_3}{s(Ts+1)}}\frac{1}{s}$$

$$= -\lim_{s\to 0}\frac{K_2K_3}{Ts^2+s+K_1K_2K_3} = -\frac{1}{K_1}$$

图 3.18(a)在扰动前的 $G_{\rm c}(s)$中有一个积分环节 N=1，若在图 3.18(b)中的扰动点前加入一个积分环节，使 $G_{\rm c}(s)=\dfrac{K_4K_1}{s}$，则图 3.18(b)所示系统在阶跃扰动下也无差，但此闭环系统将不稳定。为此应加入一个比例积分环节，使 $G_{\rm c}(s)=\dfrac{K_1K_4(\tau s+1)}{s}$。若扰动为斜坡信号，则必须串入两个积分环节，且使 $G_{\rm c}(s)=\dfrac{K_1K_4(\tau_1 s+1)(\tau_2 s+1)}{s^2}$，这时扰动稳态误差将为零，即

$$e_{\rm ssd} = -\lim_{s\to 0} s\frac{C(s)}{D(s)}D(s) = -\lim_{s\to 0} s\frac{\dfrac{K_2K_3}{{\rm s}(Ts+1)}}{1+G_{\rm c}(s)\dfrac{K_2K_3}{s(Ts+1)}}\frac{1}{s} = 0$$

【例3-12】 图 3.19 所示为某单位负反馈系统的结构图，已知输入 $r(t)=t$，干扰 $d(t)=-2$。试求该系统的扰动稳态误差大小。

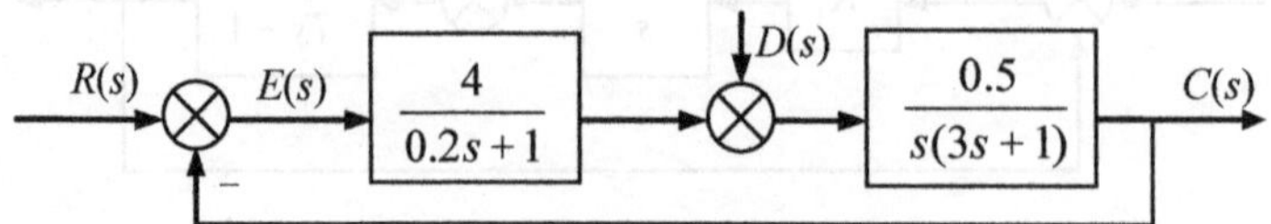

图 3.19　例 3-12 系统结构图

解：(1) 首先判断系统是否稳定，不稳定则无 e_{ss} 可求。

该系统的误差传递函数 $\Phi_{er}(s)$ 为

$$\Phi_{er}(s)=\frac{E(s)}{R(s)}=\frac{1}{1+\dfrac{4\times 0.5}{s(0.2s+1)(3s+1)}}=\frac{0.6s^3+3.2s^2+s}{0.6s^3+3.2s^2+s+2}$$

该系统的闭环特征方程为

$$A(s)=0.6s^3+3.2s^2+s+2=0$$

三阶系统各项系数为正，且 $3.2\times 1>0.6\times 2$，系统稳定。

(2) $d(t)$ 作用下的稳态误差为

$$e_{ssr}=\lim_{s\to 0}sE_{er}(s)=\lim_{s\to 0}s\Phi_{er}(s)R(s)=\lim_{s\to 0}s\frac{0.6s^3+3.2s^2+s}{0.6s^3+3.2s^2+s+2}\frac{1}{s^2}=\frac{1}{2}$$

(3) $r(t)$ 作用下的稳态误差为

$$e_{ssd}=\lim_{s\to 0}sE_{ed}(s)=\lim_{s\to 0}s\Phi_{ed}(s)D(s)=-\lim_{s\to 0}s\frac{0.1s+0.5}{0.6s^3+3.2s^2+s+2}\left(-\frac{2}{s}\right)=\frac{1}{2}$$

(4) 总的稳态误差为

$$e_{ss}=e_{ssr}+e_{ssd}=\frac{1}{2}+\frac{1}{2}=1$$

3.5 复合控制系统的稳态误差

在控制系统中，通常可以通过增加积分环节的个数或提高开环增益来减小稳态误差。但控制系统中积分环节一般不能超过两个，开环增益不能无限增大，否则会导致系统不稳定。当这两种措施都不能进一步提高系统的精度时，引入与给定作用或扰动作用有关的附加控制作用，以构成复合控制系统，可进一步减小给定误差或扰动误差。

3.5.1 引入给定补偿

由图 3.20 所示的闭环系统中，为了减小给定作用的稳态误差，从输入端通过 $G_c(s)$ 引入给定补偿，使系统构成复合控制系统，这种系统又称为顺馈系统。

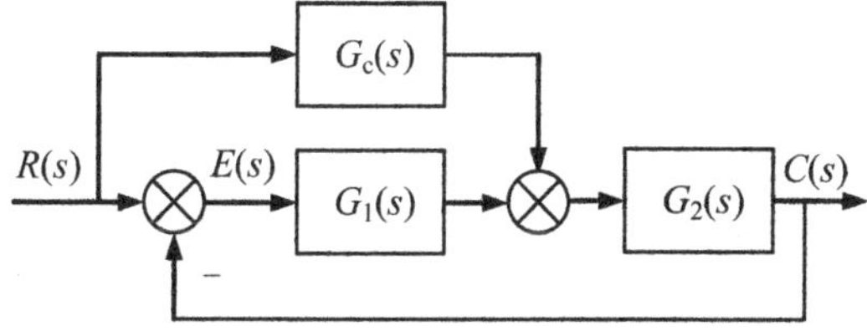

图 3.20 按给定补偿的复合控制系统

按输入端误差定义，有

$$E(s)=R(s)-C(s)=R(s)[1-\Phi(s)]$$

式中

$$\Phi(s)=\frac{C(s)}{R(s)}=\frac{[G_1(s)+G_c(s)]G_2(s)}{1+G_1(s)G_2(s)}$$

代入上式有

$$E(s)=R(s)[1-\Phi(s)]=R(s)\left[1-\frac{G_1(s)+G_c(s)}{1+G_1(s)G_2(s)}G_2(s)\right]=\frac{1-G_c(s)G_2(s)}{1+G_1(s)G_2(s)}R(s)$$

令上式 $E(s)=0$，则必须

$$1-G_c(s)G_2(s)=0\Rightarrow G_c(s)=\frac{1}{G_2(s)} \tag{3-28}$$

这种复合控制系统中的顺馈控制的主要作用是使系统输出跟随输入，反馈的作用是克服系统的误差和扰动。这种补偿也属于系统校正的一种。

3.5.2 引入扰动补偿

如果控制系统的干扰是可以测量的，这时可以利用扰动产生补偿作用来减小扰动的稳态误差，这种复合控制系统又称为前馈系统，如图 3.21 所示。此时不考虑给定作用，有

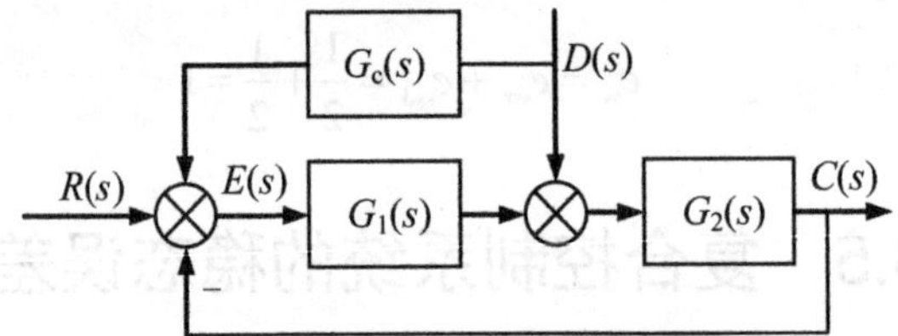

图 3.21 按扰动补偿的复合控制系统

$$R(s)=0$$
$$E(s)=R(s)-C(s)=-C(s)$$

由扰动引起的输出为

$$C(s)=\frac{[G_2(s)+G_c(s)G_1(s)G_2(s)]D(s)}{1+G_1(s)G_2(s)} \tag{3-29}$$

要使 $E(s)=-C(s)=0$，则须

$$G_2(s)+G_c(s)G_1(s)G_2(s)=0$$

则有 $G_c(s)=-\dfrac{1}{G_1(s)}$。

它实现了外部扰动作用的完全补偿。式(3-29)称为对扰动作用实现完全不变性的条件。

在实际工作中，实现完全不变性条件是困难的，因为物理系统总有惯性，其传递函数的分母阶数总大于分子阶数，而 $G_c(s)$则要求分母的阶数低于分子阶数。但是，采取近似补偿的办法，还是有利于改善系统性能，减小甚至消除系统的稳态误差的。

3.6 控制系统的动态响应及其性能指标

自动控制系统在加上输入作用后，其输出可以分为动(暂)态和稳态过程。动(暂)态过程

是指系统在输入信号作用下输出量从初始状态到接近于最终状态的响应过程。动(暂)态过程的时域表达式，即过渡时间函数称为系统输出的动态响应。系统的动态响应，一般用拉氏变换法求解而得：

$$C(s)=\Phi(s)R(s)$$

$$c(t)=L^{-1}[\Phi(s)R(s)] \tag{3-30}$$

系统的动态响应不仅与系统的结构和参数有关，对不同输入形式的信号还具有不同的响应结果。研究不稳定系统的动态响应没有实际意义。稳定系统常以输入阶跃信号的响应作为分析和评价系统时域性能指标好坏的依据。工程中跟踪和复现阶跃作用对系统来说是很严格的工作条件，如果工程中实际的系统满足阶跃信号的条件，其他信号输入时该系统也就很容易达到要求，所以下面我们主要研究阶跃响应。若已知阶跃响应，也不难求得其他形式信号作用下的响应。

输入单位阶跃信号时，有

$$R(s)=\frac{1}{s},\ C(s)=\Phi(s)\frac{1}{s}\Rightarrow c(t)=L^{-1}\left[\Phi(s)\frac{1}{s}\right] \tag{3-31}$$

当输入单位斜坡信号、输入单位脉冲信号以及其他信号时，同样可以应用式(3-31)的方法求得响应的输出时域表达式。

稳态系统的阶跃响应有衰减振荡和单调变化两种类型，如图 3.22 所示，其常用性能指标如下。

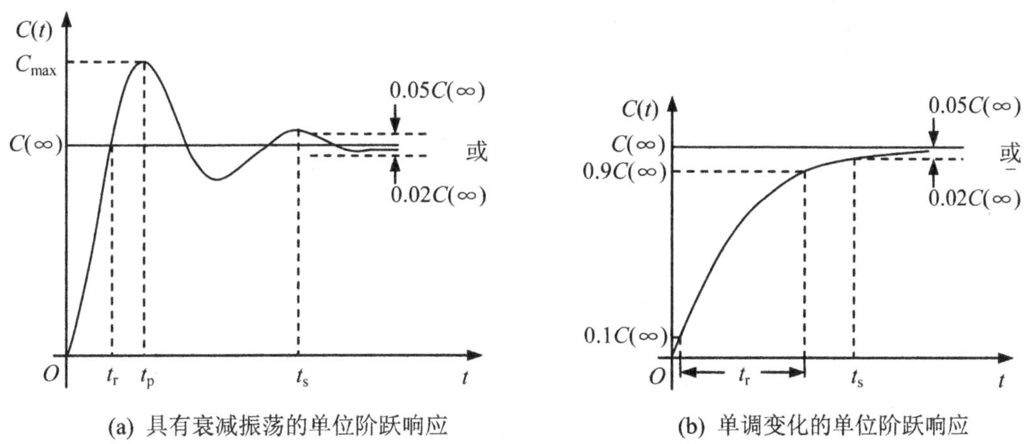

(a) 具有衰减振荡的单位阶跃响应　　(b) 单调变化的单位阶跃响应

图 3.22　单位阶跃响应曲线

1. 上升时间 t_r

对具有衰减振荡的响应，上升时间 t_r 指单位阶跃响应由零值上升到第一个稳态值所需的时间。对具有单调变化的响应，上升时间 t_r 指单位阶跃响应由 10%稳态值上升到 90%稳态值所需的时间(有些情况下，上升时间 t_r 指单位阶跃响应从 0 上升到 90%稳态值所需的时间)，它反映了响应初始阶段的快速性。

2. 峰值时间 t_p

峰值时间 t_p 指单位阶跃响应从 0 到第一个峰值所需的时间。

3．调节时间(或称过渡时间)t_s

调节时间 t_s 指单位阶跃响应 $C(t)$与稳态值 $C(\infty)$之间的偏差达到规定的允许范围(一般取为$\Delta C=C(t)-C(\infty)|\leqslant 2\%$或 5%的 $C(\infty)$值，称为允许误差带)，且以后不再超过此范围所需的最小时间，它表示了系统的快速性。

4．最大超调量(简称超调量) $\sigma\%$

超调量$\sigma\%$指单位阶跃响应的最大值超过稳态值的百分比。

$$\sigma\% = \frac{C_{\max} - C(\infty)}{C(\infty)} \times 100\% \tag{3-32}$$

式中，$C_{\max}$为输出超过稳态值的最大值；$C(\infty)$为输出稳态值。

超调量的大小直接表示了系统的相对稳定性。此值一般应控制在 5%～35%。具有单调变化响应的超调量为零。

5．延迟时间 t_d

延迟时间 t_d指单位阶跃响应达到其终值的一半所需的时间。

6．振荡次数 N

振荡次数 N 指在调节时间 t_s 内穿越稳态值 $C(\infty)$次数的一半，表示振荡的激烈程度。

以上 5 个指标中，$\sigma\%$及 t_s 是最重要和最常用的两个。t_r、t_p、t_s、t_d反映系统的快速性，$\sigma\%$、N 反映系统的稳定性。

3.7　一阶系统的动态响应分析

自动控制系统的传递函数是一个复变量 s 的真有理分式，若分母的阶次为 1，则称为一阶系统，如 RC 网络、液位控制系统等。另外，当积分环节或惯性环节的组成为一个单位反馈闭环系统时，也是典型的一阶系统。

3.7.1　典型一阶系统的单位阶跃响应

对图 3.23 所示的一阶系统，输入信号为单位阶跃信号时，其闭环传递函数以及单位阶跃信号响应为

$$\Phi(s) = \frac{C(s)}{R(s)} = \frac{K_0/s}{1+K_0/s} = \frac{1}{s/K_0+1} = \frac{K}{Ts+1} \tag{3-33}$$

式中

$$K=1,\quad T=1/K_0 \tag{3-34}$$

为了使下面的研究方便，令式(3-33)中的 K 为 1。由于讨论的是线性系统，所得出的时间响应须乘以实际的 K 值。

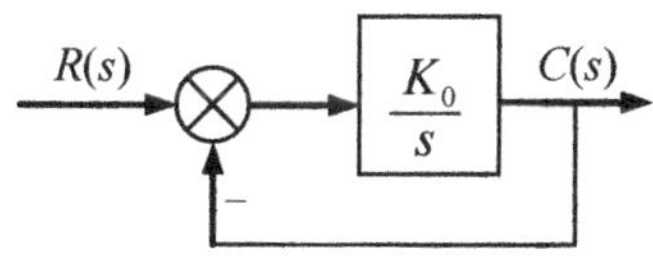

图 3.23 一阶系统

不难发现，一阶系统实质上是一个惯性环节，在单位阶跃信号作用下，时间响应的拉氏变换为

$$C(s)=\Phi(s)R(s)=\frac{1}{Ts+1}\cdot\frac{1}{s}=\frac{1}{s}-\frac{1}{s+1/T}$$

$$c(t)=L^{-1}[C(s)]=1-\mathrm{e}^{\frac{t}{T}}\qquad(t\geqslant 0)\tag{3-35}$$

式中，1 为稳态分量；$-\mathrm{e}^{\frac{t}{T}}$ 为暂态分量，它随时间增加无限减小最终趋于零。应用描点法绘制一阶系统的单位阶跃响应曲线，t 取不同值时单位阶跃响应为：$c(0)=0$, $c(T)=0.632$, $c(2T)=0.865$, $c(3T)=0.95$, $c(4T)=0.98$, …, $c(\infty)=1$，对应的阶跃响应曲线如图 3.24 所示，其响应为按指数规律单调上升、有惯性、无超调量曲线。

因此一阶系统的性能指标如下。

(1) 超调量：$\sigma\%=0$。

(2) 上升时间 t_r：由 $c(t_1)=1-\mathrm{e}^{\frac{t}{T}}=0.1$，$c(t_2)=1-\mathrm{e}^{\frac{t}{T}}=0.9$，$t_1-t_2=2.2T$ 知，$t_r=2.2T$。

(3) 调节时间 t_s：

$$t_s=\begin{cases}3T & (\varDelta=\pm5\%)\\ 4T & (\varDelta=\pm2\%)\end{cases}$$

一阶系统的单位阶跃响应在 t=0 处切线的斜率为

$$\left.\frac{\mathrm{d}c(t)}{\mathrm{d}t}\right|_{t=0}=\left.\frac{1}{T}\mathrm{e}^{\frac{t}{T}}\right|_{t=0}=\frac{1}{T}\tag{3-36}$$

图 3.24 和式(3-36)表明，对于一阶系统，初始速率不变时的直线和稳态值交点处的时间为 T。如果用实验法确定一阶系统的时间常数 T，做法为：在示波器上找到输入幅值为 0.632 的位置，同时记录系统输出达到这点时所对应的时间，即时间常数 T。

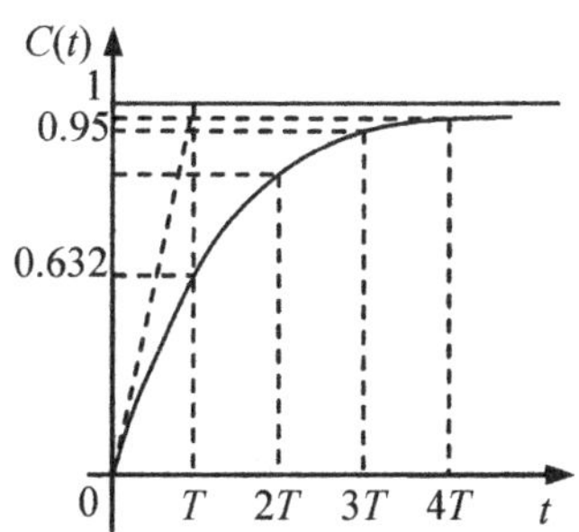

图 3.24 一阶系统的单位阶跃响应曲线

【例 3-13】 某单位负反馈系统的结构图如图 3.25 所示，已知输入 $r(t)=1(t)$。求上升时间 t_r、调节时间 t_s、超调量 $\sigma\%$。

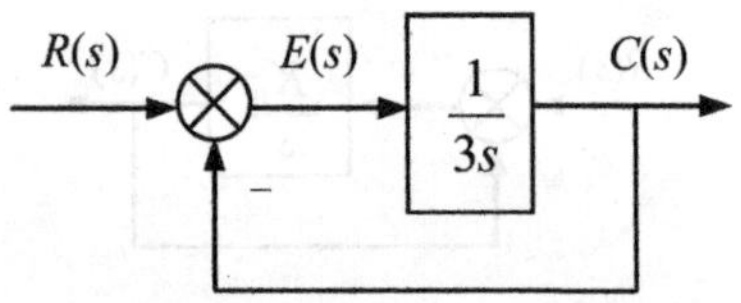

图 3.25　例 3-13 系统结构图

解： 该系统的闭环传递函数$\Phi(s)$为

$$\Phi(s)=\frac{C(s)}{R(s)}=\frac{\frac{1}{3s}}{1+\frac{1}{3s}}=\frac{1}{3s+1}$$

该系统的时间常数为 T=3

因此：

上升时间 $t_{\mathrm{r}}=2.2T=2.2\times3=6.6(\mathrm{s})$

调节时间 $t_{\mathrm{s}}=\begin{cases}3T=3\times3=9(s) & (\varDelta=\pm5\%)\\4T=4\times3=12(s) & (\varDelta=\pm2\%)\end{cases}$

超调量 $\sigma\%=0$

3.7.2　典型一阶系统的其他响应

1．单位斜坡响应

当 $r(t)$=t 时，$R(s)$=$\frac{1}{s^2}$，系统的单位斜坡响应的象函数为

$$C(s)=\Phi(s)R(s)=\frac{1}{Ts+1}\frac{1}{s^2}=\frac{1}{s^2}-\frac{T}{s}+\frac{1}{s+1/T}$$

对上式进行拉氏变换，则有

$$c(t)=L^{-1}[C(s)]=t-T-T\mathrm{e}^{\frac{t}{T}}\quad t\geqslant0 \tag{3-37}$$

由式(3-37)可知，一阶系统的单位斜坡响应存在着稳态误差。因为 $r(t)=t$，稳态误差为

$$e_{\mathrm{ss}}=t-(t-T)$$

由上式可知，要提高斜坡响应的稳态精度，则时间常数越小越好。

2．单位脉冲响应

当 $r(t)$=$\delta(t)$时，$R(s)$=1，系统的单位脉冲响应的象函数为

$$C(s)=\Phi(s)R(s)=\frac{1}{Ts+1}=\frac{1}{T}\frac{1}{s+1/T}$$

对上式进行拉氏变换，则有

$$c(t)=L^{-1}[C(s)]=\frac{1}{T}\mathrm{e}^{\frac{t}{T}}\qquad(t\geqslant0) \tag{3-38}$$

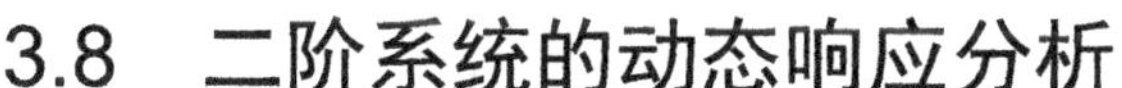

3.8　二阶系统的动态响应分析

在实际工作中，二阶系统比较常见，例如 RLC 网络、忽略电枢感应的电动机、弹簧-质量-阻尼器系统等。高阶系统的微分方程求解较复杂，在一定条件下常忽略一些次要因素，将其降阶为二阶系统处理，仍不失其基本性质，因此，深入研究二阶系统的动态响应及其性能指标与参数的关系有着广泛的实际意义。

3.8.1　典型二阶系统的单位阶跃响应

典型二阶系统的结构形式如图 3.26 所示，下面对二阶系统的模型进行分析。其传递函数的标准形式如下：

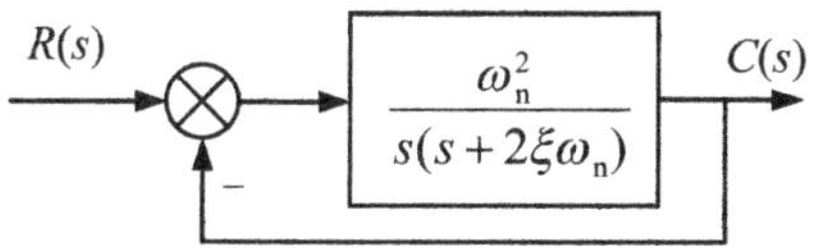

图 3.26　典型二阶系统

开环传递函数

$$G(s)=\frac{\omega_n^2}{s^2+2\omega_n s} \tag{3-39}$$

闭环传递函数

$$\Phi(s)=\frac{C(s)}{R(s)}=\frac{\omega_n^2}{s^2+2\xi\omega_n s+\omega_n^2} \tag{3-40}$$

式中，ξ 为阻尼系数，或称相对阻尼比；ω_n 为无阻尼振荡角频率。

典型二阶系统的特征方程为

$$s^2+2\xi\omega_n s+\omega_n^2=0$$

特征根分别为

$$s_{1,2}=-\xi\omega_n\pm\omega_n\sqrt{\xi^2-1}$$

可见，根据 ξ 的取值不同，二阶系统的特征根不同，二阶系统的工作状态可分为以下几种。

(1) 当 $\xi=0$ 时，系统有一对共轭纯虚根，$s_{1,2}=\pm j\omega_n$，系统的单位阶跃响应为等幅振荡，称为无阻尼状态。

(2) 当 $0<\xi<1$ 时，系统有一对位于左半平面的共轭复根，$s_{1,2}=-\xi\omega_n\pm\omega_n\sqrt{1-\xi^2}$，系统的单位阶跃响应为衰减振荡，称为欠阻尼状态。

(3) 当 $\xi=1$ 时，系统有两个相等负实根，称为临界阻尼状态。该阻尼系数下的二阶系统单位阶跃响应无振荡。

(4) 当 $\xi>1$ 时，系统有两个不相等的负实根，$s_{1,2}=-\xi\omega_n\pm\omega_n\sqrt{\xi^2-1}$，称为过阻尼状态。该阻尼系数下的二阶系统单位阶跃响应无振荡。

二阶系统单位阶跃响的求法如下。先求系统响应的拉氏变换式，即

$$C(s)=\frac{1}{s}\Phi(s)$$

当ξ为不同值时，所得响应有不同的形式。

1．ξ=0，无阻尼情况

无阻尼情况的特征根为$s_{1,2}=\pm j\omega_n$，为一对共轭虚根，在s复平面上落在虚轴上。单位阶跃响应为

$$C(s)=\frac{\omega_n^2}{s^2+\omega_n^2}\frac{1}{s}=\frac{1}{s}-\frac{s}{s^2+\omega_n^2}$$

故有

$$c(t)=L^{-1}[C(s)]=1-\cos\omega_n t \quad (t\geqslant 0) \tag{3-41}$$

时间响应为等幅振荡曲线，其振荡频率为ω_n，系统不能稳定工作。

2．0<ξ<1，欠阻尼情况

欠阻尼情况的特征根为$s_{1,2}=-\xi\omega_n\pm j\omega_n=-\xi\omega_n\pm j\omega_d$，其中$\omega_d$为阻尼振荡角频率。这是一对负实部的共轭复根，在$s$平面上落在虚轴的左侧，如图3.27所示。

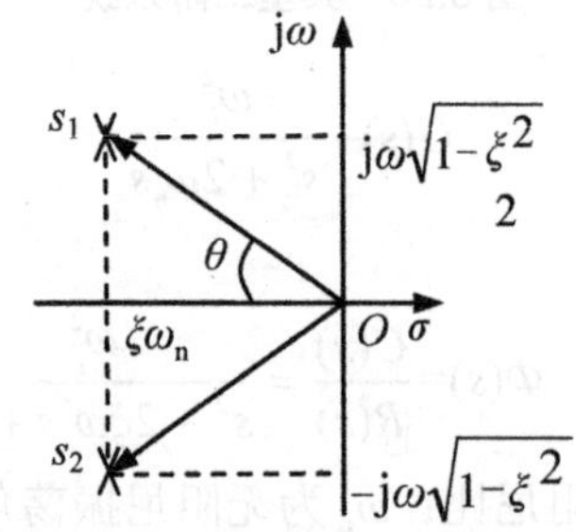

图3.27 二阶系统欠阻尼根的分布

$$\omega_d=\omega_n\sqrt{1-\xi^2} \tag{3-42}$$

$$C(s)=\frac{\omega_n^2}{s^2+2\xi\omega_n+\omega_n^2}\frac{1}{s}=\frac{1}{s}-\frac{s+\xi\omega_n}{s^2+2\xi\omega_n s+\omega_n^2}$$

$$=\frac{1}{s}-\frac{s+\xi\omega_n}{(s+\xi\omega_n)^2+(\omega_n\sqrt{1-\xi^2})^2}$$

$$-\frac{\xi\omega_n}{(s+\xi\omega_n)^2+(\omega_n\sqrt{1-\xi^2})^2}$$

$$c(t)=L^{-1}[C(s)]$$

$$=1-e^{-\xi\omega_n t}\left(\cos\omega_n\sqrt{1-\xi^2}\,t-\frac{\xi}{\sqrt{1-\xi^2}}\sin\omega_n\sqrt{1-\xi^2}\,t\right)$$

$$=1-\frac{e^{-\xi\omega_n t}}{\sqrt{1-\xi^2}}(\sqrt{1-\xi^2}\cos\omega_n\sqrt{1-\xi^2}\,t-\xi\sin\omega_n\sqrt{1-\xi^2}\,t)$$

$$=1-\frac{e^{-\xi\omega_n t}}{\sqrt{1-\xi^2}}\sin(\omega_d t+\theta)\qquad (t\geqslant 0) \tag{3-43}$$

式中

$$\sqrt{1-\xi^2}=\sin\theta,\ \ \xi=\cos\theta \tag{3-44}$$

可见其时间响应为随 ξ 增大超调量变小的一组衰减振荡曲线。振荡的角频率为 ω_d，随 ξ 增大而减小。图 3.28 给出了不同 ξ 值的通用响应曲线。

3．ξ =1，临界阻尼的情况

临界阻尼情况的特征根为 $s_{1,2}=-\xi\omega_n$，为一对重负实根，在 s 平面上落在负实轴上。

$$c(t)=L^{-1}[\frac{\omega_n^2}{s^2+2\omega_n s+\omega_n^2}\frac{1}{s}]=L^{-1}[\frac{1}{s}-\frac{1}{s+\omega_n}-\frac{\omega_n}{(s+\omega_n)^2}]$$

$$=1-e^{-\omega_n t}(1+\omega_n t)\qquad (t\geqslant 0) \tag{3-45}$$

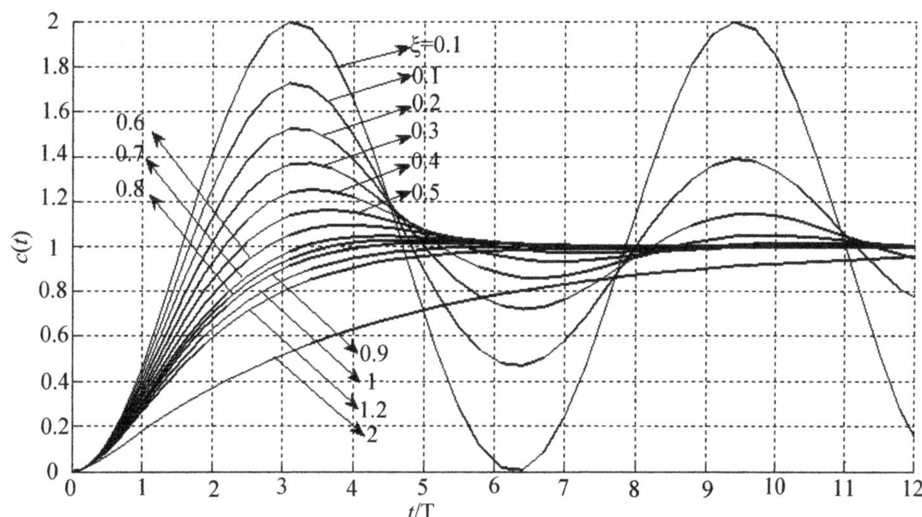

图 3.28　不同阻尼比时二阶系统的单位阶跃响应

其瞬态响应为单调上升、无振荡及无超调的曲线。

4．ξ >1，过阻尼的情况

过阻尼情况的特征根为 $s_{1,2}=-\xi\omega_n\pm\omega_n\sqrt{\xi^2-1}$，为一对不相等的负实根，在 s 平面上落在负实轴上。

$$C(s)=\frac{\omega_n^2}{s^2+2\xi\omega_n s+\omega_n^2}\frac{1}{s}=\frac{\omega_n^2}{(s+s_1)(s+s_2)}\frac{1}{s}=\frac{1}{s}-\frac{1}{(s+s_1)}\frac{\omega_n^2}{s_1(s_2-s_1)}+\frac{1}{(s+s_2)}\frac{\omega_n^2}{s_2(s_2-s_1)}$$

$$c(t)=1-\frac{\omega_n^2}{s_1(s_2-s_1)}e^{-s_1 t}+\frac{\omega_n^2}{s_2(s_2-s_1)}e^{-s_2 t}=1-\frac{\omega_n^2}{s_2-s_1}\left(\frac{1}{s_1}e^{-s_1 t}+\frac{1}{s_2}e^{-s_2 t}\right) \tag{3-46}$$

其时间响应为含有两个衰减指数曲线上升、无振荡及超调的曲线。

由以上分析和图 3.28 可知，不同阻尼比时系统的单位阶跃响应不同，因此可以得到以

下结论。

(1) 系统无阻尼(ξ=0)时，其响应为等幅振荡，系统没有稳态。

(2) 系统欠阻尼(0< ξ <1)时，上升时间、调节时间都比较快，有一定超调量，如果选择合理阻尼比，系统有可能达到超调量小、调节时间短的效果，因此这种欠阻尼状态为工程中讨论的主要情况。

(3) 系统过阻尼(ξ =1)时，其响应没有超调量，但响应时间比欠阻尼要长。

(4) 系统过阻尼(ξ >1)时，其调节时间最长，但系统没有超调量。

3.8.2 二阶系统性能指标与系统参数的关系

1. 性能指标

在 0<ξ<1 时，响应为衰减振荡曲线，其性能指标可以计算如下。

1) 上升时间 t_r

由
$$c(t)=1-\frac{1}{\sqrt{1-\xi^2}}\mathrm{e}^{-\xi\omega_n t}\sin(\omega_d t+\theta)=1$$

当 $c(t)$=1 时，t=t_r，得

$$\frac{1}{\sqrt{1-\xi^2}}\mathrm{e}^{-\xi\omega_n t_r}\sin(\omega_d t+\theta)=0$$

由于 $\mathrm{e}^{-\xi\omega_n t_r}>0$，因此只要满足

$$\sin(\omega_d t+\theta)=0$$

满足上式的最小正数为$\omega_d t_r+\theta=\pi$

$$t_r=\frac{\pi-\theta}{\omega_d}=\frac{\pi-\arccos\xi}{\omega_n\sqrt{1-\xi^2}} \tag{3-47}$$

由上式可见，在ξ一定时，振荡角频率ω_n越高，上升时间 t_r 越短；而当ω_n一定时，ξ越大，上升时间越长。

2) 峰值时间 t_p

由最大值的定义知，通过$\left.\dfrac{\mathrm{d}C(t)}{\mathrm{d}t}\right|_{t=t_p}=0$可求得峰值时间，即有

$$\left.\frac{\mathrm{d}C(t)}{\mathrm{d}t}\right|_{t=t_p}=\left[-\frac{\xi\omega_n\mathrm{e}^{-\xi\omega_n t_r}}{\sqrt{1-\xi^2}}\sin(\omega_d t+\theta)+\frac{\omega_d}{\sqrt{1-\xi^2}}\mathrm{e}^{-\xi\omega_n t_r}\cos(\omega_d t+\theta)\right]_{t=t_p}=0$$

由上式得

$$\tan(\omega_d t_p+\theta)=\sqrt{\frac{1-\xi^2}{\xi}}=\tan(n\pi+\theta)$$

所以$\omega_d t_p=n\pi$,在 n=1 时出现最大超调量。$\omega_d t_p=\pi$，即阻尼振荡周期时间的一半出现峰值。

$$t_p=\frac{\pi}{\omega_d}=\frac{\pi}{\omega_n\sqrt{1-\xi^2}} \tag{3-48}$$

3) 最大超调量$\sigma\%$

因为超调量发生在 t=t_p 时刻，将 t_p 代入式(3-43)可得最大响应值，有

$$c(t_{\rm p}) = 1 - \frac{1}{\sqrt{1-\xi^2}} {\rm e}^{-\xi\omega_{\rm n}t} \sin(\omega_{\rm d}t + \theta)$$

$$= 1 - \frac{1}{\sqrt{1-\xi^2}} {\rm e}^{-\xi\omega_{\rm n}\frac{\pi}{\omega_{\rm d}}} \sin(\omega_{\rm d}\frac{\pi}{\omega_{\rm d}} + \theta) = 1 + \frac{1}{\sqrt{1-\xi^2}} {\rm e}^{-\frac{\xi\pi}{\sqrt{1-\xi^2}}} \sqrt{1-\xi^2} = 1 + {\rm e}^{-\frac{\xi\pi}{\sqrt{1-\xi^2}}}$$

所以

$$\sigma\% = \frac{c(t_{\rm p}) - c(\infty)}{c(\infty)} \times 100\% = {\rm e}^{-\frac{\xi\pi}{\sqrt{1-\xi^2}}} \times 100\% \qquad (3\text{-}49)$$

由上式可见，超调量$\sigma\%$唯一地取决于阻尼比ξ值，阻尼比ξ越小，超调量$\sigma\%$越大；反之亦然。

4) 调节时间 $t_{\rm s}$

暂态过程中的偏差值减小达到允许范围($\Delta c \leqslant 2\%$或 5%)，则有 $t=t_{\rm s}$。

$$|c(t) - c(\infty)| \leqslant \Delta c$$

即

$$\frac{{\rm e}^{-\xi\omega_n t}}{\sqrt{1-\xi^2}} \sin\left(\omega_{\rm n}\sqrt{1-\xi^2}t + \theta\right) = 0.05 \quad (或\ 0.02)$$

上式为简单起见，可忽略正弦函数的影响，近似的以幅值包络线的指数函数衰减到0.02(或 0.05)时，认为过渡即已完毕，有

$$\frac{{\rm e}^{-\xi\omega_{\rm n}t}}{\sqrt{1-\xi^2}} = 0.05 \quad (或\ 0.02)$$

则

$$\left.\begin{aligned} t_{\rm s}\ (5\%) &= \frac{1}{\xi\omega_{\rm n}}\left[3 - \frac{1}{2}\ln(1-\xi^2)\right] \\ t_{\rm s}\ (2\%) &= \frac{1}{\xi\omega_{\rm n}}\left[4 - \frac{1}{2}\ln(1-\xi^2)\right] \end{aligned}\right\} \qquad (3\text{-}50)$$

式(3-59)在 $0<\xi<0.8$ 时，可按式(3-51)近似计算调节时间，为

$$\left.\begin{aligned} t_{\rm s}\ (5\%) &= \frac{3}{\xi\omega_{\rm n}} \qquad (\Delta = 5\%) \\ t_{\rm s}\ (2\%) &= \frac{4}{\xi\omega_{\rm n}} \qquad (\Delta = 2\%) \end{aligned}\right\} \qquad (3\text{-}51)$$

5) 振荡次数 N

有

$$N = \frac{t_{\rm s}}{t_{\rm f}} \qquad (3\text{-}52)$$

式中，$t_{\rm f} = \frac{2\pi}{\omega_{\rm d}} = \frac{2\pi}{\omega_{\rm n}\sqrt{1-\xi^2}}$，为阻尼振荡周期时间。

实际工作中，只要知道特征根所决定的ξ和$\omega_{\rm n}$就可计算出各性能指标，而在设计系统时，若要求$\sigma\%$及$t_{\rm s}$一定，则由$\sigma\%$可决定ξ，再由$\sigma\%$及$t_{\rm s}$可确定$\omega_{\rm n}$。显然，ξ过小，超

调量大，振荡次数多，调节时间长，动态品质差。而在ξ一定时加大ω_n，有利于缩短调节时间。由于实际系统具有惯性，ω_n值不可能取得很大，因此一般应取ξ=0.4～0.8，这时超调约在 1.5%～25%，将兼有较好的稳定性和快速性。工程上常取$\xi=\frac{1}{\sqrt{2}}=0.707$作为设计依据，称为二阶工程最佳，此时的超调量为 4.3%。

【例 3-14】 单位负反馈系统的开环传递函数为$G(s)=\frac{4}{s^2+2s}$，试求闭环系统单位阶跃响应的性能指标上升时间t_r、峰值时间t_p、调节时间t_s、超调量$\sigma\%$。

解： 该系统的闭环传递函数$\varPhi(s)$为

$$\varPhi(s)=\frac{G(s)}{1+G(s)}=\frac{\frac{4}{s^2+2s}}{1+\frac{4}{s^2+2s}}=\frac{4}{s^2+2s+4}$$

由闭环传递函数的标准形式(3-49)得

$$\begin{cases}\omega_n^2=4\\2\xi\omega_n=2\end{cases}\Rightarrow\begin{cases}\xi=0.5\\\omega_n=2\end{cases}\Rightarrow\theta=\arccos\xi=\frac{\pi}{3}$$

则有：

上升时间 $t_r=\frac{\pi-\theta}{\omega_d}=\frac{\pi-\arccos\xi}{\omega_n\sqrt{1-\xi^2}}\approx1.21(s)$

峰值时间 $t_p=\frac{\pi}{\omega_d}=\frac{\pi}{\omega_n\sqrt{1-\xi^2}}\approx1.81(s)$

调节时间 $\begin{cases}t_s\ (5\%)=\frac{3}{\xi\omega_n}=3(s)\quad(\varDelta=5\%)\\t_s\ (2\%)=\frac{4}{\xi\omega_n}=4(s)\quad(\varDelta=2\%)\end{cases}$

超调量 $\sigma\%=e^{-\frac{\xi\pi}{\sqrt{1-\xi^2}}}\times100\%=16.3\%$

【例 3-15】 某随动系统结构图如图 3.29 所示，其中 K=4，T=1s。

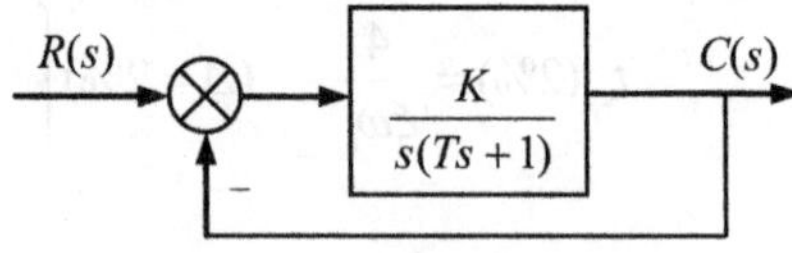

图 3.29 例 3-15 系统结构图

求：

(1) 系统的单位阶跃响应。

(2) 系统的超调量$\sigma\%$及调节时间t_s。

(3) 要求设计成二阶最佳，应如何改变 K 值。

解： 该系统的开环传递函数 $G(s)$为

$$G(s)=\frac{K}{s(Ts+1)}$$

该系统的闭环传递函数$\Phi(s)$为

$$\Phi(s)=\frac{K}{Ts^2+s+K}$$

二阶系统的标准形式为$\Phi(s)=\dfrac{\omega_n^2}{s^2+2\xi\omega_n+\omega_n^2}$，相应有

$$\begin{cases}\omega_n^2=\dfrac{K}{T}\\ 2\xi\omega_n=\dfrac{1}{T}\end{cases}\Rightarrow\begin{cases}\xi=\dfrac{1}{2\sqrt{KT}}\\ \omega_n=\sqrt{\dfrac{K}{T}}\end{cases}$$

K=4，T=1 时，代入有ω_n=2，ξ=0.25。

(1) 系统的单位阶跃响应为

$$c(t)=1-\frac{1}{\sqrt{1-\xi^2}}e^{-\xi\omega_n t}\sin(\omega_d t+\theta)=1-1.03e^{-0.5t}\sin(1.62t+0.42\pi)$$

(2) 系统的超调量$\sigma\%$及调节时间t_s为

$$\sigma\%=e^{-\frac{\xi\pi}{\sqrt{1-\xi^2}}}\times 100\%=47\%$$

$$t_s(5\%)=\frac{3}{\xi\omega_n}=6T=6(s)$$

(3) 若设计$\xi=\dfrac{1}{\sqrt{2}}=\dfrac{1}{2\sqrt{KT}}$，其中 T=1s 则 K=0.5，此时$\sigma\%=4.3\%$。

因为 T 未变，仍然是$\xi\omega_n=\dfrac{1}{2T}$，所以 $t_s=\dfrac{3}{\xi\omega_n}=6T=6(s)$。

讨论：从以上计算可以看到改变放大倍数 K 对系统动态响应的影响：T 一定时若 K 增大，ξ 将减小，超调增加，系统振荡严重；但如果 T 值增大，不但使ξ减小，超调增加，同时将引起ω_n减小。$\xi\omega_n$减小，过渡时间将增大，系统不仅振荡严重，而且过渡时间长。可见 T 的增大对动态性能是不利的。

2．二阶系统的其他响应

1) 单位斜坡响应

$r(t)=t$ 时，$R(s)=\dfrac{1}{s^2}$，系统的单位斜坡响应由$c(t)=L^{-1}\left[G(s)\dfrac{1}{s^2}\right]$求得。

(1) 系统欠阻尼($0<\xi<1$)时，响应为

$$c(t)=t-\frac{2\xi}{\omega_n}+\frac{1}{\omega_d}e^{-\xi\omega_n t}\sin(\omega_d t+2\theta)\quad(t\geqslant 0)\tag{3-53}$$

(2) 系统临界阻尼($\xi=1$)时，响应为

$$c(t)=t-\frac{2}{\omega_n}+\frac{1}{\omega_n}(\omega_n t+2)e^{-\omega_n t}\quad(t\geqslant 0)\tag{3-54}$$

(3) 系统过阻尼($\xi>1$)时，响应为

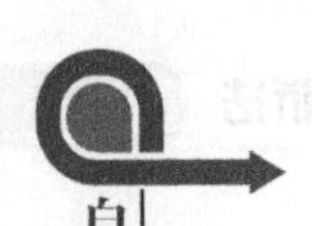

$$c(t)=t-\frac{2\xi}{\omega_n}-\frac{2\xi^2-1-2\xi\sqrt{\xi^2-1}}{2\omega_n\sqrt{\xi^2-1}}e^{-(\xi+\sqrt{\xi^2-1})\omega_n t} \tag{3-55}$$

$$+\frac{2\xi^2-1-2\xi\sqrt{\xi^2-1}}{2\omega_n\sqrt{\xi^2-1}}e^{-(\xi+\sqrt{\xi^2-1})\omega_n t} \quad (t\geqslant 0)$$

2) 单位脉冲响应

$r(t)=\delta(t)$时，$R(s)=1$，系统的单位斜坡响应由$c(t)=L^{-1}\left[G(s)\right]$求得。

(1) 系统欠阻尼($0<\xi<1$)时，响应为

$$c(t)=\frac{\omega_n}{\sqrt{1-\xi^2}}e^{-\xi\omega_n t}\sin(\omega_d t) \quad (t\geqslant 0) \tag{3-56}$$

(2) 系统临界阻尼($\xi=1$)时，响应为

$$c(t)=\omega_n^2 t e^{-\omega_n t} \quad (t\geqslant 0) \tag{3-57}$$

(3) 系统过阻尼($\xi>1$)时，响应为

$$c(t)=\frac{\omega_n}{2\sqrt{\xi^2-1}}\left[e^{-(\xi-\sqrt{\xi^2-1})\omega_n t}-e^{-(\xi+\sqrt{\xi^2-1})\omega_n t}\right] \quad (t\geqslant 0) \tag{3-58}$$

3.9 二阶系统性能的改善

从典型二阶系统的响应特性可知，合理地选择二阶系统的两个参数ξ和ω_n，可以改善系统性能。但仅仅靠调整参数，稳、准、快之间的矛盾总是难以兼顾，因此常常在系统中加入一些附加环节，用改变系统结构的办法来改善系统性能，这叫系统校正。按照系统指标的具体要求来设计校正环节，后面有专章研究，这里讨论一些改善二阶系统性能的基本措施。

3.9.1 引入输出量的速度负反馈控制

速度负反馈控制是将输出量的倒数反馈到系统的输入端，与误差信号同时作用来控制系统输出，结构图如图 3.30 所示。

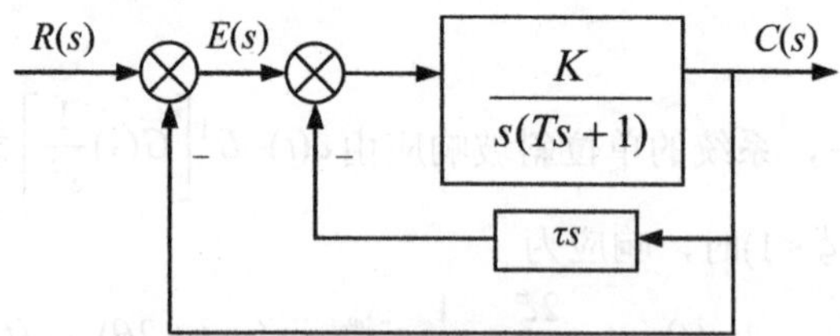

图 3.30　引入速度反馈控制的二阶系统

在未加速度反馈前($\tau=0$)，二阶系统的开环传递函数为

$$G(s)=\frac{K}{s(sT+1)}=\frac{\omega_n^2}{s(s+2\xi\omega_n)}$$

式中

$$\xi=\frac{1}{2\sqrt{KT}},\quad \omega_n=\sqrt{\frac{K}{T}}$$

加入速度反馈后($\tau\neq 0$)，二阶系统的开环传递函数为

$$G(s)=\frac{K}{s(Ts+1)K\tau s}=\frac{K}{s\left[sT+(1+K\tau)\right]}=\frac{\frac{K}{1+K\tau}}{s\left(s\frac{T}{1+K\tau}+1\right)}=\frac{K'}{s(sT+1)}$$

式中

$$\left.\begin{aligned}K'&=\frac{K}{1+K\tau}\\T'&=\frac{T}{1+K\tau}\end{aligned}\right\}\tag{3-59}$$

即等效的放大倍数及时常间数都缩小了($1+K\tau$)倍

$$\left.\begin{aligned}\xi'&=\frac{1}{2\sqrt{K'T'}}=\frac{1+K\tau}{2\sqrt{KT}}=(1+K\tau)\xi\\\omega_n'&=\sqrt{\frac{K'}{T'}}=\sqrt{\frac{K}{T}}=\omega_n\end{aligned}\right\}\tag{3-60}$$

即ω_n不变，而等效阻尼ξ'增大了($1+K\tau$)倍。因之超调量减小，调节时间 t_s 缩短，改善了动态性能。但是由于等效开环放大倍数减小，对斜坡输入的稳态误差有所增加，有

$$e_{ss}=\frac{1}{K_V}=\frac{1+K\tau}{K}=e_{ss}+\tau\tag{3-61}$$

可以在满足 e_{ss} 的条件下适当调整 K、τ 值，得到满意指标。这种系统还可削弱对负反馈所包围的部件的非线性特征或参数漂移等的不利影响，实施也较容易，因此得到了广泛应用。

3.9.2 引入误差信号的比例微分控制

在二阶系统的前向通路中串入比例-微分环节($1+\tau s$)，误差经过比例和微分同时作用来控制系统输出，结构图如图 3.31 所示。

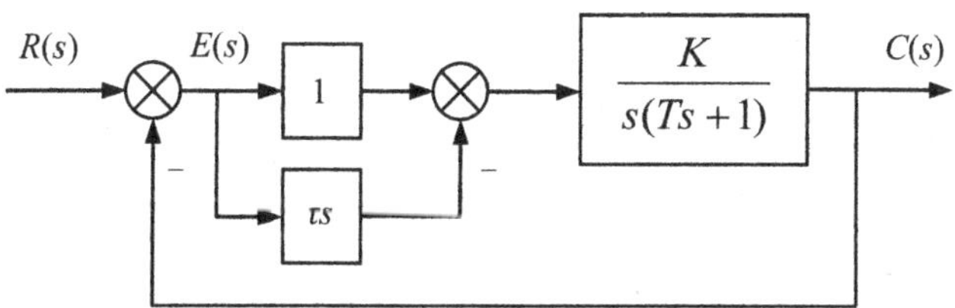

图 3.31 引入比例微分控制的二阶系统

引入比例微分环节后，系统的开环传递函数为

$$G(s)=\frac{(1+\tau s)K}{s(sT+1)}$$

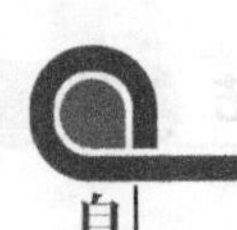

系统的闭环传递函数为

$$\Phi(s)=\frac{(1+\tau s)K}{Ts^2+(1+\tau K)s+k}=\frac{(1+\tau s)\omega_{\mathrm{n}}^2}{s^2+2(\xi+\frac{\tau\omega_{\mathrm{n}}}{2})\omega_{\mathrm{n}}s+\omega_{\mathrm{n}}^2}$$

式中

$$\xi=\frac{1}{2\sqrt{KT}},\quad \omega_{\mathrm{n}}=\sqrt{\frac{K}{T}}$$

系统出现了零点，可用典型二阶有零点的系统计算动态响应及性能指标。

对于具有零点的二阶系统，闭环传递函数的典型形式为

$$\Phi(s)=\frac{\omega_{\mathrm{n}}^2(\tau s+1)}{s^2+2\xi\omega_{\mathrm{n}}s+\omega_{\mathrm{n}}^2} \tag{3-62}$$

在输入单位阶跃信号时有

$$R(s)=\frac{1}{s}$$

$$\begin{aligned}C(s)=\Phi(s)R(s)&=\frac{\omega_{\mathrm{n}}^2(\tau s+1)}{s(s^2+2\xi\omega_{\mathrm{n}}s+\omega_{\mathrm{n}}^2)}\\&=\frac{\omega_{\mathrm{n}}^2}{s^2+2\xi\omega_{\mathrm{n}}s+\omega_{\mathrm{n}}^2}+\frac{\tau\omega_{\mathrm{n}}^2}{s^2+2\xi\omega_{\mathrm{n}}s+\omega_{\mathrm{n}}^2}=C_1(s)+C_2(s)=C_1(s)+\tau_s C_1(s)\end{aligned}$$

当 $0<\xi<1$ 时，有

$$c(t)=c_1(t)+\tau\frac{\mathrm{d}c_1(t)}{\mathrm{d}t}=1-\frac{\mathrm{e}^{-\xi\omega_{\mathrm{n}}t}}{\sqrt{1-\xi^2}}\sin(\omega_{\mathrm{d}}t+\theta)+\frac{\tau\omega_{\mathrm{n}}}{\sqrt{1-\xi^2}}\mathrm{e}^{-\xi\omega_{\mathrm{n}}t}\sin\omega_{\mathrm{d}}t\ (t\geqslant 0) \tag{3-63}$$

$$=1-\frac{\sqrt{\xi^2-\frac{1}{a}\xi^2+\left(\frac{1}{a}\right)^2}}{\xi\sqrt{1-\xi^2}}\mathrm{e}^{-\xi\omega_{\mathrm{n}}t}\sin(\omega_{\mathrm{d}}t+\theta+\varphi) \tag{3-64}$$

式(3-63)的响应包括两部分，第一部分 $c_1(t)$为典型二阶系统的单位阶跃响应，第二部分 $c_1(t)$为附加零点引起的微分项，如图 3.32 所示。由图 3.32 可知，附加零点明显使上升时间缩短。微分时间τ会影响附加项的幅值大小，使系统超调量增加，所以τ既可以使系统加速，又可以使系统超调量变大，要慎重选择。

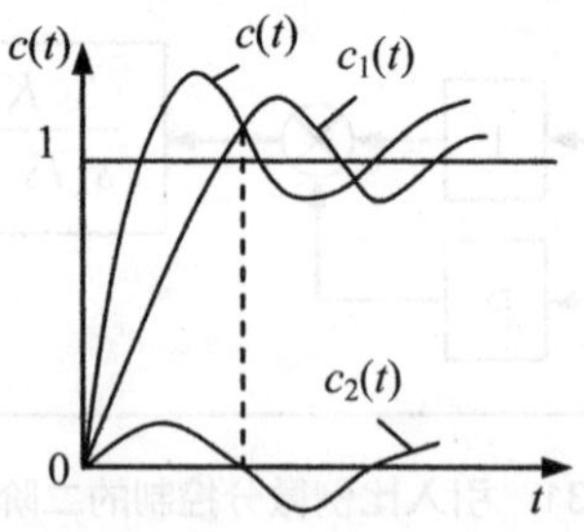

图 3.32　单位阶跃响应曲线

式(3-63)可以计算出具有零点的二阶系统的性能指标，具体的详细推导，这里不再赘述，只给出计算公式为

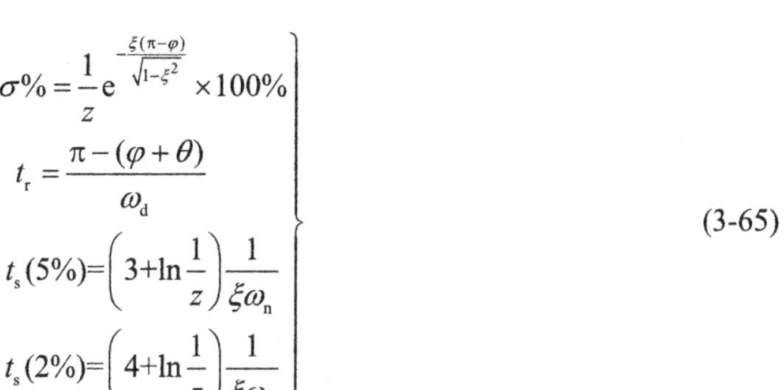

$$\left.\begin{aligned}\sigma\% &= \frac{1}{z}\mathrm{e}^{-\frac{\xi(\pi-\varphi)}{\sqrt{1-\xi^2}}}\times 100\% \\ t_\mathrm{r} &= \frac{\pi-(\varphi+\theta)}{\omega_\mathrm{d}} \\ t_\mathrm{s}(5\%) &= \left(3+\ln\frac{1}{z}\right)\frac{1}{\xi\omega_\mathrm{n}} \\ t_\mathrm{s}(2\%) &= \left(4+\ln\frac{1}{z}\right)\frac{1}{\xi\omega_\mathrm{n}}\end{aligned}\right\} \tag{3-65}$$

式中

$$\varphi = \arctan\frac{\omega_\mathrm{n}\sqrt{1-\xi^2}}{z-\xi\omega_\mathrm{n}}, \quad \frac{1}{z}=\frac{1}{\xi}\sqrt{\xi^2-2\frac{1}{a}\xi^2+\left(\frac{1}{a^2}\right)}$$

a 为零、极点离虚轴距离之比，$a=\dfrac{z}{\xi\omega_\mathrm{n}}$。

3.10　高阶系统的动态分析

三阶及三阶以上系统一般称为高阶系统，计算其时域响应不是一件容易的事情。可以应用计算机仿真计算其响应，进而分析系统的性能。关于通过计算机仿真计算高阶系统动态性能的方法将在 3.11 节中介绍。下面主要介绍对高阶系统进行近似简化的方法。高阶系统传递函数的普遍形式可表示为

$$\Phi(s)=\frac{C(s)}{R(s)}=\frac{b_0s^m+b_1s^{m-1}+b_2s^{m-2}+\cdots+b_m}{a_0s^n+a_1s^{n-1}+a_2s^{n-2}+\cdots+a_n}$$

表示成零、极点的形式后有

$$\Phi(s)=\frac{K_\mathrm{g}\prod_{i=1}^{m}(s+z_i)}{\prod_{j=1}^{n_1}(s+p_j)\prod_{k=1}^{n_2}(s^2+2\xi_k\omega_{\mathrm{n}k}s+\omega_{\mathrm{n}k}^2)}$$

式中，$n=n_1+2n_2$。

在单位阶跃输入作用下，有

$$C(s)=\Phi(s)\frac{1}{s}=\frac{A_0}{s}+\sum_{j=1}^{n_1}\frac{A_j}{s+p_j}+\sum_{k=1}^{n_2}\frac{B_ks+C_k}{s^2+2\xi_k\omega_{\mathrm{n}k}s+\omega_{\mathrm{n}k}^2} \tag{3-66}$$

用留数定理确定其系数后，取拉氏变换可得单位阶跃响应为

$$c(t)=A_0+\sum_{j=1}^{n_1}A_j\mathrm{e}^{-p_jt}+\sum_{k=1}^{n_2}D_k\mathrm{e}^{-\xi_k\omega_{\mathrm{n}k}t}\sin(\omega_{\mathrm{d}k}+\theta_k)t\geqslant 0 \tag{3-67}$$

式中，第一项为稳态分量；第二项为指数曲线(一阶系统)；第三项为振荡曲线(二阶系统)。因此，一个高阶系统的响应可以看成多个简单函数组成的响应之和，而这些简单函数的响应取决于 p_j、ξ_k、$\omega_{\mathrm{n}k}$ 及系数 A_j、D_k，即与零、极点的分布有关。因此。了解零、极点分布情况，就可以对系统性能进行定性分析。

(1) 当系统闭环极点全部在 s 平面的左边时，其特征根有负实根及复根有负实部，式(3-75)第二、三两项均为衰减，因此系统总是稳定的。各分量衰减的快慢取决于极点离虚轴的距离。当 p_j、ξ_k、ω_{nk} 越大，即离虚轴越远时，衰减越快。

(2) 各系数 A_j、D_k 及各分量的幅值，不仅与极点位置有关，而且与零点位置有关。

① 如果极点 p_j 远离原点，则相应的系数 A_j 将很小。

② 如果某极点 p_j 与一个零点十分靠近，又远离原点及其他极点，则相应系数 A_j 比较小。

③ 如果高阶系统中离虚轴最近的极点，其实部小于其他极点实部的 1/5，并且附近不存在零点，可以认为系统的动态响应主要由这一极点决定，称做主导极点。利用主导极点的概念，可将主导极点为共轭复极点的高阶系统降阶近似作二阶系统处理。例如在带零点的二阶系统中，当 $a \geqslant 5$ 时可将它当做典型二阶系统处理。

关于高阶系统的响应，将在后面用频率特性法作进一步分析。

3.11 控制系统时域分析的 MATLAB 应用

控制系统常用的输入为单位阶跃函数和脉冲函数。在 MATLAB 的控制系统工具箱中提供了求取这两种输入下系统典型响应的函数，它们分别是 step()和 impulse()。下面分别就这些函数的调用进行介绍。

3.11.1 线性系统的 MATLAB 表示

系统的传递函数用两个数组来表示。考虑如下系统：

$$\frac{C(s)}{R(s)}=\frac{4}{s^3+2s^2+3s+4} \tag{3-68}$$

该系统可以表示为两个数组，每一个数组由相应的多项式系数组成，并且以 s 的降幂排列如下：

```
num=[0 0 0 4]       %注意，必要时需补加数字零
den=[1 2 3 4]
```

如果已知 num 和 den(即闭环传递函数的分子和分母)，则命令 step(num,den)，step(num,den, t)将会产生出单位阶跃响应图(在阶跃命令中，t 为用户指定时间)。

3.11.2 单位阶跃响应

下面讨论由方程(3-68)描述的系统的单位阶跃响应。MATLAB 将给出该系统的单位阶跃响应曲线，如图 3.33 所示。

其源程序为

```
num=[0 0 0 4];
den=[1 2 3 4];
step(num,den)               %输出响应曲线
grid                        %加网格
```

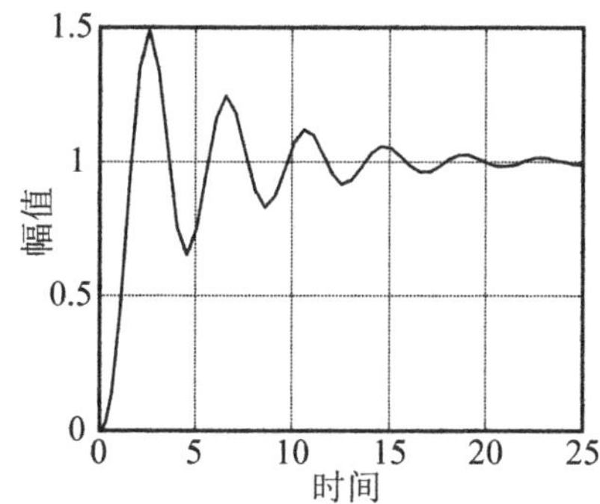

图 3.33　单位阶跃响应曲线

3.11.3　单位脉冲响应

利用下列 MATLAB 命令中的一种命令，可以得到控制系统的单位脉冲响应：

```
impulse(num,den)
[y,x,t]=impulse(num,den)
[y,x,t]=impulse(num,den,t)
```

下面讨论由方程(3-76)描述的系统的单位脉冲响应。MATLAB 将给出该系统的单位阶跃响应曲线，如图 3.34 所示。

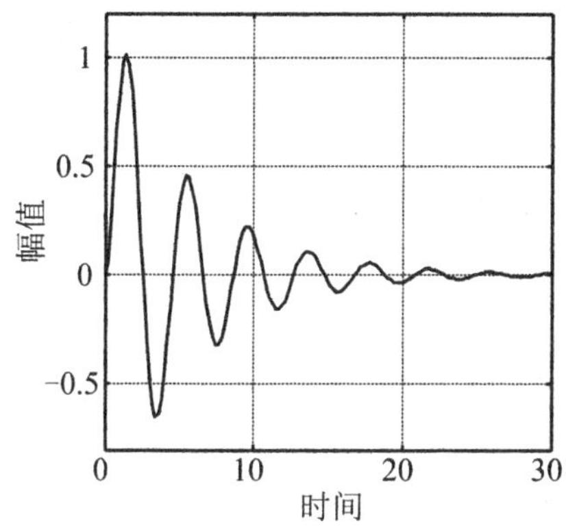

图 3.34　单位脉冲响应曲线

其源程序为

```
num=[0 0 0 4];
den=[1 2 3 4];
impulse(num,den)
grid
```

3.11.4　控制系统稳定性判定

利用 MATLAB 中求根的命令，可求出闭环特征方程的根，以判定系统的稳定性。

某系统的闭环特征方程如下，判断该系统的闭环稳定性：

$$A(s) = 3s^4 + 10s^3 + 6s^2 + 40s + 9 = 0$$

其源程序为

```
p=[3 10 6 40 9];
roots(p)
```

输出为

```
ans =
  -3.7056
   0.3012 + 1.8514i
   0.3012 - 1.8514i
  -0.2301
```

特征根说明该系统有两个负实根，并有一对具有正实部的共轭复根，此系统不稳定。

利用 MATLAB，可以精确求出高阶系统的闭环零点、极点，从而直接判断系统的稳定性。

小　　结

时域分析是通过直接求解系统在典型输入信号作用下的时间响应，来分析系统的控制性能，一般是采用拉氏变换法求解。时域分析具有直观、准确、物理概念清楚、易于理解等特点，是学习和研究自控原理的入门手段和基本方法。按照评价系统稳、准、快的指标，本章从稳定性、稳态误差、动态指标三个方面的基本内容入手，来分析系统性能及寻找改善的途径。在学习过程中，一是要掌握分析的基本方法，另外要注意总结一些基本控制规律直接解决问题，收到方便迅速的效果。

稳定性是自控系统能够工作的首要条件，不稳定的系统无性能评价和抑制干扰可言，而一个线性系统的稳定性是系统的一种固有特性，它取决于系统的结构和参数，与外作用无关。

线性系统稳定的必要充分条件是系统闭环特征方程的全部根(极点)分布在 s 复平面的左半部。判别系统稳定性的代数方法是劳斯判据。利用系统的稳定条件，还可以找到系统稳定运行的参数范围、稳定裕量和改变不稳定系统结构的方法。

系统的稳态误差是衡量静态控制精度的重要指标。稳态误差的大小取决于系统结构、参数和外作用信号形式两方面的因素。扰动误差还和扰动信号的作用位置有关。计算稳态误差的一般方法，是用终值定理对误差信号的拉氏变换式求解。

系统的型别与静态误差系数也是判别精度的一种标志。型别越高，静态误差系数越大，则稳态误差越小。系统开环放大倍数越大，静态误差系数也越大。实际系统中，I 型常见，0 型、II 型次之。可以采取增加某种控制环节、改造系统结构、提高型别和开环放大系数的方法来减小稳态误差。

系统的动态性能，工程上常以单位阶跃响应的超调量$\sigma\%$，调节时间 t_s 等指标来评价，实际的自控系统，常常是将高阶系统简化、降阶为二阶系统(或一阶系统)进行分析。所以二阶系统的分析研究结果常是高阶系统的分析基础，必须十分熟悉。

二阶系统常化成典型表达式进行讨论，它有两个特征量，阻尼系数ξ和无阻尼振荡角频率ω_n，它们确定以后，系统的动态性能也就确定了。其中ξ唯一地决定了超调量$\sigma\%$。ξ大，$\sigma\%$小，调节时间t_s增长。而ω_n大，过程快，t_s小。可以采用增加速度反馈及引入误差信号的一阶微分等方法，改变系统结构，提高系统动态指标。

高阶系统常以主导极点的概念进行分析，在计算机普遍运用的今天，求解高阶系统时域响应的数值解，用计算机分析其动态性能已不是难题了。

本章最后给出应用MATLAB进行控制系统时域分析的方法，重点介绍了阶跃函数step()和脉冲函数impulse()的用法以及系统稳定性的MATLAB求解。

习　　题

1．某系统零初始条件下的阶跃响应为

$$c(t)=1-e^{-2t}+e^{-t} \qquad (t\geqslant 0)$$

试求系统的传递函数和脉冲响应。

2．闭环系统的特征方程式如下，试用代数判据判定系统的稳定性。

(1) $s^3+20s^2+5s+80=0$

(2) $s^3+10s^2+9s+100=0$

(3) $s^4+2s^3+6s^2+8s+s=0$

(4) $s^5+12s^4+44s^3+48s^2+5+1=0$

(5) $2s^5+s^4-15s^3+25s^2+2s-7=0$

3．单反馈系统的开环传递函数如下：

(1) $G(s)=\dfrac{10(s+1)}{s(s-1)(s+5)}$

(2) $G(s)=\dfrac{10}{s(s+1)(2s+3)}$

(3) $G(s)=\dfrac{10}{s^2(2s+1)(s+6)}$

试判别其稳定性并进行比较。

4．试确定图 3.35 所示系统的稳定性。

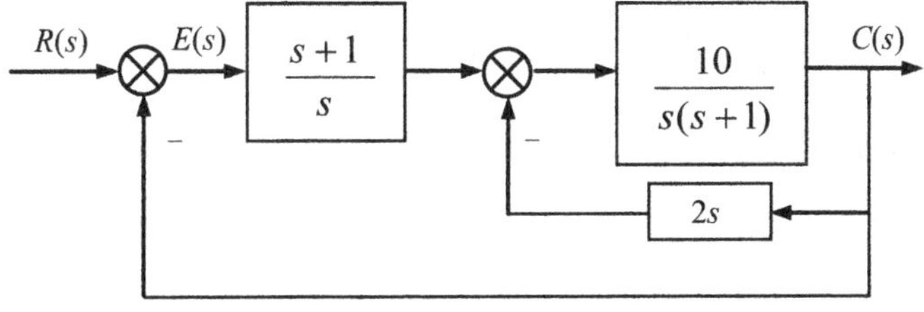

图 3.35　题 4 系统结构图

5．设单反馈系统的开环传递函数分别如下：

(1) $G(s)=\dfrac{K}{(0.1s+1)(0.5s+1)}$

(2) $G(s)=\dfrac{K(0.5s+1)}{s(s+1)(0.5s^2+s+1)}$

(3) $G(s)=\dfrac{K(s+2)}{s^2(s+1)}$

试确定系统稳定时 K 的取值范围。

6．系统结构图如图 3.36 所示，K、τ 取何值时，系统方能稳定？

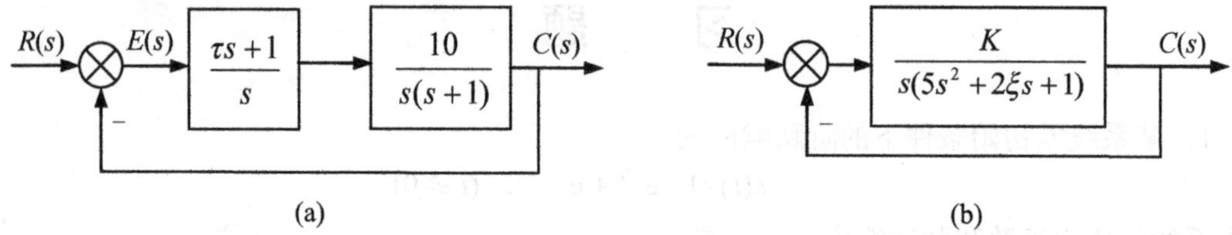

图 3.36　题 6 系统结构图

7．按错开原理，时间常数错开时，系统有较大的临界放大倍数。在如图 3.37 所示的系统中，$G_1(s)=\dfrac{K_1}{T_1 s}$、$G_2(s)=\dfrac{K_2}{1+T_2 s}$，$G_3(s)=\dfrac{K_3}{1+T_3 s}$。

求：

(1) $T_1=T_2=T_3$ 时，系统的临界放大倍数。

(2) $T_1=T_2=10T_3$ 时，系统的临界放大倍数。

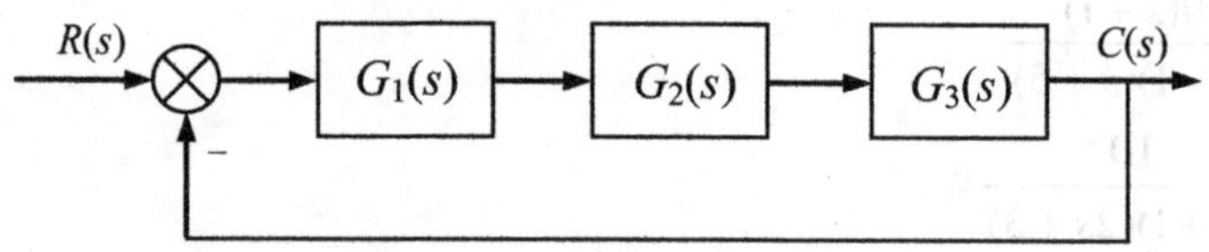

图 3.37　题 7 系统结构图

8．试求图 3.35 所示系统有多大的稳定裕量 σ。

9．若温度计的特性用传递函数 $G(s)=\dfrac{1}{Ts+1}$ 描述。当用温度计测量容器中的水温时，发现 1min 才能指示实际温度的 98%的数值。现给容器加热，使水温按 10℃/min 的速度线性上升。求温度计的稳定指示误差会有多大。

10．已知单反馈系统的开环传递函数如下：

(1) $G(s)=\dfrac{20}{(0.1s+1)(s+1)}$

(2) $G(s)=\dfrac{10(s+2)}{s^2(0.1s+1)}$

输入信号为 $x_i(t)=2+4t+t^2$，试求输入稳态误差 e_{ss}。

11．某单反馈系统的开环传递函数 $G(s)=\dfrac{K}{s(T_1 s+1)(T_2 s+1)}$，要求当输入信号 $x_i(t)=1+\dfrac{t}{2}$

时，系统的闭环输入误差小于ε。求系统参数应满足的条件。

12. 系统结构图如图 3.38 所示，若系统的超调量$\sigma\% = 15\%$，$t_p = 0.8s$。试求：

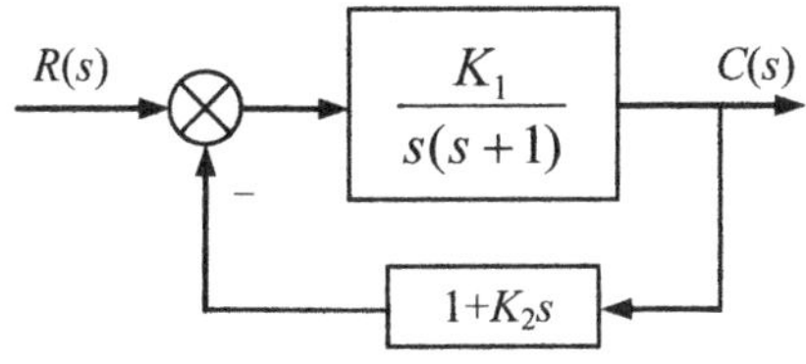

图 3.38　题 12 系统结构图

(1) K_1、K_2值。

(2) 当系统输入为单位阶跃信号时，调节时间 t_s、上升时间 t_r 各是多少？

13. 已知闭环系统特征方程如下，使用劳斯判据判断系统的稳定性及根的分布情况。

(1) $s^3 + 20s^2 + 9s + 100 = 0$

(2) $s^3 + 20s^2 + 9s + 200 = 0$

(3) $s^4 + 2s^3 + 8s^2 + 4s + 3 = 0$

(4) $s^5 + 12s^4 + 44s^3 + 48s^2 + 5s + 1 = 0$

14. 已知闭环系统特征方程如下：

(1) $s^4 + 20s^3 + 15s^2 + 2s + K = 0$

(2) $s^3 + (K+1)s^2 + Ks + 50 = 0$

试确定参数 K 的取值范围使该系统稳定。

15. 具有速度负反馈的电动机控制系统如图 3.39 所示，试确定系统稳定时 K 的取值范围。

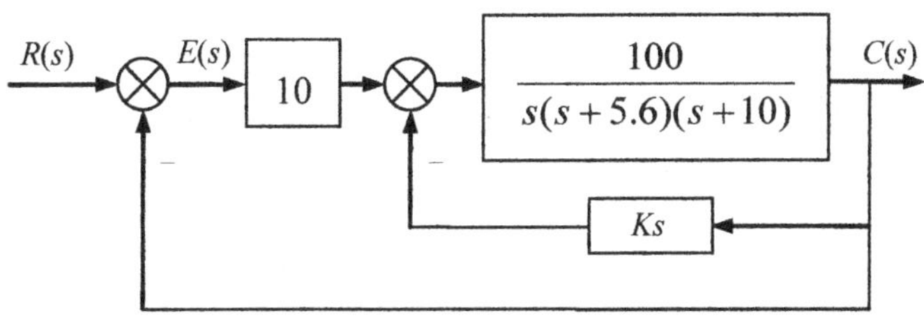

图 3.39　题 15 系统结构图

16. 对图 3.40 所示 0 型、I 型系统，欲提高精度使其稳态无差，增加了某种控制环节。

(1) 图 3.40(a)中，若 $G_0(s)=\dfrac{K_1}{(T_1s+1)(T_2s+1)}$，欲使输入斜坡信号时无差，试选择反馈参数 K_2 值。

(2) 图 3.40(b)中，若 $G_0(s)=\dfrac{K_1}{(T_1s+1)(T_2s+1)}$，欲使输入抛物线信号时无差，试选择前馈参数$\tau$、$b$ 值。

(3) 图 3.40(c)中，若 $G_0(s)=\dfrac{K(\tau s+1)}{(T_1s+1)(T_2s+1)}$，欲使输入抛物线信号时无差，试选择弱正反馈参数 K_0 值。

(4) 图 3.40(d)中，若 $G_0(s)=\dfrac{K}{s(sT+1)}$，欲使输入斜坡信号时无差，试选择前馈参数$\tau$值。

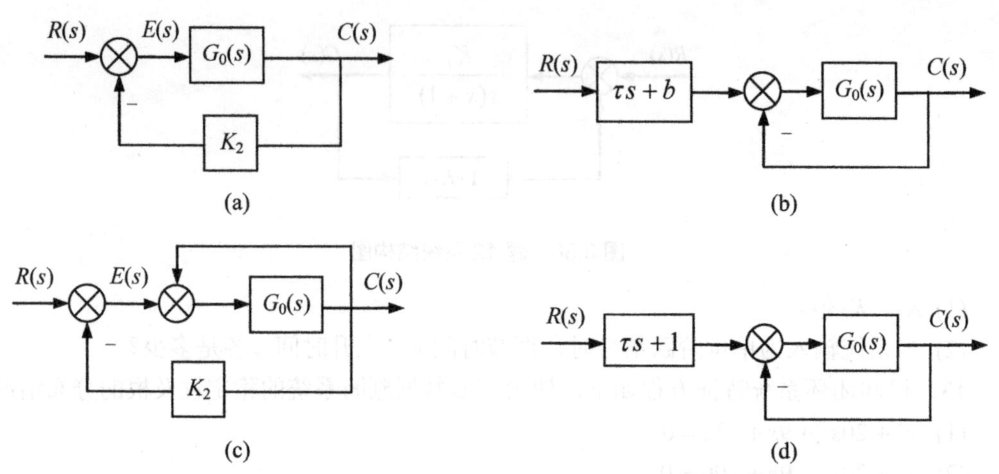

图 3.40　题 16 系统结构图

17.　试求图3.41所示系统总的稳态误差 e_{ss}。其中输入信号均为单位斜坡信号，图3.41(a)中的干扰信号为单位阶跃信号，图 3.41(b)中的干扰信号为正弦信号 $d(t)=\sin\omega t$。

18. 如图 3.42 所示系统中，$G_c(s)=\dfrac{K_1(T_1s+1)}{s}$，$G_0(s)=\dfrac{K_2}{s(T_2s+1)}$，当扰动量分别为 $D(s)=\dfrac{1}{s}$，$D(s)=\dfrac{1}{s^2}$时，求扰动误差。

19. 如题 18 的系统，设 $G_c(s)=4$，$G_0(s)=\dfrac{10}{s(s+4)}$，$r(t)=4+6t$，$d(t)=-1(t)$。

(1) 试求系统的稳态误差 e_{ss}。

(2) 要想减小扰动的稳态误差，应提高哪一部分的放大倍数？为什么？

20. 如题 18 的系统，设 $G_c(s)=\dfrac{K_1}{T_1s+1}$，$G_0(s)=\dfrac{K_2}{s+1}$，　$r(t)=1(t)$，$d(t)=-1$。

(1) 求稳态误差 e_{ss}。如果要减小 e_{ss}，应如何调整 K_1、K_2 值？

(2) 在扰动点前加入$\dfrac{1}{s}$，对稳态误差 e_{ss} 有何影响？在扰动点后加入又如何？

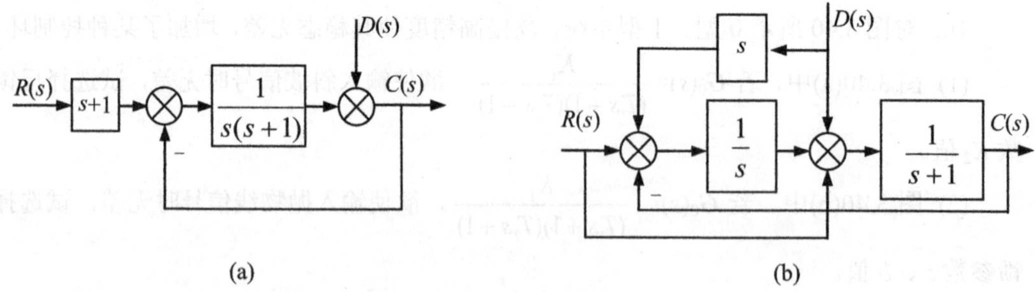

图 3.41　题 17 系统结构图

21．如图3.43所示，$G_1(s)=\dfrac{K_1}{T_1s+1}$，$G_2(s)=\dfrac{K_2}{s}$，若$d(t)=1(t)$，要求系统无差，求$G_c(s)$。

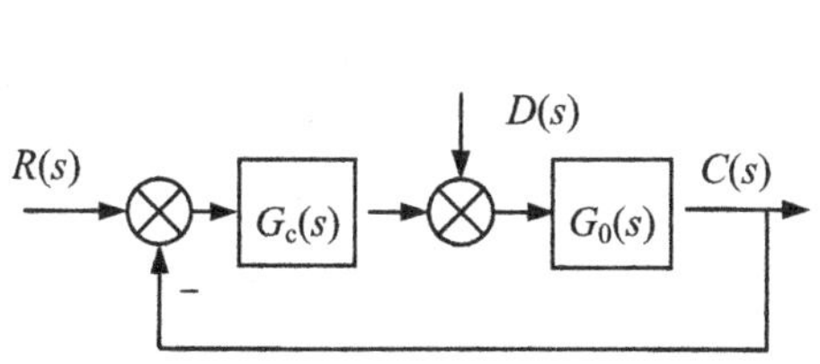

图3.42 题18系统结构图

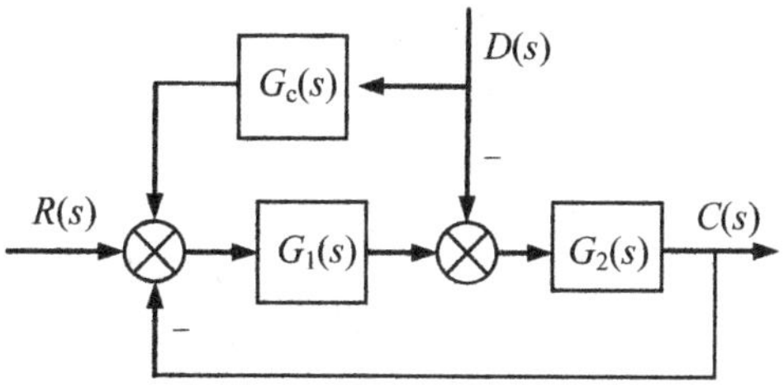

图3.43 题21系统结构图

22．复合控制系统如图3.44所示，其$G_1(s)=\dfrac{K_1}{s(T_1s+1)}$，$G_2(s)=\dfrac{K_2}{T_2s+1}$，$G_3(s)=K_3$，$G_c(s)=\dfrac{K_cs}{\tau s+1}$。若输入$r(t)=d(t)=1(t)$，为使稳态误差为$e_{ss}=0$，试求$K_c$值。

23．典型一阶系统的闭环传递函数为$\varPhi(s)=\dfrac{1}{Ts+1}$。试求单位阶跃及单位斜坡输入的响应表达式、响应曲线及稳态误差。

24．已知系统如图3.45所示，试分析参数a对输入阶跃信号的响应的影响。

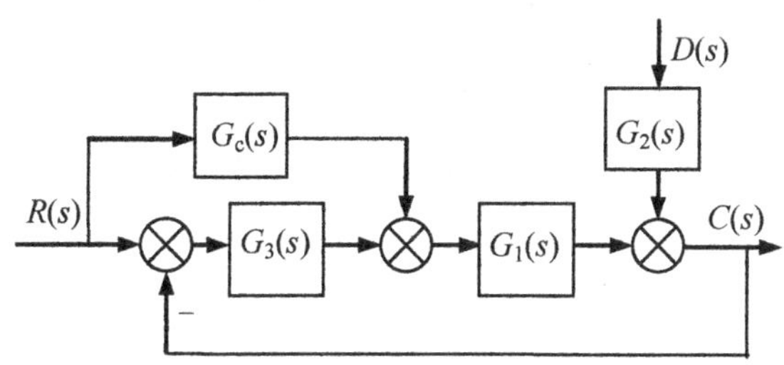

图3.44 题22系统结构图

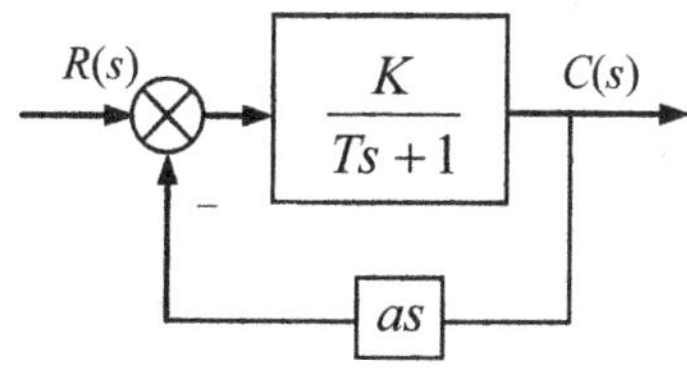

图3.45 题3-24系统结构图

25．如图3.46所示，一阶系统$G(s)=\dfrac{10}{0.2s+1}$采用负反馈来缩短过渡时间t_s为原来的0.1倍，并保持总放大倍数不变。试选择参数K_H、K_0值。

26．已知二阶系统的单位阶跃响应曲线如图3.47所示，试确定其传递函数。设系统为单位反馈形式。

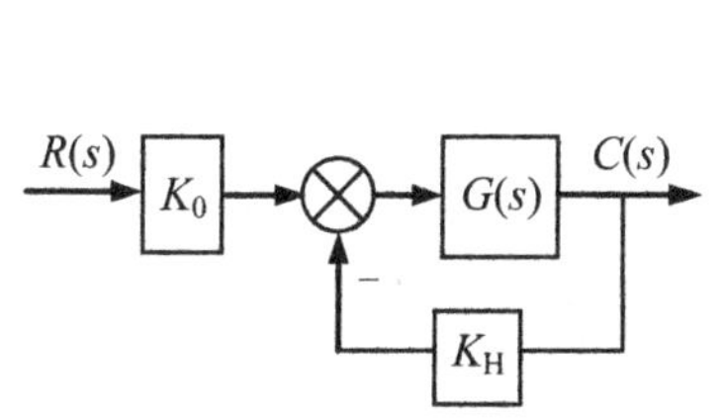

图3.46 题25系统结构图

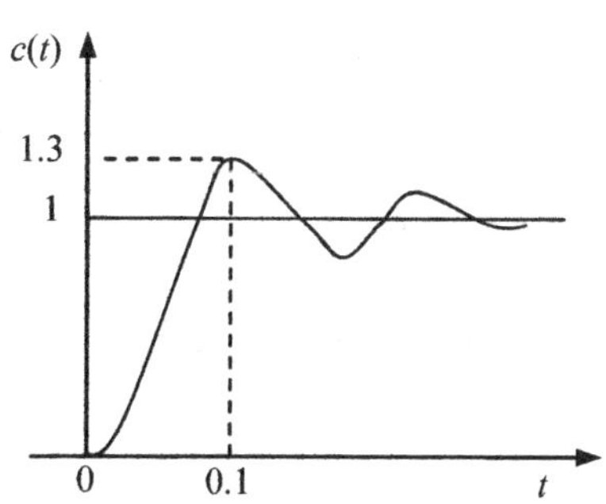

图3.47 题26系统结构图

27．单位反馈的开环传递函数 $G(s)=\dfrac{K}{s(0.1s+1)}$，试比较 K 值变化时(K=10、20)，ξ、ω_n 及单位阶跃输入时 $\sigma\%$、t_s 值的变化。

28．如图 3.48 所示，二阶系统的 $G_1(s)=\dfrac{K\omega_n^2 n}{s^2+2\xi\omega_n s+\omega_n^2}$，欲加负反馈提高阻尼比，并保持$\omega_n$ 及 K 值不变，试确定 $H(s)$。

29．已知单反馈的 $G(s)=\dfrac{as+1}{s(s+0.5)}$，试比较 a=0、0.4 即有无零点时，单位阶跃输入的输出响应指标 $\sigma\%$、t_s、e_{ss}。

30．闭环系统结构图如图 3.49 所示。

(1) 当 $G_1(s)=\dfrac{16}{s(s+1)}$ 时，试分析加入速度反馈对系统动态性能有何影响。若要求系统的 ξ =0.7，则参数 τ 值应选多少？

(2) 当 $G_1(s)=\dfrac{K}{s^2}$ 时，求 $\sigma\%\leqslant15\%$、$t_s(5\%)$=2s 时的参数 K 及 τ 值应选多少？

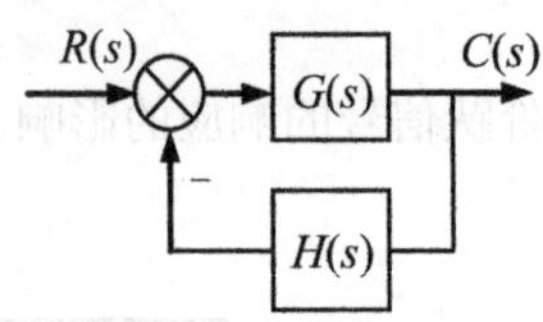

图 3.48　题 28 系统结构图

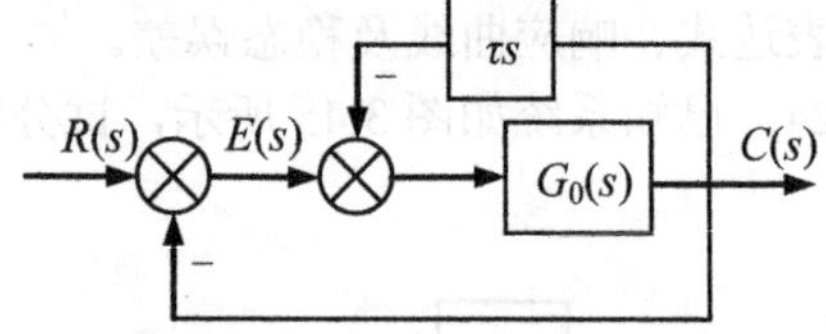

图 3.49　题 3-30 系统结构图

31．某控制系统如图 3.50 所示，K_1、K_2 为正常数，$\beta\geqslant0$。试分析：

(1) β值大小对系统稳定性的影响。

(2) β值大小对阶跃作用下动态品质的影响($\sigma\%$、t_s)。

(3) β值大小对斜坡输入时 $r(t)=t$ 稳态误差的影响。

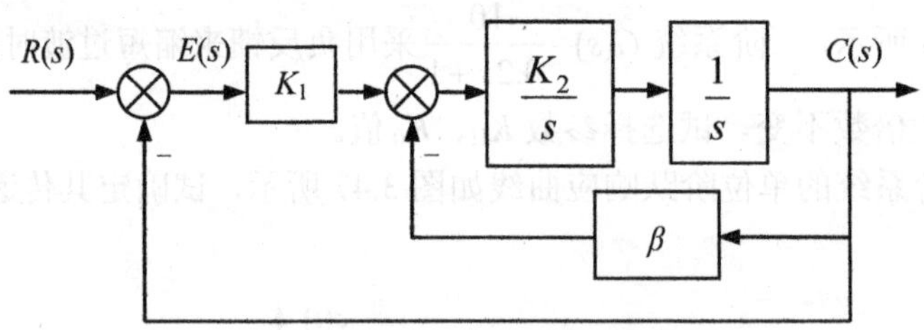

图 3.50　题 31 系统结构图

32．单反馈 $G(s)=\dfrac{A}{s(s+B)}$，其中①A=100，B=6；②A=100，B=12；③A=400，B=24。试比较阶跃响应指标 $\sigma\%$、t_s 及斜坡输入下的稳态误差 e_{ss} 等性能。

33．恒速系统如图 3.51 所示，设 $N_i(s)=M_L(s)=\dfrac{1}{s}$，要求系统稳态误差为零，试设计调节器 $G_c(s)$。

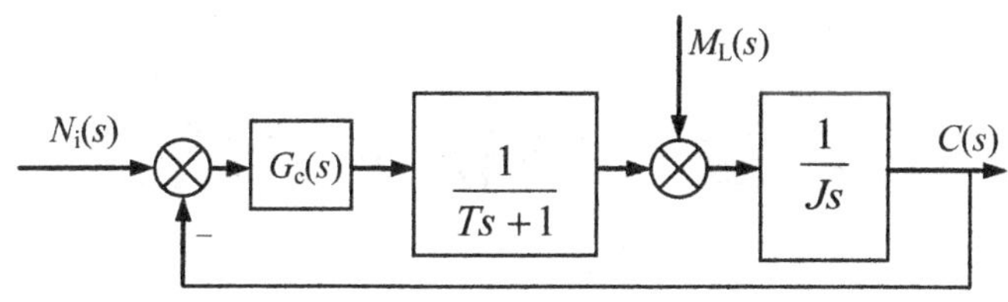

图 3.51 题 33 系统结构图

34．图 3.52 所示系统 $G_0(s)=\dfrac{K}{(T_1s+1)(T_2s+1)}$，$T_1>T_2$，要求指标为：位置稳态误差为零，调节时间最短：超调量 $\sigma\%\leqslant 4.3\%$。问下述三种调节器，哪一种能满足指标？其参数应具备什么条件？

(1) $G_c(s)=K_p$

(2) $G_c(s)=K_p\dfrac{\tau s+1}{s}$

(3) $G_c(s)=K_p\dfrac{\tau s+1}{Ts+1}$

35．复合控制系统如图 3.53 所示，$G_1(s)=1$，$G_2(s)=\dfrac{2}{s(0.25s+1)}$，$G_3(s)=0.5$，求：

(1) $r(t)=1+t+\dfrac{1}{2}t^2$ 时的 e_{ss}。

(2) 单位阶跃响应下的 $\sigma\%$ 、t_s 值。

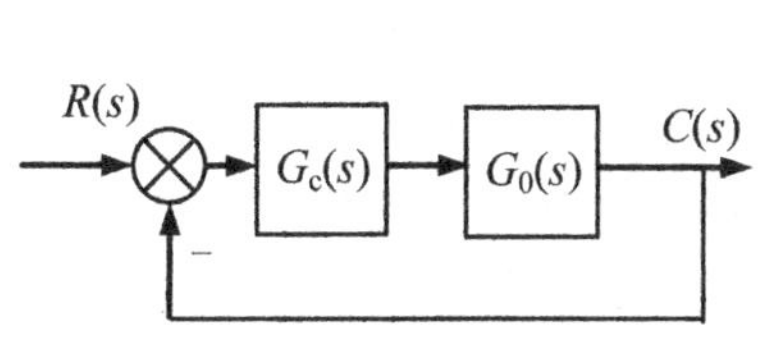

图 3.52 题 34 系统结构图

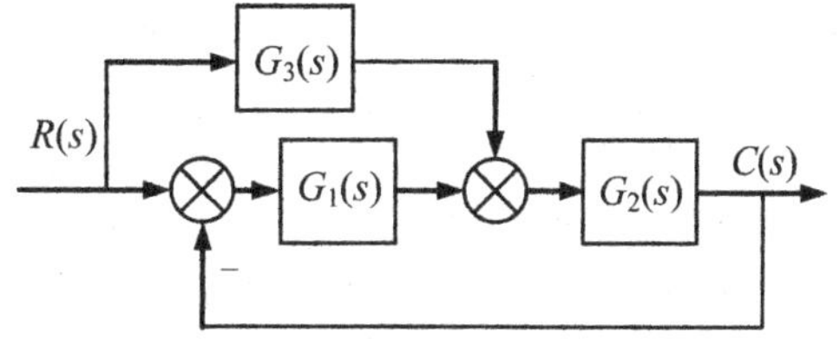

图 3.53 题 35 系统结构图

36．已知闭环传递函数为

$$\Phi(s)=\frac{1301(s+4.9)}{(s^2+5s+25)(s+5.1)(s+50)}$$

近似分析该系统的动态响应性能指标超调量和调节时间。

第 4 章　根轨迹分析法

【教学目标】

通过本章的学习，在理解根轨迹的概念的基础上，掌握根轨迹绘制的 9 条规则，并能熟练运用这些规则绘制根轨迹草图和分析系统的性能。掌握参量根轨迹、根轨迹簇、正反馈系统根轨迹的特点和绘制方法。理解给系统添加开环零、极点对系统性能的影响，为系统分析和设计打下基础。

本章先给出根轨迹的概念并简析其绘制方法，然后通过系统开环零、极点以及闭环零、极点的关系推导出根轨迹方程，然后把方程转化为幅值条件、相角条件，重点介绍常规根轨迹的绘制方法，以及如何利用根轨迹分析系统的性能。本章还介绍广义根轨迹的分类和绘制。

概　述

从第 3 章内容可知，系统的闭环极点决定了系统的动态性能，要分析系统就要求解特征方程式的根。但是对于高阶系统来说，求根比较困难。而且如果要研究系统参数变化对闭环特征根的影响，就需要进行反复的计算，而且还不能直观地看出影响的趋势。

根轨迹分析法是伊文思(M. R. Evans)于 1948 年在《控制系统的图解分析》一文中提出的，是在已知系统开环零、极点分布的情况下，绘制出闭环特征根随着系统参数变化而在 s 平面上移动的轨迹(简称根轨迹)。根轨迹可以按照一些简单的规则概略地画出，不但可以反映系统的动态、静态性能，还可以反映参数改变时系统的闭环极点变化的趋势，确定系统应有的结构和参数，从而进行设计和校正。由于根轨迹法是一种图解法，避免了烦琐的计算，而且具有直观、简便等优点，因此发展很快，并在工程中获得了广泛的应用。

4.1　自动控制系统的根轨迹

4.1.1　根轨迹的概念

所谓根轨迹，是指系统开环传递函数中的某一参数(通常是根轨迹增益 K_r，有时也可取其他的可变参数)或多个参数由零变到无穷大时，闭环特征根在复平面上所走过的轨迹。下面以一个二阶系统为例，说明用解析法绘制根轨迹的过程。

【例4-1】 已知单位反馈系统的动态结构如图 4.1 所示，绘制其根轨迹。

解：系统的开环传递函数为

$$G(s)=\frac{K}{s(0.5s+1)}=\frac{2K}{s(s+2)}=\frac{K_r}{s(s+2)} \tag{4-1}$$

这是一个二阶系统，有两个闭环极点，它们在复平面上的分布决定了系统的性能。

式(4-1)中，K 为系统开环增益；K_r 为根轨迹增益，这里 $K_r=2K$，可以看出，K 和 K_r 只差一个比例系数。经此处理，开环传递函数 $G(s)$就由原来的时间常数表示式转变成为零、极点表示式了。这里要研究 K_r 从 0 到 ∞ 变化时，系统闭环特征根的变化情况。

系统有两个开环极点：$p_1=0$，$p_2=-2$，用符号“×”标于图 4.2 中的 s 平面上，没有开环零点。

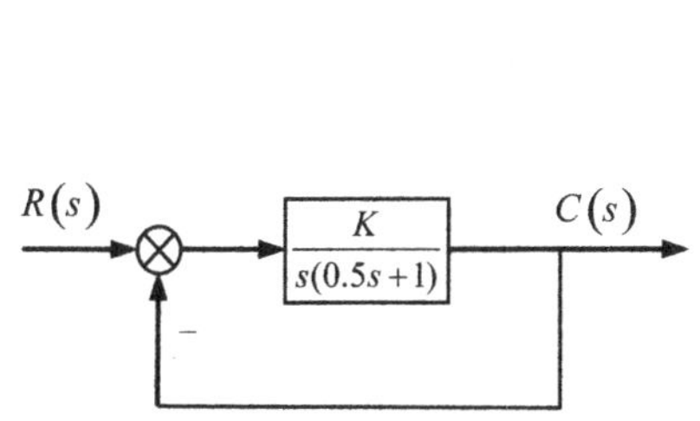

图 4.1　例 4-1 动态结构图

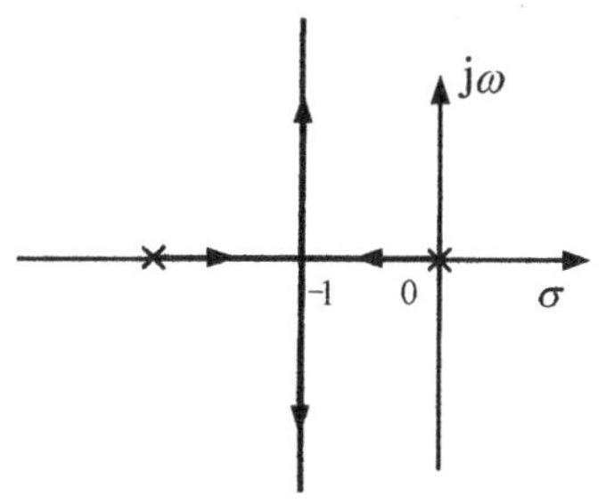

图 4.2　例 4-1 零极点图

闭环系统的传递函数为

$$\Phi(s)=\frac{C(s)}{R(s)}=\frac{K_r}{s^2+2s+K_r}$$

则闭环特征方程为

$$s^2+2s+K_r=0 \tag{4-2}$$

解之得闭环特征方程的两个根分别为

$$\left.\begin{aligned}s_1&=-1+\sqrt{1-K_r}\\ s_2&=-1-\sqrt{1-K_r}\end{aligned}\right\} \tag{4-3}$$

式(4-3)表明：闭环特征根 s_1、s_2 是参数 K_r 的函数，K_r 变化，则 s_1、s_2 就随之变化。若 K_r 由 0 变至∞，则 s_1、s_2 之值如表 4.1 所示。

表 4.1　根轨迹增益与特征根的关系

K_r	s_1	s_2
0	0	−2
1	−1	−1
2	$-1+\mathrm{j}$	$-1-\mathrm{j}$
⋮	⋮	⋮
∞	$-1+\mathrm{j}\infty$	$-1-\mathrm{j}\infty$

在复平面上根据表 4.1 的计算结果用描点法作图，便得到 K_r 由 0→∞变化时两个闭环特征根所走过的轨迹，即根轨迹，如图 4.2 所示。图中，根轨迹用粗实线表示，轨迹上的箭头表示 K_r 增大时闭环极点移动的方向。

根据所得的根轨迹图 4.2，就可以得到以下结论。

(1) 根轨迹完全处于 s 平面的左半部，因此，系统对所有的 $K_r\in(0,\infty)$ 都是稳定的。

(2) 当 $K_r\in(0,1)$ 时，特征根均为负实数，系统处于过阻尼状态，阶跃响应为非周期过程。

(3) 当 $K_r=1$ 时，两特征根为相同的负实根，系统处于临界阻尼状态，阶跃响应仍为非周期过程。

(4) 当 $K_r\in(1,\infty)$ 时，两特征根为一对共轭复根，系统处于欠阻尼状态，阶跃响应为衰减振荡过程。

4.1.2 根轨迹方程

绘制根轨迹，实际上就是分析系统闭环特征方程的根的位置。闭环控制系统一般可用图 4.3 所示的结构图来描述。

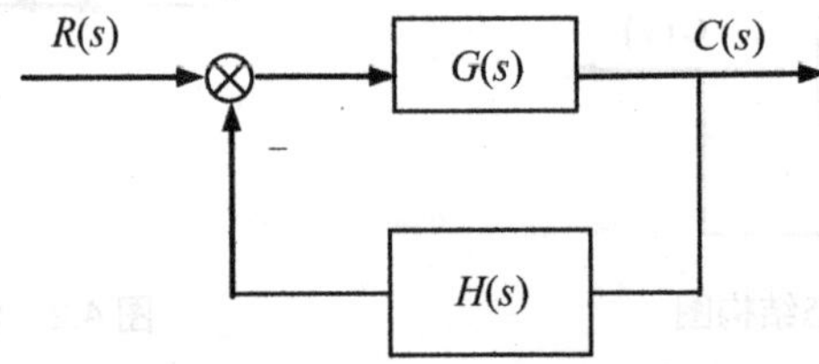

图 4.3 闭环控制系统结构图

系统的闭环传递函数为

$$\Phi(s)=\frac{G(s)}{1+G(s)H(s)}=\frac{G(s)}{1+G_k(s)} \tag{4-4}$$

式中，$G_k(s)=G(s)H(s)$ 是系统的开环传递函数，用零极点表示法，则其一般形式为

$$G_k(s)=K_r\frac{\prod_{i=1}^{m}(s-z_i)}{\prod_{j=1}^{n}(s-p_j)} \tag{4-5}$$

式中，z_i (i=1, 2, ⋯, m)为系统的开环零点；p_j ($j=1,2,\cdots,n$)为系统的开环极点；K_r 为根轨迹增益。

系统的闭环特征方程为

$$1+G_k(s)=0 \tag{4-6}$$

或

$$G_k(s)=-1 \tag{4-7}$$

将式(4-5)代入式(4-7)，有

$$K_r\frac{\prod_{i=1}^{m}(s-z_i)}{\prod_{j=1}^{n}(s-p_j)}=-1 \tag{4-8}$$

式(4-7)称为根轨迹方程，它的根其实就是闭环特征方程式的根。在 K_r 从 0 增大到∞的过程中，s 平面上所有满足根轨迹方程的点构成根轨迹。

既然式(4-7)的两边都是向量，所以又可以分解成幅值条件和相角条件两个方程，即

$$\text{幅值条件}\ |G_k(s)|=1 \tag{4-9}$$

$$\text{相角条件}\ \angle G_k(s)=\pm180^\circ\times(2k+1)\ (k=0,1,2,\cdots) \tag{4-10}$$

把式(4-5)代入式(4-9)和式(4-10)，则幅值条件方程为

$$\left|K_r\frac{\prod_{i=1}^{m}(s-z_i)}{\prod_{j=1}^{n}(s-p_j)}\right|=1 \tag{4-11}$$

相角条件方程为

$$\sum_{i=1}^{m}\angle(s-z_i)-\sum_{j=1}^{n}\angle(s-p_j)=\pm(2k+1)\times180^\circ\ (k=0,1,2,\cdots) \tag{4-12}$$

比较式(4-11)和式(4-12)可看出，幅值条件方程(4-11)与根轨迹增益 K_r 有关，而相角条件方程(4-12)却与 K_r 无关。s 平面上的某个点，只要满足相角条件，总可以找到一个合适的 K_r，使之满足幅值条件。而一个点如果满足幅值条件，却不一定能满足相角条件。所以判断一个点是否在根轨迹上，相角条件是充分必要条件，幅值条件是必要条件。

【例4-2】已知负反馈系统的开环传递函数为 $G_k(s)=G(s)H(s)=\dfrac{K_r}{(s+1)(s+2)(s+4)}$。

(1) 试判断点 $s_1=-1+j\sqrt{3}$ 是否在根轨迹上。

(2) 如果它在根轨迹上，求对应的根轨迹增益和开环增益。

解：(1)该系统没有开环零点，开环极点分别是 $p_1=-1$，$p_2=-2$，$p_3=-4$。利用幅值条件进行判断，对于 s_1，如图 4.4 所示，过所有零点引向 s_1 的向量的相角之和减去过所有极点引向 s_1 的向量的角度之和为

$$\angle(G_k(s_1))=-(\theta_1+\theta_2+\theta_3)=-(90^\circ+60^\circ+30^\circ)=-180^\circ$$

其中，θ_1、θ_2 和 θ_3 可以通过零极点坐标计算，或者用量角器在图上量出。如果是通过测量得到，注意横、纵坐标要取相同的比例尺刻度。因为 $\angle(G_k(s_1))$ 是 180° 的奇数倍，满足相角条件，所以点 s_1 是根轨迹上的点。

(2) 根据幅值条件式(4-11)有

$$K_r=\left|\frac{\prod_{j=1}^{n}(s-p_j)}{\prod_{i=1}^{m}(s-z_i)}\right| \tag{4-13}$$

把 $s=s_1$ 代入式(4-13)，可得

$$K_r=\left|(-1+j\sqrt{3}+1)\cdot(-1+j\sqrt{3}+2)\cdot(-1+j\sqrt{3}+4)\right|=12$$

$$G(s)H(s)=\frac{K_r}{(s+1)(s+2)(s+4)}=\frac{\frac{1}{8}K_r}{(s+1)\left(\frac{s}{2}+1\right)\left(\frac{s}{4}+1\right)}$$

开环增益为

$$K=\frac{1}{8}K_r=\frac{3}{2}$$

所以，$K_r=12$，$K=\dfrac{3}{2}$。

图 4.4 例 4-2 根轨迹

4.2 绘制根轨迹的基本法则

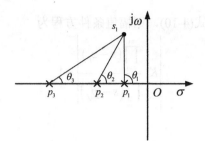

对于高阶系统来说，用描点法绘制根轨迹的过程是十分麻烦的。实际工程应用中很多时候并不需要精确的根轨迹，只要画出近似曲线就可以定性分析系统性能。通过对根轨迹方程的分析，可以找到一些根轨迹的基本规则，利用这些规则，可以方便快捷地绘制根轨迹草图。

规则 1 根轨迹是连续的曲线或直线，并且关于实轴对称。

根轨迹方程的根是根轨迹增益 K_r (或其他参数)的连续函数，当 K_r 在 0 至∞区间连续变化时，闭环特征方程的根必然连续变化，即根轨迹是连续变化的曲线或直线。

实际系统的传递函数和特征方程都是实系数的，于是系统的闭环极点总是实数或共轭复数，关于实轴对称，所以根轨迹必定对称于实轴。

规则 2 根轨迹的分支数等于开环传递函数分子和分母阶次的最大值。

每一条根轨迹分支描述一个闭环极点移动的情况，所以根轨迹的分支数由系统特征方程的阶次来决定。系统闭环特征方程(4-8)的阶次是由分母阶次 n 和分子阶次 m 中大的一个决定。一般情况下 $n>m$，此时闭环特征方程是一元 n 次方程，对于任一根轨迹增益值 K_r 都有 n 个根，有 n 条根轨迹分支。

规则 3 根轨迹分支起始于开环极点，终止于开环零点。

由幅值条件方程(4-11)可得

$$\frac{\prod_{i=1}^{m}|s-z_i|}{\prod_{j=1}^{n}|s-p_j|}=\frac{1}{K_r} \tag{4-14}$$

根轨迹的起点是指当 K_r=0 时的闭环极点。当 K_r=0 时，式(4-14)的右边为∞，而左边只有当 $s=p_j$ 时才是∞，使式(4-14)得以成立。这时闭环极点和开环极点重合，所以根轨迹的起点位于系统的开环极点处。

根轨迹的终点是指当 $K_r\to\infty$ 时满足根轨迹方程的点。当 $K_r\to\infty$ 时，式(4-14)的右边为 0，当 $n>m$ 时，以下两种情况可以使左边为 0。

(1) 当 $s=z_i(i=1,2,\cdots,m)$ 时，左边的分子部分相应的因式为 0，所以分式等于 0，式(4-12)得以成立。也就是说，根轨迹终止于开环零点。

(2) 当 $s\to\infty$ 时，分子和分母都趋于∞。式(4-14)的左边有

$$\lim_{s\to\infty}\frac{\prod_{i=1}^{m}\left|s-z_i\right|}{\prod_{j=1}^{n}\left|s-p_j\right|}=\lim_{s\to\infty}\frac{s^m}{s^n}=0$$

通常控制系统传递函数分母阶次比分子阶次高，即$n>m$，所以左边的分式趋于 0。这时相当于零点处于无穷远处，把无穷远处的零点称为无限零点。

结论：如果$n>m$，根轨迹有n条分支起始于开环极点，其中m条终止于开环零点，另外$n-m$条终止于无限零点。

在绘制广义根轨迹的时候，可能出现$n<m$的情况，这时根轨迹有m条分支，其中n条分支起始于开环极点，$m-n$条起始于无限极点(无穷远处)，都终止于开环零点。

规则 4 实轴上若有根轨迹分布的线段，其右边实轴上的开环零点和极点之和为奇数。

有些根轨迹整个分支或某些段就位于实轴上。为不失一般性，假设某系统的开环零、极点分布情况如图 4.5 所示。其中p_2、p_3是一对共轭复极点，z_2、z_3是一对共轭复零点。p_1、p_4、z_3、z_4是位于实轴上的极点和零点。

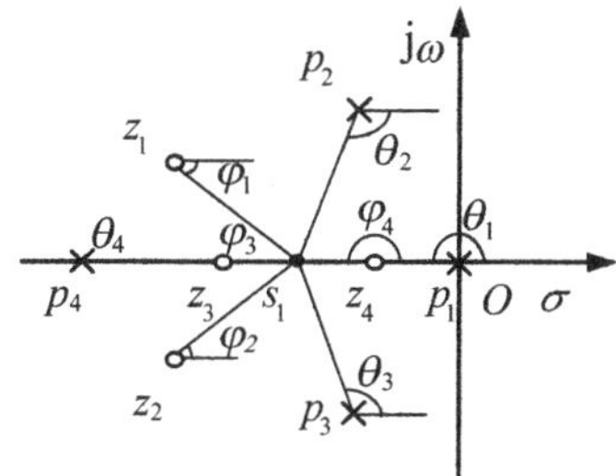

图 4.5 某系统开环零极点分布图

今在实轴上任取一实验点s_1，考察s_1对各开环零极点的相角，有

$$\angle G(s_1)=\sum_{i=1}^{4}\angle(s_1-z_i)-\sum_{j=1}^{4}\angle(s_1-p_j)=\varphi_1+\varphi_2+\varphi_3+\varphi_4-\theta_1-\theta_2-\theta_3-\theta_4 \qquad (4-15)$$

首先考察s_1到一对共轭复极点p_2、p_3的角度θ_2和θ_3。由于p_2、p_3对称于实轴，故θ_2和θ_3大小相等，符号相反，$\theta_2=-\theta_3$，在相角条件方程(4-15)中互相抵消。即p_2、p_3的存在不影响s_1点的相角条件。

同理，可考察s_1到一对共轭复零点z_1、z_2的角度φ_1和φ_2，它们也是大小相等，符号相反，在相角条件方程(4-15)中互相抵消。

由此可见，共轭的开环复极点和复零点对实轴上一点s_1的相角条件没有丝毫影响。要判断s_1点是否落在根轨迹上，所有共轭零、极点可不予考虑。这样，实轴上的根轨迹就仅由落在实轴上的开环零极点的分布来决定。考虑到落在s_1左方实轴上的开环零极点(如图 4.5 中的p_4和z_3)和s_1点产生的相角θ_4和φ_3都是 0°，对相角条件也无影响，故也可不予考虑。只有落在s_1点右方实轴上的开环零极点，才有可能对s_1点的相角条件造成影响，且每个s_1点右方的零点(如z_4点)的相角贡献为 180°，且每个s_1点右方的极点(如p_1点)的相角贡献为-180°。故有

$$\angle G(s_1)=\varphi_1+\varphi_2+0^\circ+180^\circ-180^\circ-\theta_2-\theta_3-0^\circ=0^\circ\neq\pm180^\circ$$

所以 s_1 点不是根轨迹上的点，如果 s_1 点位于 p_1 点和 z_4 点之间的实轴上，那么就只需要考虑 p_1 点对相角的影响，其他点要么是共轭零极点，要么在 s_1 点左边，此时 $\angle G(s_1) = -180^\circ$，所以，$p_1$ 点和 z_4 点之间的实轴是根轨迹段。同理，p_4 点和 z_3 点之间也是根轨迹段。

综上所述，按照相角条件，若实轴上某一段右方的实数极点和实数零点的总和为奇数时，则该线段就在根轨迹上。

规则 5 根轨迹的渐近线可由开环零点和极点确定。

根据规则 3，若 $n>m$，则当 $K_r \to \infty$ 时，有 $n-m$ 条根轨迹分支趋于无穷远处，可以通过渐近线来近似画出。

渐近线与实轴正方向的夹角即倾角 θ 为

$$\theta = \frac{\pm(2k+1)\times 180^\circ}{n-m} \tag{4-16}$$

式中，$k = 0,1,2,\cdots$，n 算出 $n-m$ 个倾角。

渐近线与实轴交点的坐标 σ_a 为

$$\sigma_a = \frac{\sum_{j=1}^{n} p_j - \sum_{i=1}^{m} z_i}{n-m} \tag{4-17}$$

证明：(1) 夹角 θ 的确定，设 $n \geqslant m$ (若 $n<m$ 证明方法类似)。

当 $K_r \to \infty$ 时有 $n-m$ 条根轨迹分支趋于无穷远，此时从所有开环零极点引向无穷零点的向量幅角都等于 θ，代回相角条件方程(4-12)得

$$m\theta - n\theta = \pm 180^\circ \times (2k+1) \tag{4-18}$$

即

$$\theta = \frac{\pm(2k+1)\times 180^\circ}{n-m}$$

(2) 渐近线和实轴交点 σ_a 的确定，渐近线就是 s 模值很大时的根轨迹，有

$$G(s)H(s) = K_r \frac{\prod_{i=1}^{m}(s-z_i)}{\prod_{j=1}^{n}(s-p_j)} = \frac{K_r(s^m + b_{m-1}s^{m-1} + \cdots + b_0)}{s^n + a_{n-1}s^{n-1} + \cdots + a_0} = \frac{K_r}{s^{n-m} + (a_{n-1} - b_{m-1})s^{n-m-1} + \cdots} \tag{4-19}$$

当 s 模值很大时，可以在分母中只保留前两项，即

$$G(s)H(s) = \frac{K_r}{s^{n-m} + (a_{n-1} - b_{m-1})s^{n-m-1}} \tag{4-20}$$

根据多项式运算，式中

$$a_{n-1} = -(p_1 + p_2 + \cdots + p_n) = -\sum_{j=1}^{n} p_j$$

$$b_{m-1} = -(z_1 + z_2 + \cdots + z_m) = -\sum_{i=1}^{m} z_i$$

另一方面，式(4-5)可以写成

$$G(s)H(s) = \frac{K_r}{(s-\sigma_a)^{n-m}} \approx \frac{K_r}{s^{n-m} - (n-m)\sigma_a s^{n-m-1}} \tag{4-21}$$

比较式(4-19)和式(4-21)，它们的 s^{n-m-1} 项系数应该相等，则有

$$-(n-m)\sigma_a = (a_{n-1}-b_{n-1}) = \sum_{i=1}^{m} z_i - \sum_{j=1}^{n} p_j$$

即

$$\sigma_a = \frac{\sum_{j=1}^{n} p_j - \sum_{i=1}^{m} z_i}{n-m}$$

根轨迹的渐近线是一组射线，倾角用式(4-16)计算，这些渐近线起始于实轴上同一点 $(\sigma_a, \mathrm{j}0)$。

【例4-3】 已知系统的开环传递函数为 $G_k(s) = \dfrac{K_r(s+2)}{s(s^2+2s+2)}$，试概略画出其根轨迹。

解：(1) 系统有 3 个开环极点和 1 个开环零点：$p_1=0$，$p_2=-1+\mathrm{j}$，$p_3=-1-\mathrm{j}$，$z_1=-2$。

(2) 根据规则 4，实轴上的根轨迹段应该是(−2, 0)段，右边只有一个极点 p_1。

(3) $n=3$，$m=1$，可知有 2 条根轨迹趋于无穷远处，其渐近线根据规则 5 计算。

在实轴上的截距为

$$\sigma_a = \frac{0+(-1+\mathrm{j})+(-1-\mathrm{j})-(-1)}{3-1} = -\frac{1}{2}$$

倾角为

$$\theta = \frac{\pm(2k+1)\times 180^\circ}{2}$$

当 $k=0$ 时，$\theta=\pm 90^\circ$。

渐近线如图 4.6 中的虚线所示。

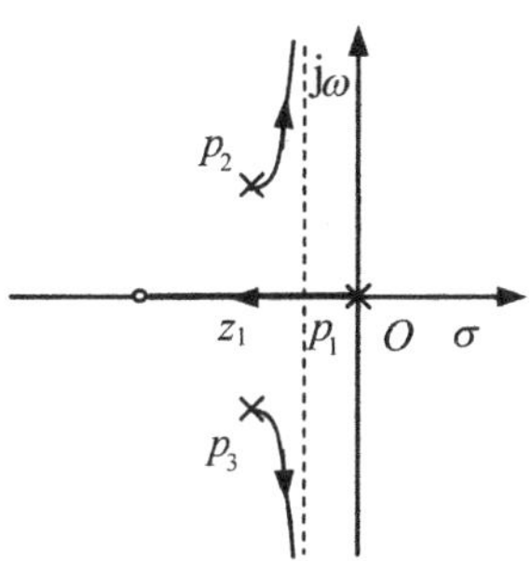

图 4.6 例 4-4 根轨迹

(4) 根据上面的分析，近似画出根轨迹。根轨迹分为 3 条分支，箭头表示根轨迹走向。

规则 6 根轨迹的分离点必满足以下方程之一：

$$\frac{\mathrm{d}G_k(s)}{\mathrm{d}s} = 0 \tag{4-22}$$

$$\sum_{i=1}^{m}\frac{1}{(d-z_i)} = \sum_{j=1}^{n}\frac{1}{(d-p_j)} \tag{4-23}$$

式中，d 为分离点。

两条或两条以上根轨迹分支在 s 平面上的某点相遇，然后又立即分开的点，称为根轨迹的分离点或会合点，为了简化以后统称分离点。这个点对应于特征方程的重根。由于根轨迹具有共轭对称性，故分离点必然是实数或共轭复数对。

由于根轨迹分支起始于开环极点，终止于开环零点。所以，如果实轴上两相邻开环极点或两相邻零点之间存在根轨迹，则这两相邻点(包含无限极点和无限零点)之间必有分离点。

下面只讨论两条根轨迹分支的分离点的情况。

如果特征方程有重根，那么必同时满足

$$1+G_{\mathrm{k}}(s)=0 \tag{4-24}$$

和

$$\mathrm{d}\left(1+G_{\mathrm{k}}(s)\right)/s=0 \tag{4-25}$$

即

$$\mathrm{d}G_{\mathrm{k}}(s)/\mathrm{d}s=0$$

设系统的开环传递函数为

$$G_k(s)=K_r\frac{\prod_{i=1}^{m}(s-z_i)}{\prod_{j=1}^{n}(s-p_j)}=K_r\frac{M(s)}{N(s)} \tag{4-26}$$

如果闭环特征方程有重根，那么在分离点处必有

$$\mathrm{d}G_{\mathrm{k}}(s)/\mathrm{d}s=K_{\mathrm{r}}\frac{M'(s)N(s)-M(s)N'(s)}{N^2(s)}=0 \tag{4-27}$$

即

$$M'(s)N(s)-M(s)N'(s)=0 \tag{4-28}$$

分离点的坐标必满足方程(4-28)。

把式(4-26)代入式(4-28)，有

$$\left[\prod_{i=1}^{m}(s-z_i)\right]'\left[\prod_{j=1}^{n}(s-p_j)\right]-\left[\prod_{i=1}^{m}(s-z_i)\right]\left[\prod_{j=1}^{n}(s-p_j)\right]'=0 \tag{4-29}$$

两边同除以$\prod_{i=1}^{m}(s-z_i)\prod_{j=1}^{n}(s-p_j)$，整理得

$$\frac{\frac{\mathrm{d}}{\mathrm{d}s}\prod_{i=1}^{m}(s-z_i)}{\prod_{i=1}^{m}(s-z_i)}=\frac{\frac{\mathrm{d}}{\mathrm{d}s}\prod_{j=1}^{n}(s-p_j)}{\prod_{j=1}^{n}(s-p_j)}$$

$$\frac{\mathrm{d}\ln\prod_{i=1}^{m}(s-z_i)}{\mathrm{d}s}=\frac{\mathrm{d}\ln\prod_{j=1}^{n}(s-p_j)}{\mathrm{d}s}$$

$$\frac{\mathrm{d}\sum_{i=1}^{m}\ln(s-z_i)}{\mathrm{d}s}=\frac{\mathrm{d}\sum_{j=1}^{n}\ln(s-p_j)}{\mathrm{d}s}$$

$$\sum_{i=1}^{m}\frac{\mathrm{d}\ln(s-z_i)}{\mathrm{d}s}=\sum_{j=1}^{n}\frac{\mathrm{d}\ln(s-p_j)}{\mathrm{d}s}$$

得

$$\sum_{i=1}^{m}\frac{1}{s-z_i}=\sum_{j=1}^{n}\frac{1}{s-p_j} \tag{4-30}$$

通常可用式(4-28)或式(4-30)来计算分离点。

【例4-4】 已知控制系统的开环传递函数为

$$G_k(s)=G(s)H(s)=\frac{K_r}{s(s+1)(s+2)}$$

试概略画出系统的根轨迹图。

解：(1) 系统有 3 个开环极点：$p_1=0$，$p_2=-1$，$p_3=-2$。

(2) 实轴上的根轨迹段是$(-\infty,-2)$和$(-1,0)$。

(3) 总共有三条根轨迹分支，都终止于无穷远处，渐近线截距和倾角分别为

$$\sigma_a=\frac{0+(-1)+(-2)}{3}=-1$$

$$\theta=\frac{\pm(2k+1)\times180^\circ}{3}=\pm60^\circ,180^\circ$$

(4) p_1和p_2之间存在分离点。

① 用式(4-28)求分离点，本题中，$N(s)=s(s+1)(s+2)$，$M(s)=1$，故

$$N'(s)=3s^2+6s+2,\quad M'(s)=0$$

以上两式代回式(4-28)得

$$3s^2+6s+2=0$$

解之，得

$$s_1=-0.423,\quad s_2=-1.577$$

本题的实轴根轨迹区间为：$(-\infty,-2)$和$(-1,0)$，因s_2不在根轨迹区间，也就不可能是分离点，故分离点必落在s_1处。

② 利用式(4-30)寻找分离点，根据开环传递函数的零、极点，有

$$\frac{1}{d}+\frac{1}{d+1}+\frac{1}{d+2}=0$$

整理得

$$3d^2+6d+2=0$$

所得方程与①完全相同，不赘述。根据上述分析，作出根轨迹如图 4.7 所示。

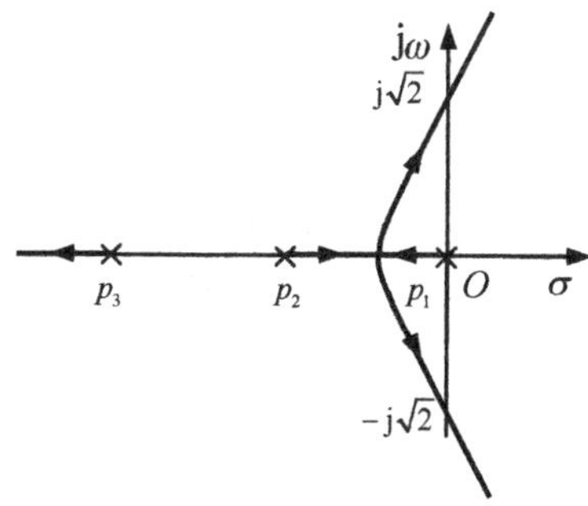

图 4.7　例 4-4 根轨迹

规则 7 根轨迹从复数极点 p_a 出发的出射角为

$$\theta_{p_a} = 180^\circ + \sum_{i=1}^{m} \varphi_i - \sum_{j=1 \neq a}^{n} \theta_j \tag{4-31}$$

到达复数零点 z_b 的入射角为

$$\varphi_{z_b} = 180^\circ + \sum_{j=1}^{n} \theta_j - \sum_{\substack{i=1 \\ \neq b}}^{m} \varphi_i \tag{4-32}$$

式中，φ_i 表示从其他开环零点引向该复数零极点的向量的幅角；θ_j 表示从其他开环极点引向该复数零极点的向量的幅角。

根轨迹的出射角是指起始于开环复数极点的根轨迹在起点处的切线与正实轴的夹角，而根轨迹的入射角是指终止于开环复数零点的根轨迹在终点处的切线与正实轴的夹角。出射角和入射角又分别称为起始角和终止角。由于根轨迹的对称性，实轴上的极点和零点都是以 0° 或 180° 出射和入射。

设系统开环零极点的分布如图 4.8 所示。为求根轨迹离开复极点 p_a 时的出射角，可在根轨迹上靠近 p_a 的地方选一个 s_1 点，它距 p_a 为 ε 。

现过其他极点向 s_1 做向量，其相角记为 θ ；过其他零点向 s_1 做向量，其相角记为 φ。于是按相角条件有

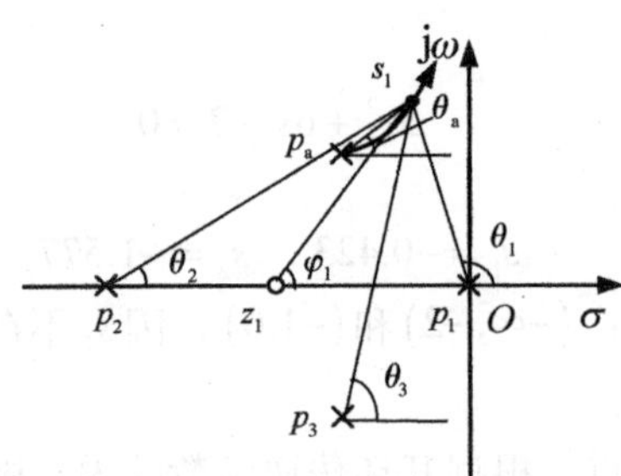

图 4.8 根轨迹的出射角

$$\varphi_1 - \theta_1 - \theta_2 - \theta_3 - \theta_a = 180^\circ$$

故

$$\theta_a = 180^\circ + \varphi_1 - (\theta_1 + \theta_2 + \theta_3) \tag{4-33}$$

当 $\varepsilon \to 0$ 时，则从 s_1 点到 p_a 点的向量相角 $\theta_a \to \theta_{p_a}$ ，即为出射角，其他零极点到 s_1 的向量幅角约等于它们到 p_a 的向量幅角。如果系统共有 m 个有限零点，n 个极点，那么式(4-33)可写成以下的通式：

$$\theta_{p_a} = 180^\circ + \sum_{i=1}^{m} \varphi_i - \sum_{j=1 \neq a}^{n} \theta_j$$

故式(4-31)得证。

同理可证明式(4-32)。

【例 4-5】 设系统开环传递函数零极点的分布如图 4.9 所示，零极点为：$p_1 = -1 + \mathrm{j}$，$p_2 = -1 - \mathrm{j}$， $p_3 = 0$， $p_4 = -4$， $z_1 = -2$ 。试概略画出根轨迹。

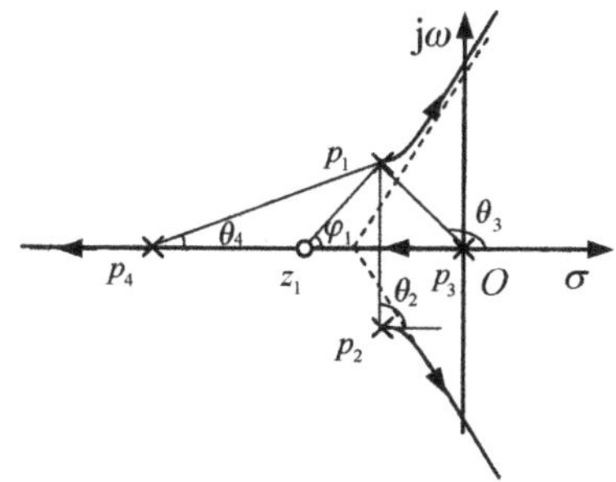

图 4.9　例 4-5 出射角

解：(1) 可根据零极点分布情况确定实轴上的根轨迹段是$(-\infty,-4)$和$(-2,0)$。

(2) 共有 4 条根轨迹，3 条终止于无穷零点。计算渐近线与实轴的交点为

$$\sigma_a=\frac{0+(-1+j)+(-1-j)+(-4)-(-1)}{4-1}=-\frac{5}{3}$$

倾角为

$$\theta=\frac{\pm(2k+1)\times180^\circ}{4-1}=\pm60^\circ,180^\circ$$

(3) p_1和p_2是复数极点，需要计算出射角。

按公式(4-31)，由作图结果得

$$\begin{aligned}\theta_{p_1}&=180^\circ+\angle(p_1-z_1)-\angle(p_1-p_2)-\angle(p_1-p_3)-\angle(p_1-p_4)\\&=180^\circ+45^\circ-90^\circ-135^\circ-18.4^\circ\\&=-18.4^\circ\end{aligned}$$

考虑到根轨迹的对称性，根轨迹离开p_2点的出射角必为$\theta_{p_2}=-\theta_{p_1}=18.4^\circ$。

(4) 根据分析画出根轨迹，如图 4.9 所示。

【例4-6】　设系统开环传递函数为$G(s)H(s)=\dfrac{K_r(s^2+4s+5)}{s(s+3)(s+4)}$，试概略画出根轨迹。

解：(1) 该系统开环零点为$z_{1,2}=-2\pm j$，极点为$p_1=0$，$p_2=-3$，$p_3=-4$。

(2) 实轴上的根轨迹段为$(-\infty,-4)$，$(-3,0)$。

(3) 根据规则 6 的式(4-28)可以计算分离点。

$$M(s)=s^2+4s+5,\quad N(s)=s(s+3)(s+4),$$

$$M'(s)N(s)-M(s)N'(s)=-(s^4+8s^3+31s^2+70s+60)=0$$

解之得$s_{1,2}=-1.5\pm j2.9$(舍去)，$s_3=-3.42$(舍去)，$s_4=-1.67$。

(4) 根据式(4-32)计算z_1的入射角。

$$\begin{aligned}\varphi_{z_1}&=180^\circ+\angle(z_1-p_1)+\angle(z_1-p_2)+\angle(z_1-p_3)-\angle(z_1-z_2)\\&=180^\circ+153.4^\circ+45^\circ+26.6^\circ-90^\circ\\&=-45^\circ\end{aligned}$$

根据对称性，$\varphi_{z_2}=-\varphi_{z_1}=45^\circ$。

(5) 根据分析画出根轨迹草图，如图 4.10 所示。

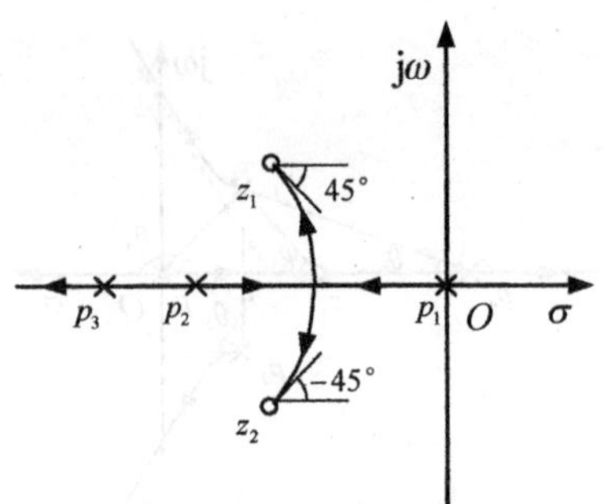

图 4.10　例 4-6 根轨迹

规则 8　根轨迹与虚轴的交点可通过特征方程或劳斯表求出。

随着 K_r 的增大，根轨迹可能由左半 s 平面穿越虚轴而进入右半 s 平面。这时，系统将变得不稳定。临界稳定值比较重要，有必要求出根轨迹与虚轴的交点坐标 ω 及其相应的 K_r 值。

根轨迹与虚轴相交，意味着闭环特征方程出现纯虚根。故可将 $s=\mathrm{j}\omega$ 代入闭环特征方程中，从而求得交点的坐标值及相应的 K_r 值。

【例 4-7】　试求例 4-4 中根轨迹和虚轴的交点，并计算临界根轨迹增益 K_{rc}。

解：(1) 闭环系统的特征方程为

$$s(s+1)(s+2)+K_r=0$$

即

$$s^3+3s^2+2s+K_r=0 \tag{4-34}$$

为求出根轨迹和虚轴交点，令 $s=\mathrm{j}\omega$，代入特征方程(4-33)，得

$$(\mathrm{j}\omega)^3+3(\mathrm{j}\omega)^2+2(\mathrm{j}\omega)+K_r=0$$

$$K_r-3\omega^2+\mathrm{j}\left(2\omega-\omega^3\right)=0$$

要使等式成立，则方程左边实部和虚部应该分别为零，即

$$\begin{cases}K_r-3\omega^2=0\\2\omega-\omega^3=0\end{cases}$$

解之，得

$$\begin{cases}\omega_1=0\\K_{r1}=0\end{cases},\quad\begin{cases}\omega_{2,3}=\pm\sqrt{2}\\K_{r2}=6\end{cases}$$

其中，$\omega_1=0$，$K_{r1}=0$ 对应于根轨迹的起点，显然不是要讨论的轨迹与虚轴之交点。所以 $K_{rc}=K_{r2}=6$ 为临界根轨迹增益，此时根轨迹与虚轴相交，其交点坐标为 $\pm\mathrm{j}\sqrt{2}$，如图 4.7 所示。

(2) 根轨迹与虚轴之交点还可由劳斯判据确定，根据闭环特征方程(4-34)列出劳斯表。

$$\begin{array}{ccc}s^3 & 1 & 2\\ s^2 & 3 & K_r\\ s^1 & \dfrac{6-K_r}{3} & 0\end{array}$$

如果闭环特征方程有纯虚根，那劳斯表中 s^1 行必然为全零行，即 $\frac{6-K_r}{3}=0$，所以 $K_r=6$，再代入式(4-34)可得根轨迹与虚轴的交点 $s=\pm j\sqrt{2}$。

规则 9　闭环极点的和与积为

$$\sum_{j=1}^{n} s_j = \sum_{j=1}^{n} p_j = \text{const} \quad (n-m \geqslant 2) \tag{4-35}$$

$$\prod_{j=1}^{n} s_j = (-1)^{n-m} K_r \prod_{i=1}^{m} z_i + \prod_{j=1}^{n} p_j$$

证明：设系统的开环传递函数为

$$G_k(s) = K_r \frac{\prod_{i=1}^{m}(s-z_i)}{\prod_{j=1}^{n}(s-p_j)} = K_r \frac{s^m + b_{m-1}s^{m-1} + \cdots + b_1 s + b_0}{s^n + a_{n-1}s^{n-1} + \cdots + a_1 s + a_0} \tag{4-36}$$

式(4-35)中，z_i 和 p_j 分别为开环零点、开环极点。由代数方程与多项式系数的关系，开环极点之和为

$$\sum_{j=1}^{n} p_j = -a_{n-1}$$

由 $G_k(s)$ 求得系统的闭环特征方程为

$$F(s) = s^n + a_{n-1}s^{n-1} + \cdots + a_1 s + a_0 + K_r(s^m + b_{m-1}s^{m-1} + \cdots + b_1 s + b_0) = 0 \tag{4-37}$$

因 $n \geqslant m$，故上述方程是 n 阶方程。设闭环系统的极点即特征根为 $-s_1, -s_2, \cdots, -s_n$，则上述 n 阶方程可表示为

$$F(s) = s^n + c_{n-1}s^{n-1} + \cdots + c_1 s + c_0 = 0 \tag{4-38}$$

根据多项式乘法运算，闭环极点之和为

$$\sum_{j=1}^{n} s_j = -c_{n-1} \tag{4-39}$$

闭环极点之积为

$$c_0 = (-1)^n \prod_{j=1}^{n} s_j \tag{4-40}$$

比较式(4-37)和式(4-38)可知，当 $n-m \geqslant 2$ 时，方程(4-37)中 s^m 项阶次比 s^{n-1} 项还低，两个多项式相加后，s^{n-1} 项的系数为 a_{n-1}。于是，式(4-37)和式(4-38)中 s^{n-1} 项系数应相等，即 $a_{n-1}=c_{n-1}$。故有

$$\sum_{j=1}^{n} s_j = \sum_{j=1}^{n} p_j = \text{const}$$

从而式(4-35)得证。

$$a_0 = (-1)^m \prod_{i=1}^{m} z_i \tag{4-41}$$

$$b_0 = (-1)^n \prod_{j=1}^{n} p_j \tag{4-42}$$

把式(4-39)～式(4-41)代入$c_0=a_0+b_0$，则有

$$(-1)^n\prod_{j=1}^{n}s_j=(-1)^m K_r\prod_{i=1}^{m}z_i+(-1)^n\prod_{j=1}^{n}p_j$$

$$\prod_{j=1}^{n}s_j=(-1)^{n-m}K_r\prod_{i=1}^{m}z_i+\prod_{j=1}^{n}p_j$$

式(4-35)得证。如果传递函数有零极点，那么(4-35)变成

$$\prod_{j=1}^{n}s_j=(-1)^{n-m}K_r\prod_{i=1}^{m}z_i$$

在用根轨迹法研究控制系统时，如果$n-m\geqslant 2$，对应某个K_r值，若已求得n阶系统的$n-1$个闭环极点，则剩下的一个可用上述结论求得。更重要的是：利用式(4-35)的结论，可以估计出K_r增大时根轨迹在s平面上的走向。这对正确地描绘控制系统的根轨迹是很有帮助的。由于系统的开环极点之和等于闭环极点之和，随着K_r的变化，若一些特征根增大时，另一些特征根必定减小，以保持其代数和为常数。换言之，随着K_r的增大，若根轨迹的一些分支向右延伸时，必然有另一些分支向左延伸。

【例 4-8】 例 4-4 中已经绘出根轨迹草图。

(1) 根轨迹和虚轴的交点为$s_{1,2}=\pm \mathrm{j}\sqrt{2}$，试寻找其相应的第三个闭环极点。

(2) 已知闭环极点有$s_{1,2}=-0.33\pm \mathrm{j}0.58$，求第三个闭环极点和对应的开环增益。

解： (1) 系统有三个闭环极点，当$s_{1,2}=\pm \mathrm{j}\sqrt{2}$时，由式(4-35)知，闭环极点之和等于开环极点之和，即

$$s_1+s_2+s_3=0+(-1)+(-2)=-3$$

所以

$$s_3=-3-s_1-s_2=-3-\mathrm{j}\sqrt{2}-(-\mathrm{j}\sqrt{2})=-3$$

(2) 当$s_{1,2}=-0.33\pm \mathrm{j}0.58$，第三个闭环极点必定在图 4.7 中$p_3$的左边实轴上。根据式(4-35)，开环极点之和等于闭环极点之和，有

$$s_3=-3-s_1-s_2=-3-(-0.33)\times 2=-2.34$$

根据幅值条件可计算此时的根轨迹增益为

$$K_r=\left|s(s+1)(s+2)\right|=1.066$$

因为

$$G_k(s)=\frac{K_r}{s(s+1)(s+2)}=\frac{\frac{1}{2}K_r}{s(s+1)(\frac{s}{2}+1)}=\frac{K}{s(s+1)(\frac{s}{2}+1)}$$

所以，此时的开环增益为

$$K=\frac{1}{2}K_r=0.533$$

本节介绍了 9 条绘制根轨迹的法则，可以利用它们迅速地绘制出系统根轨迹的大致形状(即所谓根轨迹草图)，从而可以直观地分析系统参数K_r变化对性能的影响。若需得到更准确的根轨迹，还可适当选择一些K_r，通过运算确定轨迹上若干点的位置(尤其是在虚轴附近或原点附近的重要位置上)，做相应的修改后，就能得到比较精确的根轨迹。

下面看几个根轨迹绘制的例子。

【例 4-9】 已知系统的开环传递函数为

$$G_k(s)=\frac{K_r}{s(s+1)(s+3)(s^2+2s+2)}$$

试绘制根轨迹草图。

解： 绘制步骤如下。

(1) 系统开环极点为 $p_1=0$，$p_2=-1$，$p_3=-3$ 以及 $p_{4,5}=-1\pm \mathrm{j}$；无开环零点。$n-m=5$，故有 5 条根轨迹分支，都趋向无穷零点。

(2) 实轴上的根轨迹段为 $(-\infty,-3)$，$(-1,0)$。

(3) 渐近线在实轴上的截距和倾角分别为

$$\sigma_a=\frac{0+(-1)+(-3)+(-1+\mathrm{j})+(-1-\mathrm{j})}{5}=-\frac{6}{5}=-1.2$$

$$\theta=\frac{\pm(2k+1)\times180^\circ}{5}=\pm36^\circ,\pm108^\circ,180^\circ$$

(4) 求根轨迹在实轴上的分离点，令

$$G_K(s)=K_r\frac{M(s)}{N(s)}$$

$$M(s)=1,\quad N(s)=s(s+1)(s+3)(s^2+2s+2)$$

所以　　$M'(s)N(s)-M(s)N'(s)=-(5s^4+24s^3+39s^2+28s+6)=0$

解方程得 $s_1=-2.5$，$s_{2,3}=-0.97\pm \mathrm{j}0.64$，$s_4=-0.35$。

根据实轴上的根轨迹段分析，s_1 不在根轨迹上，$s_4\in(-1,0)$，是分离点。对于 s_2 和 s_3，可用幅角条件验证，它们不在根轨迹上。故分离点为 $s_4=-0.35$。

(5) 根轨迹在开环极点 p_4 处的出射角为

$$\theta_4=180^\circ-(135^\circ+90^\circ+90^\circ+26.6^\circ)=-161.6^\circ$$

根据对称性，开环极点 p_5 处的出射角为

$$\theta_5=161.6^\circ$$

(6) 求根轨迹与虚轴之交点。系统的特征方程为

$$s^5+6s^4+13s^3+14s^2+6s+K_r=0$$

把 $s=\mathrm{j}\omega$ 代入得

$$(\mathrm{j}\omega)^5+6(\mathrm{j}\omega)^4+13(\mathrm{j}\omega)^3+14(\mathrm{j}\omega)^2+\mathrm{j}6\omega+K_r=0$$

整理后，令虚部与实部均为 0，得

$$\begin{cases}6\omega^4-14\omega^2+K_r=0\\ \omega^5-13\omega^3+6\omega=0\end{cases}$$

联立求解上述方程，得

$\begin{cases}\omega_1=0\\K_{r1}=0\end{cases}$(不是所求穿越点，舍去)，$\begin{cases}\omega_{2,3}=\pm0.69\\K_{r2}=5.3\end{cases}$，$\begin{cases}\omega_{4,5}=\pm3.54\\K_{r2}=-765.2\end{cases}$(根轨迹增益小于 0，舍去)

根据上述分析结果，概略画出系统根轨迹如图 4.11 所示。

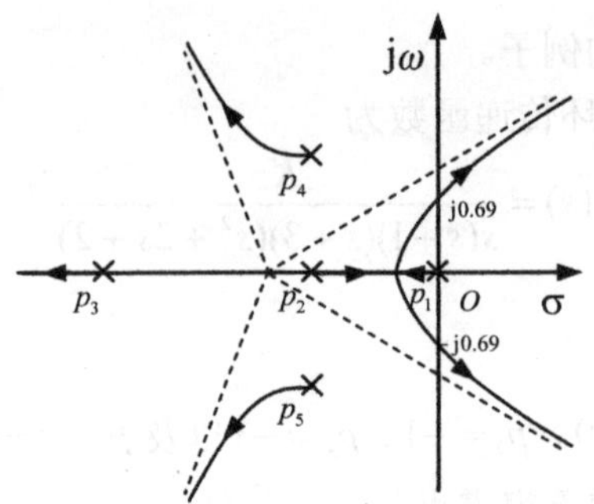

图 4.11　例 4-9 根轨迹

【例 4-10】 已知系统的开环传递函数为 $G_k(s)=\dfrac{K_r(s+4)}{s(s+2)}$，试概略画出其根轨迹。

解： 系统有 2 个极点：$p_1=0$，$p_2=-2$；1 个零点：$z_1=-4$。根据前面的 9 条规则，可以确定它有两条根轨迹分支，并可计算分离点和会合点，其根轨迹如图 4.12 所示。

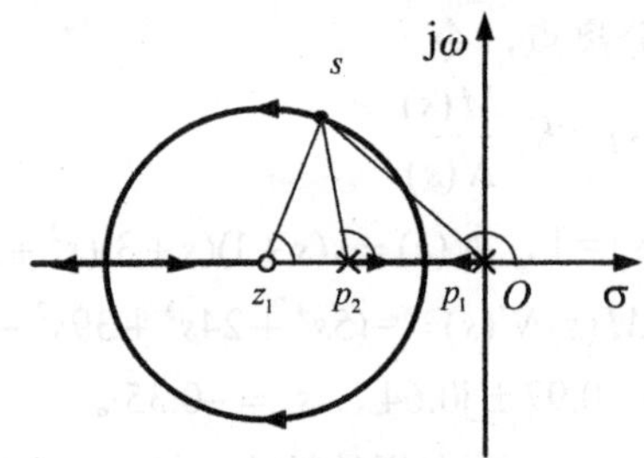

图 4.12　例 4-10 根轨迹

这里讨论它的根轨迹离开实轴后是否为圆弧。

取一试探点 s，若 s 点在根轨迹上，则应满足相角条件，即

$$\angle(s-z_1)-\angle(s-p_1)-\angle(s-p_2)=180^\circ$$

用 $s=\sigma+\mathrm{j}\omega$ 代入上式，得

$$\angle(\sigma+4+\mathrm{j}\omega)-\angle(\sigma+\mathrm{j}\omega)-\angle(\sigma+2+\mathrm{j}\omega)=180^\circ$$

若幅角改用反正切表示，则

$$\arctan\frac{\omega}{\sigma+4}-\arctan\frac{\omega}{\sigma}-\arctan\frac{\omega}{\sigma+2}=180^\circ$$

移项得

$$\arctan\frac{\omega}{\sigma+4}-\arctan\frac{\omega}{\sigma}=180^\circ+\arctan\frac{\omega}{\sigma+2}$$

利用反三角函数的恒等式关系，得

$$\arctan\frac{\dfrac{\omega}{\sigma+4}-\dfrac{\omega}{\sigma}}{1+\dfrac{\omega}{\sigma+4}\cdot\dfrac{\omega}{\sigma}}=180^\circ+\arctan\frac{\omega}{\sigma+2}$$

两边取正切，可得

$$\frac{\dfrac{\omega}{\sigma+4}-\dfrac{\omega}{\sigma}}{1+\dfrac{\omega}{\sigma+4}\cdot\dfrac{\omega}{\sigma}}=\frac{\omega}{\sigma+2}$$

经化简整理后得

$$(\sigma+4)^2+\omega^2=16$$

这是圆方程，圆心在$(-4,0)$点，半径为$2\sqrt{2}$。如果p_1和p_2不是实数极点，而是共轭复数极点，同样可以用类似的方法证明根轨迹是圆弧。

4.3　广义根轨迹

前面讨论的开环传递函数中根轨迹增益K_r或开环传递函数系数K从0到∞变化时的根轨迹，称为常规根轨迹。在实际的工程应用中，会遇到很多其他的根轨迹，统称为广义根轨迹。

4.3.1　参量根轨迹

参量根轨迹指的是选择其他可变参数的根轨迹，如开环零极点、时间常数、反馈系数等。绘制系统参量根轨迹的关键在于：必须首先正确根据根轨迹方程求出等效开环传递函数，让可变参数成为等效开环传递函数的增益，这样参量根轨迹的原理和绘制方法就与常规根轨迹相同。因为根轨迹方程一般可以写成式(4-43)的形式：

$$K_r\frac{M(s)}{N(s)}=-1 \tag{4-43}$$

只要能把闭环特征方程变形为类似的形式，如

$$K'\frac{A(s)}{B(s)}=-1 \tag{4-44}$$

式中，K'是要研究的变化参数。分式$K'\dfrac{A(s)}{B(s)}$就是等效开环传递函数。一旦求得等效开环传递函数，便可以依照绘制K_r变化时的根轨迹的法则，顺利地绘制出系统的参量根轨迹。

下面举例说明参量根轨迹的绘制方法。

【例4-11】 已知单位反馈系统的开环传递函数为$G(s)=\dfrac{\frac{1}{4}(s+a)}{s^2(s+1)}$，试分析$a$从0变化到∞的系统性能。

解： 本例中系统有一个开环零点$-a$，研究零点位置变化对系统的影响。根据根轨迹方程

$$\frac{\frac{1}{4}(s+a)}{s^2(s+1)}=-1$$

有

$$s^3+s^2+\frac{1}{4}s+\frac{1}{4}a=0 \tag{4-45}$$

整理得

$$\frac{\frac{1}{4}a}{s\left(s^2+s+\frac{1}{4}\right)}=-1$$

所以等效开环传递函数为

$$G^*(s)=\frac{\frac{1}{4}a}{s\left(s^2+s+\frac{1}{4}\right)}$$

可根据前述绘图规则绘出根轨迹。

(1) 等效开环传递函数有三个极点 $p_1=0$，$p_{2,3}=-\frac{1}{2}$(二重极点)。

(2) 实轴上的根轨迹段是$\left(-\infty,-\frac{1}{2}\right)$和$\left(-\frac{1}{2},0\right)$。

(3) 有 3 条根轨迹，都延伸到无穷零点。渐近线在实轴上的截距为

$$\sigma_a=\frac{0-\frac{1}{2}-\frac{1}{2}}{3}=-\frac{1}{3}$$

渐近线的倾角为 $\theta=\frac{\pm(2k+1)\times180^\circ}{3}=\pm60^\circ,180^\circ$

(4) 分离点根据方程 $\frac{1}{d}+\frac{2}{d+\frac{1}{2}}=0$计算得$d=-1/6$

分离点处的a值可根据幅值条件计算，有$a=4\left|-\frac{1}{6}\left(-\frac{1}{6}+\frac{1}{2}\right)^2\right|=\frac{2}{27}$。

(5) 根轨迹与虚轴的交点。把$s=\mathrm{j}\omega$代入闭环特征方程(4-44)，得

$$(\mathrm{j}\omega)^3+(\mathrm{j}\omega)^2+\frac{1}{4}\mathrm{j}\omega+\frac{1}{4}a=0$$

$$-\omega^2+\frac{1}{4}a+\mathrm{j}\left(-\omega^3+\frac{1}{4}\omega\right)=0$$

令实部、虚部分别为 0，得

$$\begin{cases}a=0\\ \omega=0\end{cases}(\text{舍去}),\quad \begin{cases}a=1\\ \omega=\pm\frac{1}{2}\end{cases}$$

根据上述分析绘出根轨迹如图 4.13 所示。

(6) 从根轨迹图可以看出，系统有 3 个闭环极点。

① 当$0<a\leqslant\frac{2}{27}$时，3 个闭环极点都在负实轴上，系统的阶跃响应为过阻尼的单调上

升过程。

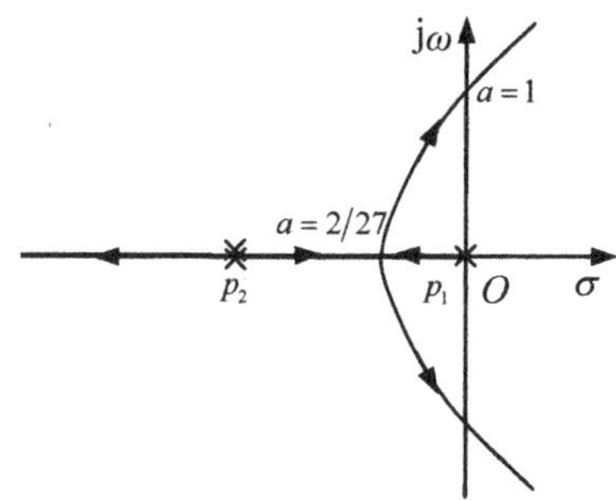

图 4.13 例 4-11 根轨迹

② 当$\frac{2}{27}<a\leqslant 1$时，2 个靠近虚轴的闭环极点离开实轴进入复平面，此时系统的阶跃响应是欠阻尼的衰减振荡过程。

③ 当$1<a$时，2 个闭环极点穿过虚轴进入右半平面，此时系统不稳定。

【例 4-12】 已知单位反馈系统的开环传递函数为$G(s)=\dfrac{s+2}{s(Ts+1)(s+1)}$，试概略绘出$T$从 0 变化到∞的根轨迹。

解： 本例中以时间常数T为可变参数，根据根轨迹方程得到等效开环传递函数。

$$\frac{s+2}{s(Ts+1)(s+1)}=-1$$

$$s+2=-s(Ts+1)(s+1)$$

$$s+2=-\left(Ts^3+Ts^2+s^2+s\right)$$

$$\frac{T\left(s^3+s^2\right)}{s^2+2s+2}=-1$$

所以等效开环传递函数为

$$G^*(s)=\frac{T\left(s^3+s^2\right)}{s^2+2s+2}$$

(1) 等效开环传递函数有 3 个零点：$z_{1,2}=0$，$z_3=-1$；2 个极点：$p_{1,2}=-1\pm \mathrm{j}$。零点数多于极点数，此时应该有 3 条根轨迹分支，两条起始于 2 个极点，一条起始于无穷极点，都终止于零点。

(2) 实轴上的根轨迹段是$(-\infty,-1)$。

(3) 根轨迹的出射角为

$$\begin{aligned}\theta_{p_1}&=180^\circ+\angle(p_1-z_1)+\angle(p_1-z_2)+\angle(p_1-z_3)-\angle(p_1-p_2)\\&=180^\circ+135^\circ+135^\circ+90^\circ-90^\circ=450^\circ=90^\circ\\\theta_{p_2}&=-90^\circ\end{aligned}$$

(4) 根据以上分析绘制根轨迹草图如图 4.14 所示。

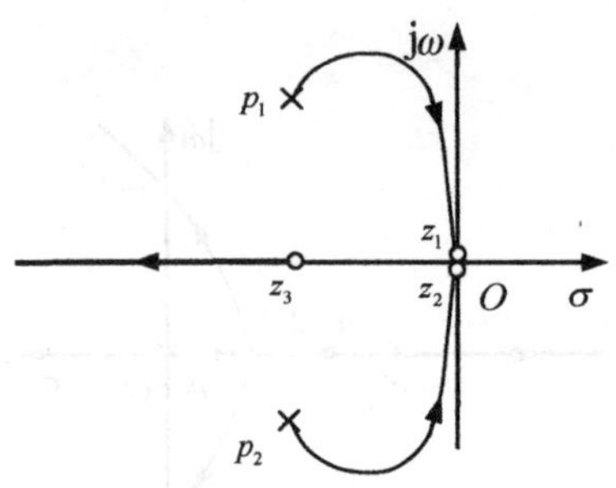

图 4.14　例 4-12 根轨迹

4.3.2　多参数根轨迹簇

4.3.1 小节介绍了单参数系统根轨迹图的绘制。在工程实际中往往遇到结构复杂的多参数系统，为了分析各个参数对整个系统性能的影响，就必须解决多参数控制系统根轨迹绘制的问题。经常采用的方法是先简化系统，只考虑一个参数对系统开环极点的影响，画出相应的根轨迹，然后选择适当的参数画整个系统的根轨迹，得到的是一组曲线，形成一个根轨迹簇。以下通过一个例子说明多回路系统根轨迹的绘制过程。

【例4-13】 已知控制系统的结构如图 4.15 所示，试绘制局部闭环参数 β 以及放大器系数 K 变化时的根轨迹。

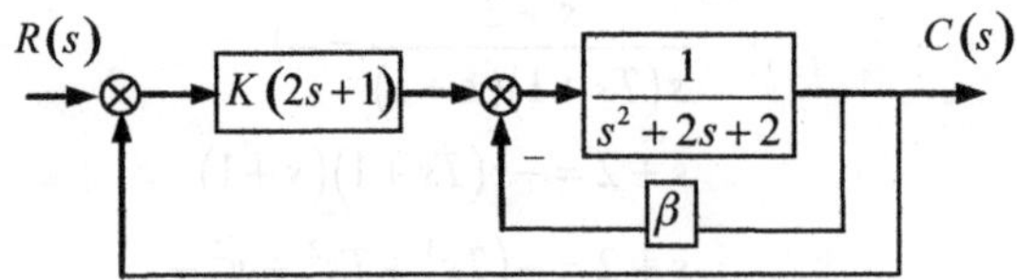

图 4.15　例 4-13 系统结构图

解：根据系统结构图，可得其开环传递函数为

$$G_k(s)=\frac{K(2s+1)}{s^2+2s+2+\beta} \tag{4-46}$$

有两个可变参数 K 和 β 。

(1) 根据式(4-46)可知系统的开环极点是 $z_1=-\frac{1}{2}$ ，极点要通过

$$s^2+2s+2+\beta=0 \tag{4-47}$$

来计算，极点随 β 变化而变化。式(4-47)可改写为

$$1+\frac{\beta}{s^2+2s+2}=0 \tag{4-48}$$

这意味着式(4-48)可当做根轨迹方程来处理，绘出根轨迹以后，原系统的开环极点就在其根轨迹上。相应的等效开环传递函数为

$$G'_k(s)=\frac{\beta}{s^2+2s+2} \tag{4-49}$$

只有两个开环极点： $p'_{1,2}=-1\pm \mathrm{j}$ 。根据开环传递函数画根轨迹图，如图 4.16(a)所示。

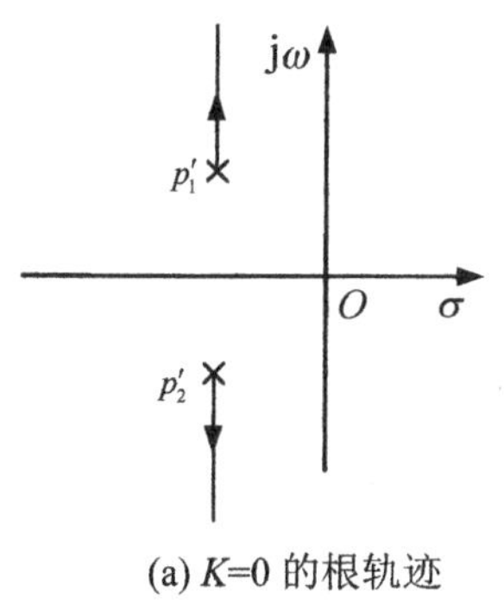

(a) K=0 的根轨迹

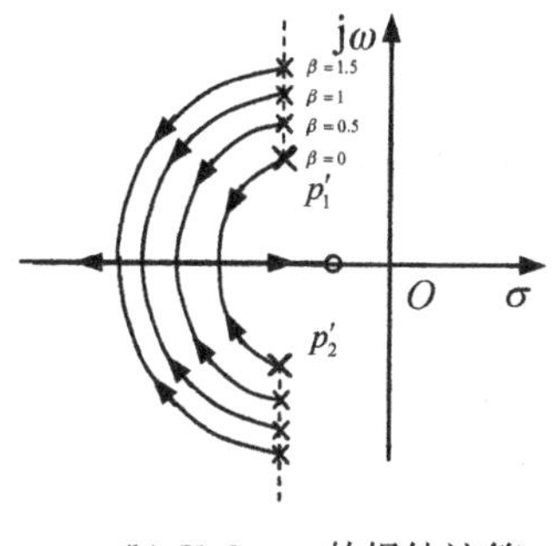

(b) K=0→∞的根轨迹簇

图 4.16　例 4-15 根轨迹簇

(2) 下面考虑可变参数 K。当 β 取定值时，式(4-46)的极点可以确定，由(4-47)得

$$p_{1,2}=-1\pm \mathrm{j}\sqrt{1+\beta} \tag{4-50}$$

取如下几种情况：

当 $\beta=0$ 时　　$p_{1,2}=-1\pm \mathrm{j}$

当 $\beta=0.5$ 时　　$p_{1,2}=-1\pm \mathrm{j}1.22$

当 $\beta=1$ 时　　$p_{1,2}=-1\pm \mathrm{j}1.41$

当 $\beta=1.5$ 时　　$p_{1,2}=-1\pm \mathrm{j}1.58$

分别绘出它们的根轨迹，它们的极点都在图 4.16(b)所示的根轨迹上，还可以根据需要画出特定 β 的根轨迹，构成根轨迹簇。

4.3.3　正反馈系统的根轨迹

通过负反馈调整偏差信号使受控量达到期望值是自动控制系统的一个重要特点。然而，在某些复杂的控制系统中，由于控制对象本身的特征或为满足某种性能要求，可能会出现局部正反馈的结构。另外，在研究非最小相位系统时，可能出现传递函数分子或分母中 s 最高次幂系数为负的情况。因此，在利用根轨迹法对系统进行分析或综合时，有必要解决这两方面的问题，从而提出正反馈系统根轨迹的概念，也称为 0° 根轨迹。

如图 4.17 所示的正反馈控制系统，闭环传递函数为

$$\Phi(s)=\frac{C(s)}{R(s)}=\frac{G(s)}{1-G(s)H(s)} \tag{4-51}$$

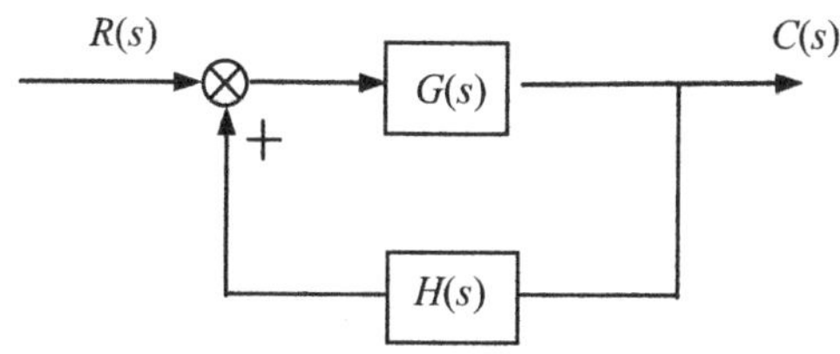

图 4.17　正反馈控制系统结构图

系统的特征方程为

$$1-G(s)H(s)=0$$

相应的根轨迹方程为

$$G_{\mathrm{k}}(s)=G(s)H(s)=1 \tag{4-52}$$

其幅值条件和相角条件分别为

$$\left|G_{\mathrm{k}}(s)\right|=1 \tag{4-53}$$

$$G_{\mathrm{k}}(s)=\pm 180^{\circ}\times 2k \qquad (k=0,1,2,\cdots) \tag{4-54}$$

把式(4-53)和式(4-54)与负反馈系统的幅值条件式(4-9)和相角条件式(4-10)相比较可知，两种系统的幅值条件相同，但相角条件不一样。负反馈系统的相角条件是 180° 的奇数倍，而正反馈系统的相角条件却是 180° 的偶数倍。所以，通常把负反馈系统的根轨迹称为常规根轨迹或 180° 根轨迹，而把正反馈系统的根轨迹称为 0° 根轨迹。

绘制正反馈系统的根轨迹时，前面介绍过的 9 条法则中，有 3 条与相角方程有关的法则，要作出如下相应的修改。

规则 4′ 实轴上的根轨迹段改为：实轴上根轨迹段的右侧实轴上，开环零点和极点数目之和应为偶数(包括 0)。

规则 5′ 根轨迹的渐近线在实轴上的截距和 180° 根轨迹相同，渐近线的倾角改为

$$\theta=\frac{180^{\circ}\times 2k}{n-m} \qquad (k=0,\ 1,\ 2,\ \cdots) \tag{4-55}$$

规则 7′ 根轨迹的出射角和入射角改为如下。

① 离开开环极点 p_{a} 时出射角改为

$$\theta_{p_{\mathrm{a}}}=\sum_{i=1}^{m}\varphi_i-\sum_{\substack{j=1\\ \neq a}}^{n}\theta_j \tag{4-56}$$

② 进入开环零点 z_{b} 时入射角改为

$$\varphi_{z_{\mathrm{b}}}=\sum_{j=1}^{n}\theta_j-\sum_{\substack{i=1\\ \neq b}}^{m}\varphi_i \tag{4-57}$$

【例 4-14】 设正反馈系统的开环传递函数为

$$G_{\mathrm{k}}(s)=\frac{K_{\mathrm{r}}(s+3)}{s\left(s^2+2s+2\right)}$$

试绘制 K_{r} 由 $0\rightarrow\infty$ 变化时的根轨迹。

解： 根据正反馈系统根轨迹的有关法则知：

(1) 系统有 1 个零点 $z_1=-3$；3 个极点 $p_1=0$，$p_{2,3}=-1\pm\mathrm{j}$。共有 3 条根轨迹分支，1 条终止于零点 z_1，另外 2 条终止于无穷远处。

(2) 根据修改后的规则 4′，实轴上的根轨迹段应该是 $(-\infty,-3)$ 和 $(0,\infty)$。

(3) 在开环复数极点 p_1 上根轨迹的出射角按式(4-56)得

$$\theta_{p_2}=\angle(p_2-z_1)-\angle(p_2-p_1)-\angle(p_2-p_3)=26.6^{\circ}-135^{\circ}-90^{\circ}=-198.4^{\circ}$$

根据对称性，$\theta_{p_3}=198.4^{\circ}$。

(4) 求根轨迹在实轴上的分离点。

令
$$G_{\mathrm{k}}(s)=\frac{K_{\mathrm{r}}(s+3)}{s(s^2+2s+2)}=\frac{M(s)}{N(s)}$$

计算$M'(s)N(s)-M(s)N'(s)=0$，整理得

$$2s^3+11s^2+12s+6=0$$

解之得　　$s_1=-4.26$，$s_{2,3}=-0.62\pm j0.65$(舍去)

所以，分离点出现于负实轴上$s_1=-4.26$处。

(5) 根轨迹两条分支在实轴上分离后，一条终止于开环零点z_1处，另一条一直往左终止于无穷零点。

系统完整的根轨迹如图4.18中实线所示，根轨迹呈圆弧状。

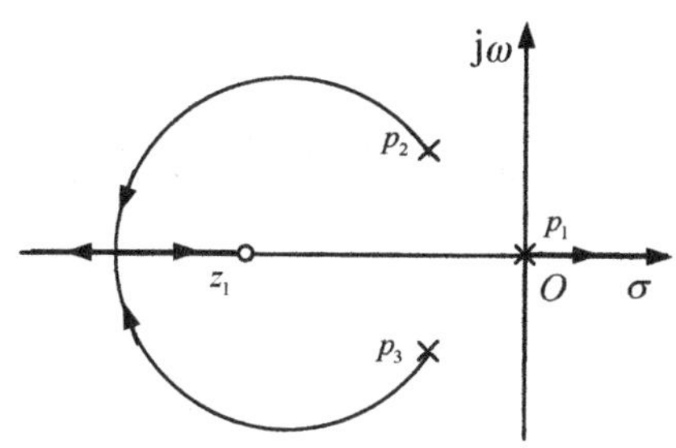

图4.18　例4-14根轨迹

有些非最小相位系统虽然是负反馈系统，但是由于分子或分母中s的最高次幂系数为负，也应该用0°根轨迹分析。

【例4-15】 设单位反馈系统的开环传递函数为

$$G(s)=\frac{K_r(-s+1)}{s(s+2)}$$

试绘制K_r由$0\to\infty$变化时的根轨迹。

解：系统的开环传递函数可改写为零极点的形式，有

$$G(s)=-\frac{K_r(s-1)}{s(s+2)}$$

由于增益为负，相当于从负反馈变成正反馈，应该绘制0°根轨迹。

(1) 系统的零点为$z_1=1$；极点为$p_1=0$，$p_2=-2$。

(2) 实轴上的根轨迹段是$(-\infty,-2)$和$(1,\infty)$。

(3) 求分离点。

$$\frac{1}{s-1}=\frac{1}{s}+\frac{1}{s+2}$$

整理得　　$s^2-2s-2=0$

解得$s_1=1+\sqrt{3}$，$s_2=1-\sqrt{3}$。

(4) 求与虚轴的交点。

闭环特征方程式为$s^2+2s-K_rs-K_r=0$，这是一元二次方程，如果有重根，则

$$\Delta=(2-K_r)^2+4K_r=0$$

解之得$K_r=2$，再代入闭环特征方程，得$s=\pm\sqrt{2}$。

系统的根轨迹如图4.19所示。

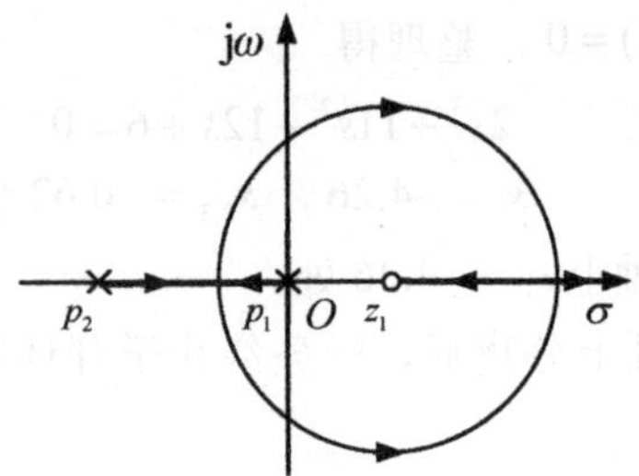

图 4.19　例 4-15 根轨迹

4.4　控制系统的根轨迹分析

由前述可知，系统的阶跃响应与闭环零极点的分布密切相关。为了评价系统性能的优劣，就得首先求得系统的闭环零极点，然后按其分布情况估算出系统的动态性能和静态性能指标。

对于一个具体的控制系统，在绘制出其根轨迹后，就可以利用幅值条件或通过试探法在根轨迹上求出相应于已知参数(例如 K_r 值)的全部闭环极点。至于闭环系统的零点，可通过传递函数分析而求得。一般地，非单位反馈系统的闭环零点由前向通道传递函数的零点以及反馈通道传递函数的极点所组成，而单位反馈系统的闭环零点则等于开环传递函数的零点。以下通过实例说明求取闭环系统零极点的方法。

4.4.1　根轨迹确定系统的闭环极点

有时需要根据根轨迹增益 K_r 确定相应的闭环极点，往往采用试探的方法。

【例 4-16】 已知单位反馈系统的开环传递函数为

$$G(s)=\frac{K_a}{s(s+2)(0.2s+1)}$$

试应用根轨迹求当 $K_a=2$ 时的闭环极点，并写出相应的闭环传递函数。

解： 将开环传递函数写成零极点的形式

$$G(s)=\frac{5K_a}{s(s+2)(s+5)}=\frac{K_r}{s(s+2)(s+5)}$$

根据根轨迹绘制的 9 条规则绘制根轨迹如图 4.20 所示，共有 3 条分支。

根轨迹的分离点为 $d=-0.88$，相应的根轨迹增益为 $K_{rd}=4.06$。

根轨迹与虚轴的交点是 $s=\pm j3.16$，相应的根轨迹增益为 $K_r=70$。

当 $K_a=2$，即 $K_r=5K=10$，此时的三个闭环极点分别是 s_1、s_2 和 s_3，位于 3 条根轨迹分支上。由于 $4.06<K_r<70$，所以 s_1 和 s_2 必定离开实轴进入复平面，且没有进入右半平面。

因为 s_3 是实数，可对其进行估算，试探取一些值，利用幅值条件计算相应的 K_r 值。

取 $s_3=-5.4$，　$K_r=\left|s_3(s_3+2)(s_3+5)\right|=7.344$

取 $s_3=-5.5$，　$K_r=\left|s_3(s_3+2)(s_3+5)\right|=9.625$

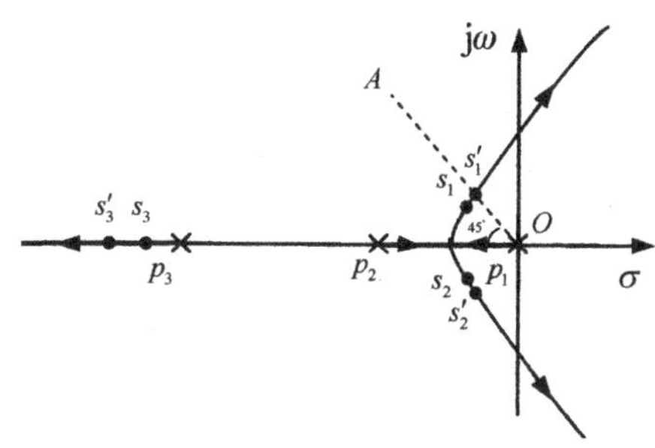

图 4.20　例 4-16 根轨迹

取 $s_3=-5.6$，　$K_r=\left|s_3(s_3+2)(s_3+5)\right|=12.1$

取 $s_3=-5.55$，　$K_r=\left|s_3(s_3+2)(s_3+5)\right|=10.8$

取 $s_3=-5.52$，　$K_r=\left|s_3(s_3+2)(s_3+5)\right|=10.1$

所以这里取 $s_3=-5.52$，根据闭环特征方程和长除法，有

$$\frac{s^3+7s^2+10s+10}{s+5.52}=s^2+1.48s+1.8=0$$

可求解出另外两个极点 $s_{1,2}=-0.74\pm \mathrm{j}1.12$。

故可写出系统的闭环传递函数为

$$\Phi(s)=\frac{1}{(s+5.52)(s^2+1.48s+1.8)}$$

4.4.2　根轨迹确定系统的动态特性

通过根轨迹，可以确定当根轨迹增益 K_r 为确定值时系统闭环极点的位置，从而根据闭环极点确定系统的动态性能。

对一个控制系统的基本要求是：闭环系统要稳定；动态过程的快速性、稳定性要好；稳态误差要小。为了达到这些要求，闭环系统的零极点在 s 平面上的分布就应有相应的限制。从第 3 章可知：

(1) 系统稳定，要求全部闭环极点均应分布在 s 平面的左半部。系统稳定与否，和闭环零点的位置无关。

(2) 系统的快速性好，要求闭环极点均应远离虚轴，以使阶跃响应中的每个分量都快速衰减。

(3) 系统的稳定性好，要求主导极点和负实轴的夹角β不能太大，通常取$\beta=\pm45°$，其对应的阻尼系数($\xi=0.707$)为最佳阻尼系数。

(4) 离虚轴最近的闭环极点对系数的动态过程性能影响最大，起着决定性的主导作用，故称为主导极点。

(5) 闭环零点的存在，可以削弱或抵消其附近闭环极点的作用。当某个零点 z_i 与某极点 p_j 非常接近时，它们便称为一对偶极子，偶极子靠得越近，则 z_i 对 p_j 的抵消作用就越强。偶极子的概念使我们有可能在系统中人为地引入适当的零点，以抵消对动态过程有明显坏影响的极点，从而提高系统的性能指标。

【例4-17】 利用根轨迹分析例 4-16 的系统，设该系统具有阻尼比 $\xi=0.707$ 的共轭闭环主导极点和其他的闭环极点，估算此时系统的性能指标。

解：开环传递函数为

$$G(s)=\frac{5K_{\mathrm{a}}}{s(s+2)(s+5)}=\frac{K_{\mathrm{r}}}{s(s+2)(s+5)}$$

为了确定满足 $\xi=0.707$ 条件时系统的 3 个闭环极点，首先作出 $\xi=0.707$ 的等阻尼线 OA，它与负实轴的夹角为

$$\beta=\arccos\xi=\arccos 0.707=45^\circ$$

如图 4.20 中的虚线所示。等阻尼线 OA 与根轨迹的交点即相应的闭环极点 s_1'，由图中量出 $s_1'=-0.81+\mathrm{j}0.81$，另一共轭复数极点为 $s_2'=-0.81+\mathrm{j}0.81$。

再根据规则 9，闭环极点之和等于开环极点之和，可求得对应的第三个闭环极点为

$$s_3'=0+(-2)+(-5)-(-0.81+\mathrm{j}0.81)-(-0.81-\mathrm{j}0.81)=-5.38$$

根据根轨迹方程的幅值条件可得对应于 s_3' 点的根轨迹增益为

$$K_{\mathrm{r}}=|s_3'-p_1|\cdot|s_3'-p_2|\cdot|s_3'-p_3|=6.91$$

其对应的系数为

$$K_{\mathrm{a}}=\frac{K_{\mathrm{r}}}{5}=1.38$$

开环增益为

$$K=\frac{K_{\mathrm{a}}}{2}=0.69$$

s_1'、s_2' 符合成为系统的闭环主导极点的条件。于是，可根据由 s_1'、s_2' 所构成的二阶系统来估算本例的三阶系统的性能指标。

该二阶系统的阻尼比 $\xi=0.707$，而自然振荡频率 ω_{n} 为

$$\omega_{\mathrm{n}}=\sqrt{0.81^2+0.81^2}=1.14$$

在单位阶跃函数作用下，系统的动态性能指标为

$$\sigma\%=\mathrm{e}^{-\xi\pi/\sqrt{1-\xi^2}}=\mathrm{e}^{-0.707\times3.14/\sqrt{1-0.707^2}}=4.3\%$$

$$t_{\mathrm{s}}=\frac{3}{\xi\omega_{\mathrm{n}}}=\frac{3}{0.707\times1.14}=3.7\mathrm{s}$$

因为系统属 I 型系统，所以在位置阶跃输入作用下无稳态误差，而在单位斜坡给定信号作用下的稳态误差为

$$e_{\mathrm{ss}}=\frac{1}{K_{\mathrm{v}}}=\frac{1}{K}=\frac{1}{0.69}=1.45$$

4.4.3 开环零点对根轨迹的影响

既然根轨迹是系统特征方程的根随着某个参数变动而在 s 平面上移动的轨迹，那么，根轨迹的形状不同，闭环特征根可能的取值就不同，系统可能达到的性能就不一样。在工程上，为了实现改善系统的性能，往往需要对根轨迹进行改造。

从前面的分析可知，系统根轨迹的形状、位置完全取决于系统的开环传递函数中的零点和极点。因此，可通过增加开环零极点的手段来改造根轨迹，从而实现改善系统性能的

目的。下面讨论增加开环零点对系统根轨迹的影响。

【例 4-18】 已知负反馈系统的开环传递函数为$G(s)H(s)=\dfrac{K_g(s-a)}{s(s^2+2s+2)}$，试研究当$a$取不同值时系统的根轨迹，并分析$a$对系统性能的影响。

解：(1) 当$a\to-\infty$，开环零点在无穷远处，相当于没有开环零点。此时系统有 3 个开环极点：$p_1=0$，$p_2=-1+\mathrm{j}$，$p_3=-1-\mathrm{j}$，根轨迹有 3 条分支，如图 4.21(a)所示。

(2) 当$a=-4$时，有一条根轨迹终止于系统的开环零点$z_1=-4$，另外两条终止于无穷远处。根轨迹渐近线在实轴上的截距为$\sigma_a=\dfrac{p_1+p_2+p_3-z_1}{3-1}=1$，根轨迹如图 4.21(b)所示。

(3) 当$a=0$时，系统的根轨迹渐近线在实轴上的截距为$\sigma_a=\dfrac{-2-0}{3-1}=-1$，根轨迹如图 4.21(c)所示。

(4) 当$a=2$时，渐近线在实轴上的截距为$\sigma_a=\dfrac{-2-2}{3-1}=-2$，根轨迹如图 4.21(d)所示。

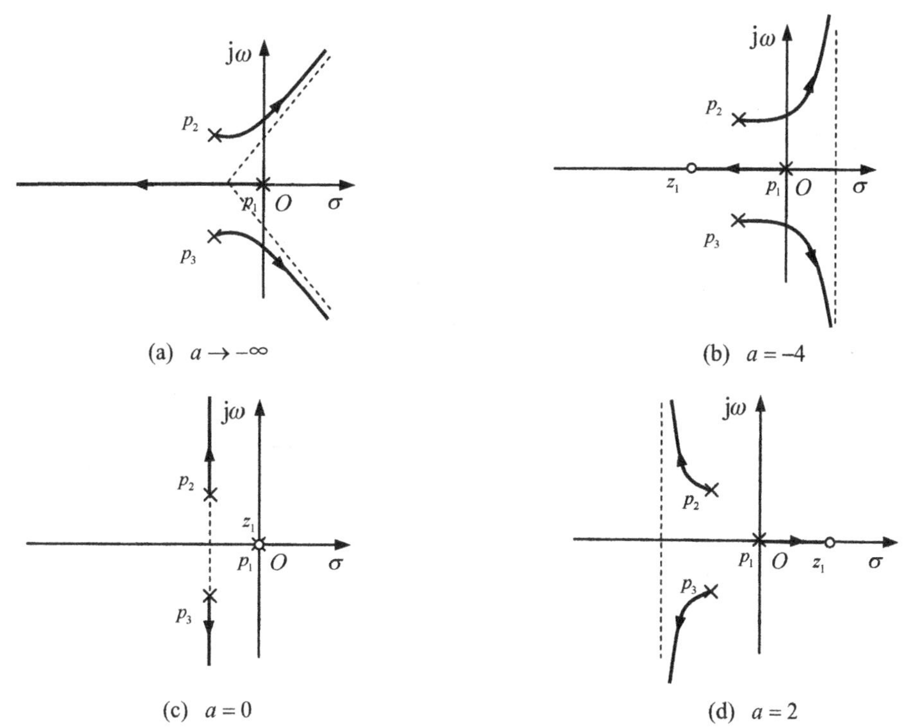

图 4.21　例 4-18 根轨迹

可以看出，随着开环零点的增大，根轨迹逐渐向左弯曲，闭环极点离虚轴的距离增大。如果原来的系统闭环极点位置不能满足要求，可以适当地增加开环零点，并取合适的根轨迹增益。

由绘制根轨迹的法则及例 4-18 知，增加一个开环零点，对系统的根轨迹有以下影响。

(1) 改变了根轨迹在实轴上的分布。

(2) 改变了根轨迹渐近线的条数、倾角及截距。

(3) 若增加的开环零点和某个极点重合或距离很近，构成开环偶极子，则两者相互抵消。因此，可加入一个零点来抵消有损于系统性能的极点。

(4) 增加左半平面的开环零点会使根轨迹曲线向左弯曲，有利于改善系统的动态性能，而且，所加的零点越靠近虚轴，则影响越大。

4.4.4 开环极点对根轨迹的影响

下面通过举例来说明增加开环极点对根轨迹的影响。

【例 4-19】 已知负反馈系统的开环传递函数为$G(s)H(s)=\dfrac{K_{\mathrm{r}}}{(s-a)(s^2+2s+2)}$，试研究当$a$取不同值时系统的根轨迹，并分析$a$对系统性能的影响。

解：(1) 当$a\to-\infty$时，极点在无穷远处，可不用考虑，系统有两个开环极点：$p_1=-1+\mathrm{j}$，$p_2=-1-\mathrm{j}$。有两条根轨迹分支如图 4.22(a)所示。

(2) 当$a=-4$时，附加极点为$p_3=-4$，有三条根轨迹分支如图 4.22(b)所示。渐近线和实轴的截距为$\sigma_{\mathrm{a}}=\dfrac{p_1+p_2+p_3}{3}=-2$。

(3) 当$a=0$时，根轨迹渐近线的截距为$\sigma_{\mathrm{a}}=\dfrac{p_1+p_2+p_3}{3}=-\dfrac{2}{3}$。此时的三条根轨迹分支如图 4.22(c)所示。

(4) 当$a=2$时，根轨迹渐近线的截距为$\sigma_{\mathrm{a}}=\dfrac{p_1+p_2+p_3}{3}=0$，此时的三条根轨迹分支如图 4.22(d)所示。

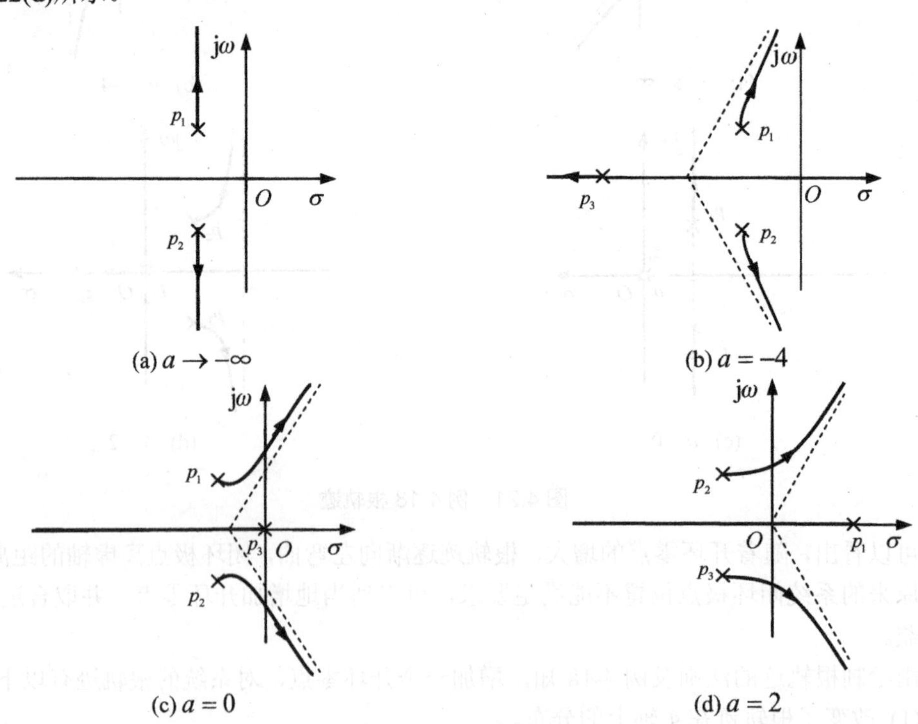

图 4.22 例 4-19 根轨迹

由绘制根轨迹法则和例 4-19 可以看出，增加一个开环极点，对系统根轨迹有以下影响。

(1) 改变了根轨迹在实轴上的分布。

(2) 改变了根轨迹渐近线的条数、倾角及截距。

(3) 改变了根轨迹的分支数。

(4) 根轨迹曲线向右偏移，不利于改善系统的动态性能，而且，所增加的极点越靠近虚轴，这种影响就越大。

4.5　利用 MATLAB 绘制根轨迹

可用 MATLAB 准确快捷地完成根轨迹绘制，并进行相关的分析，相应的命令是

```
rlocus(num,den)
```

其中，num 和 den 分别表示系统开环传递函数的分子多项式和分母多项式，如果已经用 G=tf(num,den)定义开环传递函数，也可用

```
rlocus(G)
```

在生成的根轨迹中，用“o”标明系统的开环零点，用“×”标明系统的开环极点。

【例 4-20】 已知系统的开环传递函数为$G(s)H(s)=\dfrac{K_r(s+3)}{s(s+1)}$，试绘制该系统的根轨迹。

解： 输入

```
num=[1 3];
den=[1 1 0];
rlocus(num,den)
```

得到根轨迹如图 4.23 所示。

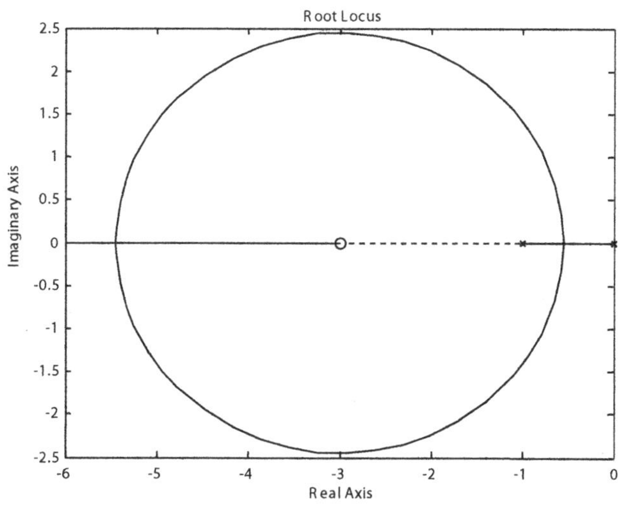

图 4.23　例 4-20 根轨迹

【例 4-21】 已知系统的开环传递函数为$G(s)H(s)=\dfrac{K_r}{s^2(s^2+2s+2)}$，试绘制该系统的根轨迹。

解： 输入

```
num=1;
den=[1 2 2 0 0];
rlocus(num,den)
```

如果要求根轨迹上某一点的坐标、开环增益，以及以它为主导极点时系统的时域指标等参数，可在相应的位置单击鼠标左键，如图 4.24 所示。

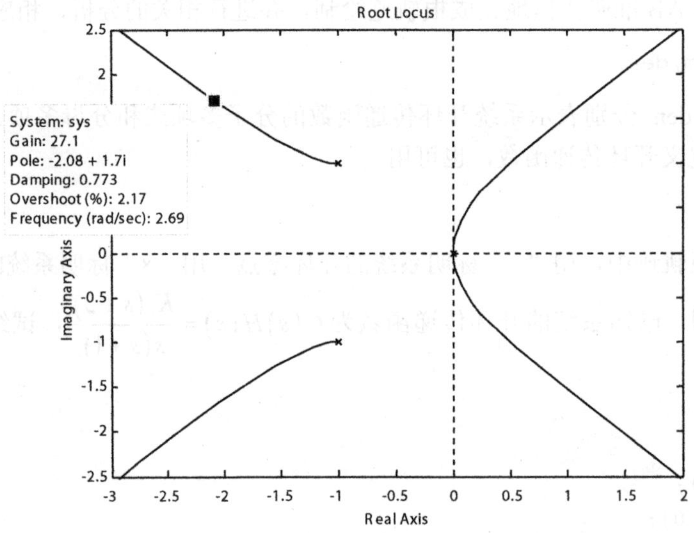

图 4.24　例 4-21 根轨迹

小　结

根轨迹分析法可以利用系统的开环零极点研究系统的一个参数变化的时候闭环极点的变化。

根轨迹图可以利用 9 条法则近似地画出。

如果系统的可变参数不是根轨迹增益，可以写出系统的等效开环传递函数，画出广义根轨迹。

对于正反馈系统，可以把 9 条法则中和相角有关的几条做相应的变化，画出 0° 根轨迹。

借助 MATLAB 软件，可以方便快捷地画出根轨迹。

习　　题

1．设单位反馈系统的开环传递函数为$G(s)=\dfrac{K(2s+1)}{s(s+1)}$，试用解析法画出开环增益$K$从零增加到无穷时的根轨迹图，并判断下列点是否在根轨迹上：$(-1+\mathrm{j})$，$(-0.3+\mathrm{j}0)$，$(-0.7+\mathrm{j}0)$，$(-2+3\mathrm{j})$。

2．系统的开环传递函数为

$$G(s)H(s)=\frac{K_\mathrm{r}}{(s+1)(s+2)(s+4)}$$

试证明点$s_1=-1+\mathrm{j}\sqrt{3}$在根轨迹上，并求出相应的根轨迹增益$K_\mathrm{r}$和开环增益$K$。

3．已知单位负反馈控制系统的开环传递函数如下，试概略画出它们的根轨迹图。

(1) $G(s)=\dfrac{K_\mathrm{r}(s+3)}{s(s+1)(s+2)}$

(2) $G(s)=\dfrac{K_\mathrm{r}(s+2)}{s(s+1)}$

(3) $G(s)=\dfrac{K_\mathrm{r}}{s(s+1)^2}$

(4) $G(s)=\dfrac{K_\mathrm{r}(s+2)}{s(s+1)(s+3)}$

4．已知单位负反馈控制系统的开环传递函数如下，试概略画出它们的根轨迹图(要求画出出射角和入射角)。

(1) $G(s)=\dfrac{K_\mathrm{r}(s+2)}{(s+1+\mathrm{j}2)(s+1-\mathrm{j}2)}$

(2) $G(s)=\dfrac{K_\mathrm{r}(s+1+\mathrm{j})(s+1-\mathrm{j})}{s(s+2)(s+3)}$

5．已知系统的开环传递函数为$G(s)=\dfrac{K_\mathrm{r}(s+3)}{s(s+2)}$。

(1) 试画出系统的根轨迹，标出分离点和会合点。

(2) 当根轨迹增益K_r为何值时，复数特征根的实部为-3？求出此根。

6. 设有一单位反馈系统，已知其前向通道的传递函数为

$$G(s)=\frac{K_\mathrm{r}}{s(s+1)(s+3)}$$

(1) 绘出该系统的根轨迹图。

(2) 求系统具有阻尼振荡响应的K_r值范围。

(3) 稳定情况下最大K_r值为多少？并求等幅振荡的频率。

(4) 为使闭环主导极点阻尼比为$\xi=0.5$，试确定K_r值。并求对应该值时，用因式分解表示的闭环传递函数。

7．已知反馈系统的开环传递函数为

$$G(s)H(s)=\frac{K_r(s+10)}{s(s+5)}$$

(1) 试绘制系统的根轨迹。

(2) 计算当根轨迹增益 K_r 为何值时，系统阻尼比最小，并求此时系统的闭环极点。

(3) 计算当 K_r=2 时，系统的闭环极点、超调量和调节时间。

8．设负反馈系统的开环传递函数为

$$G(s)H(s)=\frac{K}{s(0.01s+1)(0.02s+1)}$$

(1) 试绘制系统的根轨迹。

(2) 确定使系统临界稳定的开环增益 K_c。

(3) 确定与系统临界阻尼比相应的开环增益 K。

9．已知反馈控制系统的开环传递函数为

$$G(s)H(s)=\frac{K_r}{s^2(s+2)}$$

(1) 试绘制系统的根轨迹图。

(2) 如果系统增加一个开环零点 $-a$ (即在分子增加一个因式 $(s+a)$)，试绘制 $a>2$ 和 $a<2$ 时系统的根轨迹，并讨论增加零点对系统性能的影响。

10．已知控制系统的开环传递函数为

$$G(s)H(s)=\frac{K^*(s+2)}{(s^2+4s+8)^2}$$

试概略绘制系统根轨迹。

11．设反馈控制系统中

$$G(s)=\frac{K_r}{s^2(s+2)(s+5)}\text{，}\quad H(s)=1$$

要求：

(1) 概略绘出系统根轨迹图，并判断闭环系统的稳定性。

(2) 如果改变反馈通路传递函数，使 $H(s)=1+2s$，试判断 $H(s)$改变后的系统稳定性，研究由于 $H(s)$改变所产生的效应。

12．已知单位反馈系统的开环传递函数，要求：

(1) 确定 $G(s)=\dfrac{K_r(s+z)}{s^2(s+10)(s+20)}$ 产生纯虚根为 $\pm j1$ 的 z 值和 K_r 值。

(2) 概略绘出 $G(s)=\dfrac{K_r}{s(s+1)(s+3.5)(s+3+j2)(s+3-j2)}$ 的闭环根轨迹图(要求确定根轨迹的渐近线、分离点、与虚轴的交点和起始角)。

13．已知系统的开环传递函数为

$$G(s)=\frac{K_r}{s(s^2+3s+9)}$$

试用根轨迹法确定使闭环系统稳定的开环增益 K 值的范围。

14．单位反馈系统的开环传递函数为

$$G(s)=\frac{K^*(s^2-2s+5)}{(s+2)(s-0.5)}$$

试绘制系统根轨迹，确定使系统稳定的 K 值范围。

15．试绘出下列多项式方程的根轨迹。

(1) $s^3+4s^2+5s+Ks+2K=0$

(2) $s^3+3s^2+(K+2)s+9K=0$

16．已知单位负反馈控制系统的开环传递函数如下，试概略画出 b 从零变到无穷大时的根轨迹图。

(1) $G(s)=\dfrac{20}{(s+4)(s+b)}$

(2) $G(s)=\dfrac{10(s+b)}{s(s+5)}$

17．已知正反馈系统的开环传递函数为

$$G(s)H(s)=\frac{K_r}{s(s^2+2s+2)}$$

(1) 试绘制系统的根轨迹。

(2) 分析系统的稳定性。

18．控制系统的结构如图 4.25 所示，试概略绘出其根轨迹。

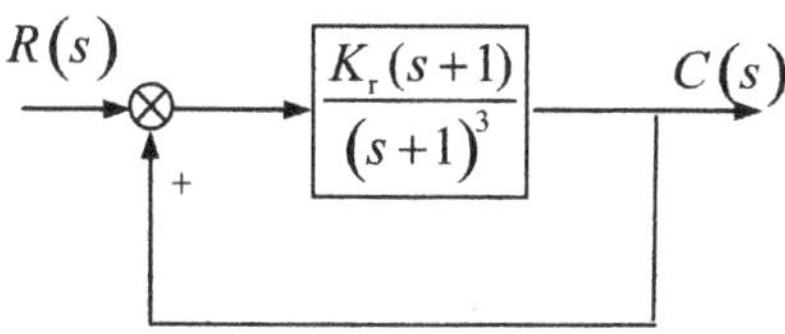

图 4.25　题 18 系统结构图

19．设单位反馈系统的开环传递函数为

$$G(s)=\frac{K_r(1-s)}{s(s+2)}$$

试绘制其根轨迹，并求使系统产生重实根和虚根的 K_r 值。

20．已知系统结构图如图 4.26 所示，试绘制时间常数 T 变化时系统的根轨迹，并分析参数 T 的变化对系统动态性能的影响。

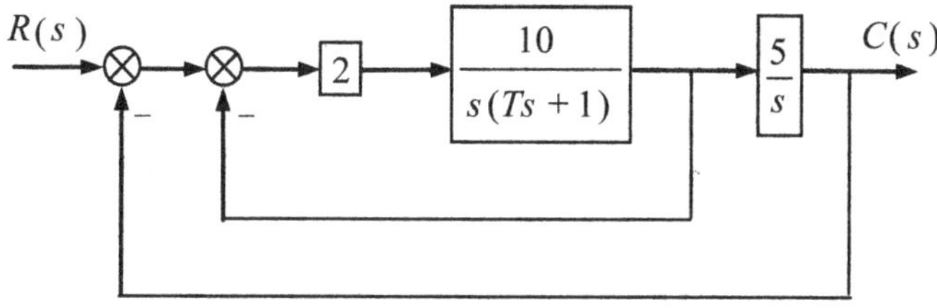

图 4.26　题 20 系统结构图

21．已知控制系统结构图如图 4.27 所示，试绘制其根轨迹，若要求系统的暂态响应为衰减振荡的，且闭环复数极点的阻尼比 $\xi = 0.707$，系统的开环增益 K 应调整为何值？

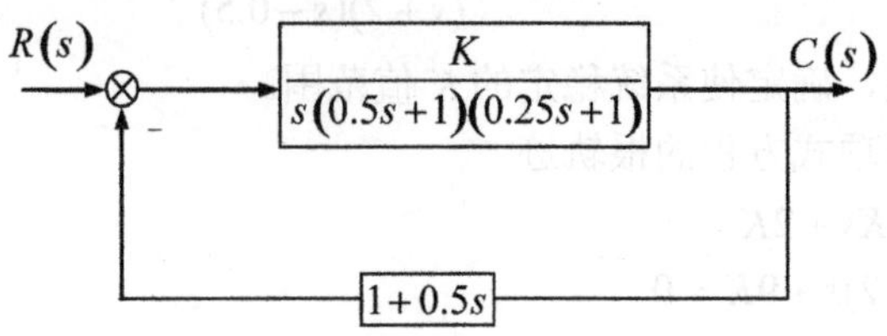

图 4.27 题 21 系统结构图

22．已知反馈控制系统的结构如图 4.28 所示，试绘出反馈系数 k 为参变量的根轨迹。

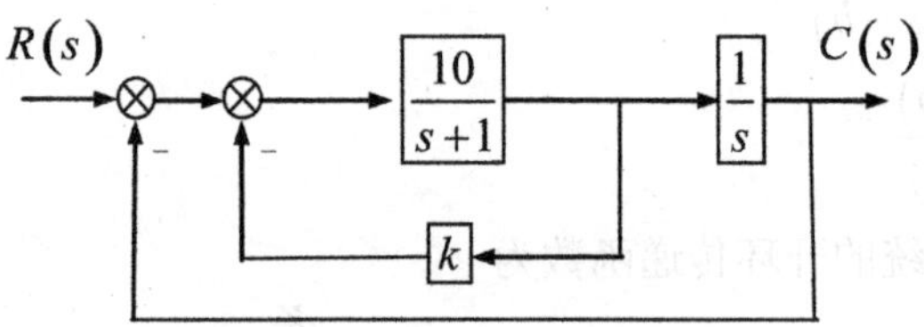

图 4.28 题 22 系统结构图

23．某单位反馈系统结构图如图 4.29 所示，试分别绘出校正装置传递函数为以下情况时的根轨迹图。

(1) $G_{c1}(s) = s$

(2) $G_{c2}(s) = s+3$

(3) $G_{c3}(s) = \dfrac{1}{s}+1$

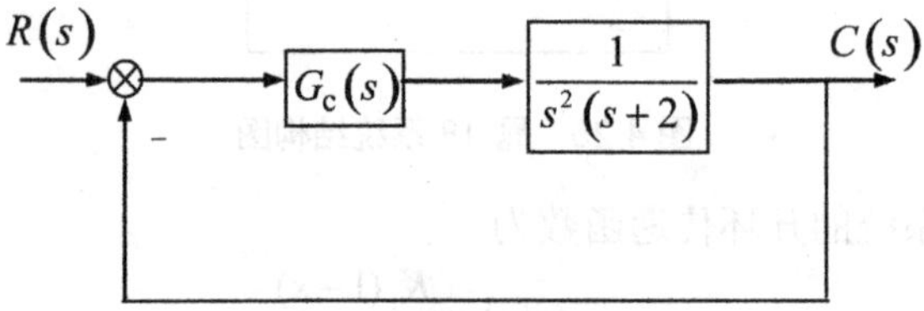

图 4.29 题 23 系统结构图

24．设单位反馈系统的开环传递函数为

$$G(s) = \frac{K_g}{s(s+a)}$$

试绘出 K_g 和 a 从 0 变到 ∞ 时的根轨迹簇。

第 5 章 频率特性法

【教学目标】

通过本章的学习，理解频率特性的概念，培养从时域分析到频域分析的思维方式，熟悉频率分析的图解方法，并能正确绘出 Nyquist 曲线和 Bode 图的草图。重点掌握在工程中如何利用频率分析法分析系统性能。

本章首先介绍频率特性的概念和系统频率特性的求取方法，然后分析各种典型环节的频率特性和图解表示。5.3 节介绍系统频率特性草图的绘制方法，5.4 节和 5.5 节分别介绍频率分析法下系统稳定性的定性判断和定量计算。5.6 节和 5.7 节讨论如何用频率分析法研究系统的性能。

概 述

频率特性法是工程上一种重要的分析和设计控制系统的方法，起源于通信技术。和时域分析法主要研究阶跃响应不同，频率分析法要研究不同频率的正弦信号的响应，从而分析其动态性能和稳态性能。和时域分析法相比，频率分析法有以下优点：①系统的组成往往和其频率特性指标相对应，便于分析和调试；②可以在不求解闭环传递函数的情况下，直接用开环传递函数得到开环频率特性，分析系统的性能，减少了计算量；③在不清楚系统内部结构或系统内部结构比较复杂的情况下，不容易得到系统的传递函数，可通过实验方法确定其频率特性和传递函数；④对于某些系统，比如典型延迟环节，用时域法和根轨迹法都难以分析，但是可以用频率分析法进行分析；⑤采用图解的方式，比较直观，便于分析。

5.1 频 率 特 性

5.1.1 频率特性的概念

为了说明什么是频率特性，先看一个 RC 电路，如图 5.1 所示。设电路的输入、输出电压分别为$u_{\mathrm{r}}(t)$和$u_{\mathrm{c}}(t)$，电路的传递函数为

$$G(s)=\frac{U_{\mathrm{c}}(s)}{U_{\mathrm{r}}(s)}=\frac{\dfrac{1}{sC}}{R+\dfrac{1}{sC}}=\frac{1}{Ts+1} \tag{5-1}$$

式中，$T=RC$为电路的时间常数。

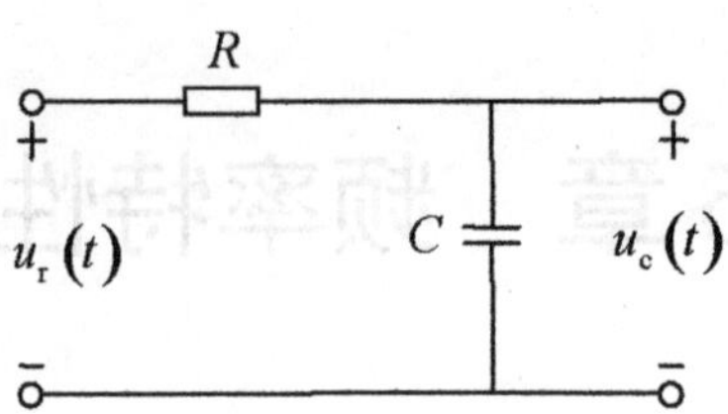

图 5.1　RC 电路

若给电路输入一个振幅为R、频率为ω的正弦信号，即

$$u_r(t) = R\sin\omega t \tag{5-2}$$

当初始条件为 0 时，输出电压的拉氏变换为

$$U_c(s) = \frac{1}{Ts+1}U_r(s) = \frac{1}{Ts+1}\cdot\frac{R\omega}{s^2+\omega^2} \tag{5-3}$$

对式(5-3)取拉氏反变换，得出输出时域解为

$$u_c(t) = \frac{RT\omega}{1+T^2\omega^2}e^{-\frac{t}{T}} + \frac{R}{\sqrt{1+T^2\omega^2}}\sin(\omega t - \arctan T\omega) \tag{5-4}$$

式(5-4)右端第一项是瞬态分量，当 $t\to\infty$时趋于 0；第二项是稳态分量。电路稳态输出为

$$u_{cs}(t) = \frac{R}{\sqrt{1+T^2\omega^2}}\sin(\omega t - \arctan T\omega) = RA(\omega)\sin(\omega t + \varphi(\omega)) \tag{5-5}$$

式中，$RA(\omega) = \frac{R}{\sqrt{1+T^2\omega^2}}$为输出电压的振幅；$\varphi(\omega) = -\arctan T\omega$为 $u_{cs}(t)$与 $u_r(t)$之间的相位差，它们都是频率ω的函数。RC 电路在正弦信号$u_r(t)$作用下，经过初始过渡过程，输出的稳态响应仍是一个与输入信号同频率的正弦信号，只是幅值变为输入正弦信号幅值的$1/\sqrt{1+T^2\omega^2}$倍，相位则滞后了$\arctan T\omega$。幅值和相位的变化量都是频率ω的函数，和频率的关系如图 5.2 所示。输出信号和输入信号的幅值之比$A(\omega)$称为幅频特性，输出信号和输入信号的相位差$\varphi(\omega)$称为相频特性。

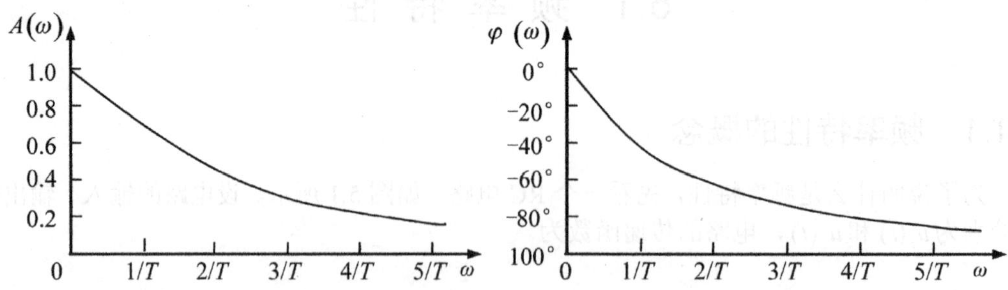

图 5.2　RC 网络幅频特性和相频特性曲线

用 MATLAB 可仿真输入电压和输出电压，这里取$T=2$，$R=1$，$\omega=1$。MATLAB 文本如下：

```
G=tf(1,[2 1]);
t=0: 0.01: 20;
```

```
ur=sin(t);
uc=lsim(G, ur, t);
plot(t, ur, '-r', t, uc, '-k');
grid
```

运行结果如图5.3所示。

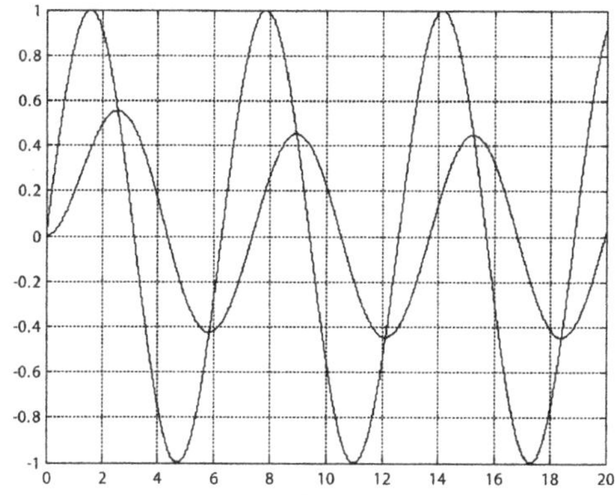

图5.3 系统响应曲线

上述结论具有普遍意义。事实上，一般线性系统(或元件)输入正弦信号 $x(t)=X\sin\omega t$ 的情况下，系统的稳态输出(即频率响应) $y(t)=Y\sin(\omega t+\varphi)$ 也一定是同频率的正弦信号，只是幅值和相角不一样。如果控制信号是周期信号，可以展开为傅里叶级数，看成多个正弦信号分量合成。由于线性定常系统满足叠加定理，所以输出应该是各个分量响应之和。如果控制信号是非周期信号，可进行傅里叶变换，此时输入信号由无穷多个正弦信号分量合成，仍然可以用叠加定理。

5.1.2 频率特性的求取

下面讨论对于一般线性定常系统，如何得到其幅频特性和相频特性。假设线性定常系统的传递函数为$G(s)$，输入信号为$r(t)$，输出信号为$c(t)$，即

$$G(s)=\frac{C(s)}{R(s)}=\frac{b_0s^m+b_1s^{m-1}+\cdots+b_{m-1}s+b_m}{a_0s^n+a_1s^{n-1}+\cdots+a_{n-1}s+a_n} \tag{5-6}$$

如果输入一个正弦信号 $r(t)=R\sin\omega t$，其中R为正弦信号的幅值，ω为频率，输入信号的拉氏变换为$R(s)=\dfrac{R\omega}{s^2+\omega^2}$。则可得到系统的响应为

$$\begin{aligned}C(s)=G(s)R(s)&=\frac{U(s)}{(s-s_1)(s-s_2)\cdots(s-s_n)}\cdot\frac{R\omega}{s^2+\omega^2}\\&=\frac{A_1}{s+\mathrm{j}\omega}+\frac{A_2}{s-\mathrm{j}\omega}+\sum_{i=1}^{n}\frac{B_i}{s-s_i}\end{aligned}$$

式中，s_i为传递函数的极点，为简化讨论且不失一般性，设它们为互异极点；A_1、A_2、$B_i(i=1,2,\cdots,n)$为待定系数，可由留数定理求得

$$A_1=\lim_{s\to-\mathrm{j}\omega}(s+\mathrm{j}\omega)G(s)\frac{R\omega}{s^2+\omega^2}=-\frac{R}{2\mathrm{j}}G(-\mathrm{j}\omega)=-\frac{R}{2\mathrm{j}}\left|G(\mathrm{j}\omega)\right|\mathrm{e}^{-\mathrm{j}\angle G(\mathrm{j}\omega)} \tag{5-7}$$

$$A_2=\lim_{s\to \mathrm{j}\omega}(s-\mathrm{j}\omega)G(s)\frac{R\omega}{s^2+\omega^2}=\frac{R}{2\mathrm{j}}G(j\omega)=\frac{R}{2\mathrm{j}}\left|G(\mathrm{j}\omega)\right|\mathrm{e}^{\mathrm{j}\angle G(\mathrm{j}\omega)} \tag{5-8}$$

$$B_i=\lim_{s\to s_i}(s-s_i)G(s)\frac{R\omega}{s^2+\omega^2} \tag{5-9}$$

由拉氏变换得到输出响应为

$$c(t)=A_1\mathrm{e}^{-\mathrm{j}\omega t}+A_2\mathrm{e}^{\mathrm{j}\omega t}+\sum_{i=1}^{n}B_i\mathrm{e}^{s_i t} \tag{5-10}$$

如果$G(s)$是稳定系统，则系统传递函数所有极点$s_i(i=1,2,\cdots,n)$实部都小于零，故当t趋于∞时，式(5-10)中指数函数部分$\sum_{i=1}^{n}B_i\mathrm{e}^{s_i t}\to 0$，系统的稳态响应为

$$\begin{aligned}c_{\mathrm{ss}}(t)&=A_1\mathrm{e}^{-\mathrm{j}\omega t}+A_2\mathrm{e}^{\mathrm{j}\omega t}\\&=\frac{-R}{2\mathrm{j}}\left|G(\mathrm{j}\omega)\right|\mathrm{e}^{-\mathrm{j}\angle G(j\omega)}\cdot\mathrm{e}^{-\mathrm{j}\omega t}+\frac{R}{2\mathrm{j}}\left|G(\mathrm{j}\omega)\right|\mathrm{e}^{\mathrm{j}\angle G(\mathrm{j}\omega)}\cdot\mathrm{e}^{\mathrm{j}\omega t}\\&=R\left|G(\mathrm{j}\omega)\right|\frac{\mathrm{e}^{\mathrm{j}[\omega t+\angle G(\mathrm{j}\omega)]}-\mathrm{e}^{-\mathrm{j}[\omega t+\angle G(\mathrm{j}\omega)]}}{2\mathrm{j}}\\&=R\left|G(\mathrm{j}\omega)\right|\sin\left[\omega t+\angle G(\mathrm{j}\omega)\right]\\&=R\cdot A(\omega)\sin\left[\omega t+\varphi(\omega)\right]\end{aligned} \tag{5-11}$$

式中，$A(\omega)=\left|G(\mathrm{j}\omega)\right|$为幅频特性；$\varphi(\omega)=\angle G(\mathrm{j}\omega)$为相频特性。

式(5-11)表明，幅频特性和相频特性都可以通过传递函数$G(s)$求出，只要把$s=\mathrm{j}\omega$代入$G(s)$，即可得

$$G(\mathrm{j}\omega)=G(s)\big|_{s=\mathrm{j}\omega}=A(\omega)\mathrm{e}^{\varphi(\omega)}=P(\omega)+\mathrm{j}Q(\omega) \tag{5-12}$$

频率特性$G(\mathrm{j}\omega)$为复函数，$A(\omega)$为向量模，$\varphi(\omega)$为相位角，可在极坐标系的复平面上用矢量表示。也可以把频率特性分解为实频特性$P(\omega)$和虚频特性$Q(\omega)$，在直角坐标系上表示。由图5.4的几何关系可知，幅频、相频特性与实频、虚频特性之间的关系为

$$P(\omega)=A(\omega)\cos\varphi(\omega) \tag{5-13}$$

$$Q(\omega)=A(\omega)\sin\varphi(\omega) \tag{5-14}$$

$$A(\omega)=\sqrt{P^2(\omega)+Q^2(\omega)} \tag{5-15}$$

$$\varphi(\omega)=\arctan\frac{Q(\omega)}{P(\omega)} \tag{5-16}$$

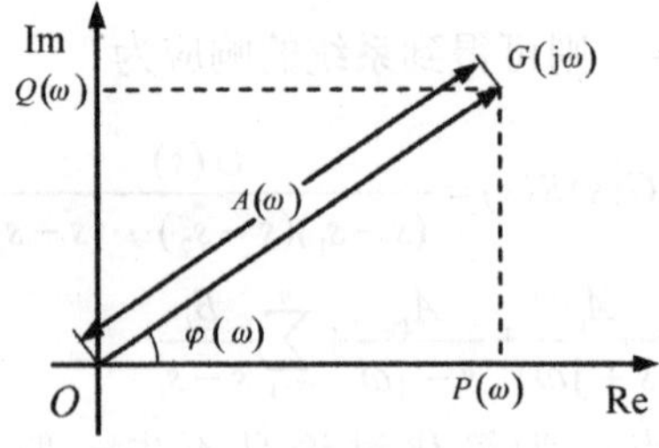

图5.4　频率特性之间的关系

频率特性与微分方程和传递函数一样，也表征了系统的运动规律。三种系统描述方式的关系如图5.5所示。

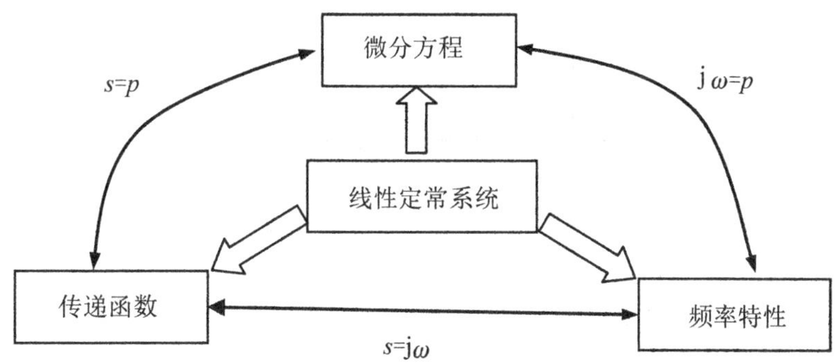

图 5.5　频率特性、传递函数和微分方程三种系统描述之间的关系

5.1.3　频率特性的几种表示方法

频域分析法是一种图解分析，通常用曲线把系统的频率特性表示出来，常用的频率特性曲线有以下三种。

1．幅相频率特性曲线

幅相频率特性曲线是当 ω 变化时，表示频率特性的矢量终端在复平面上的轨迹。幅相频率特性曲线又称极坐标图或奈奎斯特(H.Nyquist)曲线，简称奈氏图。完整的奈氏图应该画出 $\omega\in(-\infty,\infty)$ 时的幅相频率特性曲线，但由于 $A(\omega)$ 是关于 ω 的偶函数，$\varphi(\omega)$ 是关于 ω 的奇函数，$\omega\in(-\infty,0)$ 区间的曲线和 $\omega\in(0,\infty)$ 区间的曲线关于实轴对称，所以一般只需要画出 $\omega\in(0,\infty)$ 的这部分曲线即可。

对于 RC 网络，有

$$G(\mathrm{j}\omega)=\frac{1}{1+\mathrm{j}T\omega}=\frac{1-\mathrm{j}T\omega}{1+(T\omega)^2}=P(\omega)+\mathrm{j}Q(\omega)$$

实频特性为

$$P(\omega)=\frac{1}{1+(T\omega)^2}$$

虚频特性为

$$Q(\omega)=\frac{-T\omega}{1+(T\omega)^2}<0$$

为画出其幅相频率特性曲线，可计算出不同 ω 的实频特性和虚频特性。当 $\omega=0$ 时，Nyquist 曲线的起点为 $(1,\mathrm{j}0)$ 点；当 $\omega=1/T$ 时，对应的 Nyquist 曲线上的点是 $(1/\sqrt{2},-\mathrm{j}1/\sqrt{2})$；当 $\omega\to\infty$ 时，Nyquist 曲线的终点为 $(0,\mathrm{j}0)$ 点。

RC 网络的实频特性和虚频特性满足方程

$$\left[P(\omega)-\frac{1}{2}\right]^2+Q^2(\omega)=\left(\frac{1}{2}\right)^2$$

这表明 RC 网络的幅相频率特性曲线是以 $\left(\frac{1}{2},\mathrm{j}0\right)$ 点为圆心，$\frac{1}{2}$ 为半径的半圆，如图 5.6 所示。

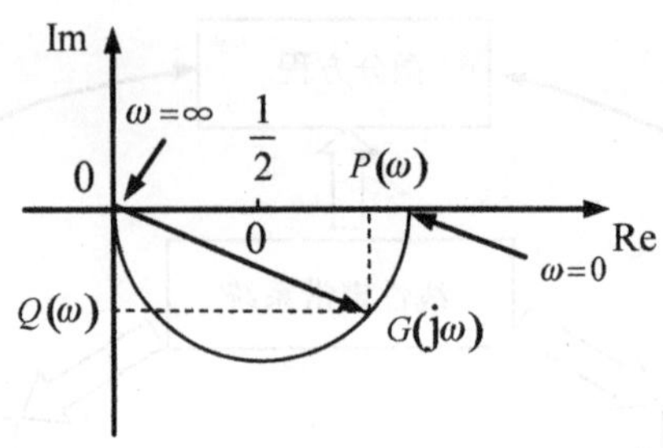

图 5.6 RC 网络的幅相频率特性曲线

2. 对数频率特性曲线

对数频率特性曲线又称为伯德(Bode)图，它将系统的幅频特性和相频特性分别表示。它们的横坐标均采用对数分度，以ω的实际值标定，单位是 rad / s (弧度/秒)。

ω每变化 2 倍称为一个倍频程，如 1~2、2~4 等频带宽度，它们在ω轴上对应的长度都相等，记作 oct；ω每变化 10 倍称为一个十倍频程，如 0.1~1、1~10 等频带宽度，它们在ω轴上对应的长度也都相等，为一个单位长度，记作 dec，如图 5.7 所示。由于横坐标按ω的对数分度，故对ω而言是不均匀的，但对$\lg\omega$来说却是均匀的线性刻度。ω与$\lg\omega$的对应关系见表 5.1。

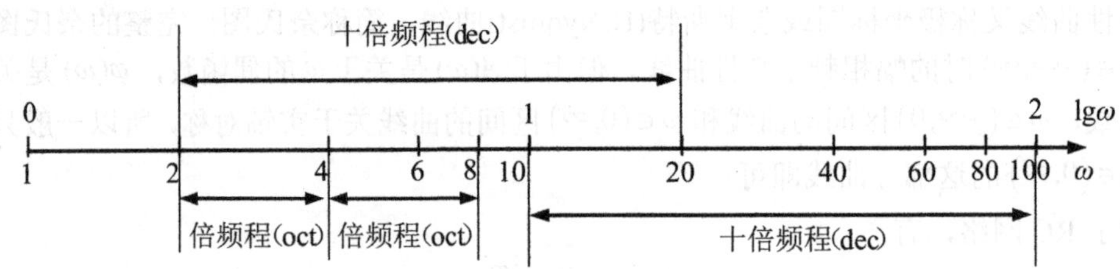

图 5.7 对数分度

表 5.1 十倍频程中的对数分度

ω/ω_0	1	2	3	4	5	6	7	8	9	10
$\lg(\omega/\omega_0)$	0	0.301	0.477	0.602	0.699	0.788	0.845	0.903	0.954	1

幅频特性常用$L(\omega)=20\lg A(\omega)$表示，单位是分贝(dB)。纵坐标采用线性均匀刻度，标以增益值。幅值$A(\omega)$增大 10 倍，增益就增加 20dB。

用对数坐标绘制幅频特性曲线的优点如下。

(1) 能展宽视野。横坐标采用对数分度以后，在高频段可以表示更宽的频率范围，频率增大 10 倍，横坐标只要增加一个十倍频程。

(2) 可以用叠加的方法作图。线性定常系统可以看成由多个典型环节串联构成，系统的幅频特性可以通过把各典型环节的幅频特性相乘得到。在对数坐标系上可以把相乘运算化为相加运算。

(3) 绘制容易。工程上往往用直线段渐近线代替实际的幅频特性曲线，绘制很容易。而且当系统参数改变时，曲线调整也很方便。比如当开环增益变化为原来的K倍时，并不

影响相频特性，也不改变幅频特性曲线的形状，只要把原来的幅频特性曲线向上平移 $20\lg K$ 即可。

对数相频特性的纵坐标为相角 $\varphi(\omega)$，单位是度(°)，采用线性刻度。

RC 网络(取 $RC=1$)的 Bode 图如图 5.8 所示，分为幅频特性曲线和相频特性曲线。

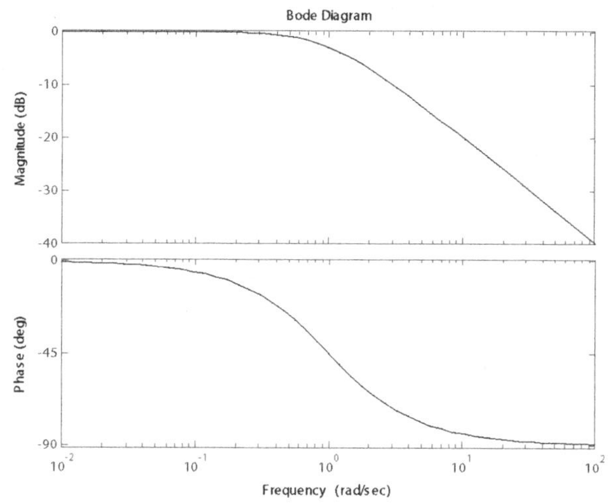

图 5.8　RC 网络的 Bode 图

3．对数幅相特性曲线

对数幅相特性曲线又称尼科尔斯曲线或尼科尔斯图(Nichols 图)，它将对数幅频特性和对数相频特性合并成一张图，纵坐标为对数幅值 $L(\omega)$，单位为 dB，横坐标为对应相角 $\varphi(\omega)$。RC 网络(取 $RC=1$)的 Nichols 图如图 5.9 所示。

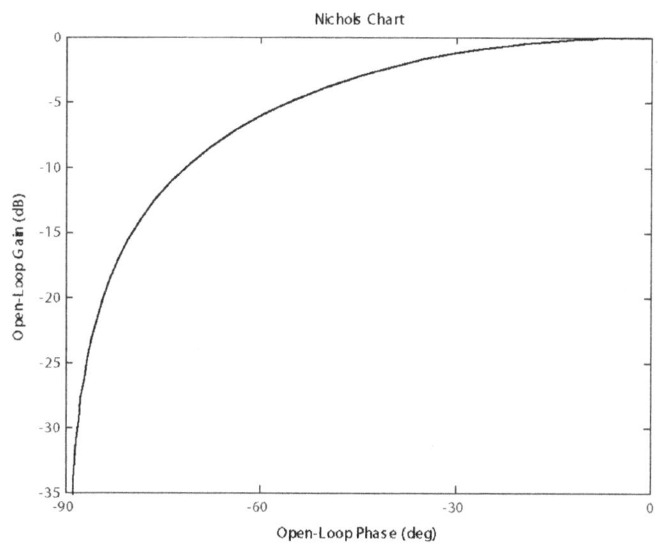

图 5.9　RC 网络的 Nichols 图

5.2 典型环节的频率特性

对于线性定常系统，只要利用其传递函数$G(s)$，把$s=\mathrm{j}\omega$代入即可得到它们的频率特性$G(\mathrm{j}\omega)$。复杂控制系统可看成由典型环节组合而成，其频率特性也可以看成典型环节的频率特性组合。首先应该熟悉典型环节的频率特性曲线绘制方法。

5.2.1 比例环节

比例环节的传递函数为 $G(s)=K$

频率特性为 $$G(\mathrm{j}\omega)=K \tag{5-17}$$

幅频特性为 $$A(\omega)=K \tag{5-18}$$

相频特性为 $$\varphi(\omega)=0^\circ \tag{5-19}$$

从式(5-18)和式(5-19)中可看出，其$A(\omega)$和$\varphi(\omega)$与频率无关，均为常数，所以比例环节的Nyquist曲线是实轴上的K点，如图5.10(a)所示。

比例环节的Bode图的幅频特性曲线是高度为$20\lg K$、和横轴平行的直线，相频特性曲线是0°线，如图5.10(b)所示。

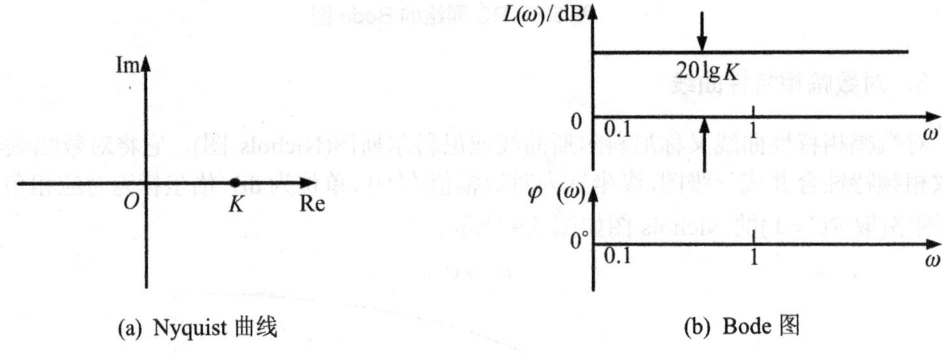

(a) Nyquist 曲线　　(b) Bode 图

图5.10 比例环节

5.2.2 积分环节

积分环节的传递函数为 $G(s)=\dfrac{1}{s}$

频率特性为 $$G(\mathrm{j}\omega)=\frac{1}{\mathrm{j}\omega} \tag{5-20}$$

幅频特性为 $$A(\omega)=\left|\frac{1}{\mathrm{j}\omega}\right|=\frac{1}{\omega} \tag{5-21}$$

相频特性为 $$\varphi(\omega)=-90^\circ \tag{5-22}$$

根据式(5-21)和式(5-22)，当$\omega=0\to\infty$时，积分环节的相位角一直是-90°，幅值从∞变到0，其Nyquist曲线是一条直线，从负虚轴无穷远处沿着虚轴一直到零点，如图5.11(a)所示。

根据式(5-21)，积分环节的对数幅频特性为$L(\omega)=20\lg A(\omega)=-20\lg\omega$，所以其 Bode 图的幅频特性曲线是一条斜率为−20dB/dec 的直线，当$\omega=1$时，$L(\omega)=0\text{dB}$。相频特性曲线为$\varphi(\omega)=-90^\circ$的水平线，如图 5.11(b)所示。

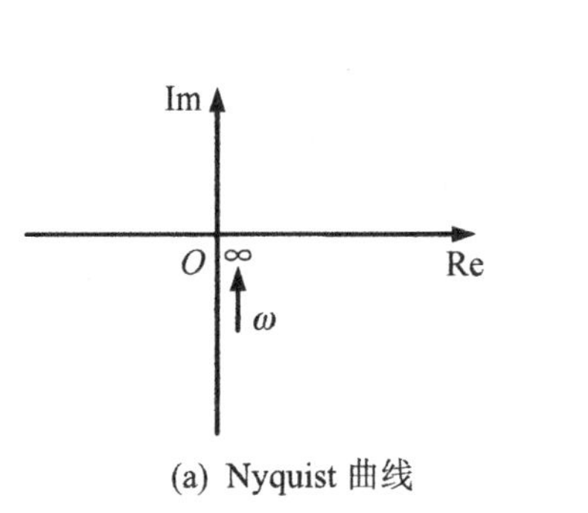

(a) Nyquist 曲线

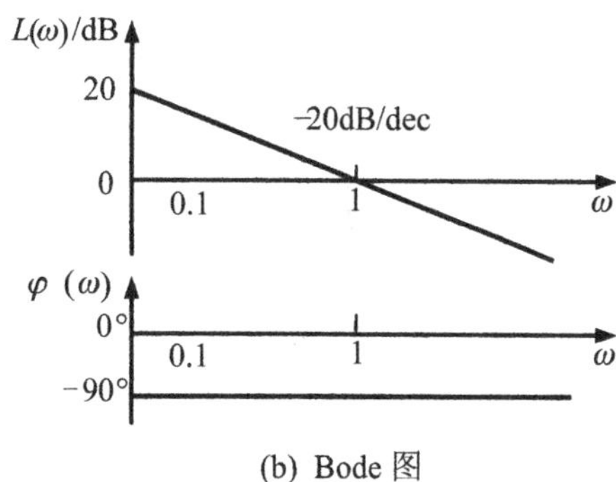

(b) Bode 图

图 5.11 积分环节

5.2.3 微分环节

微分环节的传递函数为 $G(s)=s$

频率特性为 $G(\mathrm{j}\omega)=\mathrm{j}\omega$ (5-23)

幅频特性为 $A(\omega)=|\mathrm{j}\omega|=\omega$ (5-24)

相频特性为 $\varphi(\omega)=90^\circ$ (5-25)

根据式(5-24)和式(5-25)，微分环节的 Nyquist 曲线是一条与正虚轴重合的直线，从零点延伸到无穷远，如图 5.12(a)所示。

根据式(5-24)，微分环节的对数幅频特性是$L(\omega)=20\lg A(\omega)=20\lg\omega$，在 Bode 图上是一条斜率为 20dB/dec 的直线。由式(5-25)可知其相频特性曲线为$\varphi(\omega)=90^\circ$的水平线，如图 5.12(b)所示。

微分环节和积分环节的传递函数及频率特性互为倒数，可以看出它们的 Bode 图曲线相互对称。如果两个最小相位系统的频率特性互为倒数，则有下列关系成立：

$$G_1(s)=\frac{1}{G_2(s)}$$

设$G_1(\mathrm{j}\omega)=A_1(\omega)\mathrm{e}^{\varphi_1(\omega)}$，则

$$\begin{cases}\varphi_2(\omega)=-\varphi_1(\omega)\\ L_2(\omega)=20\lg 1/A_1(\omega)=-L_1(\omega)\end{cases}$$

那么它们的 Bode 图上，两条幅频特性曲线关于 0 分贝线对称，两条相频特性曲线关于 0°线对称。

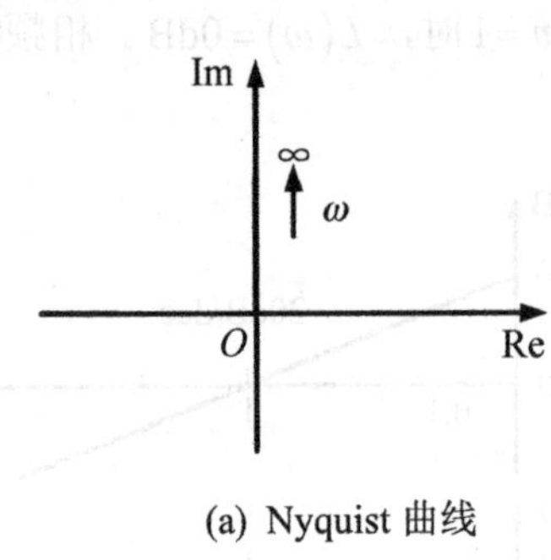

(a) Nyquist 曲线

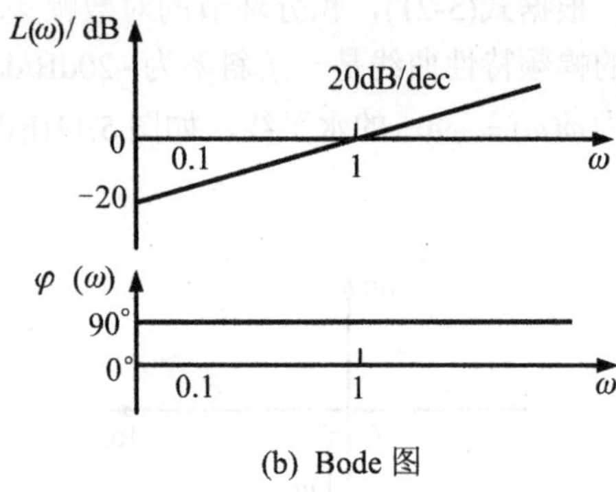

(b) Bode 图

图 5.12 微分环节

5.2.4 惯性环节

惯性环节的传递函数为
$$G(s)=\frac{1}{Ts+1}$$

频率特性为
$$G(\mathrm{j}\omega)=\frac{1}{\mathrm{j}\omega T+1} \tag{5-26}$$

幅频特性为
$$A(\omega)=\frac{1}{\sqrt{1+(\omega T)^2}} \tag{5-27}$$

相频特性为
$$\varphi(\omega)=-\arctan\omega T \tag{5-28}$$

RC 电路的传递函数就是惯性环节，从前面的分析可知，惯性环节的 Nyquist 曲线是以 $\left(\frac{1}{2},\mathrm{j}0\right)$ 点为圆心，以 $\frac{1}{2}$ 为半径的半圆，如图 5.6 所示。

惯性环节的对数幅频特性为

$$L(\omega)=20\lg A(\omega)=20\lg\left[\frac{1}{\sqrt{1+(\omega T)^2}}\right]$$

随着 ω 增大，$L(\omega)$ 减小，这是一条曲线，工程上通常用直线渐近线来近似描述它。

(1) 当 $\omega \ll \frac{1}{T}$ 时，$(\omega T)^2 \ll 1$，故 $L(\omega)\approx 20\lg 1=0\mathrm{dB}$。所以，在 $\omega<\frac{1}{T}$ 的频段，通常用一条高度为 0dB 的水平线来近似精确曲线。

(2) 当 $\omega \gg \frac{1}{T}$ 时，$(\omega T)^2 \gg 1$，故 $L(\omega)\approx 20\lg\left(\frac{1}{\omega T}\right)=-20\lg\omega-20\lg T$。所以，在 $\omega>\frac{1}{T}$ 的频段，渐近线是斜率为-20dB/dec 的直线。

这两条渐近线的交点是在 $\omega=\frac{1}{T}$ 处，这个频率称为转折频率。惯性环节的精确曲线和相应的渐近线如图 5.13(b)所示。用直线代替精确曲线，作图极为方便，当然这样会带来一定的误差。误差最大的地方在转折频率 $\omega=\frac{1}{T}$ 处，最大误差为

$$L\left(\frac{1}{T}\right)-0=20\lg\left[\frac{1}{\sqrt{1+(\omega T)}}\right]\Bigg|_{\omega=\frac{1}{T}}=20\lg\left(\frac{1}{\sqrt{2}}\right)=-3.01\text{dB}$$

可以看出，误差并不大，作近似分析的时候，常用渐近线代替精确曲线。

相频特性曲线可以用描点法绘制，利用式(5-29)取一些频率点的相角，如 $\varphi(0)=0^\circ$，$\varphi(0.1/T)=-5.7^\circ$，$\varphi(0.2/T)=-11.3^\circ$，$\varphi(1/T)=-45^\circ$，$\varphi(2/T)=-63.4^\circ$，$\varphi(10/T)=-82.3^\circ$，再用光滑的曲线把它们连起来，如图 5.13 所示。如果要得到更精确的曲线，可以多取一些频率点。

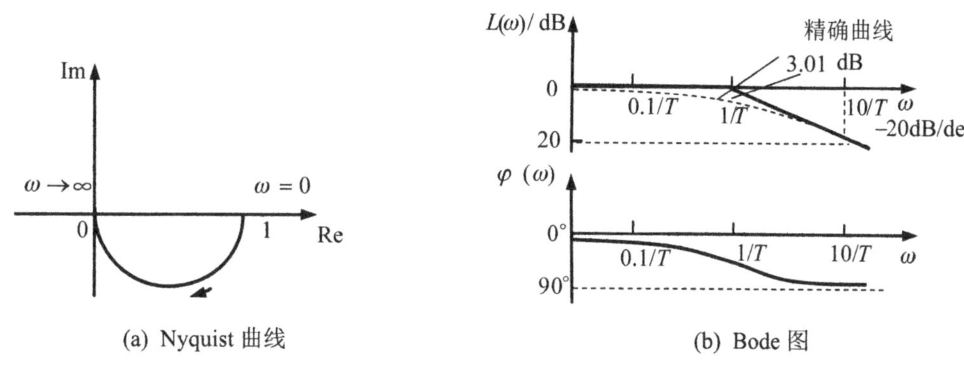

(a) Nyquist 曲线　　(b) Bode 图

图 5.13　惯性环节

5.2.5　一阶微分环节

一阶微分环节的传递函数为　　$G(s)=\tau s+1$

频率特性为
$$G(\mathrm{j}\omega)=\mathrm{j}\tau\omega+1=\sqrt{(\tau\omega)^2+1}\angle\arctan(\tau\omega) \tag{5-29}$$

幅频特性为
$$A(\omega)=\sqrt{(\tau\omega)^2+1} \tag{5-30}$$

相频特性为
$$\varphi(\omega)=\arctan(\tau\omega) \tag{5-31}$$

由式(5-30)可知，随着 ω 的增大，实部保持为 1，虚部增大。其 Nyquist 曲线是平行于虚轴的直线，如图 5.14(a)所示。

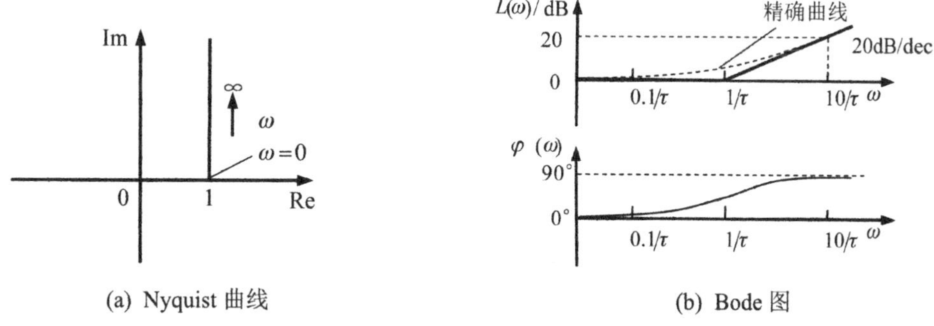

(a) Nyquist 曲线　　(b) Bode 图

图 5.14　一阶微分环节

由于一阶微分环节和惯性环节的传递函数互为倒数，它们的幅频特性曲线关于 0dB 线

对称，相频特性曲线关于 0° 线对称。所以一阶微分环节的幅频特性也可以用两条直线来近似，一条沿着 0dB 线，另一条斜率为 20dB/dec，转折频率为$\frac{1}{\tau}$，如图 5.14(b)所示。

5.2.6 振荡环节

振荡环节的传递函数为 $G(s)=\dfrac{\omega_n^2}{s^2+2\xi\omega_n s+\omega_n^2}$ ($\omega_n>0$，$0<\xi<1$)

频率特性为
$$G(j\omega)=\frac{\omega_n^2}{\omega_n^2-\omega^2+j2\xi\omega_n\omega} \tag{5-32}$$

幅频特性为
$$A(\omega)=\frac{1}{\sqrt{\left(1-\dfrac{\omega^2}{\omega_n^2}\right)^2+\left(\dfrac{2\xi\omega}{\omega_n}\right)^2}} \tag{5-33}$$

相频特性为
$$\varphi(\omega)=-\arctan\left(\frac{2\xi\omega_n\omega}{\omega_n^2-\omega^2}\right) \tag{5-34}$$

Nyquist 曲线的起点是：$\omega=0$ 时，$G(j0)=1\angle 0°$，即正实轴上(1,0)点处。Nyquist 曲线的终点是：$\omega\to\infty$时，$G(j\infty)=0\angle -180°$，即以$-180°$入射角回到原点。

此外，当$\omega=\omega_n$时，$G(j\omega_n)=-j\dfrac{1}{2\xi}$，此时和负虚轴交与点$\left(0,-j\dfrac{1}{2\xi}\right)$，可以近似画出其 Nyquist 曲线。当阻尼比为不同值的时候，为形状相似的曲线，如图 5.15 所示。

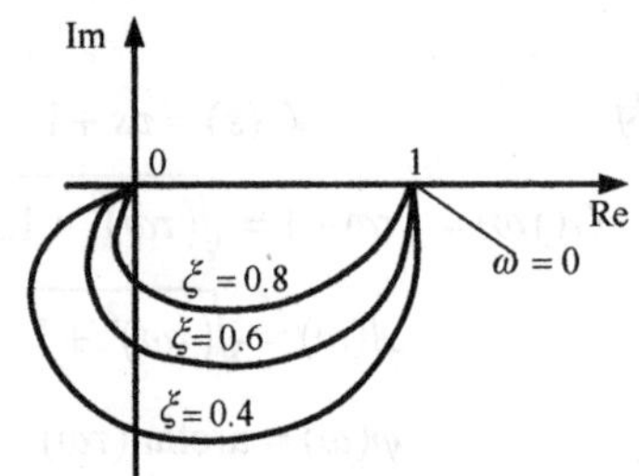

图 5.15 振荡环节的 Nyquist 曲线

振荡环节的幅频特性曲线也可以用渐近线来近似，分析 $A(\omega)$ 表达式(5-33)。

(1) 当$\omega\ll\omega_n$，$\dfrac{\omega^2}{\omega_n^2}$和$\left(\dfrac{2\xi\omega}{\omega_n}\right)^2$两项远小于 1，可略去。此时$L(\omega)\approx 20\lg 1=0\text{dB}$。所以，在低频段，振荡环节的幅频特性可以用 0dB 线来近似。

(2) 当$\omega\gg\omega_n$时，1 和$\left(\dfrac{2\xi\omega}{\omega_n}\right)^2$两项远小于$\dfrac{\omega^2}{\omega_n^2}$，可略去。此时有

$$L(\omega)\approx -20\lg\left(\frac{\omega^2}{\omega_n^2}\right)=-40\lg\left(\frac{\omega}{\omega_n}\right)$$

所以，在高频段，$L(\omega)$ 可用斜率为-40dB/dec 的直线来近似。两条渐近线的交点是$\omega=\omega_n$。近似曲线存在误差，主要是在$\omega=\omega_n$附近。当ξ比较小的时候，特性曲线会出现

峰值，称为谐振峰值 M_r。可计算幅频特性 $A(\omega)$ 的最大值，对应的频率称为谐振频率 ω_r。

令 $\frac{\mathrm{d}A(\omega)}{\mathrm{d}\omega}=0$，可得谐振频率 $\omega_r=\omega_n\sqrt{1-2\xi^2}$。当 $0<\xi<0.707$ 时有极值存在，有

$$M_r=A(\omega_r)=\frac{1}{2\xi\sqrt{1-2\xi^2}}$$

图 5.16 所示为不同 ξ 时对应的幅频特性的精确曲线和渐近线。误差大小和 ξ 的值有关，误差曲线如图 5.17 所示。当 ξ 在 0.4～0.7 取值时，误差比较小。如果 ξ 过大或过小，误差都比较大，一般需要适当地修正。

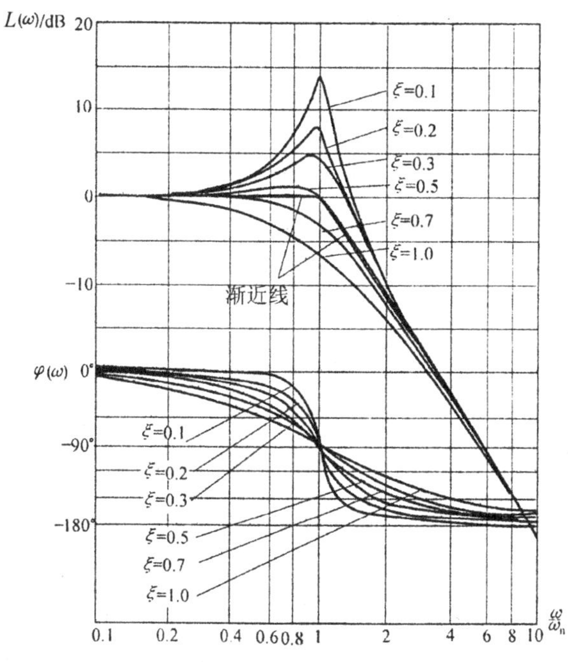

图 5.16 振荡环节的 Bode 图

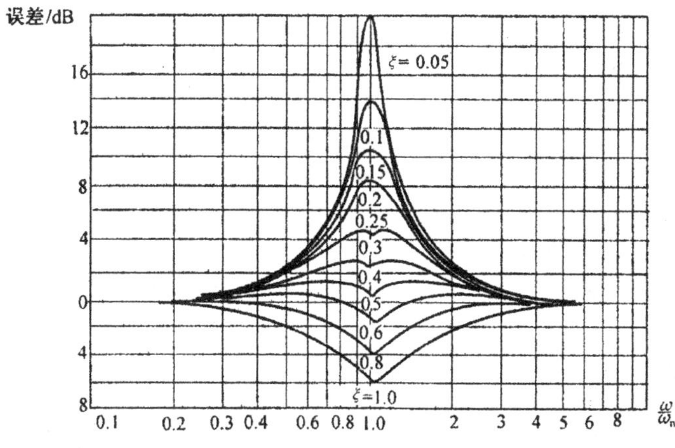

图 5.17 振荡环节对数幅频特性的误差曲线

绘制相频特性曲线可以在 $0\to\infty$ 之间取一些特殊的点，并用光滑曲线连起来。比如可

以取 $\omega=0$ 时，$\varphi(\omega)=0^\circ$；$\omega=\omega_n$ 时，$\varphi(\omega)=-90^\circ$；$\omega\to\infty$ 时，$\varphi(\omega)=-180^\circ$。

5.2.7　二阶微分环节

二阶微分环节的传递函数为 $$G(s)=\frac{s^2}{\omega_n^2}+2\xi\frac{s}{\omega_n}+1$$

频率特性为 $$G(j\omega)=1-\frac{\omega^2}{\omega_n^2}+2j\xi\frac{\omega}{\omega_n} \tag{5-35}$$

幅频特性为 $$A(\omega)=\sqrt{\left(1-\frac{\omega^2}{\omega_n^2}\right)^2+4\xi^2\frac{\omega^2}{\omega_n^2}} \tag{5-36}$$

相频特性为 $$\varphi(\omega)=\arctan\left(2\xi\frac{\omega}{\omega_n}\Big/1-\frac{\omega^2}{\omega_n^2}\right) \tag{5-37}$$

当阻尼比 $\xi\geqslant$ 时，二阶微分环节可以看成两个一阶微分环节的串联，下面只讨论 $\xi<1$ 的情况。令 $\frac{\partial A(\omega)}{\partial\omega}=0$，可得 $A(\omega)$ 的极值点 $\omega_r=\omega_n\sqrt{1-2\xi^2}$。

当 $\frac{\sqrt{2}}{2}<\xi<1$ 时，$A(\omega)$ 从 1 单调增至 ∞；当 $0<\xi<\frac{\sqrt{2}}{2}$ 时，$A(\omega)$ 在 ω_r 处有最小值，然后单调增至 ∞。二阶微分环节的 Nyquist 曲线如图 5.18 所示。

二阶微分环节和二阶振荡环节的传递函数互为倒数，可以根据对称性得到其 Bode 图。图 5.19 是用 MATLAB 作出的 $\omega_n=1$、ξ 取不同值时的 Bode 图。

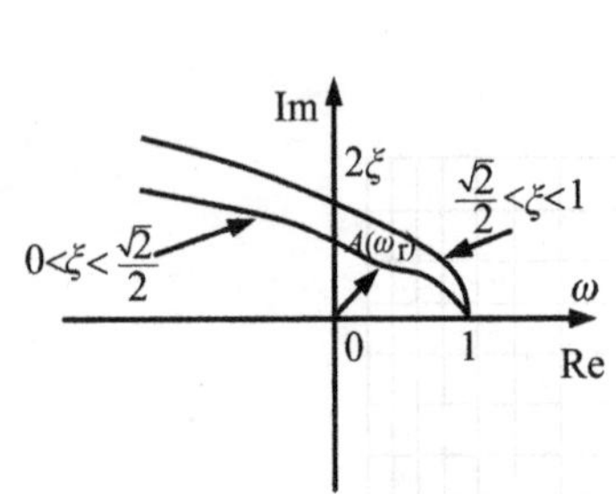

图 5.18　二阶微分环节的 Nyquist 曲线

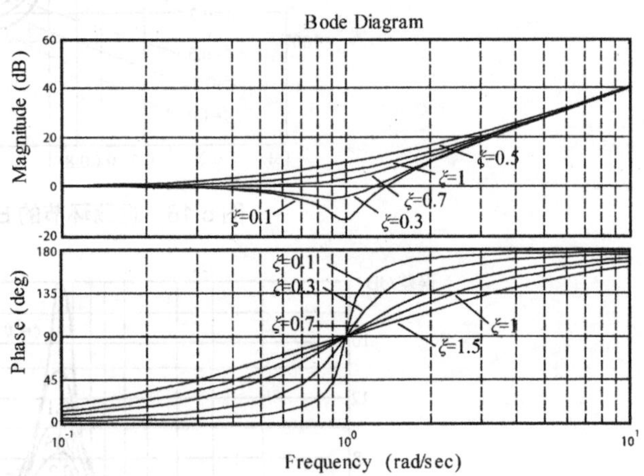

图 5.19　二阶微分环节的 Bode 图

5.2.8　延迟环节

延迟环节的传递函数为 $$G(s)=e^{-\tau s}$$

频率特性为 $$G(j\omega)=e^{-j\omega\tau}=A(\omega)e^{j\varphi(\omega)} \tag{5-38}$$

幅频特性为 $$A(\omega)=1 \tag{5-39}$$

相频特性为

$$\varphi(\omega) = -\tau\omega(\text{rad}) = -57.3\omega\tau \tag{5-40}$$

延迟环节的幅值为常数 1，与 ω 无关，相角与 ω 成比例，Nyquist 曲线是单位圆，如图 5.20(a)所示。

因为

$$e^{-j\omega\tau} = \frac{1}{e^{j\omega\tau}} = \frac{1}{1 + j\omega\tau + \frac{1}{2!}(j\omega\tau)^2 + \cdots} \tag{5-41}$$

当 $\omega\tau << 1$ 时，可忽略高次项，近似为

$$e^{-j\omega\tau} \approx \frac{1}{1 + j\omega\tau} \tag{5-42}$$

此时可以用惯性环节近似表示延迟环节。

由于 $L(\omega) = 20\lg 1 = 0\text{dB}$，其对数幅频特性曲线是一条与 0dB 线重合的直线。相频特性曲线随 ω 增大而减小。延迟环节的 Bode 图如图 5.20(b)所示。

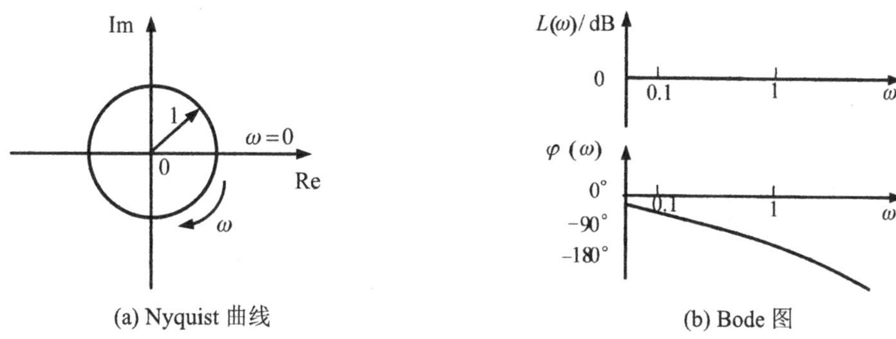

图 5.20　延迟环节

5.2.9　非最小相位环节

非最小相位环节存在正实部的零点或极点，比如一阶不稳定环节。

其传递函数为

$$G(s) = \frac{1}{Ts - 1}$$

频率特性为

$$G(j\omega) = \frac{1}{j\omega T - 1} \tag{5-43}$$

幅频特性为

$$A(\omega) = \frac{1}{\sqrt{1 + (\omega T)^2}} \tag{5-44}$$

相频特性为

$$\varphi(\omega) = \arctan\omega T - \pi \tag{5-45}$$

一阶不稳定环节的幅频特性和惯性环节一样，相频特性不同。当 $\omega \in (0, \infty)$ 时，惯性环节的相频特性是 $0° \to -90°$，而一阶不稳定环节的相频特性是 $180° \to -90°$。一阶不稳定环节的 Nyquist 曲线和 Bode 图如图 5.21 所示。

最小相位环节的对数幅频特性和对数相频特性之间存在唯一的对应关系。也就是说，只要确定了它的对数幅频特性，对应的对数相频特性也就唯一确定；反之亦然。而非最小相位环节不存在这样的关系。如果系统中有延迟环节，那么它也是非最小相位环节。

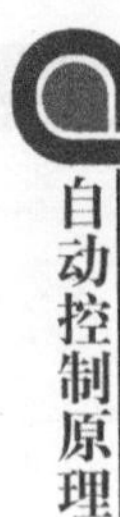

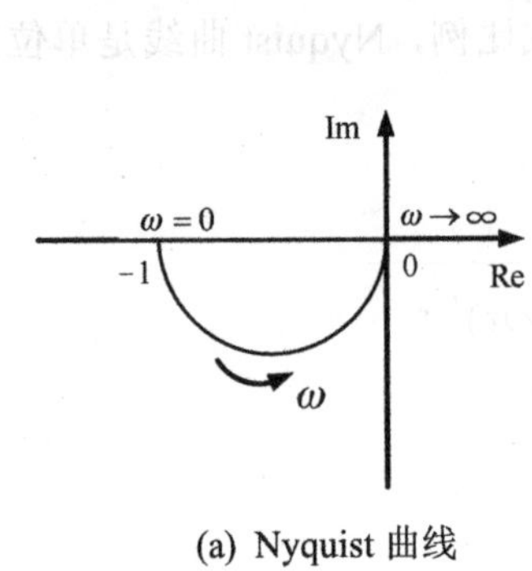

(a) Nyquist 曲线

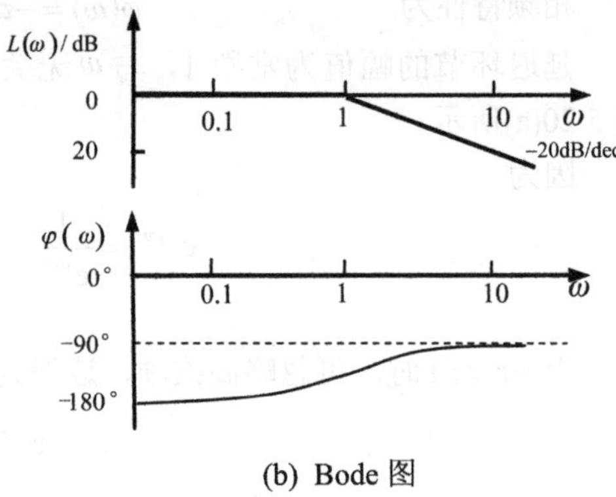

(b) Bode 图

图 5.21　一阶不稳定环节

5.3　系统开环频率特性

开环频率特性曲线易于绘制，可以用来分析系统的闭环性能。本节介绍系统的开环幅相频率特性曲线和对数频率特性曲线的画法。

5.3.1　系统开环幅相频率特性曲线

画系统的 Nyquist 曲线的时候，可先写出其频率特性 $G(\mathrm{j}\omega)$，再给出 $(0,\infty)$ 区间不同的 ω，计算出相应的 $P(\omega)$ 和 $Q(\omega)$，或者算出 $A(\omega)$ 和 $\varphi(\omega)$，在坐标系中描出对应的点，再用平滑的曲线连起来；也可以利用 $G(\mathrm{j}\omega)$ 的一些规律近似画出它的草图，尽管不太准确，但是可用于系统的定性分析。

对于线性定常系统的开环传递函数，为了分析简明且不失一般性，只考虑包含比例环节、积分环节、惯性环节和一阶微分环节。这时，开环传递函数可表示为

$$G(s)=\frac{K\prod_{i=1}^{m}(\tau_i s+1)}{s^{\nu}\prod_{j=1}^{n-\nu}(T_j s+1)}\quad (n>m) \tag{5-46}$$

频率特性为

$$G(\mathrm{j}\omega)=\frac{K\prod_{i=1}^{m}(\tau_i\mathrm{j}\omega+1)}{(\mathrm{j}\omega)^{\nu}\prod_{j=1}^{n-\nu}(T_j\mathrm{j}\omega+1)} \tag{5-47}$$

式中，τ_i、T_j 为时间常数；n 为系统阶次；ν 为积分环节的个数；K 为开环增益。

根据系统开环频率特性一般表达式(5-47)，可写出其幅频特性和相频特性，有

$$A(\omega)=\frac{K\prod_{i=1}^{m}\sqrt{1+(\omega\tau_i)^2}}{\omega^{\nu}\prod_{j=1}^{n-\nu}\sqrt{1+(\omega T_j)^2}}$$

$$\varphi(\omega)=-v90^\circ+\sum_{i=1}^{m}\arctan\omega\tau_i-\sum_{j=1}^{n-v}\arctan\omega T_j$$

Nyquist 曲线的终点为：$\omega\to\infty$ 时，$A(\omega)=0$，$\varphi(\omega)=-v90^\circ+m90^\circ-(n-v)90^\circ=-(n-m)90^\circ$ 所以 Nyquist 曲线的终点在坐标原点，入射角度为 $-(n-m)90^\circ$，如图 5.22 所示。

Nyquist 曲线的起点分系统型别讨论如下。

(1) 0 型系统：$v=0$，$\omega=0$ 时，$A(\omega)=K$，$\varphi(\omega)=0$。

所以 0 型系统的起点在正实轴上 $(K,0)$ 处。

(2) Ⅰ型的系统：$v=1$，当 $\omega=0$ 时，$A(\omega)=\infty$，$\varphi(\omega)=-90^\circ$。

所以Ⅰ型系统的起点在负虚轴的无穷远处。

(3) Ⅱ型系统：$v=2$，当 $\omega=0$ 时，$A(\omega)=\infty$，$\varphi(\omega)=-180^\circ$。

一般的可以得到，对于Ⅰ型或Ⅰ型以上的系统，当 $\omega=0$ 时，$A(\omega)=\infty$，$\varphi(\omega)=-v90^\circ$。Nyquist 曲线的起点在无穷远处，相角等于开环传递函数的积分环节个数乘以 -90°，如图 5.23 所示。

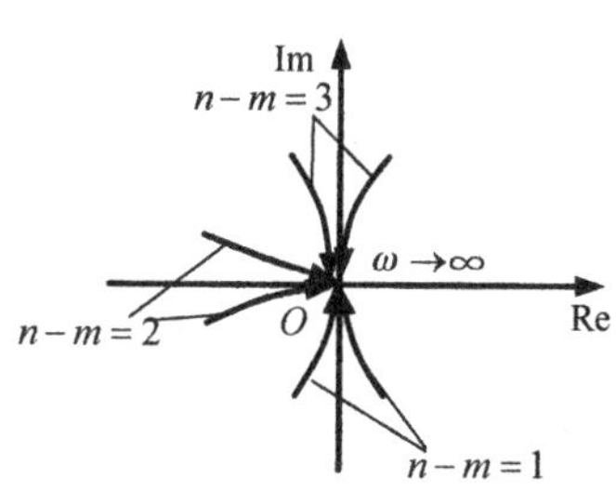

图 5.22　Nyquist 曲线的终点

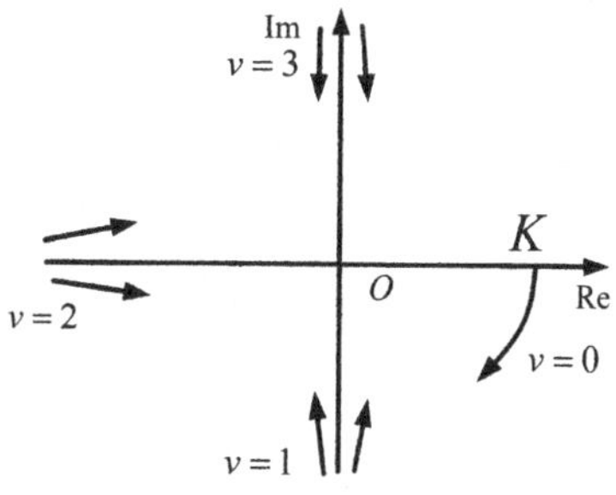

图 5.23　Nyquist 曲线的起点

【例5-1】 已知单位反馈系统的开环传递函数 $G(s)=\dfrac{K}{(T_1s+1)(T_2s+1)}$ $(K,T_1,T_2>0)$，试概略画出系统的 Nyquist 曲线。

解：这是一个 0 型系统，而且已经是标准形式，频率特性可写成

$$G(\mathrm{j}\omega)=\frac{K}{(\mathrm{j}T_1\omega+1)(\mathrm{j}T_2\omega+1)}$$

根据前面的分析，由 $v=0$ 可知这是 0 型系统，起点应该在实轴上 $(K,0)$ 点。由 $n-m=2$ 可知终点应该以 -180° 入射角到达原点。相角表示为

$$\varphi(\omega)=-\arctan T_1\omega-\arctan T_2\omega$$

当 $\omega=0\to\infty$ 时，相角 $\varphi(\omega)$ 单调从 0° 变化到 -180°，曲线和负实轴无交点。可概略画出其 Nyquist 曲线如图 5.24 所示。

【例5-2】 已知单位反馈系统的开环传递函数 $G(s)=\dfrac{K}{s(T_1s+1)(T_2s+1)}$ $(K,T_1,T_2>0)$，试概略画出系统的 Nyquist 曲线。

解：这是一个Ⅰ型系统，频率特性可写成

$$G(\mathrm{j}\omega)=\frac{K}{\mathrm{j}\omega(\mathrm{j}T_1\omega+1)(\mathrm{j}T_2\omega+1)}=\frac{K}{-\omega^2(T_1+T_2)+\mathrm{j}\omega(1-T_1T_2\omega^2)}$$

因为含有一个积分环节，所以 Nyquist 曲线的起点在负虚轴上的无穷远处，由 $n-m=3$ 可知当 $\omega \to \infty$ 时，Nyquist 曲线以 -270° 入射到原点。这样的曲线和负实轴有交点。

设 $\omega=\omega_g$ 时，$G\left(j\omega_g\right)$ 虚部为 0，即

$j\omega_g(1-T_1T_2\omega_g^2)=0$，有 $j\omega_g=\dfrac{1}{\sqrt{T_1T_2}}$，此时

$$G(j\omega_g)=-\frac{KT_1T_2}{T_1+T_2}$$

这样可以确定曲线和负实轴交点的位置，概略画出其 Nyquist 曲线如图 5.25 所示。

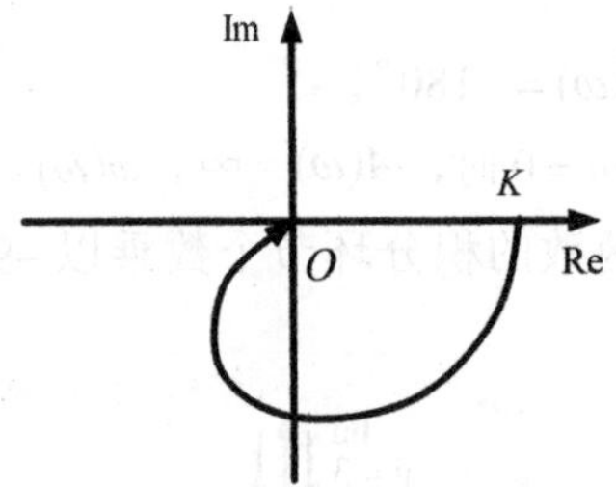

图 5.24　例 5-1 系统 Nyquist 曲线

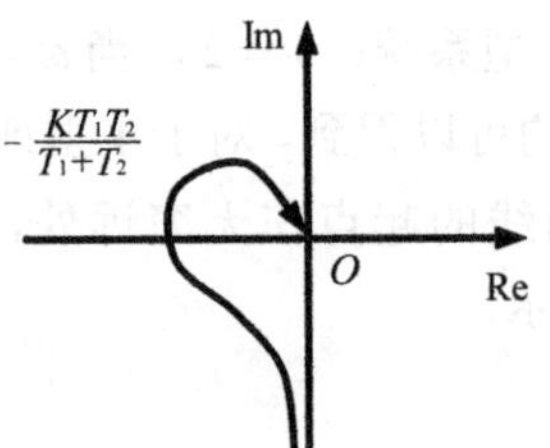

图 5.25　例 5-2 系统 Nyquist 曲线

5.3.2　系统开环对数频率特性曲线

由于系统可以看成由几个典型环节串联构成，所以有

$$G(s)=G_1(s)G_2(s)\cdots G_n(s)=\prod_{i=1}^{n}G_i(s)$$

系统的对数幅频特性为

$$\begin{aligned}L(\omega)&=20\lg A_1(\omega)+20\lg A_2(\omega)+\cdots+20\lg A_n(\omega)\\&=L_1(\omega)+L_2(\omega)+\cdots+L_n(\omega)=\sum_{i=1}^{n}L_i(\omega)\end{aligned}\tag{5-48}$$

对数相频特性为

$$\varphi(\omega)=\varphi_1(\omega)+\varphi_2(\omega)+\cdots+\varphi_n(\omega)=\sum_{i=1}^{n}\varphi_i(\omega)\tag{5-49}$$

【例 5-3】　已知单位负反馈系统的开环传递函数为 $G(s)=\dfrac{10(0.5s+1)}{s(0.1s+1)}$，试画出其对数频率特性曲线。

解：因为 $G(s)=\dfrac{10(0.5s+1)}{s(0.1s+1)}=10\cdot(0.5s+1)\cdot\dfrac{1}{s}\cdot\dfrac{1}{0.1s+1}$，原系统的开环传递函数可以看成如下四个典型环节的串联。

(1) 比例环节 $G_1(s)=10$。

$$L_1(\omega)=20\lg K=20\text{dB}$$

$$\varphi_1(\omega)=0^\circ$$

对应的幅频特性曲线是纵坐标为 20dB 的水平线，相频特性是 0° 的水平线。

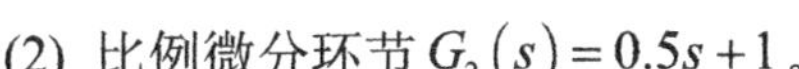

(2) 比例微分环节 $G_2(s)=0.5s+1$。

转折频率为 $\omega_1=2\text{rad/s}$。在转折频率以前，比例微分环节的幅频特性渐近线为 0dB 线，转折频率以后为斜率为 20dB/dec 的直线。相频特性曲线的变化范围是 0°～90°。

(3) 积分环节 $G_3(s)=\dfrac{1}{s}$。

对应的幅频特性曲线为斜率为 −20dB/dec 的直线，当频率为 1 时穿越 0dB 线。相频特性曲线是−90°的直线。

(4) 惯性环节 $G_4(s)=\dfrac{1}{0.1s+1}$。

转折频率为 $\omega_2=10\text{rad/s}$。在转折频率以前，其对数幅频特性渐近线为 0dB 线，转折频率以后为斜率为 −20dB/dec 的直线。相频特性曲线的变化范围是 0°～−90°。

$$L(\omega)=L_1(\omega)+L_2(\omega)+L_3(\omega)+L_4(\omega)$$

$$\varphi(\omega)=\varphi_1(\omega)+\varphi_2(\omega)+\varphi_3(\omega)+\varphi_4(\omega)$$

绘出以上各环节的幅频特性曲线和相频特性曲线，在同一频率下相加即得到系统的开环对数幅频特性渐近线及相频特性曲线，如图 5.26 所示。

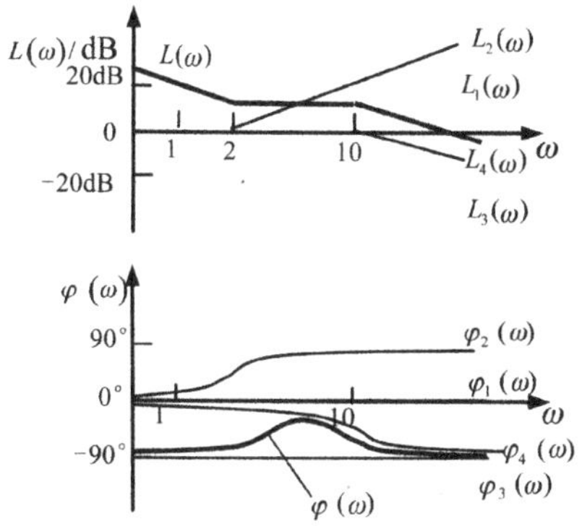

图 5.26　例 5-3 Bode 图

从作图过程可以看出，系统的开环对数频率特性具有以下特点。

(1) 低频段(第一个转折频率以前)的斜率和积分环节个数有关，如果开环传递函数里有 v 个积分环节，则低频段的斜率为 $-20v\text{dB/dec}$。

(2) 每一个惯性环节、比例微分环节都是在转折频率以后才对对数幅频特性产生影响，转折频率以前对系统的增益贡献都是 0。典型的振荡环节、二阶微分环节、非最小相位环节也是如此。

(3) 从低频向高频延伸，每到一个转折频率，就有一个典型环节开始起作用，系统的对数幅频特性渐近线的斜率就变化一次。从变化方向考虑：如果遇到比例微分环节、二阶微分环节，斜率增大；如果遇到惯性环节、二阶振荡环节，斜率减小。从变化的量考虑：如果是一阶的环节(惯性、比例微分等)，斜率变化为 20dB/dec；如果是二阶环节(振荡、二阶微分等)，斜率变化为 40dB/dec。

(4) 对数幅频特性曲线的高度和开环增益 K 有关。由于在低频段只有积分环节起作用，可以通过低频段来研究。当频率很低，只考虑开环增益和积分环节，$G(s)\approx\dfrac{K}{s^v}$，

$L(\omega) \approx 20\lg K - 20v\lg\omega$，当$\omega = 1$，低频段或低频段的延长线必过点$(1, 20\lg K)$。

例 5-3 的作图方法虽然简单，但是每次要把各个典型环节的对数幅频特性曲线都作出来再相加，仍然不方便。工程上采用更简单的方法，考虑到惯性环节、一阶微分环节、振荡环节、二阶微分环节在转折频率以前增益都为零，转折频率以后才开始起作用，所以，作系统的对数幅频特性图的步骤可归结如下。

(1) 把系统的开环传递函数变化成标准形式，得到开环增益K。

(2) 根据开环传递函数，找出系统的转折频率，按照从小到大的顺序列出来。

(3) 过点$(1, 20\lg K)$，作斜率为$-20v$dB/dec 的低频段。

(4) 频率从低到高，作出各段折线，在每个转折频率处斜率发生相应的变化。

【例5-4】 已知单位负反馈系统的开环传递函数为$G(s) = \dfrac{100(s+2)}{s(s+1)(s+20)}$，试画出其对数幅频特性曲线。

解：(1) 先化成标准形式$G(s) = \dfrac{10(0.5s+1)}{s(s+1)(0.05s+1)}$，$K = 10$。

(2) 按从小到大的顺序列出其转折频率。

惯性环节：$\omega_1 = 1$，斜率减少 20dB/dec。

一阶微分环节：$\omega_2 = 2$，斜率增加 20dB/dec。

惯性环节：$\omega_3 = 20$，斜率减少 20dB/dec。

(3) 画低频段，有一个积分环节，低频段斜率应该是-20dB/dec。要确定曲线的高度，计算$20\lg K = 20$dB，低频段或低频段的延长线经过(1, 20dB)点。

(4) 接下来，每到一个转折频率，斜率就发生相应的增加或减少，并且把各段斜率标出来，如图 5.27 所示。

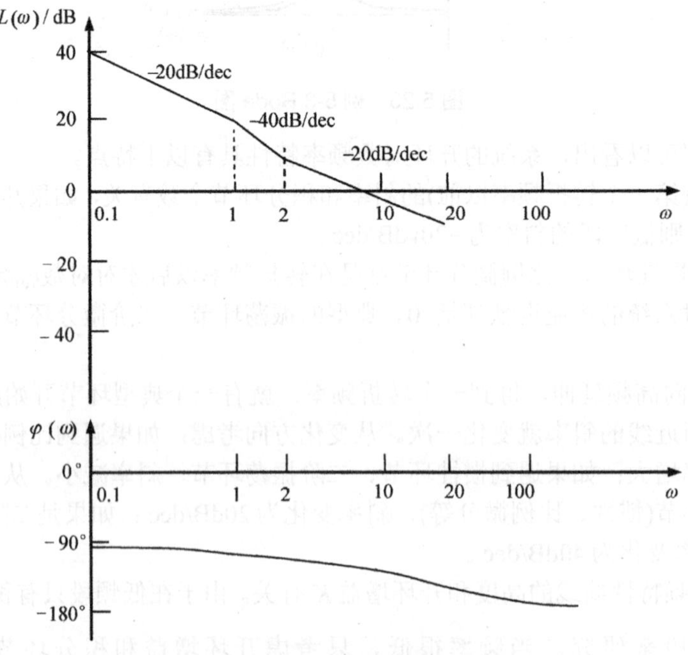

图 5.27　例 5-4 对数幅频特性曲线

(5) 相频特性曲线可以根据系统的开环相频特性

$$\varphi(\omega)=-90^\circ+\arctan\frac{\omega}{2}-\arctan\omega-\arctan\frac{\omega}{20}$$

进行计算，可以取几个转折频率点：$\varphi(1)=-111.3^\circ$，$\varphi(2)=-114.1^\circ$，$\varphi(20)=-137.8^\circ$。

【例 5-5】 已知单位负反馈系统的开环传递函数为 $G(s)=\dfrac{40}{(2s+1)(s^2+s+4)}$，试画出其对数幅频特性曲线。

解：(1) 先把开环传递函数化成标准形式，有

$$G(s)=\frac{10}{(2s+1)\left(\dfrac{s^2}{4}+\dfrac{s}{4}+1\right)},\qquad K=10$$

(2) 按从小到大的顺序列出其转折频率。

惯性环节：$\omega_1=0.5$，斜率减少 20dB/dec。

二阶振荡环节：$\omega_2=2$，斜率减少 40dB/dec。

(3) 画低频段，由于没有积分环节，斜率应该是 0dB/dec。要确定曲线的高度，计算 $20\lg K=20\text{dB}$，由于在 $\omega_1=0.5$ 处已经发生转折，所以是低频段的延长线经过 $(1,20\text{dB})$ 点。

(4) 画出各段直线渐近线，斜率在转折频率处发生相应的变化，并标出斜率，如图 5.28 所示。

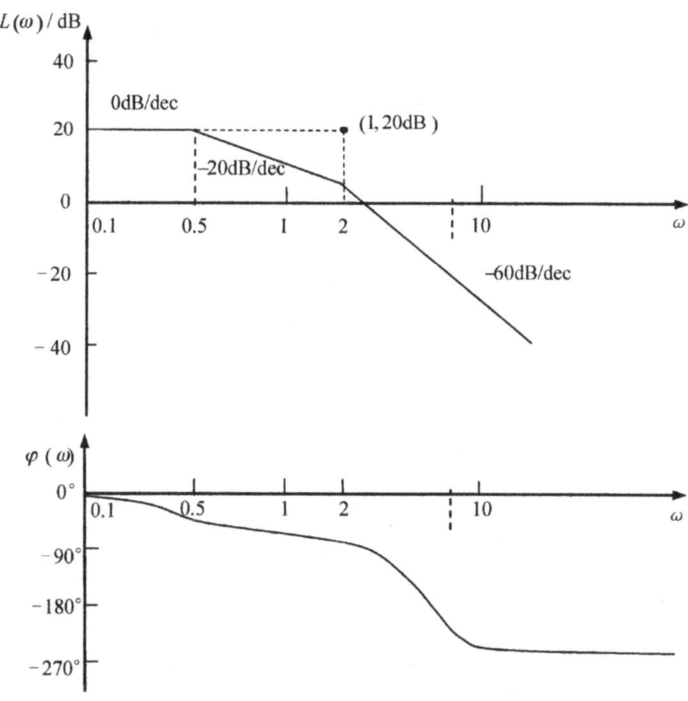

图 5.28　例 5-5 对数幅频特性曲线

(5) 根据 $\varphi(\omega)=-\arctan 2\omega-\arctan\dfrac{\omega}{4-\omega^2}$ 计算几个频率点处的相频特性，绘制相频特性曲线，这里取：$\varphi(0)=0^\circ$，$\varphi(0.5)=-45^\circ$，$\varphi(2)=-76^\circ$，$\varphi(10)=-261^\circ$。

5.4 奈奎斯特稳定判据

奈奎斯特稳定判据是一种确定闭环系统稳定性的图形化方法，由奈奎斯特于 1932 年首先提出，简称奈氏判据。和前面介绍的代数稳定判据和根轨迹分析法相比，奈氏判据同样可以避免烦琐的数学计算，并且具有两个优点：①不仅仅是数学模型已知的系统，即使是结构比较复杂、难以写出传递函数或内部结构未知的系统，也可以用实验方法画出其奈奎斯特曲线来进行判断；②利用奈氏判据可以用相位裕量和幅值裕量把系统的稳定程度量化，并提示改善系统特性的方法。

5.4.1 映射定理

一个复变函数 $F(s)$ 可视为从复数域到复数域的映射。如果复数 $s=\sigma+\mathrm{j}\omega$ 可用复平面(s 平面)上一点来表示，只要 s 不是 $F(s)$ 的极点，那么必有另一个复平面(简称 F 平面)上一个点 $F(s)=u+\mathrm{j}v$ 与之对应。$F(s)$ 是从 s 平面到 F 平面的映射关系。如果 s 在 s 平面上移动，沿一条闭合路径 C 回到起点，并且没有经过 $F(s)$ 的任一奇点(零点和极点)，那么在 F 平面上必有一条对应的映射闭合曲线 C'。

$F(s)$ 是 s 的有理函数，可以写成零极点形式，即

$$F(s)=\frac{K\prod_{j=1}^{m}\left(s-z_j\right)}{\prod_{i=1}^{n}\left(s-p_i\right)}$$

式中，$p_i\,(i=1,2,\cdots,n)$为 $F(s)$ 的极点；$z_j\,(j=1,2,\cdots,m)$为 $F(s)$ 的零点；K 为比例系数。

$F(s)$ 的复矢量相位角为

$$\angle F(s)=\sum_{j=1}^{m}\angle(s-z_j)-\sum_{i=1}^{n}\angle(s-p_i)$$

下面举例说明，如图 5.29 所示，试验点 s 沿闭合曲线 C 顺时针转一圈，包围 $F(s)$ 的一个极点 p_1 和一个零点 z_1，其他极点和零点都在 C 外。首先，关于 z_1，当 s 移动一圈回到起点，$\angle\left(s-z_1\right)$的变化量为-2π，所以当 C 只包围这一个零点且不包围极点时，s 点移动一圈，该零点引起$\angle F\left(s\right)$的变化量为-2π，F 平面的映射曲线 C'会绕原点顺时针转动一圈。同理，对于 C 内的极点 p_1，在这个过程中$\angle\left(s-p_1\right)$的变化量也是-2π，对$\angle F\left(s\right)$变化量的贡献是 2π，如果 C 只包围一个极点而没有包围零点，F 平面的闭合曲线 C'绕原点逆时针转动一圈。位于闭合曲线 C 外的零点和极点，在 s 点移动过程中，总的角度变化量为零，对 F 平面闭合曲线 C'围绕原点的转动圈数无影响。

所以，映射定理可以表述为：当 s 平面上一点沿着闭合曲线移动一周回到起点，并且闭合曲线没有经过 $F(s)$ 的任一极点和零点时，若闭合曲线内部有 Z 个零点和 P 个极点，则 F 平面上的曲线 C'围绕原点逆时针转动的圈数为 $N=P-Z$ 圈。

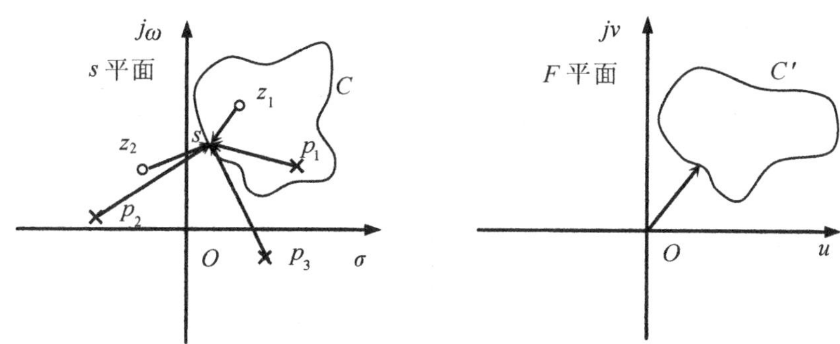

图 5.29　s 平面和 F 平面

5.4.2　Nyquist 轨迹及其映射

利用映射定理来分析系统的稳定性，还应该选取合适的映射函数 $F(s)$ 和闭合曲线 C。系统的开环传递函数可表示为

$$G(s)H(s)=\frac{M(s)}{N(s)} \tag{5-50}$$

式中，$M(s)$ 和 $N(s)$ 分别是 s 的 m 阶和 n 阶多项式，$m \leqslant n$。

闭环传递函数为

$$\Phi(s)=\frac{G(s)}{1+G(s)H(s)}$$

取特征多项式为

$$F(s)=1+G(s)H(s)=\frac{M(s)+N(s)}{N(s)} \tag{5-51}$$

从式(5-50)可看出，$F(s)$ 的零点即为闭环传递函数 $\Phi(s)$ 的极点，$F(s)$ 的极点即为开环传递函数 $G(s)H(s)$ 的极点。

为了将映射定理和系统稳定性分析联系起来，取闭合曲线 C 为包围整个右半 s 平面并沿顺时针方向变化的封闭曲线，它由整个虚轴和半径为∞的右半圆组成。并且假定 C 没有经过 $F(s)$ 的任一奇点。这样，判断系统特征方程式 $F(s)=0$ 有没有正实部根的问题就转化为 $F(s)$ 在闭合曲线 C 内有没有零点的问题。

封闭曲线 C 由两部分组成，如图 5.30 所示，一部分是试验点 s 沿虚轴从下往上运动，此时 $s=\mathrm{j}\omega$，它在虚轴上的运动相当于频率从 $-\infty$ 变化为 $+\infty$。它在 F 平面上的映射就是 $F(\mathrm{j}\omega)$ 的幅相频率特性曲线。

封闭曲线 C 的另一部分是 s 平面上半径为∞的半圆，由于 $F(s)$ 分母的阶次 n 大于等于分子的阶次 $m(n \geqslant m)$，当 $s \to \infty$ 时，$F(s)$ 为零或一个常数，也就是映射到 $F(s)$ 平面上为一个点，对映射曲线包围原点的情况无影响。

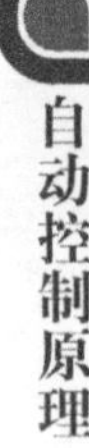

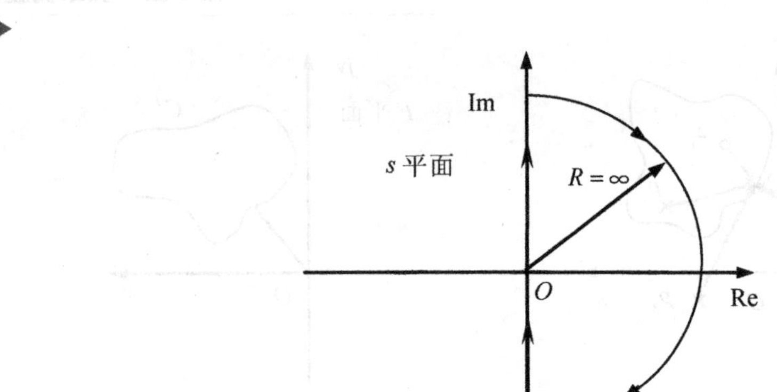

图 5.30　s 平面的封闭曲线 C

由映射定理可得，封闭曲线的映射曲线 C'逆时针包围原点的次数为 $N=P-Z$。P 为 $F(s)$ 在右半平面的极点($G(s)H(s)$正实部极点)个数，Z 为 $F(s)$ 在右半平面的零点($\Phi(s)$正实部极点)个数。如果系统稳定，则有 $Z=0$，即 $N=P$。

闭环系统的稳定条件可描述为，$F(s)$ 曲线逆时针包围原点的次数应该等于 $F(s)$ 开环右极点的个数。

进一步分析系统开环频率特性 $G(\mathrm{j}\omega)H(\mathrm{j}\omega)$曲线和特征方程式 $F(\mathrm{j}\omega)$曲线的关系，因为 $F(\mathrm{j}\omega)=1+G(\mathrm{j}\omega)H(\mathrm{j}\omega)$，所以只要把 $F(\mathrm{j}\omega)$的曲线向左平移一个单位，就可以得到 $G(\mathrm{j}\omega)H(\mathrm{j}\omega)$的曲线。也就是说，$F(\mathrm{j}\omega)$曲线包围原点次数，也就是开环频率特性 $G(\mathrm{j}\omega)H(\mathrm{j}\omega)$ 曲线包围$(-1,\mathrm{j}0)$点的次数。

5.4.3　Nyquist 稳定判据一

当系统的开环传递函数 $G(s)H(s)$在原点及虚轴上都没有奇点时，稳定判据可以描述为，$G(\mathrm{j}\omega)H(\mathrm{j}\omega)$曲线逆时针包围$(-1,\mathrm{j}0)$点的圈数 N 应该等于 $G(s)H(s)$右半平面的极点个数 P。如果 $N<P$，那么系统不稳定，右半平面闭环极点的个数等于 $P-N$。

如果系统是开环稳定系统，即没有正实部的开环极点，那么系统稳定的充要条件是开环 Nyquist 曲线逆时针包围$(-1,\mathrm{j}0)$点 0 圈。

如果系统开环传递函数的 Nyquist 曲线正好经过$(-1,\mathrm{j}0)$点，那么系统处于临界稳定状态。

在本书中，如无特别说明，画 Nyquist 曲线只画$\omega\in(0,\infty)$的部分。$\omega\in(0,\infty)$部分的 Nyquist 曲线和$\omega\in(-\infty,0)$部分的曲线是关于实轴对称的。如果只分析$\omega\in(0,\infty)$的 Nyquist 曲线，那么曲线包围$(-1,\mathrm{j}0)$点的圈数应该减少一半。此时系统稳定的充要条件可描述为：如果系统有 P 个开环不稳定极点，那么其 Nyquist 曲线逆时针包围$(-1,\mathrm{j}0)$点的圈数为 $N=P/2$。

【例 5-6】 已知单位负反馈系统开环频率特性的 Nyquist 曲线如图 5.31 所示，P 为开环 s 右半平面极点个数，试判断闭环系统的稳定性。

解：图 5.31(a)中，$P=2$，Nyquist 曲线应该逆时针包围$(-1,\mathrm{j}0)$点一圈，而实际上 Nyquist 曲线逆时针包围半圈，所以闭环系统不稳定。

图 5.31(b)中，P=0，Nyquist 曲线逆时针包围 (-1, j0) 点一圈，所以系统是稳定的。

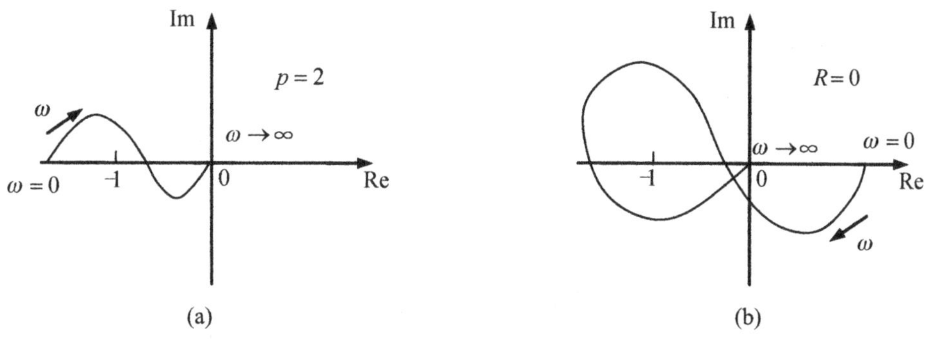

图 5.31 例 5-6Nyquist 曲线

【例 5-7】 已知单位反馈系统的开环传递函数为 $G(s)=\dfrac{s+2}{s-1}$，试判断闭环系统的稳定性。

解： $G(\mathrm{j}\omega)=\dfrac{\mathrm{j}\omega+2}{\mathrm{j}\omega-1}=\dfrac{2-\omega^2+\mathrm{j}3\omega}{\omega^2-1}$，作出其 Nyquist 曲线如图 5.32 所示。开环传递函数中有一个不稳定极点 $s=1$，曲线逆时针包围 $(-1,\mathrm{j}0)$ 点半圈，所以闭环系统稳定。

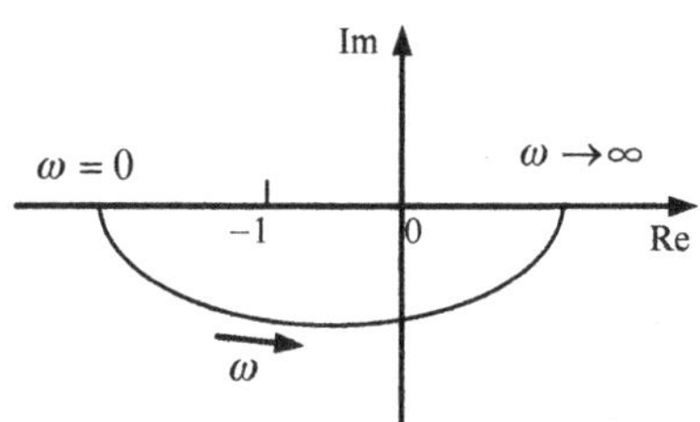

图 5.32 例 5-7Nyquist 曲线

Nyquist 曲线包围 $(-1,\mathrm{j}0)$ 点的次数和它在 $(-1,\mathrm{j}0)$ 点左侧穿越实轴的情况有关。规定相角 $\varphi(\omega)$ 增大的方向穿过负实轴为正穿越，即从上向下穿越；相角减小的方向穿过为负穿越，即从下向上穿越。则奈奎斯特稳定判据还有另一种描述方法：设系统有 P 个不稳定开环极点，$G(\mathrm{j}\omega)H(\mathrm{j}\omega)$ 曲线在 $(-1,\mathrm{j}0)$ 点左侧对实轴正穿越次数为 N_+，负穿越次数为 N_-，那么系统稳定的充要条件是正负穿越次数之差 $N=N_+-N_-=\dfrac{P}{2}$ 。

如果 Nyquist 曲线起始或终止于 $(-1,\mathrm{j}0)$ 点左侧的负实轴，那么算半次穿越。

5.4.4 Nyquist 稳定判据二

如果 $G(s)H(s)$在虚轴上有极点，那么在画闭合曲线 C 的时候就要做一些改进，绕开这些极点。下面分两种情况讨论。

1. $F(s)$在原点处有极点

如果 $G(s)H(s)$中包含一个积分环节$\frac{1}{s}$，那么原点就是一个开环极点，这时开环传递函数可以写成

$$G(s)H(s)=\frac{K\prod_{j=1}^{m}(\tau_j s+1)}{s\prod_{i=1}^{n-1}(T_i s+1)} \tag{5-52}$$

这时曲线 C(仍然只分析闭合曲线的一半)不应该经过原点，而是从正实轴出发，以原点为圆心，以无穷小量ε为半径逆时针画四分之一圆弧，到达虚轴上 $\mathrm{j}0_+$ 处以后，再随ω增大；沿虚轴趋于∞，这样就可以绕开原点，也就是把 0 极点画到左半平面，处理成稳定极点，如图 5.33 所示。

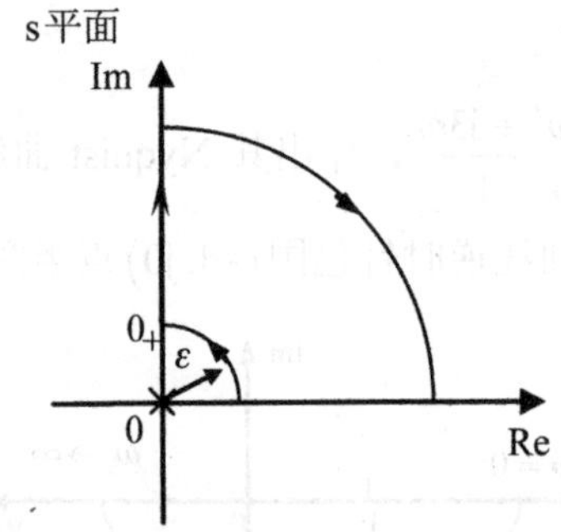

图 5.33　$G(s)H(s)$在原点处有极点时

在四分之一小圆弧上，点 s 可表示为$s=\varepsilon \mathrm{e}^{\mathrm{j}\theta}$，($\theta$从 0 到$\frac{\pi}{2}$)，代入式(5-52)，考虑到$\varepsilon\to 0$，$G(s)H(s)\approx\frac{K}{s}=\infty \mathrm{e}^{-\mathrm{j}\theta}$。这表明 s 平面上的四分之一小圆弧映射到$G(s)H(s)$平面上是半径为无穷大的四分之一圆弧，相位角从 0 到$-\frac{\pi}{2}$。

如果开环传递函数中有ν个积分环节，即在原点处有ν重极点，有

$$G(s)H(s)=\frac{K\prod_{j=1}^{m}(\tau_j s+1)}{s^{\nu}\prod_{i=1}^{n-\nu}(T_i s+1)} \tag{5-53}$$

在原点附近的无穷小四分之一圆弧上，$s\to 0$，由式(5-53)得$G(s)H(s)\approx\frac{K}{s^{\nu}}=\infty \mathrm{e}^{-\mathrm{j}\nu\theta}$，$\theta$从 0 增大到$\frac{\pi}{2}$，变化量为$\frac{\pi}{2}$，则映射曲线的角度变化量为$-\frac{n\pi}{2}$。也就是说开环传递函数中有多少个积分环节，$\omega$在无穷小四分之一圆弧上的映射就对应多少个半径为无穷大的四分之一圆弧。

综上所述，如果开环传递函数中含有ν个积分环节，先画出$\omega\in(0_+,\infty)$的映射曲线，

再从映射曲线的起点处开始，逆时针补画一个半径为无穷大，相角为$\nu \cdot 90^\circ$的圆弧，即补画$\omega=0\to 0_+$的曲线。

【例 5-8】 已知反馈系统的开环传递函数为$G(s)H(s)=\dfrac{K}{s(s+1)(0.1s+1)}$，试画出开环增益分别为 1 和 20 时的 Nyquist 曲线，并判断系统的稳定性。

解： 把$s=\mathrm{j}\omega$代入开环传递函数$G(s)H(s)$，得到系统的开环频率特性为

$$G(\mathrm{j}\omega)H(\mathrm{j}\omega)=\frac{K}{\mathrm{j}\omega(\mathrm{j}\omega+1)(0.1\mathrm{j}\omega+1)}$$

幅频特性为 $$A(\omega)=\left|G(s)H(s)\right|=\frac{K}{\omega\sqrt{1+\omega^2}\cdot\sqrt{1+0.01\omega^2}}$$

相频特性为 $$\varphi(\omega)=-90^\circ-\arctan\omega-\arctan 0.1\omega$$

当$\omega=0$时，$A(\omega)=\infty$，$\varphi(\omega)=-90^\circ$。

当$\omega\to\infty$时，$A(\omega)\to 0$，$\varphi(\omega)=-270^\circ$。

Nyquist 曲线的起点是负虚轴上无穷远处，终点以-270°入射到原点，$\varphi(\omega)$从-90°变化到-270°，必然经过负实轴，穿越负实轴的点的位置决定其稳定性。因为有一个积分环节，所以从 Nyquist 曲线起点处逆时针补画一个四分之一圆弧，如图 5.34 所示。

(1) 当开环增益$K=1$时，有

$$G(\mathrm{j}\omega)H(\mathrm{j}\omega)=\frac{K}{\mathrm{j}\omega(\mathrm{j}\omega+1)(0.1\mathrm{j}\omega+1)}=\frac{K}{-1.1\omega^2+\mathrm{j}\omega\left(1-0.1\omega^2\right)}$$

当分母虚部为零的时候，频率特性为实数，也就是穿越实轴的点。

根据$1-0.1\omega^2=0$，得到$\omega=\sqrt{10}$。此时

$$G(\mathrm{j}\omega)H(\mathrm{j}\omega)=-\frac{K}{11}$$

Nyquist 曲线穿越负实轴的点为$\left(-\dfrac{1}{11},0\right)$，曲线从$(-1,\mathrm{j}0)$点的右侧穿过，包围$(-1,\mathrm{j}0)$点的次数为 0，等于不稳定开环极点个数，系统稳定。

(2) 当开环增益$K=20$时，可以把$K=20$代入计算式，也可以用另外一种办法画出其奈奎斯特曲线。由于相频特性只和频率有关，和开环增益无关，所以当$K=20$时，穿越实轴的频率不变，仍然是$\omega=\sqrt{10}$，代入幅频特性计算式，得到穿越负实轴的点$\left(-\dfrac{20}{11},0\right)$，位于$(-1,\mathrm{j}0)$点的左侧，曲线逆时针包围$(-1,\mathrm{j}0)$点一圈，系统不稳定。Nyquist 曲线如图 5.34 所示。

【例 5-9】 已知系统的 Nyquist 曲线如图 5.35 所示，ν为积分环节的个数，P为开环不稳定极点的个数。试用 Nyquist 稳定判据判断闭环系统的稳定性。

解： 用正负穿越次数来判断系统稳定性。用N_+表示正穿越次数，用N_-表示负穿越次数。闭环系统稳定的条件是$N_+-N_-=2P$。

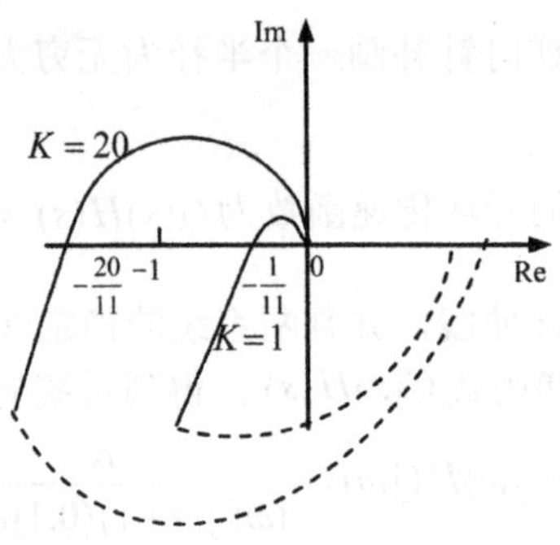

图 5.34　例 5-8Nyquist 曲线

(1) 积分环节个数$\nu = 1$，从 Nyquist 曲线起点处逆时针补画一个四分之一圆弧，Nyquist 曲线在$(-1, \mathrm{j}0)$点左边穿过实轴，所以$N_+ = N_- = 0 = 2P$，闭环系统稳定。

(2) 积分环节个数$\nu = 2$，补画两个四分之一圆弧，Nyquist 曲线在$(-1, \mathrm{j}0)$点左侧有一次从下向上的穿越，所以$N_+ = 0$，$N_- = 1$，$N_+ - N_- = -1 \neq 2P$，闭环系统不稳定。

(3) Nyquist 曲线起点在$(-1, \mathrm{j}0)$点左侧的实轴上，方向向下，相当于半次正穿越，$N_+ = \frac{1}{2}$，$N_- = 0$。所以$N_+ - N_- = 1 = 2P$，闭环系统稳定。

(4) Nyquist 在$(-1, \mathrm{j}0)$点左侧有一次负穿越，终点在$(-1, \mathrm{j}0)$点左侧的实轴上，从上往下入射到实轴，相当于半次正穿越，$N_+ = \frac{1}{2}$，$N_- = 1$，所以$N_+ - N_- = -1 \neq 2P$，闭环系统不稳定。

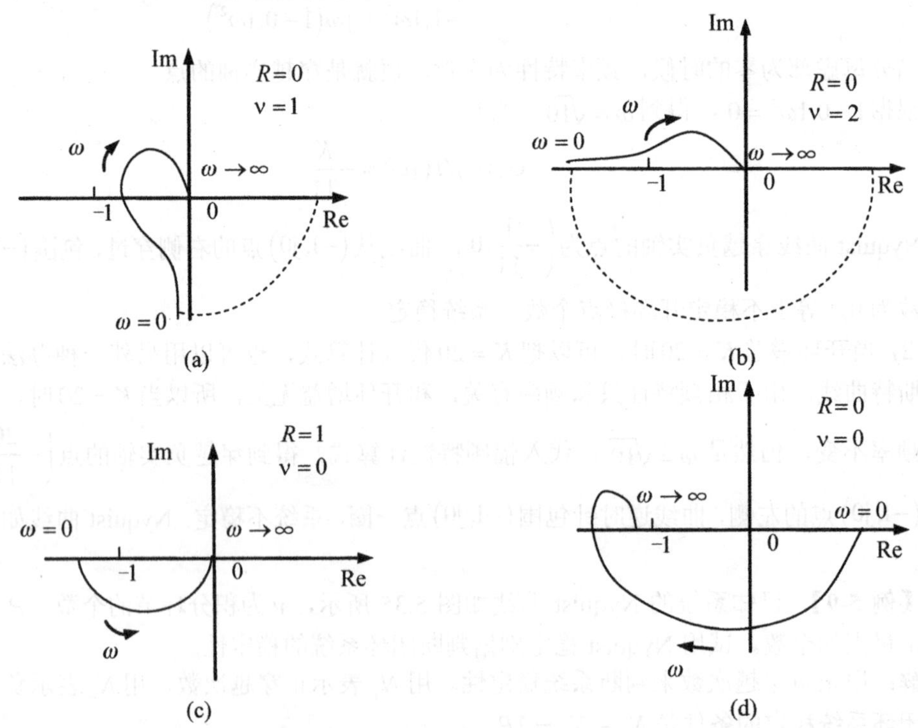

图 5.35　例 5-9 Nyquist 曲线

2．*F*(*s*)在虚轴上其他位置有极点

对于线性定常系统，纯虚数极点都是共轭成对出现的，假设有一对共轭纯虚数极点 $s=\pm j\omega_n$，画闭合曲线时可在极点处作半径为无穷小量的半圆，绕开极点，如图 5.36 所示。

在当试验点在极点 $s=j\omega_n$ 附近的半圆弧上移动时，对应的映射曲线应该是半径为无穷大、相角从 $-\dfrac{\pi}{2}$ 到 $\dfrac{\pi}{2}$ 的圆弧。所以如果在虚轴上有极点，映射曲线应该在极点前后分成两段，即 $\omega<\omega_{n-}$ 和 $\omega>\omega_{n+}$ 这两段，然后用半径为无穷大的辅助半圆把它们连起来。如果在 $s=j\omega_n$ 处是 ν 重极点，则应该作 ν 个辅助半圆。

【例 5-10】 已知系统的开环传递函数为

$$G(s)=\frac{10}{s(s+1)(s^2+1)}$$

试概略绘制系统开环幅相频率特性曲线。

解： 系统开环传递函数的极点为 $p_1=0$，$p_{2,3}=\pm j$。

幅频特性为

$$A(\omega)=\frac{10}{\omega\left(1-\omega^2\right)\sqrt{1+\omega^2}}$$

相频特性为

$$\varphi(\omega)=-90^\circ-\arctan\omega \qquad (\omega<1)$$
$$\varphi(\omega)=-270^\circ-\arctan\omega \qquad (\omega>1)$$

分别画出 $\omega\in(0_+,1_-)$ 和 $\omega\in(1_+,\infty)$ 的曲线。因为系统有一个积分环节，所以要补画一个半径为无穷大的四分之一圆弧，由于极点 $p_2=j$ 处曲线分成两段，所以要用半径为无穷大的半圆弧连接。系统的 Nyquist 曲线如图 5.37 所示。

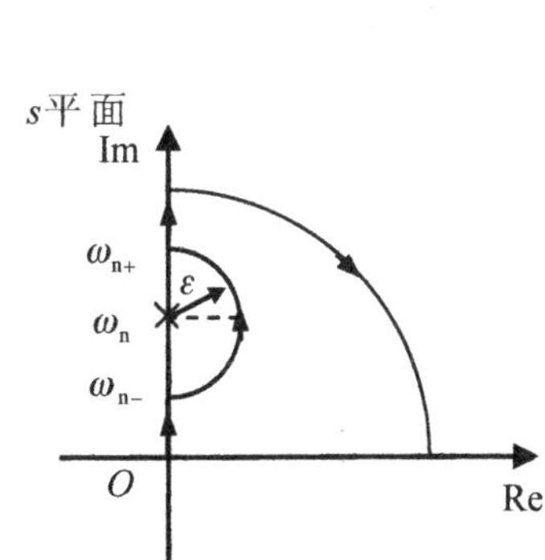

图 5.36　*G*(*s*)*H*(*s*)在虚轴上有共轭极点时

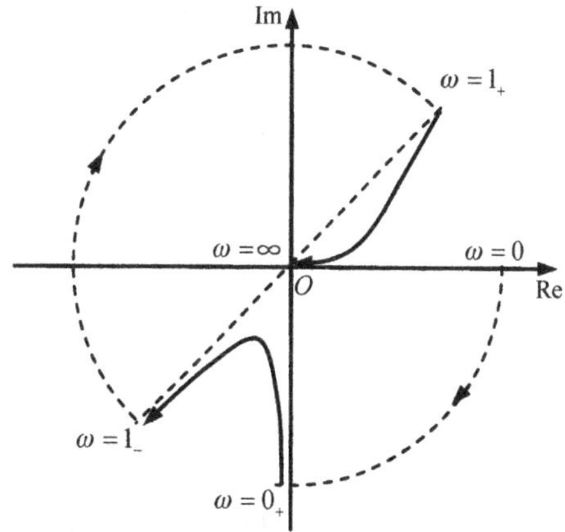

图 5.37　例 5-10 Nyquist 曲线

5.4.5　Nyquist 对数稳定判据

系统的开环幅相频率特性曲线(Nyquist 曲线)和开环对数频率特性曲线(Bode 图)之间存

在对应关系，因此可以把稳定判据应用于对数频率特性曲线，即得到系统的对数稳定判据。

两种曲线的对应关系如下。

(1) 极坐标图上以原点为圆心、以 1 为半径的单位圆对应 Bode 图的 0dB 线。单位圆上的点幅频特性 $A(\omega)=1$，即 $L(\omega)=0\text{dB}$。

(2) 极坐标图上单位圆内部对应 Bode 图 0dB 线下方。单位圆内 $A(\omega)<1$，即 $L(\omega)<0\text{dB}$。

(3) 极坐标图上单位圆外部对应 Bode 图 0dB 线上方。单位圆内 $A(\omega)>1$，$L(\omega)>0\text{dB}$。

(4) 极坐标图上的负实轴对应 Bode 图相频特性图的 $-180°$ 线。

Nyquist 曲线在 $(-1,\text{j}0)$ 点左侧的穿越次数，对应于 Bode 图相频特性曲线当 $L(\omega)>0\text{dB}$ 时穿越$-180°$ 线的次数。正穿越是 $\varphi(\omega)$ 增大，即相频特性曲线从下往上穿过 $-180°$ 线；负穿越是 $\varphi(\omega)$ 减小，即相频特性曲线从上往下穿过 $-180°$ 线。

如图 5.38 所示，Nyquist 曲线在 ω_1、ω_4 处发生负穿越，相位角减小，在 Bode 图上相频特性曲线向下穿过 $-180°$ 线；Nyquist 曲线在 ω_2 处发生正穿越，在 Bode 图上相频特性曲线向上穿过 $-180°$ 线；Nyquist 曲线在 ω_3 处穿过单位圆，对应的 Bode 图幅频特性曲线穿过 0dB 线。从 Bode 图上看，当 $L(\omega)>0$ 时穿越 $-180°$ 线，即 ω_1、ω_2 处是在极坐标图上 $(-1,\text{j}0)$ 点左边的穿越。

因此，对数频率稳定判据为：在 $L(\omega)>0\text{dB}$ 区段内，相频特性曲线对 $-180°$ 线的正、负穿越次数之差为 $\dfrac{P}{2}$，则系统稳定。

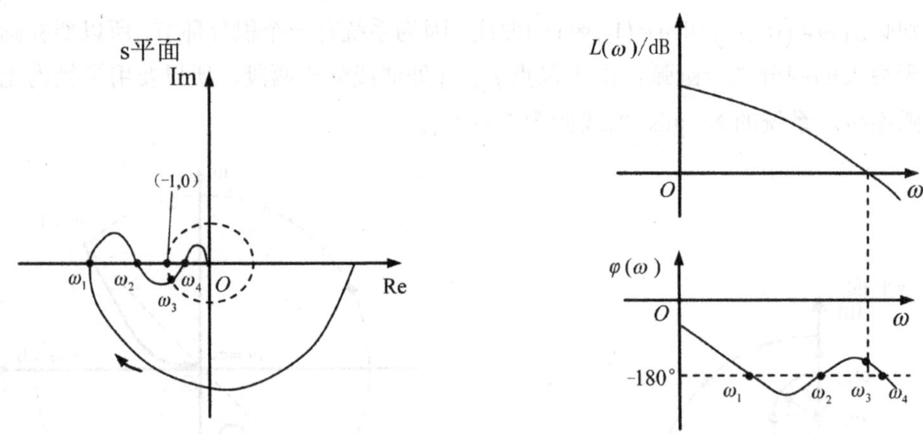

图 5.38　Nyquist 对数稳定判据

5.5　控制系统的相对稳定性

对于开环稳定的最小相位系统，因为 P=0，所以闭环稳定的充要条件是 Nyquist 曲线不包围 $(-1,\text{j}0)$ 点。$G(\text{j}\omega)H(\text{j}\omega)$ 曲线离 $(-1,\text{j}0)$ 点越远，系统的相对稳定性就越好。反之，$G(\text{j}\omega)H(\text{j}\omega)$ 曲线离 $(-1,\text{j}0)$ 点越近，系统的相对稳定性就越差；如果 $G(\text{j}\omega)H(\text{j}\omega)$ 曲线穿过 $(-1,\text{j}0)$ 点，那么系统临界稳定。

5.5.1　增益裕度

增益裕度的思路是，$G(\mathrm{j}\omega)H(\mathrm{j}\omega)$ 曲线和负实轴的交点要在 $(-1,\mathrm{j}0)$ 点的右边，而且距离 $(-1,\mathrm{j}0)$ 点越远，系统越稳定。

相位截止频率 ω_g：当开环频率特性的相位 $\varphi(\omega_g)=-180^\circ$ 时，对应的频率 ω_g 称为相位截止频率。

幅值裕度 K_g：当频率为相位截止频率 ω_g 时，幅频特性的倒数为幅值裕度，即

$$K_g=\frac{1}{\left|G(\mathrm{j}\omega_g)H(\mathrm{j}\omega_g)\right|}=\frac{1}{A(\omega_g)} \tag{5-54}$$

如图 5.39(a)所示，如果 $\left|G(\mathrm{j}\omega_g)H(\mathrm{j}\omega_g)\right|<1$ 时，$K_g>1$，当 $\omega=\omega_g$ 时，$G(\mathrm{j}\omega)H(\mathrm{j}\omega)$ 曲线和负实轴交于 A_1 点，位于 $(-1/K_g,\mathrm{j}0)$ 处。A_1 点在 $(-1,\mathrm{j}0)$ 点右侧，曲线没有包围 $(-1,\mathrm{j}0)$ 点，系统闭环稳定。如果开环增益增大到原来的 K_g 倍，那么交点 A_1 正好移到 $(-1,\mathrm{j}0)$ 点，此时系统就从稳定变为临界稳定，K_g 越大，意味着 A_1 距离 $(-1,\mathrm{j}0)$ 点越远，系统越稳定。反之，如图 5.39(b)所示，如果 $\left|G(\mathrm{j}\omega_g)H(\mathrm{j}\omega_g)\right|>1$ 时，$K_g<1$，当 $\omega=\omega_g$ 时，$G(\mathrm{j}\omega)H(\mathrm{j}\omega)$ 曲线和负实轴交于 A_2 点，位于 $(-1,\mathrm{j}0)$ 点左侧，曲线包围 $(-1,\mathrm{j}0)$ 点，此时闭环系统不稳定。

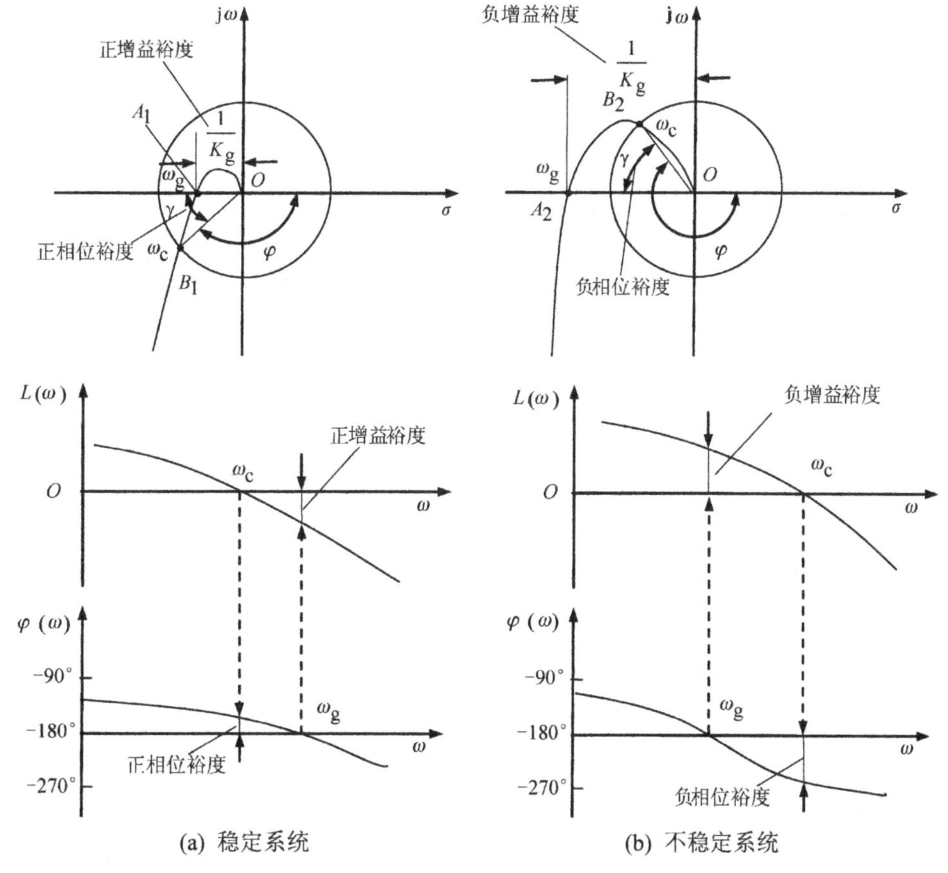

图 5.39　增益裕度和相角裕度

有时用增益的形式来表示幅值裕度，称为增益裕度，定义为

$$K_{g}(\mathrm{dB})=20\lg K_{g}=20\lg\left[\frac{1}{A(\omega_{g})}\right]=-20\lg A(\omega_{g})\mathrm{dB} \tag{5-55}$$

当增益裕度大于0时，系统稳定；当增益裕度小于0时，系统不稳定。

工程中，一般要求增益裕度大于6dB。

5.5.2 相角裕度

描述系统的相对稳定性，也可以用相角裕度。其基本思路是，$A(\omega)=1$的点(即曲线和单位圆的交点)距离负实轴越远，系统越稳定。

增益截止频率ω_c：当系统的开环频率特性的幅值$A(\omega_c)=1$时，对应的频率称为增益截止频率ω_c。

相位裕度：增益截止频率ω_c处的相位角和-180°之差定义为相位裕度γ，即

$$\gamma=\varphi(\omega_c)-(-180^\circ)=180^\circ+\varphi(\omega_c) \tag{5-56}$$

对于最小相位系统，当$\gamma>0$时，闭环系统稳定，如图5.39(a)所示；反之，当$\gamma<0$时，闭环系统不稳定，如图5.39(b)所示。

在工程上，相位裕度一般取30°～60°。

【例5-11】 已知单位负反馈系统的开环传递函数是$G(s)=\dfrac{5}{s(1+0.5s)(1+0.1s)}$，求增益裕度和相位裕度。

解：(1) 增益裕度为

$$G(\mathrm{j}\omega)=\frac{5}{\mathrm{j}\omega(1+0.5\mathrm{j}\omega)(1+0.1\mathrm{j}\omega)}=\frac{5}{\mathrm{j}\omega(1-0.05\omega^2)-0.6\omega^2}$$

根据相位截止频率的定义，$\angle G(\mathrm{j}\omega_g)=-180^\circ$，即$G(\mathrm{j}\omega_g)$虚部为0，此时$1-0.05\omega_g^2=0$，$\omega_g=4.47$。

增益裕度为

$$K_g(\mathrm{dB})=-20\lg\left|G(\mathrm{j}\omega_g)\right|=7.6\mathrm{dB}$$

增益裕度大于零，表明系统稳定。

(2) 相角裕度。

根据增益截止频率的定义，有

$$\left|G(\mathrm{j}\omega_c)\right|=\frac{5}{\left|\mathrm{j}\omega_c(1-0.05\omega_c^2)-0.6\omega_c^2\right|}=1$$

$$\omega_c^2(1-0.05\omega_c^2)^2+0.36\omega_c^4=25$$

解之得$\omega_c=2.8$。

相角裕度为

$$\gamma=180^\circ+\varphi(\omega_c)=180^\circ-90^\circ-\arctan0.5\omega_c-\arctan0.1\omega_c=19.9^\circ$$

此外，在工程上可通过Bode图确定ω_g和ω_c。ω_c也可用以下方法估算：画出幅频特性

曲线(见图 5.40)之后，可确定 ω_c 大于转折频率 2，小于转折频率 10。可认为惯性环节 $\frac{1}{1+0.1s}$ 还没有开始起作用，则有

$$\left|G(\mathrm{j}\omega_c)\right| \approx \left|\frac{5}{\mathrm{j}\omega_c(1+0.5\mathrm{j}\omega_c)}\right| \approx \left|\frac{5}{0.5\omega_c^2}\right| = 1$$

$$\omega_c \approx \sqrt{10} = 3.16$$

$$\gamma = 180^\circ + \varphi(\omega_c) = 180^\circ - 90^\circ - \arctan 0.5\omega_c - \arctan 0.1\omega_c = 14.8^\circ$$

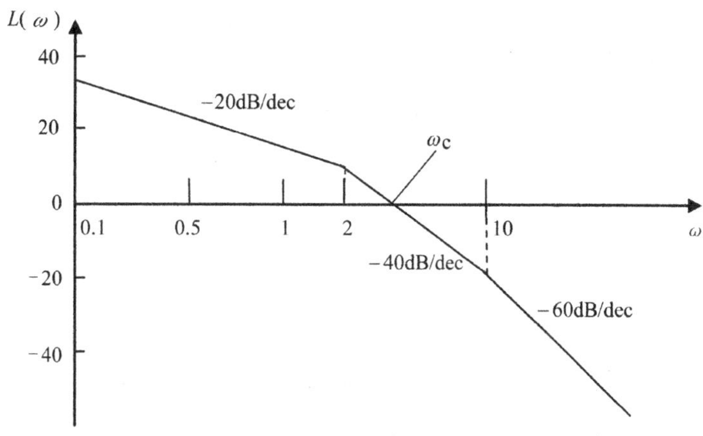

图 5.40　例 5-11 幅频特性曲线

5.5.3　用幅相频率特性曲线分析系统稳定性

幅相频率特性曲线是以相频特性为横坐标，幅频特性为纵坐标，如图 5.41 所示。可从图中找到相位截止频率点 ω_g (即满足相位 $\varphi(\omega_g)=-180^\circ$)和增益截止频率点 ω_c，两个点的垂直距离为增益裕度 K_g(dB)，水平距离为相角裕度 γ 。

在进行系统调试的时候，改变开环增益，相当于幅相频率特性曲线水平移动一定的距离；给 $G(\mathrm{j}\omega)\,H(\mathrm{j}\omega)$增加一个恒定的相位角，相当于幅相频率特性曲线垂直移动一定的距离。

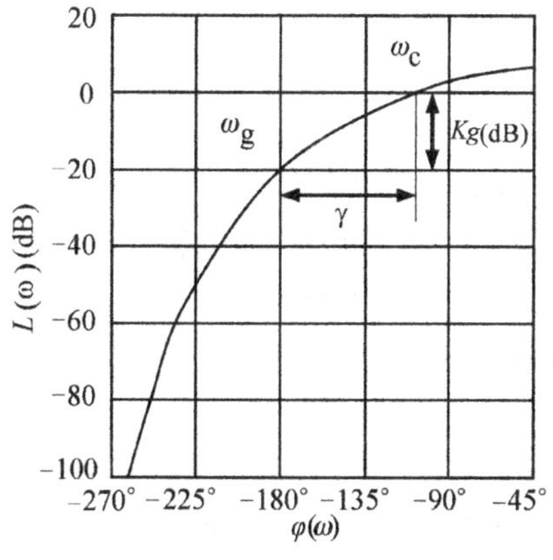

图 5.41　通过幅相频率特性曲线分析稳定裕度

5.6 系统时域性能和开环频率特性的关系

用时域指标来表述系统的性能最为直观、具体，但对控制系统的分析和校正，往往采用频率特性分析是很方便的，所以要分析系统时域性能和开环频率特性的关系。

5.6.1 系统开环频率特性的三个频段

对最小相位系统进行分析，只需要关注其幅频特性曲线。一般来说，开环幅频特性曲线分为三个频段：低频段、中频段和高频段，如图 5.42 所示。低频段主要指第一个转折点以前的频段；中频段是指截止频率 ω_c 附近的频段；高频段指频率远大于 ω_c 的频段(一般大 10 倍以上)。这三个频段包含了闭环系统性能不同方面的信息，需要分别进行讨论。

这里三个频段的划分是相对的，频段之间没有严格的界限，一般控制系统的频段范围为 0.01～100Hz。这里的频段和电子学里的频段划分是不同的概念。

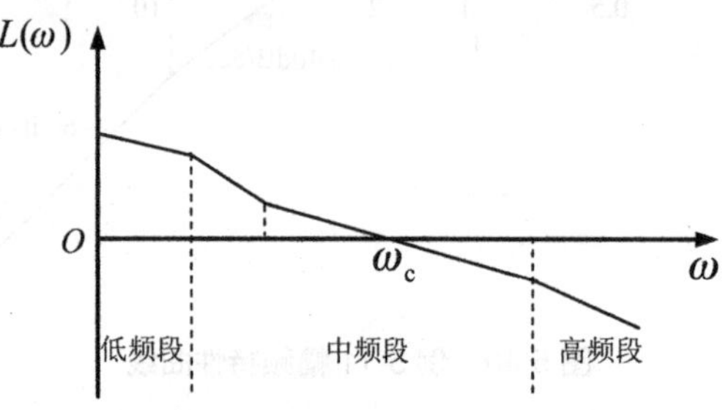

图 5.42 开环频率特性的三个频段

5.6.2 低频段特性与系统的稳态精度

低频段是第一个转折频率以前的部分，比例微分环节和惯性环节都还没有起作用，低频段曲线完全由开环增益和积分环节的个数决定。

低频段的数学模型可近似表示为

$$G(s) = \frac{K}{s^{\nu}} \tag{5-57}$$

式中，K 为开环增益；ν 为积分环节的个数。

则幅频对数特性为

$$L(\omega) = 20\lg A(\omega) = 20\lg K - \nu \cdot 20\lg \omega \tag{5-58}$$

从 5.3 节的分析已知，低频渐近线或其延长线必然经过$(1, 20\lg K)$点，如果积分环节的个数大于 0，低频渐近线或其延长线和 0dB 线的交点为$(\sqrt[\nu]{K}, 0)$。

低频段渐近线的斜率由开环传递函数中的积分环节个数ν 决定，斜率为$-\nu \cdot 20\text{dB/dec}$，如图 5.43 所示。

低频段斜率越小，系统型别越高，对于高阶信号越不容易出现稳态误差。另外，系统如果出现有限值的稳态误差，开环增益 K 越大，低频段的位置就越高，稳态误差越小。所以，开环频率特性的低频段决定了系统的稳态精度。

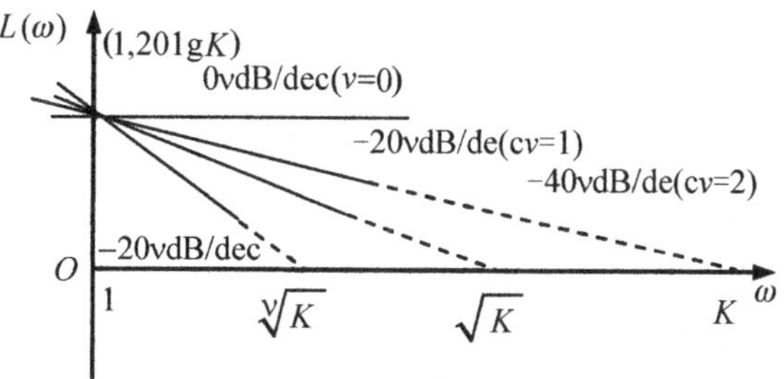

图 5.43　低频段对数幅频特性曲线

5.6.3　中频段特性与系统的暂态性能

增益截止频率ω_c附近是中频段，反映闭环系统动态响应的稳定性和快速性。中频段有三个指标：增益截止频率、斜率和宽度。

1．增益截止频率ω_c对系统快速性的影响

以一阶系统为例，假如系统的开环传递函数只有一个积分环节，即$G(s)=\dfrac{K}{s}$，其幅频特性曲线是斜率为$-20\text{dB}/\text{dec}$的直线，增益截止频率为$\omega_c=K$。

闭环传递函数为

$$\Phi(s)=\frac{G(s)}{1+G(s)}=\frac{\dfrac{\omega_c}{s}}{1+\dfrac{\omega_c}{s}}=\frac{1}{\dfrac{1}{\omega_c}s+1} \tag{5-59}$$

其阶跃响应按指数规律变化，无振荡。调节时间为$t_s\approx 3T=\dfrac{3}{\omega_c}$。

可见，增益截止频率ω_c增大，调节时间缩短，系统响应加快。对于高阶系统，在一定条件下，这个结论都是成立的。所以ω_c反映了系统的快速性。

2．中频段斜率和系统稳定性的关系

下面以具体例子来分析。

(1) 如果中频段斜率为-20dB/dec，而且占据频率范围比较宽。假设它的幅频特性曲线如图 5.44(a)所示，显然可以写出它的相频特性为

$$\varphi(\omega)=-180^\circ+\arctan\frac{\omega}{\omega_1}-\arctan\frac{\omega}{\omega_2} \tag{5-60}$$

相角裕度为

$$\gamma=180^\circ+\varphi(\omega_c)=\arctan\frac{\omega_c}{\omega_1}-\arctan\frac{\omega_c}{\omega_2}=\arctan\frac{\omega_c}{\omega_1}-\arctan\frac{\omega_c}{\omega_1 h} \tag{5-61}$$

中频带宽$h=\dfrac{\omega_2}{\omega_1}$越大，相角裕度$\gamma$就越大，系统稳定性越好。

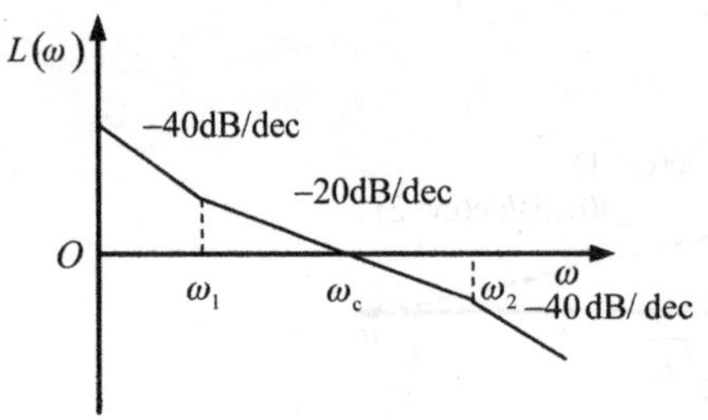

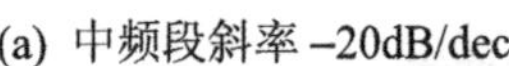
(a) 中频段斜率 –20dB/dec

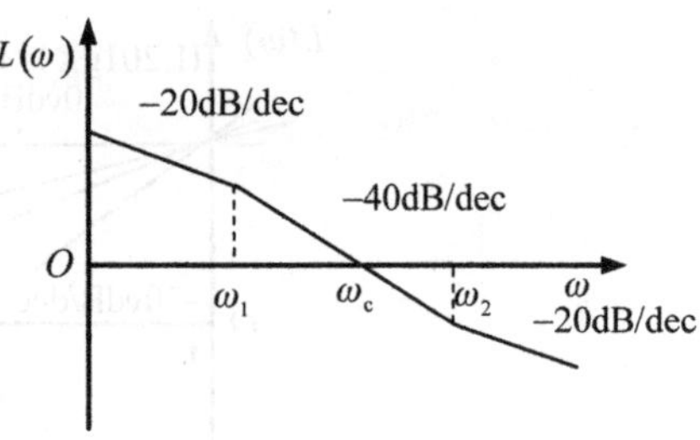

(b) 中频段斜率 –40dB/dec

图 5.44 中频段斜率对系统性能的影响

(2) 如果中频段斜率为 –40dB/dec，而且占据频率范围比较宽。假设它的幅频特性曲线如图 5.44(b)所示，可以写出它的相频特性为

$$\varphi(\omega) = -90^\circ - \arctan\frac{\omega}{\omega_1} + \arctan\frac{\omega}{\omega_2} \tag{5-62}$$

相角裕度为

$$\gamma = 180^\circ + \varphi(\omega_c) = 90^\circ - \arctan\frac{\omega_c}{\omega_1} + \arctan\frac{\omega_c}{\omega_2} = 90^\circ - \arctan\frac{\omega_c}{\omega_1} + \arctan\frac{\omega_c}{\omega_1 h} \tag{5-63}$$

中频段宽度 $h = \dfrac{\omega_2}{\omega_1}$ 越大，相角裕度 γ 将越小，系统将越接近临界稳定状态。如果中频段斜率进一步减小，则闭环系统相角裕度进一步下降。

在实际工程中，一般取中频段斜率为 –20dB/dec，并且有一定宽度，这样可以保证系统有足够的稳定裕度。如果中频段斜率为 –40dB/dec，则所占频率区间不能过宽，否则系统稳定性变差。

5.6.4 高频段特性对系统性能的影响

开环对数幅频特性曲线的高频段位于中频段以后，由于这部分特性是由系统中一些时间常数很小的环节组成，且远离增益截止频率，所以对系统动态响应影响不大。但是高频段特性和系统抑制高频干扰的能力直接相关。

对于单位反馈系统，开环频率特性 $G(\mathrm{j}\omega)$ 和闭环频率特性 $\Phi(\mathrm{j}\omega)$ 的关系为

$$\Phi(\mathrm{j}\omega) = \frac{G(\mathrm{j}\omega)}{1 + G(\mathrm{j}\omega)} \tag{5-64}$$

在高频段，一般有 $20\lg|G(\mathrm{j}\omega)| << 0$，即 $|G(\mathrm{j}\omega)| << 1$。故由上式可得

$$|\Phi(\mathrm{j}\omega)| = \frac{|G(\mathrm{j}\omega)|}{|1 + G(\mathrm{j}\omega)|} \approx |G(\mathrm{j}\omega)| \tag{5-65}$$

即在高频段，闭环幅频特性近似等于开环幅频特性。

因此，$L(\omega)$ 特性高频段的幅值直接反映出系统对输入端高频信号的抑制能力，高频段的分贝值越低，说明系统对高频信号的衰减作用越大，即系统的抗高频干扰能力越强。

综上所述，我们希望系统的开环幅频特性曲线具有以下特点。

(1) 如果要求具有一阶或二阶无差度(即系统在阶跃或斜坡作用下无稳态误差)，则 $L(\omega)$ 特性的低频段应具有 –20dB/dec 或 –40dB/dec 的斜率。为保证系统的稳态精度，低频段应有

较高的分贝数。

(2) $L(\omega)$特性应以 –20dB/dec 的斜率穿过零分贝线，且具有一定的中频段宽度。这样，系统就有足够的稳定裕度，保证闭环系统具有较好的稳定性。

(3) $L(\omega)$特性应具有较高的截止频率 ω_c，以提高闭环系统的快速性。

(4) $L(\omega)$特性的高频段应有较大的斜率，以增强系统的抗高频干扰能力。

5.7 根据系统闭环频率特性分析系统的动态性能

5.7.1 闭环频率特性

已知系统的动态结构图，可得其闭环传递函数为

$$\Phi(s)=\frac{G(s)}{1+G(s)H(s)}$$

也就可以得到系统的闭环频率特性为

$$\Phi(\mathrm{j}\omega)=\frac{G(\mathrm{j}\omega)}{1+G(\mathrm{j}\omega)H(\mathrm{j}\omega)}=M(\omega)\mathrm{e}^{\mathrm{j}\alpha(\omega)} \tag{5-66}$$

式中，$M(\omega)$和$\alpha(\omega)$分别是闭环幅频和相频特性。对于单位负反馈系统，$H(\mathrm{j}\omega)=1$，于是有

$$\Phi(\mathrm{j}\omega)=\frac{G(\mathrm{j}\omega)}{1+G(\mathrm{j}\omega)}$$

只要已知系统的开环频率特性，取一些适当的频率点，代入计算，即可用描点法得到系统的闭环频率特性。这个工作可以由计算机来完成。

5.7.2 闭环频率指标

控制系统的典型闭环幅频特性曲线如图 5.45 所示。闭环频率指标主要有如下几个。

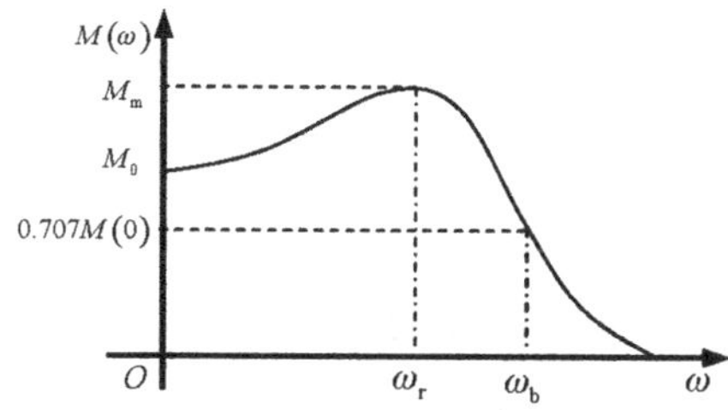

图 5.45 闭环幅频特性曲线

1. 零频幅值 M_0

$\omega=0$ 时的闭环幅频特性称为零频幅值 M_0，它表征系统阶跃响应的稳态精度。频率 $\omega=0$，意味着输入信号为常值信号。如果 $M_0=1$，表明系统的输入和输出恒指信号幅值相等，没有稳态误差。

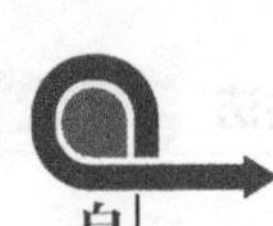

设系统的开环传递函数为 $$G(s)=\frac{KG_0(s)}{s^\nu} \tag{5-67}$$

式中，$\lim\limits_{s\to 0}G_0(s)=1$。

闭环传递函数为 $$\Phi(s)=\frac{KG_0(s)}{s^\nu+KG_0(s)} \tag{5-68}$$

如果是 0 型系统，$\nu=0$，

$$M_0=M(0)=\lim_{\omega\to 0}\left|\frac{KG_0(\mathrm{j}\omega)}{(\mathrm{j}\omega)^\nu+KG_0(\mathrm{j}\omega)}\right|=\frac{K}{1+K} \tag{5-69}$$

如果是Ⅰ型及其以上的系统，$\nu\geqslant 1$，

$$M_0=M(0)=\lim_{\omega\to 0}\left|\frac{KG_0(\mathrm{j}\omega)}{(\mathrm{j}\omega)^\nu+KG_0(\mathrm{j}\omega)}\right|=1 \tag{5-70}$$

所以，当系统跟踪阶跃信号时，0 型系统存在稳态误差，Ⅰ型及Ⅰ型以上的系统无稳态误差，和第 3 章结论一致。

2．谐振峰值 M_r

谐振峰值是指ω由$0\to\infty$变化时，$\dfrac{M(\omega)}{M(0)}$比值的最大值。M_r 值大，表明系统对某个频率ω_r 的正弦输入信号反应强烈，这意味着系统的相对稳定性较差，系统的阶跃响应将有较大的超调量。

3．谐振频率ω_r

谐振峰值出现时的频率称为谐振频率ω_r。从后面的分析可知，ω_r 在一定程度上和系统响应速度有关，一般ω_r增大，响应速度加快。

4．带宽频率ω_b

闭环频率特性的幅值$M(\omega)$从$M(0)$开始，直至衰减到$0.707M(0)$时所对应的频率，称为带宽频率，用ω_b表示，也称为闭环截止频率。由零至ω_b的一段频率范围称为频带宽度(简称带宽)或通频带。带宽较宽，表明系统能通过频率较高的输入信号，跟踪快速变化的信号能力强；带宽较窄，说明系统只能通过频率较低的输入信号。因此，通频带较宽的系统，一方面重现输入信号的能力较强；另一方面抑制输入端高频干扰的能力较弱。

5.7.3 闭环频域指标与时域指标的关系

本小节以二阶系统为例，研究闭环频率指标和时域指标之间的关系。由于二阶系统的时域指标(超调量、调节时间、上升时间、峰值时间等)和频域指标(零频幅值、谐振频率、带宽、谐振峰值等)都有严格的数学表达式，所以时域指标和频域指标有准确的对应关系，而高阶系统的这种对应关系是近似的。

典型二阶系统的闭环传递函数为

$$\Phi(s)=\frac{\omega_n^{\ 2}}{s^2+2\xi\omega_n s+\omega_n^{\ 2}}$$

1. 谐振峰值 M_r 与超调量 $\sigma\%$ 的关系

通过时域分析可知，二阶系统的超调量为

$$\sigma\% = e^{-\xi\pi/\sqrt{1-\xi^2}} \times 100\%$$

由二阶振荡环节幅相特性的讨论可知，典型二阶系统的谐振频率 ω_r 和谐振峰值 M_r 分别为

$$\omega_r = \omega_n\sqrt{1-2\xi^2} \qquad (0 \leqslant \xi \leqslant 0.707)$$

$$M_r = \frac{1}{2\xi\sqrt{1-\xi^2}} \qquad (0 \leqslant \xi \leqslant 0.707)$$

可见，谐振峰值 M_r 和超调量 $\sigma\%$ 都只由阻尼比 ξ 决定。把 M_r、$\sigma\%$ 和 ξ 的关系用图 5.46 表示。当 $0 \leqslant \xi \leqslant 0.707$ 时，随着 ξ 增大，M_r、$\sigma\%$ 减小，系统相角裕度增大，系统稳定性提高。

如果 ξ 太小，小于 0.2，则系统超调量大，超过 40%，收敛慢，快速性和稳定性都较差。

当 $0.4 \leqslant \xi \leqslant 0.707$ 时，超调量 $\sigma\% = 20\% \sim 30\%$，$M_r = 1.2 \sim 1.5$。系统响应结果较令人满意。

当 $\xi > 0.707$ 时，无谐振峰值。通常取 $0.4 \leqslant \xi \leqslant 0.707$。

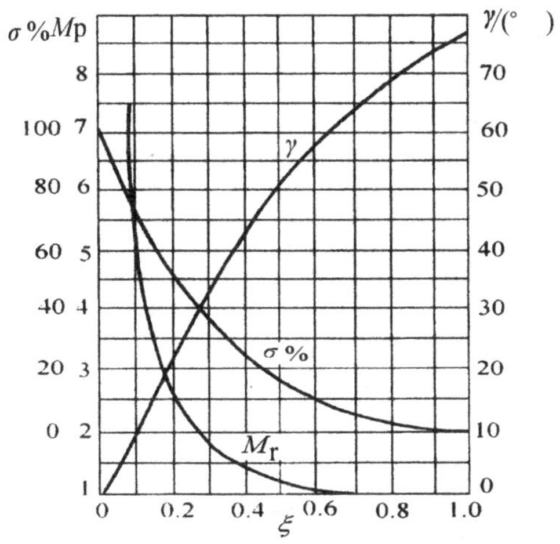

图 5.46 M_r、$\sigma\%$ 和 ξ 的关系

2. 谐振频率 ω_r 与峰值时间 t_p 的关系

二阶系统的谐振频率为

$$\omega_r = \omega_n\sqrt{1-2\xi^2} \qquad (0 \leqslant \xi \leqslant 0.707)$$

二阶系统时域响应的峰值时间为

$$t_p = \frac{\pi}{\omega_n\sqrt{1-\xi^2}}$$

它们的乘积为

$$t_p \omega_r = \frac{\pi\sqrt{1-2\xi^2}}{\sqrt{1-\xi^2}} \tag{5-71}$$

当ξ为常数时，谐振频率ω_r与峰值时间t_p成反比，ω_r越大，t_p越小，系统时间响应越快。

3．带宽截止频率ω_b与调节时间t_s的关系

以二阶系统为例，根据二阶系统的标准闭环传递函数表达式得到对应的闭环频率特性为

$$\Phi(j\omega) = \frac{\omega_n^2}{(j\omega)^2 + 2\xi\omega_n(j\omega) + \omega_n^2} = \frac{1}{\left(1-\frac{\omega^2}{\omega_n^2}\right) + j2\xi\frac{\omega}{\omega_n}} = M(\omega)e^{j\alpha(\omega)} \tag{5-72}$$

其闭环幅频特性为

$$M(\omega) = \frac{1}{\sqrt{\left(1-\frac{\omega^2}{\omega_n^2}\right)^2 + \left(2\xi\frac{\omega}{\omega_n}\right)^2}} \tag{5-73}$$

根据通频带的定义，在带宽频率ω_b处，典型二阶系统闭环频率特性的幅值为

$$M(\omega_b) = \frac{\sqrt{2}}{2}$$

由此解出带宽ω_b，用ω_n、ξ表示为

$$\omega_b = \omega_n\sqrt{1-2\xi^2+\sqrt{2-4\xi^2+4\xi^4}} \tag{5-74}$$

求带宽ω_b和调节时间t_s的乘积为

$$\omega_b t_s = \frac{3}{\xi}\sqrt{1-2\xi^2+\sqrt{2-4\xi^2+4\xi^4}} \tag{5-75}$$

当阻尼比为常数时，带宽ω_b和调节时间t_s成反比。所以闭环带宽ω_b越大，调节时间越短。

5.7.4 闭环频域指标和开环指标的关系

仍然以二阶系统为例，分析闭环频域特性和开环指标之间的关系。典型二阶系统的开环传递函数为

$$G(s) = \frac{\omega_n^2}{s(s+2\xi\omega_n)}$$

开环频率特性为

$$G(j\omega) = \frac{\omega_n^2}{j\omega(j\omega+2\xi\omega_n)} \tag{5-76}$$

幅频特性为

$$A(\omega) = \frac{\omega_n^2}{\omega\sqrt{\omega^2+(2\xi\omega_n)^2}} \tag{5-77}$$

相频特性为

$$\varphi(\omega)=-90^\circ-\arctan\left(\frac{\omega}{2\xi\omega_n}\right) \tag{5-78}$$

1. 相角裕度 γ 和超调量 $\sigma\%$ 的关系

相角裕度是频域分析中研究系统相对稳定性的指标，超调量 $\sigma\%$ 是时域分析法中衡量系统稳定性的指标。在二阶系统中，在增益截止频率 ω_c 处有 $A(\omega_c)=1$，即

$$A(\omega_c)=\frac{\omega_n^2}{\omega_c\sqrt{\omega_c^2+(2\xi\omega_n)^2}}=1$$

$$\omega_c^4+4\xi^2\omega_n^2\omega_c^2-\omega_n^4=0 \tag{5-79}$$

解方程(5-79)，取正值得

$$\omega_c=\omega_n\sqrt{\sqrt{4\xi^4+1}-2\xi^2} \tag{5-80}$$

相角裕度为

$$\gamma=180^\circ+\varphi(\omega_c)=\arctan\left(\frac{2\xi}{\sqrt{\sqrt{4\xi^4+1}-2\xi^2}}\right) \tag{5-81}$$

对于典型二阶系统，相角裕度 γ 只和系统阻尼比 ξ 有关，由图 5.46 所示曲线可知，ξ 越大，则 γ 越大，超调量 $\sigma\%$ 越小，系统的相对稳定性越好。

当 $0\leqslant\xi\leqslant0.707$ 时，可近似认为 ξ 每增加 0.1，γ 增加 10°，即

$$\gamma=100\xi \tag{5-82}$$

2. γ、ω_c 与 t_s 的关系

由时域分析法可知，典型二阶系统调节时间(取 $\Delta=0.05$ 时)为

$$t_s=\frac{3}{\xi\omega_n}\qquad(0.3<\xi<0.8) \tag{5-83}$$

将式(5-83)与式(5-80)相乘，得

$$t_s\omega_c=\frac{3}{\xi}\sqrt{\sqrt{4\xi^4+1}-2\xi^2} \tag{5-84}$$

再由式(5-84)和式(5-81)可得

$$t_s\omega_c=\frac{6}{\tan\gamma} \tag{5-85}$$

可见，调节时间 t_s 与相角裕度 γ 和截止频率 ω_c 都有关。当 γ 确定时，t_s 与 ω_c 成反比。换言之，如果两个典型二阶系统的相角裕度 γ 相同，那么它们的超调量也相同，这样，ω_c 较大的系统，其调节时间 t_s 必然较短。

5.8 利用 MATLAB 绘制系统频率特性曲线

利用 MATLAB 可以精确绘制系统的 Bode 图、Nyquist 曲线和 Nichose 图，并得到任一频率点的频率特性，计算稳定裕度。

1. Bode 图

1) Bode 图的绘制

Bode 图的绘制命令是

```
[mag,phase, w]=bode(num,den,w)
```

或

```
[mag,phase,w]=bode(num,den)
```

其中，num 和 den 分别表示系统开环传递函数的分子多项式和分母多项式；w 表示要计算的频率范围，如果省略 w，默认频率范围是 $\omega = 0.1 \sim 1000\text{rad/s}$。返回值 mag 和 phase 分别表示计算出的幅频特性和相频特性。然后可以用 plot()命令或 semilogx()命令(在半对数坐标系中画图)画出幅频特性曲线和相频特性曲线。

【例 5-12】 已知系统的开环传递函数为 $G(s)=\dfrac{100}{s(0.2s+1)}$，绘制其 Bode 图。

解： 输入

```
[mag, phase, w]=bode(100,[0.2 1 0]);
subplot(2,1,1);                          %分两个图像分区，第一个分区画幅频特性曲线
    semilogx(w,20*log10(mag));           %幅频特性曲线，横坐标用对数坐标
    grid;
    subplot(2,1,2);
    semilogx(w,phase);                   %第二个分区画相频特性曲线
    grid;
```

如果要自定义 w 的范围，可以用 logspace( )命令，格式为

```
w=logspace(a,b,n)
```

表示在 $10^a \sim 10^b$ 之间，产生 n 个十进制对数分度的等距离点。

如果不要返回值，命令可简化为

```
bode(num,den)
```

或

```
bode(G)
```

其中，G 为用 tf( )命令定义的传递函数，这样可直接作出 Bode 图。

【例 5-13】 已知系统开环传递函数为 $G(s)=\dfrac{1000(s+1)}{s(s^2+8s+100)}$，绘制其 Bode 图。

解： 输入

```
G1=tf(1000,[1 0]);
G2=tf([1 1],[1 8 100]);
G=G1*G2;
bode(G);
grid;
```

在 MATLAB 命令窗口中运行以上文本，得到 Bode 图如图 5.47 所示。

此时如果要求 Bode 图上某一点的频率，以及幅频或相频特性，可在曲线上相应位置单

击鼠标左键，如图 5.48 所示。

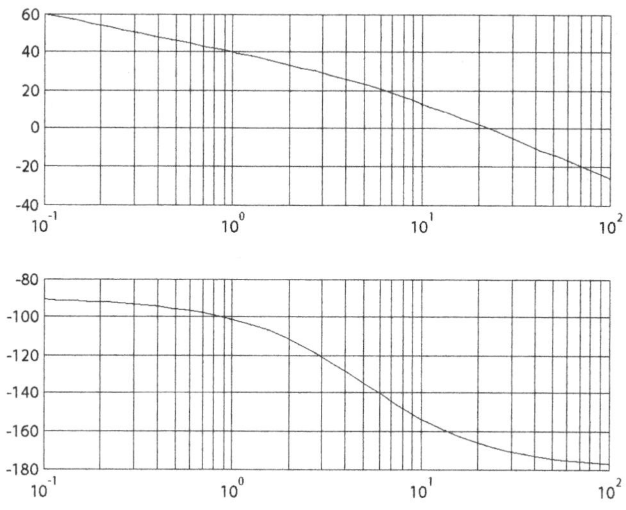

图 5.47 例 5-13 Bode 图(1)

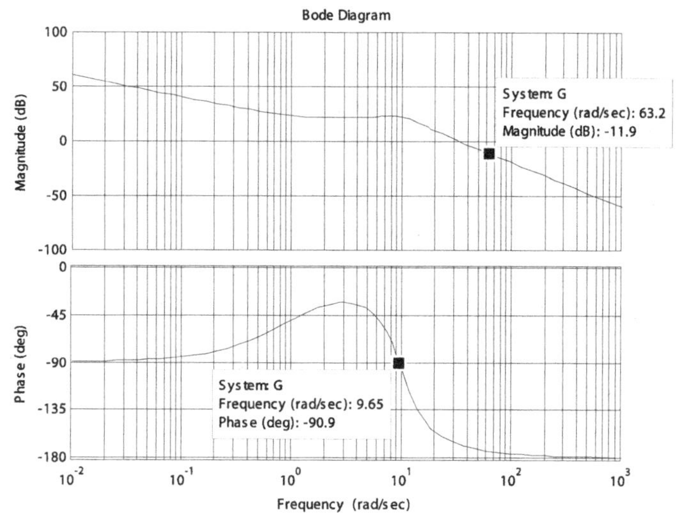

图 5.48 例 5-13 Bode 图(2)

2) 稳定裕度计算

可以在 Bode 图上找到增益截止频率和相位截止频率，从而计算相角裕度和增益裕度。还可以用 margin()命令，格式为

```
[gm,pm,wcg,wcp]=margin(mag,phase,w)
```

输入参数是幅值特性 mag(倍数形式)、相角 phase(角度形式)和频率矢量 w，它们是由 bode()命令或 nyquist()命令得到的。返回值是幅值裕度 gm(倍数形式)、相位裕量 pm(角度形式)、相位截止频率 wcg 和增益截止频率 wcp。

也可以不用返回值，即

```
margin(mag,phase,w)
```

这样可以直接作出系统的 Bode 图，把稳定裕度标记出来，并且在曲线上方给出相应的幅值裕度和相角裕度，以及它们所在的频率。

【例 5-14】 已知反馈控制系统的开环传递函数为 $G(s)=\dfrac{5}{s(0.2s+1)(0.5s+1)}$，用 MATLAB 作出其开环 Bode 图，并求系统的稳定裕度。

解：开环传递函数为

$$G(s)=\frac{5}{s(0.2s+1)(0.5s+1)}=\frac{5}{s^3+0.7s^2+s}$$

MATLAB 文本如下：

```
[mag,phase,w]=bode(5,[0.1 0.7 1 0]);
subplot(2,1,1);
semilogx(w,20*log10(mag));
grid;
subplot(2,1,2);
semilogx(w,phase);
grid;
 [gm,pm,wcg,wcp]=margin(mag,phase,w)
```

以上 MATLAB 文本可画出 Bode 图如图 5.49 所示，同时可以得到

增益裕度	gm =1.4065(dB)
相角裕度	pm =9.0789(°)
增益截止频率	wcg =3.1623(rad/sec)
相位截止频率	wcp =2.6504(rad/sec)

也可以直接以传递函数作为输入量，不要返回值，这时得到有稳定裕度标记的 Bode 图如图 5.50 所示。

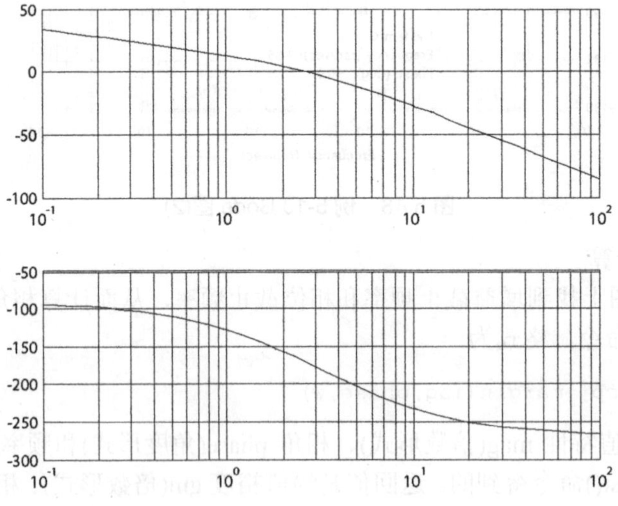

图 5.49　例 5-14Bode 图

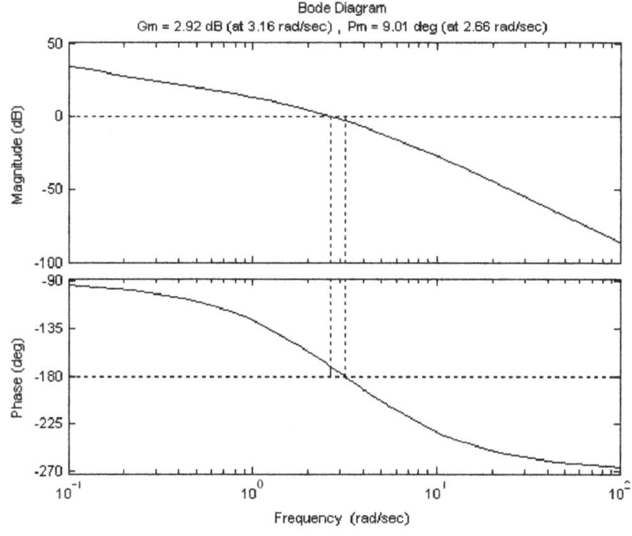

图 5.50　例 5-14 带稳定裕度标记的 Bode 图

2．Nyquist 曲线

Nyquist 曲线的绘制命令是

```
[re,im,w]=nyquist(num,den,w)
```

频率 w 可以用 logspace( )命令来规定范围，也可以省略，此时用默认值，命令为

```
[re,im,w]=nyquist(num,den)
```

返回值 re 和 im 分别是计算出的实部和虚部，这样调用命令不会直接在屏幕上产生图形。可以调用 plot(re,im)命令画图，画出的是频率 w 大于 0 时的 Nyquist 曲线。

也可以不要返回值，这时运行后可以得到图形，即

```
nyquist(num,den,w);
nyquist(num,den);
```

这时画出的是频率 w=-∞～∞的曲线。

【例5-15】 已知系统开环传递函数为 $G(s)=\dfrac{s+1}{Ts+1}$，用 MATLAB 分别作出 $K=2,5,10$ 时的 Nyquist 曲线。

解： 输入

```
[re1,im1]=nyquist([1 1],[2 1]);
[re2,im2]=nyquist([1 1],[5 1]);
[re3,im3]=nyquist([1 1],[10 1]);
Plot(re1,im1,re2,im2,re3,im3);
```

结果如图 5.51 所示。

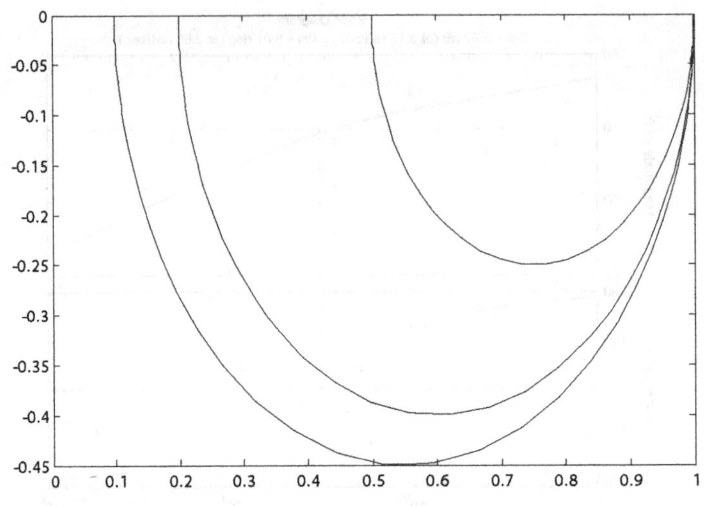

图 5.51　例 5-15 Nyquist 曲线

【例 5-16】 画出 $G(s)=\dfrac{1}{s(3s+1)}$ 的 Nyquist 曲线。

解：不带返回值，直接作出曲线，命令为

```
nyquist(1,[3 1 0])
```

也可以先定义传递函数，再作图，命令为

```
g=tf(1,[3 1 0]);
nyquist(g)
```

运行结果如图 5.52 所示，(−1, j0) 点在图上标出，便于分析系统稳定性。

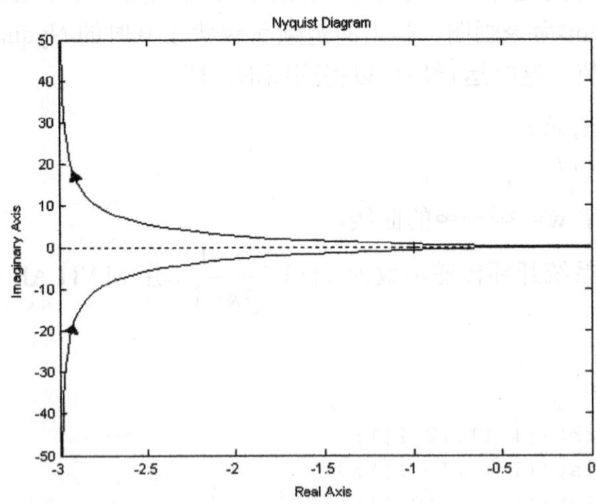

图 5.52　例 5-16 Nyquist 曲线

3．Nichols 图

Nichols 图是以幅频特性为纵坐标，相频特性为横坐标，可以用 MATLAB 中的 nichol( )

命令，即

```
[mag,phase,w]=nichols(num,den,w)
```

得到返回值后，再通过 plot( )命令画出 Nichols 图。

【例 5-17】 已知单位负反馈系统的开环传递函数为$G(s)=\dfrac{1}{s^2+2s+3}$，用 MATLAB 作出其 Nichols 图。

解： 输入

```
num=1;
den=[1 2 3];
w=logspace(-1,1,400);
[mag,phase,w]=nichols(num,den,w);
plot(phase,20*log10(mag))
```

得到 Nichols 图如图 5.53 所示。也可以不要返回值，即

```
nichols(num,den,w)
```

该命令直接作图。其中频率 w 需要定义范围，如果省略则频率用系统默认值。

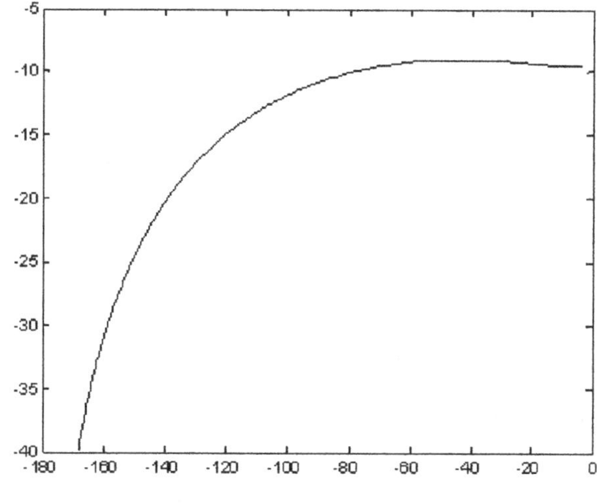

图 5.53 例 5-17 Nichols 图

小　　结

线性定常系统的频率特性定义为正弦信号输入时，稳态输出值和输入值的比值。频率分析法是一种图解分析方法。可通过传递函数或实验方法确定频率特性。可利用系统的开环频率特性分析其闭环性能。

频率分析法的三种图形为幅相频率特性曲线(Nyquist 图)、对数频率特性曲线(Bode 图)和对数幅相特性曲线(Nichols 图)。

开环传递函数的所有极点和零点都在 s 左半平面且没有延迟环节的系统称为最小相位

系统，其幅频特性和相频特性有唯一对应的关系，因此只要得到其幅频特性曲线，就可以确定其相频特性和传递函数。

Nyquist 稳定判据是利用 Nyquist 曲线包围 $(-1, \mathrm{j}0)$ 点的情况或曲线在 $(-1, \mathrm{j}0)$ 点左侧正负穿越实轴的情况来判断系统的稳定性。在 Bode 图上，可利用相应的对数稳定判据。

用增益裕度 K_g(dB) 和相角裕度γ来表征系统的相对稳定性，通常要求增益裕度 K_g(dB) 大于 6dB，相角裕度γ在 30°～30°。

可以把系统开环幅频特性曲线分为三个频段：低频段、中频段和高频段。低频段决定系统的稳态精度；中频段和系统的稳定性和快速性相关；高频段反映了系统抗高频干扰的能力。

系统的频域指标和时域指标有对应关系，可以利用频率特性对系统的时域响应进行定性或定量的分析。

频率分析法是一种实用的工程方法，在工程实践中得到广泛应用。

习　　题

1. 设单位负反馈系统的开环传递函数 $G(s)=\dfrac{10}{3s+4}$，当把下列输入信号作用在闭环系统的输入端时，试求系统的稳态输出。

(1) $r(t)=\sin(t+20^\circ)$

(2) $r(t)=\cos(2t-40^\circ)$

(3) $r(t)=\sin(t+20^\circ)+2\cos(2t-40^\circ)$

2. 已知系统开环传递函数为

$$G(s)H(s)=\frac{10}{s(2s+1)(s^2+0.5s+1)}$$

试分别计算 $\omega=0.5$ 和 $\omega=2$ 时，开环频率特性的幅值 $A(\omega)$ 和相位 $\varphi(\omega)$。

3. 设单位负反馈系统的开环传递函数如下所示，试绘制各系统的 Nyquist 曲线和 Bode 图。

(1) $G(s)=\dfrac{1}{s(s+1)}$　　(2) $G(s)=\dfrac{1}{s^2(s+1)(2s+1)}$

(3) $G(s)=\dfrac{100}{(s+1)(3s+1)(7s+1)}$　　(4) $G(s)=\dfrac{2000(s+6)}{s(s^2+4s+20)}$

4. 若系统阶跃响应为 $h(t)=1-1.8\mathrm{e}^{-4t}+0.8\mathrm{e}^{-9t}$，试确定系统频率特性。

5. 设单位负反馈系统的开环传递函数如下所示，试绘制各系统的 Nyquist 曲线和 Bode 图。

(1) $G(s)=\dfrac{1}{s(s+1)}$　　(2) $G(s)=\dfrac{1}{s^2(s+1)(2s+1)}$

(3) $G(s)=\dfrac{100}{(s+1)(3s+1)(7s+1)}$　　(4) $G(s)=\dfrac{2000(s+6)}{s(s^2+4s+20)}$

(5) $G(s)=\dfrac{10}{s(s+1)}$　　(6) $G(s)=\dfrac{10s-1}{3s+1}$

6. 已知三个最小相位系统的近似开环幅频特性曲线如图 5.54 所示，试写出它们的开环传递函数，并概略绘制对应的对数相频特性曲线。

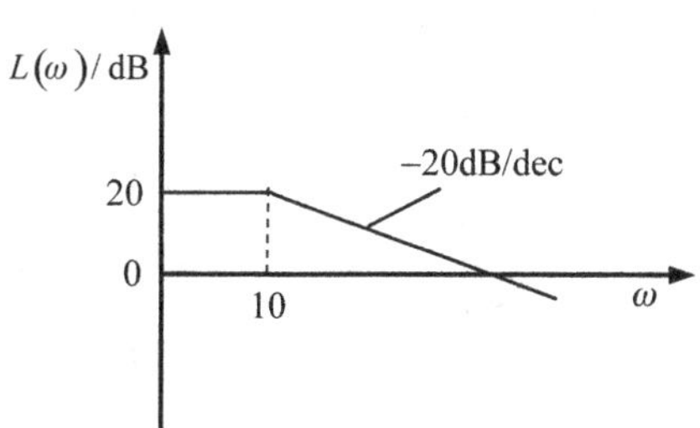

(a)

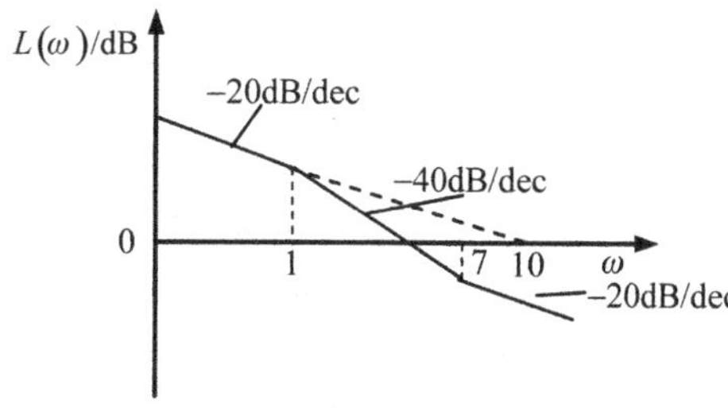

(b)

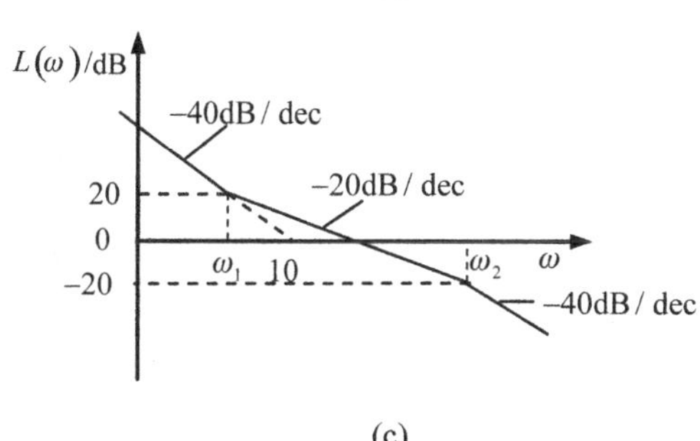

(c)

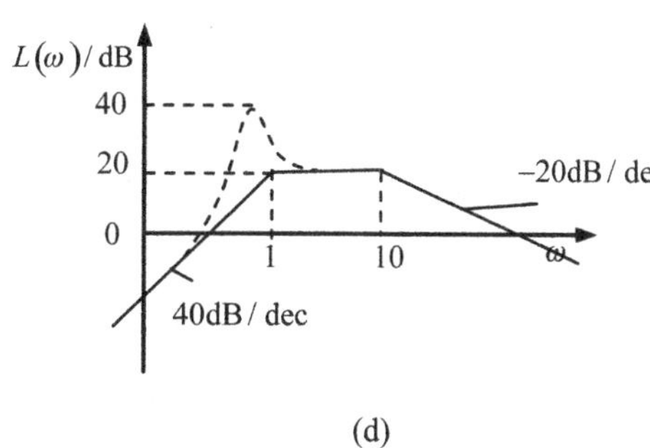

(d)

图 5.54　题 6 近似开环幅频特性曲线

7. 已知系统开环传递函数为

$$G(s)H(s)=\frac{K(\tau s+1)}{s^2(Ts+1)}\qquad (K,\tau,T>0)$$

试分析并绘制 $\tau>T$ 和 $T>\tau$ 情况下的概略幅相频率特性曲线。

8. 试由下述幅频和相角计算公式确定最小相位系统的开环传递函数。

(1) $\varphi=-90^\circ-\arctan(2\omega)+\arctan(0.5\omega)-\arctan(10\omega)$， $A(1)=5$

(2) $\varphi=-180^\circ+\arctan(3\omega)-\arctan(\omega)-\arctan(0.1\omega)$， $A(5)=10$

(3) $\varphi=-180^\circ+\arctan(0.2\omega)-\arctan\left(\dfrac{\omega}{1-\omega^2}\right)+\arctan\left(\dfrac{\omega}{1-4\omega^2}\right)-\arctan(6\omega)$， $A(10)=1.5$

9. 设系统的开环 Nyquist 曲线如图 5.55 所示，其中 P 为 s 右半平面上开环极点个数，ν 为开环积分环节的个数，试判别各系统的稳定性。

(1) $P=0$， $\nu=0$　　(2) $P=0$， $\nu=1$

(3) $P=0$， $\nu=2$　　(4) $P=0$， $\nu=2$

(5) $P=0$， $\nu=3$　　(6) $P=0$， $\nu=3$

(7) $P=0$， $\nu=1$　　(8) $P=0$， $\nu=0$

(9) $P=0$， $\nu=0$　　(10) $P=0$， $\nu=0$

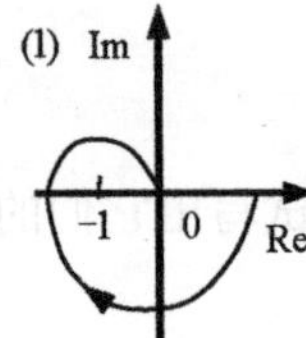

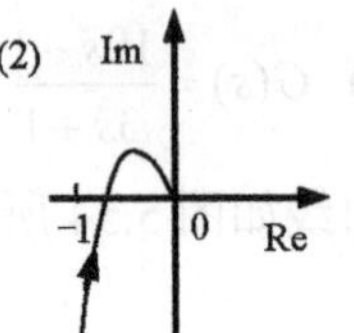

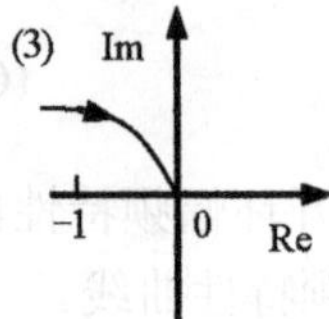

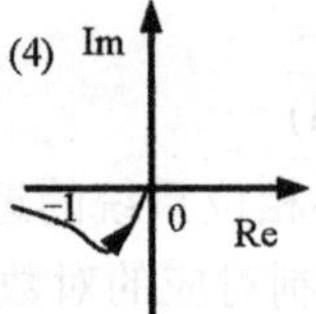

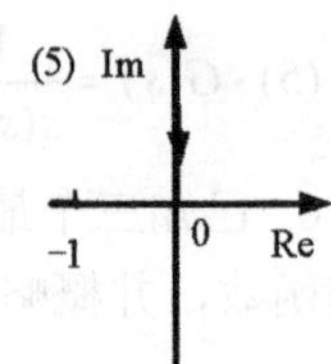

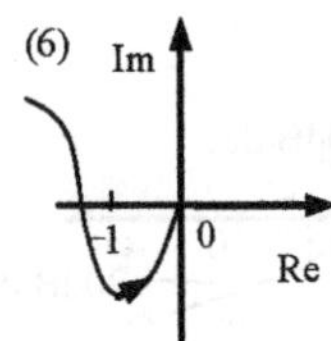

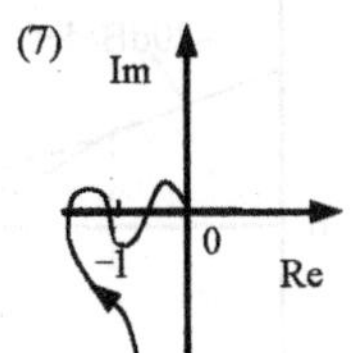

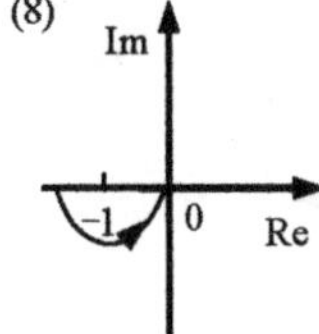

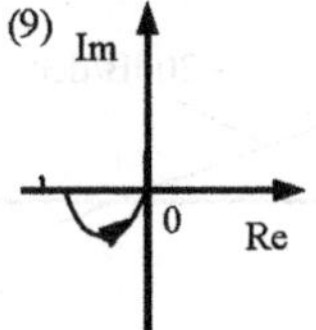

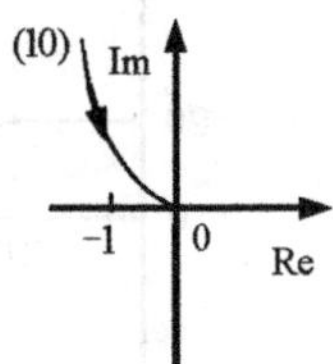

图 5.55　题 9 Nyquist 曲线

10. 系统的开环传递函数为 $G(s)=\dfrac{K}{s(1+T_1 s)(1+T_2 s)}$，其中，$K=86\text{s}^{-1}$；$T_1=0.02\text{s}$；$T_2=0.03\text{s}$。

(1) 试用 Nyquist 判据分析闭环系统的稳定性。

(2) 若要系统稳定，K 和 T_1, T_2 之间应保持怎样的解析关系。

11. 已知系统开环传递函数如下，试根据 Nyquist 判据，确定其闭环稳定的条件。

$$G(s)=\frac{K}{s(Ts+1)(s+1)} \qquad (K,T>0)$$

(1) $T=2$ 时，K 值的范围。

(2) $K=10$ 时，T 值的范围。

(3) K、T 值的范围。

12. 已知系统开环传递函数为

$$G(s)=\frac{10(s^2-2s+5)}{(s+2)(s-0.5)}$$

试概略绘制幅相特性曲线，并根据 Nyquist 判据判定闭环系统的稳定性。

13. 已知单位反馈系统的开环传递函数如下，试判断闭环系统的稳定性。

$$G(s)=\frac{10}{s(s+1)\left(\dfrac{s^2}{4}+1\right)}$$

14. 已知某最小相位系统的开环对数幅频特性如图 5.56 所示。要求：

(1) 写出系统开环传递函数。

(2) 利用相位裕度判断系统稳定性。

(3) 将其对数幅频特性向右平移十倍频程，试讨论对系统性能的影响。

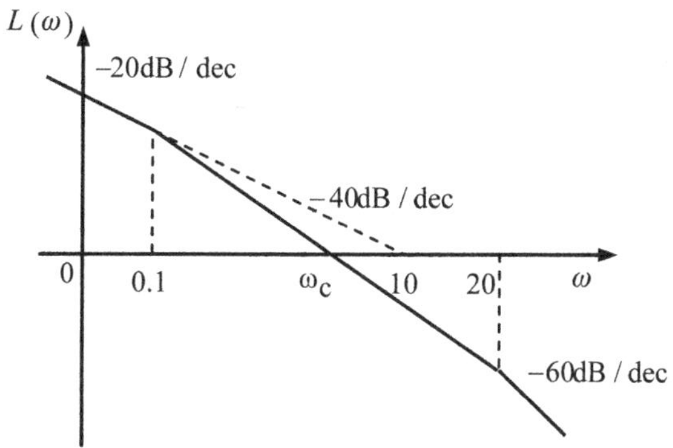

图 5.56 题 14 开环对数幅频特性

15. 已知单位负反馈系统开环传递函数如下，试用 Nyquist 判据或对数稳定判据判断闭环系统的稳定性，并确定系统的相角裕度和幅值裕度。

(1) $G(s)=\dfrac{100}{s(0.2s+1)}$

(2) $G(s)=\dfrac{50}{(0.2s+1)(s+2)(s+0.5)}$

(3) $G(s)=\dfrac{10}{s(0.1s+1)(0.25s+1)}$

(4) $G(s)=\dfrac{100\left(\dfrac{s}{2}+1\right)}{s(s+1)\left(\dfrac{s}{10}+1\right)\left(\dfrac{s}{20}+1\right)}$

16. 已知系统的开环传递函数为$G(s)=\dfrac{K}{s(s+1)(0.2s+1)}$，分别判定当开环增益$K=1$和$K=10$时闭环系统的稳定性，并求出相角裕度和幅值裕度。

17. 某宇宙飞船控制系统的简化结构图如图 5.57 所示。为使该系统具有相角裕量$\gamma=50^{\circ}$，系统的开环增益应调整为何值?

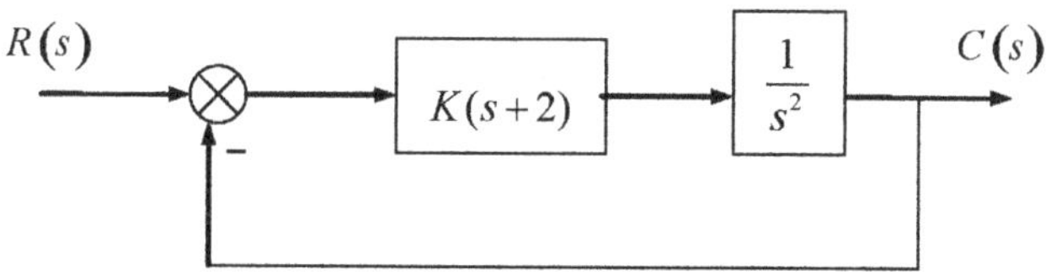

图 5.57 题 17 系统简化结构图

18. 若单位负反馈系统的开环传递函数为

$$G(s)=\frac{K\mathrm{e}^{-0.8s}}{s+1}\quad(K>0)$$

试确定使系统稳定的K值范围。

19. 对于典型二阶系统，已知参数$\omega_{\mathrm{n}}=4$，$\xi=0.6$，试确定增益截止频率和相角裕度。

20. 对于典型二阶系统，已知超调量$\sigma\%=20\%$，调节时间$t_{\mathrm{s}}=3\mathrm{s}\,(\varDelta=2\%)$，试计算相

角裕度γ。

21. 已知单位反馈系统的开环传递函数为$G(s)=\dfrac{16}{s(s+2)}$，试绘制系统的闭环频率特性曲线，并确定系统的谐振峰值M_r、谐振频率ω_r。

第 6 章　控制系统的频率法校正

【教学目标】

本章主要讨论利用频率特性法对初步设计完成的单输入-单输出线性定常系统进行校正。在介绍控制系统校正的基本概念的基础上，将介绍各种串联校正装置(超前校正装置、滞后校正装置、滞后-超前校正装置)的特性，以及各种校正装置设计的方法和相应的设计步骤；还介绍期望特性设计法的基本概念，常见的期望特性和设计步骤；另外还介绍反馈校正的基本概念和设计方法，以及 MATLAB 在系统校正中的应用和实现。重点掌握常用校正装置的校正规律、特点和作用，串联校正，按期望特性校正，选择校正装置对系统进行校正。在此基础上全面掌握串联校正的校正方法，为控制系统的分析与设计打下基础。

概　　述

第 4 章和第 5 章分别介绍了控制系统的时域分析法和频率特性法，这些方法是在已经给定了系统结构和参数的条件下，计算或估算它们的性能，这类问题是系统的分析问题。但工程实际中常常要求针对给定的控制对象和所要求达到的某一性能指标，设计和选择控制器的结构和参数，这类问题称为系统的综合或系统的校正问题。

本章只是从控制的观点出发，介绍校正装置及其特性，讨论如何用频率法进行校正。而对于实际系统的设计，除了综合(即校正)外，还包括许多实际问题，诸如方案和元部件选择，可靠性、经济性以及安装调整等问题，可参考其他资料及在设计、实习、实验中逐步学习。

本章所阐述的主要内容包括：线性定常控制系统设计与校正的基本概念；校正装置的构成及其特性；频率特性法设计与校正简单控制系统；期望特性法设计与校正简单控制系统；反馈特性法设计与校正简单控制系统。

6.1　控制系统的一般概念

6.1.1　校正的概念

前已述及，自动控制系统一般是由控制器及被控对象组成。被控对象是指要求实现自动控制的机器、设备或生产过程。控制器则是指对被控对象起控制作用的装置总体，其中包括信号测量及转换装置、信号放大及功率放大装置和实现控制指令的执行机构等基本组成部分。在工程实践中，这种由控制器的基本组成部分及被控对象组成的反馈控制系统，往往不能同时满足各项性能指标的要求，甚至不能稳定工作。人们希望通过改变控制器基本组成的参数来达到改善系统性能的目的。但通常除了放大器的增益可调外，其他都难于

任意变更。而在多数情况下，仅靠调整增益是不能兼顾稳态和动态性能的。这是因为增益小了不能保证系统的稳态精度，而增益大了可能使动态性能恶化，甚至造成系统不稳定。因此必须在系统中引入一些附加装置，以改善系统的性能，从而满足工程要求。这种措施称为校正，所引入的装置称为校正装置。为讨论问题方便，常将系统中除校正装置以外的部分，包括被控对象及控制器的基本组成部分，称为“固有部分”(或不变部分)。因此，控制系统的校正，就是在给定的“固有部分”及要求的系统性能指标下，来设计校正装置。

6.1.2 校正的方式

校正装置接入系统的基本形式有两种：一种是校正装置 $G_c(s)$与被控对象等固有部分串联，称为串联校正，如图 6.1(a)所示；另一种是校正装置 $G_c(s)$与被校正对象作为反馈连接，形成局部反馈回路，称为并联校正或局部反馈校正，如图 6.1(b)所示。除此尚有前馈补偿校正、干扰补偿校正，如图 6.2 所示。究竟选择哪种校正方式，取决于系统中信号的性质、可供采用的元件及其他条件。一般来说，串联校正简单，容易实现。串联校正装置常采用有源校正网络，并安排在系统前向通道中能量较低的部分，以减小功率损耗。并联校正可以改造被包围环节的特性，抑制这些环节参数变化或非线性因素对系统带来的不利影响，因而得到广泛应用。两种校正形式结合起来，常常可以收到很好的效果。复合校正可以较好地解决系统稳定与精度、抗扰与跟踪之间的矛盾，有利于全面提高系统静态与动态性能，达到高精度控制的目的。如双闭环直流电动机调速系统中既有用于串联校正的速度调节器，提高系统的稳定性与快速性，又有用于并联校正的电流调节回路，以防止电动机启动时产生过大的冲击电流。

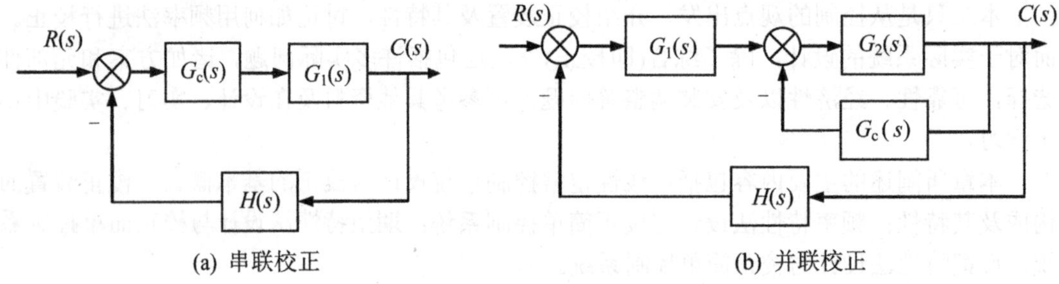

图 6.1 校正方式(1)

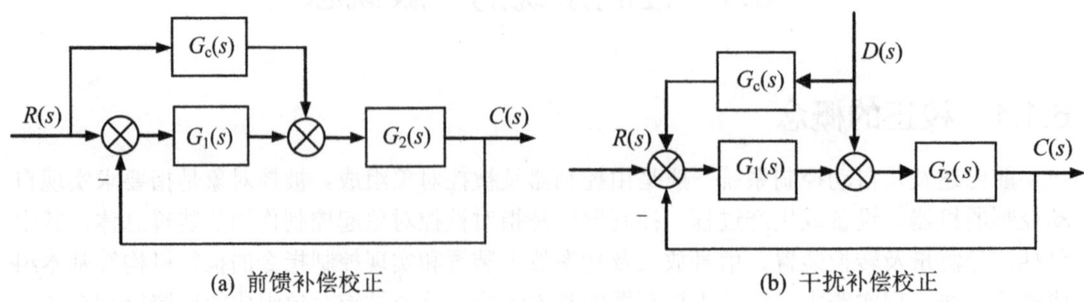

图 6.2 校正方式(2)

6.1.3　控制系统的性能指标

控制系统的性能指标要求，通常是由控制系统的使用单位或设计制造单位提出的。性能指标的提出应该根据系统工作的实际需要，对不同系统有所侧重，切忌盲目追求高指标而忽视经济性，甚至脱离实际。

控制系统的性能指标提法很多，通常分为时域指标和频域指标两大类。

1．时域指标

静态时域指标有静态误差 e_{ss}(控制系统的稳态精度)，以及静态误差系数 K_p(控制系统跟踪单位阶跃信号输入时系统稳态误差的大小)、K_v(控制系统跟踪单位速度信号输入时系统稳态误差的大小)、K_a(控制系统跟踪单位加速度信号输入时系统稳态误差的大小)。

动态时域指标有上升时间 t_r、峰值时间 t_p、调节时间 t_s、超调量 σ_p 。

2．频域指标

开环频域指标有剪切频率 ω_c ，相角稳定裕量 γ ，增益稳定裕量 K_g。

闭环频域指标主要是谐振峰值 M_r ，以及谐振频率 ω_r ，频带宽度 ω_b 。不同指标之间的关系在第 5 章已经讨论，需要时可互相转换。

6.2　常用的校正装置及其特性

前已述及，所谓校正是根据给定的系统固有部分和性能指标要求，选择和设计校正装置。本节先对常用无源及有源校正装置的电路形式、传递函数、频率特性及其在系统中所起的作用予以说明。在掌握校正装置的电路形式的基础上，再进一步讨论系统的校正方法。

6.2.1　相位超前校正装置

所谓相位超前，是指系统(或环节)在正弦信号作用下，可以使其正弦稳态输出信号的相位超前于输入信号，或者说具有正的相角特性。而相位超前角是输入信号频率的函数。

1．无源相位超前网络

图 6.3 所示为一个用无源阻容元件组成的相位超前网络。图中，u_1 是输入信号，u_2 为输出信号。设此网络输入信号源的内阻为零，输出端的负载阻抗为无穷大，则此无源相位超前网络的传递函数可写为

$$G_c(s)=\frac{1}{\alpha}\frac{1+\alpha Ts}{1+Ts} \tag{6-1}$$

式中，$T=\dfrac{R_1R_2}{R_1+R_2}C$；$\alpha=\dfrac{R_1+R_2}{R_2}=1+\dfrac{R_1}{R_2}>1$。

式(6-1)表明，采用无源相位超前校正装置时，系统的开环增益要下降到原来的 $\dfrac{1}{\alpha}$ 。现设校正装置对开环增益的衰减已由提高放大器增益所补偿，则无源相位超前网络的传递函数可写为

$$G_c(s)=\frac{1+\alpha Ts}{1+Ts} \tag{6-2}$$

对应的频率特性为

$$G_c(j\omega)=\frac{1+j\alpha T\omega}{1+jT\omega} \tag{6-3}$$

经补偿后，超前校正网络的对数频率特性如图 6.4 所示。由图可见，校正网络的对数幅频特性在$\frac{1}{(\alpha T)}\sim\frac{1}{T}$为+20dB/dec，与纯微分环节的对数幅频特性的斜率完全相同，因此输入信号有明显的微分作用，在该频率范围内，输出信号的相位超前于输入信号，相位超前的名称即由此而得。图 6.4 中的相频特性表明，当频率ω等于最大超前相角的频率ω_m时，相角超前量最大，以φ_m表示，而ω_m又正好是两个转折频率$\omega_1=1/(\alpha T)$，$\omega_2=1/T$的几何中心。

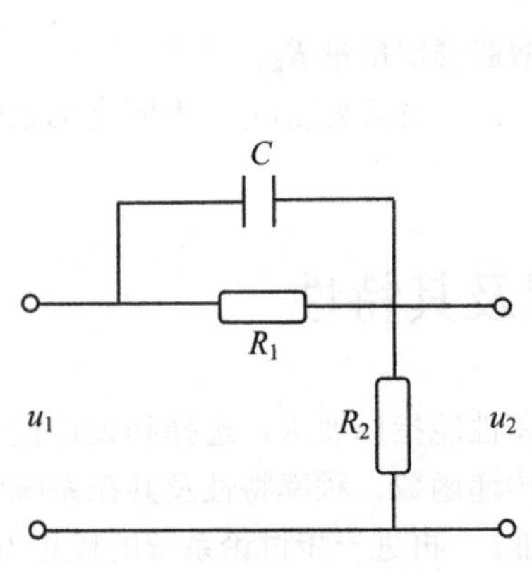

图 6.3　无源相位超前网络

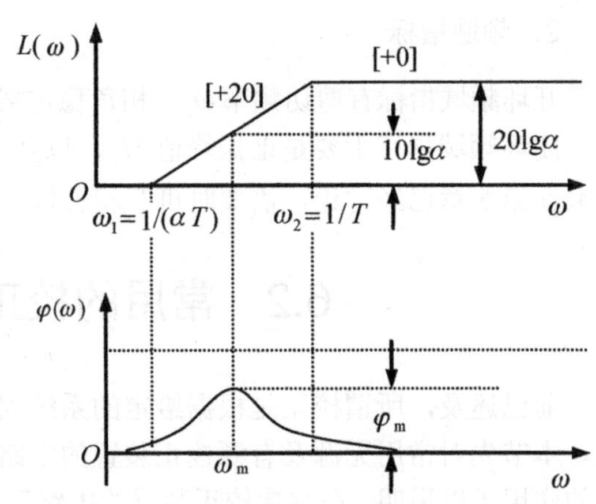

图 6.4　超前校正网络的对数频率特征

现证明如下：校正网络的相角公式为

$$\varphi_c(\omega)=\arctan\alpha T\omega-\arctan T\omega \tag{6-4}$$

对式(6-4)中的ω求导数并令其等于零，可求得驻点即为最大超前角频率为

$$\omega_m=\frac{1}{T\sqrt{\alpha}} \tag{6-5}$$

由于ω_1、ω_2处的对数坐标分别为$\lg\omega_1$、$\lg\omega_2$，故ω_1、ω_2中心处的对数坐标为

$$\frac{1}{2}(\lg\omega_1+\lg\omega_2)=\lg\sqrt{\omega_1\omega_2}=\lg\omega_m \tag{6-6}$$

或

$$\sqrt{\omega_1\omega_2}=\omega_m \tag{6-7}$$

式(6-6)和式(6-7)表明，无源超前校正网络的最大超前相角正好出现在转折频率ω_1和ω_2的几何中心处。将式(6-7)代入式(6-4)，可求得无源超前校正网络的最大超前相角为

$$\varphi_m=\arctan\frac{\alpha-1}{2\sqrt{\alpha}} \tag{6-8}$$

因此有

$$\sin\varphi_{\mathrm{m}}=\sqrt{\frac{1}{1+\left(\frac{1}{\tan\varphi_{\mathrm{m}}}\right)^{2}}}=\frac{\alpha-1}{\alpha+1}\tag{6-9}$$

故有

$$\alpha=\frac{1+\sin\varphi_{\mathrm{m}}}{1-\sin\varphi_{\mathrm{m}}}\tag{6-10}$$

由上可见，φ_{m} 仅与 α 值有关。α 值越大，输出信号相位超前越多，微分作用越强，而通过网络后信号幅度衰减也越严重。α 值过大，对抑制系统噪声也不利。为了保持较高的系统信噪比，一般实际中选用的 α 值不大于 20。从图 6.4 中可明显看出，ω_{m} 处的对数幅频值为

$$L(\omega_{\mathrm{m}})=10\lg\alpha\tag{6-11}$$

根据式(6-8)和式(6-11)，可绘制出 φ_{m} 与 α 和 $10\lg\alpha$ 的关系曲线如图 6.5 所示。

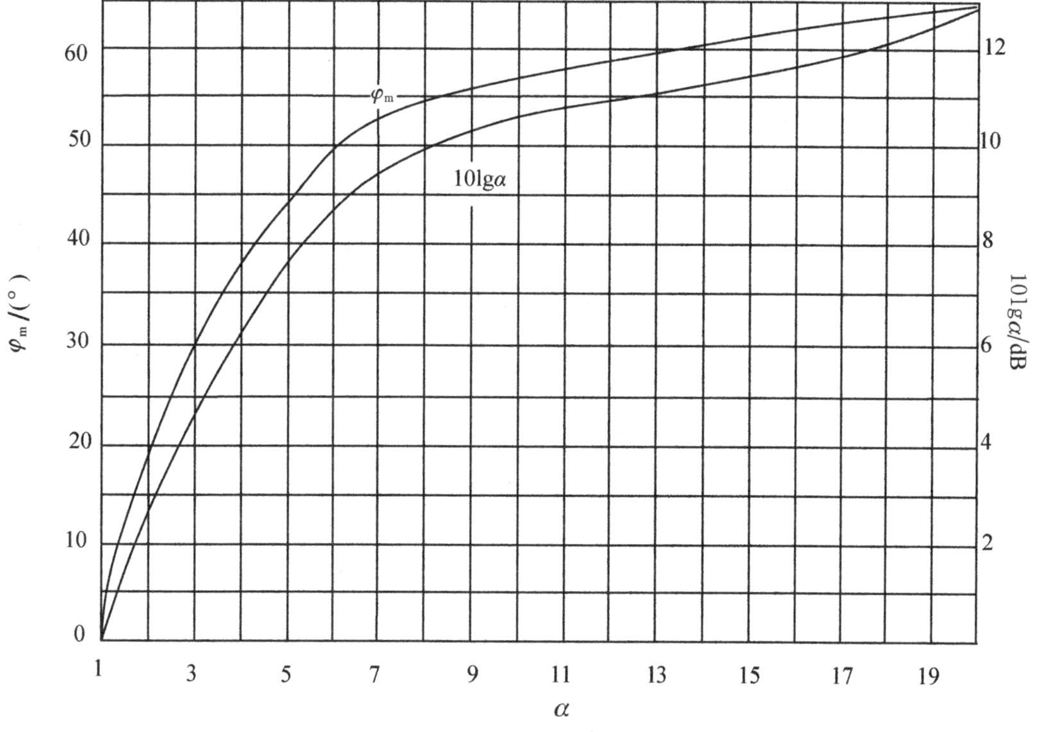

图 6.5　相位超前网络 φ_{m} 与 α 和 $10\lg\alpha$ 的关系曲线

2．有源相位超前网络

上面所述这种以简单 RC 无源网络作为串联校正装置接入系统的方式，常会因负载效应而影响校正的效果，或者使得网络参数难于选择，故目前在实际控制系统中，多采用以运算放大器组成的有源校正网络构成串联校正装置。

有源相位超前校正装置可由图 6.6 所示网络实现。运算放大器的反向输入端加输入信号，与输出信号极性相反。图 6.7 所示为图 6.6 中 u_2 与 i_2 的关系简化图。

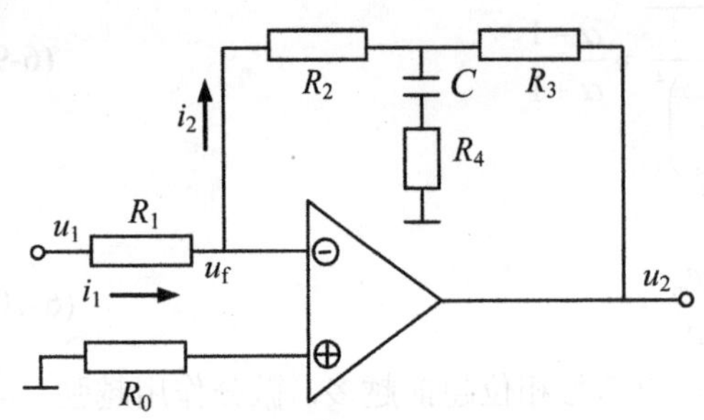

图 6.6　有源相位超前网络

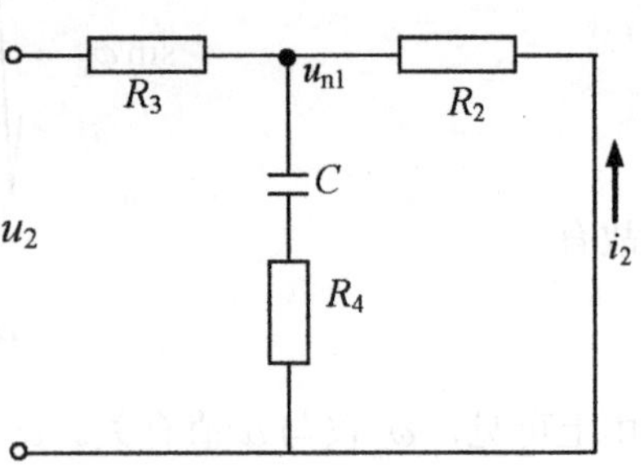

图 6.7　u_2 与 i_2 的关系简化图

有源校正网络的传递函数求解如下：

$$G_c(s)=\frac{U_2(s)}{U_1(s)}=\frac{U_2(s)}{I_1(s)}\frac{I_1(s)}{U_1(s)} \tag{6-12}$$

由基尔霍夫电流定律得

$$i_1=i_2 \text{或} I_1(s)=I_2(s) \tag{6-13}$$

由图 6.6 得

$$\frac{I_1(s)}{U_1(s)}=\frac{1}{R_1} \tag{6-14}$$

由图 6.7 得

$$\frac{U_2(s)}{R_3}=U_{n1}(s)\left(\frac{1}{R_3}+\frac{1}{\frac{1}{Cs}+\frac{1}{R_4}}+\frac{1}{R_2}\right)=-R_2I_2(s)\left(\frac{1}{R_3}+\frac{1}{\frac{1}{Cs}+\frac{1}{R_4}}+\frac{1}{R_2}\right) \tag{6-15}$$

从式(6-14)、式(6-15)中消去中间变量 $I_1(s)$和 $I_2(s)$后，得出有源超前网络的传递函数为

$$G_c(s)=\frac{U_2(s)}{U_1(s)}=-K\frac{\tau s+1}{Ts+1} \tag{6-16}$$

式中，$K=\frac{R_2+R_3}{R_1}$；$\tau=\left(\frac{R_2R_3}{R_2+R_3}+R_4\right)C$；$T=R_4C$；$\tau>T$。

适当选择电阻值，使 $R_2+R_3=R_1$，则 $K=1$，这时有源超前网络的传递函数为

$$G_c(s)=-\frac{\alpha Ts+1}{Ts+1} \tag{6-17}$$

式中，$\alpha=1+\frac{R_2R_3}{(R_2+R_3)R_4}>1$。

比较式(6-2)和式(6-17)可知，两种超前校正网络的传递函数形式相同，只是符号相反。若采用上述有源校正网络并在线路上再加一级倒相器，则无源校正网络与有源校正网络的传递函数具有完全相同的形式。

6.2.2　相位滞后校正装置

相位滞后校正又称积分校正。滞后校正装置同样可以由电阻、电容所组成的无源网络来实现，或由集成运算放大器构成的有源网络来实现。前者称为无源相位滞后网络，后者

称为有源相位滞后网络。

1. 无源相位滞后网络

相位滞后校正装置可用图 6.8 所示的 RC 无源网络实现，如果输入信号源的内阻为零，负载阻抗为无穷大，可求得其传递函数为

$$G_{\mathrm{c}}(s)=\frac{1+\beta Ts}{1+Ts} \tag{6-18}$$

式中，$\beta=\dfrac{R_2}{R_1+R_2}<1$；$T=(R_1+R_2)C$。

对应的频率特性为

$$G_{\mathrm{c}}(\mathrm{j}\omega)=\frac{1+\mathrm{j}\beta Ts}{1+\mathrm{j}T\omega} \tag{6-19}$$

由图 6.9 所示的无源相位滞后网络的对数频率特性表明，其相频特性 $\varphi(\omega)$ 始终为负值，即校正网络输出信号的相位滞后于输入信号的相位，因此该校正装置称为滞后校正网络；转折频率 $1/\beta T$ 与 $1/T$ 之间的渐近线斜率为−20dB/dec，对输入信号起积分作用，故这种滞后校正网络称为积分校正网络；由对数幅频特性可见，滞后网络对低频信号无衰减，但对高频信号有明显的衰减作用，即对输入信号有低通滤波作用。

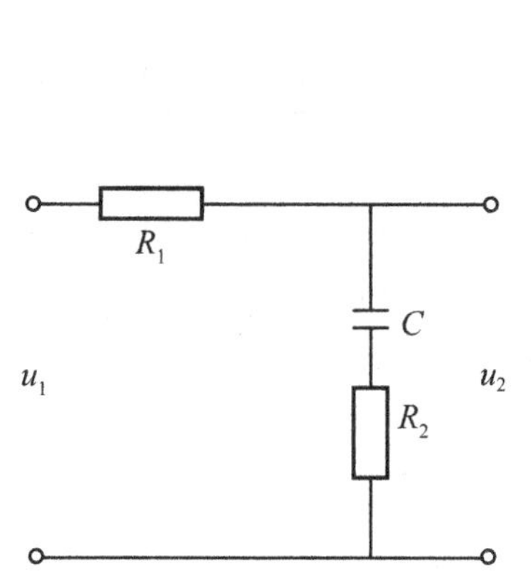

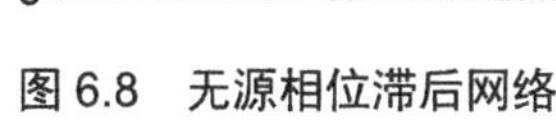
图 6.8　无源相位滞后网络

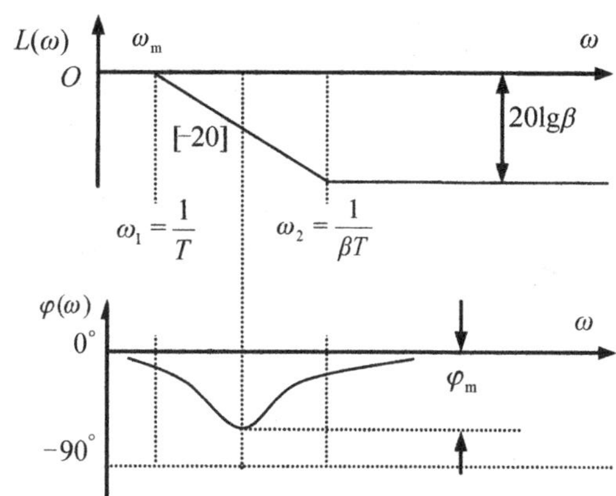

图 6.9　无源相位滞后网络的对数频率特性

相频特性 $\varphi(\omega)$ 在转折频率 $1/\beta T$ 与 $1/T$ 之间存在最大值，现证明如下：校正网络的相角公式为

$$\varphi(\omega)=\arctan\beta T\omega-\arctan T\omega \tag{6-20}$$

对式(6-20)中的 ω 求导数并令其等于零，可求得驻点即为最大滞后角频率为

$$\omega_{\mathrm{m}}=\frac{1}{T\sqrt{\beta}} \tag{6-21}$$

即最大滞后相角正好出现在转折频率 ω_1 和 ω_2 的几何中心处。将式(6-21)代入式(6-20)，可求得无源滞后校正网络的最大滞后相角为

$$\varphi_{\mathrm{m}}=\arctan\frac{\beta-1}{2\sqrt{\beta}} \tag{6-22}$$

与超前校正装置不同，串联滞后校正装置将会使被校正系统的相位滞后增加。为了避

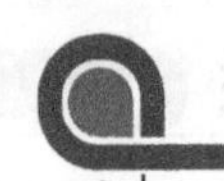

免最大滞后相角发生在校正后系统的剪切频率 ω_c' 附近，应使网络的第二个转折频率 $\omega_2=\dfrac{1}{\beta T}$ 远小于 ω_c' 一般可取

$$\omega_2=\frac{1}{\beta T}\approx\frac{\omega_c'}{10}\sim\frac{\omega_c'}{2} \tag{6-23}$$

这样，相位滞后网络在校正后系统剪切频率 ω_c' 处产生的相角滞后为

$$\varphi_c(\omega_c')=\arctan\beta T\omega_c'-\arctan T\omega_c' \tag{6-24}$$

若选 $\omega_2=\dfrac{\omega_c'}{10}$，则 $\omega_c'=\omega_2 10=\dfrac{10}{T}$，将其及$\beta$<1 代入上式，可得

$$\varphi_c(\omega_c')\approx\arctan\left[0.1(\beta-1)\right] \tag{6-25}$$

图 6.10 以曲线的形式表示出式(6-25)的函数关系，其中的横坐标 β 值是以对数形式表示的。图中也同时绘出了 β 值与 $20\lg\beta$ 的关系曲线。

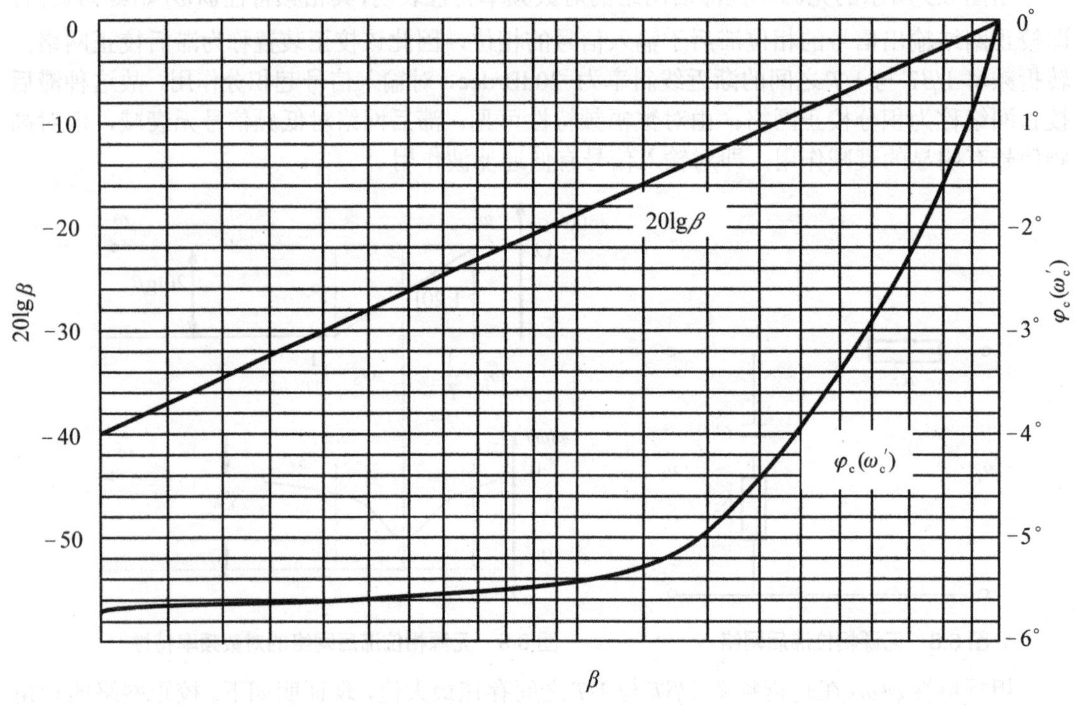

图 6.10　相位滞后网络对数频率

由滞后校正网络的传递函数式(6-18)知，该系统的零、极点分别为 $-1/\beta T$ 与 $-1/T$，由于 β>1，极点比零点更靠近复平面的虚轴。从系统稳定性角度看，如果 T 值足够大，则滞后网络将提供一对靠近坐标原点的开环偶极子，该结果有利于提高系统的稳定性。

2. 有源相位滞后网络

图 6.11 所示为一个有源相位滞后网络，它由一个反向输入的运算放大器组成，网络的传递函数为

$$G_c(s)=\frac{-U_2(s)}{U_1(s)}=G_0\frac{1+T_2 s}{1+Ts} \tag{6-26}$$

式中

$$G_0 = -\frac{R_2 + R_3}{R_1}；\ T = R_3C；\ T_2 = \frac{R_2R_3}{R_2 + R_3}C \tag{6-27}$$

显然有，$T > T_2$。令$\beta = \frac{T_2}{T} = \frac{R_2}{R_2 + R_3} < 1$，则有

$$T_2 = \beta T \tag{6-28}$$

将上式代入式(6-26)，得

$$G_c(s) = G_0 \frac{1+\beta Ts}{1+Ts} \tag{6-29}$$

或

$$\frac{1}{G_0}G_c(s) = \frac{1+\beta Ts}{1+Ts} \tag{6-30}$$

若选择电阻值，使 $R_2+R_3=R_1$，则 $G_0=-1$，比较式(6-18)与式(6-30)，二者形式完全相同，只是符号相反。若采用上述有源校正网络并在该通道上串联一级倒相器，则无源校正网络与有源校正网络的传递函数就具有完全相同的形式。所以图 6.9 所示的对数频率特性和图 6.10 所示的关系曲线完全适用于图 6.11 所示的有源相位滞后网络。

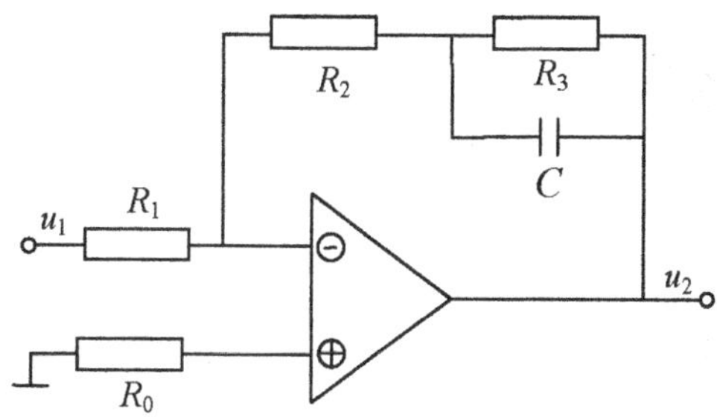

图 6.11　有源相位滞后网络

6.2.3　相位滞后-超前校正装置

单纯采用超前校正或滞后校正难以满足给定的要求时，即在对校正后系统的稳态和动态性能都有较高要求的情况下，应考虑采用相位滞后-超前校正装置对系统进行校正。相位滞后-超前校正又称积分-微分校正。相位滞后-超前校正也分为无源相位滞后-超前校正和有源相位滞后-超前校正。

串联相位滞后-超前校正兼有串联积分校正和串联微分校正的优点，因此适合在稳态和动态性能均要求很高的系统中使用。

1．无源相位滞后-超前网络

图 6.12 所示为一个无源相位滞后-超前网络，其传递函数为

$$G_c(s) = \frac{U_2(s)}{U_1(s)} = \frac{(1+T_1s)(1+T_2s)}{T_1T_2s^2 + (T_1 + T_2 + T_{12})s + 1} \tag{6-31}$$

式中，$T_1=R_1C_1$；$T_2=R_2C_2$；$T_{12}=R_1C_2$。

若适当选择参数，使式(6-31)分解为两个一次式，时间常数取为 T'_1 和 T'_2，则式(6-31)，可改写为

$$G_c(s)=\frac{(1+T_1s)(1+T_2s)}{(1+T'_1s)(1+T'_2s)} \tag{6-32}$$

由式(6-31)和式(6-32)的系数对应，可得

$$T_1T_2=T'_1T'_2 \tag{6-33}$$

$$T'_1+T'_2=T_1+T_2+T_{12} \tag{6-34}$$

同样，通过合理地选择 R_1、R_2、C_1、C_2 参数，可以使

$$T'_1>T_1>T_2>T'_2 \tag{6-35}$$

由式(6-35)可得

$$\frac{T'_1}{T_1}=\frac{T'_2}{T_2}=\alpha>1 \tag{6-36}$$

将式(6-36)的关系代入式(6-32)，则有

$$G_c(s)=\frac{1+T_1s}{1+\alpha T_1s}\ \frac{1+T_2s}{1+\frac{T_2}{\alpha}s}=G_1(s)G_2(s) \tag{6-37}$$

(滞后部分) (超前部分)

式中

$$G_1(s)=\frac{1+T_1s}{1+\alpha T_1s} \tag{6-38}$$

$$G_2(s)=\frac{1+T_2s}{1+\frac{T_2}{\alpha}s} \tag{6-39}$$

式(6-37)所对应的频率特性为

$$G_c(j\omega)=\frac{1+jT_1\omega}{1+j\alpha T_1\omega}\ \frac{1+jT_2\omega}{1+j\frac{T_2\omega}{\alpha}}=G_1(j\omega)G_2(j\omega) \tag{6-40}$$

根据上式绘制对数频率特性如图 6.13 所示。由图可见，式(6-38)的 $G_1(s)$具有积分校正的性质，式(6-39)的 $G_2(s)$具有微分校正的性质。由图 6.13 中的相频特性可知，在 $0<\omega<\omega_1$ 的范围内，相角为负，相频特性具有相角滞后的特性；在$\omega_1<\omega<\infty$的范围内，相角为正，相频特性具有相角超前的特性。在同一校正网络中，既有相角滞后校正(积分特性)，又有相角超前校正(微分特性)，在校正过程中网络先出现滞后校正(积分)，后出现超前校正(微分)，故该校正装置称为滞后-超前校正网络或积分-微分校正网络。

由滞后-超前校正网络的传递函数式(6-37)知，该系统的零点为$-1/T_1$与$-1/T_2$，该系统的极点为$-1/(\alpha T_1)$与$-\alpha/(T_2)$，随着α值的增大，极点$-1/(\alpha T_1)$靠近复平面的虚轴，另一极点$-\alpha/(T_2)$远离复平面的虚轴。从系统稳定性和动态品质角度看，前者有利于提高系统的稳定性，后者有利于提高系统的动态品质。

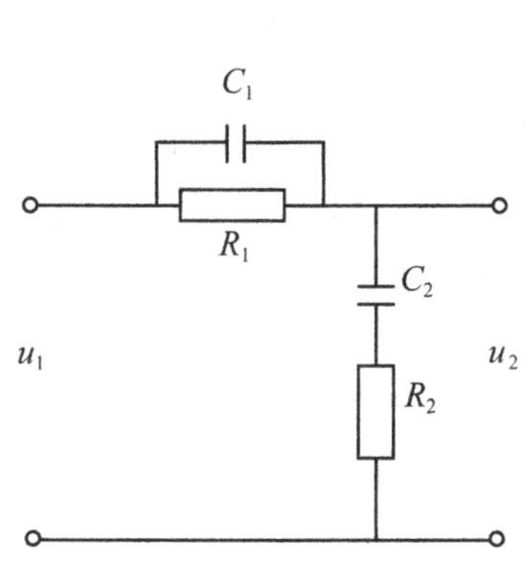

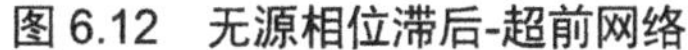

图 6.12　无源相位滞后-超前网络

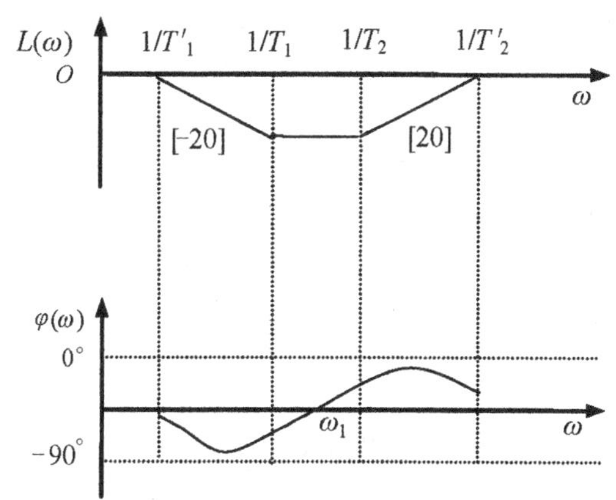

图 6.13　无源相位滞后-超前网络的对数频率特性

2. 有源相位滞后-超前网络

由反相输入放大器构成的有源相位滞后-超前网络如图 6.14 所示。

图 6.14 对应的校正装置的传递函数为

$$G_c(s)=G_0\frac{(1+T_2s)}{(1+T_1s}\frac{(1+T_3s)}{1+T_4s)} \tag{6-41}$$

式中，$G_0=-\dfrac{R_2+R_3}{R_1}$；$T_1=R_2C_1$；$T_2=\dfrac{R_2R_3}{R_2+R_3}C_1$；$T_3=(R_3+R_4)C_2$；$T_4=R_4C_2$；$R_1>R_3$；$R_1=R_0$；$T_1>T_2>T_3>T_4$。

该网络的对数频率特性如图 6.15 所示。由图可知，相频特性曲线也是先滞后，再超前，当$\omega=\omega_1$时相角为 0°。故该网络属于有源相位滞后-超前校正网络。

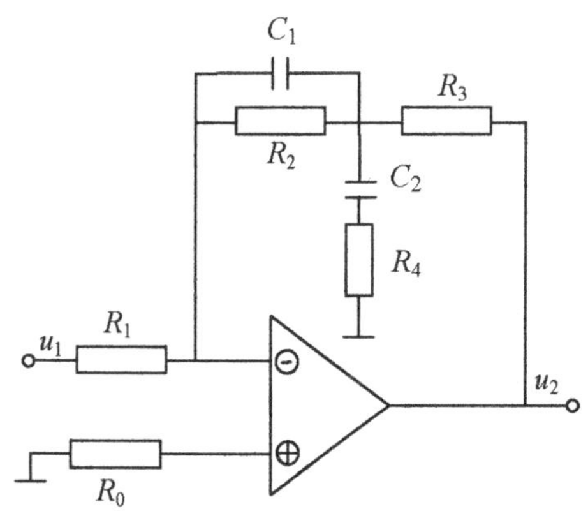

图 6.14　有源相位滞后-超前网络

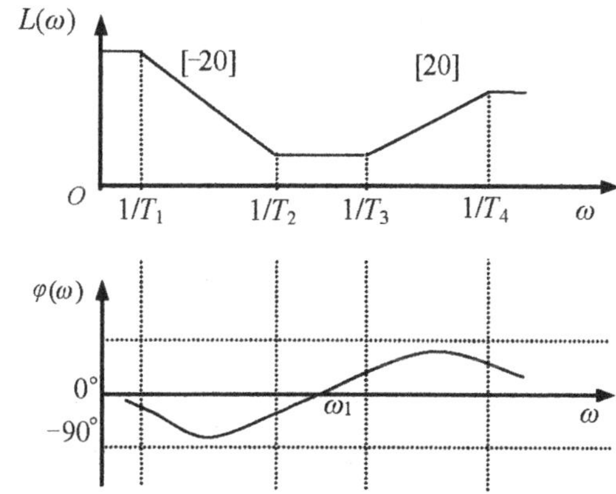

图 6.15　有源相位滞后-超前网络的对数频率特性

6.3　频率法串联校正

当设计的控制系统未达到预先设计的要求时，需要对控制系统进行校正，通常采用频

率法进行系统的串联校正。频率法串联校正的最大优点是可以利用图示法直观地展现出校正前后控制系统的性能指标和校正装置的校正效果。在理论上便于理解，在工程上便于实现，校正效果便于检验。

一般来说，用频率法校正控制系统时，如果给出的是时域指标，则应根据两类性能指标之间的近似关系，将其转换成频域性能指标，然后在 Bode 图上进行校正装置的设计。

对于高阶系统，由于频域指标与时域指标之间没有严格的定量关系，因此频率校正方法通常只能给出一般性的指导，其校正设计结果通过计算机仿真以及现场调试加以修改、完善。

6.3.1 串联相位超前校正

超前校正能提供一个正值的相角，来改善系统的相角裕量，进而改善系统的动态性能。因此设计校正装置时应使最大的超前相位角 φ_m 出现在校正后系统的剪切频率ω'_c处。另外，超前校正的结果将导致剪切频率ω_c 向右移动(增大)，对提高系统的快速性有好处，但ω_c 的增大会造成相角裕量减小，以致在一定程度上削弱了校正网络优点的发挥。因此，在设计超前校正网络装置时，应该全面考虑网络的优点和缺点，以便充分发挥优点，避免存在缺点，达到扬长避短的目的。

首先讨论相位超前校正装置 $\alpha G_c(j\omega)=\dfrac{1+j\alpha T\omega}{1+jT\omega}$ 加入系统后，对系统开环频率特性的影响。

如图 6.16 所示，$L(\omega)$、$\varphi(\omega)$和 $L_c(\omega)$、$\varphi_c(\omega)$分别为未校正系统和校正装置的对数幅频、相频特性。未校正系统的剪切频率为ω_c，相角稳定裕度为γ。ω_m 为校正装置出现最大超前相角φ_m 的频率。$L'(\omega)$、$\varphi'(\omega)$分别为校正后系统开环对数幅频特性和相频特性。由图可见，校正装置的超前相角使校正后系统的相角稳定裕量增大，从而提高了系统的相对稳定性；抬高了系统对数幅频特性的中频段，使幅频特性的剪切频率右移变大，通频带变宽，从而提高了系统的快速性。但是，这种相位超前校正装置将同时将高频段抬高，使高频增益提高，使系统抗干扰能力降低。

用频率特性法设计串联校正装置的一般步骤大致如下。

(1) 根据给定的系统稳定误差要求，确定未校正系统的开环增益 K。

(2) 利用第(1)步求出的 K 值，绘制未校正系统的 Bode 图，并确定未校正系统的相角裕量 γ 和幅值裕度 k_g。

(3) 确定$\omega'_m(\omega_m)$和α(其中ω'_c为校正后系统的剪切频率)。如果对校正后系统的剪切频率ω'_c已提出要求，则可确定$\omega'_c=\omega_m$。在 Bode 图上查得未校正系统的 $L_c(\omega_m)=10\lg\alpha$(正值)与 $L(\omega'_c)$(负值)之和为零，即

$$L(\omega'_c)+10\lg\alpha=0 \tag{6-42}$$

从而求得超前网络的α。

如果对校正后系统的剪切频率ω'_c未提出要求，则根据给定的相角裕量 γ'，首先求出 φ_m 为

$$\varphi_m=\gamma'-\gamma+\Delta \tag{6-43}$$

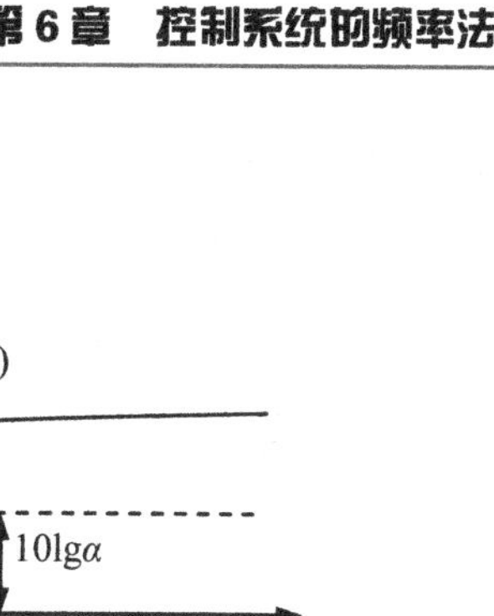
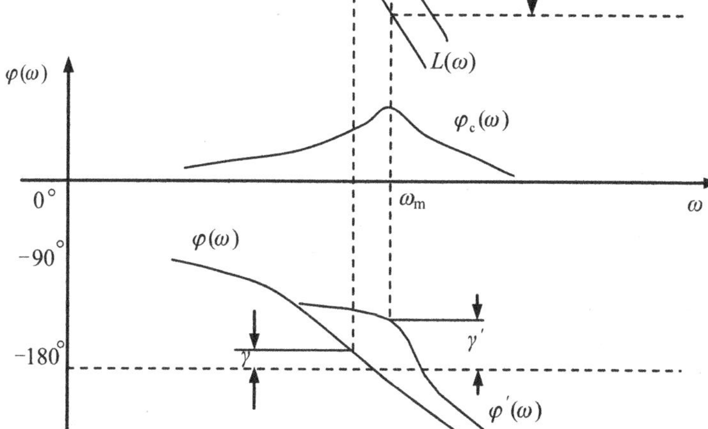

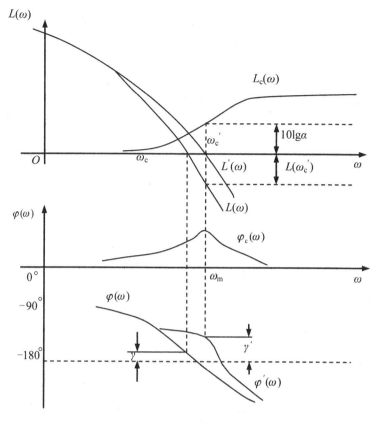

图 6.16　串联相位超前校正对系统性能的影响

式中，Δ为考虑到γ'因ω'_c大于ω_c所减小的相角而留的裕量，Δ值的大小根据未校正系统在ω_c附近的相频特性形状而定，一般取Δ=5°左右即可满足要求；φ_m为超前网络的最大超前角。

求出φ_m以后，根据式(6-10)可求得α为

$$\alpha = \frac{1+\sin\varphi_m}{1-\sin\varphi_m} \tag{6-44}$$

在校正前系统对数幅频特性曲线上测出其幅值为$-10\lg\alpha$处的频率就是校正后系统的剪切频率$\omega'_c=\omega_m$。

(4) 确定校正装置的传递函数。校正装置的另一参数可由式(6-5)求出，其中ω_m和α在第(3)步中已经求出。根据式(6-5)，有

$$T = \frac{1}{\omega_m\sqrt{\alpha}} \tag{6-45}$$

一旦求出时间常数 T，即可写出校正装置的传递函数为

$$\alpha G(s) = \frac{1+\alpha Ts}{1+Ts}$$

(5) 画出校正后系统的 Bode 图，并观察校正系统是否满足给定的指标要求。如果校正后系统已全部满足了给定指标要求，则校正工作结束。反之，则需从第(3)步起再一次选定ω'_c(和φ_m)，一般是使$\omega'_c=\omega_m$($\varphi_m=\gamma'-\gamma+\Delta$)值增大，直至满足全部性能指标。

(6) 根据超前网络的参数值α、T，确定网络各电气元件的数值。

【例 6-1】 某Ⅰ型单位反馈系统原有部分的开环传递函数为

$$G(s)=\frac{K}{s(s+1)}$$

要求系统在单位斜坡输入信号时，位量输出稳态误差$e_{ss}\leqslant 0.1$，剪切频率$\omega'\geqslant 4.4\text{rad/s}$，相角裕量$\gamma'\geqslant 45°$。试用图 6.3 所示无源相位超前网络校正系统，使其满足给定的指标要求。

解： 先用图 6.3 所示的无源相位超前网络进行校正。

(1) 根据稳态误差要求，该系统原有部分为Ⅰ型系统，所以有

$$e_{ss}=\frac{1}{k_v}=\frac{1}{k}\leqslant 0.1 \text{ 或 } e_{ss}=\operatorname*{Lim}_{s\to\infty} s\frac{1}{1+G(s)}R(s)=\frac{1}{K}\leqslant 0.1$$

取$k=10$，可满足误差要求，则未校正系统的传递函数为

$$G(s)=\frac{10}{s(s+1)}$$

(2) 画出未校正系统的开环对数频率特性$L(\omega)$和$\varphi(\omega)$。未校正系统的剪切频率ω_c、相角裕量γ求解如下。

① 计算未校正系统的剪切频率ω_c。

由未校正系统的传递函数$G(s)$得其对数幅频特性为

$$L(\omega)=20\lg A(\omega)=\begin{cases}20\lg\dfrac{10}{\omega} & (\omega<1)\\[2mm] 20\lg\dfrac{10}{\omega\omega} & (\omega>1)\end{cases}$$

由图 6.17 所示的对数幅频特性曲线知$\omega_c>1$(或将$\omega=1$代入$\omega>1$的$L(\omega)$分段函数中，得$L(1)=20>0$，因此未校正系统的剪切频率ω_c必然在$\omega>1$区间内)，有

$$20\lg\frac{10}{\omega_c\omega_c}=0\Rightarrow\frac{10}{\omega_c\omega_c}=1\Rightarrow\omega_c=\sqrt{10}=3.16(\text{rad/s})$$

② 计算未校正系统的相角裕量 γ。

$$\gamma=180°+\varphi(\omega_c)=180°-90° -\arctan\omega_c\big|_{\omega_c=\sqrt{10}}\Rightarrow\gamma=17.6?$$

显然这两项指标都不满足设计要求，根据指标要求和原 Bode 曲线形式需要加入串联超前网络进行校正。

(3) 计算校正装置参数，具体步骤如下。

根据给出的指标要求$\omega_c'\geqslant 4.4\text{rad/s}$，试选$\omega_c'=4.4\text{rad/s}$，则$\omega_m'=\omega_c'=4.4\text{rad/s}$。在此频率处，未校正系统对数幅频特性的$L(\omega_c')=-6\text{dB}$。由于超前网络在此频率处的对数幅频特性为$10\lg\alpha$，则有$10\lg\alpha=6\Rightarrow\alpha=4$。

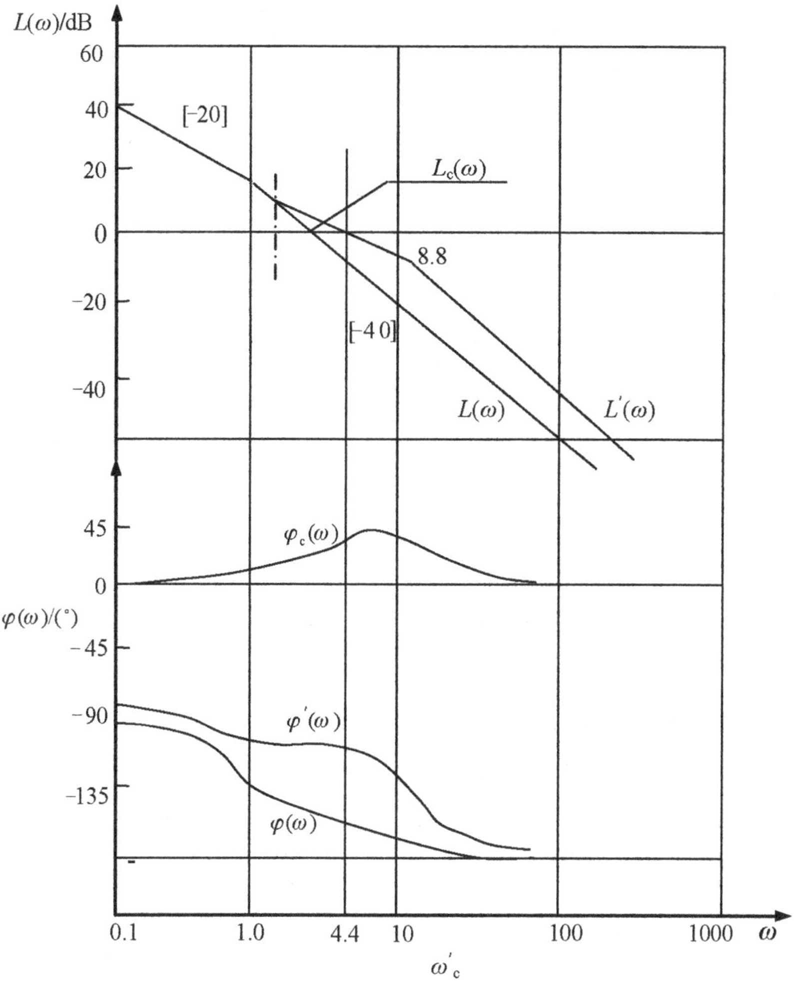

图 6.17 例 6-1 开环对数频率特性

(4) 校正装置参数 T 可由式(6-5)求得，有

$$T=\frac{1}{\omega_{\mathrm{m}}\sqrt{\alpha}}=\frac{1}{4.4\times\sqrt{4}}=0.114(\mathrm{s})$$

于是可写出

$$G_{\mathrm{c}}'(s)=aG_{\mathrm{c}}(s)=4G_{\mathrm{c}}(s)=\frac{1+aTs}{1+Ts}=\frac{1+4\times0.114s}{1+0.114s}=\frac{1+0.456s}{1+0.114s}$$

$G'_{\mathrm{c}}(s)$的对数频率特性 $L_{\mathrm{c}}(\omega)$ 和 $\varphi_{\mathrm{c}}(\omega)$ 如图 6.17 所示。

(5) 校正后系统的开环传递函数为

$$G'(s)=G_{\mathrm{c}}(s)G(s)=\frac{10(1+0.456s)}{s(1+s)(1+0.114s)}$$

画出校正后系统开环对数频率特性 $L'(\omega)$和$\varphi'(\omega)$ 如图 6.17 所示。计算系统的动态性能指标，校验校正效果。

根据第(2)步计算未校正系统剪切频率ω_{c}的方法，可求得ω'_{c}。

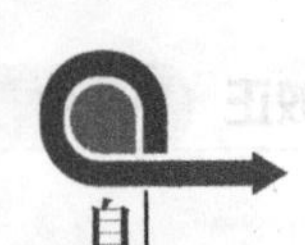

$$20\lg\frac{10\times0.456\omega_c}{\omega_c'\omega_c'}=0\Rightarrow\frac{10\times0.456}{\omega_c'}=1\Rightarrow\omega_c'=4.56(\text{rad/s})$$

$$\gamma'=180^\circ+\varphi(\omega_c')=\angle G_c(\mathrm{j}\omega)G(\mathrm{j}\omega)$$

$$\gamma'=180^\circ-90^\circ-\arctan\omega_c'+\arctan0.456\omega_c'-\arctan0.114\omega_c'\big|_{\omega_c'=4.56}=49.8^\circ$$

此时，全部性能指标已满足。

(6) 选择无源相位超前网络元件值。(省略)

【例 6-2】 某控制系统的结构如图 6.18 所示。其中

$$G_1(s)=\frac{k}{(0.1s+1)(0.001s+1)}$$

要求设计串联校正装置，使系统满足在单位斜坡信号作用下稳态误差 $e_{ss}\leqslant0.1\%$及$\gamma'\geqslant$ 45 的性能指标。

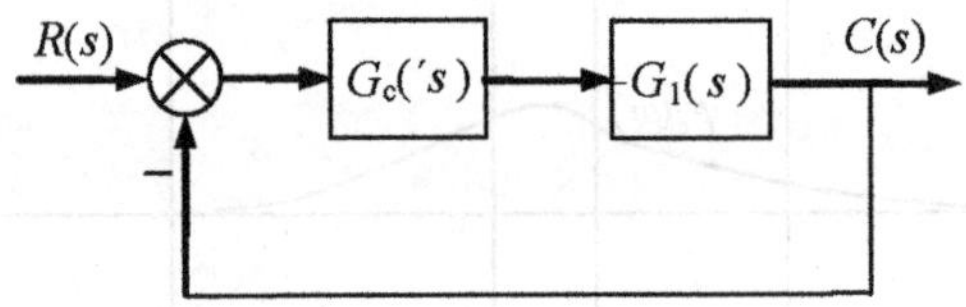

图 6.18　例 6-2 系统结构图

解： (1) (解法一)根据稳态误差要求，该系统原有部分为 I 型系统，所以有

$$e_{ss}=\frac{1}{K_v}=\frac{1}{K}\leqslant0.001\Rightarrow K\geqslant1000$$

因此满足稳态误差要求的校正装置的形式为

$$G_c'(s)=\frac{100}{s}G_c(s)$$

(解法二)

$$e_{ss}=\lim_{s\to\infty}s\frac{1}{1+G_c'(s)G(s)}R(s)\leqslant0.001$$

要满足上式成立，则

$$G_c'(s)=\frac{K}{s}G_c(s)$$

取 K=100，可满足误差要求，则未加 $G_c(s)$ 之前系统的开环传递函数为

$$G(s)=\frac{1000}{s(0.1s+1)(0.001s+1)}$$

(2) 画出加 $G_c(s)$ 之前系统的开环对数频率特性 $L(\omega)$和 $\varphi(\omega)$。加 $G_c(s)$ 之前系统的剪切频率ω_c、相角裕量 γ 求解如下。

① 计算加 $G_c(s)$ 之前系统的剪切频率ω_c。

由加 $G_c(s)$ 之前系统的传递函数得其对数幅频特性为

$$L(\omega)=20\lg A(\omega)=\begin{cases}20\lg\dfrac{1000}{\omega} & (\omega<10)\\ 20\lg\dfrac{1000}{\omega\times 0.1\omega} & (10<\omega<1000)\\ 20\lg\dfrac{10}{\omega\times 0.1\omega\times 0.001\omega} & (10000<\omega)\end{cases}$$

由图 6.19 所示的对数幅频特性曲线知$\omega_c\in(10,1000)$(或将ω=10 代入 $L(\omega)$分段函数中的第二段，得 $L(10)$=40>0，$L(1000)$=−40<0，因此未加 $G_c(s)$ 之前系统的剪切频率ω_c 必然在 10<ω<1000 区间内)。

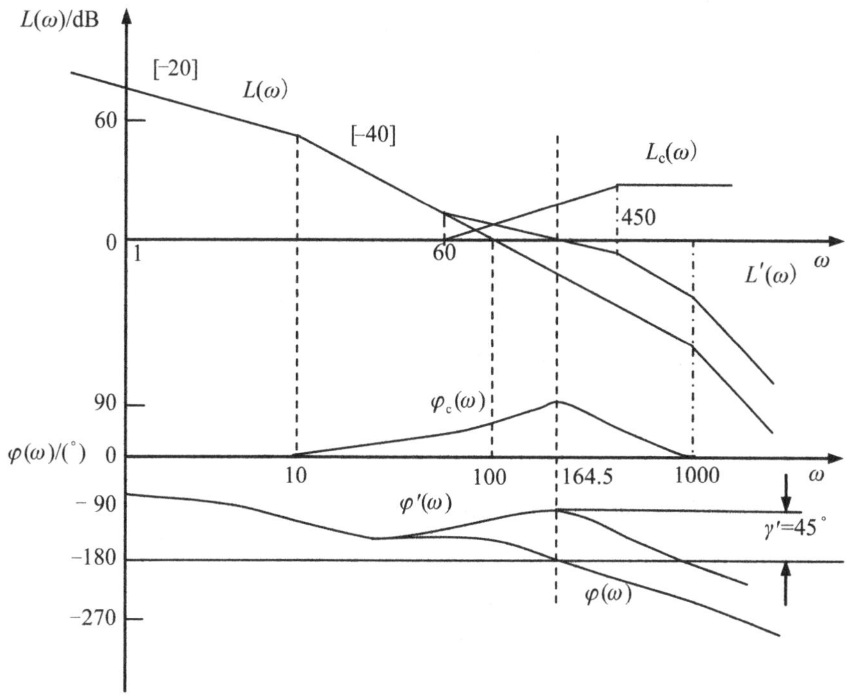

图 6.19　例 6-2 开环对数频率特性

$$20\lg\frac{1000}{\omega_c\times 0.1\omega_c}=0\Rightarrow\frac{10000}{\omega_c^2}=1\Rightarrow\omega_c=100(\text{rad/s})$$

② 计算加 $G_c(s)$ 之前系统的相角裕量　γ。

$$\gamma=180^\circ+\varphi(\omega_c)=180^\circ-90^\circ-\arctan 0.1\omega_c-\arctan 0.001\omega_c\big|_{\omega_c=100}=0^\circ$$

显然这两项指标都不满足设计要求，根据指标要求和原 Bode 曲线形式需要加入串联超前网络进行校正。

(3) 计算校正装置参数$\omega'_c(\omega_m)$和α，具体步骤如下。

① 由第(2)步求出的γ=0°，已知 γ'=45°，得

$$\varphi_m=\gamma'-\gamma+\Delta=45^\circ-0^\circ+5^\circ=50^\circ$$

② $\alpha=\dfrac{1+\sin\varphi_m}{1-\sin\varphi_m}=7.5$

③ 由于 $10\lg\alpha=10\lg7.5=8.75\text{dB}$，因此 ω_c' 必然在 $L(\omega)$ 的第二段分段函数中，由 $L(\omega_c')+10\lg\alpha=0$ 得

$$20\lg\frac{1000}{\omega_c'\times0.1\omega_c'}=-10\lg\alpha\Rightarrow\frac{10^8}{\omega_c'^4}=\frac{1}{8.75}\Rightarrow\omega_c'\approx164.5(\text{rad/s})$$

(4) 校正装置参数 T 可由式(6-5)求得，为

$$T=\frac{1}{\omega_m\sqrt{\alpha}}=\frac{1}{\omega_c'\sqrt{\alpha}}=\frac{1}{164.5\times\sqrt{7.5}}=0.00222(\text{s})$$

于是可写出

$$G_c(s)=\frac{1+\alpha Ts}{1+Ts}=\frac{1+7.5\times0.00222s}{1+0.00222s}=\frac{1+0.0167s}{1+0.00222s}$$

对应于 $G_c(s)$ 的对数频率特性 $L_c(\omega)$ 和 $\varphi_c(\omega)$ 如图 6.19 所示。

(5) 校正后系统的开环传递函数为

$$G'(s)=G_c(s)G(s)=\frac{1000(1+0.0167s)}{s(1+0.0022s)(1+0.1s)(1+0.001s)}$$

画出校正后系统开环对数频率特性 $L'(\omega)$ 和 $\varphi'(\omega)$ 如图 6.19 所示。计算系统的动态性能指标，校验校正效果。

根据第(2)步计算未校正系统的剪切频率 ω_c 的方法，可求得 ω_c'。

$$20\lg\frac{1000\times0.0167\omega_c'}{\omega_c'\times0.1\omega_c'}=0\Rightarrow\frac{167}{\omega_c'}=1\Rightarrow\omega_c=167(\text{rad/s})$$

$$\gamma'=180^\circ+\varphi(\omega_c')=\angle G_c(\text{j}\omega)G(\text{j}\omega)$$

$$\gamma'=180^\circ-90^\circ\ \arctan\omega_c'-\arctan0.1\omega_c'+\arctan0.0167\omega_c'-\arctan0.0022\omega_c'-\arctan0.001\omega_c'\big|_{\omega_c=167}=45^\circ$$

此时，相角裕量$\gamma'=45^\circ$，符合给定相角裕量 45° 的要求。

若校验校正效果后，相角裕量γ'不满足要求，则应重新由第(3)步开始设计，这时应增大第(3)步中Δ的值，继续进行校正，直到校验过后满足要求为止。

综上所述，串联相位超前校正装置使系统的相角裕量增大，从而降低了系统响应的超调量。与此同时，增加了系统的带宽，使系统的响应速度加快。

在有些情况下，串联超前校正的应用受到限制。例如，当未校正系统的相角在所需剪切频率附近向负相角方面急剧减小时，采用串联超前校正往往效果不大；当需要超前相角的数量很大时，则校正网络的系数 α 值需要很大，从而使系统的带宽过大，高频噪声能较顺利地通过系统，使系统抗干扰性能差，严重时可能导致系统失控。遇到此类情况时，应考虑其他类型的校正方式。

6.3.2 串联相位滞后校正

绘制满足静态性能指标的系统 Bode 图，计算剪切频率和相角裕量时，若计算结果为相角裕量偏小，但穿越频率较要求的性能指标大很多，且穿越频率在斜率为-40dB/dec 的折线上，则通常选用滞后校正网络来实现系统校正。利用滞后校正网络高频段幅值减小，但对相频特性影响较小这一特征，通过减小穿越频率达到提高系统相位裕量的目的。

首先讨论相位滞后校正装置加入系统后，对系统的开环频率特性形状和系统闭环性能的影响。

串入频率特性如式(6-20)所示的相位滞后校正装置后，通常使校正装置的转折频率 $\omega_2=\dfrac{1}{\beta T}$ 处于未校正系统的低频段，如图 6.20 所示。由图可见，由于校正装置的高频衰减，校正后系统的剪切频率下降，带宽变小，降低了系统响应速度，但却能使相角裕量增大，提高了系统的相对稳定性。

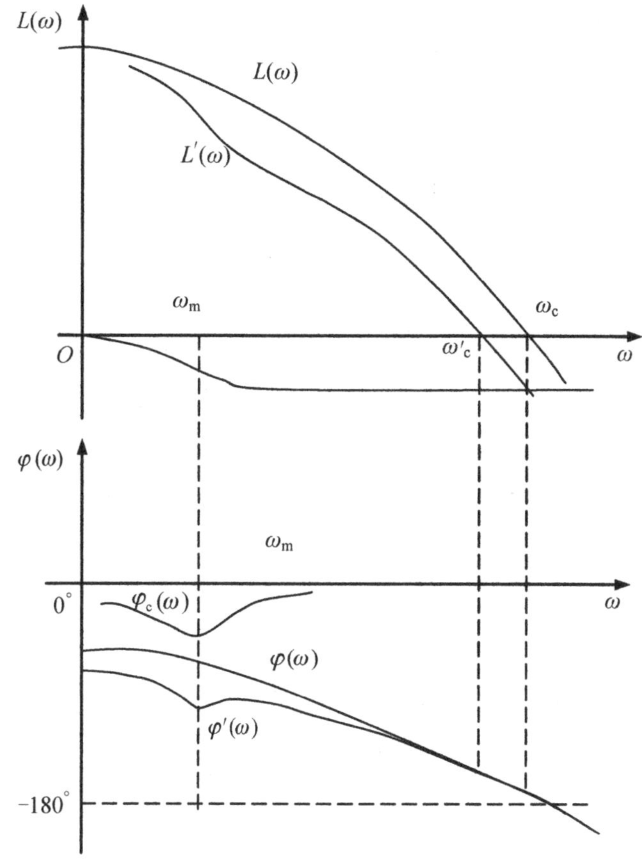

图 6.20　串联相位滞后校正对系统性能的影响

由上可见，串联滞后校正装置可用于提高系统相角稳定裕量，以改善系统的稳定性和某些暂态性能，也可用于提高稳态精度，减小稳态误差，使用时应根据具体系统具体分析。

串联相位滞后校正的一般步骤如下。

(1) 根据给定的系统稳态误差要求，确定未校正系统的开环增益 K。

(2) 利用第(1)步求出的 K 值，绘制未校正系统的 Bode 图(包括对数幅频特性和对数相频特性曲线)，并确定未校正系统的相角裕量 γ 和幅值裕量 K_g。

(3) 确定校正后系统剪切频率 ω_c'。根据给定的相角裕量 γ'，求出未校正系统在 ω_c' 处的相角裕量 $\gamma(\omega_c')$，即

$$\gamma(\omega_c')=\gamma'+\Delta' \tag{6-46}$$

式中，Δ' 为计算时保留的裕量，主要考虑到校正后穿越频率的后移以及中频段两侧渐近线对计算精度的影响。工程上一般可以取 Δ' =5°～5°。

$\gamma'+\Delta'$ 确定以后，根据未校正系统的对数幅频特性 $\gamma(\omega_c')$，可求出校正后系统的剪切频率 ω_c'。

(4) 求 β 值。找出未校正系统对数幅频特性在 ω_c' 处的幅值 $L(\omega_c')$，令

$$L(\omega_c')+20\lg\beta=0 \tag{6-47}$$

以确定β的值。

(5) 计算校正装置的时间常数 T。为使滞后校正网络在穿越频率 ω_c' 处的相位滞后足够小，一般取

$$\frac{1}{\beta T}=(\frac{1}{5}\sim\frac{1}{10})\omega_c' \tag{6-48}$$

并以此写出校正装置的传递函数为 $G_c(s)=\dfrac{1+\beta Ts}{1+Ts}$。

(6) 画出校正后系统的 Bode 图，检验其性能指标。

(7) 确定校正网络的元件值。

【例 6-3】 某单位负反馈系统的结构图如图 6.21 所示，其开环传递函数为

$$G_1(s)=\frac{10}{(0.1s+1)(0.2s+1)}$$

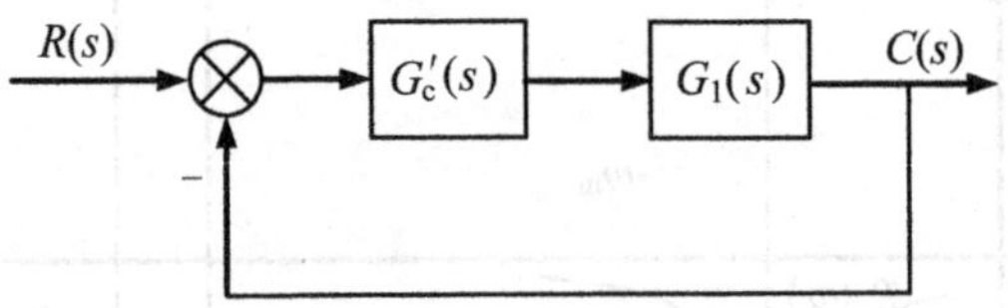

图 6.21 例 6-3 系统结构图

要求设计串联校正装置 $G_c'(s)$，使校正后的系统相位裕量$\gamma'\geqslant 40°$，单位斜坡信号作用下的稳态误差 $e_{ss}\leqslant 1/30$，试确定校正网络的形式及参数。

解：(1) (解法一)根据稳态误差要求，该系统原有部分为 I 型系统，所以有

$$e_{ss}=\frac{1}{k_v}=\frac{1}{k}\leqslant\frac{1}{30}\Rightarrow k\geqslant 30$$

因此满足稳态误差要求的校正装置的形式为

$$G_c'(s)=\frac{3}{s}G_c(s)$$

(解法二)

$$e_{ss}=\lim_{s\to\infty}s\frac{1}{1+G_c'(s)G(s)}R(s)\leqslant 0.001$$

要满足上式成立，则

$$G_c'(s)=\frac{K}{s}G_c(s)$$

取 K=3，可满足误差要求，则未加 $G_c(s)$ 之前系统的开环传递函数为

$$G(s)=\frac{30}{s(0.2s+1)(0.1s+1)}$$

(2) 画出加 $G_c(s)$ 之前系统的开环对数频率特性 $L(\omega)$和 $\varphi(\omega)$。加 $G_c(s)$ 之前系统的剪切频率ω_c、相角裕量 γ 求解如下。

① 计算未加 $G_c(s)$ 之前系统的剪切频率ω_c。

由未加 $G_c(s)$ 之前系统的传递函数得其对数幅频特性为

$$L(\omega)=20\lg A(\omega)=\begin{cases}20\lg\dfrac{30}{\omega} & (\omega<5)\\ 20\lg\dfrac{30}{\omega\times 0.2\omega} & (5<\omega<10)\\ 20\lg\dfrac{30}{\omega\times 0.2\omega\times 0.1\omega} & (10<\omega)\end{cases}$$

由图 6.22 所示的对数幅频特性曲线知$\omega_c\in(10,\infty)$(或将ω=10 代入 $L(\omega)$分段函数中的第三段，得 $L(10)$=20lg1.5>0，因此未加 $G_c(s)$ 之前系统的剪切频率ω_c 必然在 $10<\omega<\infty$ 区间内)。

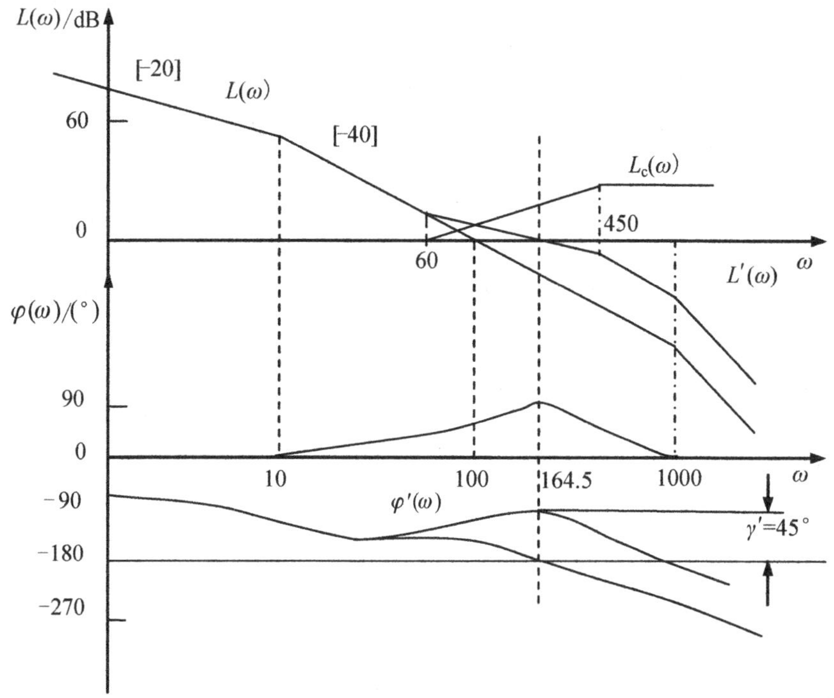

图 6.22　例 6-3 开环对数幅频特性

$$20\lg\frac{30}{\omega_c\times 0.2\omega_c\times 0.1\omega_c}=0\Rightarrow\frac{1500}{\omega_c^3}=1\Rightarrow\omega_c=11.45(\text{rad/s})$$

② 计算加 $G_c(s)$ 之前系统的相角裕量γ为

$$\gamma=180°+\varphi(\omega_c)=180°-90°-\arctan0.2\omega_c-\arctan0.1\omega_c\,|_{\omega_c=11.45}\approx 25.3°$$

显然这两项指标都不满足设计要求，系统不稳定，由于设计指标对穿越频率无具体要求，又根据指标要求和原 Bode 曲线形式来看，采用一级串联超前网络无法使穿越频率从

-60dB/dec 斜率转换到-20dB/dec 斜率的渐近线上，因此加入串联滞后校正网络实现校正。

(3) 计算校正装置参数ω'_c，具体步骤如下。

已知$\gamma'=40°$，并取$\Delta'=6°$，得$\gamma(\omega'_c)=\gamma'+\Delta=40°+6°=46°$

由第(2)步知

$$\gamma(\omega'_c)=180°+\varphi(\omega'_c)=180°-90°-\arctan0.2\omega'_c-\arctan0.1\omega'_c$$

因此有

$$180°-90°-\arctan0.2\omega'_c-\arctan0.1\omega'_c=46° \Rightarrow \arctan0.2\omega'_c+\arctan0.1\omega'_c=44°$$

对上式两边同时取正切得

$$\frac{0.2\omega'_c+0.1\omega'_c}{1-0.2\omega'_c\times0.1\omega'_c}=\tan44°=0.966$$

可解得

$$\omega'_c=2.7(\mathrm{rad/s})$$

(4) 计算校正装置参数β，具体步骤如下。

由于$L(\omega'_c)+20\lg\beta=0$，由第(3)步知$\omega'_c=2.7<5$，因此$\omega'_c$必然在$L(\omega)$的第一段分段函数中，有

$$20\lg\frac{30}{\omega'_c}+20\lg\beta=0\Rightarrow20\lg\frac{30}{\omega'_c}=20\lg\frac{1}{\beta}\Rightarrow\frac{30}{2.7}=\frac{1}{\beta}\Rightarrow\beta=0.09$$

(5) 取校正装置的第二个转折率$\omega_2=\dfrac{1}{\beta T}=0.1\,\omega'_c$，则有

$$T=\frac{1}{0.1\beta\omega'_c}=\frac{1}{0.1\times0.09\times2.7}=41(\mathrm{s})$$

于是滞后校正装置的传递函数为

$$G_c(s)=\frac{1+\beta T}{1+T}=\frac{1+3.7s}{1+41s}$$

对应于$G_c(s)$的对数频率特性$L_c(\omega)$和$\varphi_c(\omega)$如图 6.22 所示。

(6) 校正后系统的开环传递函数为

$$G'(s)=G_c(s)G(s)=\frac{30(1+3.7s)}{s(1+41s)(1+0.2s)(1+0.1s)}$$

画出校正后系统开环对数频率特性$L'(\omega)$和$\varphi'(\omega)$如图 6.22 所示。计算系统的动态性能指标，校验校正效果。

根据第(2)步计算未校正系统的剪切频率ω_c的方法，可求得ω'_c。

$$20\lg\frac{30\times3.7\omega'_c}{\omega'_c\times41\omega'_c}=0\Rightarrow\frac{2.7}{\omega'_c}=1\Rightarrow\omega'_c=2.7(\mathrm{rad/s})$$

或由第(3)步值$\omega'_c=2.7$rad/s

$$\gamma'=180°+\varphi'(\omega'_c)=\angle G_c(\mathrm{j}\omega)G(\mathrm{j}\omega)$$

$$\gamma'=180°-90°-\arctan41\omega'_c+\arctan37\omega'_c-\arctan0.2\omega'_c-\arctan0.1\omega'_c\big|_{\omega_c=2.7}=41.3°$$

此时，相角裕量$\gamma'=41.3°$，符合给定相角裕量$\gamma'\geqslant40°$的要求。

前已述及，对于最小相位系统，由于其开环幅频特性与相频特性具有确定的关系，故

用频率特性法对系统进行校正时，可直接根据系统开环对数幅频特性曲线来设计校正装置，而不需给出其对数相频特性曲线，以简化设计过程。下面举例说明。

【例 6-4】 设某单位负反馈系统的开环传递函数为

$$G(s)=\frac{K}{s(s+1)(0.25s+1)}$$

要求设计串联校正装置，使校正后的系统相位裕量$\gamma'\geqslant 40°$，稳态速度误差系数 $K_v\geqslant 5$，采用相位滞后校正装置校正，试确定校正网络的形式及参数。

解：(1) 确定未校正系统的开环增益 K。

$$K_v=\lim_{s\to 0}sG(s)=\lim_{s\to 0}s\frac{K}{s(s+1)(0.25s+1)}=K=5$$

则未校正系统的开环传递函数为

$$G(s)=\frac{5}{s(s+1)(0.25s+1)}$$

其对应的对数幅频特性如图 6.23 所示。

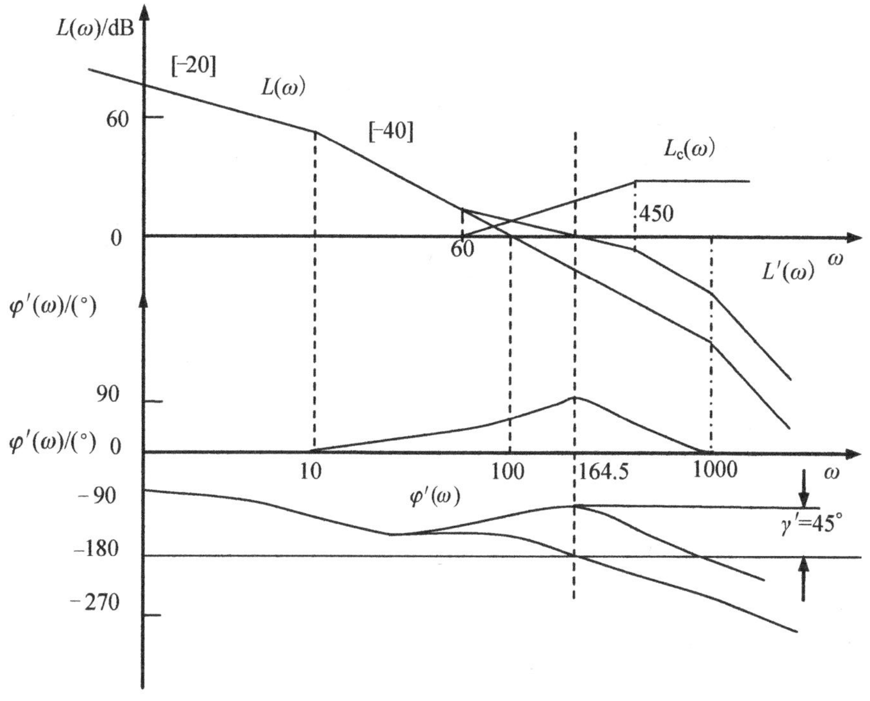

图 6.23　例 6-4 开环对数频率特性

(2) 画出未加 $G_c(s)$ 之前系统的开环对数频率特性 $L(\omega)$ 和 $\varphi(\omega)$。加 $G_c(s)$ 之前系统的剪切频率ω_c、相角裕量γ求解如下。

① 计算未加 $G_c(s)$ 之前系统的剪切频率ω_c。

方法一：由未加 $G_c(s)$ 之前系统的传递函数得其对数幅频特性为

$$L(\omega)=20\lg A(\omega)=\begin{cases}20\lg\dfrac{5}{\omega} & (\omega<1)\\ 20\lg\dfrac{5}{\omega\times\omega} & (1<\omega<4)\\ 20\lg\dfrac{5}{\omega\times\omega\times0.25\omega} & (4<\omega)\end{cases}$$

由图6.23所示的对数幅频特性曲线知$\omega_c\in(1,4)$(或将ω=10代入$L(\omega)$分段函数中的第二段，得$L(1)=20\lg5>0$，$L(4)=20\lg(5/16)<0$，因此未加$G_c(s)$之前系统的剪切频率ω_c必然在$1<\omega<4$区间内)。

$$20\lg\frac{5}{\omega_c\times\omega_c}=0\Rightarrow\frac{5}{\omega_c^2}=1\Rightarrow\omega_c=\sqrt{5}=2.24(\text{rad/s})$$

方法二：由于在ω=1处，未校正系统$L(\omega)$=20lg5dB，而穿过剪切频率ω_c的$L(\omega)$的曲线斜率为-40dB/dec，所以

$$\frac{20\lg5-0}{\lg1-\lg\omega_c}=-40$$

可解得

$$\omega_c=\sqrt{5}=2.24(\text{rad/s})$$

② 计算未加$G_c(s)$之前系统的相角裕量γ。

$$\gamma=180°+\varphi(\omega_c)=180°-90°-\arctan\omega_c-\arctan0.25\omega_c\,|_{\omega_c=2.24}\approx-5.1°$$

显然这两项指标都不满足设计要求，系统不稳定，采用串联滞后校正网络实现校正。

(3) 计算校正装置参数ω_c'。具体步骤如下。

已知$\gamma'=40°$，并取$\Delta'=15°$，得

$$\gamma(\omega_c')=\gamma'+\Delta'=40°+15°=55°$$

由第(2)步知

$$\gamma(\omega_c')=180°+\varphi(\omega_c')=180°-90°-\arctan\omega_c'-\arctan0.25\omega_c'$$

因此有

$$180°-90°-\arctan\omega_c'-\arctan0.25\omega_c'=55°\Rightarrow\arctan\omega_c'+\arctan0.25\omega_c'=35°$$

对上式两边同时取正切得

$$\frac{\omega_c'+0.25\omega_c'}{1-\omega_c'\times0.25\omega_c'}\omega_c'=\tan35°=0.7$$

可解得

$$\omega_c'=0.52(\text{rad/s})$$

(4) 计算校正装置参数β。具体步骤如下。

方法一：由于$L(\omega_c')+20\lg\beta=0$，由

第(3)步知$\omega_c'=0.52<1$，因此ω_c'必然在$L(\omega)$的第一段分段函数中。

$$20\lg\frac{5}{\omega_c'}+20\lg\beta=0\Rightarrow20\lg\frac{5}{\omega_c'}=20\lg\frac{1}{\beta}\Rightarrow\frac{5}{0.52}=\frac{1}{\beta}\Rightarrow\beta=0.104\approx0.1$$

方法二：当$\omega=\omega_c'=0.52\text{rad/s}$时，令未校正系统频率特性的对数幅值为$-20\lg\beta$，由图6.22可知

$$\frac{-20\lg\beta - 20\lg 5}{\lg 0.52 - \lg 1} = -20$$

可求得 $\beta = \dfrac{0.52}{5} = 0.104 \approx 0.1$。

(5) 确定校正装置的传递函数。取校正装置的第二个转折率$\omega_2 = \dfrac{1}{\beta T} = 0.25\,\omega_c'$，则有

$$T = \frac{1}{0.25\beta\omega_c'} = \frac{1}{0.25\times 0.1\times 0.52} = 77(\mathrm{s})$$

于是滞后校正装置的传递函数为

$$G_c(s) = \frac{1+\beta T}{1+T} = \frac{1+7.7s}{1+77s}$$

对应于 $G_c(s)$的对数频率特性 $L_c(\omega)$ 和 $\varphi_c(\omega)$ 如图 6.23 所示。

(6) 校正后系统的开环传递函数为

$$G'(s) = G_c(s)G(s) = \frac{5(1+7.7s)}{s(1+77s)(1+s)(1+0.25s)}$$

画出校正后系统开环对数频率特性 $L'(\omega)$ 和 $\varphi'(\omega)$ 如图 6.23 所示。计算系统的动态性能指标，校验校正效果。

根据第(2)步计算未校正系统的剪切频率ω_c的方法，可求得 ω_c'。

$$20\lg\frac{5\times 7.7\omega_c'}{\omega_c'\times 77\omega_c'} = 0 \Rightarrow \frac{0.5}{\omega_c'} = 1 \Rightarrow \omega_c' = 0.5(\mathrm{rad/s})$$

或由第(3)步值 ω_c'=0.52rad/s，得

$$\gamma' = 180^\circ + \varphi(\omega_c') = \angle G_c(\mathrm{j}\omega)G(\mathrm{j}\omega)$$

$$\gamma' = 180^\circ - 90^\circ - \arctan 77\omega_c' + \arctan 7.7\omega_c' - \arctan\omega_c' - \arctan 0.25\omega_c'\big|_{\omega_c'=0.52} = 42.5^\circ$$

此时，相角裕量γ'=42.5°，符合给定相角裕量$\gamma' \geqslant 40^\circ$ 的要求。

还可以计算后校正网络在 ω_c'时滞后相角

$$\varphi(\omega_c') = \arctan 7.7\omega_c' - \arctan 77\omega_c' = -12.6^\circ$$

从而说明，取$\varDelta'$=15° 是正确的。

由上可见，采用串联滞后校正可使得未校正系统中高频幅值减小，降低系统的剪切频率，从而获得足够的相角裕量。当未校正系统的相角在剪切频率附近随ω增大向负相角方面急剧减小时，或对系统的快速性要求不高而抗干扰要求较高的情况下，可考虑采用串联滞后校正。

6.3.3　串联相位滞后-超前校正

单纯采用超前校正或者滞后校正均只能改善系统动态或稳态一个方面的性能。如果对校正后系统的稳态和动态性能都有较高要求时，宜于采用串联相位滞后-超前校正。利用校正装置中的超前部分改善系统的动态性能，而校正装置的滞后部分则可提高系统的稳态精度。

对于串联相位滞后-超前校正网络的具体校正过程，本书不要求做定量计算。

6.4 期望对数频率特性法校正

上面讨论的几种串联校正方法，实际上就是一种试探的方法，即从系统原有部分的特性 $G(s)$出发，根据对系统提出的全部性能指标要求，依靠分析和设计经验，选取一种校正装置 $G_c(s)$，如果校正后的系统满足性能指标要求，校正工作结束；如果不满足要求，则需重选校正装置，直到全部满足给定的性能指标为止。而期望对数频率特性法(简称期望特性法)是根据给出的性能指标要求，并考虑到未校正系统的特性而确定一种校正后系统应具有的期望开环对数幅频特性，即符合性能指标的开环幅频特性，再将其与未校正系统开环对数幅频特性进行比较，于是就可以确定出校正装置的对数幅频特性，进而求出校正装置的形式和参数。

期望特性设计法是在对数幅频特性上进行的，设计的关键是根据性能指标绘制出所期望的对数幅频特性。而常用的期望对数幅频特性又有二阶期望特性、三阶期望特性及四阶期望特性之分。本节将介绍这些典型期望特性的绘制方法，并以示例说明用期望对数频率特性法对系统进行校正的设计过程。

6.4.1 基本概念

系统经串联校正后的结构图如图 6.24 所示。其中 $G_0(s)$是系统固有部分的传递函数；$G_c(s)$是串联校正装置的传递函数。显然，校正后系统的开环传递函数为

$$G(s)=G_c(s)G_0(s) \tag{6-49}$$

其频率特性为

$$G(j\omega)=G_c(j\omega)G_0(j\omega) \tag{6-50}$$

以对数幅频特性表示，则有

$$L(\omega)=L_c(\omega)+L_0(\omega) \tag{6-51}$$

期望对数频率特性是指根据对系统提出的稳态和瞬态性能要求，并考虑到未校正系统的特性而确定的一种期望的、校正后系统所应具有的开环幅频特性。

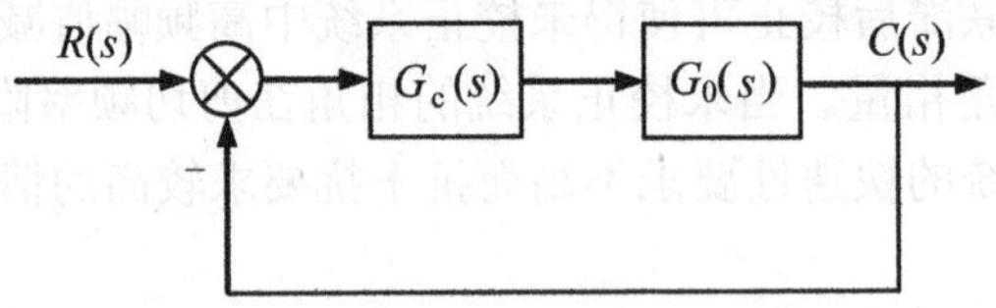

图 6.24 系统经串联校正后的结构图

由式(6-51)可知，当已知系统固有特性 $L_0(\omega)$，根据给定的性能指标要求，绘出了系统开环期望对数幅频特性 $L(\omega)$以后，则可方便地求得串联校正装置的对数幅频特性 $L_c(\omega)$，即

$$L_c(\omega)=L(\omega)-L_0(\omega) \tag{6-52}$$

综上所述，这种期望特性是指系统开环对数幅频特性，而不考虑相频特性，故此法只适用于最小相位系统。

6.4.2　典型期望对数幅频特性

前已述及，系统开环期望对数幅频特性应满足系统给出的稳态和动态性能指标要求。显然，期望对数幅频特性不是唯一的，通常用到的典型期望对数幅频特性有以下几种。

1．二阶期望特性

校正后系统为典型二阶系统，又称典型 I 型系统，其开环传递函数为

$$G(s)=G_c(s)G_0(s)=\frac{K}{s(Ts+1)}=\frac{\omega_n^2}{s(s+2\xi\omega_n)}=\frac{\omega_n/(2\xi)}{s\left(\dfrac{1}{2\xi\omega_n}s+1\right)}$$

式中，$T=1/(2\xi\omega_n)$，为时间常数；$K=\omega_n/(2\xi)$，为开环传递函数。

典型二阶系统的频率特性表达式为

$$G(j\omega)=\frac{\omega_n/(2\xi)}{j\omega\left(\dfrac{1}{2\xi\omega_n}j\omega+1\right)} \tag{6-53}$$

按式(6-53)绘出的二阶期望对数幅频特性如图 6.25 所示，其截止频率 $\omega_c=K=\omega_n/(2\xi)$；转折频率 $\omega_2=1/T=2\xi\omega_n$。两者之比为 $\dfrac{\omega_2}{\omega_c}=4\xi^2$。

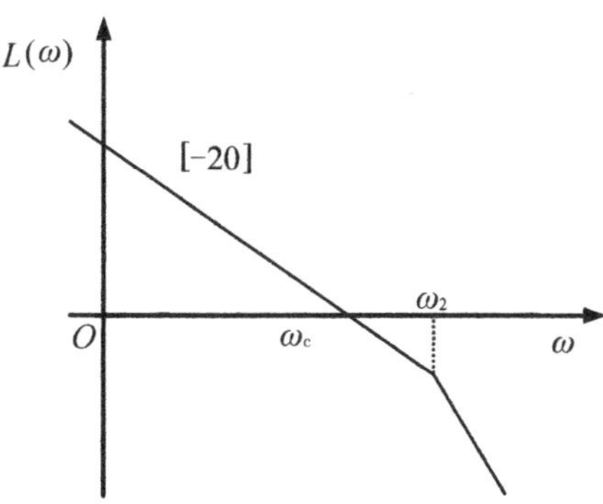

图 6.25　二阶期望对数幅频特性

工程上称 ξ=0.707 的二阶期望特性为“二阶最佳”特性。此时，二阶系统的各项性能指标为 $\sigma\%$=4.3%；t_s=6T；$\omega_c=\omega_2/2$；γ=65.5°

2．三阶期望特性

校正后系统成为三阶系统，又称 II 型三阶系统，其开环传递函数为

$$G(s)=G_c(s)G_0(s)=\frac{K(T_1s+1)}{s^2(T_2s+1)} \tag{6-54}$$

式中，$\dfrac{1}{T_1}<\sqrt{K}<\dfrac{1}{T_2}$。相应的频率特性表达式为

$$G(j\omega)=\frac{K(jT_1\omega+1)}{(j\omega)^2(jT_2\omega+1)} \tag{6-55}$$

三阶期望对数幅频特性如图 6.26 所示。图中，$\omega_1 = 1/T_1$，$\omega_2 = 1/T_2$。

由于三阶期望特性为Ⅱ型系统，故稳态速度误差系数 $K_v=\infty$，而加速度误差系数 $K_a=K$。动态性能与ω_c及中频段宽度系数 h 有关，即

$$h = \frac{\omega_2}{\omega_c} = \frac{T_1}{T_2} \tag{6-56}$$

在 h 值一定的情况下，一般可按下列关系确定转折频率ω_1和ω_2：

$$\omega_1 = \frac{2}{h+1}\omega_c \tag{6-57}$$

$$\omega_2 = \frac{2h}{h+1}\omega_c \tag{6-58}$$

系统可能获得的最大相角裕量为

$$\gamma = \arcsin\frac{h-1}{h+1} \tag{6-59}$$

最小谐振峰值 M_r 与中频宽度 h 之间的关系为

$$M_r = \frac{h+1}{h-1} \tag{6-60}$$

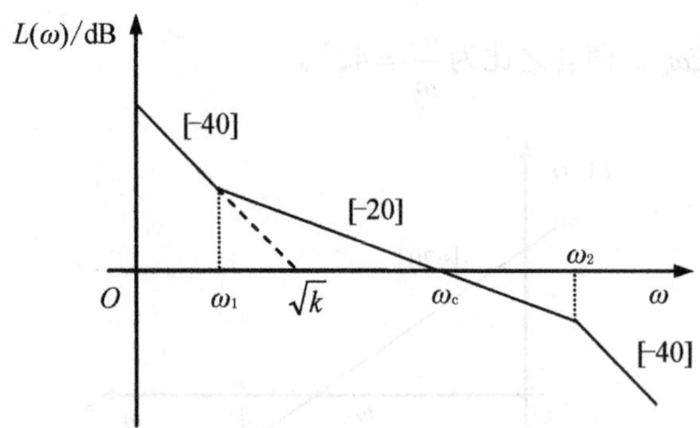

图 6.26　三阶期望对数幅频特性

表 6.1 供设计时参考，由表可见，当 h=5 时系统的动态性能比较好而常为工程推荐值。

表 6.1　典型Ⅱ型系统不同 h 值时的动态指标

h	3	4	5	6	7	8	9	10
M_p	2	1.67	1.5	1.4	1.33	1.29	1.25	1.22
γ	30°	36°	42°	46°	49°	51°	53°	55°
σ_p	52.6	43.6	37.6	33.2	29.8	27.2	25	20.3
$t_{s(5\%)}$	12	11	9	10	11	12	13	14

3. 四阶期望特性

校正后系统成为四阶系统，又称Ⅰ型系统，其开环传递函数为

$$G(s)=G_c(s)G_0(s)=\frac{K\left(\dfrac{S}{\omega_2}+1\right)}{S\left(\dfrac{S}{\omega_1}+1\right)\left(\dfrac{S}{\omega_3}+1\right)\left(\dfrac{S}{\omega_4+1}\right)} \tag{6-61}$$

其对数幅频特性如图 6.27 所示。系统参数的选择按低频、中频、高频不同频率，结合所要求的性能指标来分别确定。

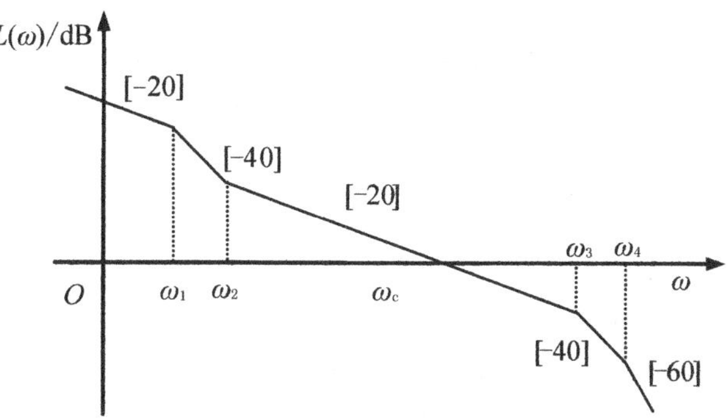

图 6.27　四阶期望对数幅频特性

低频段：斜率为−20dB/dec，其高度由开环传递的增益决定。

中频段：斜率为−20dB/dec，使系统具有较好的相对稳定性。

高频段：斜率为−60dB/dec 以下，有利于衰减高频信号，抑制系统的噪声。

低中频连接段、中高频连接段对系统的性能不会产生重大影响。因此，在校正时，为使校正装置易于实现，应尽可能考虑校正前原系统的特性。也就是说，在绘制期望特性曲线时，应使这些频段尽可能等于或平行于原系统的相应频段，连转折频率也应尽可能取未校正系统相应的数值。

4．期望特性举例

【例 6-5】 系统结构如图 6.28 所示，用串联校正将系统校正成 ξ=0.707 的典型二阶系统，试确定校正装置的参数。

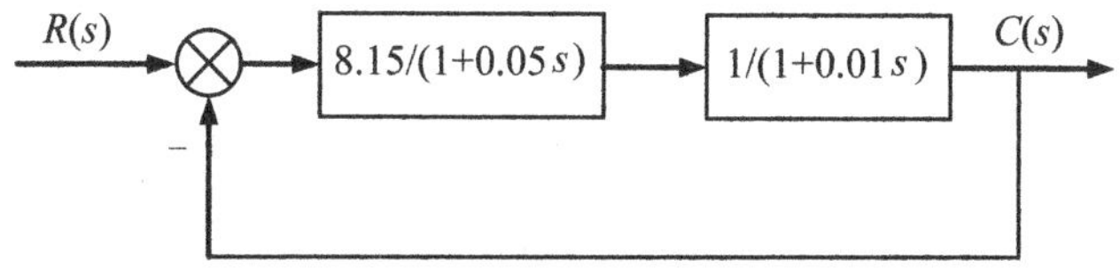

图 6.28　例 6-5 系统结构图

解：(1) 绘制出未校正系统的开环对数幅频特性，如图 6.29 中曲线 $L_0(\omega)$所示。

(2) 绘制系统开环期望对数幅频特性。为了提高校正后系统的响应速度，取转折频率 $\omega_1'=\omega_2=100\text{rad/s}$。从图 6.28 可知，按 ξ=0.707 时的典型二阶系统要求，剪切频率 ω_c' 需满足

$$\omega_c'=\frac{\omega_1'}{4\xi^2}=\frac{1}{2\omega_1'}=(50\text{rad/s})$$

过 ω_c' 作斜率-20dB/dec 直线，交至 ω_2' 转为-40dB/dec 直线，此为系统期望幅频特性，如图 6.29 中曲线 $L_c(\omega)$，开环期望对数幅频特性对应的系统开环增益为 $K'=\omega_c'=50$。

(3) 确定串联校正装置的传递函数。令期望对数幅频特性 $L'(\omega)$减去系统固有部分对数幅频特性 $L_0(\omega)$，即得串联校正装置的对数幅频特性 $L_c(\omega)$，如图 6.29 中曲线 $L'(\omega)$所示。

根据图 6.29 中的曲线 $L'(\omega)$，可直接写出传递函数为

$$G_c(s)=\frac{K_c\left(1+\frac{s}{20}\right)}{s}$$

式中，$K_c=\frac{K'}{K}=\frac{50}{8.15}=6.13$。则

$$G_c(s)=\frac{6.13\left(1+\frac{s}{20}\right)}{s}$$

串联校正装置的传递函数 $G_c(s)$也可用下列方法求得。

由于系统固有部分的传递函数为 $G_0(s)$，期望系统的开环传递函数为 $G'(s)$，串联校正装置的传递函数为 $G_c(s)$。三者之间的关系为 $G'(s)=G_c(s)G_0(s)$，由第(2)步可知

$$G'(s)=\frac{50}{s\left(1+\frac{s}{100}\right)}$$

$$G_0(s)=\frac{8.15}{\left(1+\frac{s}{20}\right)\left(1+\frac{s}{100}\right)}$$

$$\Rightarrow G_c(s)=\frac{G'(s)}{G_0(s)}=\frac{6.13\left(1+\frac{s}{20}\right)}{s}$$

图 6.30 示出了一个有源滞后网络(通常称为比例-积分调节器)，调节器参数为

$$\mathrm{G}(s)=-\frac{U_2(s)}{U_1(s)}=\frac{R_2+\frac{1}{Cs}}{R_1}=\frac{K(Ts+1)}{Ts} \tag{6-62}$$

式中，$K=\frac{R_2}{R_1}$；$T=R_2C$。

本例中，若选用图 6.30 所示的比例-积分调节器作校正装置，则调节参数为

$$T=R_2C=\frac{1}{20}，K=R_2/R_1=6.13T=0.31$$

若取 $R_1=10\,\mathrm{k\Omega}$，则 $R_2=3.1\,\mathrm{k\Omega}$，$C=16\,\mu\mathrm{F}$。实取 $R_2=3\,\mathrm{k\Omega}$，$C=15\,\mu\mathrm{F}$。

【例 6-6】 设单位反馈系统开环传递函数为

$$G(s)=\frac{K}{s(0.1s+1)}$$

要求稳态速度误差系数 $K_v=\infty$，相角裕量 $\gamma'\geqslant 50^\circ$，幅值裕量 $K_g'(\mathrm{dB})\geqslant 10\mathrm{dB}$，试确

定校正装置的传递函数。

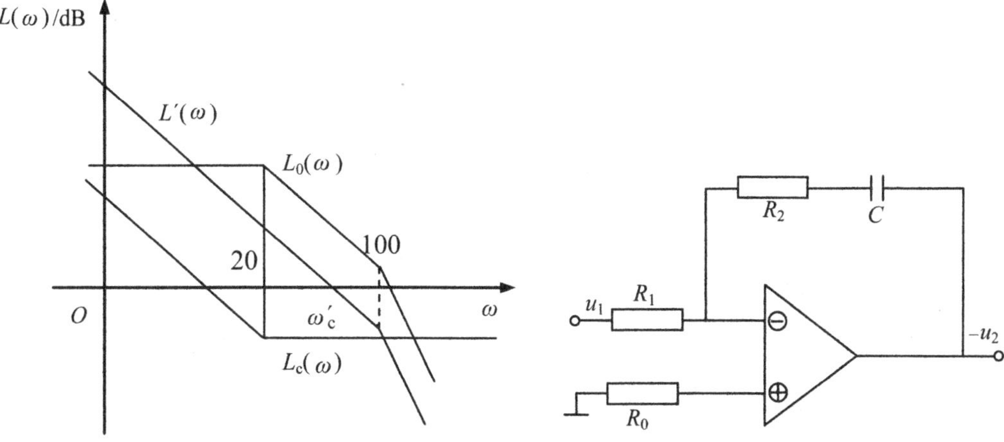

图 6.29　例 6-5 系统开环对数幅频特性　　　图 6.30　比例-积分调节器

解：(1) 根据稳态误差要求，$K_v \to \infty$，则系统只能按三阶期望特性校正，使校正后系统成为Ⅱ型，其开环传递函数为

$$G'(s)=\frac{K(1+Ts)}{s^2(1+0.1s)}$$

(2)因要求 $\gamma'(\omega_c')\geqslant 50°$，由表 6.1 可知，选 h=9，$\omega_2=\frac{1}{0.1}=10\text{rad/s}$，则 $\omega_1=\frac{\omega_2}{h}=1.11\text{rad/s}$，$\omega_1=\frac{\omega_2}{h}=1.11\text{rad/s}$，$\omega_c'=\frac{h+1}{2}\omega_1=5.55\text{rad/s}$，则可绘出系统的期望对数幅频特性 $L'(\omega)$、开环对数幅频特性 $L(\omega)$ 和图 6.31 曲线 2，由对数幅频特性可以确定 K 值。

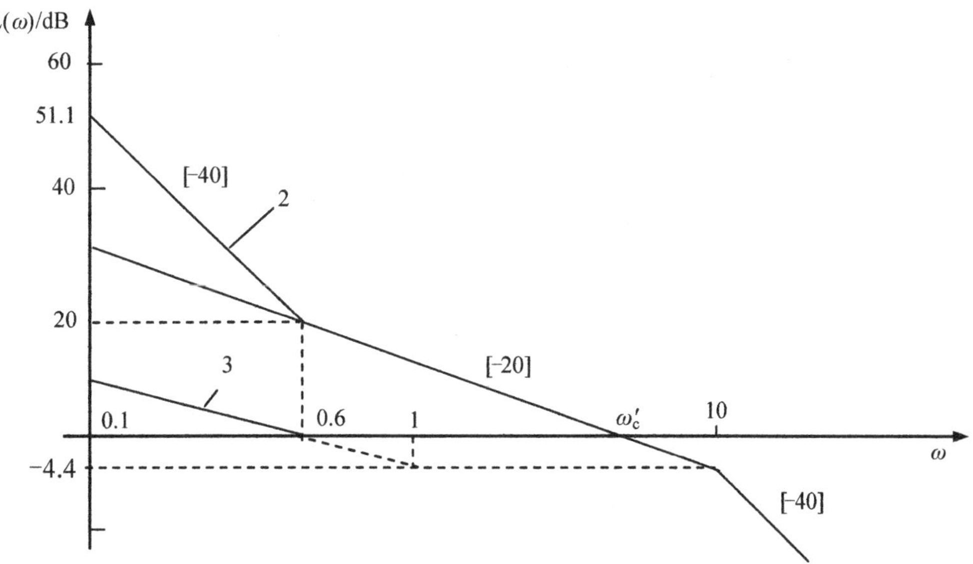

图 6.31　例 6-6 开环对数幅频特性

由
$$A(\omega_c') = \frac{\sqrt{1+(T_1\omega_c)^2}}{\omega_c'^2} \approx 1$$

代入 $\omega_c' = 5.55\text{rad/s}$ 有
$$\frac{K\sqrt{1+(0.9\times5.55)^2}}{5.55^2} = 1$$

解得 $K = 6.05 \approx 6.1$，可得期望特性的开环传递函数为
$$G'(s) = \frac{6.1(1+0.9s)}{s^2(1+0.1s)}$$

(3) 检验校正后系统的相角裕量。
$$\gamma(\omega_c') = 180° - 180° + \arctan\frac{\omega_c'}{\omega_1} - \arctan\frac{\omega_c'}{\omega_2} = 78.69° - 26.57° = 52.12° > 50°$$

(4) 确定校正装置的传递函数 $L_c(\omega) = L'(\omega) - L(\omega)$。校正装置的对数幅频特性 $L_c(\omega)$ 如图 6.31 中曲线 3 所示，可得其传递函数为
$$G_c(s) = \frac{G'(s)}{G(s)} = \frac{6.1(1+0.9s)}{s^2(1+0.1s)} \bigg/ \frac{6.1}{s(1+0.1s)} = \frac{1+0.9s}{s}$$

6.5 反馈校正

在系统校正中，有些被控对象的数学模型比较复杂，即微分方程的阶次较高，延迟和惯性环节较大时，采用串联校正的方法通常无法满足设计要求，此时，可以选择反馈校正的设计方法，改善被控对象的动态特性(降低阶次或减小惯性与延迟)，然后再进行校正。

反馈校正的特点是采用局部反馈包围系统前向通道中一部分环节以实现校正，其系统结构如图 6.32 所示。

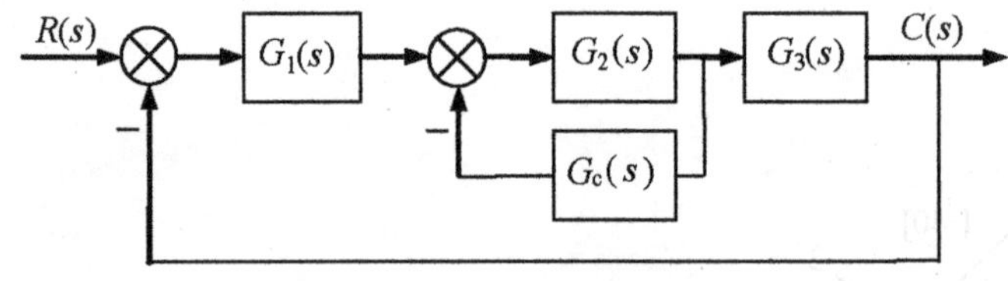

图 6.32　反馈校正

反馈校正中 $G_2(s)$为被控对象中含有高阶次、大延迟和大惯性的环节，$G_c(s)$为反馈校正的传递函数。

在加入反馈校正之前，被控对象的开环传递函数为 $G(s)=G_1(s)G_2(s)G_3(s)$。根据校正的思想，依据 $G(s)$的动态特性合理选择校正装置 $G_c(s)$的形式和参数，加入反馈校正后，被控对象的开环传递函数为 $\dfrac{G_1(s)G_2(s)G_3(s)}{1+G_2(s)G_c(s)}$。由于反馈校正的形式不同，其校正效果也不相同，通常有以下几种形式。

1．比例反馈包围积分环节

如图 6.32 所示，当 $G_2(s)=\dfrac{K}{s}$，反馈校正装置 $G_c(s)$的比例系数为 K_f，等效反馈校正回路的传递函数为 $\dfrac{\dfrac{K}{s}}{1+\dfrac{KK_f}{s}}=\dfrac{\dfrac{1}{K_f}}{\dfrac{1}{KK_f}s+1}$ 时，$G_2(s)$原来为积分环节，经过反馈校正后变成了惯性环节，降低了系统的型别，有利于提高系统的稳定性。惯性环节的时间常数由 K_f 来调整。

2．比例反馈包围惯性环节

如图 6.32 所示，当 $G_2(s)=\dfrac{K}{Ts+1}$，反馈校正装置 $G_c(s)$的比例系数为 K_f，等效反馈校正回路的传递函数为 $\dfrac{\dfrac{K}{Ts+1}}{1+\dfrac{KK_f}{Ts+1}}=\dfrac{\dfrac{K}{KK_f+1}}{\dfrac{T}{KK_f+1}s+1}$ 时，经过反馈校正后惯性环节仍然为惯性环节，但是惯性环节的时间常数减小。反馈校正比例系数越大，惯性时间常数越小。

3．微分反馈包围惯性环节

如图 6.32 所示，当 $G_2(s)=\dfrac{K}{Ts+1}$，反馈校正装置 $G_c(s)$的传递函数为 $K_f\ s$，等效反馈校正回路的传递函数为 $\dfrac{\dfrac{K}{Ts+1}}{1+\dfrac{KK_fs}{Ts+1}}=\dfrac{K}{(T+KK_f)s+1}$ 时，经过反馈校正后惯性环节仍然为惯性环节，但是惯性环节的时间常数减小。反馈校正比例系数越大，惯性时间常数越小。

4．微分反馈包围二阶振荡环节

如图 6.32 所示，当 $G_2(s)=\dfrac{K}{Ts^2+2\xi Ts+1}$，反馈校正装置 $G_c(s)$的传递函数为 $K_f\ s$，等效反馈校正回路的传递函数为 $\dfrac{\dfrac{K}{Ts^2+2\xi Ts+1}}{1+\dfrac{KK_fs}{Ts^2+2\xi Ts+1}}=\dfrac{K}{T^2s+(2\xi T+KK_f)s+1}$ 时，经过反馈校正后二阶振荡环节仍然为二阶振荡环节，但是二阶振荡环节的阻尼系数增大。反馈校正比例系数越大，阻尼系数越大。

综上所述，反馈校正对被控对象的作用要根据被控对象的结构和要求来决定。因此在工程实际应用中要充分了解被控对象的结构，才有利于选择合理的校正装置，有利于达到控制系统要求的性能指标。

【例 6-7】 设系统结构如图 6.32 所示，图中未校正系统各环节的传递函数为

$$G_1(s)=5,\ G_2(s)=\left(\frac{20}{1+\dfrac{s}{10}}\right)\left(1+\frac{s}{100}\right),\ G_3(s)=\frac{1}{s}$$

反馈校正装置的传递函数为

$$G_c(s)=\frac{0.0656s}{1+\dfrac{s}{5}}$$

试求校正后系统开环频率特性，并比较校正前后相角裕量。

解：(1) 首先将系统化为大闭环的等效系统结构图，如图 6.33 所示，并根据给定的数据计算得 $G_c'(s)$ 的传递函数为

$$G_c'(s)=\frac{G_c(s)}{G_1(s)G_3(s)}=\frac{0.01312s^2}{0.2s+1}$$

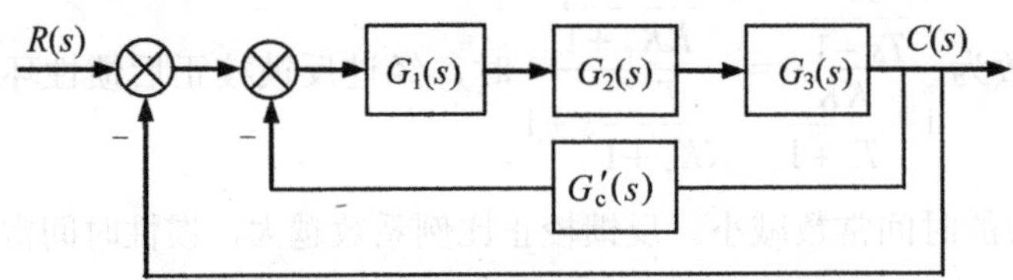

图 6.33　例 6-7 等效系统结构图

于是可写出校正后系统开环传递函数表达式为

$$G'(s)=\frac{G_1(s)G_2(s)G_3(s)}{1+G_1(s)G_2(s)G_3(s)G_c'(s)}=\frac{G(s)}{1+G(s)G_c'(s)}$$

(2) 校正前系统开环对数幅率特性如图 6.34 中曲线 1 所示，剪切频率 ω_c=31.6rad/s，其相角裕量 $\gamma=90^\circ-\arctan\dfrac{\omega_c}{10}-\arctan\dfrac{\omega_c}{100}=90^\circ-\arctan\dfrac{31.6}{10}-\arctan\dfrac{31.6}{100}=0^\circ$。

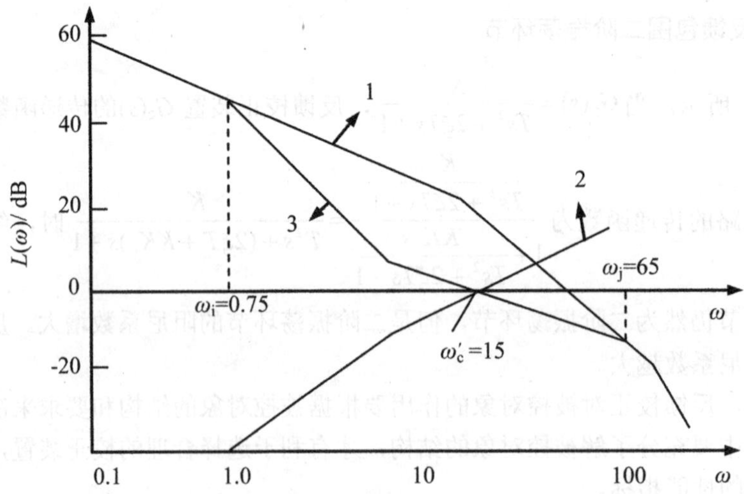

图 6.34　例 6-7 系统对数幅频特性

(3) 绘出 $G_c'(s)$ 对数频率特性如图 6.34 中曲线 2 所示。由图可知，曲线 2 是以 20dB/dec 的斜率穿过 0dB 线。$\dfrac{1}{G_c'(j\omega)}$ 的对数幅率特性与 $G_c'(j\omega)$ 特性曲线对称于 0dB 线，而且与未校正系统特性曲线 1 相交的频率分别为 ω_i=0.75dB 和 ω_j=65rad/s。

(4) 求校正后系统开环频率特性。在 $\omega_i<\omega<\omega_j$ 范围内，$20\lg|G_c'(j\omega)G_c(j\omega)|>0$ 取

$$G_c'(j\omega)=\frac{G(j\omega)}{1}+G_c'(j\omega)G(j\omega)\approx\frac{1}{G_c'(j\omega)}$$

即 $20\lg G(j\omega)\approx-20\lg|G_c'(j\omega)|$

而在 $\omega<\omega_i$ 和 $\omega>\omega_j$ 范围内，$20\lg|G_c'(j\omega)G(j\omega)|>0$，取

$$G'(j\omega)=\frac{G(j\omega)}{1+G_c'(j\omega)G(j\omega)}\approx\frac{1}{G_c'(j\omega)}$$

即

$$20\lg|G'(j\omega)|\approx-20\lg|G(j\omega)|$$

而在 $\omega<\omega_i$，$\omega>\omega_j$ 范围内，$20\lg|G_c'(j\omega)G(j\omega)|<0$，取

$$G'(j\omega)\approx G(j\omega)$$

即

$$20\lg|G'(j\omega)|\approx 20\lg|G(j\omega)|$$

于是可画出校正后系统开环对数幅频特性，如图 6.34 中曲线 3 所示，即

$$G'(j\omega)=\frac{100\left(\dfrac{3\omega}{5}+1\right)}{j\omega\left(\dfrac{j\omega}{0.75}+1\right)\left(\dfrac{j\omega}{65}+1\right)\left(\dfrac{j\omega}{100}+1\right)}$$

(5) 计算校正后系统相角裕量，从图 6.34 可知，校正后系统 $\omega_c'=15\text{rad/s}$，故相角裕量为

$$\begin{aligned}\gamma'&=90^\circ+\arctan\frac{3\omega_c'}{5}-\arctan\frac{\omega_c'}{0.75}-\arctan\frac{\omega_c'}{65}-\arctan\frac{\omega_c'}{100}\\&=90^\circ+\arctan\frac{45}{5}-\arctan\frac{15}{0.75}-\arctan\frac{15}{65}-\arctan\frac{15}{100}=52.9^\circ\end{aligned}$$

6.6　MATLAB 在控制系统校正中的应用

利用 MATLAB 对控制系统进行校正，可以免去手工计算烦琐的频域指标，直接利用 MATLAB 求解。手工计算难以求出幅值裕量与相位裕量以及穿越频率和剪切频率，调用 MATLAB 函数可以精确地求出响应的频域指标；并通过仿真曲线直观判断校正后的系统性能指标是否满足要求。除利用 MATLAB 提供的各种函数外，还可以利用 Simulink 建立动态结构图进行仿真。

6.6.1　MATLAB 函数在控制系统校正中的应用

【例 6-8】 单位负反馈系统被控对象的传递函数为 $G_0(s)=k_0/[s(0.1s+1)(0.001s+1)]$，试

用 Bode 图设计方法对系统进行串联超前校正，使之满足：

(1) 斜坡信号 $r(t)=vt$ 作用下，系统的稳定误差 $e_{ss}\leqslant 0.0001$。

(2) 系统校正后，相角稳定裕量γ满足 40°$<\gamma<$50°。

解：(1) $e_{ss}=v/k_0\leqslant 0.0001v$，则 $k\geqslant 1000$，取 $k=1000$。

(2) 作原系统的 Bode 图与阶跃响应图，检查是否满足要求。

% clc：清除屏幕上的所有内容，clear：清除工作空间中所有的变量，开环增益 k=1000，开环传递函数的分子多项式系数为 n1

```
clc;clear;k=1000;n1=[1];
% 开环传递函数的分母多项式为 d1，conv 为多项式相乘
d1= conv([1 0],conv( [0.1 1]),[0.001 1]));
% 在图 1(绘制的结果见图 6.35)中绘制由 bode 指令得到的幅值 mag(不是以 dB 为单位)、相角 phase 及角频率ω矢量绘制出带有裕量及相应频率显示的 Bode 图
figure(1);margin(k*n1,d1);hold on;
% 在图 2(绘制的结果见图 6.36)中绘制未校正系统的闭环阶跃响应曲线，cloop 求单位负反馈系统的传递函数的分子多项式 num，分母多项式 den。
figure(2);[num den]=cloop(k*n1,d1);step(num,den);
```

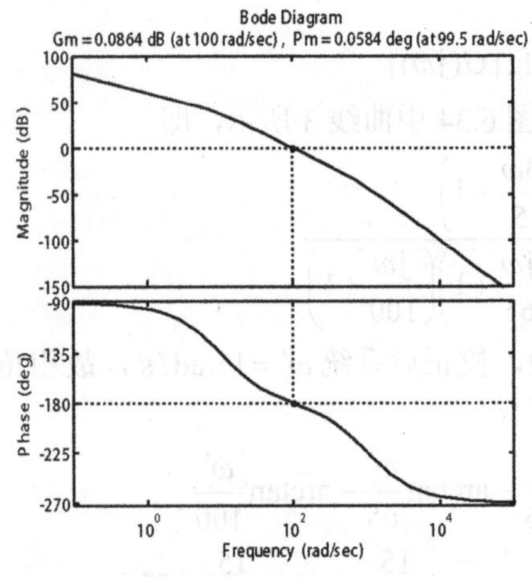

图 6.35　例 6-8 系统校正前对数幅频特性

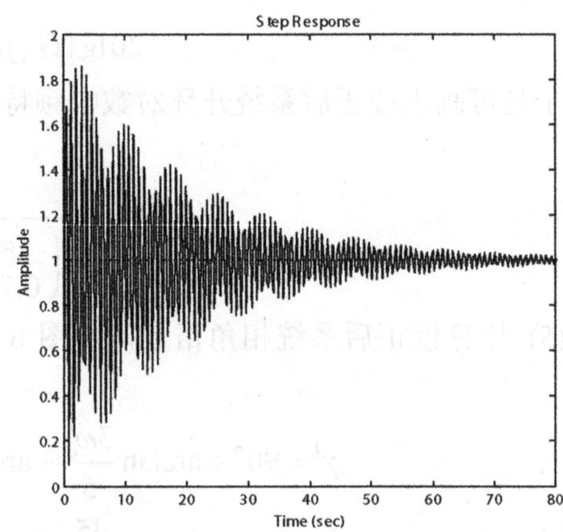

图 6.36　例 6-8 系统校正前单位阶跃响应

(3) 求超前校正的传递函数 $G_c(s)=(1+Ts)/(1+\alpha Ts)$。

```
% 求未校正系统频率在ω下的幅值 mag 和相角 phase
[mag,phase,ω]=bode(k*n1,d1);
% gama 为γ，gamal 为γ+Δ
gama=50;gamal=gama+5;
% gam 为φm （超前网络的最大超前角）
gam=gamal*pi/180;
% alfa 为α(α=(1+sinφm)/(1-sinφm))
alfa=(1-sin(gam))/(1+sin(gam));
% abd 为幅值
abd=20*log10(mag);
```

```
% am为10lgα
am=20*log10(sqrt(alfa));
% 求剪切频率
wc=spline(abd,w,am);
% 求校正装置的时间常数
T=1/(ωc*sqrt(alfa));
% 求校正装置传递函数的分子多项式和分母多项式
Gc=tf([T  1],[alfa*T  1])
```

(4) 校验系统校正后是否满足要求。

```
% 求校正后系统传递函数的分子多项式
num1=conv(k*n1,[T 1])
% 求校正后系统传递函数的分母多项式
den1=conv(d1,[alfa*T 1]);
% (绘制的结果见图6.37)
figure(3);
% 算出校正后系统的幅值裕量和相角裕量并绘制相应Bode图
margin(num1,den1);
```

(5) 画出校正后的阶跃响应曲线。

```
% 算出校正后系统的闭环传递函数的分子多项式和分母多项式
[num2 den2]=cloop(num1,den1);
figure(4);
% 在图4中(绘制的结果见图6.38)绘制闭环传递函数的单位阶跃响应
step(num2,den2)
```

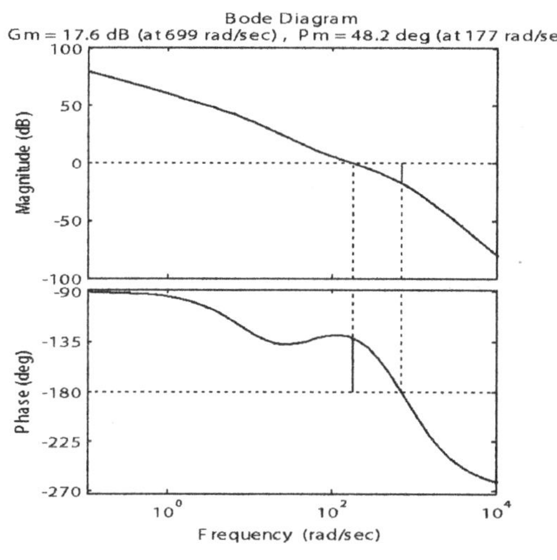

图 6.37　例 6-8 系统校正后对数幅频特性

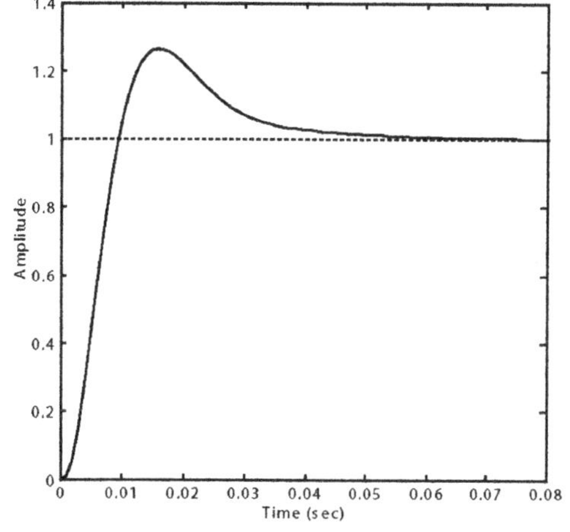

图 6.38　例 6-8 系统校正后单位阶跃响应

6.6.2　基于 Simulink 的系统校正

【例 6-9】 利用 MATLAB 比较例 6-4 系统校正前后的性能，并求出相关开环频域指标。

解： (1) 求校正前系统开环频域指标与单位阶跃响应曲线。

建立系统模型的指令为

```
num=[5];
den=conv([1,0],conv([1,1],[0.25,1]));      % 开环传递函数的分母多项式
```

其他指令与例 6-8 相同。校正前系统开环频域特性曲线如图 6.39 所示，单位阶跃响应曲线如图 6.40 所示。

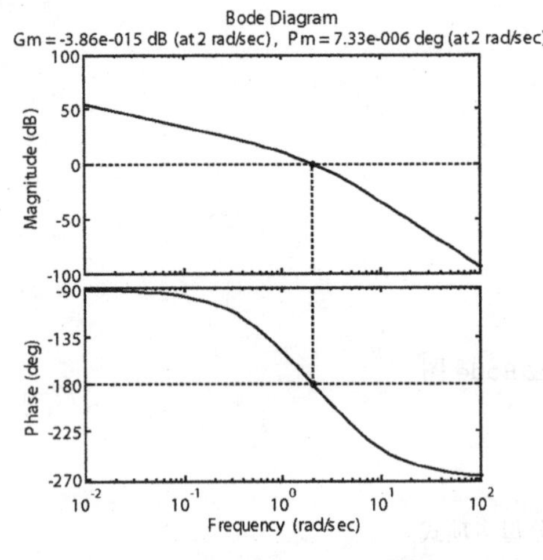

图 6.39　例 6-9 系统校正前对数幅频特性

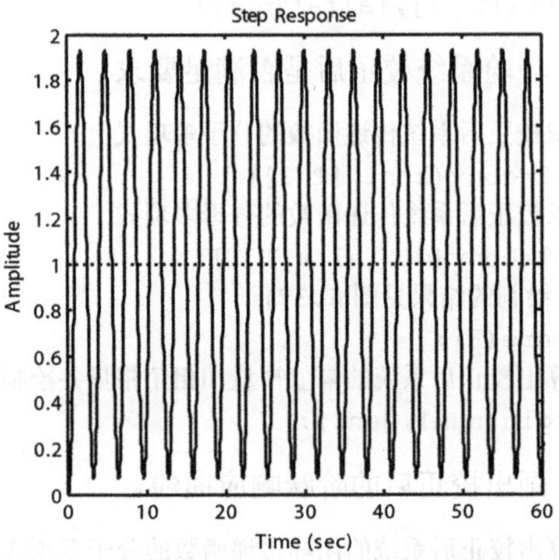

图 6.40　例 6-9 系统校正前单位阶跃响应

(2) 校验校正后的系统性能。

可采用 Simulink 对校正后的系统性能进行仿真。由例 6-4 相关数据建立校正后系统动态结构图如图 6.41 所示。启动仿真，示波器输出单位阶跃响应曲线如图 6.42 所示。利用动态结构图仿真模型校正系统时，可以随时添加校正装置或修改各元件参数，使用十分便捷。

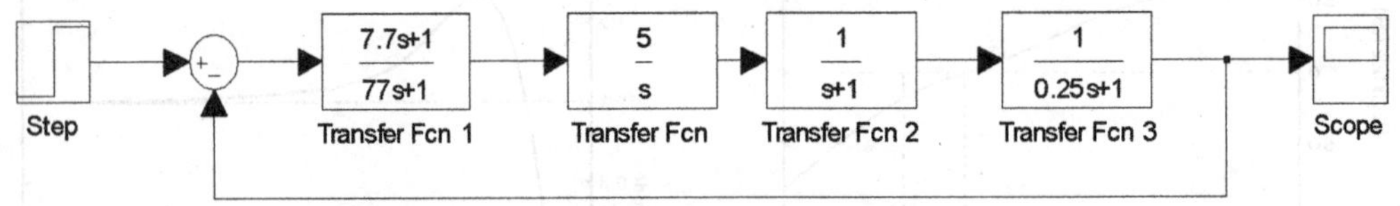

图 6.41　例 6-9 校验校正后系统 Simulink 结构图

也可以直接利用前述指令操作方式求取校正后的系统性能与响应曲线，建立校正后系统模型的指令为

```
% 开环传递函数的分子多项式为 num，conv 为多项式相乘
num=conv([5],[7.7 1]);
% 开环传递函数的分母多项式为 den，conv 为多项式相乘
den=conv([1 0],conv([0.1 1],conv([1 77],[0.001 1])));
```

其他指令与例 6-8 相同。

图 6.43 所示为校正后系统开环 Bode 图，图 6.44 为校正后系统单位阶跃响应曲线。可见校正后的幅值裕量为 20.6dB，相位裕量为 48.9°，幅值的穿越频率为 9.2rad/s，与理论设计的结果基本相同。通过动态结构图中示波器显示的响应曲线与指令方式求得的响应曲线完全一致，校正后系统的单位阶跃响应曲线的最大超调量为 23%，调节时间为 0.8s，系统

的各项指标很容易得到。

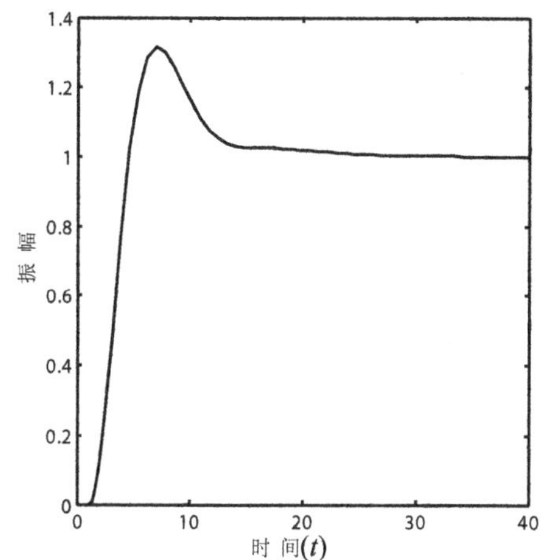

图 6.42 例 6-9 系统校验校正后阶跃响应

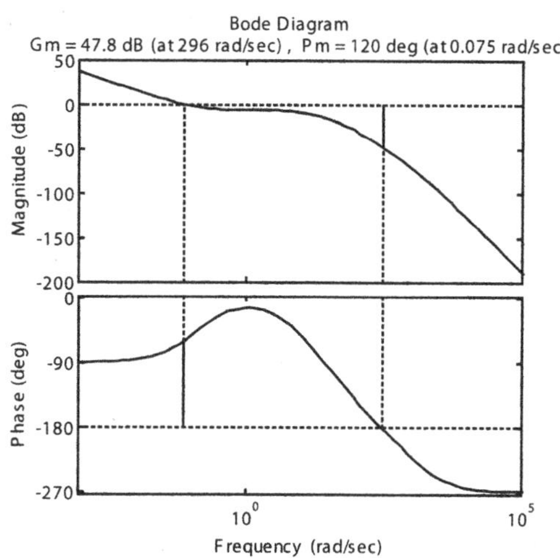

图 6.43 例 6-9 系统校验校正后 Bode 图

对于反馈校正，期望特性校正等其他方式的校正方法，同样可以利用 MATLAB 简化设计校正其性能指标。

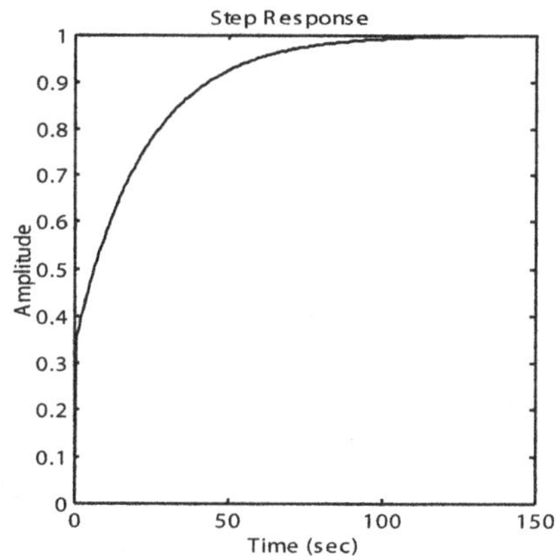

图 6.44 例 6-9 系统校验校正后单位阶跃响应曲线

小　结

在控制系统中，常需在系统中加入适当的附加装置来改善系统的特性，使其满足给定的性能指标要求，这个过程称为系统校正。这些为校正系统的性能而引入的装置称为校正装置。控制系统的校正，就是按给定的性能指标和系统原有部分的特性，设计校正步骤。

根据校正装置在反馈系统中的连接方式划分，有串联校正和反馈校正；根据校正装置的构成元件划分，有无源校正和有源校正；根据校正装置的特性划分，有超前校正、滞后校正和滞后-超前校正。串联校正装置的设计方法较多，但常用的校正方法是采用 Bode 图的频率特性设计法和期望特性设计法。当必须改造未校正系统某一部分特性方能满足性能指标要求时，应采用反馈校正。

串联校正装置常设于系统前向通道的能量较低的部分，以减少功率损耗。一般多采用有源校正网络。

反馈校正的信号是从高功率点传向低功率点，往往采用无源校正装置。

串联超前校正是利用校正装置的相位超前补偿原系统的相位滞后，以增大校正后系统的相角裕量，从而改善系统的平稳性。与此同时，也使得系统剪切频率增大，提高了系统的快速性。但如果未校正系统在剪切频率ω_c附近，相位急剧减小，例如以-60dB/dec 或更小的斜率通过剪切频率，采用串联校正往往效果不大，高频噪声能较顺利地通过系统，严重时可能导致系统无法正常工作。

串联滞后校正则是利用校正装置的高频幅值衰减特性，使系统的剪切频率下降，提高系统的相角稳定裕量。或者，通过提高系统的的低频幅值，以减小系统的稳定误差，并基本保持原系统动态性能指标不变。必须指出，为了保证在需要的频率范围内产生有效的幅值衰减特性，要求滞后网络的第一个转折频率 $1/T$ 足够小，这可能会使时间常数大到不便实现的程度。

串联滞后-超前校正是利用校正装置的超前部分改善系统的动态性能，同时利用其滞后部分提高系统的稳态精度。当对校正后系统的稳态和动态性能都有较高要求时，应考虑采用滞后-超前校正。

期望特性法是按对数幅频特性的形状确定系统性能，故只适用于最小相位系统。

反馈校正通过反馈校正通道传递函数的倒数的特性取代不希望部分的特性，在以这种置换的方法来改善控制系统性能的同时还可以抑制被反馈包围的原有部分内部参量变化、非线性特性及各种干扰对系统性能的影响。

利用 MATLAB 进行控制系统校正，避免了手工烦琐的计算，并提高了系统频域指标的计算精确度，同时也可以采用 Simulink 进行系统校正。

习　　题

1．试回答下列问题，着重从物理概念说明。

(1) 有源校正装置与无源校正装置的特点有何不同，在实现校正规律时其作用是否相同?

(2) 串联超前校正为什么可以改善系统动态性能?

(3) 在什么情况下加串联滞后校正可以提高系统的稳定程度?

(4) 若从抑制扰动对系统影响的角度考虑，最好采用哪种校正方式?

2．设未加校正装置的系统开环传递函数为

$$G(s)=\frac{10}{s(0.5s+1)(0.1s+1)}$$

若采用传递函数为$G_c(s)=\dfrac{0.23s+1}{0.023s+1}$的串联超前校正装置。试求校正后系统的相角裕量，并讨论校正后系统性能有何改进。

3．一单位反馈系统的开环传递函数为

$$G_c(s)=\frac{2000}{s(s+10)}$$

试设计一串联校正装置，使校正后系统的相角裕量 $\gamma'\geqslant 45^\circ$，剪切频率 $\omega_c'\geqslant 50\mathrm{rad/s}$。

4. 设未加校正装置的系统开环传递函数为

$$G(s)=\frac{K}{(20s+1)(1.1s+1)(0.2s+1)}$$

要求校正后系统的稳态位置误差系数 $K_p'\geqslant 50^\circ$，相角裕度 $\gamma'=45^\circ\pm 3^\circ$。试确定串联校正装置的传递函数。

5. 设一单位反馈系统的开环传递函数为

$$G(s)=\frac{4K}{s(s+2)}$$

若使系统的稳态速度误差系数 $K_v'=20\mathrm{s}^{-1}$，相角预度 $K_g'(\mathrm{dB})\geqslant 10\mathrm{dB}$，试确定系统的串联校正装置。

6. 反馈校正在控制系统的设计过程中起什么作用？

7. 已知某最小相位系统开环对数幅频渐近特性如图 6.45 所示。要求：

(1) 写出未校正 $G(s)$的表达式。

(2) 若系统动态特性已满足要求，今欲将系统稳态误差降为原来的 1/10，试设计串联校正装置，并绘制校正后系统开环对数幅频特性。

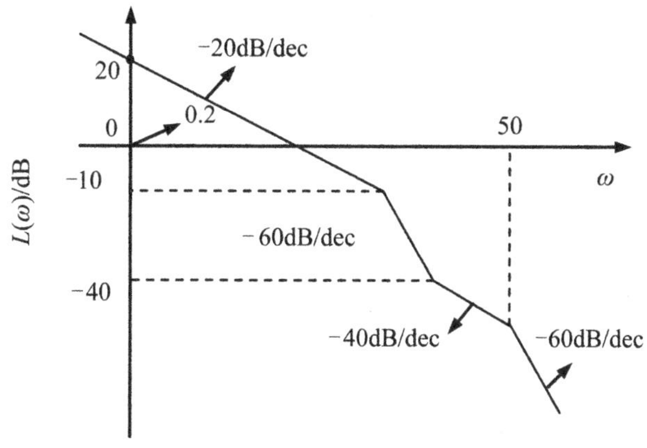

图 6.45　题 7 对数幅频渐近特性

8. 设一单位反馈系统的开环传递函数为

$$G(s)=\frac{4}{s(2s+1)}$$

设计一串联滞后网络，使系统的相角裕量 $\gamma'\geqslant 40^\circ$，并保持原有的开环增益值。

9. 设一单位反馈系统的开环传递函数为

$$G(s)=\frac{126}{s\left(\frac{1}{10}s+1\right)\left(\frac{1}{600s}+1\right)}$$

要求校正后系统的相角裕量 $\gamma'=40^\circ+2^\circ$，增益裕量 $K_g'(\mathrm{dB})\geqslant 10\mathrm{dB}$，剪切频率

$\omega_c \geqslant 1\text{rad/s}$，且系统开环增益保持不变，试确定串联滞后校正装置的传递函数。

10．单位反馈系统的开环传递函数为

$$G(s)=\frac{126}{s\left(\frac{1}{10}s+1\right)\left(\frac{1}{60}s+1\right)}$$

要求设计串联校正装置，使系统满足：

(1) 输入速度为 1rad/s 时，稳态误差 $e_{ss} \leqslant \frac{1}{126}\text{rad}$。

(2) 放大器增益不变。

(3) 相角裕量 $\gamma' \geqslant 30°$，剪切频率 $\omega_c' = 20\text{rad/s}$。

11．单位反馈系统的开环传递函数为

$$G(s)=\frac{6}{s(s^2+4s+6)}$$

当串联校正装置传递函数 $G_c(s)$ 如下时：

(1) $G_c(s)=1$

(2) $G_c(s)=\frac{5(s+1)}{s+5}$

(3) $G_c(s)=\frac{s+1}{5s+1}$

试求校正后系统的相角裕量 γ'，增益裕量 K_g'、带宽 ω_b' 和超调量 σ_p。

12．已知一单位反馈系统，其开环传递函数为

$$G(s)=\frac{10}{s(0.2s+1)(0.5s+1)}$$

要求校正后系统的相角裕量 $\gamma \geqslant 45°$，增益裕量 $K_g'(\text{dB}) \geqslant 6\text{dB}$，试分别采用串联超前校正和串联滞后校正两种方案，确定校正装置。

13．已知一单位反馈系统，未校正系统的开环传递函数 $G(s)$ 和第二种校正装置 $G_c(s)$ 的对数幅频渐近曲线如图 6.46 所示。要求：

(1) 写出每种方案校正后系统的开环传递函数。

(2) 试比较第二种校正方案的优缺点。

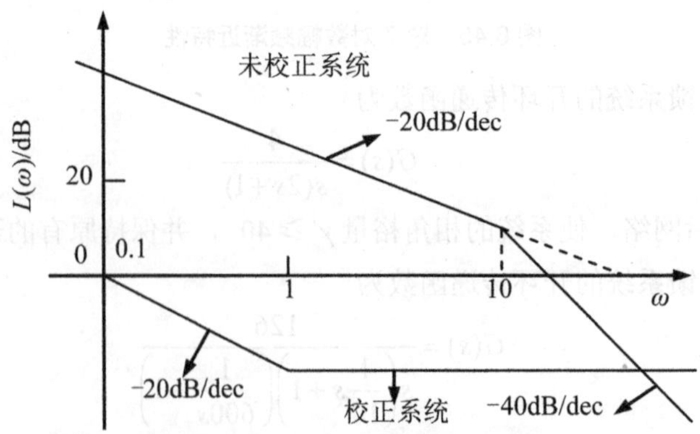

图 6.46　题 13 对数幅频特性曲线

14．设单位反馈系统的开环传递函数为

$$G(s)=\frac{K_{\mathrm{v}}}{s(0.1s+1)(0.2s+1)}$$

试设计一串联滞后-超前校正装置。要求：

(1) 系统响应斜坡 $r(t)=t$ 的稳态误差 $e_{ss}\leqslant 0.01$。

(2) 系统的相角裕量 $\gamma'\geqslant 40°$。

15．设单位反馈系统的开环传递函数为

$$G(s)=\frac{1}{s(0.1s+1)}$$

试用期望特性法设计串联校正装置，使校正后系统的稳态加速度误差系数 K_a=2，谐振峰值 $M_r\leqslant 1.5$。

16．单位反馈系统的开环传递函数为

$$G(s)=\frac{1}{s^2(0.01s+1)}$$

为使系统具有如下性能指标：稳态加速度误差系数 $K_a'\geqslant 100\mathrm{s}^{-2}$,相角裕量 $\gamma'\geqslant 50°$，剪切频率 $\omega_c'\geqslant 15\mathrm{s}^{-1}$。试用期望对数频率特性法确定串联校正装置。

17．单位反馈系统的开环传递函数为

$$G(s)=\frac{K}{s(0.1s+1)(0.01s+1)}$$

试设计串联校正装置，使系统期望特性满足下列指标：

(1) 稳态速度误差系数 $K_a'\geqslant 250\mathrm{s}^{-1}$。

(2) 剪切频率 $\omega_c'\geqslant 30\mathrm{rad/s}$。

(3) 相角裕量 $\gamma'\geqslant 45°$。

18．设控制系统如图 6.47 所示。系统采用反馈校正。试比较校正前后系统的相角裕量和带宽(调整 K_A 使系统的开环增益 K=10)。

19．设典型二阶系统的结构如图 6.47 所示。若使 $t_s'\leqslant 1\mathrm{s}$，且保持原系统的超调量不变。试确定反馈校正装置的特性。

20．具有反馈校正的系统结构如图 6.48 所示，未校正系统的开环传递函数为

$$G(s)=G_1(s)G_2(s)=\frac{100}{s(1.1s+1)(0.025s+1)}$$

反馈校正装置的传递函数 $H(s)$=0.25，试绘制校正前后系统开环对数频率特性，写出校正后系统等效开环传递函数，并计算校正后系统的相角裕量的近似值。

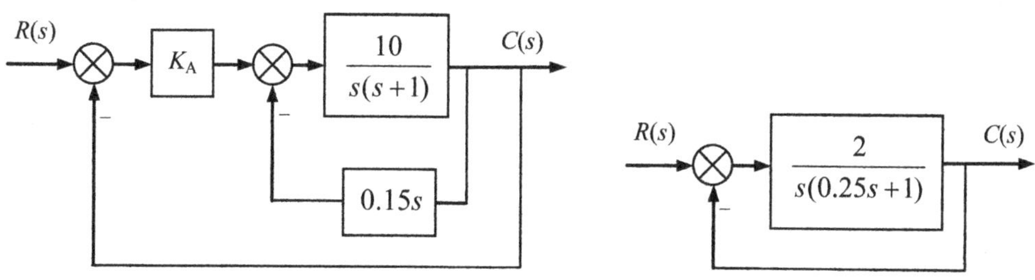

图 6.47　题 18 系统结构图　　图 6.48　题 20 系统结构图

21．采用反馈校正后的系统结构如图 6.32 所示，其中 $G_c(s)$为校正装置，$G_2(s)$为校正对象。要求校正后系统满足下列指标：稳态位置误差 $e_{ss}=0$，稳态速度误差 $e_{ss}=0.5\%$；$\gamma'\geqslant 45^\circ$。试确定反馈校正装置参数，并求等效开环传递函数。已知：

$$G_1(s)=200,\ \ G_2(s)=\frac{10}{(0.01s+1)(0.1s+1)},\ \ G_3(s)=\frac{0.1}{s}$$

22．设系统结构如图 6.49 所示。原系统的开环传递函数为

$$G(s)=G_1(s)G_2(s)=\frac{200}{s\left(\dfrac{1}{20}s+1\right)\left(\dfrac{1}{200}s+1\right)}$$

若要求反馈校正后系统的相角裕量 $\gamma'\geqslant 50^\circ$，剪切频率 $\omega_c'\geqslant 30\text{rad/s}$，试确定反馈校正装置 H(s)的传递函数。

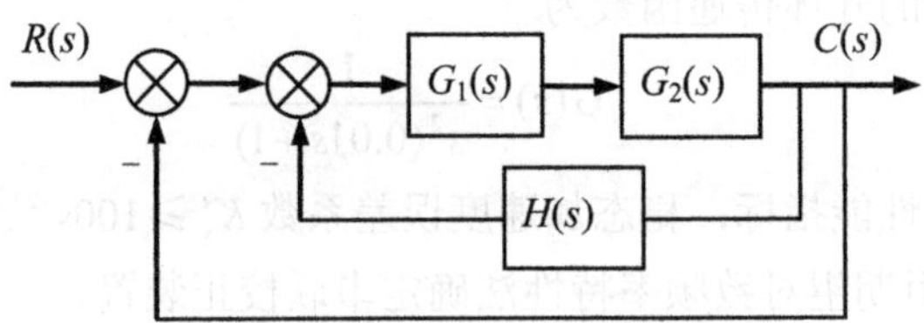

图 6.49　题 23 系统结构图

第 7 章　非线性系统

【教学目标】

通过本章的学习，了解典型非线性控制系统的特性、特征，掌握描述函数法分析非线性系统稳定性、周期运动稳定性的相关知识。

前面各章研究的都是线性系统，或者虽然是非线性系统，但可进行线性化处理，从而可视为线性系统。事实上，几乎所有的实际控制系统都不可避免地带有某种程度的非线性。系统中只要具有一个非线性环节，就成为非线性系统。因此实际的控制系统大多都是非线性系统。非线性系统的瞬态响应有一种特殊运动——自持振荡，它是一种稳定的周期运动，振荡频率和幅值由系统结构和参数确定。本章主要讨论非线性系统的基本概念以及分析方法——描述函数法，最后介绍基于 MATLAB 的非线性系统分析方法。

概　　述

前面各章中研究的都是线性系统。但实际上，任何一个实际的控制系统都存在不同程度的非线性特性，都应属于非线性系统。严格的线性系统实际上是不存在的。所谓的线性系统仅仅是实际系统在忽略了非线性因素后的理想模型。因此，在讨论了线性系统的分析和设计以后，接下来要研究的是非线性因素对系统性能的影响。

众所周知，各物理量之间的许多关系并不完全是线性的，但是为了数学上的简化，我们往往用线性方程来逼近它们。只要得到的解与实验的结果相符合，这种简化是可以接受的。非线性特性的影响并不总是负面的，有时为了改善系统的性能或者简化系统的结构，还常常在系统中引入非线性部件或者更复杂的非线性控制器。通常在控制系统中所采用的非线性部件有很多种，其中最简单和最普遍的就是继电器，而继电特性是不能运用小增量线性化来近似为线性特性的。

对于线性系统，描述其运动状态的数学模型是线性微分方程，它的根本标志就在于可以使用叠加原理。而对于非线性系统，其数学模型是非线性微分方程，叠加原理对于非线性系统是无效的，在这点上它与线性系统有很大差别。非线性系统还有一个重要的特性是：系统的响应取决于输入的振幅和形式。例如，一个非线性系统对不同幅值的阶跃输入可能具有完全不同的响应。非线性系统表现出许多在线性系统中见不到的现象，而在研究这种系统时，必须熟悉这些现象。

实际的控制系统，严格地说都不是线性系统，这是因为组成实际系统的各个环节不可避免地带有某种程度的非线性特性；有时为了改善系统的性能，并简化系统结构，常常人为地在系统中引入某种非线性元件。这样，系统中只要包含了一个线性环节，整个系统就成为非线性系统。

非线性元件的特性分成两大类，一类是其非线性函数为连续光滑的曲线，非线性不很严重，这可以采用第 2 章小偏差线性化的方法进行处理，以线性增量方程代替非线性方程，而近似作为线性系统研究；另一类是其导数不存在，不能用小偏差线性化方法进行处理，这类非线性特性称为本质非线性，本章讨论的属这一类，如继电特性等，这就需要寻求新的研究方法。

对于分析非线性数学模型，没有普遍适用的研究方法。目前分析非线性应用得比较广泛的工程方法是描述函数法和相平面法。相平面法适用于分析一、二阶非线性系统，它是将二阶非线性微分方程变成状态方程，在相平面上作出变量的轨迹，用图解法求解。它可得到较精确的结果，并对系统的时间响应进行判别，但对于高于二阶的系统，应用就较困难。描述函数法则是专用谐波线性化的方法，将线性系统的频率法用于非线性系统，它不受阶次限制，主要用于研究非线性的稳定性及自持振荡，其结果也比较符合实际，故得到广泛采用。本书将只介绍描述函数法。

实际系统中遇到的非线性特性会是各种各样的，一般可归纳为两类：单值非线性，此时，输入与输出有单一的对应关系；多值非线性，此时，对应同一输入有多个输出。

7.1 非线性系统概述

7.1.1 常见非线性特性

常见典型非线性特性有以下几种。

1. 不灵敏区(死区)特性

不灵敏区特性是有在小信号时无输出，信号大到某一程度时才有输出信号。图 7.1 所示为不灵敏区特性，其数学表达式为

$$y=\begin{cases}0 & (|x|\leqslant a)\\ k(x-a) & (x>a)\\ k(x+a) & (x<-a)\end{cases} \tag{7-1}$$

若引入符号函数

$$\text{sign}x=\begin{cases}+1 & (x>0)\\ -1 & (x<0)\end{cases}$$

则式(7-1)又可表示为

$$y=\begin{cases}0 & (|x|\leqslant a)\\ k(x-\text{sign}x) & (|x|>a)\end{cases} \tag{7-2}$$

$-a<x<a$ 的区域称为不灵敏区，或称死区。一般的测量、变换、执行以及放大元件在零位附近常有不灵敏区存在。测速发电机由于电刷压降的存在，只有当速度超过某一值后才有输出，二极管正向开放电压、机械传动的干摩擦、弹簧的预拉力等都属于这类特性。死区特性可能给控制系统带来不利影响，它会使控制的灵敏度下降，稳态误差加大；死区特性也可能给控制系统带来有利的影响，有些系统人为引入死区以提高抗干扰能力。

当死区很小，或对系统的性能不会产生不良影响时，可以忽略不计。否则必须将死区特性考虑进去。在工程实践中，为了提高系统的抗干扰能力，有时又故意引入或增大死区，

滤去输入端小幅度的干扰信号。

2. 饱和特性

可以说，任何实际装置都存在饱和特性，因为它们的输出不可能无限增大，磁饱和就是一种饱和特性。为了分析的方便，我们将它用图 7.2 中的三段直线来近似，并将其称为理想饱和特性。理想饱和特性的数学描述为

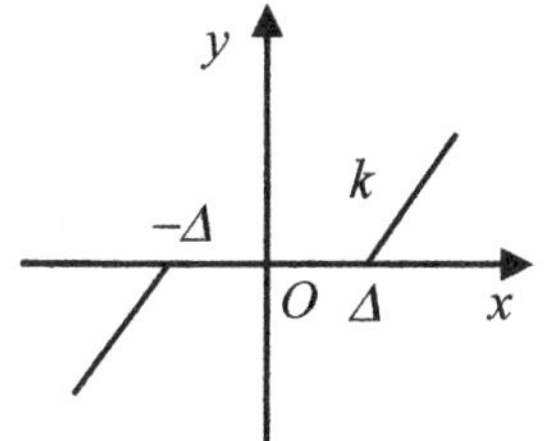

图 7.1　不灵敏区特性

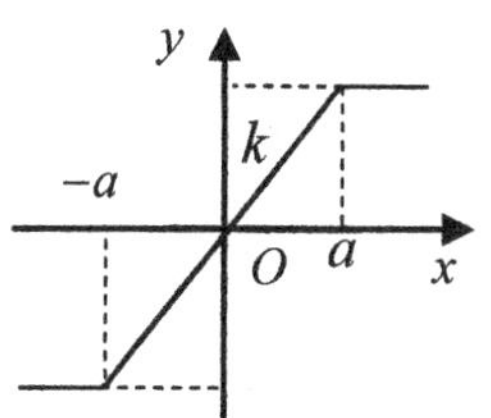

图 7.2　理想饱和线性

$$y=\begin{cases}-ka & (x<-a)\\ kx & (|x|\leqslant a)\\ ka & (x>a)\end{cases} \tag{7-3}$$

式中，a 为线性区的宽度；k 为线性区的斜率。饱和特性的特点是，输入信号超过某一范围后，输出不再随输入的变化而变化，而是保留在某一常值上。当输入信号较小，工作在线性区时，可视为线性器件。但当输入信号较大，工作在饱和区时，就必须视为非线性器件来处理。饱和特性在控制系统中是普遍存在的，常见的调节器就具有饱和特性。在实际系统中，有时又人为地引入饱和特性，以便对控制信号进行限幅，保证系统或元件在额定或安全情况下运行。

3. 间隙(滞环)特性

机械传动装置，当输入量的方向改变时，输出量保持不变，直到输入量大到超过一定数值(间隙)后，输出量才跟着变化。

传动机构的间隙是控制系统中常见的非线性特性，齿轮传动是典型的间隙特性。间隙特性类似于线性系统的滞后环节，但不完全等价，它对控制系统的动态、稳态特性都不利。图 7.3 所示间隙特性的数学描述为

$$y=\begin{cases}k(x-a\mathrm{sign}\dot{x}) & (\dot{y}\neq 0)\\ b\mathrm{sign}x & (\dot{y}=0)\end{cases} \tag{7-4}$$

这类特性表示，当输入信号小于间隙 a 时，输出为 0。只有当 $x>a$ 后，输出随输入线性变化。当输入反向时，其输出则保留在方向发生变化的输出值上，直到输入反向变化 $2a$ 后，输出才线性变化。例如，铁磁元件的磁滞、液压传动中的油隙等均属于这类特性。

间隙的存在，将降低系统响应速度，增大静差。输出的滞后，相当于给系统开环特性引入一个负相移，使系统稳定裕度减小，是系统产生振荡的根源。

4. 继电特性

继电特性，顾名思义就是继电器所具有的特性，当然不限于继电器，其他装置如果具

有类似的非线性特性，我们也称为继电特性，比如电磁阀、斯密特触发器等。

分析继电特性有十分重要的意义，因为采用继电器、电磁阀等元件的控制系统比比皆是，例如大多数家用电冰箱、空调就是继电器控制系统。

图 7.4 所示继电特性的数学描述为

$$y=\begin{cases}+M & (x>0)\\ -M & (x<0)\end{cases} \tag{7-5}$$

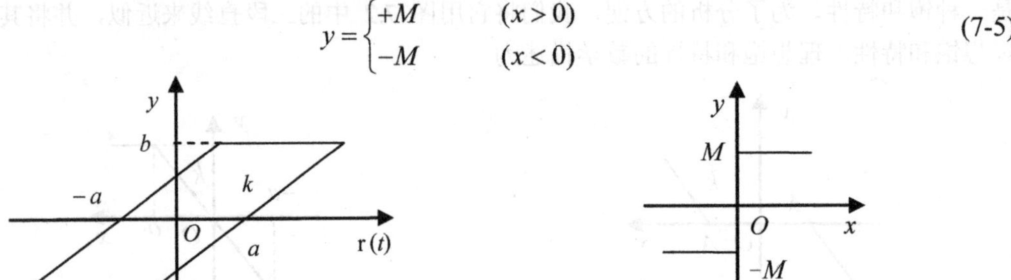

图 7.3　间隙特性　　　　图 7.4　继电特性

图 7.5 所示为一般继电特性，其数学描述为

$$y=\begin{cases}0 & (-ma<x<a,\dot{x}>0)\\ 0 & (-a<x<ma,\dot{x}<0)\\ b\,\mathrm{sign}x & (|x|>a)\\ b & (x\geqslant ma,\dot{x}<0)\\ -b & (x\leqslant ma,\dot{x}>0)\end{cases} \tag{7-6}$$

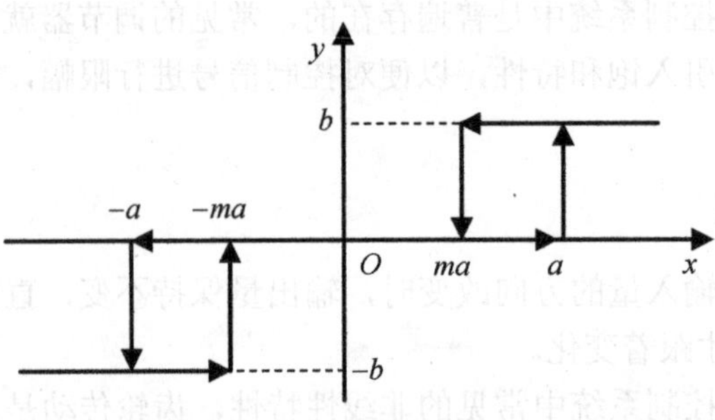

图 7.5　一般继电特性

特殊情况：

若 $a=0$，称这类特性为理想继电特性，如图 7.4 所示。

若 $m=1$，称这类特性为死区继电特性，如图 7.6(a)所示。

若 $m=-1$，称这类特性为滞环继电特性，如图 7.6(b)所示。

继电特性对系统总是不利的，理想继电控制系统多处于自振状态，对低阶尚能稳定工作。带死区的继电特性会增加系统定位误差，其动态性能类似于死区和饱和特性的综合效果。但继电特性能使被控制的执行电动机始终工作在额定或最大电压下，可充分发挥其调节作用而实现快速跟踪。

前面所列举的非线性特性属于一些典型特性，实际中的非线性还有许多复杂的情况。有些属于前述各种情况的组合，还有些非线性特性很难用一般函数来描述，可以称为不规则非线性特性。

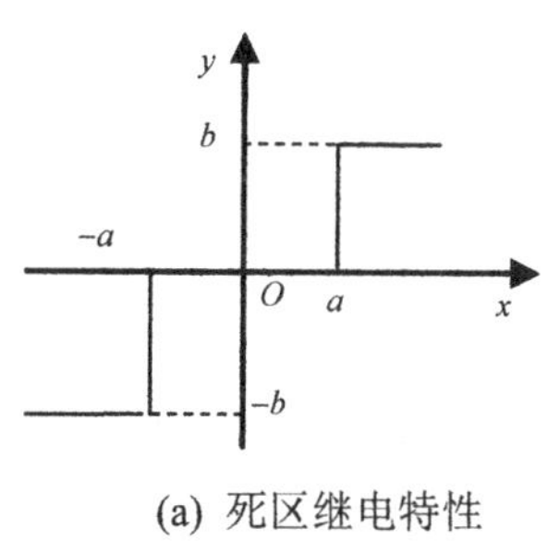

(a) 死区继电特性

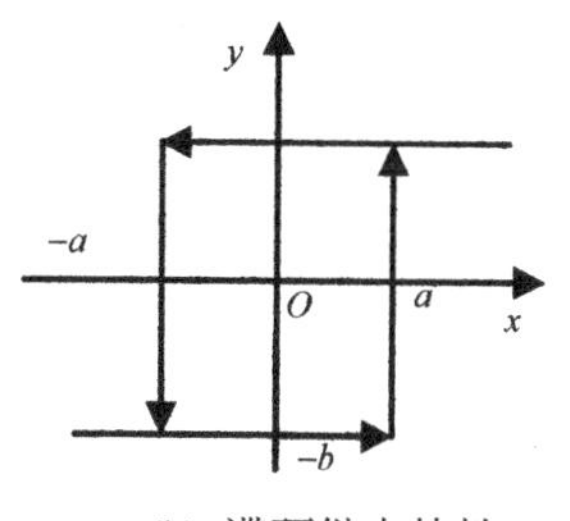

(b) 滞环继电特性

图 7.6 不同种类的继电特性

7.1.2 非线性系统的特点

系统中由于非线性特性的影响，出现了很多线性系统所没有的特点，也不能直接运用线性系统理论进行研究。非线性系统与线性系统相比，在数学模型、稳定性、平衡状态、频率响应、时间响应等许多方面均存在显著的差别。非线性系统具有线性系统所没有的许多特点，主要体现在以下几个方面。

1. 数学模型

线性系统的数学模型一般可以用线性微分方程来表示，它是因变量及其各阶导数的线性组合。例如 n 阶线性系统的微分方程为

$$y^{(n)}(t)+a_{n-1}y^{(n-1)}(t)+\cdots+a_1\dot{y}(t)+a_0y(t)=r(t)$$

线性系统可以应用叠加原理，而对于非线性系统来说，就不能应用该原理了。非线性系统的数学模型是非线性微分方程，方程中除有因变量及其导数的线性项外，还有因变量的幂或其导数的幂等其他函数形式的项。叠加原理无法应用于这种类型的微分方程。

2. 稳定性问题

线性系统的稳定性完全取决于系统的结构和参数，也就是说稳定性取决于系统的特征值，而与系统的输入信号和初始条件无关。当系统的传递函数无积分环节或系统矩阵为非奇异时，线性系统有且只有一个平衡状态。

线性定常系统的稳定性问题在前面已经研究过，由于线性系统只有一个平衡状态，因此线性系统的局部稳定性与全局稳定性是一致的。

非线性系统则不同，非线性系统的稳定性不仅与系统的结构和参数有关，而且与系统的输入信号和初始条件有关。非线性系统可能有一个或多个平衡状态。

同一个非线性系统，当输入信号不同(输入信号的函数形式不同，或函数形式相同但幅值不同)，或初始条件不同时，该非线性系统的稳定性可能不同。由于一些非线性系统有多个平衡状态，因此非线性系统的局部稳定性与全局稳定性一般是不一致的。

与线性系统相比，非线性系统的稳定性问题要复杂得多，而且，关于非线性系统的稳定性问题，没有一个适用于分析所有非线性系统的通用方法，因此不宜像对待线性系统那样，简单笼统地回答系统是否稳定。在研究非线性系统的稳定性问题时，还必须明确两点：一是指明给定系统的初始状态；二是指明系统相对于哪一个平衡状态来分析稳定性。

非线性系统的稳定性比较复杂。同一系统在初始偏离小时，系统稳定，而初始偏离大时很可能不稳定。例如，某非线性方程所描述的系统为

$$\dot{x} = -x + x^2 \quad x(0) = x_0 \tag{7-7}$$

由上式，可得

$$\frac{\mathrm{d}x}{x(x-1)} = \mathrm{d}t$$

积分得

$$x(t) = \frac{x_0 \mathrm{e}^{-t}}{1 - x_0 + x_0 \mathrm{e}^{-t}} \tag{7-8}$$

相应的时间响应随初始条件而变。当 $x_0 > 1$，$t < \ln\frac{x_0}{x_0 - 1}$ 时，随着 t 的增大 $x(t)$ 递增；$t = \ln\frac{x_0}{x_0 - 1}$ 时，$x(t)$ 为无穷大。当 $x_0 < 1$ 时，随着 t 的增大，$x(t)$ 递减并趋于零。不同初始条件下的响应曲线如图 7.7 所示。

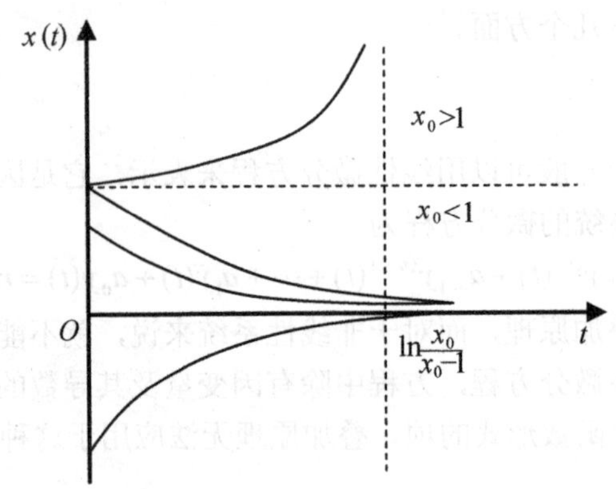

图 7.7　非线性一阶系统的时间响应

由上例可见，初始条件不同，自由运动的稳定性也不同。因此非线性系统的稳定性不仅与系统的结构形式和参数有关，而且与系统的初始状态有直接的关系。可见对于非线性系统，不存在系统是否稳定的笼统概念，而必须明确系统在什么条件下、什么范围内稳定。

3．自激振荡问题

自持振荡又称为自激振荡或自振，是线性系统内部产生的一种持续的、稳定的等幅振荡现象。线性系统在某一特定结构参数配合下，可能产生临界稳定的等幅振荡状态，其振荡幅值决定初始状态，但是只要受到扰动，或内部参数稍有变化，临界状态就被破坏，系统不是转化为发散振荡就是转化为收敛运动，因此临界稳定状态是难以观察到的。临界振荡是一种无阻尼不耗能振荡。而非线性系统的自振，无论外部扰动或内部参数小范围变化，都能长期维持振荡，振荡幅值在起始值偏离变化时，仍然保持不变，是一种系统固有的振荡。自振是非线性系统理论研究的重要课题。

设初始条件 $x(0) = x_0$，$\dot{x}(0) = \dot{x}_0$，系统自由运动方程为

$$\ddot{x} + \omega_{\mathrm{n}}^2 x = 0 \tag{7-9}$$

用拉普拉斯变换法求解该微分方程得

$$X(s)=\frac{sx_0+\dot{x}_0}{s^2+\omega_n^{\ 2}}$$

系统自由运动为

$$x(t)=\sqrt{x_0^{\ 2}+\frac{x_0^{\ 2}}{\omega_n^{\ 2}}}\sin\left(\omega t+\arctan\frac{\omega_n x_0}{\dot{x}_0}\right) \tag{7-10}$$

其中振幅和相角依赖于初始条件。此外，根据线性叠加原理，在系统运动过程中，一旦外扰动使系统输出 $x(t)$ 或 $\dot{x}(t)$ 发生偏离，则振幅和相角都会随之改变，因而，上述周期运动将不会维持。所以线性系统在无外界周期信号作用时所具有的周期运动不是自激振荡。

考虑著名的范德波尔方程，即

$$\ddot{x}-2\rho(1-x^2)\dot{x}+x=0 \quad (\rho>0) \tag{7-11}$$

该方程描述具有非线性阻尼的系统非线性二阶系统。

当扰动使 $x<1$ 时，因为 $-2\rho(1-x^2)<0$，系统具有负阻尼。此时系统从外部获得能量，$x(t)$ 的运动呈发散形式。

当 $x>1$ 时，因为 $-2\rho(1-x^2)>0$，系统具有正阻尼。此时系统消耗能量，$x(t)$ 的运动呈收敛形式。

当 $x=1$ 时，系统为零阻尼。系统运动呈振荡形式。上述分析表明，系统能克服扰动对 x 的影响，保持振幅为 1 的等幅振荡。

4．频率响应问题

在线性系统中，输入为正弦信号时，输出响应的稳态分量与输入是同频率的正弦信号，只是幅值和相角上有所改变。因此，利用这一点，可以引入频率特性的概念，并利用它研究和分析线性系统所固有的动态特性。

非线性系统在正弦信号作用下，输出响应则比较复杂，会出现一些比较奇特的现象。例如跳跃谐振和多值响应、波形畸变、倍频振荡和分频振荡等。

考虑著名的杜芬方程，即

$$m\ddot{x}+f\dot{x}+k_1x+k_3x=p\cos\omega t \tag{7-12}$$

其频率响应如图 7.8 所示。

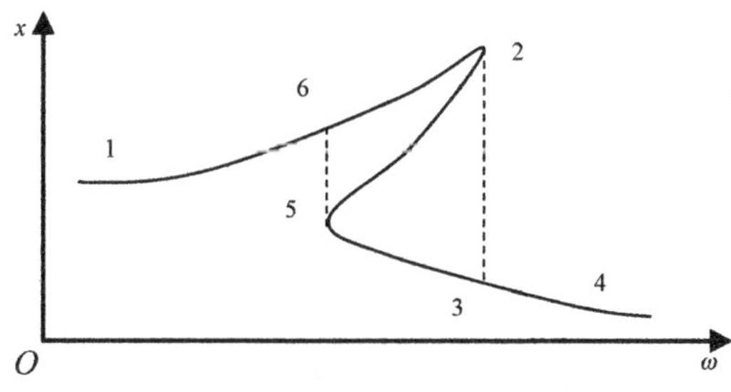

图 7.8 跳跃谐振现象

由图 7.8 可知，当输入信号频率 ω 逐渐增加时(从图中点 1 的频率开始)，输出的振幅 x 也增加，直到点 2 为止。如果频率 ω 继续增加，则将引起从点 2 到点 3 的跳跃，并伴有振

幅和相位的改变。此现象称为跳跃谐振。当频率 ω 再进一步增加时，输出的振幅 x 将从点 3 到点 4 缓慢减小。如果换一个方向，即从高频点 4 开始，当频率 ω 逐渐减小时，则振幅 x 通过点 3 逐渐增大，直到点 5 为止；当频率 ω 继续减小时，则将引起从点 5 到点 6 的另一个跳跃，并且也伴有振幅和相位的改变。在跳跃后，如果频率 ω 继续再减小，振幅 x 将随频率 ω 的减小而减小，沿点 6 趋向点 1。因此，图中的振幅曲线实际上是分段连续的，并且响应曲线的路径在频率增加和减小的两个方向是不同的，稳定振荡可能是两者之一，即多值响应。产生跳跃谐振和多值响应的原因是非线性包含有滞环特性的多值特点所致。

由此可见，非线性系统要比线性系统复杂得多，可能存在多种运动状态。上述现象均不能用线性理论进行解释和分析，必须应用非线性理论来研究。

7.2 描述函数法

描述函数法又称谐波线性化法，是分析系统的一种工程近似方法。首先通过描述函数将非线性元件线性化，然后应用线性系统的频率法对系统进行分析。分析内容主要是非线性系统的稳定性和自振问题，一般不能给出时间响应的确切信息。

7.2.1 描述函数的概念

1. 描述函数法的应用条件

应用描述函数法分析非线性系统时，要求元件和系统必须满足以下条件。

(1) 非线性系统的结构图可以简化成只含一个非线性环节 $N(A)$ 和一个线性部分 $G(s)$ 串联的闭环结构，如图 7.9 所示，其中 $N(A)$ 为非线性环节的描述函数，$G(s)$ 为线性环节的传递函数。

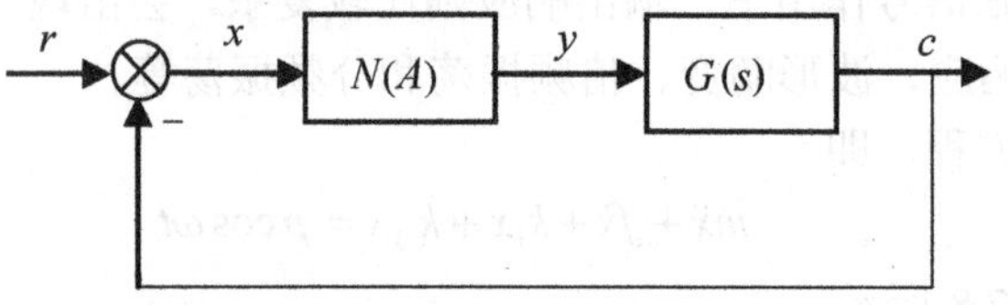

图 7.9 非线性系统的典型结构

(2) 非线性环节的输入输出特性曲线是奇对称的，即 $y(x)=-y(-x)$，以保证非线性元件在正弦信号作用下的输出不包含直流分量。

(3) 系统的线性部分 $G(s)$ 具有良好的低通滤波特性。假设非线性环节的输入信号为正弦信号，通过非线性环节后，将产生包括各种谐波的非正弦周期信号。由于线性部分具有良好的低通滤波特性，即 $G(s)$ 中的分母阶数高于分子阶数，则最终输出中高次谐波小于基波而可略去。此时可以认为系统的输出是与输入同频率的正弦信号。这样，对非线性环节的输出，只研究它的基波成分就足够了。对于实际的非线性系统来说，由于 $G(s)$ 常常具有良好的低通滤波特性，因此这个条件是满足的。

2．描述函数的定义

对图 7-9 所示的非线性系统，设非线性环节的输入信号为正弦信号，即

$$x(t) = A\sin\omega t \tag{7-13}$$

其输出 $y(t)$ 一般为周期性非正弦信号，展开为傅氏级数有

$$y(t) = A_0 + \sum_{n=1}^{\infty}(A_n\cos n\omega t + B_n\sin n\omega t) = A_0 + \sum_{n=1}^{\infty}Y_n\sin(n\omega t + \varphi_n) \tag{7-14}$$

式中

$$A_n = \frac{1}{\pi}\int_0^{2\pi} y(t)\cos n\omega t\mathrm{d}(\omega t) \tag{7-15}$$

$$B_n = \frac{1}{\pi}\int_0^{2\pi} y(t)\sin n\omega t\mathrm{d}(\omega t) \tag{7-16}$$

$$Y_n = \sqrt{A_n^2 + B_n^2} \tag{7-17}$$

$$\varphi_n = \arctan\frac{A_n}{B_n} \tag{7-18}$$

由于典型非线性特性均属于奇对称函数，A_0=0，又谐波线性化后略去高次谐波，只取基波，故有

$$y(t) = A_1\cos\omega t + B_1\sin\omega t = Y_1\sin(\omega t + \varphi_1) \tag{7-19}$$

式中

$$Y_1 = \sqrt{A_1^2 + B_1^2} \tag{7-20}$$

$$\varphi_1 = \arctan\frac{A_1}{B_1} \tag{7-21}$$

则描述函数为

$$N(A) = \frac{Y_1}{A}\mathrm{e}^{\mathrm{j}\varphi_1} = \frac{Y_1}{A}\cos\varphi_1 + \mathrm{j}\frac{Y_1}{A}\sin\varphi_1 = \frac{\sqrt{A_1{}^2 + B_1{}^2}}{A}\angle\arctan\frac{A_1}{B_1} \tag{7-22}$$

由描述函数的定义可以看出，描述函数类似于线性系统中的频率特性，利用描述函数的概念便可以把一个非线性元件近似成一个线性元件，因此又叫做谐波线性化。这样线性系统中的频率法便可推广到非线性系统中去。

描述函数表达了非线性元件对基波正弦量的传递能力。一般来说它是正弦信号幅值和频率的函数。但对绝大多数实际的非线性元件，由于它们不包含储能元件，它们的输出与输入正弦信号的频率无关。所以常见非线性环节的描述函数仅是输入正弦信号幅值 A 的函数，用 $N(A)$ 来表示。

为了说明描述函数的意义，现在研究如下非线性系统：

$$y = \frac{1}{2}x + \frac{1}{4}x^3 \tag{7-23}$$

其特性曲线如图 7.10 所示。

该非线性特性是单值奇函数，所以 $A_1 = 0$；$\varphi_1 = 0$。

$$N(A) = \frac{B_1}{A} = \frac{1}{\pi A}\int_0^{2\pi}(\frac{1}{2}x + \frac{1}{4}x^2)\sin\omega t\mathrm{d}(\omega t)$$

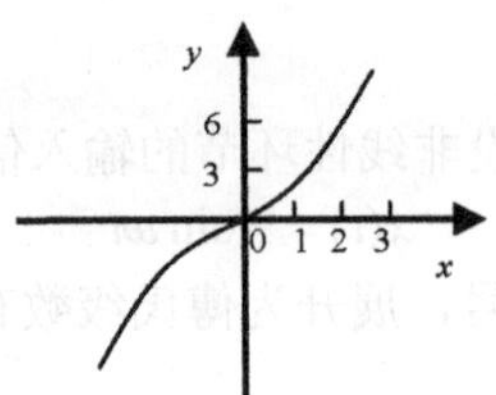

图 7.10 $y=\frac{1}{2}x+\frac{1}{4}x^3$ 的特性曲线

考虑到 $x = A\sin\omega t$，故有

$$N(A)=\frac{1}{\pi A}\int_0^{2\pi}(\frac{1}{2}A\sin\omega t+\frac{1}{4}A^3\sin^3\omega t)\sin\omega t\mathrm{d}(\omega t)$$

$$=\frac{2}{\pi A}\left[\frac{A}{2}\int_0^{\pi}\sin^2\omega t\mathrm{d}(\omega t)+\frac{A^3}{4}\sin^4\omega t\mathrm{d}(\omega t)\right]=\frac{1}{2}+\frac{3}{16}A^3$$

$$y_1(t)=(\frac{1}{2}+\frac{3}{16}A^3)A\sin\omega t \tag{7-24}$$

由式(7-24)可见，对输出的一次谐波来说，非线性环节相当于一个增益由输入振幅决定的放大环节。也就是说，用描述函数表示非线性特性就是在一次谐波意义下，用斜率随输入振幅而改变的一簇直线来代替原有的非线性特性。

7.2.2 描述函数的求法

求取描述函数的一般步骤如下。

(1) 首先由非线性特性曲线画出正弦信号输入下的输出波形，并写出输出波形 $y(t)$ 的数学表达式。

(2) 利用傅氏级数求出 $y(t)$ 的基波分量。

(3) 将求得的基波分量代入定义式(7-22)，即得 $N(A)$。

下面举例进行说明。

【例 7-1】 求理想继电特性的描述函数。

解：(1) 作正弦输入时非线性的输出波形。

图 7.11 所示为理想继电特性在正弦信号作用下的输入输出波形。

(2) 写出 $y(t)$的数学表达式为

$$y=\begin{cases}M & (0<\omega t\leqslant\pi)\\-M & (\pi<\omega t\leqslant 2\pi)\end{cases} \tag{7-25}$$

(3) 用傅氏级数展开，计算其基波分量。

因本特性为单值对称，故 A_1=0

$$B_1=\frac{4}{\pi}\int_0^{\frac{\pi}{2}}M\sin\omega t\mathrm{d}(\omega t)=\frac{4M}{\pi}\int_0^{\frac{\pi}{2}}\mathrm{d}(\cos\omega t)=-\frac{4M}{\pi}\cos\omega t\int_0^{\frac{\pi}{2}}=\frac{4M}{\pi}$$

(4) 计算描述函数，有

$$N(A)=\frac{B_1}{A}=\frac{4M}{\pi A} \tag{7-26}$$

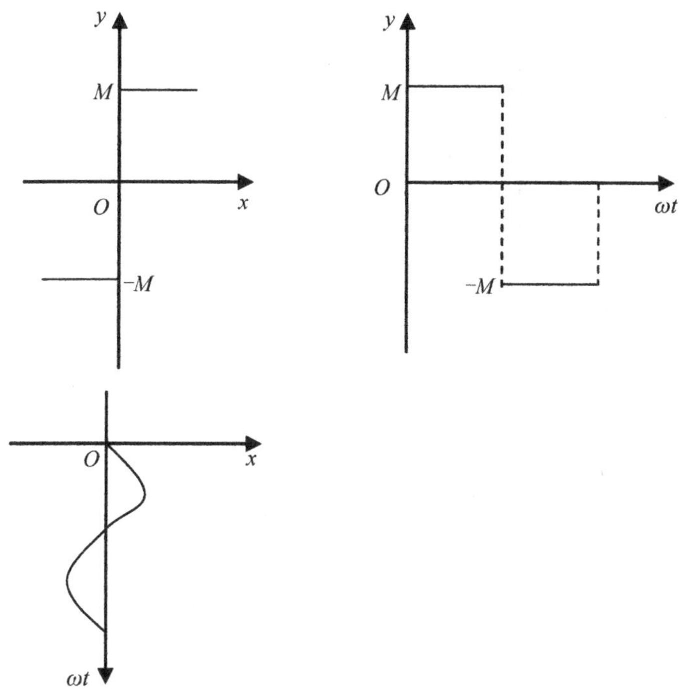

图 7.11　理想继电特性的输入输出波形

即 $N(A)$ 是一实数，相位角为 0°，幅值是输入正弦信号幅值 A 的函数。

实际应用中经常使用的为负倒数描述函数 $-\dfrac{1}{N(A)}=-\dfrac{\pi A}{4M}$，取不同输入 A 值时，可得其特性如图 7.12 所示。

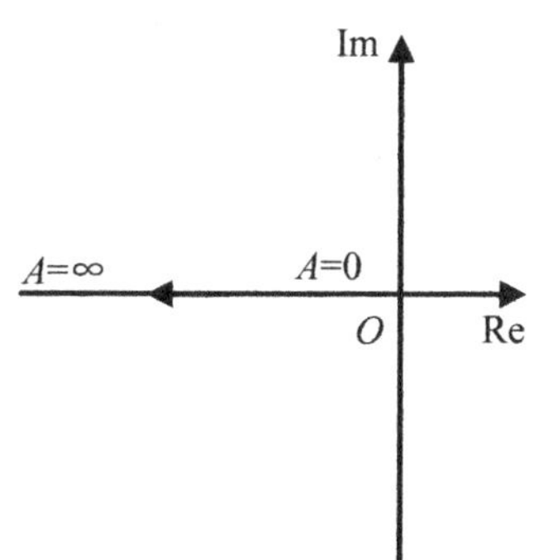

图 7.12　理想继电特性的 $-\dfrac{1}{N(A)}$ 曲线

【例 7-2】 求滞环继电特性的描述函数。

解：(1) 图 7.13 所示为滞环继电特性在正弦信号作用下的输入输出波形。

(2) 由图 7.13 可写出

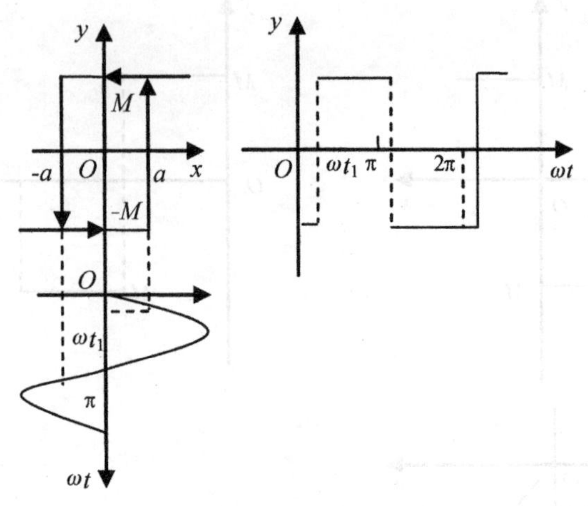

图 7.13 滞环继电特性的输入输出波形

$$y=\begin{cases}-M & (0<\omega t\leqslant\omega t_1)\\ M & (\omega t_1<\omega t\leqslant\pi+\omega t_1)\\ -M & (\pi+\omega t_1<\omega t\leqslant 2\pi)\end{cases} \tag{7-27}$$

(3) 本特性 $y(t)$既非奇函数，也非偶函数，但 $A_0=0$，故

$$\begin{aligned}A_1&=\frac{1}{\pi}\int_0^{2\pi}y(t)\cos\omega t\mathrm{d}(\omega t)\\&=\frac{1}{\pi}\left[-M\int_0^{\omega t_1}\cos\omega t\mathrm{d}(\omega t)+M\int_{\omega t_1}^{\pi+\omega t_1}\cos\omega t\mathrm{d}(\omega t)-M\int_{\pi+\omega t_1}^{2\pi}\cos\omega t\mathrm{d}(\omega t)\right]\\&=-\frac{4M}{\pi}\sin\omega t_1\end{aligned}$$

而 $A\sin\omega t_1=a$，将 $\omega t_1=\arcsin\dfrac{a}{A}$ 代入得

$$A_1=-\frac{4M}{\pi A}$$

$$B_1=\frac{1}{\pi}\int_0^{2\pi}y(t)\sin\omega t\mathrm{d}(\omega t)=\frac{4M}{\pi}\cos\omega t_1=\frac{4M}{\pi}\sqrt{1-\left(\frac{a}{A}\right)^2}$$

(4) 描述函数 $N(A)=\dfrac{B_1}{A}+\mathrm{j}\dfrac{A_1}{A}$，即

$$N(A)=\frac{4M}{\pi A}\sqrt{1-\left(\frac{a}{A}\right)^2}-\mathrm{j}\frac{4Ma}{\pi A^2}\quad(A\geqslant a) \tag{7-28}$$

$$-\frac{1}{N(A)}=-\frac{\pi A}{4M}\angle\arcsin\frac{a}{A}=\frac{\pi}{4M}\sqrt{A^2-a^2}-\mathrm{j}\frac{\pi a}{4M}$$

它是一条距实轴为$-\dfrac{\pi a}{4M}$的水平线，如图 7.14 所示。

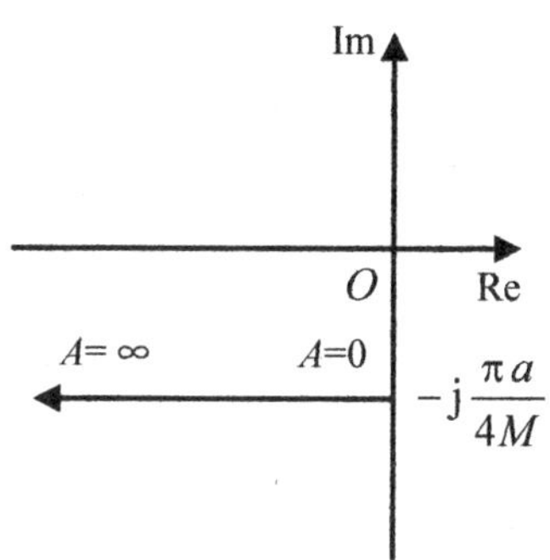

图 7.14　滞环继电特性的 $-\frac{1}{N(A)}$ 曲线

【例 7-3】 求死区特性的描述函数。

解： 图 7.15 所示为死区特性在正弦信号作用下的输入输出波形。

显然，当输入信号 $x<\varDelta$ 时，输出为零。因为非线性特性是单值奇函数，所以 $A_1=0,\ \varphi_1=0$。由图 7.15 可知 $A\sin\varphi_1=\varDelta$，故 $\varphi_1=\arcsin\left(\frac{\varDelta}{A}\right)$，于是 B_1 的计算如下

$$B_1=\frac{4}{\pi}\int_{\varphi_1}^{\pi/2}K(A\sin\omega t-\varDelta)\sin\omega t\mathrm{d}(\omega t)=\frac{4KA}{\pi}\left[\int_{\varphi_1}^{\pi/2}\sin^2\omega t\mathrm{d}(\omega t)-\frac{\varDelta}{A}\int_{\varphi_1}^{\pi/2}\sin\omega t\mathrm{d}(\omega t)\right]$$

$$=\frac{2KA}{\pi}\left[\frac{\pi}{2}-\arcsin\frac{\varDelta}{A}-\frac{\varDelta}{A}\sqrt{1-\left(\frac{\varDelta}{A}\right)^2}\right]$$

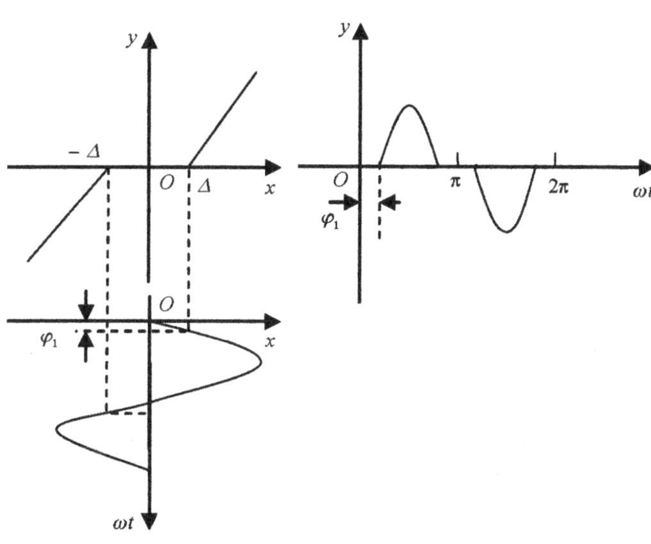

图 7.15　死区特性的输入输出波形

根据描述函数的定义，可求得死区特性的描述函数为

$$N(A)=\frac{B_1}{A}=\frac{2K}{\pi}\left[\frac{\pi}{2}-\arcsin\frac{\varDelta}{A}-\frac{\varDelta}{A}\sqrt{1-\left(\frac{\varDelta}{A}\right)^2}\right]\quad(A\geqslant\varDelta)\tag{7-29}$$

计算表明，死区特性的描述函数是输入幅值的实值函数，与输入频率无关。当$\varDelta \ll A$时，由式(7-29)有，$N(A)\approx K$，即输入幅值很大或死区很小时，死区的影响可以忽略。

$$-\frac{1}{N(A)}=-\frac{\pi}{2K}\frac{1}{\frac{\pi}{2}-\arcsin\frac{\varDelta}{A}-\frac{\varDelta}{A}\sqrt{1-\left(\frac{\varDelta}{A}\right)}}\quad(A\geqslant\varDelta)$$

其特性如图 7.16 所示。

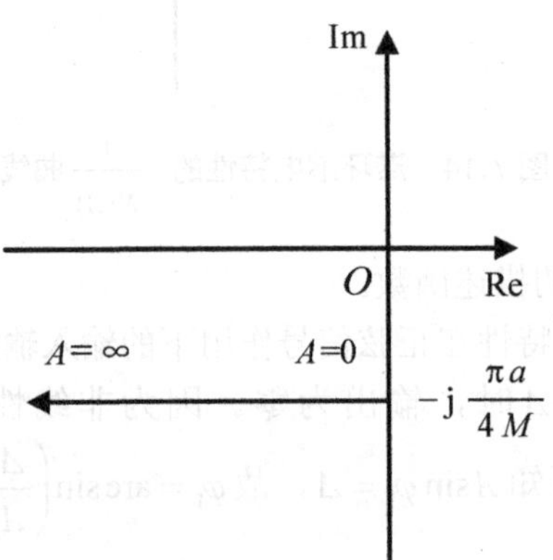

图 7.16　死区特性的$-\dfrac{1}{N(A)}$曲线

表 7.1 列出了一些常见非线性特性的描述函数及其负倒数曲线，可供应用时参阅。

描述函数不仅适合于分段线性系统，也适合于一般非线性系统，只要能求出非线性环节的描述函数即可。

概括起来，求描述函数的过程是：先根据已知的输入$x(t)=A\sin\omega t$和非线性特性$y=f(x)$求出输出$N(A)$，然后由积分式求出A_1、B_1、Y_1、φ_1，再求出$N(A)$。

表 7.1　常见非线性特性的描述函数及其负倒数曲线

非线性类型	静特性曲线	描述函数 $N(A)$	负倒数曲线 $-1/N(A)$
理想继电特性	M, O, −M	$\dfrac{4M}{\pi A}$	Im, Re, O, $A\to\infty$, $A=0$
死区继电特性	M, −h, O, h, −M	$\dfrac{4M}{\pi A}\sqrt{1-\left(\dfrac{h}{A}\right)^2}\ (A\geqslant h)$	Im, Re, O, $A=h$, $A\to\infty$, $-\dfrac{\pi h}{2M}$
滞环继电特性	M, −h, O, h, −M	$\dfrac{4M}{\pi A}\sqrt{1-\left(\dfrac{a}{A}\right)^2}-\mathrm{j}\dfrac{4Ma}{\pi A^2}$	Im, Re, O, $A=h$, $A\to\infty$, $-\mathrm{j}\dfrac{\pi h}{4M}$

续表

非线性类型	静特性曲线	描述函数 $N(A)$	负倒数曲线 $-1/N(A)$
死区加滞环继电特性	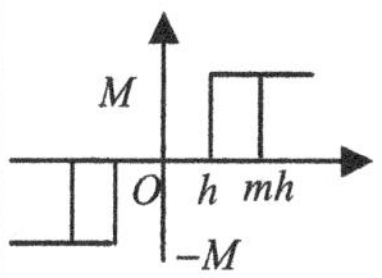	$\frac{2M}{\pi A}\left[\sqrt{1-\left(\frac{mh}{X}\right)^2}+\sqrt{1-\left(\frac{h}{X}\right)^2}\right]+\mathrm{j}\frac{2Mh}{\pi A^2}(m-1)\ (A\geqslant h)$	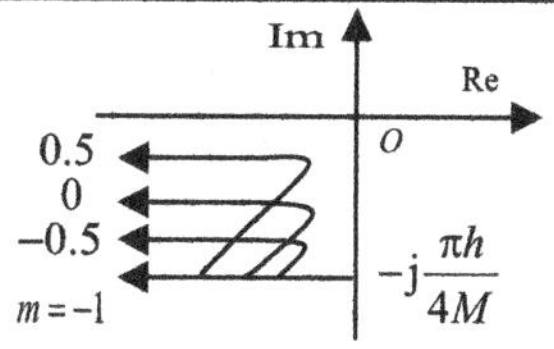
饱和特性	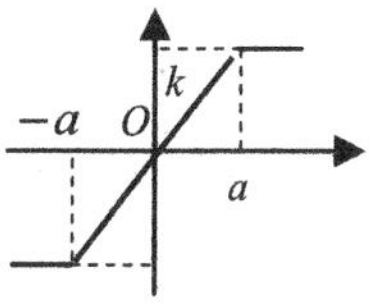	$\frac{2k}{\pi}\left[\sin^{-1}\left(\frac{a}{A}\right)+\frac{a}{A}\sqrt{1-\left(\frac{a}{A}\right)^2}\right](A\geqslant a)$	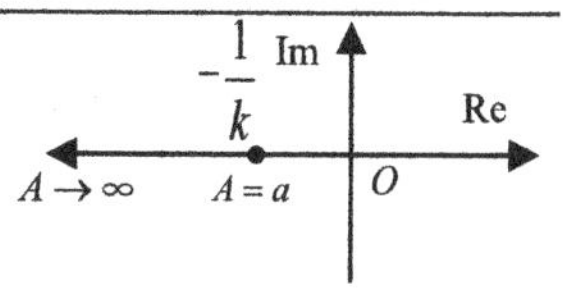
死区特性	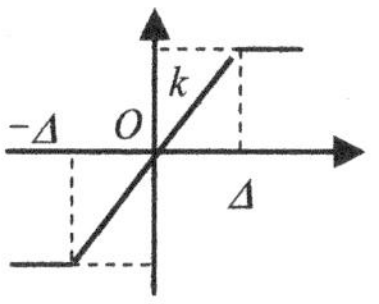	$k-\frac{2k}{\pi}\left[\sin^{-1}\left(\frac{\Delta}{A}\right)-\frac{\Delta}{A}\sqrt{1-\left(\frac{\Delta}{A}\right)^2}\right](A\geqslant \Delta)$	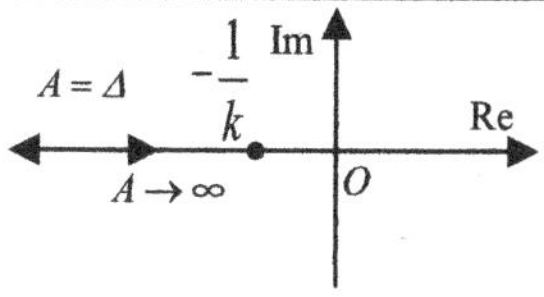
间隙特性	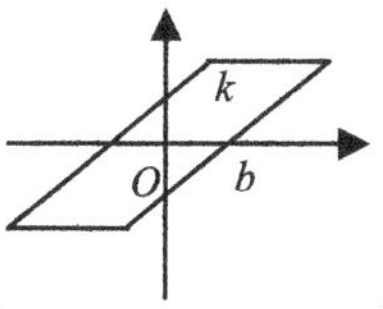	$\frac{k}{\pi}\left[\frac{\pi}{2}-\sin^{-1}\left(1-\frac{2b}{A}\right)+2\left(1-\frac{2b}{A}\right)\sqrt{\frac{b}{A}\left(1-\frac{b}{A}\right)}\right]+\mathrm{j}\frac{4kb}{\pi A}\left(\frac{b}{A}-1\right)(A\geqslant b)$	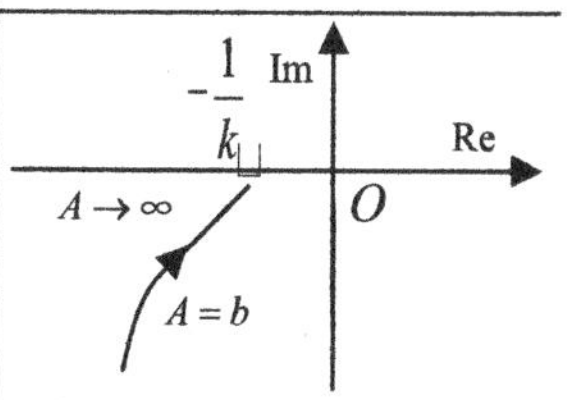
死区加饱和特性	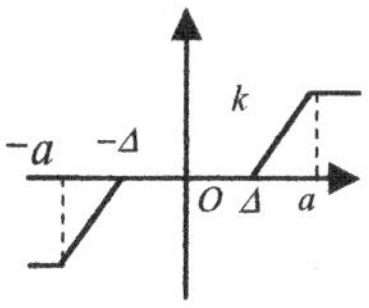	$\frac{2k}{\pi}\left[\sin^{-1}\left(\frac{a}{A}\right)-\sin^{-1}\left(\frac{\Delta}{A}\right)+\frac{a}{A}\sqrt{1-\left(\frac{a}{A}\right)^2}-\frac{\Delta}{A}\sqrt{1-\left(\frac{\Delta}{A}\right)^2}\right](A\geqslant a)$	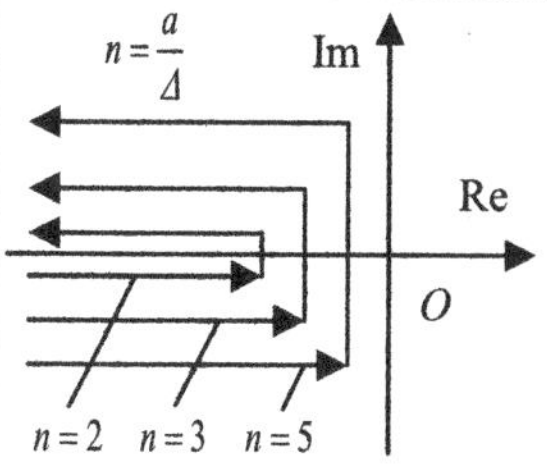

此外，描述函数也可以由实验近似获得。当系统具有良好的低通特性时，给系统施加正弦信号，其输出也近似为正弦信号。改变输入正弦信号的幅值，记录输出信号的幅值和相位，即可近似求出 $Y_1(A)$、$\varphi_1(A)$。

值得注意的是，线性系统的频率特性是输入正弦信号频率 ω 的函数，与正弦信号的幅值 A 无关，而由描述函数表示的非线性系统的近似频率特性是输入正弦信号幅值 A 的函数，因而描述函数又表现为关于输入正弦信号幅值 A 的复数增益放大器，这正是非线性环节的近似频率特性与线性系统的频率特性的本质区别。当非线性环节的频率特性由描述函数近似表示后，就可以推广应用频率法分析非线性系统的运动性质，问题的关键就是描述函数的计算。

7.2.3 用描述函数研究非线性系统的稳定性和自振

实际物理系统，严格地讲，都不同程度地带有非线性因素，非线性系统的许多运动规律是线性系统领域看不到的，如非线性自振。

若一个实际系统(如火炮系统)发生自振，当瞄准具对准一个目标，炮口由于自振而不停摆动，是打不中目标的，另外对系统本身磨损也很厉害，所以有必要把非线性系统的稳定性及自振问题专门拿出来研究。

描述函数法是专门研究一类非线性系统稳定性及其自振问题的方法。

1. 描述函数法的应用条件

自振是非线性系统内部自发的一种持续振荡，它和加于系统的外作用无关，因此可以采用图 7.17 所示的典型结构进行分析。分析时必须明确应用描述函数法的条件。

(1) 系统应变化为图 7.17 所示的典型结构。

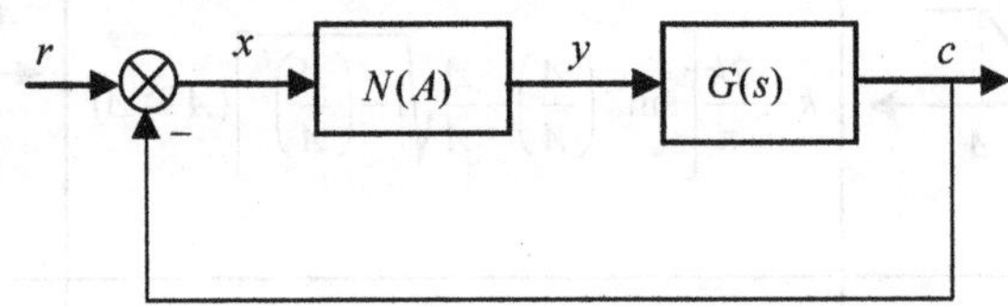

图 7.17 用描述函数法表示的非线性系统结构图

(2) 非线性特性应是奇对称的，且输出的高次谐波分量要小。

(3) 线性部分的低通滤波效应要好。

这样才能得出比较符合实际的结论，否则可能带来很大误差，甚至得出错误结论。

2. 稳定性分析

在以上条件下，由于高次谐波的充分衰减，可以将 $N(A)$ 看成一个复放大系数，故系数闭环频率特性为

$$\Phi(\mathrm{j}\omega)=\frac{N(A)G(\mathrm{j}\omega)}{1+N(A)G(\mathrm{j}\omega)} \tag{7-30}$$

其特征方程为$1+N(A)G(\mathrm{j}\omega)=0$，可写出

$$G(\mathrm{j}\omega)=-\frac{1}{N(A)} \tag{7-31}$$

即可以运用线性理论中的频域稳定性判据进行分析了。在线性系统中，若系统开环幅相频率特性 $G(\mathrm{j}\omega)$ 穿过(等于)$(-1,\mathrm{j}0)$点时，系统闭环为临界稳定，输出为等幅振荡；包围(大于)$(-1,\mathrm{j}0)$点时，系统闭环不稳定，输出为发散性增幅振荡；不包围(小于)$(-1,\mathrm{j}0)$点时，系统闭环稳定，输出为收敛性衰减振荡。则在非线性系统中，可以得到相似的结论，不过现在不是点$(-1,\mathrm{j}0)$，而是一条负倒数描述函数$-\dfrac{1}{N(A)}$而已，由奈奎斯特稳定判据可以得出：

若在开环幅相平面上，$G(\mathrm{j}\omega)$ 轨迹不包围非线性负倒数特性$-\dfrac{1}{N(A)}$，则此非线性系统

稳定；若包围$-\dfrac{1}{N(A)}$特性，则系统不稳定；若 $G(\mathrm{j}\omega)$ 和$-\dfrac{1}{N(A)}$两曲线相交，则在交点处，系统将处于临界稳定，产生等幅振荡，图 7.18 示出了上述情况，其中图 7.18(a)为稳定，图 7.18 (b)为不稳定。

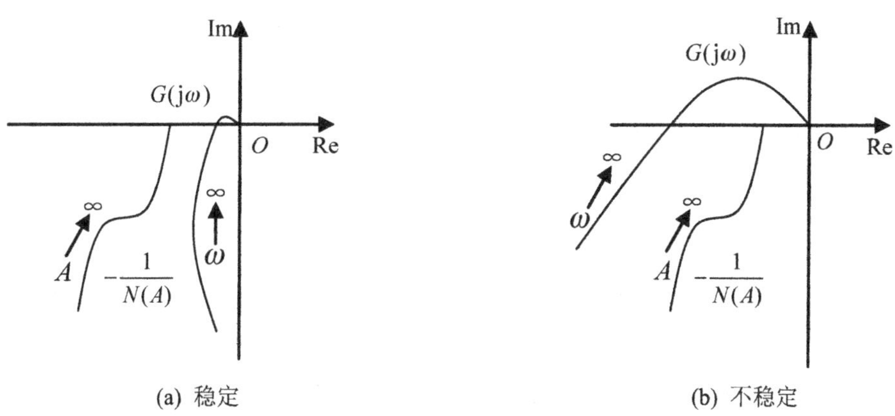

图 7.18 非线性系统稳定性分析

3. 自振分析

如图 7.19 所示，$G(\mathrm{j}\omega)$ 和$-\dfrac{1}{N(A)}$有两个交点 M_1、M_2，它们都符合等幅振荡条件。

M_1 点是$-\dfrac{1}{N(A)}$穿入 $G(\mathrm{j}\omega)$ 包围线的交点。当系统受到某种扰动时，若扰动使幅值 A 减小，工作点移向 M_1 点左部 $G(\mathrm{j}\omega)$ 包围线以外，输出收敛，A 值将进一步减小以至衰减为零。若扰动 A 增加，工作点移向 M_1 点右部 $G(\mathrm{j}\omega)$ 包围线内，输出发散，A 将进一步增大以至运动到 M_2 点，故 M_1 点不能持续等幅振荡。

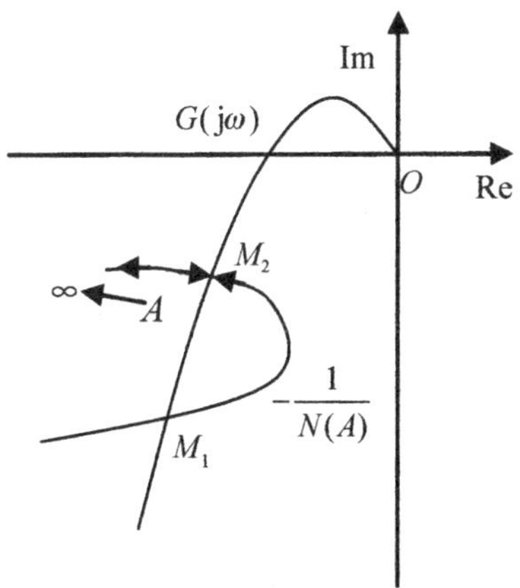

图 7.19 确定系统自振的原理图

M_2 点是$-\dfrac{1}{N(A)}$穿出 $G(\mathrm{j}\omega)$ 包围线的交点。当系统受到扰动而 A 值增加时，工作点移

向 M_2 点左部 $G(\mathrm{j}\omega)$ 包围线外，输出是收敛的，A 将减小又回到 M_2 点。若扰动使 A 减小，工作点移向 M_2 点右部 $G(\mathrm{j}\omega)$ 包围线外，输出发散，A 值增大又返回到 M_2 点，可见 M_2 点具有自动恢复原振荡值的能力，是一个持续工作的等幅振荡点，即自振点。

由此给出判定自振点的简易方法：若 $G(\mathrm{j}\omega)$ 和 $-\dfrac{1}{N(A)}$ 两轨迹相交，则 $-\dfrac{1}{N(A)}$ 穿入 $G(\mathrm{j}\omega)$ 包围线的交点不能持续等幅振荡；而 $-\dfrac{1}{N(A)}$ 穿出 $G(\mathrm{j}\omega)$ 包围线的交点能持续等幅振荡工作，是自振点。自振的幅值及频率由该点参数 (A,ω) 决定。

对于 M_1 点以左的部分，系统可以稳定工作在 $-\dfrac{1}{N(A)}$ 曲线的任意 A 值上，因此 M_1 点是系统能稳定工作的边界点。

【例 7-4】 已知非线性系统结构图如图 7.20(a)所示，其中线性部分的频率响应 $G(\mathrm{j}\omega)$ 如图 7.20(b)所示，非线性理想特性如图 7.20(c)～(g)所示。试用描述函数法分析图 7.20(c)～(g)所示典型非线性系统的稳定性。

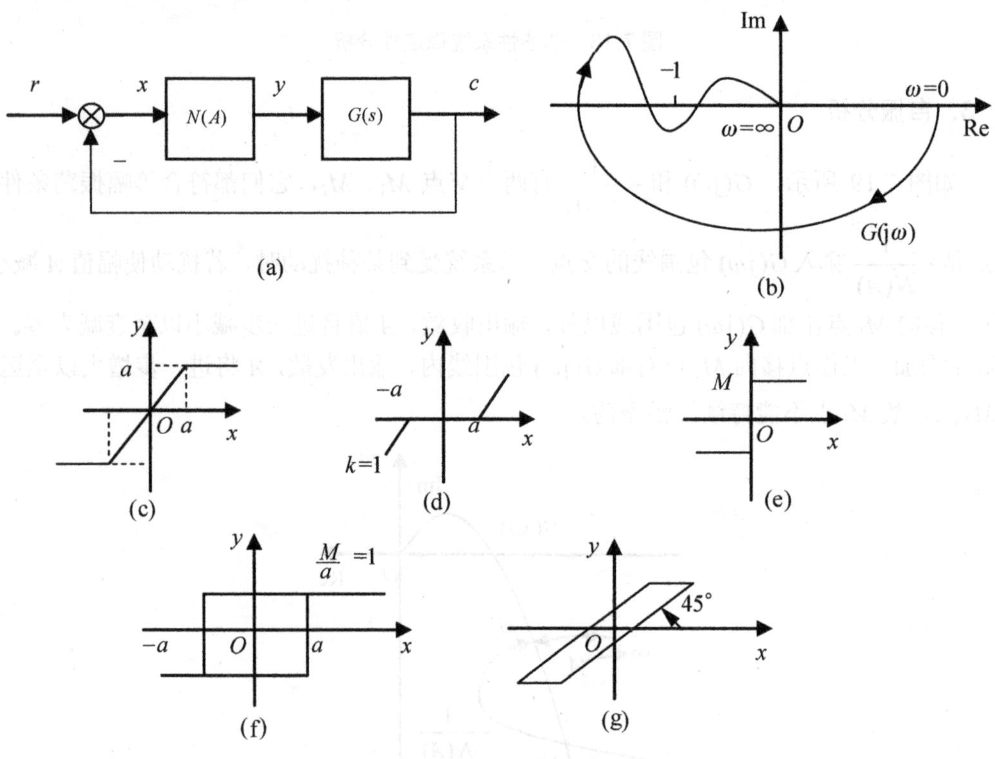

图 7.20 例 7-4 非线性系统

解：图 7.20(c)所示为 $k=1$ 的饱和特性， 其 $-\dfrac{1}{N}$ 分布在负实轴 $(-\infty,-1)$ 段，方向向左，如图 7.21 所示。图中，交点 A 为稳定的自振点。

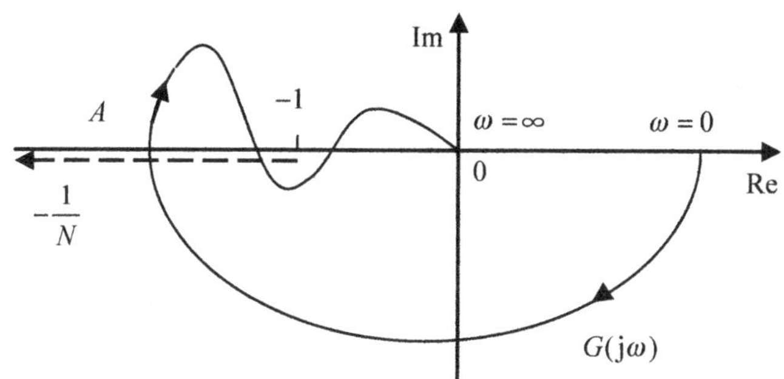

图 7.21　图 7.20(c)的分析图

图 7.20(d)所示为 $k=1$ 的死区特性，其 $-\dfrac{1}{N}$ 分布在负实轴 $(-\infty,-1)$ 段，方向向右，如图 7.22 所示。图中，交点 B 为稳定的自振点。

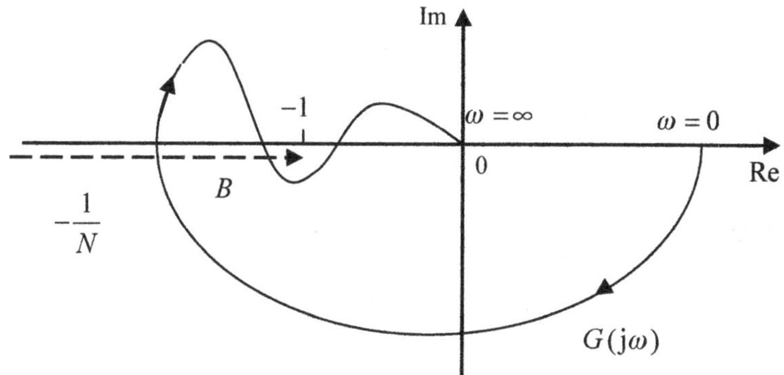

图 7.22　图 7.20(d)的分析图

图 7.20(e)所示为理想继电特性，其 $-\dfrac{1}{N}$ 分布在整个负实轴上，方向向左，如图 7.23 所示。图中，交点 A、B 为稳定的自振点。

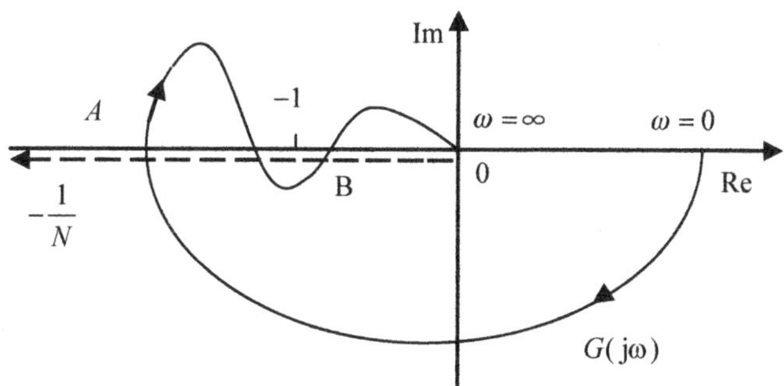

图 7.23　图 7.20(e)的分析图

图 7.20(f)所示为 $\dfrac{M}{a}=1$ 的纯滞环继电特性。计算可得

$$\mathrm{Im}\left(-\frac{1}{N(A)}\right)=-\frac{\pi}{4}$$

当 $A \to \infty$ 变化时，$-\dfrac{1}{N}$ 为第三象限的一条水平线，方向向左，如图 7.24 所示。图中，交点 A、B 为稳定的自振点。

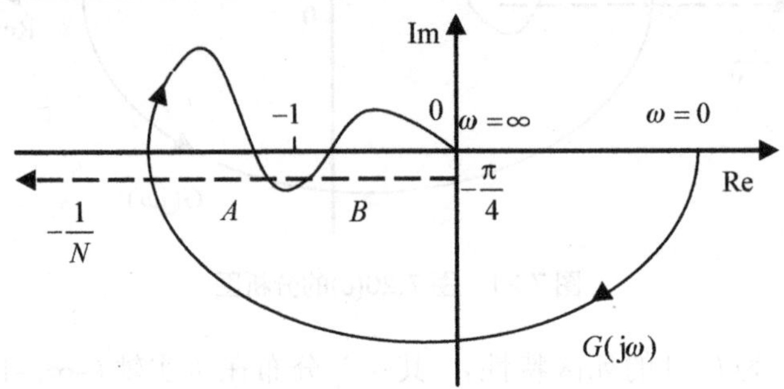

图 7.24　图 7.20(f)的分析图

图 7.20(g)所示为 $k=1$ 时的间隙特性。计算可得

$$\mathrm{Im}\left(-\frac{1}{N(A)}\right)=-\frac{\pi}{4}$$

当 $A \to \infty$ 变化时，$-\dfrac{1}{N}$ 为第三象限的一条曲线，方向向左，如图 7.25 所示。图中，交点 A 为稳定的自振点。

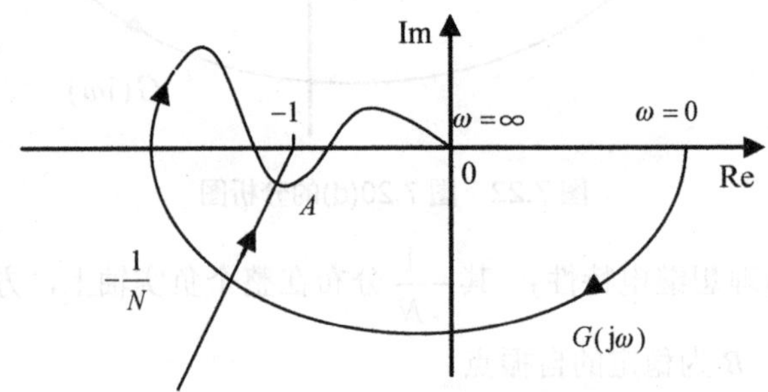

图 7.25　图 7.20(g)的分析图

【例 7-5】已知非线性系统结构图如图 7.26 所示，其中描述函数

$$N(A)=\frac{aA+1}{A+a}\qquad (A>0,\ a>0)$$

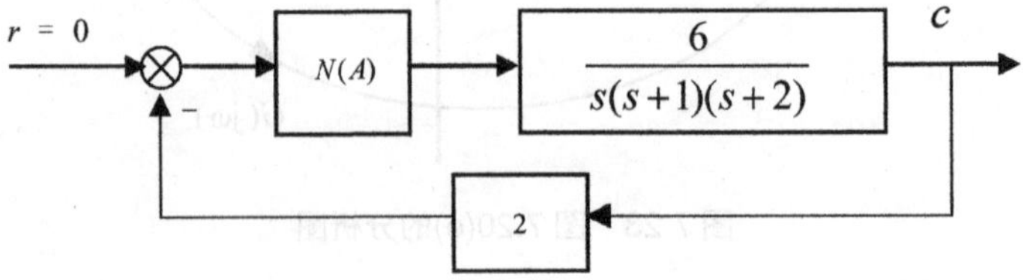

图 7.26　例 7-5 非线性系统结构图

试用描述函数法确定：

(1) a 为何值时会产生自激振荡？

(2) 当产生自激振荡时，计算周期运动的振幅和频率。

解：先绘制$-\frac{1}{N}$曲线。

由$N(A)=\frac{aA+1}{A+a}(A>0,\ a>0)\Rightarrow N(A)$是实数，$-\frac{1}{N(A)}$分布在负实轴上。

由 $N(A)\Rightarrow -\frac{1}{N}=-\frac{A+a}{aA+1}\Rightarrow \begin{cases} A\to 0\text{ 时 } -\frac{1}{N}\to -a \\ A\to\infty\text{ 时 } -\frac{1}{N}\to -\frac{1}{a} \end{cases}$

即$-\frac{1}{N}$曲线分布在负实轴上$-a\sim-\frac{1}{a}$段。

当A从 0 向∞变化时：

若$a=1$，则$-\frac{1}{N}=-1$，为一个点，$-\frac{1}{N}$不随A的变化而变化，如图 7.27(a)所示。

若$0<a<1$，$-\frac{1}{N}$曲线如图 7.27(b)所示。

若$a>1$，$-\frac{1}{N}$曲线如图 7.27(c)所示。

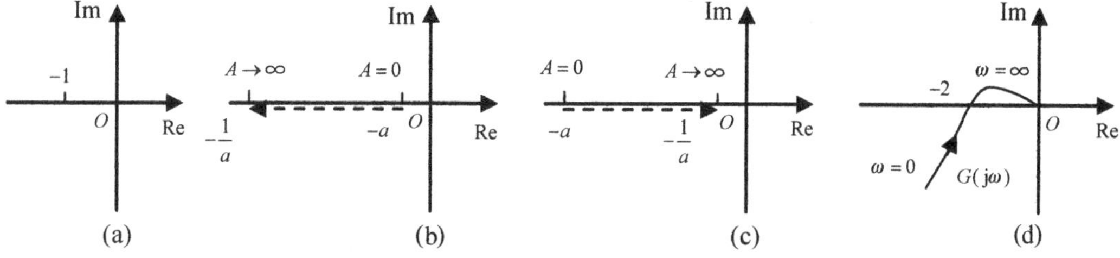

图 7.27　例 7-5 负倒数曲线

线性部分的传递函数为

$$G(s)=\frac{6}{s(s+1)(s+2)}$$

令$\angle G(\mathrm{j}\omega_{\mathrm{g}})=-180^\circ$，有

$$-90^\circ-\arctan\omega_{\mathrm{g}}-\arctan\frac{\omega_{\mathrm{g}}}{2}=-180^\circ\Rightarrow\omega_{\mathrm{g}}=\sqrt{2}$$

可解得$G(\mathrm{j}\omega_{\mathrm{g}})=G(\mathrm{j}\omega)\big|_{\omega=\omega_{\mathrm{g}}}=-2$。

$G(\mathrm{j}\omega)$曲线如图 7.27 (d) 所示。

只有当非线性特性$-\frac{1}{N}$曲线与线性部分$G(\mathrm{j}\omega)$曲线有交点时，才会产生自振。故有

$$\frac{1}{a}>2\Rightarrow a<\frac{1}{2}$$

因此，当$0<a<\frac{1}{2}$时，系统会产生自激振荡。

产生自激振荡时，有

$$G(\mathrm{j}\omega_g)=-\frac{1}{N}\Leftrightarrow N(A)=-\frac{1}{G(\mathrm{j}\omega_g)}$$

即

$$\frac{aA+1}{A+a}=\frac{1}{2}\Leftrightarrow A=\frac{1-2a}{2-a}$$

因此，产生自激振荡时，周期运动的振幅为$\frac{1-2a}{2-a}$，角频率为$\sqrt{2}$，其中$0<a<\frac{1}{2}$。

【例 7-6】 具有饱和非线性的系统如图 7.28 所示，试求：

(1) k=15 时系统的自由运动状态。

(2) 欲使系统稳定的工作，不出现自振荡，k 的临界稳定值是多少？

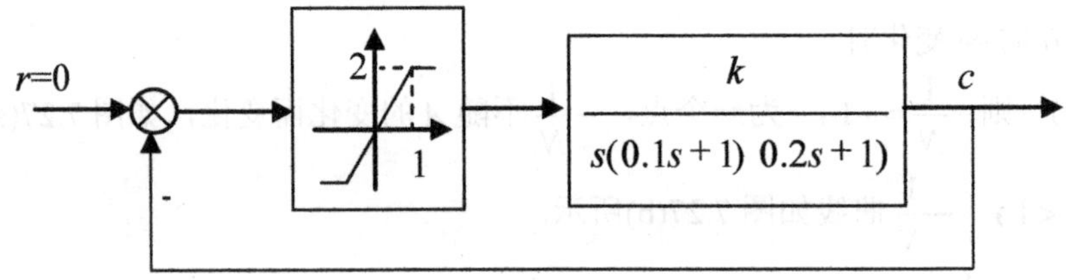

图 7.28　例 7-6 系统结构图

解： 对于非线性部分，由表 7-1 可以查得

$$N(A)=\frac{2k}{\pi}\left[\sin^{-1}\left(\frac{a}{A}\right)+\frac{a}{A}\sqrt{1-\left(\frac{a}{A}\right)^2}\right]$$

其中 k=2，a=1，于是

$$-\frac{1}{N(A)}=\frac{-\pi}{4\left[\sin^{-1}\frac{1}{A}+\frac{1}{A}\sqrt{1-\left(\frac{1}{A}\right)^2}\right]}$$

当 A=1 时，$-\frac{1}{N(A)}=-0.5$；当 $A=+\infty$ 时，$-\frac{1}{N(A)}=-\infty$，故$-\frac{1}{N(A)}$曲线位于−0.5～$-\infty$ 这段负实轴上。

对于线性部分，有

$$G(\mathrm{j}\omega)=\left.\frac{k}{s(0.1s+1)(0.2s+1)}\right|_{s=\mathrm{j}\omega}=\frac{k(-0.3\omega-\mathrm{j}(1-0.02\omega^2))}{\omega(0.0004\omega^4+0.05\omega^2-1)}$$

令$\mathrm{Im}=G(\mathrm{j}\omega)=0$，即$1-0.002\omega^2=0$，得 $G(\mathrm{j}\omega)$ 与负实轴的交点频率为

$$\omega_x=\sqrt{\frac{1}{0.02}}=\sqrt{50}=7.707(\mathrm{rad/s})$$

将 ω_x 代入 $\mathrm{Re}G(\mathrm{j}\omega)$，得 $G(\mathrm{j}\omega)$ 与负实轴交点的幅值为

$$\mathrm{Re}G(\mathrm{j}\omega)=\left.\frac{-0.3k}{0.0004\omega_x^4+0.05\omega_x^2+1}\right|_{\omega_x=\sqrt{50}}=\frac{-0.3k}{4.5}$$

(1) 代入 k=15，得 $\mathrm{Re}G(\mathrm{j}\omega)$=−1。

在复平面上，绘制 k=15 时的 $G(\mathrm{j}\omega)$曲线及 $-\dfrac{1}{N(A)}$ 曲线，如图 7.29 所示。

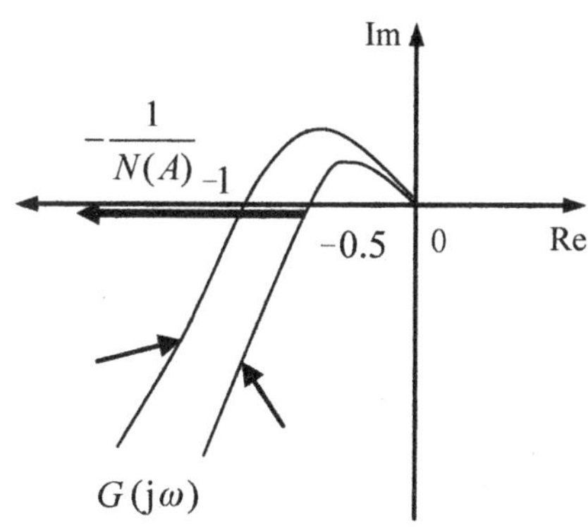

图 7.29 例 7-6 系统的稳定性分析

可见 $G(\mathrm{j}\omega)$ 与 $-\dfrac{1}{N(A)}$ 曲线交于(-1,j0)点，由 $-\dfrac{1}{N(A)}=-1$ 可求得与交点对应的振幅为 A=2.5。交点处对应的周期运动为 $2.5\sin 7.07t$,且是稳定的。故当 k=15 时的非线性系统工作在自振荡状态，自振荡幅值和频率为

$$A=2.5，\omega=7.07\mathrm{rad/s}$$

(2) 欲使系统稳定工作，不出现自振荡，则 $G(\mathrm{j}\omega)$必须不包围 $-\dfrac{1}{N(A)}$，于是

$$\mathrm{Re}\,G(\mathrm{j}\omega)=\frac{-0.3k}{4.5}\geqslant -0.5$$

故 k 的临界稳定值为

$$k_{\max}=\frac{0.5\times 4.5}{0.3}=7.5$$

4. 非线性系统结构图的简化

实际系统不一定都是一个非线性环节和一个线性环节的串联，因此，对非典型结构图必须进行简化，以变化成典型结构图，然后应用描述函数法。

(1) 两非线性特性串联时，其总的描述函数一般并不等于两个非线性环节描述函数的乘积。因此必须首先求出两个非线性环节的等效非线性特性，然后根据等效的非线性特性求出总的描述函数，通常可采取逐点分析的方法求等效特性。

(2) 两非线性特性并联时，其总的描述函数为两个非线性环节描述函数的叠加。

(3) 若遇到非线环节性与线性环节组成的局部反馈系统，在化简变化时，可以认为外作用均为零，因为讨论稳定性和自振时，重要是研究系统内部形成的封闭回路所造成的结果。所以只要抓住非线性环节 N 的输入端 x 和输出端 y 不变，去简化线性部分，使其变成如图 7.9 所示的典型结构即可。

【例 7-7】 求图 7.30(a)所示两特性串联后的等效特性，其中 $a<b$。

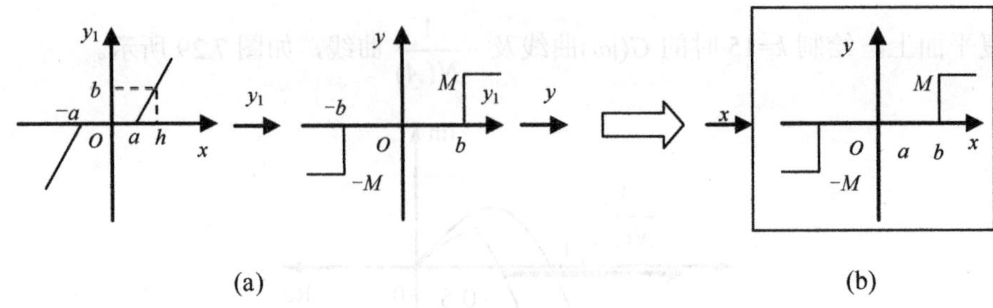

图 7.30　例 7-7 两个非线性特性的串联

解：这是一个死区特性和一个饱和特性相串联，可以看出

$$
\begin{array}{lll}
x \leqslant a & y_1 = 0 & y = 0 \\
x > a & y_1 = kx < b & y = 0 \\
x = h & y_1 = kx > b & y = M \\
x > h & y_1 > b & y = M
\end{array}
$$

可得等效非线性特性如图 7.30(b) 所示。但须注意，若调换串联的次序，则等效特性将会不同。

【**例 7-8**】 求图 7.31(a)所示两非线性特性并联后的等效特性。

解：按同一 x 坐标的 y 值相叠加，即得等效特性如图 7.31(b)所示。等效特性的描述函数也可由将并联的非线性特性的描述函数相加得到。

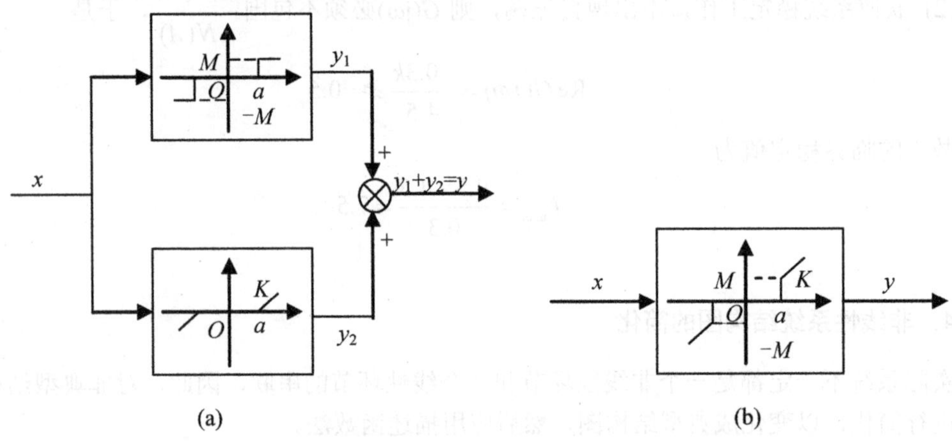

图 7.31　例 7-8 两个非线性特性的并联

【**例 7-9**】 化简图 7.32(a)所示的非线性环节与线性环节组成的局部反馈系统，使其成为如图 7.9 所示的典型结构。

解：图 7.32(a)所示为线性环节带有非线性局部反馈的系统。当输入为零时，对 x、y 端而言，线性部分为 $G_1(s)$、$G_3(s)$相串联后与 $G_2(s)$形成负反馈的结构，化简过程如图 7.32(b)和 7.32(c)所示，可求得其等效传递函数后与 x、y 端相连。

用于分析和设计系统时，描述函数法主要对判断系统的稳定性特别有效，无论是高阶系统或较复杂系统，从复平面上的非线性部分的负倒数特性$-\dfrac{1}{N(A)}$与线性部分的幅相频率

特性 $G(\mathrm{j}\omega)$ 的图形上都可得到有关系统稳定的信息，并提出改善的方法。如改变线性放大倍数，加校正环节改变 $G(\mathrm{j}\omega)$ 的形状，或调整非线性部分参数，改变 $-\dfrac{1}{N(A)}$ 特性形状，使两特性无交点且 $G(\mathrm{j}\omega)$ 不包围 $-\dfrac{1}{N(A)}$。有时也可以通过改变自持振荡交点，使其振荡频率和幅值达到系统工作能够接受的程度。

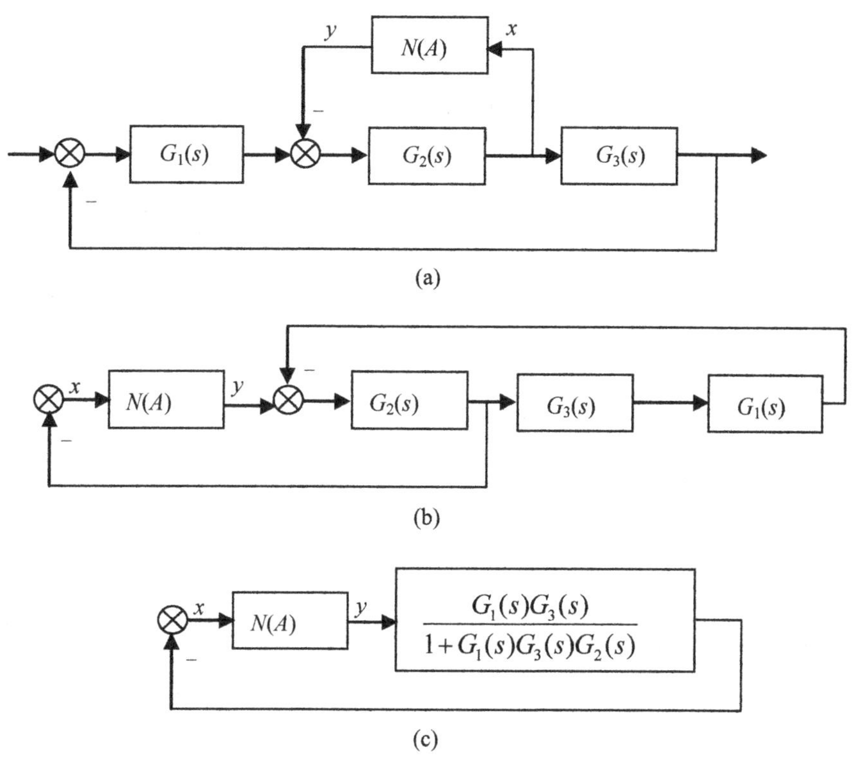

图 7.32　例 7-9 局部反馈系统

7.2.4　描述函数法的精确度

前面已经说明了如何用描述函数法来研究非线性系统。这种方法是线性系统频率域方法的一种推广，在概念上是比较易于理解和应用的，但是因为它是一种近似方法，因此我们需要讨论这种方法的精确度问题。

例如在具有原点对称非线性特性的系统自振问题讨论中，用描述函数法所得到的是正弦解，而实际系统中的振荡是一个比较复杂的周期性波形。要研究描述函数法所得到的解的精确度，就会遇到以下问题：首先要找出精确解；其次要选定一些能反映精确解与描述函数解之间差别的精确度指标，并且这个指标要比较容易计算。找精确解的问题虽然有一定的困难，但对具体问题可以用模拟方法或者计算机来进行求解。而比较波形的差别也可以用两个波形的主要性质，例如振幅、频率、均方值或者选择一些更复杂的反映畸变的指标。目前这方面虽然有一些研究，但是至今尚未得到满意的结果来对描述函数法的精确度

作出确切的说明。

为了提高描述函数法的精度，有人对描述函数做了一些改变，例如考虑了反馈的非线性特性的信号不只是一次谐波，还包括了畸变部分，即高次谐波，这时非线性特性的输出的一次谐波就不是原来只考虑正弦输入下的一次谐波了。这时还定义描述函数为输入输出一次谐波的复数比。显而易见，这种方法将会带来许多计算上的不便。

尽管如此，工程实际中在实际经验和实验的基础上还是经常采用描述函数法来研究非线性系统，特别是分析自振问题。正如本节开始时所指出的那样，在系统非线性输出中高次谐波分量比一次谐波小得多，系统线性部分又具有很好的低通滤波特性，或选频性能的条件下系统中非线性特性的输入接近于正弦形式，这时描述函数法可以给出一个比较符合实际的结果。

另外，因为描述函数法是一次近似意义下的近似方法，同时在具体应用时又是采用图解的方法，因此必然存在图解的精度问题。例如求极限环的振幅和频率，就是由 $G(\mathrm{j}\omega)$ 和 $-\dfrac{1}{N(A)}$ 曲线交点来决定的，如果 $G(\mathrm{j}\omega)$ 和 $-\dfrac{1}{N(A)}$ 曲线几乎垂直相交，那么描述函数法的结果通常是比较好的；如果足 $G(\mathrm{j}\omega)$ 和 $-\dfrac{1}{N(A)}$ 相切或者几乎相切，那么图解的精度便很差，系统中是否存在振荡就要进一步研究了。

描述函数法是在研究系统的振荡问题时引入的，当用来对非线性系统进行稳定性分析时精确度就更差了。但是作为一种研究非线性系统的工程方法，由于它常常能提供一些比较符合实际情况的结论，因此还是有实用价值的。

7.3 改善非线性系统性能的措施及非线性特性的利用

非线性因素的存在会给系统带来不利影响，但有时也可利用非线性特性，改善系统性能，如果运用得当，可能得到线性系统所无法比拟的良好效果。

7.3.1 改善非线性特性的措施

人们经常采用下列措施改善非线性特性带来的不利影响。

(1) 调整线性部分的参数，或对线性部分进行校正，使其幅相频率特性 $G(\mathrm{j}\omega)$ 和负倒数特性无自振交点，且使 $G(\mathrm{j}\omega)$ 不包括 $-\dfrac{1}{N(A)}$ 特性。

(2) 引入新的非线性环节，改造系统原有非线性特性。最常见的如对原非线性特性并联一个适当性质的非线性环节，使合成特性为线性，如图 7.33 所示的死区与饱和特性并联即为一例。

当死区特性中的参数 a 和饱和特性中的参数 Δ 相等时，可以求得死区与饱和特性并联后的描述函数为

$$
\begin{aligned}
N(A) &= N_1(A) + N_2(A) \\
&= k - \frac{2k}{\pi}\left[\sin^{-1}\left(\frac{\Delta}{A}\right) - \frac{\Delta}{A}\sqrt{1-\left(\frac{\Delta}{A}\right)^2}\right] + \frac{2k}{\pi}\left[\sin^{-1}\left(\frac{a}{A}\right) + \frac{a}{A}\sqrt{1-\left(\frac{a}{A}\right)^2}\right] \\
&= k
\end{aligned}
$$

即

$$N(A) = k \tag{7-32}$$

此时为一线性特性。

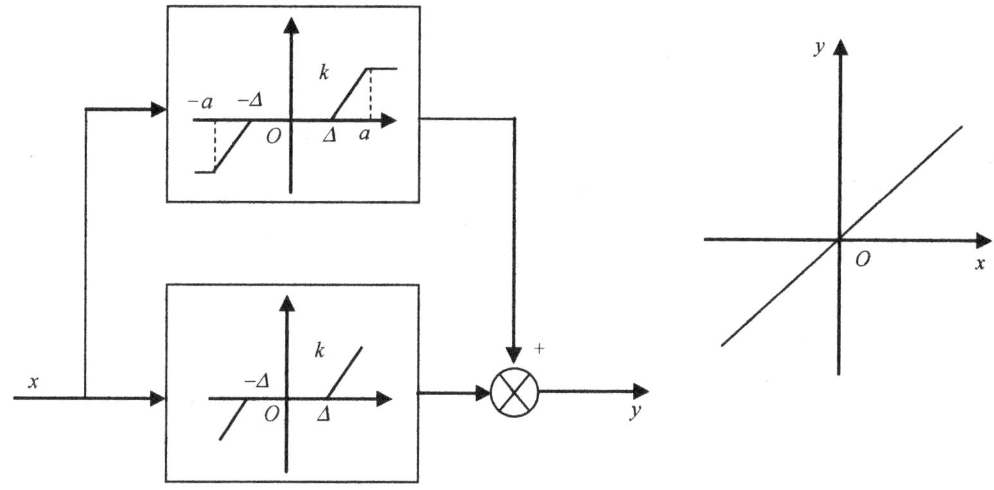

图 7.33　死区与饱和特性并联

(3) 用振荡线性化消除死区间隙以及继电特性等非线性因素的不利影响。

在含有死区间隙以及继电特性等非线性的控制系统中，执行器在控制信号作用的同时，再加上一个交变信号的作用，产生一个交变动作。如伺服系统中，这样一个交变信号会产生一个交变力矩，使执行电机产生微颤，克服静摩擦，使电机承受的摩擦变为动摩擦。这种高频振动使得干摩擦的非线性得到线性化，成为改善系统低速平滑性的一个十分有效的措施。

7.3.2　非线性特性的应用

1. 非线性微分反馈

在速度反馈控制系统中，经常加入死区非线性环节，解决系统快速性和稳定性之间的矛盾。我们知道，二阶系统加入微分反馈后，可以提高阻尼比，减小系统的超调量，但同时上升速度变慢。如果时间变长，快速性就变差了。如图 7.34 所示，如果在反馈回路中串入死区特性，则在输出小于死区时，$x_0(t) < \Delta$，系统无反馈产生，输出上升较快；而输出大于死区时，$x_0(t) > \Delta$，微分反馈加入，有助于抑制超调。

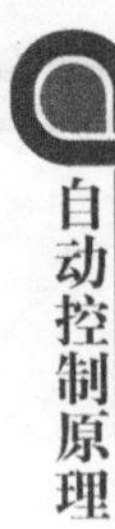

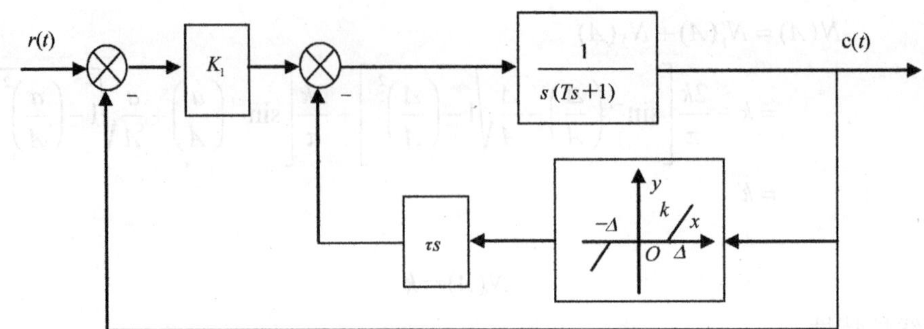

图 7.34 非线性阻尼控制结构图

从图 7.34 可见，非线性环节的输出为

$$y=\begin{cases}0 & (|c|\leqslant \Delta)\\ c-\Delta & (c>\Delta)\\ c+\Delta & (c<\Delta)\end{cases} \tag{7-33}$$

即系统响应 $c(t)$ 较小时，不接入反馈；而系统响应 $c(t)$ 较大时，接入速度反馈。加入速度反馈后，闭环传递函数为

$$\Phi(s)=\frac{K_1K_2}{Ts^2+(1+K_2\tau)s+K_1K_2} \tag{7-34}$$

对照典型二阶系统有

$$\omega_{\rm n}=\sqrt{\frac{K_1K_2}{T}},\ \ \xi=\frac{1+K_2\tau}{2\sqrt{K_1K_2T}} \tag{7-35}$$

由于加入速度反馈后使阻尼比 ξ 增大，因此超调量变小，如果阻尼比 $\xi>1$，则系统响应慢，而无速度反馈时，相当于 $\tau=0$，使得阻尼比 ξ 变小，系统响应快，但振荡大。为此加入非线性校正后，控制系统的响应速度既快，超调量又小，控制性能平稳，响应曲线如图 7.35(a)所示，曲线 3 为非线性反馈，无反馈及有线性的响应曲线分别为曲线 1 和曲线 2，可见非线性阻尼控制减小了 $\sigma_{\rm p}$，同时缩短了调节时间 $t_{\rm s}$。

该非线性可用图 7.35(b)所示的电路来实现。

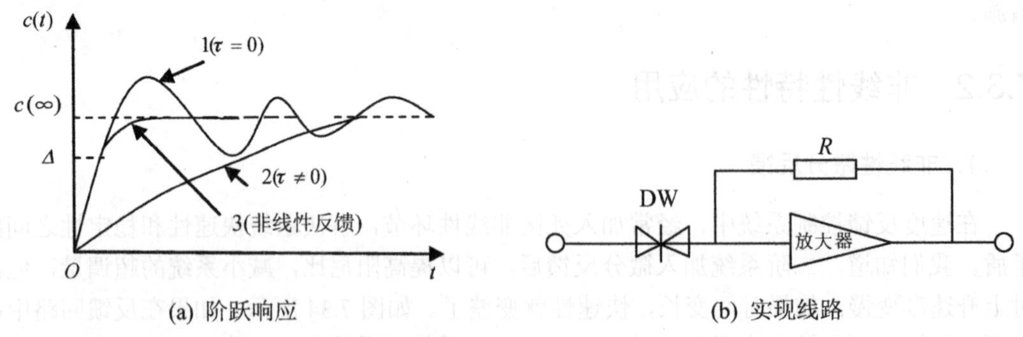

(a) 阶跃响应　　(b) 实现线路

图 7.35 非线性阻尼控制

当输出信号 $c(t)$ 较小时，稳压管 DW 呈高阻抗，放大倍数很小，近似为零，相当于在死区内，不接入反馈；而当输出信号 $c(t)$ 较大时，稳压管 DW 呈低阻抗，使放大倍数增大，近似于死区非线性特性。

2．非线性串联校正

在串联校正设计中我们知道，有时稳态性能和动态性能难以兼顾。如果充分利用非线性的特点，则有可能解决好这一问题。图 7.36(a)所示为非线性串联校正结构图，图 7.36(b)所示为校正环节电路。

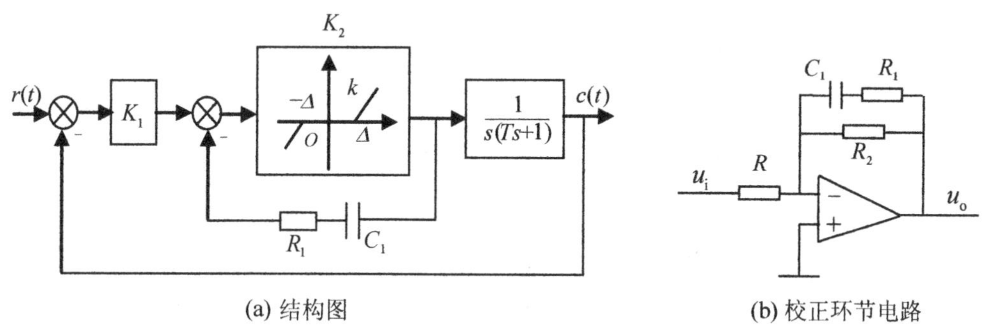

(a) 结构图　　(b) 校正环节电路

图 7.36　非线性串联校正

图中，K_1、K_2为两级放大器，如果将第二级放大器的限幅调得低一些，利用其饱和非线性特性加上 R_1、C_1负反馈网络，作为非线性串联校正环节，则在线性范围内时，其传递函数为

$$G_2(s)=\frac{K_2(\tau s+1)}{T_1 s+1} \tag{7-36}$$

式中，$\tau=R_1C_1$；$T_1=(R_1+R_2)C_1$；$K2=\dfrac{R_2}{R}$。

系统开环传递函数为

$$G(s)=\frac{K_1K_2(\tau s+1)}{s(sT_1+1)(Ts+1)} \tag{7-37}$$

可作出其对数频率特性如图 7.37 中曲线 1 所示。当第二级放大器饱和后，其传递函数变为$G_2(s)=K_2$，而且 K_2 值随着输入的增大、饱和的加深而减小，系统的开环传递函数$G(s)=\dfrac{K_1K_2}{s(Ts+1)}$，其对数频率特性如图 7.37 中曲线 2 所示。可见，非线性使校正后的系统特性有了较大变化。

在小信号输入时，$|e(t)|<\dfrac{E_0}{K_1}$，放大器工作在线性状态，特性低频区有较大的放大倍数，而使稳态误差精度较高。当大信号输入时，$|e(t)|>\dfrac{E_0}{K_1}$，放大器进入饱和状态，系统有较大的相角裕量γ_2，避免了过大的超调，使之动态平稳。它使系统具有两种跟随速度，快速性也较好，比较好地解决了稳态精度及系统超调之间的矛盾。

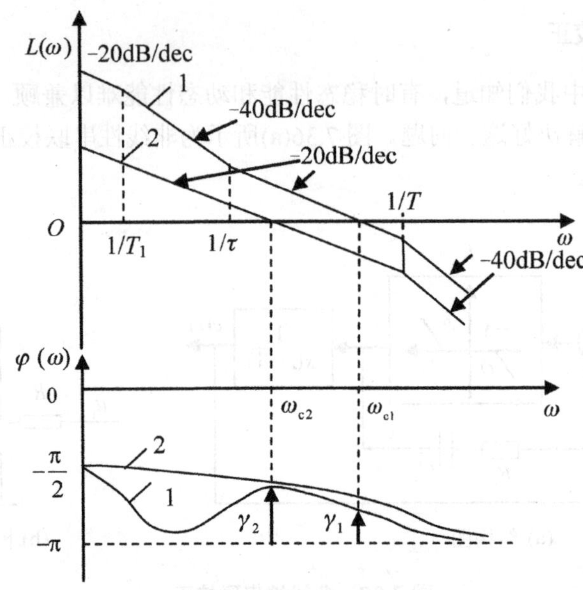

图 7.37 控制系统的对数频率特性

3. 非线性相位补偿

图 7.38 所示为一个非线性积分器，它的特点是幅频特性具有积分性质，而相频特性只滞后-38°而不是 90°，因而具有相位超前的补偿作用，有利于改善动态性能。

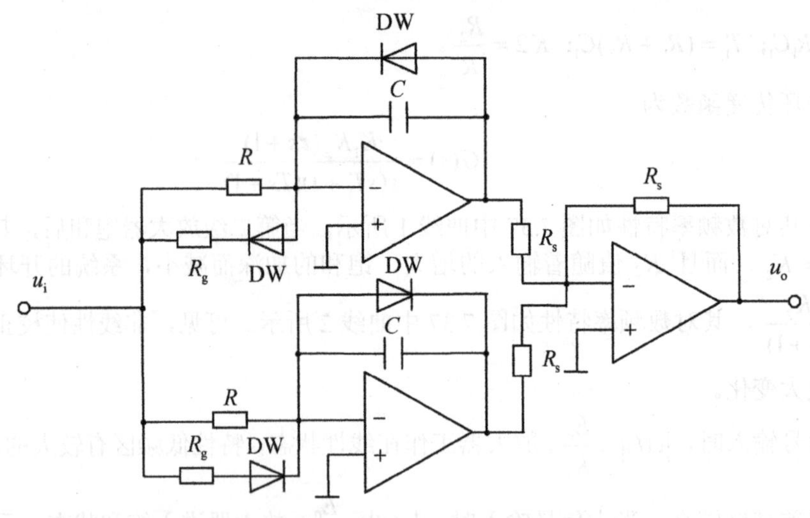

图 7.38 非线性积分器

补偿器由两个积分器并联组成，上面积分正信号，下面积分负信号。当输入正弦信号时，设 $u_{\mathrm{i}}(t)=A\sin\omega t$，输出为其积分，即

$$u_0(t)=\begin{cases}\dfrac{A}{\omega RC}(1-\cos\omega t) & (0<\omega t\leqslant\pi)\\[2ex]\dfrac{A}{\omega R}(1-\cos\omega t) & (0<\omega t\leqslant 2\pi)\end{cases}\tag{7-38}$$

将$u_o(t)$展开为傅氏级数，取其基波为

$$u_o(t)=\frac{4}{\pi}\frac{A}{\omega RC}\sin\omega t-\frac{A}{\omega RC}\cos\omega t=\frac{A}{\omega RC}\sqrt{\left(\frac{4}{\pi}\right)^2+1}\sin\left(\omega t-\arctan\frac{\pi}{4}\right)$$
$$=\frac{A}{\omega RC}\sqrt{\left(\frac{4}{\pi}\right)^2+1}\sin(\omega t-38^\circ)$$

即
$$u_o(t)=\frac{A}{\omega RC}\sqrt{\left(\frac{4}{\pi}\right)^2+1}\sin(\omega t-38^\circ) \tag{7-39}$$

其描述函数为

$$N(A)=\frac{1}{\omega RC}\sqrt{\left(\frac{4}{\pi}\right)^2+1}\mathrm{e}^{-\mathrm{j}38^\circ} \tag{7-40}$$

利用非线性特性，还可以组成各种相角超前线路。如图7.39(a)所示的电路，由上通道产生输入信号的绝对值，下通道用比例微分和理想开关控制输出特性，可得到如图7.39(b)所示的描述函数，其幅值基本不变而相角超前，其相角约为

$$\varphi=\arctan\tau\omega \tag{7-41}$$

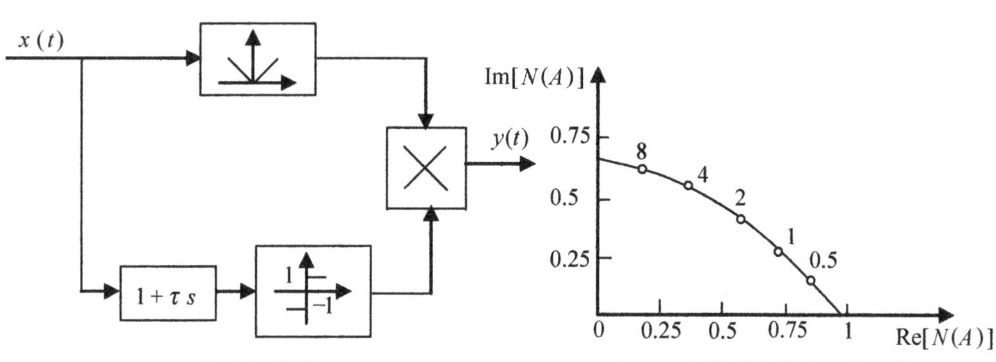

(a) 相角超前线路　　(b) 相角超前线路的描述函数曲线

图7.39　非线性超前校正

当ω由$0\to\infty$变化时，φ由$0\to\frac{\pi}{2}$，这是一种非线性超前校正线路，与线性超前网络相比，它加入系统后不会引起系统增益的增大，因此便于独立地对系统增益和相角进行调整，有利于改善系统性能。

7.4　基于Simulink的非线性系统分析

Simulink对于非线性系统的分析与设计是很有用的，Simulink提供了死区、饱和、继电等多种非线性模块，也能构成很复杂的非线性函数。考虑图7.40所示的非线性系统，先考虑非线性环节为死区特性，用Simulink可以构造如图7.41所示的仿真模型。

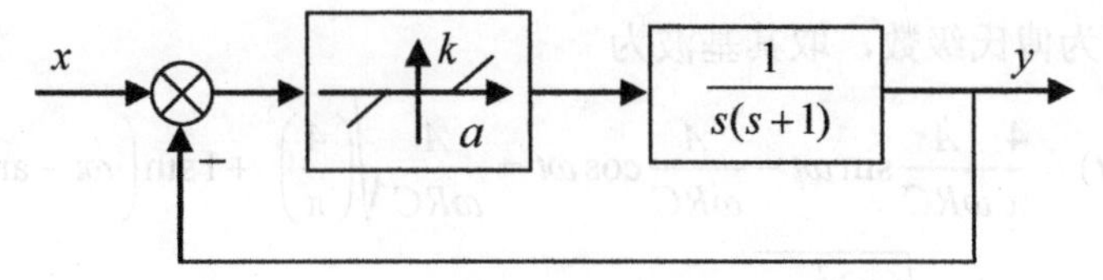

图 7.40　带有死区的非线性系统原理图

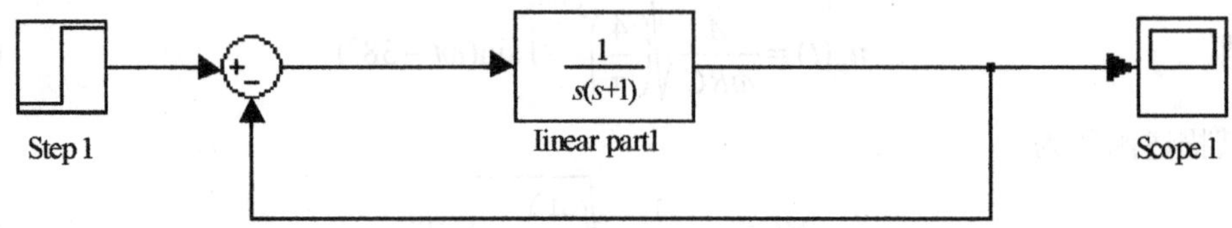

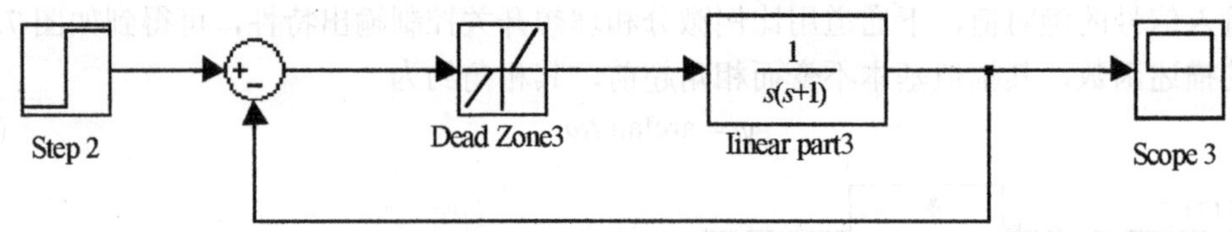

图 7.41　有死区的非线性系统仿真图

当加入阶跃信号后，可以看到阶跃信号作用下有无非线性系统阶跃响应的差异，如图 7.42 所示。

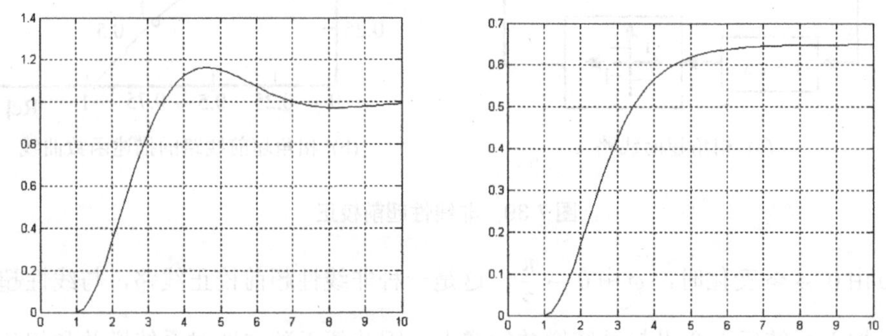

图 7.42　线性和非线性系统阶跃响应比较

下面结合实例说明 MATLAB 中常用的分析非线性系统的描述函数法。

【例 7-10】 已知非线性系统结构图如图 7.43 所示，试用描述函数法分析系统的稳定性。

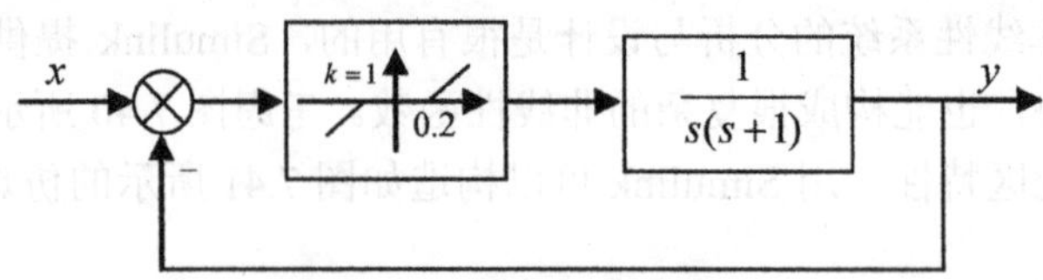

图 7.43　例 7-10 系统结构图

解：非线性环节的描述函数为

$$N(A)=\frac{2}{\pi}[\arcsin\frac{2}{A}+\frac{2}{A}\sqrt{1-\left(\frac{2}{A}\right)^2}\,]\quad (A\geqslant 2)$$

在开环幅相平面上，绘制 $G(j\omega)$轨迹和非线性负倒数特性 $-\frac{1}{N(A)}$ 曲线，若轨迹不包围非线性负倒数特性 $-\frac{1}{N(A)}$，则此非线性系统稳定；若包围 $-\frac{1}{N(A)}$ 特性，则系统不稳定；若 $G(j\omega)$和 $-\frac{1}{N(A)}$ 两曲线相交，则在交点处系统将处于临界稳定，产生等幅振荡。

MATLAB 程序如下：

```
G= zpk([],[0,-1],1);                  % 建立线性环节模型
nyquist(G);hold on                    % 绘制线性环节 Nyquist 曲线，图形保持
A=2:0.01:60;                          % 设定非线性环节输入信号幅值范围
x=real(-1./((2*(asin(2./A)+(2./A).*sqrt(1-(2./A).^2)))/pi+j*0));
                                      % 计算负倒数描述函数实部
y=imag(-1./((2*(asin(2./A)+(2./A).*sqrt(1-(2./A).^2)))/pi+j*0));
                                      % 计算负倒数描述函数虚部
plot(x,y);                            % 绘制非线性环节描述函数、负倒数函数
axis([-1.5 0 -1 1]); hold on          % 重新设置图形坐标，取消图形保持
```

在 MATLAB 中运行以上程序，绘制 $G(j\omega)$轨迹和非线性负倒数特性 $-\frac{1}{N(A)}$ 曲线如图 7.44 所示。图中 $G(j\omega)$轨迹不包围非线性负倒数特性 $-\frac{1}{N(A)}$ 曲线。根据非线性系统稳定判据，该非线性系统稳定。

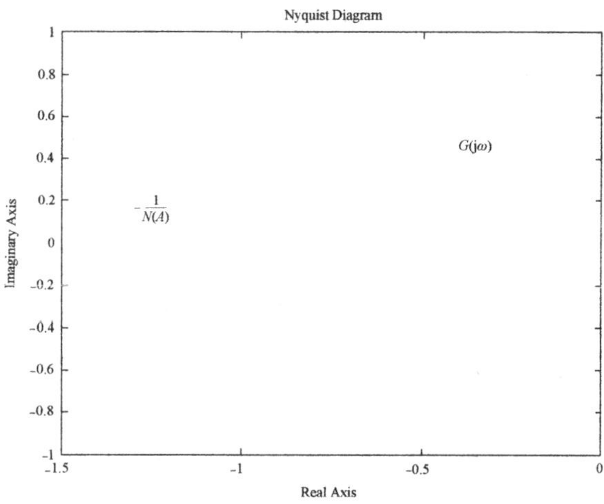

图 7.44　例 7-10 系统分析

从 Simulink 中提供的非线性模块组看可能会觉得，该模块组只提供了有限的几种静态非线性模块，不一定能包含所需要的所有模块。事实上，很多非线性模块是可以由该模块组中给出的模块搭建而成的。另外，由于 Simulink 的 Functions and Tables 模块组中提供了

一维查表的模块(Look-up Table 模块)，所以可以建立起所有无记忆的分段线性的非线性环节。双击该图标打开相应的对话框，只需在对话框中填写出该模块的转折点的坐标，就能建立起所需的非线性环节。

掌握了这样的方法，就可以依赖查表模块轻易地建立起任意无记忆的非线性环节了。可以将这样的模块建立起仿真模型。任何的单值非线性函数均可以采用这样的方式来建立或近似，但如果非线性中存在回环或多值属性，则简单地采用这样的方法是不能构造的，解决这类问题则需要使用开关模块。具体做法通过例 7-11 进行说明。

【例 7-11】利用 Simulink 的 Look-up Table 模块，构造一个如图 7.45 所示的回环模块，求正弦信号作用时的响应。

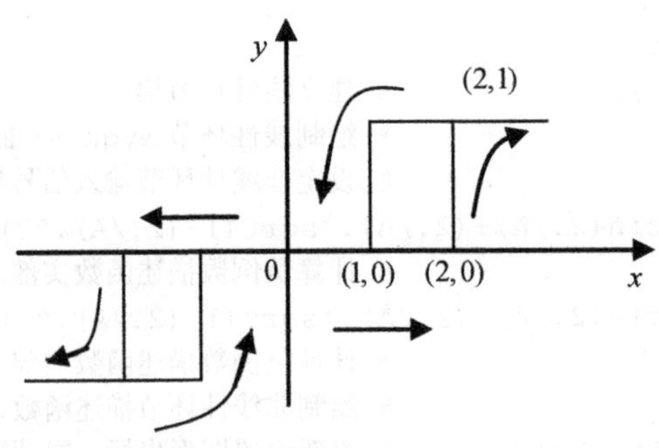

图 7.45 例 7-11 给定的回环函数表示

解：可以看出，该特性不是单值的，该模块中的输入在增加时走一条折线，减小时走另一条折线。将这个非线性函数分解成如图 7.46 所示的单值函数，当然这个单值函数是有条件的，它区分输入信号上升还是下降。当输入量增加时，如图 7.46(a)所示，输入量减小时，如图 7.46 (b)所示。

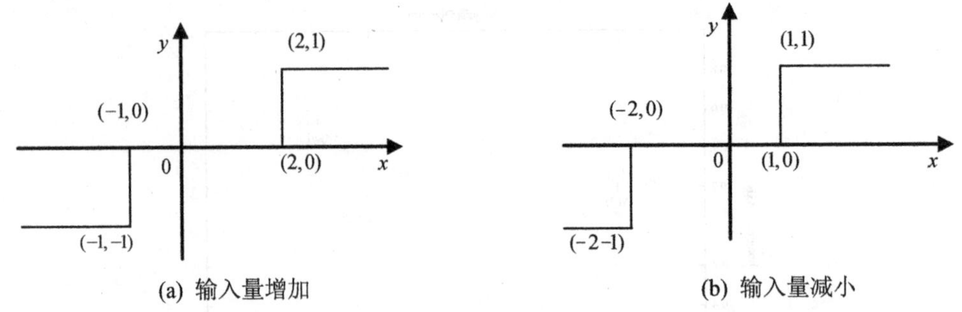

图 7.46 例 7-11 回环函数分解为单值函数

Simulink 的连续模块组中提供了一个 Memory(记忆)模块，该模块记忆前一个计算步长上的信号值，所以可以按照图 7.47(a)中所示的格式构造一个 Simulink 模型。在该框图中使用了一个比较符号来比较当前的输入信号与上一步输入信号的大小，其输出是逻辑变量，在上升时输出的值为 1，下降时输出的值为 0。由该信号可以控制后面的开关模块，设开关模块的阈值(Threshold)为 0.5，则当输入信号为上升时，由开关上面的通路计算整个系统的输出，而下降时由下面的通路计算输出。

两个查表模块的输入、输出分别为

$$x_1 = [-3,-1,-1+\varepsilon,2,2+\varepsilon,3],\ y_1 = [-1,-1,0,0,1,1]$$

$$x_2 = [-3,-2,-2+\varepsilon,2,2+\varepsilon,3],\ y_1 = [-1,-1,0,0,1,1]$$

式中，ε 可以取一个很小的数值，例如可以取 MATLAB 保留的常数 eps。设输入正弦信号的幅值为 3，则可以得出如图 7.47(b)所示的仿真结果，其中虚线表示的仍为输入的正弦信号。

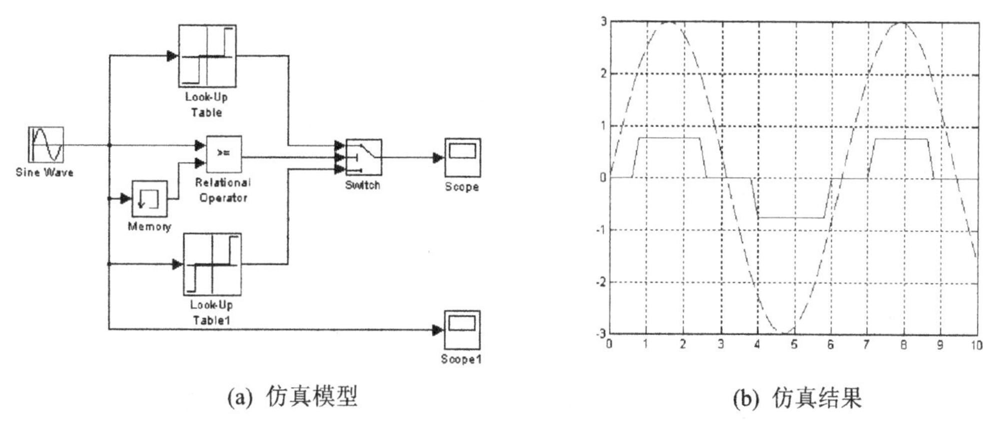

(a) 仿真模型　　　　(b) 仿真结果

图 7.47　例 7-11 正弦函数通过回环函数的仿真结果

修改非线性回环函数的结构，使其如图 7.48 所示，则仍可以利用前面建立的 Simulink 模型，只需修改两个查表函数为

$$x_1 = [-3,-1,-1,2,3,4],\ y_1 = [-1,-1,0,0,1,1]$$

$$x_2 = [-3,-2,-1,1,2,3],\ y_1 = [-1,-1,0,0,1,1]$$

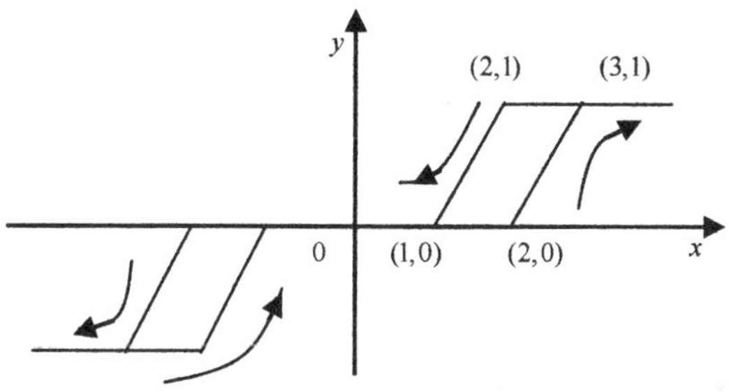

图 7.48　例 7-11 新的回环函数表示

从而立即就能得出整个系统的框图，如图 7.49(a)所示。对该系统框图进行仿真，则能得出如图 7.49(b)所示的输出曲线。

Simulink 在非线性模块组中还提供了多路开关(Multiport switch)和手动开关(Manual switch)。多路开关中，其最上面的是控制信号，该信号等于 1,2,⋯, n 时分别对应于各路控制信号，若不等于这些数值则将给出错误信息。可以双击该模块，在打开的对话框中选定多路开关输入信号的路数。手动开关也是 Simulink 非线性模块组中很具特色的模块，该模块在用户双击时切换状态。在很多场合都可以使用这样的开关来模拟实际对象，如在仿真

中可以采用手动开关来切换系统的运行状态，从而到达自整定的目的。下面通过例子说明多路开关的使用。

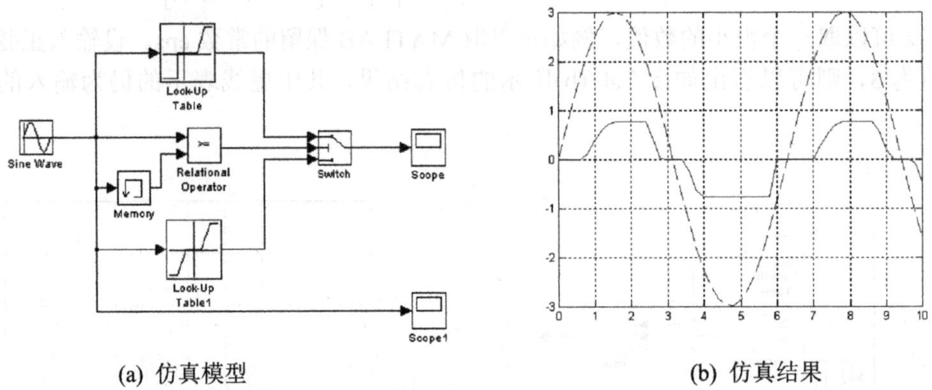

(a) 仿真模型　　　　(b) 仿真结果

图 7.49　例 7-11 正弦函数通过回环函数的仿真结果

【例 7-12】 已知非线性系统的结构图可以简化成只含一个非线性环节 $N(A)$ 和一个线性部分 $G(s)$ 串联的闭环结构，其中 $N(A)$ 为非线性环节的描述函数，线性环节的传递函数 $G(s)$ 为

$$G(s)=\frac{1}{s(4s+1)}$$

系统的初始状态为零。非线性环节取下面 4 种情况。

(1) 饱和非线性环节。

(2) 死区非线性环节。

(3) 磁滞回环非线性环节。

(4) 线性比例增益环节。

试求系统在单位阶跃输入作用下的系统输出及误差与误差变化率之间的运动轨迹。

解： 取误差为 $e(t)$，误差变化率为 $\dot{e}(t)$，使用 Simulink 建立如图 7.50 所示的仿真框图。

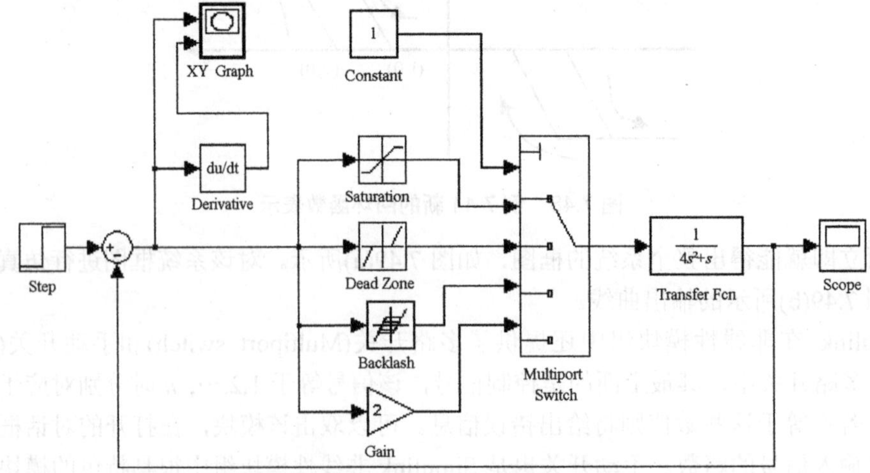

图 7.50　例 7-12 系统仿真图

这里使用 Simulink 中的多路开关(Multiport switch)来切换非线性环节的 4 种情况，改变常量(constant)的数值，可以选择相应的输入到输出端口，如常量为 2，就可以把从上到下第二个输入端口送到输出端口。

要在(XY Graph)上绘出运动轨迹，关键是要得到误差 $e(t)$和误差变化率为 $\dot{e}(t)$ 的信号，$e(t)$直接取自比较器的输出，$\dot{e}(t)$ 可以在 $e(t)$后面加一个微分环节来实现，然后把这两个信号接到 XY Graph 便可画出运动轨迹。

(1) 选 constant 的数值为 1，即为饱和非线性环节，其上限幅值取 0.5，下限幅值为-0.5，斜率为 1。运动轨迹及系统输出如图 7.51 所示。

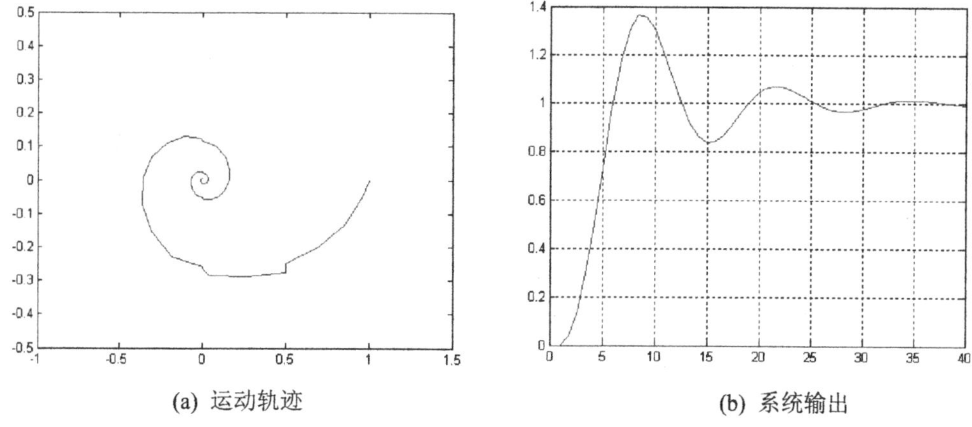

(a) 运动轨迹　　(b) 系统输出

图 7.51　例 7-12 饱和非线性仿真结果

(2) 选 constant 的数值为 2，即为死区环非线性环节。运动轨迹及系统输出如图 7.52 所示。

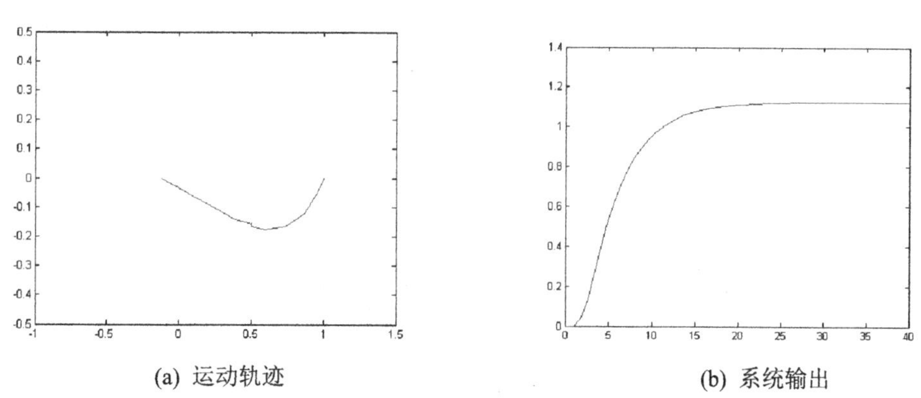

(a) 运动轨迹　　(b) 系统输出

图 7.52　例 7-12 死区非线性仿真结果

(3) 选 constant 的数值为 3，即为磁滞回环非线性环节，其回环宽度取 1。运动轨迹及系统输出如图 7.53 所示。

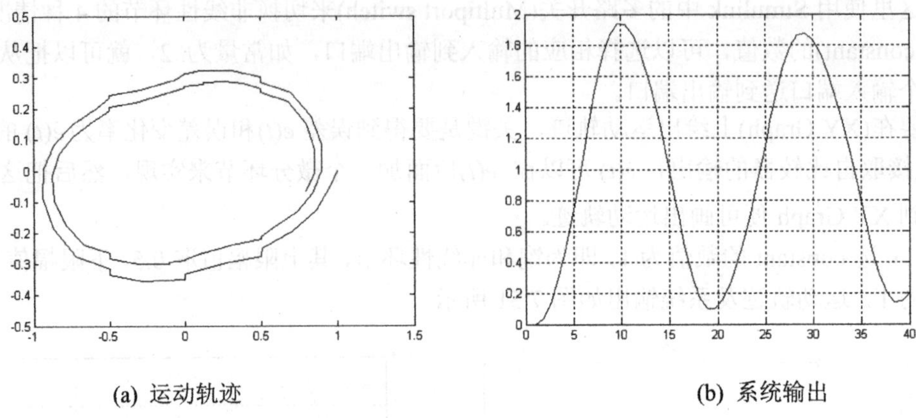
(a) 运动轨迹　　　　(b) 系统输出

图 7.53　例 7-12 回环非线性仿真结果

(4) 选 constant 的数值为 4，即为线性比例增益环节，取增益为 2。运动轨迹及系统输出如图 7.54 所示。

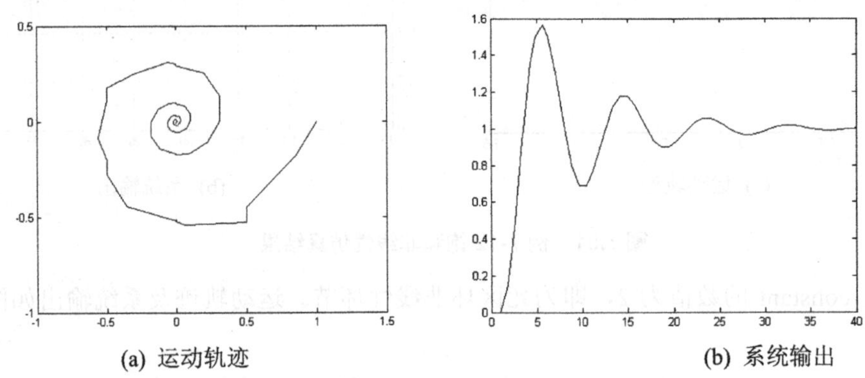
(a) 运动轨迹　　　　(b) 系统输出

图 7.54　例 7-12 线性比例增益仿真结果

小　　结

包含一个以上非线性元件的系统即为非线性系统。非线性系统是普遍存在的，其分析、处理方法应视非线性程度的不同而异。若非线性因素对系统影响极小可忽略，便可将其作为线性处理；其非线性因素的影响不能忽略，但有稳定的工作点，可在工作点附近小偏差范围内以增量方程代替非线性方程，认为是线性的；其非线性因素影响很大，其特性无导数可求，写不出增量方程，则为本质非线性特性，要采用描述函数法及相平面法进行分析处理。

本质非线性系统的数学模型是非线性微分方程，它不能使用叠加原理，且具有和线性系统不同的运动规律。它的稳定性及响应形式不仅和系统结构参数有关，还和系统的初始偏离值大小有关，因此系统是否稳定及动态性能如何均必须指出一定的初始条件及范围。系统本身可能存在持续的等幅振荡，即自振，在一定的外扰作用和参数变化下，这种自振将稳定不变。

自振对系统具有破坏作用，但是自振的可能出现不等于自振的实际存在，应力求避免做自振运行或改造特性，使其无自振交点。

描述函数法是分析非线性系统稳定性和自振的常用方法。它是将非线性元件在正弦输入下的输出近似为基波，即忽略高次谐波，进行谐波线性化。在此情况下，将非线性特性用一复放大系数即描述函数表示，然后运用线性理论的频率进行分析。因此，应用描述函数法必须注意应用条件。这种工程近似法所得结果的精确度，很大程度上取决于高次谐波被衰减的程度，输出高次谐波成分小，线性环节的低通性能好，其结果就更符合实际情况，否则将出现很大误差，甚至得出错误结论。这种方法的特点是分析不受系统阶数限制，高阶系统比低阶系统正确，线性部分的特性复杂也不会导致分析上的困难。

对于复杂结构的非线性系统，应变换成等效的典型结构后进行分析。必须注意，如果非线性元件间，或非线性元件与线性元件串联的次序颠倒，则其等效特性将是不同的。

非线性因素一般会对系统产生不良的影响，但也可人为地利用非线性因素的一些特点，来改善系统性能和简化系统结构，这里将有一个广阔的天地。

习　　题

1．若非线性环节相同，试比较对以下不同线性环节应用描述函数法分析时，哪个系统分析的精确度高？

(1) $G(s)=\dfrac{5}{s(10s+1)}$　　(2) $G(s)=\dfrac{10(2s+1)}{s(6+1)(5s+1)}$

2．试求以下典型非线性的描述函数 $N(A)$，并在复平面上画出负倒数特性 $-\dfrac{1}{N(A)}$。

(1) $y=\dfrac{1}{4}\times x^3$　(2) 曲线如图 7.55(a)所示　(3) 曲线如图 7.55(b)所示

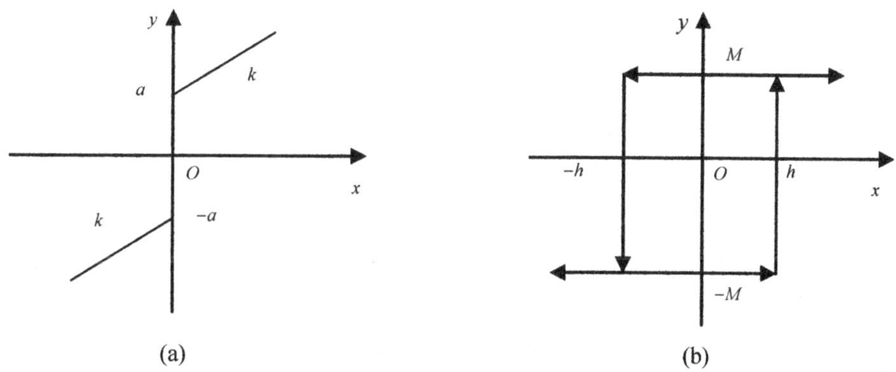

图 7.55　题 2 曲线

3．试求图 7.56 所示非线性的等效非线性特性。

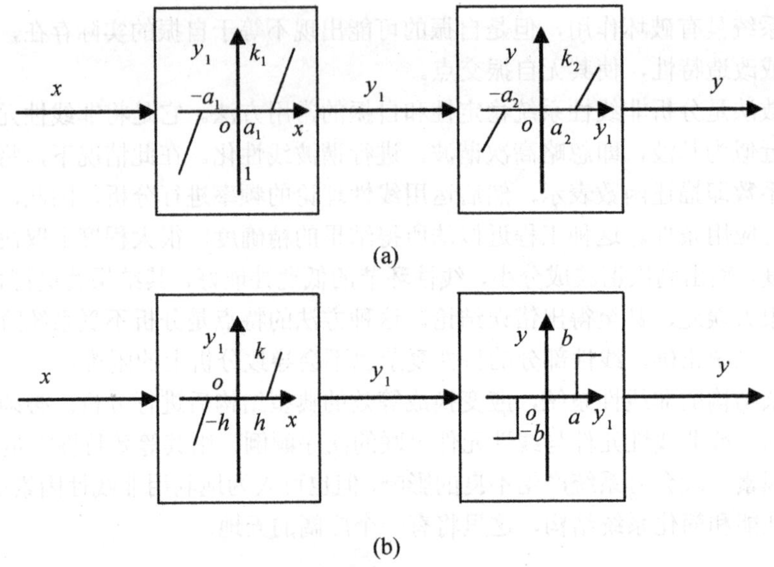

图 7.56 题 3 非线性系统

4．试确定图 7.57 所示带死区特性的系统自振点的频率，其中 a=1，K=2。

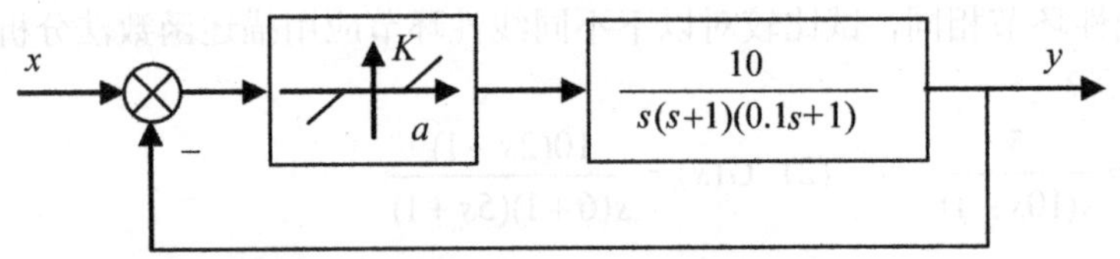

图 7.57 题 4 带死区特性的系统结构图

5．试分析图 7.58 所示带继电特性的系统中(a=1，b=3)，当 K 值变化时系统的运动状态；若 K=10，应如何调整 a、b 值使系统稳定。

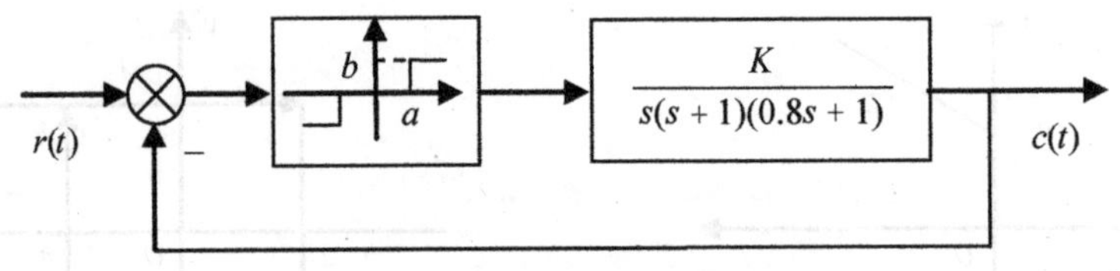

图 7-58 题 5 带继电特性的系统结构图

6．一含有滞环继电特性的非线性系统如图 7.59 所示，其中 M=1。试分析

(1) 本系统是否会产生自激振荡？自激振荡是否稳定？

(2) 若该系统存在自激振荡，自振频率为 $\omega = 20$，继电器参数 h 应如何选择？

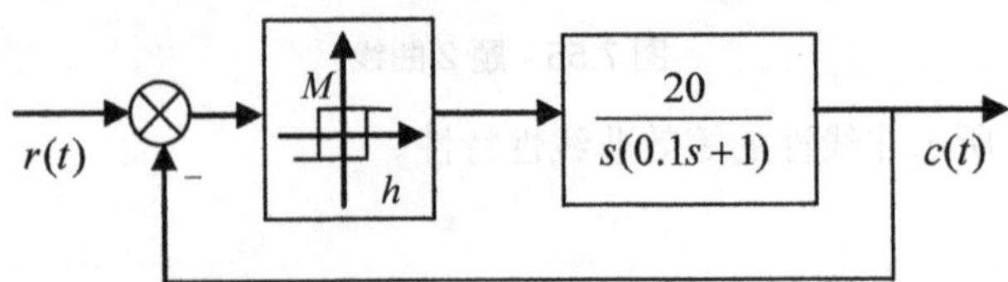

图 7.59 题 6 滞环继电特性的系统结构图

7．已知含有滞环继电特性的非线性系统如图 7.60 所示。试用描述函数法讨论：

(1) 本系统是否会产生自振？为什么？

(2) 系统线性部分参数 K 的增大对自振参数(A 及ω)有无影响？为什么？

(3) 系统的非线性部分参数 c(死区)增大对自振参数(A 及ω)是否有影响？为什么？

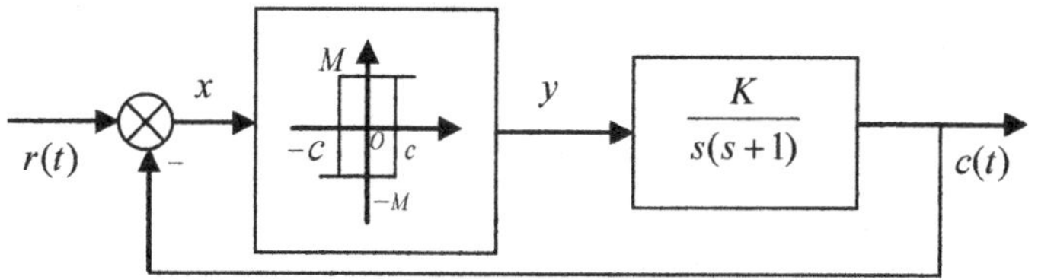

图 7.60　题 7 滞环继电特性的系统结构图

8．非线性系统如图 7.61 所示。

(1) 试分析系统的稳定性。

(2) 为了使系统不产生自振，应如何调整继电器特性参数？

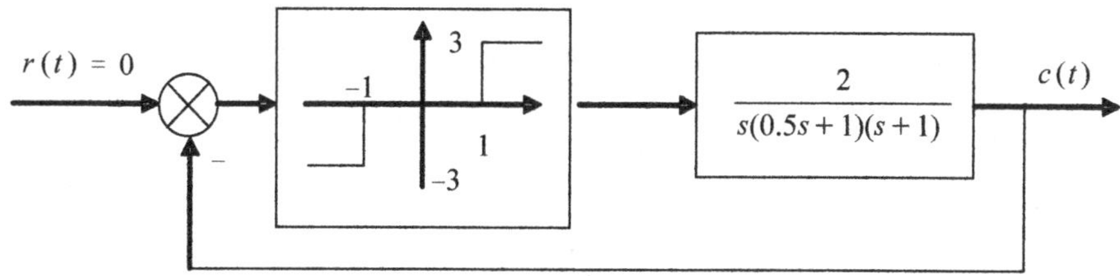

图 7.61　题 8 非线性系统

9．设非线性系统方程为

$$\ddot{x}-\varepsilon(x^2-1)\dot{x}+x=0$$

试用描述函数法分析该系统是否存在周期运动解？若有，幅值和频率是多少？该解是否对应自激振荡？

10．一非线性系统如图 7.62 所示，试讨论参数 T 对系统自振的影响。若 T=0.25，试求输出振荡的幅值和频率。

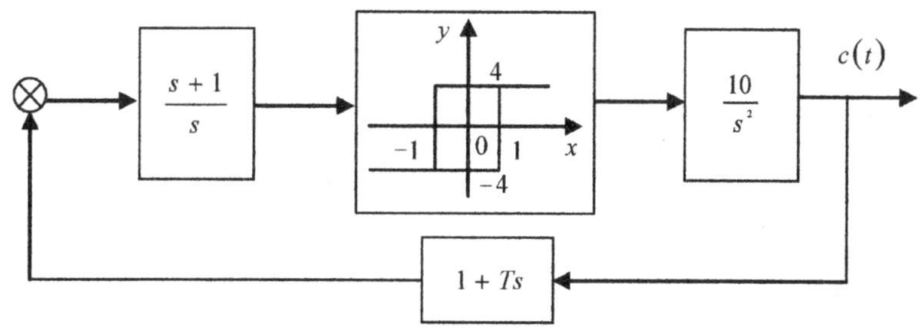

图 7.62　题 10 非线性系统

11．设非线性系统如图 7.63 所示，已知非线性环节的描述函数 $N(A)=\dfrac{4M}{\pi A}$，当

(1) $K>0$时，$T_1>0$，$T_2>0$。

(2) $K>0$时，$T_1>0$，$T_2=0$。

试求自激振荡的频率和振幅，并讨论“有”或“无”非线性环节时，K 对系统稳定性的影响。

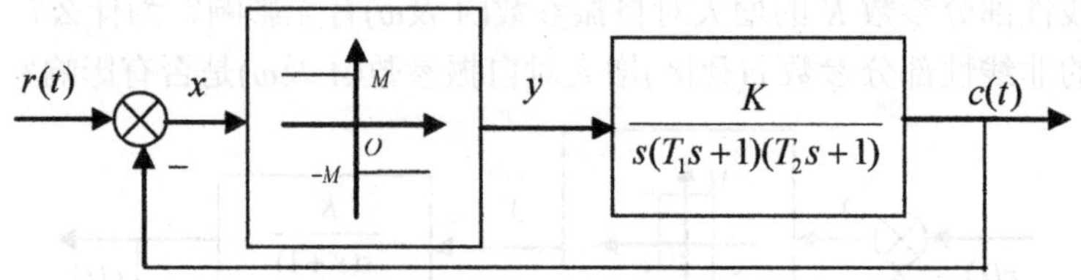

图 7.63　题 11 非线性系统

12. 设非线性系统如图 7.64 所示，其中参数 K_1、K_2、T_1、T_2、K、M 均为正。试确定

(1) 系统发生自振时，各参数应满足的条件。

(2) 自激振荡的频率和振幅。

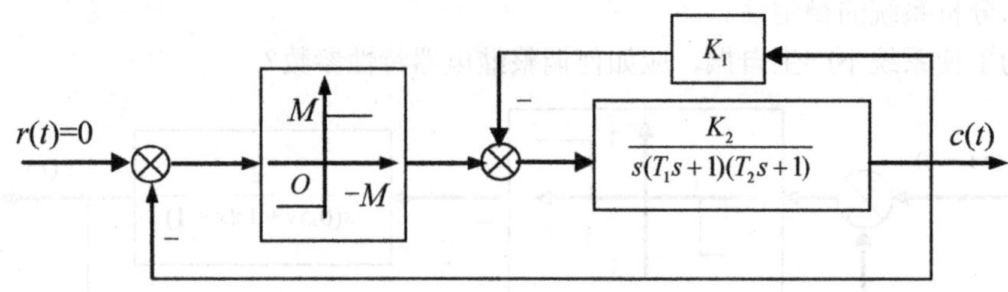

图 7.64　题 12 非线性系统

13. 设非线性系统如图 7.65 所示，其中饱和特性参数 $a=1$, $k=2$；带死区的继电特性参数 $M=1.7$, $h=1.4$。试用描述函数法分析系统是否发生自振？若存在，求出自激振荡的频率和振幅。

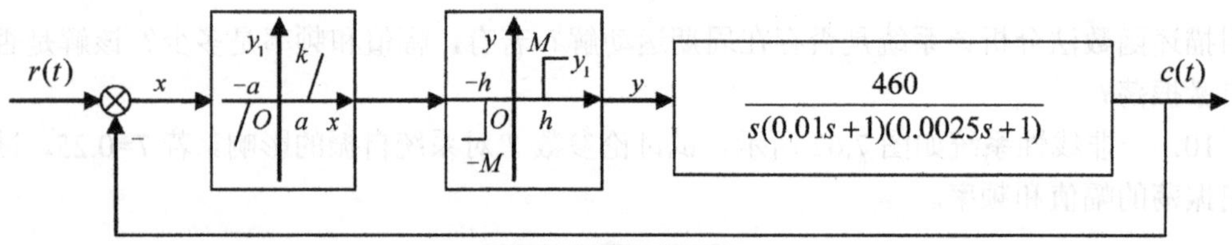

图 7.65　题 13 非线性系统

14. 设非线性系统如图 7.66 所示，若希望输出 $c(t)$ 为幅值 $A=2$、频率 $\omega=1$ 的周期(近似正弦)信号，试确定系统 K 与 a 的值。

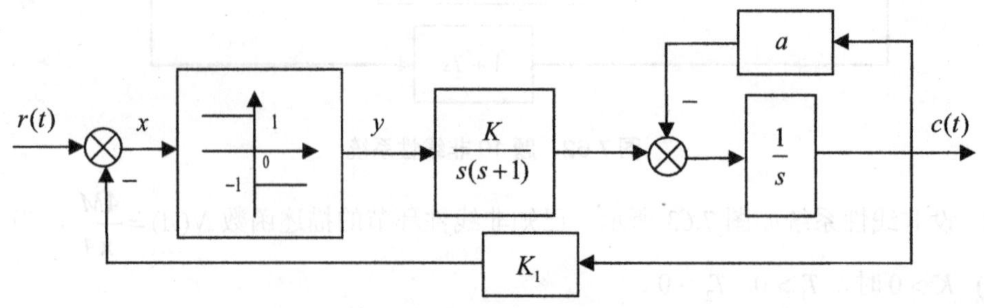

图 7.66　题 14 非线性系统

第 8 章　采样控制系统

【教学目标】

通过本章的学习，正确理解连续信号的采样与复现这一离散系统中至关重要的问题。熟悉并掌握处理离散系统的基本数学工具 Z 变换，熟练掌握 Z 变换的定义和主要性质以及离散系统的分析方法，为后续学习计算机控制技术等课程打下基础。

离散控制系统的理论是设计数学控制器和计算机控制系统的基础。离散系统与连续系统相比，既有本质上的不同，又有分析研究方面的相似。利用 Z 变换法研究离散系统，可以把连续系统中的许多概念和方法推广应用于线性离散系统。

本章主要讨论线性离散系统的分析和校正方法。首先建立信号采样和保持的数学模型，然后介绍 Z 变换理论和脉冲传递函数，最后研究线性离散系统的稳定性和性能的分析与校正方法。在系统校正部分，主要讨论采用数字技术的控制系统的校正方法。

概　　述

近年来，控制理论的发展十分迅速，近代控制理论的发展与计算机应用密切相关，从控制模型的建立，控制方案的比较，直至最终方案的实施，都离不开理论的指导。实际工程问题需要理论分析，理论分析反过来又提供更为合理的设计方法。众所周知，计算机处理信号，无论在时间上还是在数值上，都是取时间间断的量化值，即离散时的量化值。采样控制系统理论就是为研究这类系统提供理论依据的。

在现代控制技术中，数字控制器基本取代了模拟控制器，使控制器的功能大大提高。有些在模拟控制器中很难实现的功能，在数字控制器中则可以很方便地得到实现。特别是微型计算机的采用，强大的逻辑判断功能和高速运算能力使许多模拟控制器无法实现的功能得以用软件编程实现。同时数字控制还具有很好的通用性，可以很方便地改变控制规律。尤其当采用计算机控制多个生产过程时，上述优点就显得更加突出。

典型的计算机控制系统结构图如图 8.1 所示。图中的 $r(t)$、$e(t)$ 和 $c(t)$ 分别为系统的输入信号、误差信号和输出信号，它们都是连续信号。连续误差信号 $e(t)$ 经过采样开关(通常由 A/D 转换器实现)后，变成一系列离散的误差信号，以 $e^*(t)$ 表示。它作为脉冲控制器的输入，经控制器对信号进行处理，再经过保持器(或滤波器，通常由 D/A 转换器实现)恢复为连续信号，加到控制对象。对象的输出又反馈到输入端进行调节，这样就构成了完整的闭环采样控制系统。这类系统中，离散信号是以数码形式传递的，习惯上称为数字控制系统。

随着计算机科学与技术的迅速发展，采样控制由直接数字控制发展到计算机分级分布控制，由对单一的生产过程进行控制到实现整个工业过程的控制，从简单的控制规律发展到更高级的优化控制、自适应控制、鲁棒控制等。

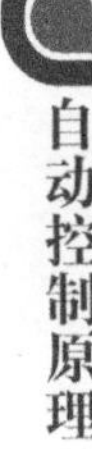

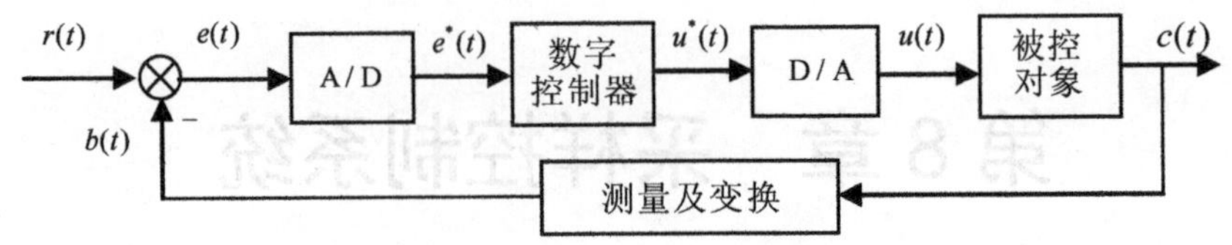

图 8.1 计算机控制系统结构图

一个系统只有离散信号而没有连续信号，则系统称为纯离散小系统或简称离散系统。如果除了有离散信号还有连续信号，则称为采样数字系统或简称采样系统。一个采样控制系统实际上包含两个子系统，即离散子系统和连续子系统，它们之间借助于保持器互相连接，控制器可以是计算机或数字控制器。

采样控制系统理论是在连续控制系统理论基础上发展起来的，它所研究的问题同样为系统的稳定性、稳态性能与动态性能，但研究的数学工具和方法不同。本章主要在介绍其数学基础知识、采样函数、Z 变换及脉冲传递函数的基础上，讨论系统的稳态与动态性能。

8.1 离散系统的定义及常用术语

离散系统的构成，关键是含有采样器件。对于一个实际的物理系统，总是离散部分和连续部分并存的，因此，需要对同一系统中两种不同类型的信号进行相互转换、传送。一般将离散控制器单独表示，把系统连续工作部分集中起来，如图 8.2 所示。把离散的特点集中于采样器件本身，对连续信号进行调制。而连续部分兼有将离散信号恢复成连续信号并作用于被控对象的各个功能。

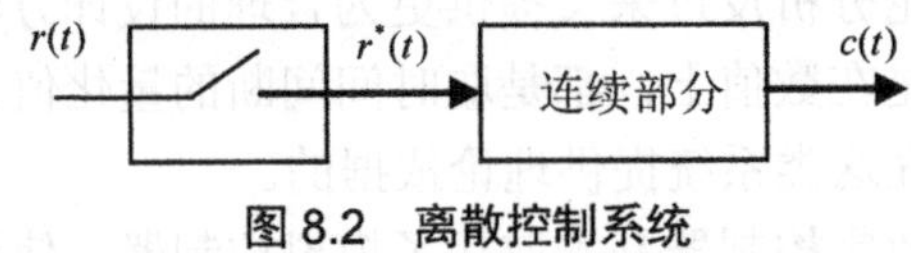

图 8.2 离散控制系统

8.1.1 离散系统的几个定义

离散系统：当系统中只要有一个地方的信号是脉冲序列或数码时，该系统即为离散系统。换句话说，这些信号仅定义在离散时间上，在时间间隔内无意义。

脉冲控制系统：离散信号是脉冲序列而不是数码的即为脉冲控制系统。脉冲序列的特点是在时间上离散分布，在幅值上是任意可取的，代表了脉冲的强度。

数字控制系统：离散信号是数码而不是脉冲序列的即为数字控制系统。数码的特点是在时间上离散对应，而在幅值上是采用整量化表示的。因为在计算机中，采样后的离散信号必须表示成最小位二进制的整数倍，成为数字信号，这称为编码过程，如图 8.3 所示。所以信号的断续性还表现在幅值上。通常，A/D 转换器有足够的字长来表示数码，而且量化单位 q 足够小，故由量化引起的幅值的断续性可以忽略。这样，经采样后所得的数字序列仍可看做脉冲序列。A/D 转换器可以用一个理想采样开关来表示。

开环采样系统：当采样器位于系统闭合回路之外，或者系统本身就不存在闭合回路时，称为开环采样系统。

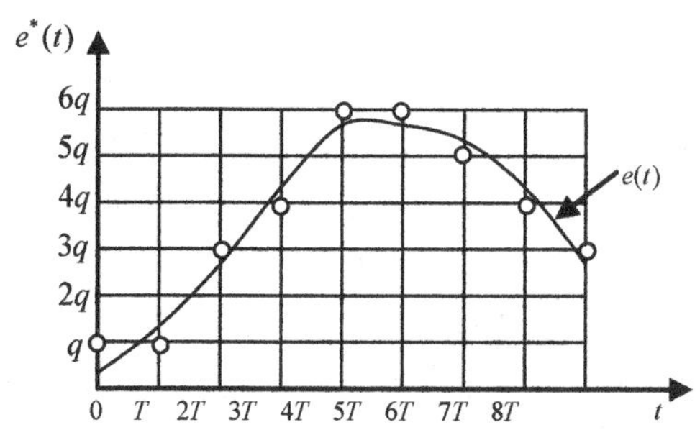

图 8.3　整量化编码过程

闭环采样系统：闭合回路中含有采样器的系统，称为闭环采样系统。

线性采样：当采样器输入与输出信号幅值之间存在线性关系时，称为线性采样。一般脉冲宽度为常数的脉冲调幅、脉冲很窄的脉冲调频都属于线性调制方式，即为线性采样。

线性采样系统：当采样器和系统其余部分都具有线性特性时，称为线性采样系统。

8.1.2　离散系统的几个常用术语

采样：把连续信号变成脉冲序列(或数码)的过程，称为采样。

采样器：实现采样的装置称为采样器，可以是机电开关，也可以是电子开关，A/D 转换器。

周期采样：采样开关等间隔开闭，称为周期采样。

同步采样：多个采样开关等周期同时开闭，称为同步采样。

非同步采样：多个采样开关等周期但不同时开闭，称为非同步采样。

多速采样：各采样开关以不同的周期开闭，称为多速采样。

随机采样：开关动作随机，没有周期性，称为随机采样。

保持器：从离散信号中将连续信号恢复出来的装置称为保持器，具有低通滤波功能的电网络和 D/A 转换器都是这类装置。

8.1.3　离散系统的特点

1. 离散系统信号转换的两个特殊环节

离散系统中连续信号和离散信号并存，在连续信号与离散信号之间要用采样器，而在离散信号与连续信号之间要用保持器，以实现两种信号的转换。所以，采样器和保持器是离散控制系统中两个特殊的环节，图 8.4 所示为离散系统典型方框图。

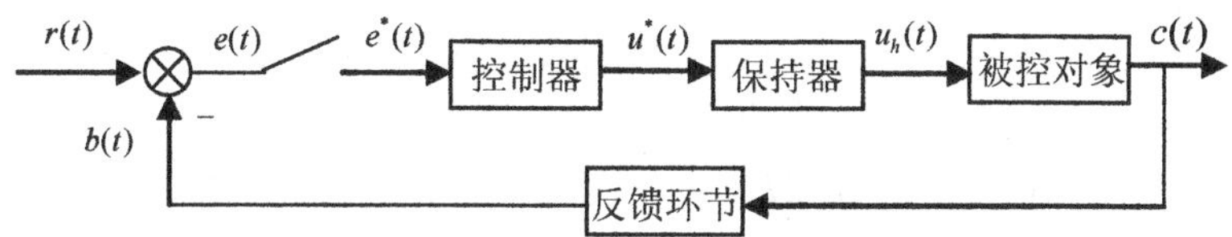

图 8.4　离散系统典型方框图

图 8.4 中给定与反馈之间的误差 $e(t)$，经采样器变成离散误差信号 $e^*(t)$，经数字控制器处理后形成离散的控制信号 $u^*(t)$，再经保持器恢复成连续的控制信号 $u(t)$ 后作用于被控对象。无论是脉冲控制系统还是数字控制系统，只要是离散的控制信息，分析和设计的理论方法都是一致的。图 8.4 是离散系统的典型形式，适用于脉冲控制系统，也适用于数字控制系统。只是在连续信号与离散信号的相互转换方式上各有不同。诸多情况下，可以将采样脉冲控制系统、数字控制系统视为离散系统的同义语。另外，保持器作为信号恢复的装置，其必要性在数字与模拟信号之间是显而易见的。因为数字量不能直接作用于模拟装置，而大多被控对象的输入、输出都是连续的模拟量。而对于脉冲控制器发出的脉冲序列，可称为离散模拟量，原则上说可以直接推动模拟装置，这时，增加保持器的原因主要是将 $e^*(t)$ 中的高频分量滤掉，否则相当于给系统连续部分加入了噪声，不但影响控制质量，严重时会加剧机械部件的磨损，因此需要在采样器后面串一个信号复现滤波器，使信号复原成连续信号之后再加到系统的连续部分。

2. 离散系统的优点

与连续系统相比，在很多场合，离散系统结构上比连续系统简单；离散系统检测部分具有较高的灵敏度；离散信号的传递可以有效地抑制噪声，从而提高了系统的抗干扰能力，同时信号传递和转换精度较高；数字控制器软件编程灵活，可方便地改变控制规律，控制功能强；可用一台计算机分时控制若干个系统，提高了设备利用率，经济性好；对于具有传输延迟，特别是大延迟的控制系统，可以引入采样的方式使其稳定。

8.2 采样过程和采样信号的复现

采样系统的主要特点是信号经过采样，将连续的原始信号经过采样器调制成采样信号，并导出采样信号的数学表达式和频谱表达式，凭借数学函数关系来研究系统的静、动态性能。但实际系统的控制对象都要用连续控制，否则将带入高频成分而使控制性能变坏，严重的甚至会损坏设备。因此，采样形式的信号还必须复现为连续信号，以便不断地控制被控对象，实现系统的自动控制。

1. 采样过程及采样函数的数学表达式

用采样器(或计算机)对某个物理量进行采样时，采样开关每隔一定时间 T 接通一次，接通时间为 τ，也就是说采样周期为 T，采样宽度为 τ。原始信号 $e(t)$ 经过采样器后，就把一个连续的时间信号变成了一串等周期、等宽度的脉冲信号，脉冲信号的幅值由原始信号相对应的时刻来确定，如图 8.5 所示。

由于开关闭合时间 τ 很小，远小于采样周期 T 及系统的最大时间常数，为简化问题把采样开关每次采样近似地用脉冲函数 $\delta(t)$ 来表示，称为理想采样过程。

理想采样信号用 $\delta(0),\delta(T)$，$\delta(2T),\cdots$，$\delta(nT)$ 这样一串单位脉冲函数序列表示。这一单位脉冲序列记作 $\delta_{\mathrm{T}}(t)$，有

$$\delta_{\mathrm{T}}(t)=\delta(t)+\delta(t-T)+\delta(t-2T)+\cdots+\delta(t-nT)=\sum_{n=-\infty}^{\infty}\delta(t-nT) \tag{8-1}$$

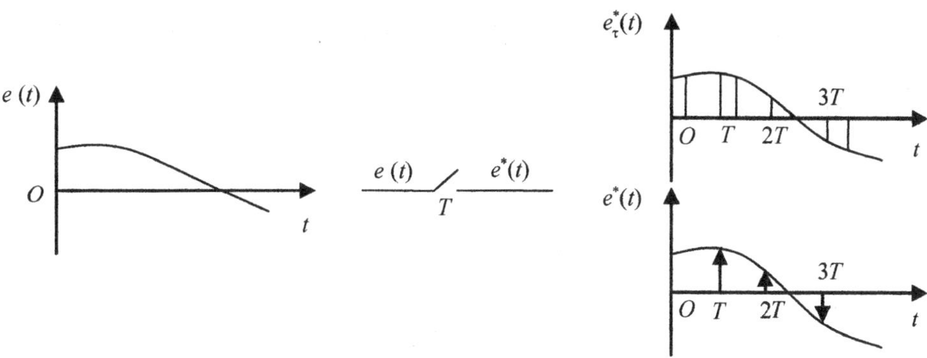

图 8.5　采样过程

采样过程可以看成是一个脉冲调制过程。理想的采样开关相当于一个理想单位脉冲序列发生器，它能够产生一系列单位脉冲，即

$$\begin{aligned} e_{\mathrm{p}}^{*}(t) &= e(0)[1(t)-1(t-\tau)]+e(T)[1(t-T)-1(t-T-\tau)] \\ &\quad +e(2T)[1(t-2T)-1(t-2T-\tau)]+\cdots \\ &= \sum_{k=0}^{\infty} e(kT)[1(t-kT)-1(t-kT-\tau)] \\ &= \sum_{k=0}^{\infty} e(kT)\tau\frac{1(t-kT)-1(t-kT-\tau)}{\tau} \end{aligned}$$

当$\tau \to 0$，上式可写成

$$e^{*}(t)=\sum_{k=0}^{\infty} e(kT)\delta(t-kT) \tag{8-2}$$

或

$$e^{*}(t)=e(t)\sum_{k=0}^{\infty}\delta(t-kT)=e(t)\delta_{\mathrm{T}}(t) \tag{8-3}$$

采样开关相当于一个单位脉冲发生器，采样信号的调制过程如图 8.6 所示。

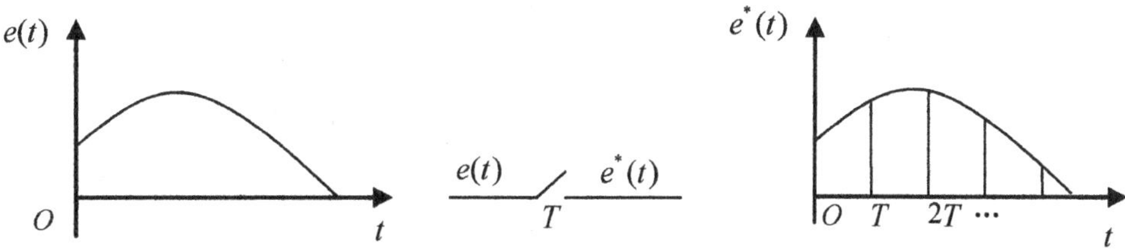

图 8.6　采样信号的调制过程

2. 采样定理

连续信号$e(t)$经采样后，所得采样信号$e^{*}(t)$只能给出采样点上的数值，而不知道各采样时刻之间的数值。因此从时域上看，其损失了原信号所包含的信息。怎样才能使采样信号$e^{*}(t)$大体上反映原信号$e(t)$变化的规律？定性地看，$e(t)$变化缓慢，其最大角频率$\omega_{\max}$较小。而采样周期小一些，角频率$\omega_{\mathrm{s}}=\dfrac{2\pi}{T}$就会大一些，$e^{*}(t)$就有可能基本上反映$e(t)$变化的

规律，再经过保持器就可复现原连续信号的形态。那么 ω_s 和 ω_{max} 间应保持怎样的关系呢？我们可以对连续函数和采样的频谱进行分析。

单位理想脉冲函数 $\delta_T(t)$ 是一个以 T 为周期的函数，因此可以用傅氏级数展开成复数形式。则有

$$e^*(t)=e(t)\delta_T(t)=e(t)\frac{1}{T}\sum_{k=0}^{\infty}e^{jk\omega_s t} \tag{8-4}$$

按照定义，$t-nT<0$，$\delta(t-nT)=0$，所以

$$E^*(s)=\frac{1}{T}\sum_{n=-\infty}^{\infty}E[s+jn\omega_s] \tag{8-5}$$

上式表明，采样函数的拉氏变换式 $E^*(s)$是以 ω_s 为周期的周期函数。另外，上式还表示了采样函数的拉氏变换式 $E^*(s)$与连续函数拉氏变换式 $E(s)$之间的关系。

通常，$E^*(s)$的全部极点均位于 s 平面的左半部，因此可用 $j\omega$代替上式中的复变量 s，直接求得采样信号的傅氏变换为

$$E^*(j\omega)=\frac{1}{T}\sum_{n=-\infty}^{\infty}E[j(\omega+n\omega_s)] \tag{8-6}$$

式(8-6)即为采样信号的频谱函数，它反映了离散信号频谱和连续信号频谱之间的关系。一般说来，连续函数的频谱是孤立的，其带宽是有限的，即上限频率为有限值，如图 8.7(a)所示。而离散函数 $e^*(t)$则具有以ω_s为周期的无限多个频谱，如图 8.7(b)所示。

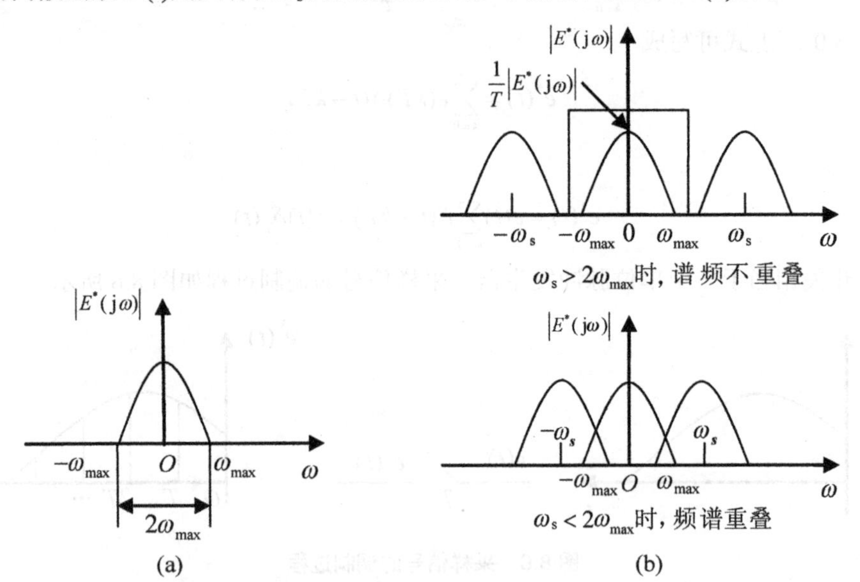

图 8.7 连续及离散信号的频谱

在离散函数的频谱中，n=0 的部分 $E(j\omega)/T$ 称为主频谱，它对应于连续信号的频谱。除了主频谱外，$E^*(j\omega)$还包含无限多个附加的高频频谱。为了准确复现采样的连续信号，必须使采样后的离散信号的频谱彼此不重叠，这样就可以用一个理想的低通滤波器滤掉全部附加的高频频谱分量，保留主频谱。

由图 8.7 可见，相邻两频谱互不重叠，应该满足$\omega_s \geqslant 2\omega_{max}$。这样如果把采样后的离散信号 $e^*(t)$加到如图 8.8(b)所示特性的理想滤波器上，则在滤波器的输出端将不失真地复现原连续信号(幅值相差 1 / T 倍)。倘若$\omega_s < 2\omega_{max}$，则会出现图 8.7 所示的相邻频谱的重叠现象，这时，即使用理想滤波器也不能将主频谱分离出来，因而就难以准确复现原有的连续信号。

综上所述，可以得到一条重要结论，为能保证复现原始函数，应使采样函数的频谱分量彼此互不“重叠”，即要求采样角频率ω_s必须满足一定的条件，即

$$\omega_s \geqslant 2\omega_{max} \tag{8-7}$$

这就是采样定理，又称香农定理。由于它给出了无失真地恢复原有连续信号的条件，所以成为设计采样系统的一条重要依据。这里仅提出了提供复原的最低要求，在实际使用中常取$\omega_s \geqslant 10\omega_{max}$更大。

3. 零阶保持器

要复现原信号还必须将采样信号中的高频分量即频谱的边带部分滤掉。理想滤波器是一个在$\omega=\omega_s/2$ 时锐截止的低通滤波器，它滤去一切高频而又保全了原信号的全部频谱(即主分量)，如图 8.8 所示。这种理想滤波器是得不到的，只能有性能接近的滤波器，一般采用保持器。

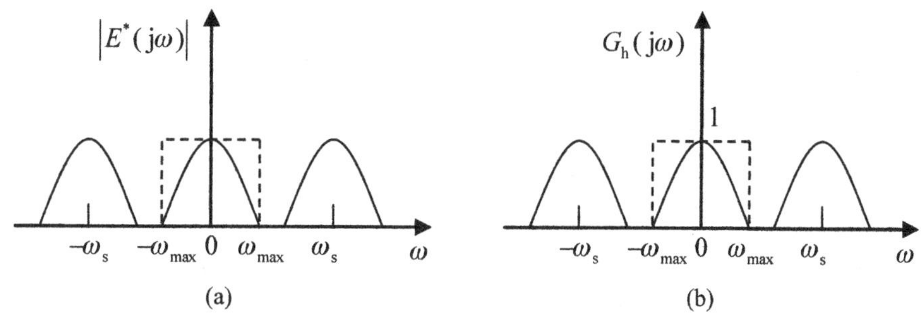

图 8.8　理想滤波器特性

保持器是一种延迟滤波器，它把采样时刻的信号值不变地保持到下一采样时刻，或是将此信号按线性函数、抛物线函数或其他时间函数关系推迟到下一采样时刻，根据所得特性不同，而分为零阶、一阶和高阶保持器，常用的以零阶保持器(ZOH)居多。

零阶保持器是把采样信号 $e^*(t)$中每一瞬时的采样值 $e(t+nT)$一直保持到下一个瞬时 $e[t+(n+1)T]$，使采样信号 $e^*(t)$变成阶梯波。如图 8.9 所示，由于常值外推，处在每个采样区间内的值为常数，其导数为零，故又称为零阶保持器。如果取阶梯波信号的每区间中点的连线作为保持器的输出 $h_o(t)$，可得到与原 $e(t)$形状一致的信号，但在时间上落后了$\dfrac{T}{2}$。由此可知零阶保持器将给系统带来相位滞后。

零阶保持器是采样系统的基本元件之一，下面分析其传递函数及频率特性。

零阶保持器的脉冲响应函数可以表示为

$$h(t)=\begin{cases}1 & (0<t<T)\\ 0 & (t\geqslant T)\end{cases} \tag{8-8}$$

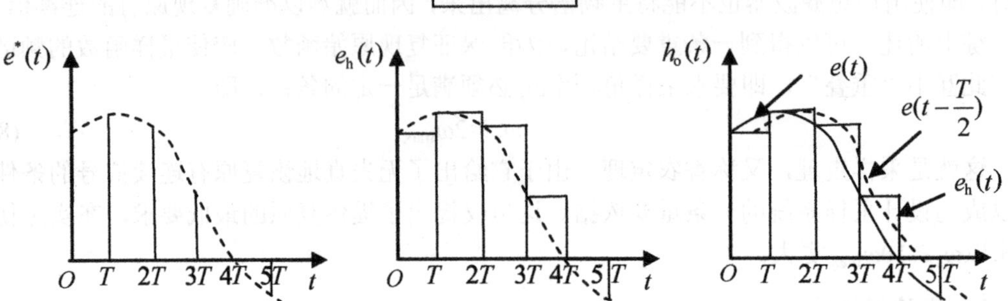

图 8.9　零阶保持器

为了计算方便，我们把脉冲响应函数分解为两个阶跃函数之和，即

$$h(t)=1(t)-1(t-T) \tag{8-9}$$

取拉氏变换得到

$$G_h(s)=\frac{1-e^{-st}}{s} \tag{8-10}$$

因此，零阶保持器的频率响应为

$$G_h(j\omega)=\frac{1-e^{-j\omega T}}{j\omega}=Te^{-j\omega\frac{T}{2}}\frac{\sin T/2}{\omega T/2} \tag{8-11}$$

图 8.10 所示为零阶保持器的幅频和相频特性，由图可知零阶保持器具有下列特点。

(1) 低通特性。由于幅频特性的幅值随频率值的增大而迅速衰减，说明零阶保持器基本上是一个低通滤波器，但与理想滤波器特性相比，在$\omega=\omega_s/2$，其幅值只有初值的 63.7%，且截止频率不止一个，所以零阶保持器除允许主要频谱分量通过外，还允许部分高频分量通过，从而导致数字控制系统的输出中存在纹波。

(2) 相角特性。由相频特性可见，零阶保持器要产生相角滞后，且随频率的增大而加大，在$\omega=\omega_s$时，相角滞后可达-180°，从而使闭环系统的稳定性变差。

(3) 时间滞后。零阶保持器的输出为阶梯信号 $e_h(t)$，其平均响应为 $e[t-(T/2)]$，表明输出比输入在时间上要滞后 $T/2$，相当于给系统增加一个延迟时间为 $T/2$ 的延迟环节，对系统稳定不利。

零阶保持器可近似以 RC 网络来实现。由于

$$e^{Ts}=1+Ts+\frac{1}{2!}T^2s^2+\cdots \tag{8-12}$$

故零阶保持器的展开式为

$$G_h(s)=\frac{1}{s}(1-e^{-Ts})=\frac{1}{s}(1-e^{\frac{1}{Ts}})\approx\frac{1}{s}(1-\frac{1}{1+Ts})=\frac{T}{1+Ts} \tag{8-13}$$

近似实现零阶保持器的 RC 网络如图 8.11 所示。

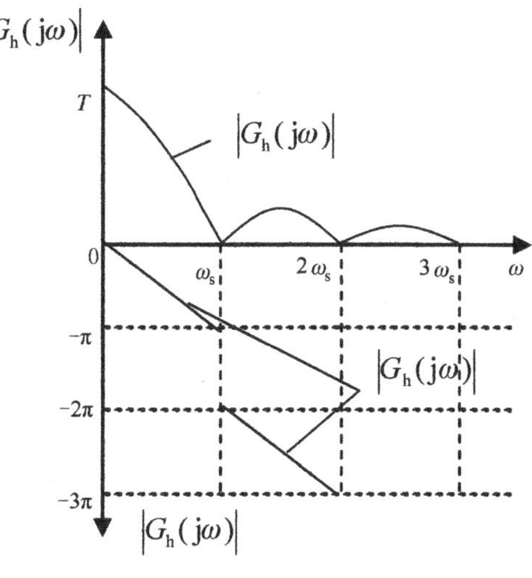

图 8.10 零阶保持器频率特性

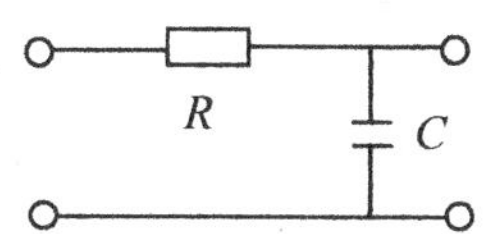

图 8.11 近似实现零阶保持器的 RC 网络

8.3 Z 变换

8.3.1 Z 变换的定义

在连续系统的分析中，采用微分方程和拉氏变换作为数学工具。而在采样系统中则是用差分方程和 Z 变换来描述与分析系统。Z 变换是由拉氏变换而来，属于一种线性坐标变换，它将差分方程化为代数方程，是分析采样系统的主要数学工具。$f(t)$ 经采样后的采样函数为

$$f^*(t) = \sum_{n=0}^{\infty} f(nT)\delta(t-nT)$$

其拉氏变换式为

$$L[f^*(t)] = F^*(s) = \sum_{n=0}^{\infty} f(nT)e^{-nTs} \tag{8-14}$$

它含有 e^{Ts} 因子，使运算很不方便。因此引入新的变量 z 以代换 e^{Ts}，即令

$$z = e^{Ts} \tag{8-15}$$

代入式(8-14)后得到

$$F^*(s) = \sum_{n=0}^{\infty} f(nT)z^{-n} = F(z) \tag{8-16}$$

式(8-16)定义为 $f^*(t)$ 的正变换，用 $F(z)$ 来表示。同样在正变换中称 $f^*(t)$ 为原函数，$F(z)$ 为其象函数。

注意：

(1) Z 变换是对连续函数采样后的采样函数 $f^*(t)$ 的拉氏变换，所以 $F(z)$ 不是也不可能对连续函数 $f(t)$ 取 Z 变换。由于 Z 变换只是在采样点上的信号起作用，所以有时也简

写成$F(z)=Z[f(t)]$。

(2) 由$F(z)$的表达式

$$F(z)=\sum_{n=0}^{\infty}f(nT)z^{-1}=f(0)+f(T)z^{-1}+f(2T)z^{-2}+\cdots \tag{8-17}$$

可以看出，它是一个对时间离散的函数，可以写成级数。$f(nT)$表示了幅值，$z^{-n}=e^{-nTs}$表示了时间。因此，$F(z)$包含了采样的量值和时间两个信息。

(3) 原函数$f^*(t)$和象函数$F(z)$之间的变换与反变换都是唯一的、一一对应的。但是连续函数$f(t)$和采样函数$f^*(t)$之间的对应关系却不是唯一的，有无穷多个。

8.3.2 Z变换方法

Z变换的方法很多，这里只介绍几种常用的方法。

1. 级数求和法

级数求和法是按照Z变换的定义将离散的Z变换展开成无穷级数的形式，然后直接进行级数求和运算，故称为直接法。

由于

$$F(z)=\sum_{n=0}^{\infty}f(nT)z^{-1}=f(0)+f(T)z^{-1}+f(2T)z^{-2}+\cdots$$

可见直接法展开是很容易的，不论连续函数$f(t)$为何种函数，只要将各采样时刻的值$f(kT)$求出，代入上式即可。但这只是完成了第一步，要达到方便运算的目的，必须将级数求和写成闭式。当然，这需要数学上的一定技巧，好在常用函数Z变换的级数形式都容易写成闭式。

【例 8-1】 求单位阶跃函数$1(t)$的Z变换。

解： 将$f(nT)=1(nT)=1$代入式(8-17)，得

$$1^*(t)=\sum_{n=0}^{\infty}1(nT)\delta(t-nT)=1\delta(t)+1\delta(t-T)+1\delta(t-2T)+\cdots+1\delta(t-nT)+\cdots$$

取Z变换，得

$$F(z)=1z^0+1z^{-1}+1z^{-2}+\cdots=1+z^{-1}+z^{-2}+\cdots$$

该式为一等比级数，所以

$$F(z)=\frac{1}{1-z^{-1}}=\frac{z}{z-1}\quad(|z|>1) \tag{8-18}$$

【例 8-2】 求指数函数e^{-at}的Z变换。

解： $F(z)=\sum_{k=0}^{\infty}f(kT)z^{-k}=1+e^{-aT}\cdot z^{-1}+e^{-2aT}\cdot z^{-2}+\cdots+e^{-kaT}\cdot z^{-k}+\cdots$

该式为一等比级数，所以

$$F(z)=\frac{1}{1+z^{-1}e^{-aT}}=\frac{z}{z-e^{-aT}}\qquad(|z|>e^{-aT}) \tag{8-19}$$

综上分析可见，通过级数求和法求取已知函数Z变换的缺点在于：需要将无穷级数写成闭式，这在某些情况下要求很高的技巧。但函数Z变换的无穷级数形式却具有鲜明的物

理含义，这又是 Z 变换无穷级数表达形式的优点。Z 变换本身便包含着时间概念，可由函数 Z 变换的无级数形式清楚地看出原连续函数采样脉冲序列的分布情况。

2．部分分式法

用部分分式法求 Z 变换时，首先要求出系统连续部分的传递函数，一般为有理分式。部分分式的一般形式为

$$F(s)=\sum_{i=1}^{n}\frac{Ai}{s+pi} \tag{8-20}$$

然后找出对应的原函数，并逐项进行 Z 变换，即可求得环节或系统的 Z 变换。

【例 8-3】 求 $F(s)=\dfrac{a}{s(s+a)}$ 的 Z 变换。

解： 用部分分式法展开得

$$F(s)=\frac{a}{s(s+a)}=\frac{1}{s}-\frac{1}{s+a}$$

求其原函数得

$$f(t)=1(t)-\mathrm{e}^{-\alpha t}$$

借助例 8-1、例 8-2 的结果，可得

$$F(z)=\frac{1}{1-z^{-1}}-\frac{1}{1-\mathrm{e}^{-aT}z^{-1}}=\frac{(1-\mathrm{e}^{-aT})z}{(z-1)(z-\mathrm{e}^{-aT})} \tag{8-21}$$

【例 8-4】 求 $\sin(at)$ 的 Z 变换。

解： 由拉普拉斯变换得

$$F(s)=\frac{a}{s^2+a^2}=\frac{-\dfrac{1}{2\mathrm{j}}}{s+\mathrm{j}a}+\frac{\dfrac{1}{2\mathrm{j}}}{s-\mathrm{j}a}$$

因为拉氏变换 $\dfrac{1}{s\pm\mathrm{j}a}$ 的函数为 $\mathrm{e}^{\mp\mathrm{j}at}$，它的 Z 变换为 $\dfrac{1}{1-\mathrm{e}^{-(\pm\mathrm{j}aT)}z^{-1}}$，故上式的 Z 变换为

$$F(z)=Z\left[\frac{a}{s^2+a^2}\right]=\frac{1}{2\mathrm{j}}\frac{1}{1-\mathrm{e}^{-\mathrm{j}aT}z^{-1}}+\frac{1}{2\mathrm{j}}\frac{1}{1-\mathrm{e}^{\mathrm{j}aT}z^{-1}}$$

整理得

$$F(z)=\frac{(\sin aT)z^{-1}}{1-(2\cos aT)z^{-1}+z^{-2}}=\frac{z\sin aT}{z^2-2z\cos aT+1} \tag{8-22}$$

3．留数计算法

已知连续信号 $f(t)$ 的拉氏变换 $F(s)$ 及它的全部极点，可用下列的留数计算公式求 $F(z)$。

$$F(z)=\sum_{i=1}^{n}\operatorname*{Res}_{s=s_i}\left[F(s)\frac{z}{z-\mathrm{e}^{Ts}}\right] \tag{8-23}$$

函数 $F(s)\dfrac{z}{z-\mathrm{e}^{Ts}}$ 在极点处的留数计算方法如下。

若 s_i 为单极点，则

$$\mathrm{Res}\left[F(s)\frac{z}{z-\mathrm{e}^{Ts}}\right]_{s\to s_i}=\lim_{s\to s_i}\left[(s-s_i)F(s)\frac{z}{z-\mathrm{e}^{Ts}}\right]$$

若 $F(s)\dfrac{z}{z-\mathrm{e}^{Ts}}$ 有 r_i 重极点 s_i，则

$$\mathrm{Res}\left[F(s)\frac{z}{z-\mathrm{e}^{sT}}\right]_{s\to s_i}=\frac{1}{(r_i-1)!}\lim_{s\to s_i}\frac{\mathrm{d}^{r_i-1}\left[(s-s_i)^{r_i}F(s)\dfrac{z}{z-\mathrm{e}^{sT}}\right]}{\mathrm{d}s^{r_i-1}}$$

【例 8-5】 已知系统传递函数为 $F(s)=\dfrac{1}{s(s+1)}$，应用留数计算法求 $F(z)$。

解： $F(s)$的极点为单极点 $s_1=0,\ s_2=-1$，故

$$\begin{aligned}F(z)&=\sum_{i=1}^{2}\mathrm{Res}_{s=s_i}\left[F(s)\frac{z}{z-\mathrm{e}^{sT}}\right]\\&=\mathrm{Res}_{s=s_1=0}\left[\frac{1}{s(s+1)}\frac{z}{z-\mathrm{e}^{Ts}}\right]+\mathrm{Res}_{s=s_2=-1}\left[\frac{1}{s(s+1)}\frac{z}{z-\mathrm{e}^{Ts}}\right]\\&=\lim_{s\to 0}\left[\frac{1}{s(s+1)}s\frac{z}{z-\mathrm{e}^{Ts}}\right]+\lim_{s\to -1}\left[\frac{1}{s(s+1)}(s+1)\frac{z}{z-\mathrm{e}^{Ts}}\right]\\&=\frac{z}{z-1}-\frac{z}{z-\mathrm{e}^{-T}}=\frac{z(1-\mathrm{e}^{-T})}{(z-1)(z-\mathrm{e}^{-T})}\end{aligned}$$

【例 8-6】 求 $f(t)=t\ (t>0)$的 Z 变换。

解：

$$F(s)=L[t]=\frac{1}{s^2}$$

$F(s)$有两个 $s=0$ 的极点，即 $s_1=0,\ r_1=2$，故

$$F(z)=\frac{1}{(2-1)!}\lim_{s\to 0}\frac{\mathrm{d}}{\mathrm{d}s}[s^2\frac{1}{s^2}\frac{z}{z-\mathrm{e}^{Ts}}]=\lim_{s\to 0}\frac{\mathrm{d}}{\mathrm{d}s}[\frac{z}{z-\mathrm{e}^{Ts}}]=\frac{Tz}{(z-1)^2}\tag{8-24}$$

本书附录Ⅲ中给出了常用函数的 Z 变换式，以备查用。

8.3.3 Z 变换的性质

Z 变换出自拉氏变换，所以它和拉氏变换相比有类似的性质，这些性质确定了原函数采样脉冲序列与象函数之间的关系。这里列举几种经常用到的基本性质。

1. 线性性质

若 $Z[x_1(t)]=X_1(z),\ Z[x_2(t)]=X_2(z)$，对于任何常数 a 和 b，则有

$$Z[ax_1(t)+bx_2(t)]=aX_1(z)+bX_2(z)\tag{8-25}$$

线性性质表明，Z 变换是一种线性变换，其变换过程满足叠加性和奇次性。

2. 延迟定理(实数位移定理)

若 $t<0$， $f(t)=0$， 则

$$Z\left[f(t-nT)\right]=z^{-n}F(z)\tag{8-26}$$

延迟定理说明：原信号在时域中延迟 n 个采样周期，相当于在象函数上乘以 z^{-n}。这可理解为，算子 z^{-n} 在时域中表示采样序列延迟 n 个采样周期，如图 8.12 所示。

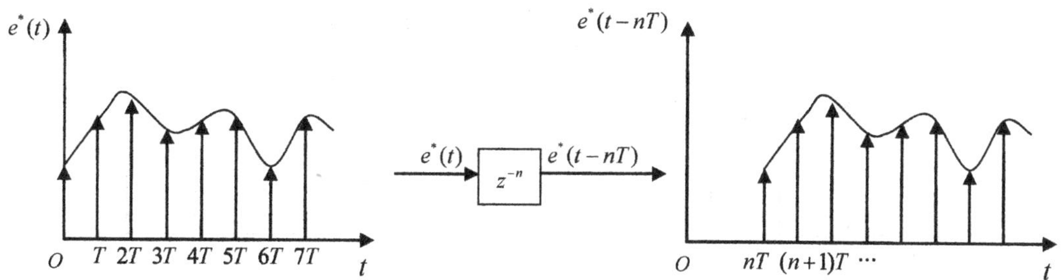

图 8.12　延迟定理

【例 8-7】　已知 $f(t)=1(t-T)$，求 Z 变换 $F(z)$。

解：利用延迟定理有

$$Z\left[1\left(t-T\right)\right]=z^{-1}Z\left[1\left(t\right)\right]=z^{-1}\frac{z}{z-1}=\frac{1}{z-1}$$

【例 8-8】　已知 $f(t)=t-T$，求 $F(z)$。

解：利用延迟定理有

$$Z\left[f(t)\right]=Z\left[nT-T\right]=z^{-1}Z\left[nT\right]$$

$$F(z)=z^{-1}\frac{Tz}{(z-1)^2}=\frac{T}{(z-1)^2}$$

3．超前定理

超前定理可用数学表达式表示为

$$Z\left[f(t+nT)\right]=z^{n}F(z)-z^{n}\sum_{m=0}^{n-1}f(mT)z^{-m} \tag{8-27}$$

采样序列在时间轴上向左平移若干个采样周期，称为超前。应注意的是，由于实际物理系统中，函数序列向左平移后，使超前于零时刻的 n 个采样值已不具备实际物理意义，实际序列仅剩 n 项之后的部分，故公式中将移到零时刻之前的前 n 项减去。如图 8.13 所示。

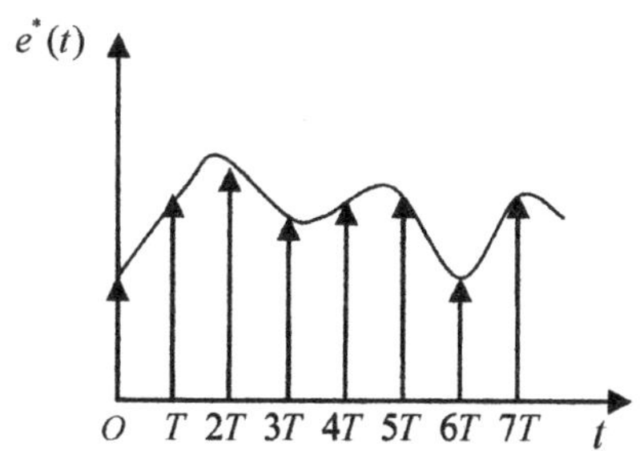

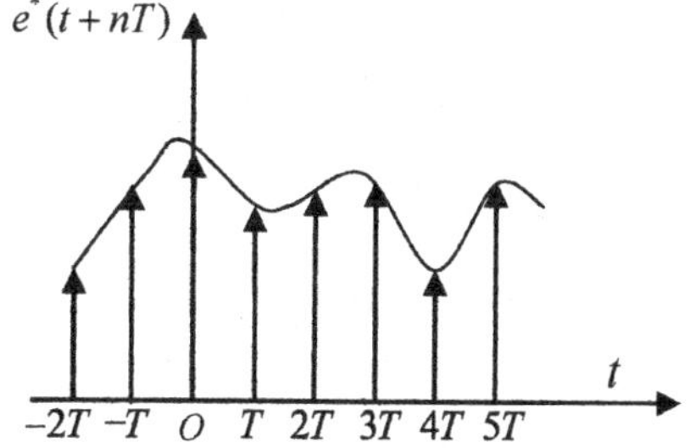

图 8.13　超前定理

若 $f(0T)=f(T)=f(2T)=\cdots=f\left[(n-1)T\right]=0$，则超前定理变成如下的形式

$$Z[f(t+nT)]=z^{n}F(z) \tag{8-28}$$

该定理表明原函数在时域中超前 n 个采样周期，相当于象函数乘以 z^n。显然算子 z^n 在时域中表示采样序列超前 n 个采样周期，如图 8.14 所示。

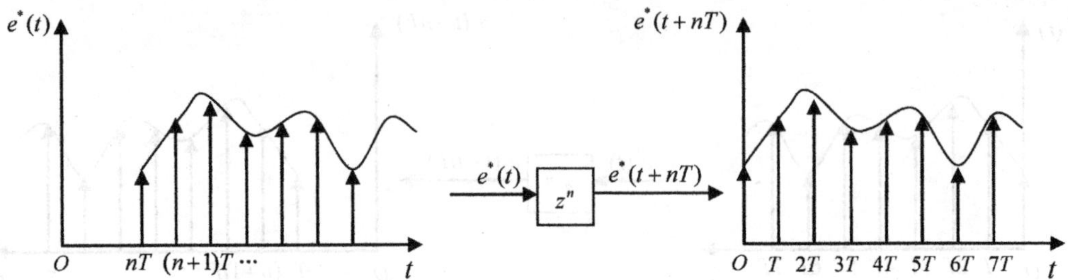

图 8.14　初值条件为零时的超前定理

超前与延迟定理同属于实数位移定理，相当于拉普拉斯变换中的微分与积分定理。可以将描述离散系统的差分方程转换为 Z 域中的代数方程，用代数方程来分析研究系统，是两个很重要的定理。我们将 $z^{\pm n}$ 理解为时域中的超前和滞后环节，仅限于运算上的意义，并不像微分和积分环节那样，在实际物理系统中真实存在。

4．复数位移定理

若 $F(z)=Z\left[f(t)\right]$，则

$$F(z\mathrm{e}^{\pm aT})=Z\left[\mathrm{e}^{\mp aT}f(t)\right] \tag{8-29}$$

复数位移定理的含义是函数 $f^*(t)$ 乘以指数序列 $\mathrm{e}^{\mp akT}$，则相应的 Z 变换等于原 Z 变换 $F(z)$ 的复变量 z 在 Z 平面上作了一个移位，称为变量 z_1，这一点与拉普拉斯变换的复数位移定理相似。

【例 8-9】 已知 $f(t)=t\mathrm{e}^{-at}$，求 $F(z)$。

解：因为

$$Z[t]=\frac{Tz}{(z-1)^2}$$

所以

$$Z\left[t\mathrm{e}^{-at}\right]=\frac{T(z\mathrm{e}^{aT})}{(z\mathrm{e}^{aT}-1)^2} \tag{8-30}$$

即先求 $Z[f(t)]$，再将 $z\to z\mathrm{e}^{-aT}$ 即可。

5．初值定理

若 $F(z)=Z\left[f(t)\right]$，且 $\lim\limits_{z\to\infty}F(z)$ 存在，则

$$f(0)=\lim_{z\to\infty}F(z) \tag{8-31}$$

【例 8-10】 求 $f(t)=\mathrm{e}^{-at}$ 的初值 $f(0)$。

解：由于

$$F(z)=\frac{z}{z-\mathrm{e}^{-aT}}$$

故

$$f(0)=\lim_{z\to\infty}\frac{z}{z-e^{-aT}}=\lim_{z\to\infty}\frac{1}{1-e^{-aT}z^{-1}}=1$$

6. 终值定理

若 $F(z)=Z\left[f(t)\right]$，而 $(1-z^{-1})F(z)$ 在 z 平面上以原点为圆心的单位圆的圆周上或圆外没有极点，则

$$\lim_{t\to\infty}f(t)=\lim_{z\to1}(z-1)F(z) \tag{8-32}$$

【例 8-11】 已知 $F(z)=\dfrac{0.79z^2}{(z-1)(z^2-0.416z+0.2)}$，求 $f(\infty)$。

解： 由终值定理

$$f(\infty)=\lim_{z\to1}(z-1)F(z)=\lim_{z\to1}(z-1)\frac{0.79}{z^2-0.416z+0.2}=\frac{0.79}{1-0.416+0.2}=1$$

8.3.4　Z 反变换

如果已知 Z 变换式，要求其原函数。这一变换过程通常称做 Z 反变换，记为

$$Z^{-1}[F(z)]=f^*(t) \tag{8-33}$$

由 Z 反变换得到的函数序列仍然是单边的，即当 $k<0$ 时，$f(kT)=0$。Z 反变换只能给出连续信号在采样时刻的数值，而不能在非采样时刻提供连续信号的有关信息。通过查 Z 变换表得到的连续函数 $f(t)$，从 Z 反变换的角度来说，只能是许多可能的答案之一，而不是唯一的答案。

Z 反变换一般有三种方法：因式分解法、长除法和反演积分法。现分别予以介绍。

1. 因式分解法(部分分式法)

先将变换式写成 $\dfrac{F(z)}{z}$，并展开成部分分式，然而再乘以 z 得 $F(z)$ 的希望展开式，最后逐项查表或用计算的方法求其反变换。下面举例来说明其具体处理方法。

【例 8-12】 求 $F(z)=\dfrac{z}{(z-1)(z-2)}$ 的反变换。

解： 按上述方法可得

$$\frac{F(z)}{z}=\frac{1}{(z-1)(z-2)}=-\frac{1}{z-1}+\frac{1}{z-2}$$

$$F(z)=\frac{z}{z-2}-\frac{z}{z-1}$$

可逐项查表求 Z 反变换，得到脉冲函数的闭合形式为

$$f^*(kT)=-1+2^k$$

也可写成脉冲序列函数形式，即

$$f^*(t)=\sum_{k=0}^{\infty}(-1+2^k)\delta(t-kT)$$

【例 8-13】 已知 Z 变换函数 $F(z)=\dfrac{(1-\mathrm{e}^{-\alpha T})z}{(z-1)(z-\mathrm{e}^{-\alpha T})}$，求 Z 反变换。

解：按上述因式分解方法，可得

$$\frac{F(z)}{z}=\frac{1-\mathrm{e}^{-\alpha T}}{(z-1)(z-\mathrm{e}^{-\alpha T})}=\frac{1}{z-1}-\frac{1}{z-\mathrm{e}^{-\alpha T}}$$

$$F(z)=\frac{z}{z-1}-\frac{z}{z-\mathrm{e}^{-\alpha T}}$$

所以，$f(t)=1-\mathrm{e}^{-\alpha t}$，则 $f(nT)=1-\mathrm{e}^{-\alpha nT}$，得到

$$f^*(t)=0+(1-\mathrm{e}^{-\alpha T})\delta(t-T)+(1-\mathrm{e}^{-2\alpha T})\delta(t-2T)+\cdots$$

2. 长除法

这种方法是直接用除法将 Z 变换式展开成按 z^{-1} 升幂排列的幂级数，然后与 Z 变换定义式对照再求反变换或查表得原函数的脉冲序列。

$F(z)$ 的一般形式为

$$F(z)=\frac{b_0z^m+b_1z^{m-1}+\cdots+b_m}{a_0z^n+a_1z^{n-1}+\cdots+a_n}\quad (n\geqslant m) \tag{8-34}$$

对上式用分母去除分子，并将商按 z^{-1} 升幂排列得

$$F(z)=c_0+c_1z^{-1}+c_2z^{-2}+\cdots+c_kz^{-k}+\cdots=\sum_{k=0}^{\infty}c_kz^{-k} \tag{8-35}$$

如果所得到的无穷级数是收敛的，则按 Z 变换定义式可知，式(8-37)中的系数 $c_k(k=0,1,2,\cdots)$ 就是采样脉冲序列 $f^*(t)$ 的脉冲强度 $f(kT)$。考虑到 $Z[\delta(t)]=1$，且有延迟定理知 $Z[\delta(t-nT)]=z^{-n}$，因此根据式(8-37)可以直接写出 $f^*(t)$ 的脉冲序列表达式为

$$f^*(t)=\sum_{k=0}^{\infty}c_k\delta(t-kT) \tag{8-36}$$

【例 8-14】 求 $F(z)=\dfrac{10z}{(z-1)(z-2)}$ 的 Z 反变换。

解：将 $F(z)$ 表示为

$$F(z)=\frac{10z}{(z-1)(z-2)}=\frac{10z}{z^2-3z+2}$$

用长除法得

$$\begin{array}{r}
10z^{-1}+30z^{-2}+70z^{-3}\\
z^2-3z+2\;\big)\;10z\qquad\qquad\qquad\\
10z-30+20z^{-1}\qquad\\
\hline
30-20z^{-1}\qquad\\
30-90z^{-1}+60z^{-2}\\
\hline
70z^{-1}-60z^{-2}\\
\cdots\;\cdots\;\cdots
\end{array}$$

所以

$$F(z)=100z^{-1}+30z^{-2}+70z^{-3}+\cdots$$

则其脉冲序列为

$$f^*(t)=0+10\delta(t-T)+30\delta(t-2T)+70\delta(t-3T)+\cdots$$

3．反演积分法

直接利用反演积分公式

$$f(nT)=\frac{1}{2\pi}\oint_{\Gamma}F(z)z^{n-1}\mathrm{d}z=\sum_{i=1}^{n}\mathrm{Res}[F(z)z^{n-1}] \tag{8-37}$$

【例 8-15】 求$F(z)=\dfrac{10z}{(z-1)(z-2)}$的反变换，即求$f^*(t)$。

解： 由于$F(z)z^{k-1}=\dfrac{10z^k}{(z-1)(z-2)}$，利用留数公式得

$$f(kT)=\left.\frac{10z^k}{z-1}\right|_{z=2}+\left.\frac{10z^k}{z-2}\right|_{z=1}=10(-1+2^k)$$

或写为

$$f^*(t)=0+10\delta(t-T)+30\delta(t-2T)+70\delta(t-3T)+\cdots$$

8.4 离散系统的数学模型

对离散系统进行分析研究，也首先要建立它的数学模型。和连续系统相类似，对于线性定常离散系统，经典控制理论讨论的时域数学模型是差分方程，复数域模型是 Z 传递函数。由于都属于线性系统，因此两者在数学模型形式、分析计算方法、物理意义理解方面都有很大的相似性。在学习的过程中，只要把握两者之间的共同点和不同点，就会达到事半功倍的效果。

8.4.1 差分方程

作为描述离散系统各变量之间动态关系的数学表达式，差分方程与连续系统的微分方程相对应。在连续系统中，变量的变化率用微分来描述。在离散系统中，由于采样时间的离散性，要描述脉冲序列随时间的变化规律，只能采用差分的概念。

1．差分的定义

所谓差分，对采样信号来说，指两相邻采样脉冲之间的差值。一系列差值变化的规律，可反映出采样信号的变化趋势。根据是按序列数减小的方向取差值，还是按增大的方向取差值，差分又分为前向差分和后向差分。

所谓前向差分是指现在时刻采样值 $f(k)$ 与将来 n 时刻采样值 $f(k+n)$ 之间的差值关系。一阶前向差分定义为

$$\Delta f(kT)=f[(k+1)T]-f(kT) \tag{8-38}$$

式中，$\Delta f(kT)$ 表示采样信号 $f^*(t)$ 在 kT 时刻的一阶前向差分，它等于下一时刻的采样值 $f[(k+1)]T$ 与本时刻采样值 $f(kT)$ 之差，如图 8.15 所示。由于采样周期 T 是一个常数，为方便起见，经常省略，式(8-38)可写成

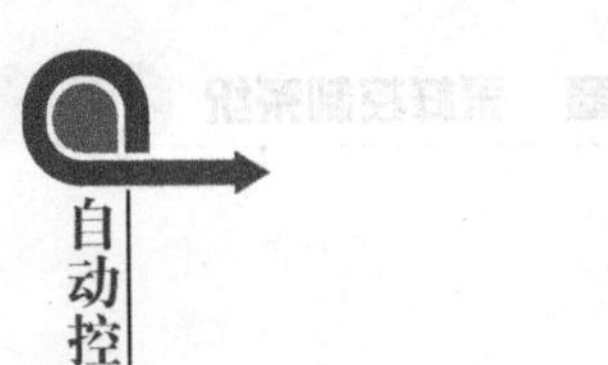

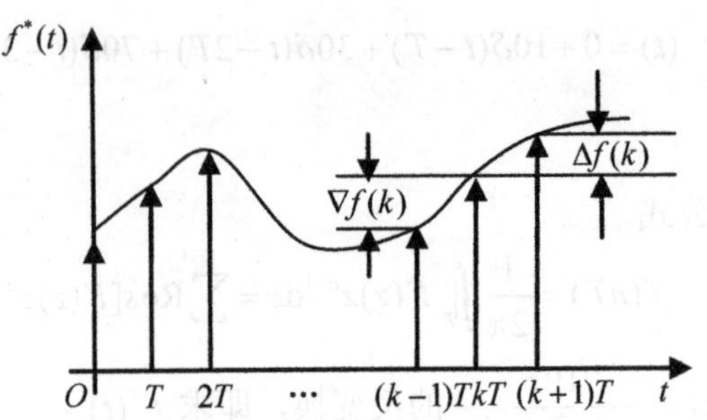

图 8.15　前向和后向差分示意图

$$\Delta f(k)=f(k+1)-f(k) \tag{8-39}$$

二阶前向差分定义为

$$\begin{aligned}\Delta^2 f(k)&=\Delta[\Delta f(k)]=\Delta[f(k+1)-f(k)]\\&=\Delta f(k+1)-\Delta f(k)=f(k+2)-f(k+1)-[f(k+1)-f(k)]\\&=f(k+2)-2f(k+1)+f(k)\end{aligned}$$

即

$$\Delta^2 f(k)=f(k+2)-2f(k+1)+f(k) \tag{8-40}$$

同理n阶前向差分定义为

$$\Delta^n f(k)=\Delta^{n-1}f(k+1)+\Delta^{n-1}f(k) \tag{8-41}$$

后向差分是指现在时刻采样值$f(k)$与过去n时刻采样值$f(k-n)$之间的差值关系。一阶后向差分定义为

$$\nabla f(k)=f(k)-f(k-1) \tag{8-42}$$

二阶后向差分定义为

$$\begin{aligned}\nabla^2 f(k)&=\nabla[\nabla f(k)]=\nabla[f(k)-f(k-1)]\\&=\nabla f(k)-\nabla f(k-1)=[f(k)-f(k-1)]-[f(k-1)-f(k-2)]\\&=f(k)-2f(k-1)+f(k-2)\end{aligned}$$

即

$$\nabla^2 f(k)=f(k)-2f(k-1)+f(k-2) \tag{8-43}$$

同理n阶后向差分定义为

$$\nabla^n f(k)=\nabla^{n-1}f(k)+\nabla^{n-1}f(k-1) \tag{8-44}$$

差分表示离散信号变化趋势，每一个采样时刻的脉冲值，对将来n个时刻的脉冲都有影响，这叫前向效应。同样，每一个采样时刻的脉冲值，过去n个时刻的脉冲对其都有影响，这叫后向效应。阶次越高，沿时间轴前推或后推的节拍越多。从差分的定义式来看，n阶差分的展开式是前向或后向的n个采样值的线性组合。这种组合关系，说明了各节拍之间的联系，也反映了变量变化的规律。

2．线性常系数差分方程

设单输入单输出线性定常离散控制系统如图 8.16 所示。要建立其动态数学模型，需用差分方程来描述。也就是说，方程中除了变量本身外，还有其各阶差分，表现为n个采样

时刻变量的线性组合。这种关系可用n阶后向差分方程表示为

$$c(k)+a_1c(k-1)+a_2c(k-2)+\cdots+a_nc(k-n)=b_0r(k)+b_1r(k-1)+\cdots+b_mr(k-m) \tag{8-45}$$

式中，$a_i(i=1,2,\cdots,n)$、$b_j(j=1,2,\cdots,m)$为常数，$m\leqslant n$。

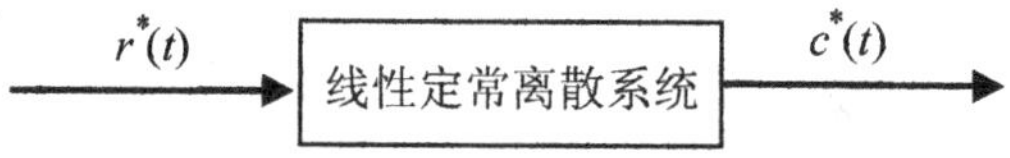

$r^*(t)$ → 线性定常离散系统 → $c^*(t)$

图 8.16 离散控制系统

从物理意义上来看，离散系统在k时刻的输出信号$c(k)$不但与k时刻的输入$r(k)$有关，而且与k时刻以前的输入$r(k-1),r(k-2),\cdots$有关，同时还与k时刻以前的输出$c(k-1),c(k-2),\cdots$有关，这种关系可以写成下列递推形式：

$$c(k)=\sum_{j=0}^{m}b_jr(k-j)-\sum_{i=0}^{n}a_ir(k-i) \tag{8-46}$$

式(8-46)实际上是一个迭代求解公式，特别适合于用迭代算法在计算机上求解。从这点上来看，离散系统用计算机分析计算求解，比连续系统方便得多。

式(8-46)称为n阶线性常系数差分方程，同样道理，线性定常离散系统也可以用n阶前向差分方程来描述，即

$$\begin{aligned}&c(k+n)+a_1c(k+n-1)+a_2c(k+n-2)+\cdots+a_nc(k)\\&=b_0r(k+m)+b_1r(k+m-1)+\cdots+b_mr(k)\end{aligned} \tag{8-47}$$

上式也可写成递推的形式，即

$$c(k+n)=\sum_{j=0}^{m}b_jr(k+m-j)-\sum_{i=0}^{n}a_ir(k+n-i) \tag{8-48}$$

线性常系数差分方程是线性定常离散系统的数学模型。它与线性定常连续系统一样，满足叠加原理和具有时不变特性，这为分析和设计系统提供了很大的方便。

3. 差分方程的解法

线性差分方程是离散控制系统的数学模型，通过对方程的求解，可以分析和设计离散控制系统，常系数线性差分方程的求解方法在时域有经典法和迭代法，在复数域有Z变换法。与微分方程的经典法类似，差分方程的求解也要分别求出齐次方程的通解和非齐次方程的特解，还要根据n个初始条件联立求解方程组，以获得n个待定系数，计算难度较大。而迭代法是一种简单直接的解法，特别适合计算机编程求解。

用Z变换解线性常系数差分方程与用拉普拉斯变换解微分方程是类似的。用Z变换解差分方程的实质，是通过Z变换来简化函数、简化运算、将差分方程化成代数方程，通过代数运算及查表的方法来求出输出序列$c(k)$，如图 8.17 所示。

用经典法求解差分方程要根据初始条件来确定n个待定系数，当阶次很高时，求联立方程是一件较麻烦的事，而用Z变换将差分方程转化为代数方程时，初始条件便自动地包含在代数表达式中。另外，Z变换对于系统分析与设计上带来的方便，与拉普拉斯变换法有相同之处。

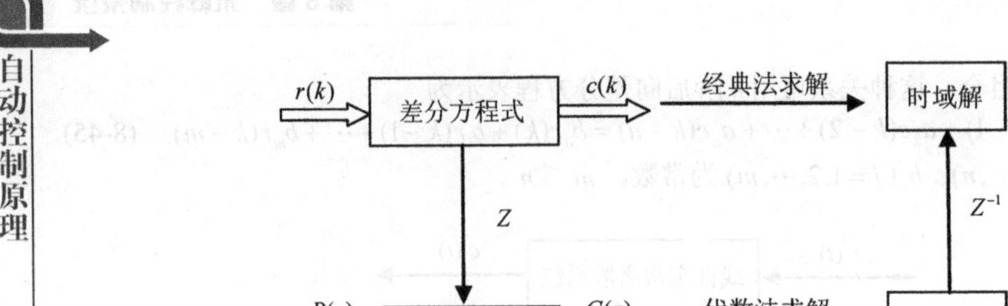

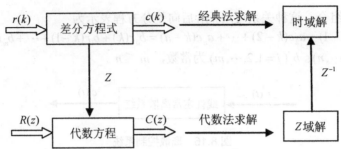

图 8.17　差分方程求解的方法

Z 变换法求差分方程的一般步骤如下。

(1) 利用 Z 变换的超前或延迟定理对差分方程两边进行 Z 变换，代入相应的初始条件，化成复变量 Z 的代数方程。

(2) 求出代数方程的解 $C(z)$。

(3) 通过查 Z 变换表，对 $C(z)$ 求 Z 反变换，得出解 $c(kT)$ 或 $c^*(t)$。

【例 8-16】 已知二阶离散系统前向差分方程为

$$c(k+2)-5c(k+1)+6c(k)=r(k)$$

输入信号 $r(k)=1(k)=1$，初始条件 $c(0)=6$，$c(1)=25$，求响应 $c^*(t)$。

解： 对方程两端取 Z 变换，得

$$[z^2C(z)-z^2c(0)-zc(1)]-5[zC(z)-zc(0)]+6C(z)=R(z)$$

代入已知数据

$$R(z)=Z[1(t)]=\frac{z}{z-1},\ \ c(0)=6,\ \ c(1)=25$$

得

$$z^2C(z)-6z^2-25z-5zC(z)+30z+6C(z)=\frac{z}{z-1}$$

解代数方程得

$$C(z)=\frac{z(6z^2-11z+6)}{(z^2-5z+6)(z-1)}$$

因为

$$\frac{C(z)}{z}=\frac{6z^2-11z+6}{(z-1)(z-2)(z-3)}=\frac{0.5}{z-1}-\frac{8}{z-2}-\frac{13.5}{z-3}$$

所以

$$C(z)=\frac{0.5z}{z-1}-\frac{8z}{z-2}-\frac{13.5z}{z-3}$$

查表得

$$c(k)=0.5-8(2^k)+13.5(3^k)\quad (k=0,1,2,\cdots)$$

$$c^*(t)=\sum_{k=0}^{\infty}c(k)\delta(t-kT)=\sum_{k=0}^{\infty}[0.5-8(2^k)+13.5(3^k)]\delta(t-kT)$$

此结果与迭代法算出的结果完全相同。

8.4.2 脉冲传递函数的定义

在连续系统的研究中，传递函数是基于拉普拉斯变换下的一种复数域数学模型，它比时域中的微分方程应用更加方便，是研究控制系统性能的重要工具。同样，在离散控制系统中，可以通过 Z 变换的方式，建立起复数域的数学模型，可称为 Z 传递函数。它具有的特点及对分析、设计离散系统所带来的方便，与传递函数的特点相类似。

由于任何信号经过采样后都变成了脉冲序列，所以对系统来说，接收的信号均为脉冲信号这一形式，故又称 Z 传递函数为脉冲传递函数。当然，这种叫法主要表示离散系统的信号特征，实际上，作为一种数学模型，是不依赖输入信号而仅仅取决于对象本身的，脉冲传递函数也不例外。

与连续系统相类似，在线性离散系统中，我们把初始条件为零的条件下系统(或环节)的输出离散信号的 Z 变换与输入离散信号的 Z 变换之比，定义为脉冲传递函数，又称为 Z 传递函数，即

$$G(z)=\frac{Y(z)}{X(z)} \tag{8-49}$$

脉冲传递函数是离散系统的一个重要概念，是分析离散系统的有力工具。

需要说明的是，在采样系统中，其输出的物理量往往是时间的连续函数，而按脉冲传递函数的定义其输出量为采样时刻的量，所以这里所求的传递函数是以输出的采样作为输出的。相当于在输出端也存在采样开关，这仅仅是为了求取传递函数才这样考虑的。如图 8.18 所示，图中输出端的采样开关一般是假想的，所以以虚线表示，其连接虚线仅表示其采样时间上一致，并不表示其信号之间有任何传递关系。

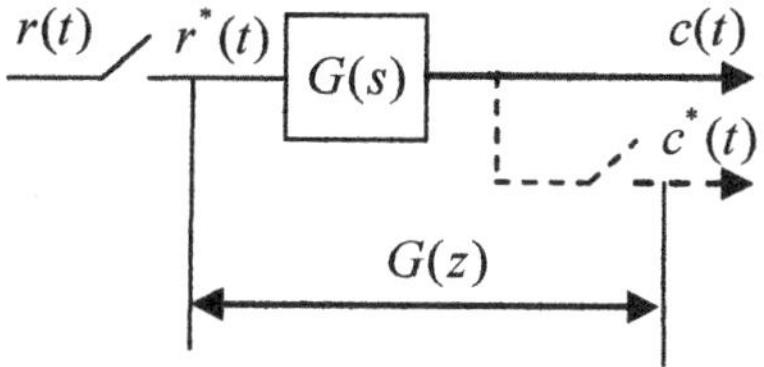

图 8.18 采样系统脉冲传递函数

为了从概念上掌握脉冲传递函数的意义，下面从单位脉冲响应出发，推导脉冲传递函数公式。

连续系统中，系统的传递函数可以定义为单位脉冲响应的拉氏变换。采样系统中也可按此定义。采样系统中输入信号被采样，即

$$x_{\mathrm{i}}^*(t)=x_{\mathrm{i}}(0)\delta(t)+x_{\mathrm{i}}(T)\delta(t-T)+x_{\mathrm{i}}(2T)\delta(t-2T)+\cdots$$

脉冲响应为

$$x_{\mathrm{o}}^*(t)=\sum_{m=0}^{\infty}x_{\mathrm{i}}(mT)g(t-mT) \tag{8-50}$$

求 Z 变换得

$$X_{\mathrm{o}}(z)=\sum_{n=0}^{\infty}\left\{\sum_{m=0}^{\infty}x_{\mathrm{i}}(mT)g(nT-mT)\right\}z^{-n} \tag{8-51}$$

令 $k=n-m$，有

$$X_{\mathrm{o}}(z)=\sum_{k=-m}^{\infty}\sum_{m=0}^{\infty}x_{\mathrm{i}}(mT)g(kT)z^{-m+k}=\sum_{k=0}^{\infty}g(kT)z^{-k}\sum_{m=0}^{\infty}x_{\mathrm{i}}(mT)z^{-m}=G(z)X_{\mathrm{i}}(z)$$

所以脉冲传递函数为

$$G(z)=\frac{X_{\mathrm{o}}(z)}{X_{\mathrm{i}}(z)} \tag{8-52}$$

采样系统的脉冲传递函数及其脉冲响应可以用图 8.19 形象地表示出来。

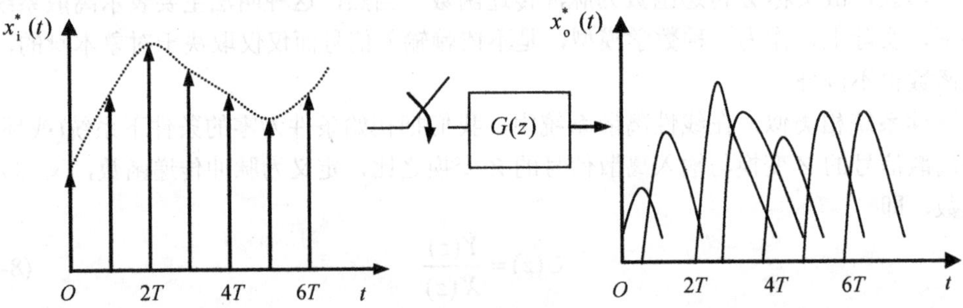

图 8.19　采样系统的脉冲响应

8.4.3　采样系统的结构图

采样系统结构图的绘制方法与连续系统基本相同，其差别仅在于某些位置增加了采样器。由于脉冲传递函数和传递函数在定义上完全相同，因此在进行结构图的简化变换时所遵循的等效原则是一致的，即变换前后信号要完全等效。但由于系统中连续信号和离散信号并存，简化法则不再与连续系统相一致。由于采样开关的数目和位置不同，化简后求出的脉冲传递函数也会截然不同。

1. 串联环节的脉冲传递函数

1) 环节串联

采样系统在开环状态下的结构图，可以归纳为两种典型的形式：图 8.20(a)所示为两个串联环节之间没有采样开关的情形，图 8.20(b)所示为串联环节之间具有采样开关的系统。

两个串联环节之间不带采样开关时，其输入与输出的关系为

$$X_{\mathrm{i}}(s)G_1(s)G_2(s)=X_{\mathrm{o}}(s)$$

对上式输出采样并进行 Z 变换之后得

$$X_{\mathrm{i}}(z)G_1G_2(z)=X_{\mathrm{o}}(z)$$

式中，$G_1G_2(z)$ 为两个环节串联以后再采样的总的 Z 变换。

所以，传递函数为

$$G(z)=\frac{X_{\mathrm{o}}(z)}{X_{\mathrm{i}}(z)}=G_1G_2(z) \tag{8-53}$$

对于图 8-20(b)所示的情况就不同了，第一个环节的输出经过采样以后才送给第二个环节，因此每个环节之间都是采样值，即

$$X_{\mathrm{i}}(s)G_1(s)=X_{\mathrm{o1}}(s)$$

等式两边采样并求得其 Z 变换，得到

$$X_i(z)G_1(z)=X_{o1}(z)$$

也常写成

$$Z\left[X_i^*(s)G_1(s)\right]=Z\left[X_{o1}^*(s)\right]$$

对第二个环节而言

$$X_{o1}^*(s)G_2(s)=X_o(s)$$

经采样和 Z 变换以后得

$$X_{o1}(z)G_2(z)=X_o(z)$$

整个系统的输入和输出之间的关系为

$$X_i(z)G_1(z)G_2(z)=X_o(z)$$

所以

$$G(z)=\frac{X_o(z)}{X_i(z)}=G_1(z)G_2(z) \tag{8-54}$$

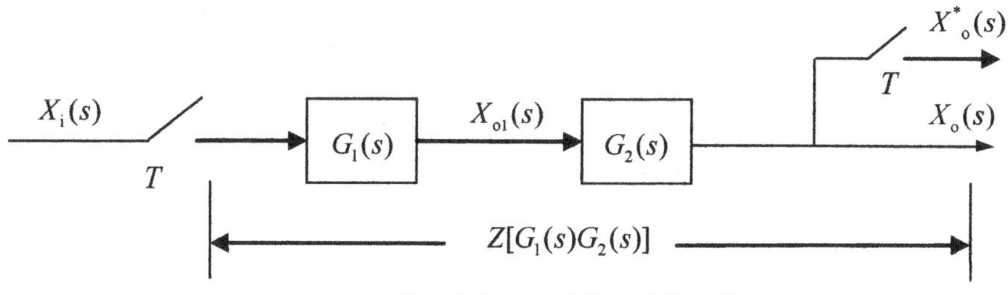

(a) 串联环节之间无采样开关的系统

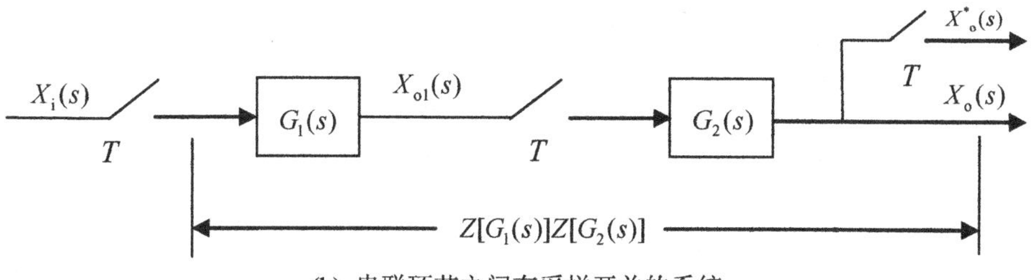

(b) 串联环节之间有采样开关的系统

图 8.20　串联环节系统

由此可见，凡有采样开关隔开的两个串联环节的脉冲传递函数，等于各自的脉冲传递函数的乘积。当没有采样开关隔开时，则应将两个环节串联以后再求其脉冲函数。

$$G_1(z)G_2(z)\neq G_1G_2(z)$$

这点请务必注意。

【例 8-17】 已知 $G_1(s)=\dfrac{1}{s}$，$G_2(s)=\dfrac{a}{s+a}$，求 $G_1G_2(z)$ 及 $G_1(z)G_2(z)$。

解： $G_1G_2(z)=Z[G_1(s)G_2(s)]=Z\left[\dfrac{a}{s(s+1)}\right]=Z\left[\dfrac{1}{s}-\dfrac{1}{s+a}\right]$

$$=\frac{z}{z-1}-\frac{z}{z-\mathrm{e}^{-aT}}=\frac{(1-\mathrm{e}^{-at})z^{-1}}{(1-z^{-1})(1-\mathrm{e}^{-at}z^{-1})}$$

$$G_1(z)G_2(z)=Z[G_1(s)]Z[G_2(s)]=Z\left[\frac{1}{s}\right]Z\left[\frac{a}{s+a}\right]$$

$$=\frac{z}{z-1}\frac{z}{z-\mathrm{e}^{-at}}=\frac{a}{(1-z^{-1})(1-\mathrm{e}^{-at}z^{-1})}$$

此题证明了以上的分析。

2) 零阶保持器和环节串联

零阶保持器作为一个常见的连续环节，与其他环节的串联如图 8.21 所示。与普通连续环节串联不同的是，零阶保持器的传递函数中含有超越函数，不能直接用前面的方法求 $G(z)$。

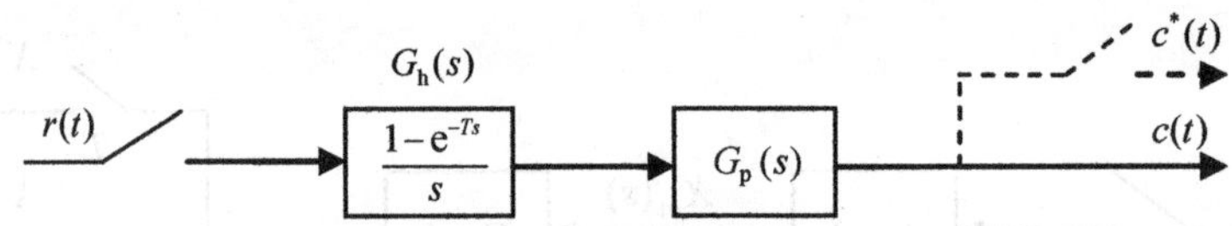

图 8.21　零阶保持器和环节串联

因为

$$G_h(s)G_p(s)=\frac{1-\mathrm{e}^{-sT}}{s}G_p(s)=(1-\mathrm{e}^{-sT})\frac{G_p(s)}{s}$$

$$=\frac{G_p(s)}{s}-\mathrm{e}^{-sT}\frac{G_p(s)}{s}=G_1(s)-G_2(s)$$

$$=G_1(s)-\mathrm{e}^{-sT}G_1(s)$$

由于 e^{-sT} 是一个延迟环节，所以 $G_2(s)$ 所对应的原函数比 $G_1(s)$ 对应的原函数延迟了一个采样周期 T，根据延迟定理和串联环节 Z 变换方法，可得

$$G(z)=Z[G_h(s)G_p(s)]=Z[G_1(s)]-z^{-1}\,Z[G_1(s)]$$

$$=(1-z^{-1})\,Z[G_1(s)]=(1-z^{-1})Z\left[\frac{G_p(s)}{s}\right]$$

即

$$G(z)=(1-z^{-1})Z\left[\frac{G_p(s)}{s}\right] \tag{8-55}$$

【例 8-18】 已知有零阶保持器的系统如图 8.21 所示，其中

$$G_p(s)=\frac{10}{s(s+10)}$$

试求开环脉冲传递函数。

解： 按零阶保持器和环节串联 Z 变换方法，有

$$G(z)=Z\left[\frac{1-\mathrm{e}^{-sT}}{s}\cdot\frac{10}{s(s+10)}\right]$$

$$=(1-z^{-1})Z\left[\frac{10}{s^2(s+10)}\right]=(1-z^{-1})Z\left[-\frac{0.1}{s}+\frac{1}{s^2}+\frac{0.1}{s+10}\right]$$

$$=(1-z^{-1})\left[-\frac{0.1z}{z-1}+\frac{Tz}{(z-1)^2}+\frac{0.1z}{z-\mathrm{e}^{-10T}}\right]$$

$$=\frac{(T-0.1+0.1\mathrm{e}^{-10T})z+(0.1-T\mathrm{e}^{-10T}-0.1\mathrm{e}^{-10T})}{(z-1)(z-\mathrm{e}^{-10T})}$$

可以看到，零阶保持器不断增加系统的阶次，不改变系统开环极点，只影响开环零点。

3) 连续信号进入连续环节时的情况

当采样开关的位置没有配置在系统的输入端，而是在系统中间环节之间，如图 8.22 所示，输入信号未经采样直接进入 $G_1(s)$，这时串联环节等效的 Z 变换要根据定义推求。

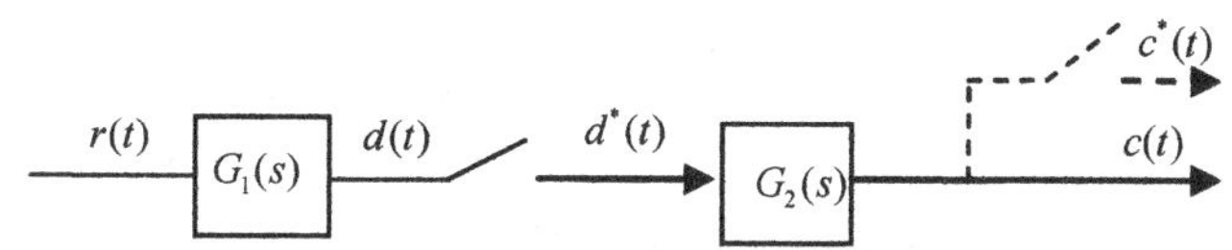

图 8.22　连续信号进入连续环节

系统输出 $c(t)$ 的拉普拉斯变换为

$$C(s)=G_2(s)G_1(s)R(s)$$

对输出离散化得

$$C^*(s)=[G_2(s)G_1(s)R(s)]^*=G_2^*(s)G_1R^*(s)$$

进行 Z 变换得

$$C(z)=G_2(z)G_1R(z) \tag{8-56}$$

式中，$G_1R(z)$ 为 $G_1(s)R(s)$ 乘积的 Z 变换。

由于 $R(s)$ 是连续函数的拉普拉斯变换，且没有被采样，故不能单独进行 Z 变换，这时表示不出 $C(z)/R(z)$ 的形式，只能求出输出的 Z 变换表达式 $C(z)$，而不能得到 $G(z)$。

2．并联环节的脉冲传递函数

在连续系统中，并联环节的传递函数等于各个环节传递函数之和。在并联环节的脉冲传递函数的求取中，由于 Z 变换和拉普拉斯变换均具有线性性质，所以此法则仍然成立。和环节串联一样，由于采样开关的配置不同，在离散系统中，环节并联的情况也不是唯一的。

1) 各环节均为独立的离散环节

设两个环节并联的系统如图 8.23(a)所示，按照信号的等效性，可以将采样开关等效设置为图 8.23(b)所示的形式，则有

$$C(z)=C_1(z)+C_2(z)=G_1(z)R(z)+G_2(z)R(z)=[G_1(z)+G_2(z)]R(z)$$

所以

$$G(z)=G_1(z)+G_2(z) \tag{8-57}$$

上述关系容易推广到 n 个环节并联时的情况。

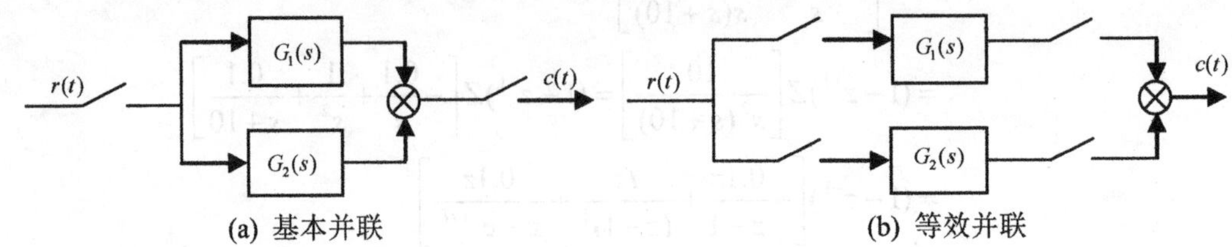

(a) 基本并联　　(b) 等效并联

图 8.23　两个环节并联

2) 并联环节中有的支路没有采样开关

设两个环节并联的系统如图 8.24 所示，其中第二个环节的支路没有采样开关，则有

$$C(z) = C_1(z) + C_2(z) = G_1(z)R(z) + Z[G_2(s)R(s)]$$
$$= G_1(z)R(z) + G_2R(z)$$

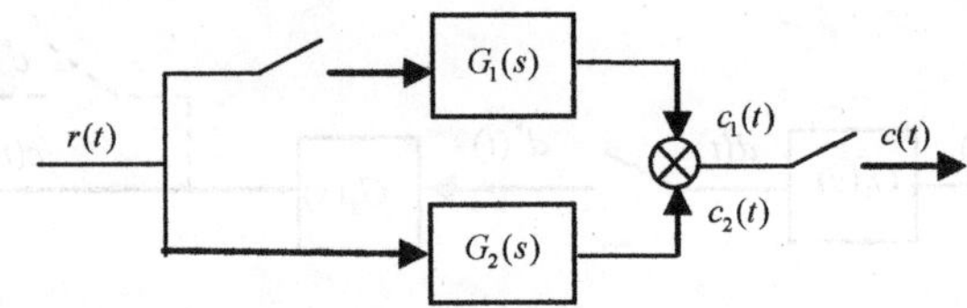

图 8.24　两个环节其他并联方式

由于第二项中 $R(z)$独立不出来，此时写不出比值 $C(z)/R(z)$，因此只能写出系统输出的 Z 变换 $C(z)$，此时两条支路不能合并，写不出等效脉冲传递函数 $G(z)$ 。

8.4.4　闭环系统的传递函数

采样系统的闭环传递函数和连续系统一样，可以求给定输入和扰动输入的脉冲传递函数。应该注意的是，闭环脉冲传递函数与开环脉冲函数一样，与采样开关的位置有关。

假设闭环采样系统如图 8.25 所示。系统内只对误差信号进行采样。

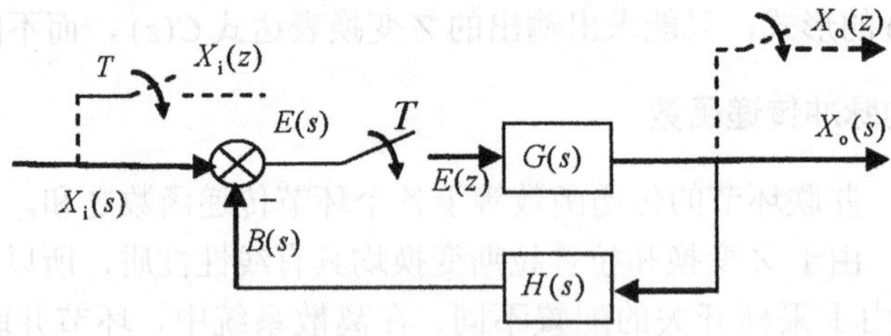

图 8.25　闭环采样系统

根据系统图可写出输出函数的拉氏变换为

$$X_o(s) = G(s)E^*(s)$$

误差信号的拉氏变换为

$$E(s) = X_i(s) - B(s) = X_i(s) - H(s)X_o(s)$$

联立两式后得

$$E(s) = X_i(s) - H(s)G(s)E^*(s)$$

对应的离散形式为

$$E^*(s)=X_i^*(s)-HG^*(s)E^*(s)$$

整理后得

$$E^*(s)=\frac{X_i^*(s)}{1+HG^*(s)}$$

这样

$$X_o^*(s)=G^*(s)E*(s)=\frac{G^*(s)X_i^*(s)}{1+HG^*(s)}$$

即可得闭环系统的脉冲传递函数为

$$\varPhi^*(s)=\frac{X_o^*(s)}{X_i^*(s)}=\frac{G^*(s)}{1+HG^*(s)}$$

或

$$\varPhi(z)=\frac{X_o(z)}{X_i(z)}=\frac{G(z)}{1+HG(z)} \tag{8-58}$$

图 8.26 所示为具有数字校正环节的采样系统，此系统较前述的系统增加了一个数字校正环节 $D_1^*(s)$，根据图可以写出如下关系式：

$$X_o(s)=G_1(s)E_2^*(s)$$
$$E_2^*(s)=D_1^*(s)E_1^*(s)$$
$$E_1^*(s)=X_i^*(s)-HG_1^*(s)E_2^*(s)=X_i^*(s)-HG_1^*(s)D_1^*(s)E_1^*(s)$$

因此

$$E_1^*(s)=\frac{X_i^*(s)}{1+HG_1^*(s)D_1^*(s)}$$
$$X_o^*(s)=G_1^*(s)E_2^*(s)=G_1^*(s)D_1^*(s)E_1^*(s)$$

由上两式得

$$X_o^*(s)=\frac{G_1^*(s)D_1^*(s)}{1+HG_1^*(s)D_1^*(s)}X_i^*(s)$$

总的闭环系统的脉冲传递函数为

$$\varPhi(z)=\frac{X_o(z)}{X_i(z)}=\frac{G_1(z)D_1(z)}{1+D_1(z)HG_1(z)} \tag{8-59}$$

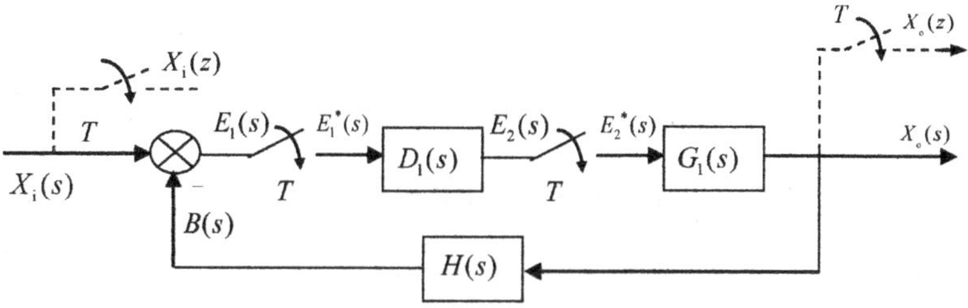

图 8.26 具有数字校正环节的采样系统

系统中扰动对输出量的影响，是闭环系统中的一个重要指标，下面讨论系统在连续部分有扰动时的脉冲传递函数，结构如图 8.27 所示。像连续系统一样，讨论扰动时，假定输入信号为 0，即 $x_i(t)=0$，只考虑扰动量 $n(t)$ 的作用。

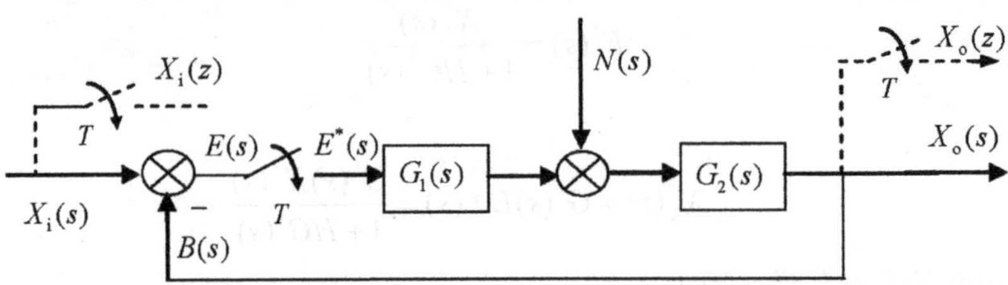

图 8.27　具有扰动的采样系统

由图 8.27 可知

$$X_o(s)=G_2(s)N(s)+G_1(s)G_2(s)E^*(s)$$

由于

$$X_i(s)=0\text{，}\quad E(s)=-X_0(s)$$
$$E^*(s)=-X_o(s)$$

这样就有

$$X_o^*(s)=G_2N^*(s)+G_1G_2^*(s)E^*(s)$$

即

$$X_o^*(s)=G_2N^*(s)-G_1G_2^*(s)X_o^*(s)$$

或写为

$$X_o^*(s)=\frac{G_2N^*(s)}{1+G_1G_2^*(s)}$$

最后得扰动脉冲输出为

$$X_o(z)=\frac{G_2N(z)}{1+G_1G_2(z)} \tag{8-60}$$

由式(8-60)看出，由于扰动在连续部分，在输出 Z 变换式中不能独立存在，因而只能推得输出量的 Z 变换表达式，而不能求得扰动的脉冲传递函数，这一点是与连续系统所不同的。

通过与上面类似的方法可以导出采样器为不同配置形式的其他闭环系统的脉冲传递函数。但只要误差信号 $e(t)$处没有采样开关，则输入采样信号 $x_i^*(t)$就不存在，此时不能写出闭环系统对于输入量的脉冲传递函数，而只能求出输出采样信号的 Z 变换函数 $X_o(z)$ (或 $C(z)$)。

8.5　采样系统的稳定性分析

8.5.1　采样系统的稳定条件

在线性连续系统中，判别系统的稳定性是根据特征方程的根在 s 平面的位置。若系统

特征方程的所有根都在 s 平面左半平面，则系统稳定。对线性离散系统进行了 Z 变换以后，对系统的分析要在 Z 平面进行，因此需要了解这两个复平面的相互关系。

1. s 平面和 z 平面的关系

Z 变换中的 z 已经定义为 $z=\mathrm{e}^{Ts}$，其中 s 为复变量，即 $s=\sigma+\mathrm{j}\omega$。所以 z 又是变量，即

$$z=\mathrm{e}^{T(\sigma+\mathrm{j}\omega)}=\mathrm{e}^{T\sigma}\mathrm{e}^{\mathrm{j}T\omega} \tag{8-61}$$

令 $T\omega=\theta$，则上式又可写成

$$z=|z|\mathrm{e}^{\mathrm{j}\angle z}=|z|\mathrm{e}^{\mathrm{j}\theta} \tag{8-62}$$

若设复变量 s 在 s 平面上沿虚轴移动，这时 $s=\mathrm{j}\omega$，对应的复变量 $z=\mathrm{e}^{\mathrm{j}\omega T}$。后者是 z 平面上的一个向量，其模等于 1，与频率ω无关；其相角为ωT，随频率ω而改变。

可见，s 平面上的虚轴映射到 z 平面上，为以原点为圆心的单位圆。

当 s 位于 s 平面虚轴的左边时，σ 为负数，$|z|=\mathrm{e}^{\sigma T}$ 小于 1。反之，当 s 位于 s 平面虚轴的右半平面时，σ 为正数，$|z|=\mathrm{e}^{\sigma T}$ 大于 1。s 平面的左、右半平面在 z 平面上的映像为单位圆的内、外部区域，如图 8.28 所示。

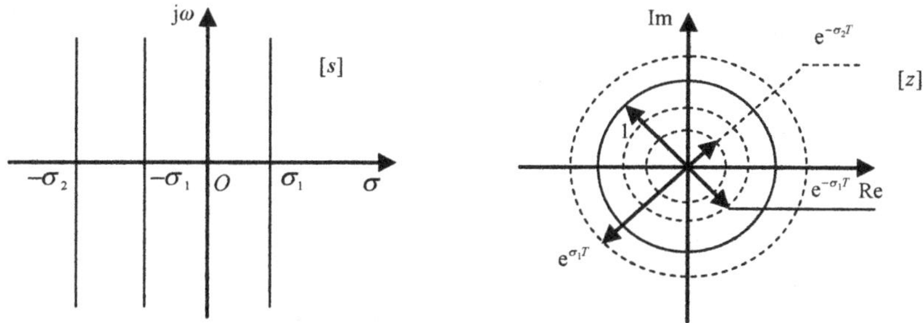

图 8.28　s 平面与 z 平面上的映像

2. z 平面内稳定条件

连续系统稳定的必要条件是所有特征根 p_j 都应有负的实部，即每一个特征根对应的瞬态分量满足

$$\lim_{t\to\infty}\sum_{j=1}^{n}A_i\mathrm{e}^{p_j t}=0$$

在采样系统中，同样可以写出它的输出函数的 Z 变换。Z 域中输出

$$X_{\mathrm{o}}(z)=\frac{b_0z^m+b_1z^{m-1}+\cdots+b_m}{z^n+a_1z^{n-1}+a_2z^{n-2}+\cdots+a_n}\times\frac{z}{z-1} \tag{8-63}$$

或

$$X_{\mathrm{o}}(z)=A_0\frac{z}{z-1}+A_1\frac{z}{z+p_1}+\cdots+A_n\frac{z}{z+p_n}=A_0\frac{z}{z-1}+\sum_{i=1}^{n}A_i\frac{z}{z+p_i}$$

对上式进行 Z 反变换后，写成的脉冲序列形式为

$$x_{\mathrm{o}}(k)=A_0\times1(k)+Z^{-1}\left[\sum_{i=1}^{n}A_i\frac{z}{z+p_i}\right]=A_0 1(k)+\sum_{i=0}^{n}A_iz^k \tag{8-64}$$

式中，k 为脉冲序数；第一项为稳态分量；第二项为暂态分量。显然若系统是稳定的，则当$k\to\infty$时，有

$$\lim_{k\to\infty}\sum_{i=1}^{n}A_i z^k=0$$

要满足这一条件，则要求闭环系统脉冲传递函数的全部极点的绝对值小于1，即$|p_i|<1$。此条件说明系统稳定，则其闭环脉冲传递函数的全部起点应位于Z平面以上原点为圆心的单位圆内；反之，若闭环极点处于单位圆外，系统不稳定；在单位圆上时，系统为临界稳态。

这一点可以从上面的复变函数的映射关系得到证明。

【例 8-19】 已知系统脉冲传递函数为

$$\Phi(z)=\frac{(1-e^{-aT})\cdot z(z+1)}{(z-1)(z-e^{-aT})^2}\qquad (a>0,\ \tau>0)$$

试判定该系统的稳定性。

解： 由传递函数解得

$$z_1=1,\ z_2=z_3=e^{-aT}<1$$

可见，有一个根落在单位圆上，故系统临界稳定。

【例 8-20】 某系统的结构框图如图 8.29 所示，已知$K=10$，$T_a=100\text{ms}$，问系统采样周期取 T=100ms 时是否稳定？

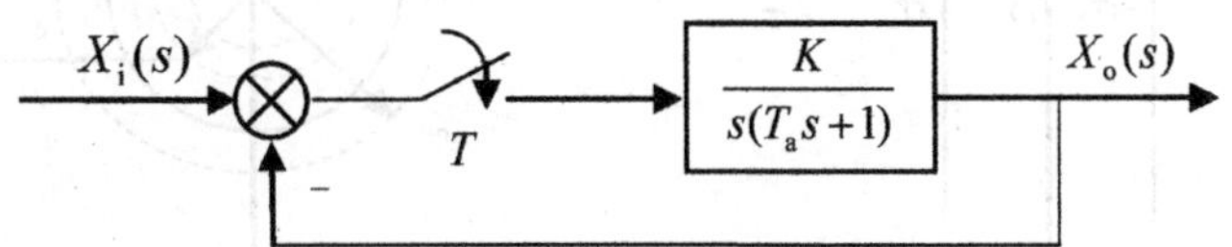

图 8.29 例 8-20 系统结构图

解： 采样系统开环脉冲传递函数为

$$G(z)=Z\left[\frac{K}{s(T_a s+1)}\right]=\frac{Kz\left(1-e^{-\frac{T}{T_a}}\right)}{(z-1)\left(z-e^{-\frac{T}{T_a}}\right)}$$

闭环系统的特征方程为$1+G(z)=0$，即

$$(z-1)\left(z-e^{-\frac{T}{T_a}}\right)+Kz\left(1-e^{-\frac{T}{T_a}}\right)=0$$

将$T_a=100\text{ms}$代入以后得

$$(z-1)(z-0.368)+10z(1-0.368)=0$$

解得两个根为

$$z_1=0.076,\ z_2=-4.876$$

显然$|z_2|>1$，故系统不稳定。

8.5.2　劳斯稳定判据

在 z 平面上判断稳定性，必须求出闭环特征根，看其是否在单位圆内。这对低阶系统可行，而对高阶系统来说，求解特征根则十分困难。现在我们采用一种新的变换，把 z 平面的单位圆映射到一个新的平面，此平面称为 w 平面，我们就可以像连续系统一样，直接应用劳斯稳定判据来判断采样系统是否稳定了。

作为线性变换，令

$$z=\frac{w+1}{w-1} \quad 或 \quad w=\frac{z+1}{z-1} \tag{8-65}$$

称为 w 变换。可以看出，z 与 w 是互为线性变换的关系，故 w 变换又称为双线性变换。

设复数 $z=x+\mathrm{j}y$，$w=u+\mathrm{j}v$，则

$$\begin{aligned}w&=\frac{z+1}{z-1}=\frac{x+\mathrm{j}y+1}{x+\mathrm{j}y-1}=\frac{(x+1+\mathrm{j}y)(x-1-\mathrm{j}y)}{(x-1+\mathrm{j}y)(x-1-\mathrm{j}y)}\\&=\frac{x^2+y^2-1-2\mathrm{j}y}{(x-1)^2+y^2}=\frac{x^2+y^2-1}{(x-1)^2+y^2}-\mathrm{j}\frac{2y}{(x-1)^2+y^2}\\&=u+\mathrm{j}v\end{aligned}$$

若 $u=\dfrac{x^2+y^2-1}{(x-1)^2+y^2}=0\Rightarrow$ 对应 w 平面的虚轴，即 $x^2+y^2=1$，对应 z 平面的单位圆；若 $u<0\Rightarrow x^2+y^2<1$，对应 z 平面的单位圆内；若 $u>0\Rightarrow x^2+y^2>1$，对应 z 平面的单位圆外。

故可以借用连续域中的所有判定稳定的方法。

【例 8-21】 系统如图 8.30 所示。

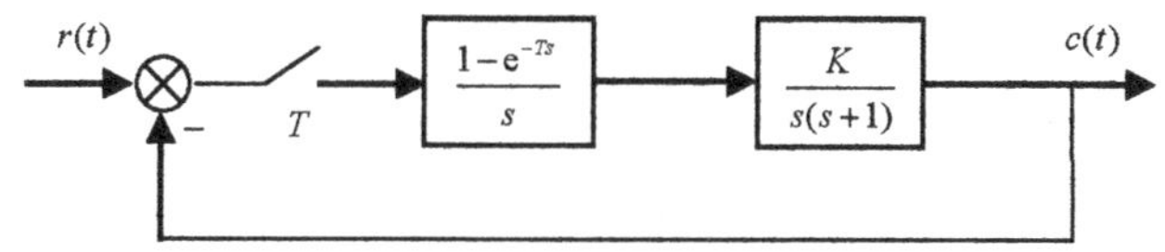

图 8.30　例 8-21 系统结构图

(1) 设 T=1，K=1，判定系统稳定性。

(2) T=1，确定使系统稳定的 K 值的范围。

解：开环传递函数为

$$\begin{aligned}G(z)&=Z\left[\frac{K(1-\mathrm{e}^{-Ts})}{s^2(s+1)}\right]=K(1-z^{-1})Z\left[\frac{1}{s^2(s+1)}\right]\\&=K\left(\frac{z-1}{z}\right)\cdot Z\left[\frac{1}{s^2}-\frac{1}{s}+\frac{1}{s+1}\right]\\&=K\frac{(z-1)}{z}\left[\frac{Tz}{(z-1)^2}-\frac{z}{z-1}+\frac{z}{z-\mathrm{e}^{-T}}\right]\\&=\frac{K[(T-1+\mathrm{e}^{-T})z+(1-\mathrm{e}^{-T}-T\mathrm{e}^{-T})]}{(z-1)(z-\mathrm{e}^{-T})}\end{aligned}$$

相应的闭环传递函数为

$$\Phi(z)=\frac{G(z)}{1+G(z)}=\frac{K[(T-1+\mathrm{e}^{-T})z+(1-\mathrm{e}^{-T}-T\mathrm{e}^{-T})]}{(z-1)(z-\mathrm{e}^{-T})+K[(T-1+\mathrm{e}^{-T})z+(1-\mathrm{e}^{-T}-T\mathrm{e}^{-T})]}$$

$$=\frac{K[(T-1+\mathrm{e}^{-T})z+(1-\mathrm{e}^{-T}-T\mathrm{e}^{-T})]}{z^2+[K(T-1+\mathrm{e}^{-T})-(1+\mathrm{e}^{-T})]z+[K(1-\mathrm{e}^{-T}-T\mathrm{e}^{-T})+\mathrm{e}^{-T}]}$$

将 T=1 代入，得特征方程为

$$D(z)=z^2+[\mathrm{e}^{-1}K-(1+\mathrm{e}^{-1})]z+[(1-2\mathrm{e}^{-1})K+\mathrm{e}^{-1}]$$

$$=z^2+(0.368K-1.368)z+(0.264K+0.368)$$

做变换 $z=\dfrac{w+1}{w-1}$ 得

$$D(w)=\left(\frac{w+1}{w-1}\right)^2+(0.368K-1.368)\left(\frac{w+1}{w-1}\right)+(0.264K+0.367)=0$$

$$(w+1)^2+(0.368K-1.368)(w+1)(w-1)+(0.264K+0.367)(w-1)^2=0$$

$$0.632Kw^2+(1.264-0.528K)w+(2.736-0.104K)=0$$

列劳斯表为

w^2	$0.632K$	$2.736-0.104K$
w^1	$1.264-0.528K$	0
w^0	$2.736-0.104K$	

要使系统稳定，即要求

$$\begin{cases} K>0 \\ K<\dfrac{1.264}{0.528}=2.4 \\ K<\dfrac{2.736}{0.104}=26.3 \end{cases}$$

即

$$0<K<2.4$$

(1) 当 K=1 时,明显系统是稳定的。

(2) T=1 时，K 的稳定范围为 $0<K<2.4$ 。

8.6 采样系统的稳态误差

采样系统的稳态误差和连续系统一样是一项重要指标。

在分析连续系统时知道，系统的稳态误差与输入信号的形式有关。采样系统也是一样，稳态误差的大小取决于系统开环脉冲传递函数的类型和参数。通常都按连续系统中使用的方法来分析采样系统的稳态误差。

8.6.1 用终值定理计算稳态误差

我们以图 8.31 为例，说明该系统稳态误差的求法。由于

$$E(z)=R(z)-C(z)=R(z)-G(z)E(z)$$

所以

$$E(z)=\frac{1}{1+G(z)}R(z)=\varPhi_{\mathrm{e}}(z)R(z) \tag{8-66}$$

式中，$\varPhi_{\mathrm{e}}(z)$ 为系统误差脉冲传递函数，若闭环系统是稳定的，则 $\varPhi_{\mathrm{e}}(z)$ 的极点全部位于单位圆内。可利用 Z 变换的终值定理得到

$$e(\infty)=\lim_{z\to 1}(z-1)E(z)=\lim_{z\to 1}(z-1)\frac{1}{1+G(z)}R(z) \tag{8-67}$$

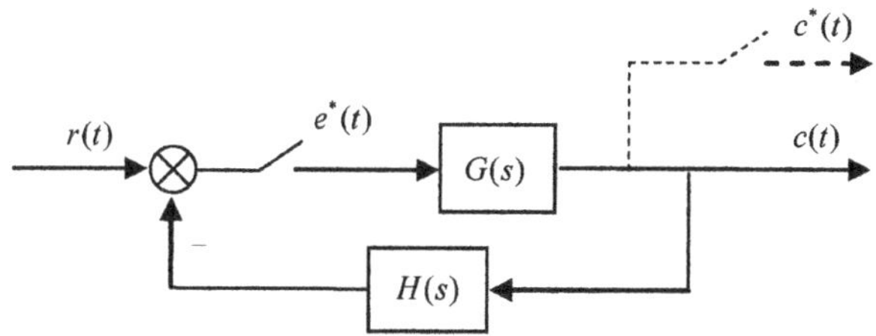

图 8.31　离散系统的结构图

上式表明，线性定常离散系统的稳态误差不但与系统本身的结构和参数有关，而且与输入序列的形式及幅值有关。另外，由于 $G(z)$ 与采样器的配置以及采样周期 T 有关，而且输入 $R(z)$ 也与采样周期 T 有关，因此采样器及采样周期都是影响离散系统稳态误差的因素。

【例 8-22】 系统如图 8.32 所示，已知 $K=10$，$T=0.2$。求当 $r(t)=1(t)$、t、$\frac{1}{2}t^2$ 时，系统的稳态误差 $e(\infty)$。

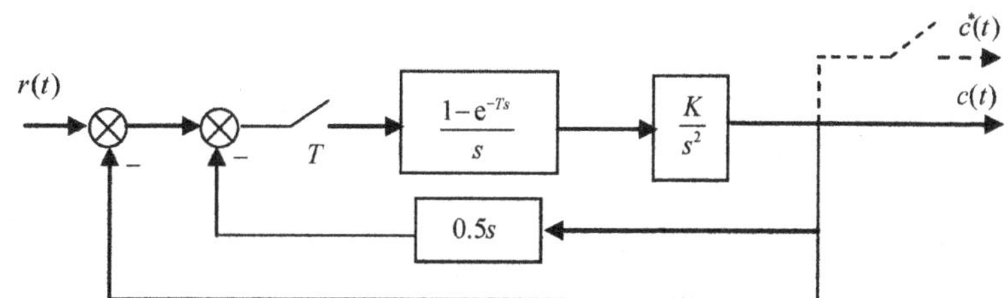

图 8.32　例 8-22 系统的结构图

解： 开环传递函数为

$$G(z)=\frac{C^*(z)}{E^*(z)}=\frac{Z\left[\dfrac{(1-\mathrm{e}^{-sT})K}{s^3}\right]}{1+Z\left[\dfrac{0.5Ks(1-\mathrm{e}^{-sT})}{s^3}\right]}=\frac{K(1-z^{-1})Z\left[\dfrac{1}{s^3}\right]}{1+0.5K(1-z^{-1})Z\left[\dfrac{1}{s^2}\right]}$$

$$=\frac{K\left(\dfrac{z-1}{z}\right)\dfrac{T^2z(z+1)}{2(z-1)^3}}{1+0.5K\left(\dfrac{z-1}{z}\right)\dfrac{Tz}{(z-1)^2}}=\frac{\dfrac{1}{2}(z+1)KT^2/(z-1)^2}{1+0.5TK/(z-1)}$$

$$=\frac{\dfrac{1}{2}KT^2(z+1)}{(z-1)[z-1+0.5TK]}$$

当 $K=10$，$T=0.2$ 时，有

$$G(z)=\frac{0.2(z+1)}{z(z-1)}$$

误差传递函数为

$$\Phi_e(z)=1-\Phi(z)=1-\frac{G(z)}{1+G(z)}=\frac{1}{1+G(z)}=\frac{1}{1+\dfrac{0.2(z+1)}{z(z-1)}}=\frac{z(z-1)}{z^2-0.8z+0.2}$$

特征方程为

$$D(z)=z^2-0.8z+0.2$$

特征根为

$$z_{1,2}=\frac{0.8\pm\sqrt{0.8^2-4\times0.2}}{2}=0.4\pm \mathrm{j}0.2$$

$$\left|z_{1,2}\right|=\sqrt{0.4^2+0.2^2}=0.447<1$$

系统稳定。

当 $r(t)=1(t)$ 时，有

$$e(\infty)=\lim_{z\to1}(\frac{z-1}{z})\cdot\Phi_e(z)\cdot\frac{z}{z-1}=\lim_{z\to1}\Phi_e(z)=\left.\frac{z(z-1)}{z^2-0.8z+0.2}\right|_{z=1}=0$$

当 $r(t)=t$ 时，有

$$e(\infty)=\lim_{z\to1}(\frac{z-1}{z})\cdot\Phi_e(z)\cdot\frac{Tz}{(z-1)^2}=\lim_{z\to1}\frac{Tz}{z^2-0.8z+0.2}=\frac{1}{2}$$

当 $r(t)=\frac{1}{2}t^2$ 时，有

$$e(\infty)=\lim_{z\to1}(\frac{z-1}{z})\cdot\Phi_e(z)\cdot\frac{T^2z(z+1)}{(z-1)^3}=\lim_{z\to1}\frac{T^2z(z+1)}{(z-1)(z^2-0.8z+0.2)}=\infty$$

8.6.2 用静态误差系数计算稳态误差

与线性连续系统稳态误差分析类似，我们也可引出离散系统型别的概念，由于 $z=\mathrm{e}^{sT}$ 的关系，原线性连续系统开环传递函数 $G(s)$ 在 $s=0$ 处极点的个数 ν 作为划分系统型别的标准，可推广为将离散系统开环脉冲传递函数 $G(z)$ 在 $z=1$ 处极点的数目 ν 作为离散系统的型别。

设离散系统开环脉冲传递函数的一般形式为

$$G(z)=\frac{K_g\prod_{i=1}^{m}(z-z_i)}{(z-1)^{\nu}\prod_{j=1}^{n-\nu}(z-p_j)} \tag{8-68}$$

式中，$z_i(i=1,2,\cdots,m)$，$p_j(j=1,2,\cdots,n-\nu)$ 分别为开环脉冲传递函数的零点和极点，$z=1$ 的极点有 ν 重，当 $\nu=0$、1、2 时，分别称系统为 0 型、Ⅰ型、Ⅱ型离散系统。

下面讨论 3 种典型输入信号作用下稳态误差的计算，并定义相应的误差系数。

1. 单位阶跃输入时采样系统的稳态误差

当$r(t)=1(t)$时，$R(z)=\dfrac{z}{z-1}$，由终值定理得

$$e(\infty)=\lim_{z\to 1}(z-1)E(z)=\lim_{z\to 1}\frac{(z-1)}{1+G(z)}\cdot\frac{z}{z-1}=\frac{1}{\lim\limits_{z\to 1}[1+G(z)]}$$

即

$$e(\infty)=\frac{1}{k_{\mathrm{p}}} \tag{8-69}$$

式中，$k_{\mathrm{p}}=\lim\limits_{z\to 1}[1+G(z)]$，称为静态位置误差系数。

在不同型别的系统结构下，有

$$k_{\mathrm{p}}=\lim_{z\to 1}[1+G(z)]=1+\lim_{z\to 1}\frac{K_{\mathrm{g}}\prod\limits_{i=1}^{m}(z-z_i)}{(z-1)^{\nu}\prod\limits_{j=1}^{n-\nu}(z-p_j)}=\begin{cases}1+K & (\nu=0)\\ \infty & (\nu\geqslant 1)\end{cases} \tag{8-70}$$

对0型离散系统，$k_{\mathrm{p}}\neq\infty$，从而$e(\infty)\neq 0$；对Ⅰ型、Ⅱ型以及Ⅱ型以上的离散系统(有一个或一个以上$z=1$的极点)，$k_{\mathrm{p}}=\infty$，从而$e(\infty)=0$。

因此，在单位阶跃函数作用下，0型离散系统在采样瞬时存在位置误差；Ⅰ型或Ⅱ型以上的离散系统，在采样瞬时没有位置误差，也被称作位置无差系统。这与连续系统十分相似。

2. 单位斜坡输入时采样系统的稳态误差

当$r(t)=t$时，$R(z)=\dfrac{Tz}{(z-1)^2}$，由终值定理得

$$e(\infty)=\lim_{z\to 1}(z-1)E(z)=\lim_{z\to 1}\frac{(z-1)}{1+G(z)}\cdot\frac{Tz}{(z-1)^2}=\frac{T}{\lim\limits_{z\to 1}[(z-1)G(z)]}=\frac{1}{\frac{1}{T}\lim\limits_{z\to 1}[(z-1)G(z)]}$$

即

$$e(\infty)=\frac{1}{k_{\mathrm{v}}} \tag{8-71}$$

式中，$k_{\mathrm{v}}=\dfrac{1}{T}\lim\limits_{z\to 1}[(z-1)G(z)]$，称为静态速度误差系数。

在不同型别的系统结构下，有

$$k_{\mathrm{v}}=\frac{1}{T}\lim_{z\to 1}\frac{K_{\mathrm{g}}\prod\limits_{i=1}^{m}(z-z_i)}{(z-1)^{\nu}\prod\limits_{j=1}^{n-\nu}(z-p_j)}=\begin{cases}\infty & (\nu=0)\\ \dfrac{K}{T} & (\nu=1)\\ 0 & (\nu\geqslant 2)\end{cases} \tag{8-72}$$

对0型离散系统，$e(\infty)=\infty$,故0型系统不能承受单位斜坡函数作用；对Ⅰ型离散系统，$e(\infty)=\dfrac{T}{K}$为有限值，称为速度有差系统；对Ⅱ型及Ⅱ型以上的离散系统，$e(\infty)=0$，称为

速度无差系统。

3. 单位抛物线函数输入时采样系统的稳态误差

当$r(t)=\frac{1}{2}t^2$时，$R(z)=\frac{T^2z(z+1)}{2(z-1)^3}$，由终值定理得

$$e(\infty)=\lim_{z\to1}(z-1)E(z)=\lim_{z\to1}\frac{(z-1)}{1+G(z)}\cdot\frac{T^2z(z+1)}{2(z-1)^3}=\frac{1}{\frac{1}{T^2}\lim\limits_{z\to1}[(z-1)^2G(z)]}$$

即

$$e(\infty)=\frac{1}{k_a} \tag{8-73}$$

式中，$k_a=\frac{1}{T^2}\lim\limits_{z\to1}[(z-1)^2G(z)]$，称为静态加速度误差系数。

在不同型别的系统结构下，有

$$k_a=\frac{1}{T^2}\lim_{z\to1}\frac{K_g\prod\limits_{i=1}^{m}(z-z_i)}{(z-1)^\nu\prod\limits_{j=1}^{n-\nu}(z-p_j)}=\begin{cases}0 & (\nu=0,1)\\ \frac{K}{T^2} & (\nu=2)\\ \infty & (\nu\geqslant3)\end{cases} \tag{8-74}$$

对 0 型和 I 型离散系统，$e(\infty)=\infty$，故此时系统不能承受单位加速度函数作用；对 II 型离散系统，$e(\infty)=\frac{T^2}{K}$为有限值，称为加速度有差系统；对III型及III型以上的离散系统，$e(\infty)=0$，称做加速度无差系统。

【例 8-23】 系统如图 8.33 所示，$K=1$，$T=0.1\text{s}$，$r(t)=(1+t)\times1(t)$，求稳态误差。

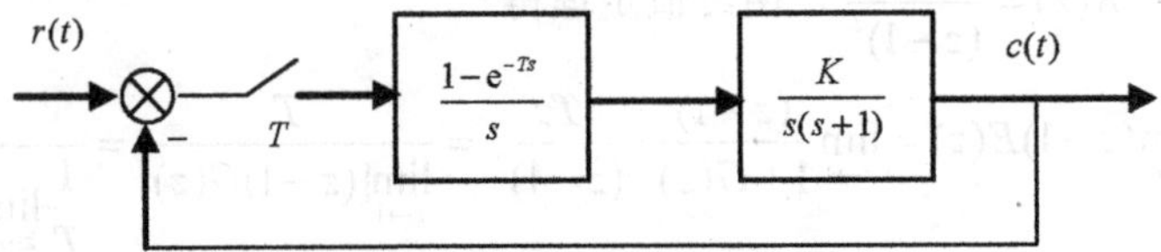

图 8.33 例 8-23 系统结构图

解：开环传递函数为

$$G(z)=(1-z^{-1})Z\left[\frac{1}{s^2(s+1)}\right]=(1-z^{-1})\left[\frac{Tz}{(z-1)^2}-\frac{(1-e^{-T})z}{(z-1)(z-e^{-T})}\right]$$

把 T=0.1 代入得

$$G(z)=\frac{0.005(z+0.9)}{(z-1)(z-0.905)}$$

$$k_p=\lim_{z\to1}[1+G(z)]=\lim_{z\to1}\left[1+\frac{0.005(z+0.9)}{(z-1)(z-0.905)}\right]=\infty$$

$$k_v=\frac{1}{T}\lim_{z\to1}(z-1)G(z)=\frac{1}{T}\lim_{z\to1}(z-1)\frac{0.005(z+0.9)}{(z-1)(z-0.905)}=1$$

$$e(\infty)=\frac{1}{k_p}+\frac{1}{k_v}=1$$

8.7　暂态响应与传递函数零极点分布的关系

连续系统中，闭环传递函数的零极点在 s 平面所处的位置与输出量的动态性能有着密切的关系。对于采样系统，其闭环脉冲传递函数的极点在 z 平面单位圆内外的位置与动态也有相应的关系。设系统的脉冲传递函数为

$$\Phi(z)=\frac{M(z)}{N(z)}=\frac{b_0z^m+b_1z^{m-1}+b_2z^{m-2}+\cdots+b_{m-1}z\ +b_m}{a_0z^n+a_1z^{n-1}+a_2z^{n-2}+\cdots+a_{n-1}z+a_n}$$

式中，$m<n$。为分析简便设其无重极点，极点分别为 $p_1,p_2,\cdots,p_n$，则采样系统的单位阶跃响应为

$$Y(z)=\Phi(z)R(z)=\frac{b_0z^m+b_1z^{m-1}+\cdots+b_m}{z^n+a_1z^{n-1}+a_2z^{n-2}+\cdots+a_n}\times\frac{z}{z-1}$$

$$y(k)=Z^{-1}[Y(z)]=Z^{-1}\left[A_0\frac{z}{z-1}+\sum_{i=1}^{n}A_i\frac{z}{z-p_i}\right]=A_0+\sum_{i=1}^{n}A_ip_i^k \tag{8-75}$$

上式中，第一项为系统输出的稳态分量；第二项为输出的暂态分量。显然，随着极点在 z 平面位置的变化，它所对应的暂态分量也就不同。下面分别讨论不同极点时的情况。

1．实轴上的闭环单极点时

设 p_i 为实数。p_i 对应的暂态项为

$$y_i^*(t)=Z^{-1}\left[A_i\frac{z}{z-p_i}\right]\Rightarrow y_i(kT)=A_ip_i^k \tag{8-76}$$

$p_i>0$ 时，动态过程为按指数规律变化的脉冲序列。$p_i<0$ 时，动态过程为交替变号的双向脉冲序列。闭环实极点分布与相应动态响应形式的关系如图 8.34 所示。

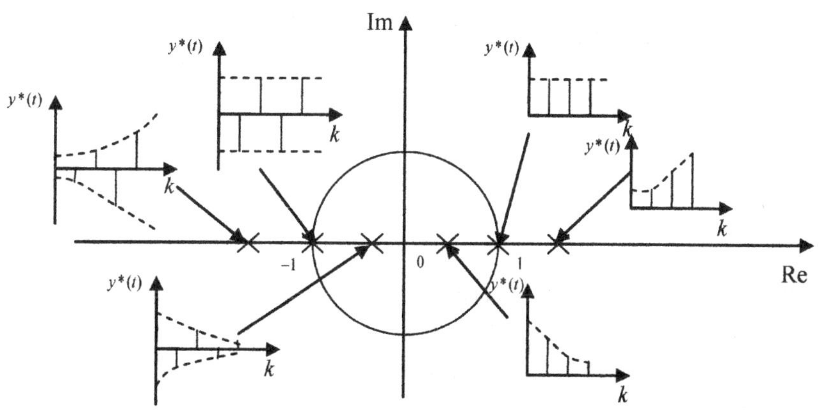

图 8.34　实极点与动态响应的关系

若闭环实数极点位于右半 z 平面，则输出动态响应形式为单向正脉冲序列。实极点位于单位圆内，脉冲序列收敛，且实极点越接近原点，收敛越快；实极点位于单位圆上，脉冲序列等幅变化；实极点位于单位圆外，脉冲序列发散。

若闭环实数极点位于左半 z 平面，则输出动态响应形式为双向交替脉冲序列。实极点

位于单位圆内，双向脉冲序列收敛；实极点位于单位圆上，双向脉冲序列等幅变化；实极点位于单位圆外，双向脉冲序列发散。

2. 闭环共轭复数极点时

设 $p_k, p_{k+1} = |p_k|\mathrm{e}^{\pm\mathrm{j}\omega_k}$ 为一对共轭复数极点，p_k, p_{k+1} 对应的暂态项为

$$y^*(t) = Z^{-1}\left[A_k \frac{z}{z-p_k} + A_{k+1}\frac{z}{z-p_{k+1}}\right] \Rightarrow y_k(nT) = 2|A_k|\mathrm{e}^{anT}\cos(n\omega T + \varphi_k) \quad (8\text{-}77)$$

式中，$a = \frac{1}{T}\ln|p_k|$；$\omega = \theta_k / T$；$0 < \theta_k < \pi$。

若$|p_k| > 1$，闭环复数极点位于 z 平面上的单位圆外，动态响应为振荡脉冲序列；若$|p_k| = 1$，闭环复数极点位于 z 平面上的单位圆上，动态响应为等幅振荡脉冲序列；若$|p_k| < 1$，闭环复数极点位于z平面上的单位圆内，动态响应为振荡收敛脉冲序列，且$|p_k|$越小，即复极点越靠近原点，振荡收敛越快。

闭环复数极点分布与相应动态响应形式的关系如图 8.35 所示。

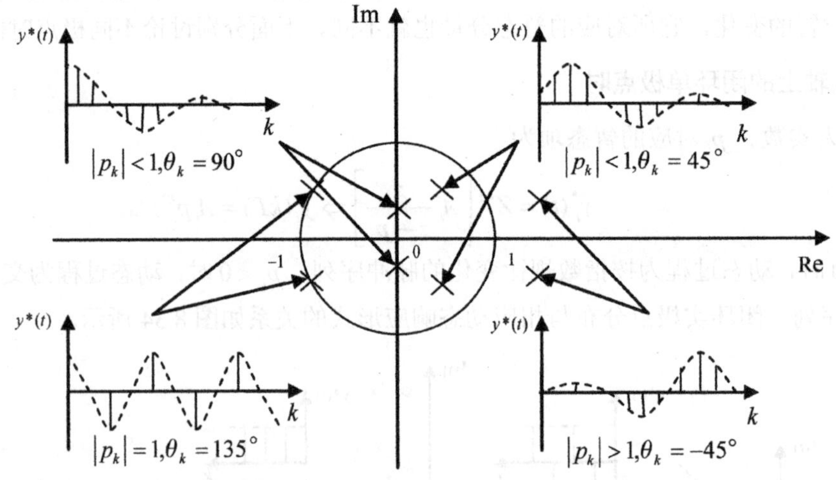

图 8.35　复数极点分布与响应的关系

通过以上的分析可以看出，闭环脉冲传递函数的极点在 z 平面上的位置决定相应暂态分量的性质和特点。

当闭环极点位于单位圆内时，其对应的暂态分量是衰减的，极点离原点越近，衰减越快。若极点位于正实轴上，暂态分量按指数衰减。一对共轭复数极点的暂态分量为振荡衰减，其角频率为θ_k / T。若极点位于负实轴上，也将出现振荡衰减，其振荡角频率为π / T。为了使采样系统具有较为满意的暂态响应，其 Z 传递函数的极点最好分布在单位圆内的右半部靠近原点的位置。

在线性连续系统中采用的根据一对主导极点分析系统暂态响应的方法，也可以推广到采样系统。

综上所述，离散系统的动态特性与闭环极点的分布密切相关。当闭环实极点位于 z 平面上左半单位圆内时，由于输出衰减脉冲交替变号，故动态过程质量很差；当闭环复极点位于左半单位圆内时，由于输出衰减高频振荡脉冲，故动态过程性能欠佳。

因此，在设计离散系统时，应把闭环极点安置在 z 平面的右半单位圆内，且尽量靠近原点。

【例 8-24】 若系统结构图如图 8.36 所示，试求其单位阶跃响应的离散值，并分析系统的动态性能。采样周期 T=0.2s。

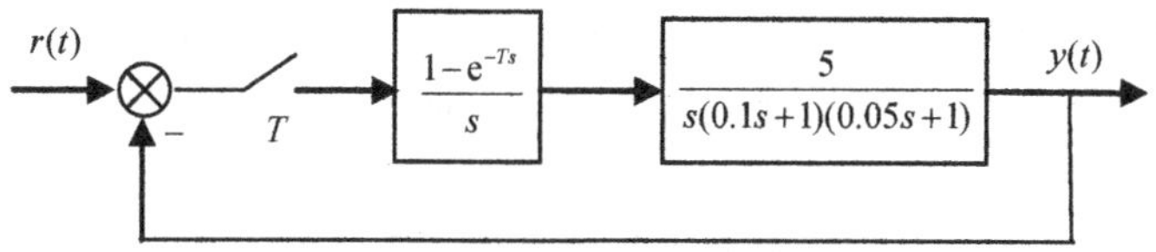

图 8.36　例 8-24 系统结构图

解： 系统的闭环脉冲传递函数为

$$\Phi(z)=\frac{0.3805z^2+0.4990z+0.0198}{z^3-0.7728z^2+0.6048z+0.0173}$$

当输入量 $r(t)=1(t)$时，$R(z)=z/(z-1)$，输出量的 Z 变换为

$$Y(z)=\Phi(z)R(z)=\frac{0.3805z^2+0.4990z+0.0198}{z^3-0.7728z^2+0.6408z+0.0173}\cdot\frac{z}{z-1}$$

$$=\frac{0.3805z^3+0.4490z^2+0.0198z}{z^4-1.7728z^3+1.3776z^2-0.5875z-0.0173}$$

利用长除法得

$$\begin{aligned}Y(z)=&0.381z^{-1}+1.124z^{-2}+1.488z^{-3}+1.313z^{-4}+0.945z^{-5}\\&+0.760z^{-6}+0.842z^{-7}+1.025z^{-8}+1.118z^{-9}+1.079z^{-10}\\&+0.989z^{-11}+0.942z^{-12}+0.960z^{-13}+1.005z^{-14}+\cdots\end{aligned}$$

基于 Z 变换定义，由上式求得系统在单位阶跃外作用下的输出序列 $y(kT)$为

$$\begin{array}{lll}y(0)=0 & y(5T)=0.945 & y(10T)=1.079\\ y(T)=0.381 & y(6T)=0.760 & y(11T)=0.989\\ y(2T)=1.124 & y(7T)=0.842 & y(12T)=0.942\\ y(3T)=1.488 & y(8T)=1.025 & y(13T)=0.960\\ y(4T)=1.313 & y(9T)=1.118 & y(14T)=1.005\end{array}$$

根据上面各离散点数据绘出系统单位阶跃响应曲线如图 8.37 所示。由图 8.37 求得给定离散系统的近似性能指标为：上升时间 $t_{\mathrm{r}}=0.4\mathrm{s}$，峰值时间 $t_{\mathrm{p}}=0.6\mathrm{s}$，超调量 $\sigma\%=48\%$。

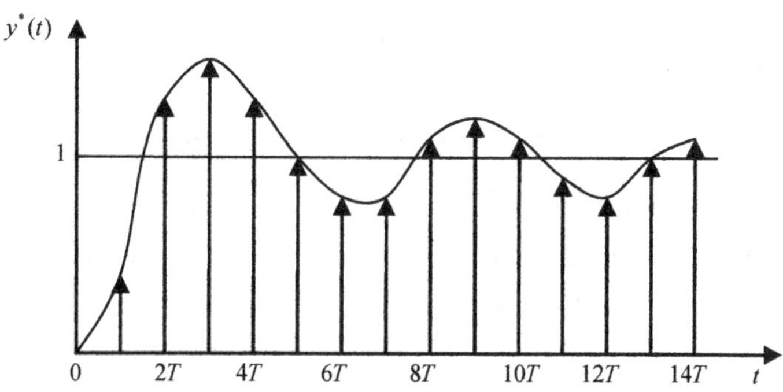

图 8.37　例 8-24 系统单位阶跃响应曲线

8.8 采样系统的校正

在设计采样控制系统的过程中，为了满足性能指标的要求，常常需要对系统进行校正。与连续控制系统相类似，采样控制系统中的校正装置按其在系统中的位置可分为串联校正装置和反馈校正装置；按其作用可分为超前校正和滞后校正。与连续系统所不同的是，采样系统中的校正装置不仅可以用模拟电路来实现，而且也可以用数字装置来实现。

在一般情况下，线性离散系统采取数字校正的目的，是在使系统稳定的基础上进一步提高系统的控制性能，如满足一些典型控制信号作用下系统在采样时刻上无稳态误差，以及过渡过程在最少个采样周期内结束等要求。如图 8.38 所示，校正装置 $D(z)$通过采样器与系统连续部分相串联。

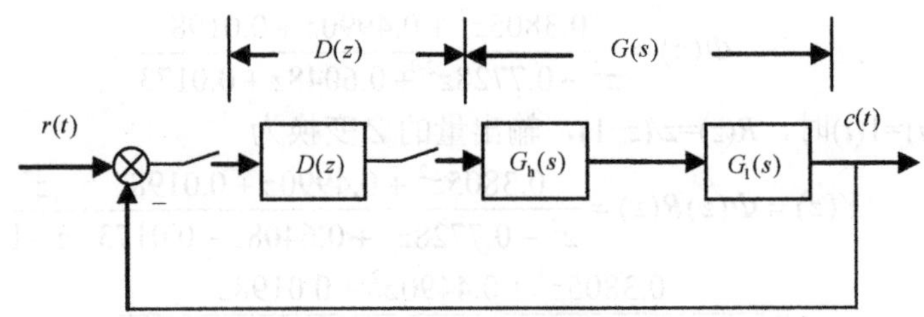

图 8.38 离散校正装置

根据离散系统的特点，利用离散控制理论可以直接设计数字控制器。直接数字设计法比较简单，设计出数字控制器可以实现比较复杂的控制规律。这里主要讨论数字控制器的脉冲传递函数、最少拍控制系统的设计以及数字控制器的设计与实现等问题。

8.8.1 数字控制器的脉冲传递函数

如图 8.39 所示的线性离散系统(线性数字控制系统)中，数字控制器将输入的脉冲序列 $e^*(t)$作旨在满足系统性能指标要求的适当处理后，输出新的脉冲序列 $u^*(t)$。如果数字控制器对脉冲序列的运算是线性的，那么，就可以确定一个联系输入脉冲序列 $e^*(t)$与输出脉冲序列 $u^*(t)$的脉冲传递函数 $D(z)$。

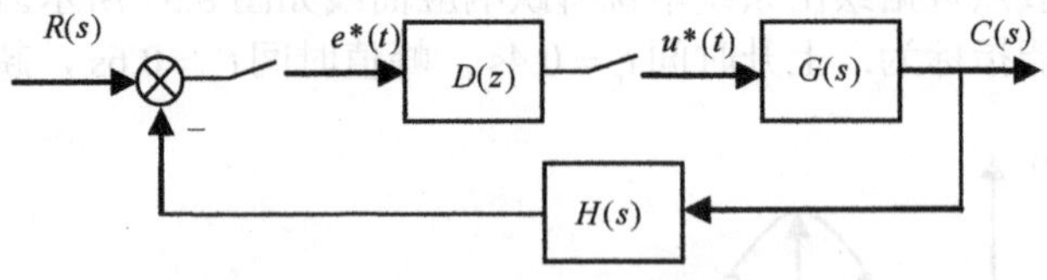

图 8.39 具有数字控制器的离散系统

在确定数字控制器的脉冲传递函数 $D(z)$时，假设其前后两个采样开关的动作是同步的，即认为计算过程很快，输出对输入没有明显地滞后；如果计算滞后较大，仍可以认为输出输入是同步采样的，但这时需在输出开关后面附加一个滞后时间等于计算滞后的滞后环节。

在图 8.39 所示线性离散系统中，设反馈通道的传递函数 $H(s)=1$，连续部分(包括保持器)$G(s)$的 Z 变换为 $G(z)$，则求得单位反馈线性离散系统的闭环脉冲传递函数为

$$\Phi(z)=\frac{C(z)}{R(z)}=\frac{D(z)G(z)}{1+D(z)G(z)} \tag{8-78}$$

系统的闭环脉冲误差传递函数为

$$\Phi_{\mathrm{e}}(z)=\frac{E(z)}{R(z)}=\frac{1}{1+D(z)G(z)} \tag{8-79}$$

根据线性离散系统连续部分的脉冲传递函数 $G(z)$及系统的闭环脉冲传递函数 $\Phi(z)$或 $\Phi_{\mathrm{e}}(z)$便可确定出数字控制器的脉冲传递函数 $D(z)$为

$$D(z)=\frac{\Phi(z)}{G(z)(1-\Phi(z))} \tag{8-80}$$

或者

$$D(z)=\frac{1-\Phi_{\mathrm{e}}(z)}{G(z)\Phi_{\mathrm{e}}(z)} \tag{8-81}$$

也可写为

$$\Phi_{\mathrm{e}}(z)=1-\Phi(z) \tag{8-82}$$

因此，设计数字控制器的设计步骤如下。

(1) 由连续系统部分的传递函数 $G(s)$求出脉冲传递函数 $G(z)$。

(2) 根据系统的性能指标要求和其他约束条件，确定所需要的闭环脉冲传递函数 $\Phi(z)$。

(3) 按式(8-82)或式(8-83)确定数字控制器的脉冲传递函数 $D(z)$。

数字控制器脉冲传递函数的一般形式为

$$D(z)=\frac{b_0+b_1z^{-1}+b_2z^{-2}+\cdots+b_mz^{-m}}{1+a_1z^{-1}+a_2z^{-2}+a_3z^{-3}+\cdots+a_nz^{-n}} \tag{8-83}$$

式中，$a_i(i=1,2,\cdots,n)$ 及 $b_j(j=1,2,\cdots,m)$ 为常系数。

为使数字控制器的脉冲传递函数 $D(z)$具有物理实现性，在式中，需要有 $n\geqslant m$ 的条件存在。当 $n>m$ 时，分子多项式中可能缺少前面几项，但其分母多项式在 $n>m$ 和 $n=m$ 时并没有变化，z^0 项系数仍为 1。因此，式(8-85)分母多项式中 z^0 项系数的存在，便说明条件 $n\geqslant m$ 是成立的。

在这里，对系统控制性能的要求由闭环脉冲传递函数 $\Phi(z)$或 $\Phi_{\mathrm{e}}(z)$来反映。因此，在闭环脉冲传递函数和系统性能指标间的联系便是需要讨论的一个重要问题。

【例 8-25】 采样控制系统如图 8.40 所示，其中 $T=0.5\mathrm{s}$，$G_0(s)=\dfrac{K}{s+2}$，数字控制器的输入 $e^*(t)$ 和输出 $m^*(t)$ 满足关系

$$m(kT)=m(kT-T)+2e(kT)$$

分析该系统在单位阶跃输入时是否有差？

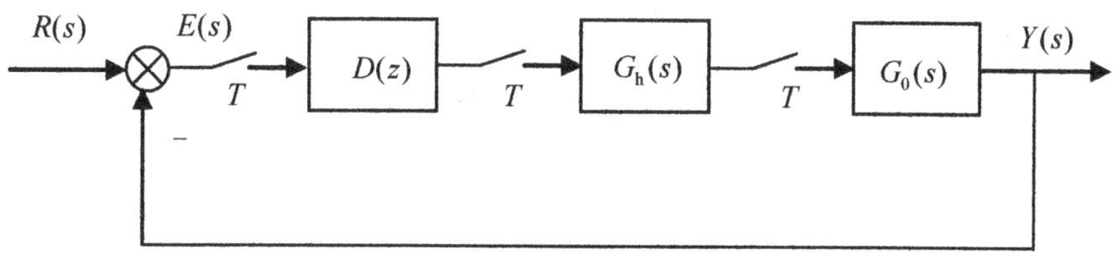

图 8.40 例 8-25 采样控制系统

解：数字控制器的差分方程为

$$m(kT) = m(kT - T) + 2e(kT)$$

两端求 Z 变换得

$$M(z) = z^{-1}M(z) + 2E(z)$$

整理后得

$$\frac{M(z)}{E(z)} = D(z) = \frac{2z}{z-1}$$

系统的开环脉冲传递函数为

$$G(z) = D(z)Z\left[\frac{1-\mathrm{e}^{-Ts}}{s}\frac{K}{s+2}\right]$$

$$= \frac{2zK}{z-1}(1-z^{-1})Z\left[\frac{0.5}{s} - \frac{0.5}{s+2}\right]$$

$$= \frac{0.632Kz}{(z-1)(z-0.367)}$$

由于开环传递函数分母多项式中含有 $(z-1)$，是一阶无差系统，故该系统在单位阶跃输入时是无差的。

8.8.2 最少拍系统的脉冲传递函数

在采样控制过程中，通常把一个采样周期称做一拍。若系统在典型控制信号作用下在采样时刻上无稳态误差，以及过渡过程能在最少个采样周期内结束，即暂态过程可在有限时间内结束，这样的离散系统称为最少拍系统，或有限拍系统。

典型输入信号分别为单位阶跃信号、单位速度信号和单位加速度信号时，其 Z 变换分别为

$$r(t) = 1(t) \Rightarrow R(z) = \frac{1}{1-z^{-1}}$$

$$r(t) = t \Rightarrow R(z) = \frac{Tz^{-1}}{(1-z^{-1})^2}$$

$$r(t) = \frac{1}{2}t^2 \Rightarrow R(z) = \frac{T^2z^{-1}(1+z^{-1})}{2(1-z^{-1})^3}$$

可见，典型输入信号的 Z 变换可写为 $R(z) = \dfrac{A(z)}{(1-z^{-1})^r}$，其中，$A(z)$是不包含因子 $(1-z^{-1})$ 的 z^{-1} 的多项式。

由于

$$\Phi_{\mathrm{e}}(z) = \frac{E(z)}{R(z)}$$

可得到

$$E(z) = \Phi_{\mathrm{e}}(z)R(z)$$

则

$$E(z)=\Phi_{e}(z)R(z)=\Phi_{e}(z)\frac{A(z)}{(1-z^{-1})^{r}} \tag{8-84}$$

利用终值定理，给定稳态误差为

$$e_{sr}=\lim_{z\to 1}(1-z^{-1})E(z)=\lim_{z\to 1}(1-z^{-1})\frac{A(z)}{(1-z^{-1})^{r}}\Phi_{e}(z) \tag{8-85}$$

为使稳态误差为0，$\Phi_e(z)$中应包含$(1-z^{-1})^r$因子。

设

$$\Phi_{e}(z)=(1-z^{-1})^{r}F(z) \tag{8-86}$$

式中，$F(z)$为不包含$(1-z^{-1})$的z^{-1}的多项式。则

$$\Phi(z)=1-\Phi_{e}(z)=1-(1-z^{-1})^{r}F(z) \tag{8-87}$$

$$C(z)=R(z)-A(z)F(z)$$

可见，当$F(z)=1$时，$\Phi_e(z)$中包含的z^{-1}的项数最少。采样系统的暂态响应过程可在最少个采样周期内结束。

因此

$$\Phi_{e}(z)=(1-z^{-1})^{r} \tag{8-88}$$

或

$$\Phi(z)=1-(1-z^{-1})^{r} \tag{8-89}$$

是无稳态误差最少拍采样系统的闭环脉冲传递函数。

在典型输入信号分别为单位阶跃信号、单位速度信号和单位加速度信号时，可分别求得最少拍采样系统的闭环脉冲传递函数$\Phi_e(z)$和$\Phi(z)$及$E(z)$和$C(z)$。

(1) 当$r(t)=1(t)$时，$R(z)=\dfrac{1}{1-z^{-1}}$，这时$r=1$，则有

$$\Phi_{e}(z)=(1-z^{-1}) \tag{8-90}$$

$$\Phi(z)=z^{-1} \tag{8-91}$$

于是

$$D(z)=\frac{1-\Phi_{e}(z)}{G(z)\Phi_{e}(z)}=\frac{\Phi(z)}{G(z)\Phi_{e}(z)}=\frac{z^{-1}}{G(z)(1-z^{-1})} \tag{8-92}$$

且有

$$E(z)=\Phi_{e}(z)R(z)=1 \tag{8-93}$$

$$C(z)=z^{-1}\frac{1}{1-z^{-1}}=z^{-1}+z^{-2}+z^{-3}+\cdots+z^{-n}+\cdots \tag{8-94}$$

这表明

$$e(0)=1,e(T)=e(2T)=\cdots=0$$

$$c(0)=0,c(T)=c(2T)=\cdots=1$$

可见，最少拍采样系统经过一拍便可完全跟踪阶跃输入，其调节时间$t_s=T$。最少拍系统响应阶跃输入时的过渡过程$c^*(t)$如图8.41所示。

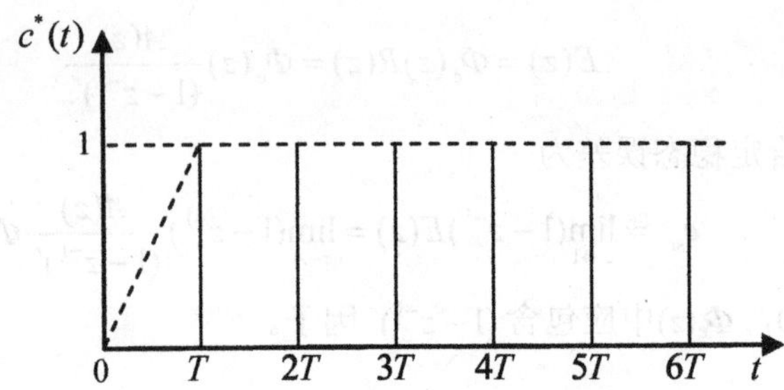

图 8.41 最少拍系统阶跃输入过渡过程

(2) 当 $r(t)=t$ 时，$R(z)=\dfrac{Tz^{-1}}{(1-z^{-1})^2}$，这时 r=2，则有

$$\Phi_e(z)=(1-z^{-1})^2=1-2z^{-1}+z^{-2} \tag{8-95}$$

$$\Phi(z)=1-(1-z^{-1})^2=2z^{-1}-z^{-2} \tag{8-96}$$

于是

$$D(z)=\frac{\Phi(z)}{G(z)\Phi_e(z)}=\frac{2z^{-1}-z^{-2}}{G(z)(1-2z^{-1}+z^{-2})} \tag{8-97}$$

且有

$$E(z)=\Phi_e(z)R(z)=Tz^{-1} \tag{8-98}$$

$$C(z)=(2z^{-1}-z^{-2})\frac{Tz^{-1}}{(1-z^{-1})^2}=2Tz^{-2}+3Tz^{-3}+\cdots+nTz^{-n}+\cdots \tag{8-99}$$

这表明

$$e(0)=0,e(T)=T,e(2T)=e(3T)=\cdots=0$$

$$c(0)=c(T)=0,c(2T)=2T,c(3T)=3T,\cdots,c(nT)=nT\cdots$$

可见最少拍采样系统经过二拍便可完全跟踪斜坡输入，其调节时间 t_s=2T。最少拍系统响应斜坡输入时的过渡过程 $c^*(t)$如图 8.42 所示。

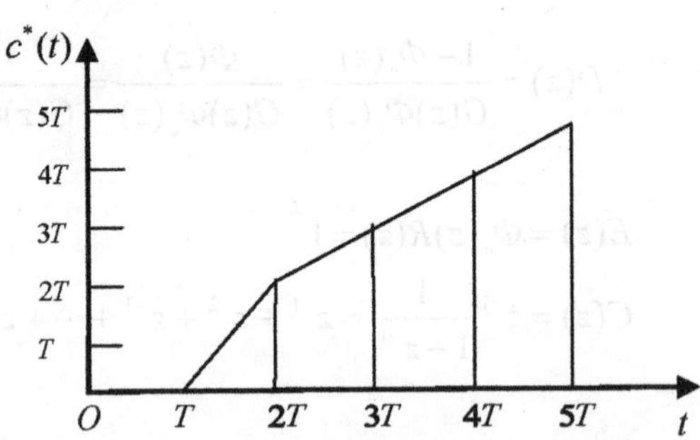

图 8.42 最少拍系统斜坡输入过渡过程

(3) 当 $r(t)=\dfrac{1}{2}t^2$ 时，$R(z)=\dfrac{T^2z^{-1}(1+z^{-1})}{2(1-z^{-1})^3}$，这时 r=3，则有

$$\Phi_e(z)=(1-z^{-1})^3 \tag{8-100}$$

$$\Phi(z)=1-(1-z^{-1})^3=3z^{-1}-3z^{-2}+z^{-3} \tag{8-101}$$

于是

$$D(z)=\frac{\Phi(z)}{G(z)\Phi_{\mathrm{e}}(z)}=\frac{3z^{-1}-3z^{-2}+z^{-3}}{G(z)(1-z^{-1})^3} \tag{8-102}$$

且有

$$E(z)=\Phi_{\mathrm{e}}(z)R(z)=\frac{1}{2}T^2z^{-1}+\frac{1}{2}T^2z^{-2} \tag{8-103}$$

$$\begin{aligned}C(z)&=(3z^{-1}-3z^{-2}+z^{-3})\frac{T^2z^{-1}(1+z^{-1})}{2(1-z^{-1})^3}\\&=\frac{3}{2}T^2z^{-2}+\frac{9}{2}T^2z^{-3}+\cdots+\frac{n^2}{2}T^2z^{-n}+\cdots\end{aligned} \tag{8-104}$$

这表明

$$e(0)=0,e(T)=\frac{T^2}{2},e(2T)=\frac{T^2}{2},e(3T)=e(4T)=\cdots=0$$

$$c(0)=c(T)=0,c(2T)=\frac{3}{2}T^2,\cdots,c(nT)=\frac{n^2}{2}T^2,\cdots$$

可见最少拍采样系统经过三拍便可完全跟踪加速度输入，其调节时间 $t_s=3T$。最少拍系统响应等加速度输入信号时的过渡过程 $c^*(t)$如图 8.43 所示。

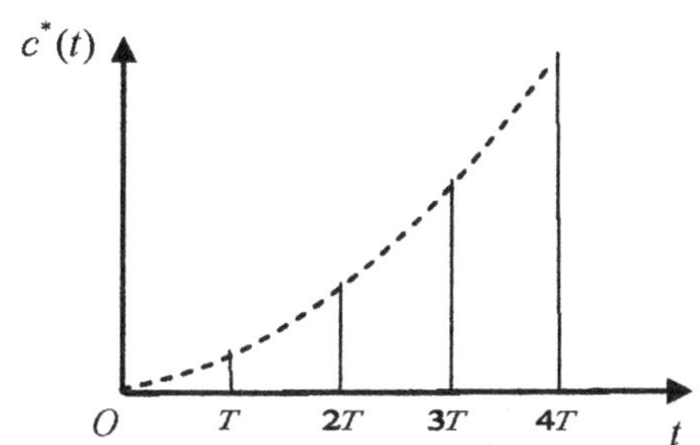

图 8.43　最少拍系统等加速度输入过渡过程

8.9　MATLAB 在离散系统中的应用

MATLAB 在离散控制系统的分析和设计中起着重要作用。无论将连续系统离散化、对离散系统进行分析(包括性能分析和求响应)、对离散系统进行设计等，都可以应用 MATLAB 软件具体实现。下面举例说明 MATLAB 在离散控制系统的分析和设计中的应用。

8.9.1　连续系统的离散化

在 MATLAB 软件中对连续系统的离散化是应用 c2dm()函数实现的，c2dm()函数的一般格式为

```
c2dm(num,den,T,'zoh')
```

其中，c2dm 为命令名；num 为传递函数分子多项式的系数；den 为传递函数分母多项式的系数；T 为采样周期；'zoh'代表零阶保持。

【例 8-26】 已知离散系统的结构图如图 8.44 所示，采样周期 T=1s，求开环脉冲传递函数。

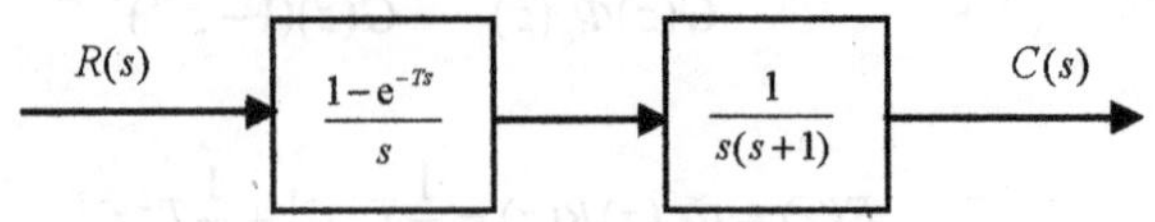

图 8.44 例 8-26 系统结构图

解：用解析法可求得

$$G(z)=\frac{z-1}{z}Z\left[\frac{1}{s^2(s+1)}\right]=\frac{0.368z+0.264}{z^2-1.368z+0.368}$$

用 MATLAB 可以方便求得上述结果。

程序如下：

```
%This script converts the transfer function
%G(s)=1/s(s+1) to a discrete-time system
%with a sampling period of T=1sec
%
num=[1];den=[1,1,0];
T=1
[numZ,denZ]=c2dm(num,den,T,'zoh');
printsys(numZ,denZ,'Z')
```

程序执行结果为

$$\frac{0.368z+0.264}{z^2-1.368z+0.368}$$

8.9.2 求采样系统的响应

在 MATLAB 软件中，求离散系统的响应可运用 dstep()、dimpulse()、dlism()函数实现，它们分别用于求离散系统的阶跃、脉冲及任意输入时的响应。dstep()的一般格式为

```
dstep(num,den,n)
```

其中，dstep 为命令名；num 为传递函数分子多项式的系数，den 为传递函数分母多项式的系数；n 代表采样点数。

【例 8-27】 已知离散系统结构图如图 8.45 所示，输入为单位阶跃，采样周期 T=1s，求输出响应。

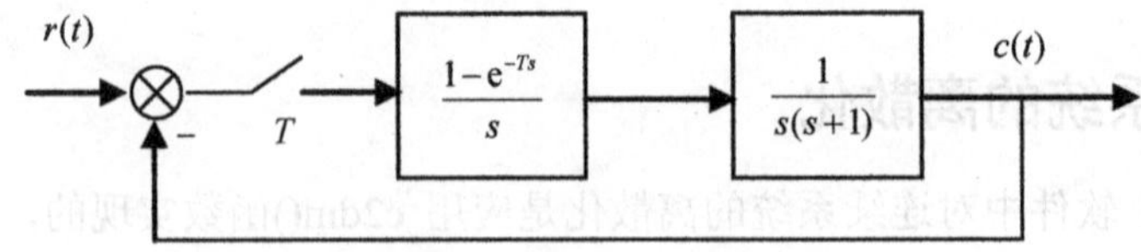

图 8.45 例 8-27 系统结构图

解：用解析法可求得

$$G(z)=\frac{z-1}{z}Z\left[\frac{1}{s^2(s+1)}\right]=\frac{0.368z+0.264}{z^2-1.368z+0.368}$$

$$\Phi(z)=\frac{G(z)}{1+G(z)}=\frac{0.368z+0.264}{z^2-z+0.632}$$

$$C(z)=\Phi(z)R(z)=\frac{z(0.368z+0.264)}{(z-1)(z^2-z+0.632)}$$

$$=0.368z^{-1}+z^{-2}+1.4z^{-3}=+1.4z^{-4}+1.14z^{-5}+\cdots$$

用 MATLAB 中的 dstep()函数可很快得到输出响应，如图 8.46 所示。图 8.46 中同时与相应的连续系统进行了比较。

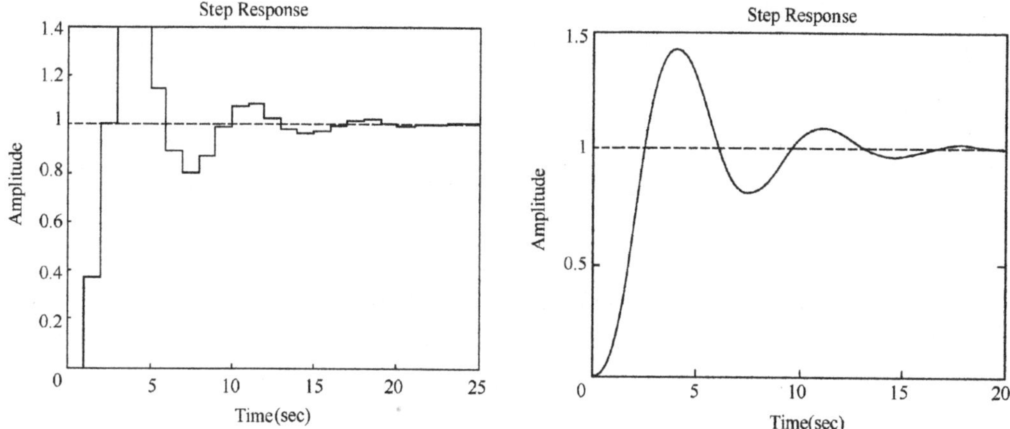

图 8.46　例 8-27 系统的响应曲线

程序如下：

```
%This script generates the unit step response, y(kT),
%for the sampled data system given in example
%
num=[0 0.368 0.264];den=[1 -1 0.632];
dstep(num,den)
%This script computes the continuous-time unit
%step response for the system in example
numg=[0 0 1];deng=[1 1 0];
[nd,dd]=pade(1,2)
numd=dd-nd;
dend=conv([1 0],dd);
[numdm,dendm]=minreal(numd,dend);
%
[nl,dl]=series(numdm,dendm,numg,deng);
[num,den]=cloop(nl,dl);
t=[0:0.1:20];
step(num,den,t)
```

小　结

离散控制系统的理论是设计数学控制器和计算机控制系统的基础。本章主要介绍了分析离散控制系统的数学基础、离散控制系统的性能分析以及数字控制器的设计方法。离散时间系统与连续时间系统在数学分析工具、稳定性、动态特性、静态特性、校正与综合方面都具有一定的联系和区别。许多结论都具有相类同的形式，在学习时要注意对照和比较，特别要注意它们不同的地方。

离散系统中，为了保证信号的恢复，采样信号的频率必须大于原连续信号所含最高频率的两倍。

为了建立线性采样系统的数学模型，引入了 Z 变换理论及差分方程。Z 变换在线性采样系统中所起的作用与拉普拉斯变换在线性连续系统中所起的作用十分类似。这里介绍的 Z 变换的若干定理对求解线性差分方程和分析线性采样系统的性能是非常重要的。

本章扼要介绍了线性采样系统的分析方法。在稳定性分析方面，主要讨论了利用 z 平面到 w 平面的双线性变换，再利用劳斯判据的方法。值得注意的是，采样系统的稳定性除了与系统固有结构和参数有关外，还与系统的采样周期有关，这是与连续系统分析相区别的重要一点。对于其他性能如稳态误差、动态响应等也做了相应阐述。

在采样系统的综合方法中，主要介绍了无稳态误差最少拍系统的设计。

习　题

1．已知理想采样开关的采样周期为 T 秒，连续信号为下列函数，求采样的输出信号 $f^*(t)$ 及其拉氏变换 $F^*(s)$。

(1) $f(t)=t\mathrm{e}^{-at}$　　(2) $f(t)=\mathrm{e}^{-at}\sin\omega t$

2．求下列函数的Z变换$F(z)$。

(1) $f(k)=a^k$　　(2) $f(t)=1+\mathrm{e}^{-2t}$

(3) $f(t)=\mathrm{e}^{-at}\sin\omega t$　　(4) $f(t)=t^2\mathrm{e}^{-3t}$

(5) $F(s)=\dfrac{1}{s(s+3)^2}$　　(6) $F(s)=\dfrac{1}{s(s+1)(s+2)}$

(7) 设采样周期为0.5秒，函数$f(t)$的表达式为

$$f(t)=\begin{cases}1 & (0\leqslant t<2.2)\\ 0 & (t<0,\ t>2.2)\end{cases}$$

3．用长除法、部分分式法和留数法求$F(z)$的反变换。

(1) $F(z)=\dfrac{10z}{(z-1)(z-2)}$　　(2) $F(z)=\dfrac{z^{-1}(1-\mathrm{e}^{-aT})}{(1-z^{-1})(1-z^{-1}\mathrm{e}^{-aT})}$

(3) $F(z)=\dfrac{z^2}{(z-0.8)(z-0.1)}$

4．确定下列函数的初值和终值。

(1) $F(z)=\dfrac{z^2}{(z-0.8)(z-0.1)}$　　(2) $F(z)=\dfrac{Tz^{-1}}{(1-z^{-1})^2}$

5．用 Z 变换法解下列差分方程。

(1) $c(k+2)+3c(k+1)+2c(k)=0$，$c(0)=0$，$c(1)=1$

(2) $c(k+2)-3c(k+1)+2c(k)=r(k)$，$r(k)=\delta(k)$，$c(0)=c(1)=0$

(3) $c(k+3)+6c(k+2)+11c(k+1)+6c(k)=0$，$c(0)=c(1)=1$，$c(0)=0$

6．求图8.47所示系统的输出Z变换 $C(z)$ 。

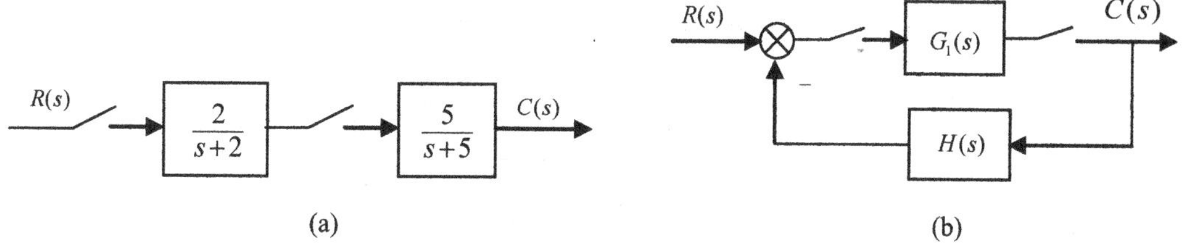

图 8.47　题 6 系统结构图

7．采样控制系统如图8.48所示。

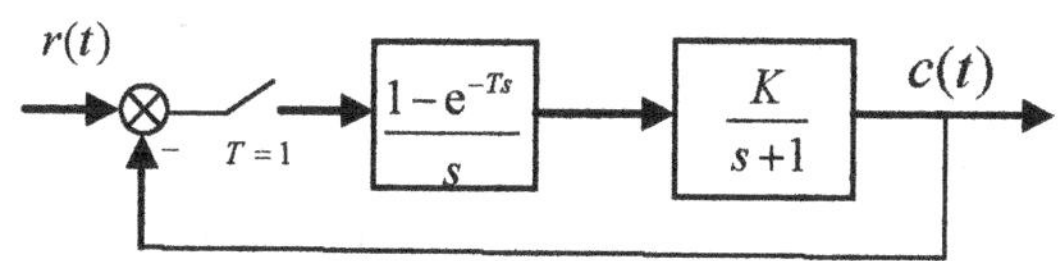

图 8.48　题 7 系统结构图

(1) 求系统开环脉冲传递函数。

(2) 求系统闭环脉冲传递函数。

(3) 写出系统的差分方程。

8．求图 8.49 所示采样系统输出 $C(z)$的表达式。

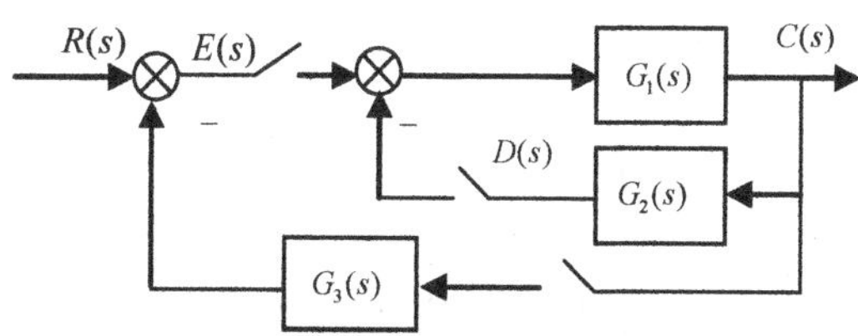

图 8.49　题 8 系统结构图

9．采样控制系统如图 8.50 所示。

(1) 求在输入和扰动共同作用下的输出量的Z变换表达式。

(2) 求系统输出$C(z)$与输入$R(z)$之间的Z传递函数。

(3) 设$D_1(z)=1$，$D_2(z)=0$，$G_1(s)=\dfrac{K}{s+1}$，$G_h(s)$是零阶保持器，求系统输出$C(z)$与输入$R(z)$之间的Z传递函数。

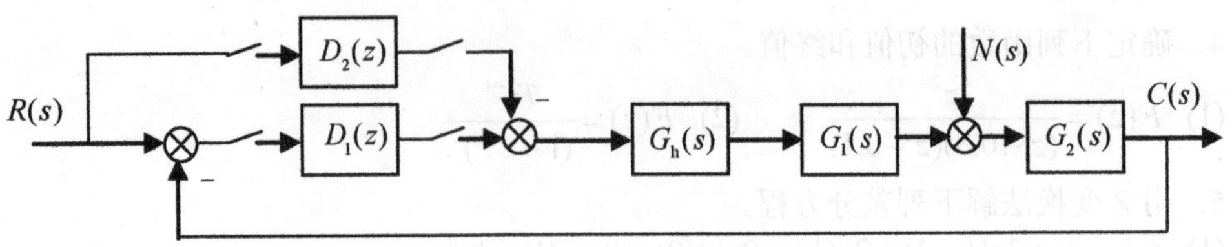

图 8.50　题 9 系统结构图

10．复合控制离散系统如图 8.51 所示，试求系统输出的 Z 函数 $C(z)$。

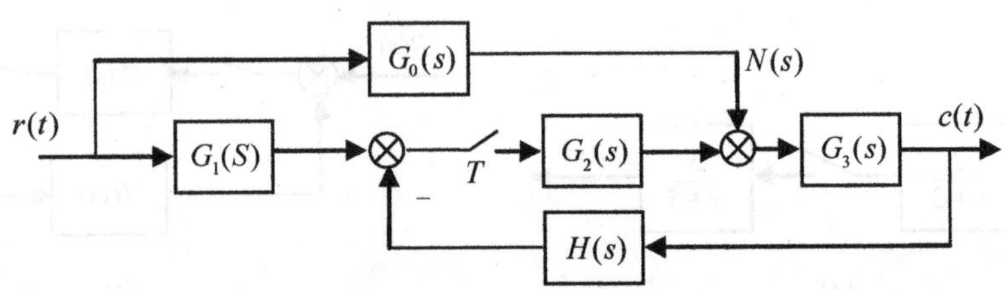

图 8.51　题 10 系统结构图

11．试判断下列系统的稳定性。

(1) 已知闭环系统的特征方程为

$$D(z)=(z+1)(z+0.5)(z+2)=0$$

(2) 已知闭环系统的特征方程为

$$D(z)=z^4+0.2z^3+z^2+0.36z+0.8=0$$

(3) 已知系统的结构图如图 8.52 所示。

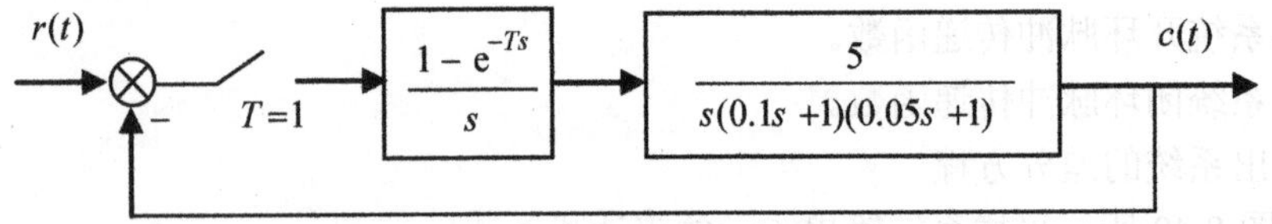

图 8.52　题 11 系统结构图

12．已知系统的结构图如图 8.53 所示。试分析采样周期 T 对系统稳定性的影响，并求 T=1 时系统的稳定临界放大倍数 K_c。

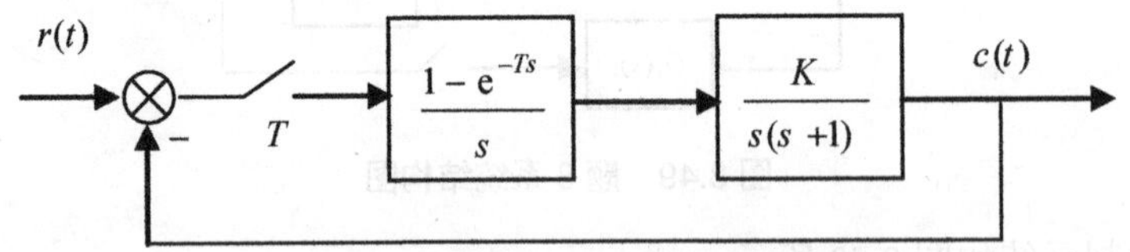

图 8.53　题 12、题 13 系统结构图

13．已知系统的结构图如图 8.53 所示，采样周期 T=0.5。

(1) 判断采样系统的稳定性。

(2) 计算采样系统的误差系数及其相应的稳态误差。

(3) 求采样系统的单位阶跃相应，并绘制曲线。

14．某系统中锁相环的框图如图 8.54 所示。设 $K=T=\tau=1$，求采样系统的单位阶跃响应，并绘制曲线。

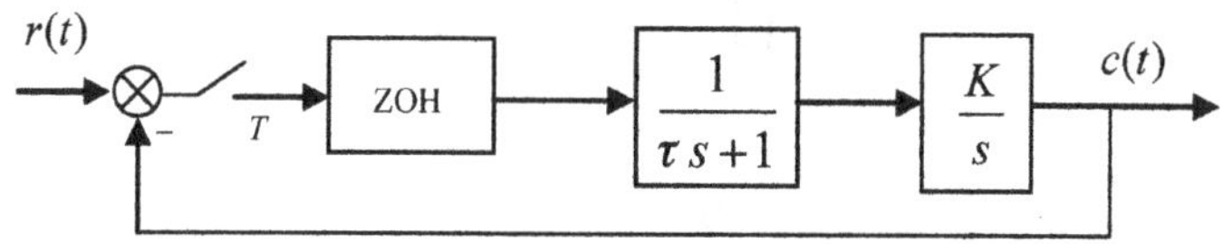

图 8.54　题 14、题 15 系统结构图

15．取消上题中的零阶保持器(ZOH)，求采样系统的单位阶跃响应，并比较两系统响应曲线的形状。

16．某系统结构图如图 8.55 所示，求 $r(t)=1(t)+t+t^2$ 作用下的稳态误差。

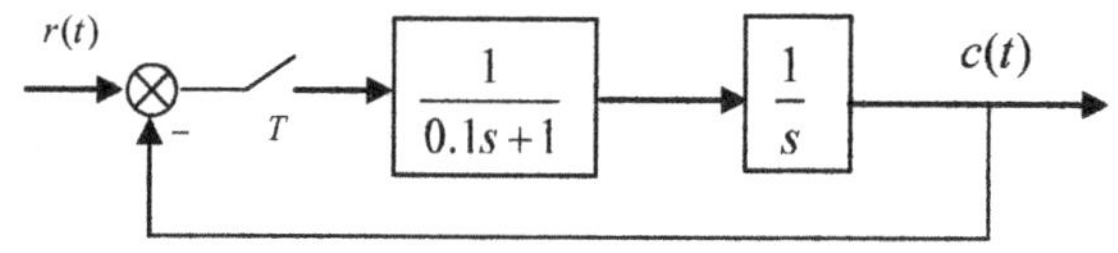

图 8.55　题 16 系统结构图

17．某系统结构图如图 8.56 所示，求 $r(t)=1(t)$和 $r(t)=5t$ 作用下的稳态误差。

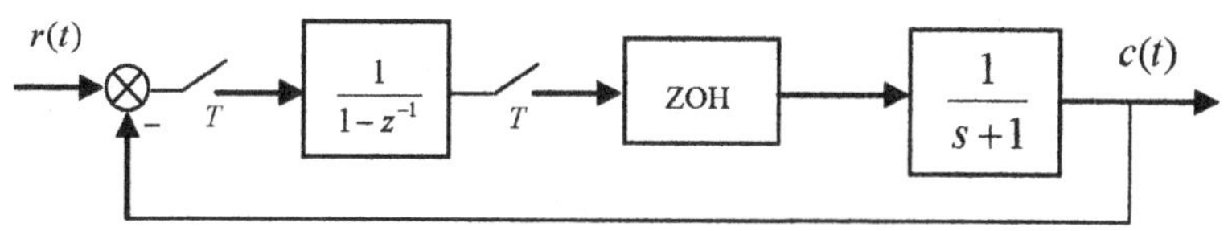

图 8.56　题 17 系统结构图

18．数字控制系统如图 8.57 所示，试计算 $r(t)=0$，$n(t)=1(t)$，$D(z)=\dfrac{K_1 z}{z-1}$ 时的稳态输出。

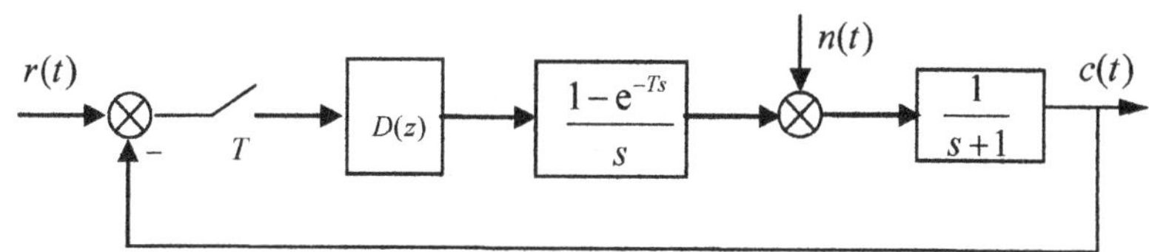

图 8.57　题 18 系统结构图

19．如图 8.58 所示数字控制系统，采样周期 T=1s，连续部分的传递函数为 $G_0(s)=\dfrac{1}{s(s+1)}$。试设计数字控制器 $D(z)$，使得 $r(t)=t\cdot 1(t)$ 时，系统无稳态误差且过渡过程在最少拍内结束。

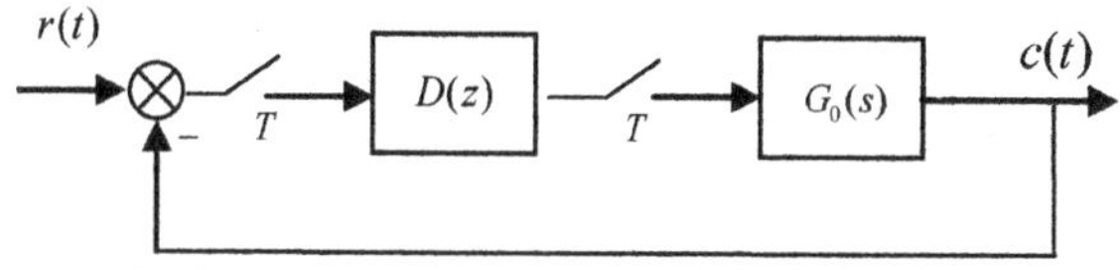

图 8.58　题 19 系统结构图

附　　录

附录表 I　常用函数拉普拉斯变换表

序　号	原函数 $f(t)$　$t\geqslant 0$	象函数 $F(s)$
1	$\delta(t)$	1
2	$1(t)$	$\frac{1}{s}$
3	$\mathrm{e}^{-\alpha t}$	$\frac{1}{s+\alpha}$
4	t^n	$\frac{n!}{s^{n+1}}$
5	$t\mathrm{e}^{-\alpha t}$	$\frac{1}{(s+\alpha)^2}$
6	$t^n\mathrm{e}^{-\alpha t}$	$\frac{n!}{(s+\alpha)^{n+1}}$
7	$\sin\omega t$	$\frac{\omega}{s^2+\omega^2}$
8	$\cos\omega t$	$\frac{s}{s^2+\omega^2}$
9	$\frac{1}{\beta-\alpha}(\mathrm{e}^{-\alpha t}-\mathrm{e}^{-\beta t})$	$\frac{1}{(s+\alpha)(s+\beta)}$
10	$\frac{1}{\beta-\alpha}(\mathrm{e}^{-\beta t}-\mathrm{e}^{-\alpha t})$	$\frac{s}{(s+\alpha)(s+\beta)}$
11	$\frac{1}{\alpha}(1-\mathrm{e}^{-\alpha t})$	$\frac{1}{s(s+\alpha)}$
12	$\frac{1}{\alpha\beta}[1+\frac{1}{\alpha-\beta}(\beta\mathrm{e}^{-\alpha t}-\alpha\mathrm{e}^{-\beta t})]$	$\frac{1}{s(s+\alpha)(s+\beta)}$
13	$\mathrm{e}^{-\alpha t}\sin\omega t$	$\frac{\omega}{(s+\alpha)^2+\omega^2}$
14	$\mathrm{e}^{-\alpha t}\cos\omega t$	$\frac{s+\alpha}{(s+\alpha)^2+\omega^2}$
15	$\frac{1}{\alpha^2}(\mathrm{e}^{-\alpha t}+\alpha t-1)$	$\frac{1}{s^2(s+\alpha)}$
16	$\frac{\omega_n}{\sqrt{1-\xi^2}}\mathrm{e}^{-\xi\omega_n t}\sin\omega_n\sqrt{1-\xi^2}t$	$\frac{\omega_n^2}{s^2+2\xi\omega_n s+\omega_n^2}(0<\xi<1)$
17	$\frac{-1}{\sqrt{1-\xi^2}}\mathrm{e}^{-\xi\omega_n t}\sin(\omega_n\sqrt{1-\xi^2}t-\varphi)$ $\varphi=\arctan\frac{\sqrt{1-\xi^2}}{\xi}$	$\frac{s}{s^2+2\xi\omega_n s+\omega_n^2}(0<\xi<1)$

续表

序号	原函数 $f(t)$ $t \geqslant 0$	象函数 $F(s)$
18	$1-\frac{1}{\sqrt{1-\xi^2}}e^{-\xi\omega_n t}\sin(\omega_n\sqrt{1-\xi^2}t+\varphi)$ $\varphi=\arctan\frac{\sqrt{1-\xi^2}}{\xi}$	$\frac{\omega_n^2}{s(s^2+2\xi\omega_n s+\omega_n^2)}(0<\xi<1)$
19	$\frac{1}{\alpha^2+\omega^2}+\frac{1}{\sqrt{\alpha^2+\omega^2}}e^{-\alpha t}\sin(\omega t-\varphi)$ $\varphi=\arctan\frac{\omega}{-\alpha}$	$\frac{1}{s[(s+\alpha)^2+\omega^2]}$

附录表 II　常用拉普拉斯变换性质

名称		公式
1	叠加性质	$L[f_1(t)\pm f_2(t)]=F_1(s)\pm F_2(s)$
2	比例性质	$L[Kf(t)]=KL[f(s)]$
3	微分性质	$L[f'(t)]=sF(s)-f(0)$ $L[f''(t)]=s^2F(s)-sf(0)-f(0)$ $\vdots$ $L\left[f^n(t)\right]=s^nF(s)-s^{n-1}f(0)-s^{n-2}f'(0)-\cdots-f^{n-1}(0)$
4	积分性质	$L[\int f(t)dt]=\frac{F(s)}{s}+\frac{\int f(t)dt\|_{t=0}}{s}$ $L[\iint f(t)dt]=\frac{F(s)}{s^2}+\frac{\int f(t)dt\|_{t=0}}{s^2}+\frac{\iint f(t)dt\|_{t=0}}{s}$ $L[\underbrace{\int\cdots\cdots\int}_{n} f(t)(dt)^n]=\frac{F(s)}{s^n}+\sum_{m=1}^{n}\frac{1}{s^{n-m+1}}\left[\underbrace{\int\cdots\cdots\int}_{n} f(t)(dt)^n\right]_{t=0}$
5	位移性质	$L[e^{-\alpha t}f(t)]=F(s+\alpha)$
6	延迟性质	$L[f(t-\tau)]=e^{-s\tau}F(s)$
7	相似性质	$L\left[f\left(\frac{t}{\alpha}\right)\right]=\alpha F(\alpha s)$
8	初值定理	$\lim_{t\to 0}f(t)=\lim_{t\to\infty}sF(s)$
9	终值定理	$\lim_{t\to\infty}f(t)=\lim_{s\to 0}sF(s)$

附录表 III　常用 Z 变换表

序号	$f(t)$	$F(z)$
1	$\delta(t)$	1
2	$\delta(t-kT)$	z^{-k}
3	$1(t)$	$\frac{z}{z-1}$

续表

序 号	$f(t)$	$F(z)$
4	t	$\dfrac{Tz}{(z-1)^2}$
5	$\dfrac{t^2}{2!}$	$\dfrac{T^2 z(z+1)}{2(z-1)^3}$
6	$e^{-\alpha t}$	$\dfrac{z}{z-e^{-\alpha T}}$
7	$te^{-\alpha t}$	$\dfrac{Tze^{-\alpha T}}{(z-e^{-\alpha T})^2}$
8	$1-e^{-\alpha t}$	$\dfrac{z(1-e^{-\alpha T})}{(z-1)(z-e^{-\alpha T})}$
9	$\sin\omega t$	$\dfrac{z\sin\omega T}{z^2-2z\cos\omega T+1}$
10	$\cos\omega t$	$\dfrac{z(z-\cos\omega T)}{z^2-2z\cos\omega T+1}$
11	$e^{-\alpha t}\sin\omega t$	$\dfrac{ze^{-\alpha T}\sin\omega T}{z^2-2ze^{-\alpha T}\cos\omega T+e^{-2\alpha T}}$
12	$e^{-\alpha t}\cos\omega t$	$\dfrac{z^2-ze^{-\alpha T}\cos\omega T}{z^2-2ze^{-\alpha T}\cos\omega T+e^{-2\alpha T}}$
13	n	$\dfrac{z}{(z-1)^2}$
14	n^2	$\dfrac{z(z+1)}{(z-1)^3}$
15	a^n	$\dfrac{z}{z-a}$
16	na^{n-1}	$\dfrac{z}{(z-a)^2}$

参 考 文 献

[1] 于希宁．自动控制原理[M]．北京：中国电力出版社，2008．

[2] 高国燊，余文烋．自动控制原理[M]．广州：华南理工大学出版社，2003．

[3] 姜泓．自动控制原理[M]．北京：机械工业出版社，1999．

[4] 余成波，张莲，胡晓晴．自动控制原理[M]．第 2 版．北京：清华大学出版社，2009．

[5] 胡寿松．自动控制原理[M]．第 5 版．北京：科学出版社，2007．

[6] 夏德钤，翁贻方．自动控制原理[M]．第 3 版．北京：机械工业出版社，2007．

[7] 孙虎章．自动控制原理[M]．第 2 版．北京：中央广播电视大学出版社，1994．

[8] 谢克明，王柏林，李友善．自动控制原理[M]．北京：电子工业出版社，2004．

[9] 程鹏．自动控制原理[M]．北京：高等教育出版社，2003．

[10] 孔凡才．自动控制原理与系统[M]．第 2 版．北京：机械工业出版社，2000．

[11] 盖云英，邢宇明．复变函数与积分变换[M]．北京：科学出版社，2007．

[12] 蔡敏，石磊，王丽媛．复变函数与积分变换[M]．北京：机械工业出版社，2006．

[13] 薛以锋，李红英．复变函数与积分变换[M]．上海：华东理工大学出版社，2003．

[14] 余家荣．复变函数[M]．北京：高等教育出版社，2000．

[15] 鄢景华．自动控制原理(修订版) [M]．哈尔滨：哈尔滨工业大学出版社，2007．

[16] B.C. Kuo Automatic Control Systems[M]．New York：Prentice-Hall，Inc.，1975．

[17] Richard C. Dorf，Robert H.Bishop． Modern Control Systems[M]．Ninth Edition．New York：Prentice-Hall，Inc.，1975．